浙江省普通高校"十三五"新形

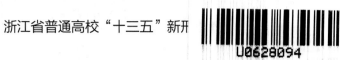

微 积 分

（上）

第三版

主　编　苏德矿　吴明华　童雯雯

副主编　金蒙伟　涂黎晖　唐志丰

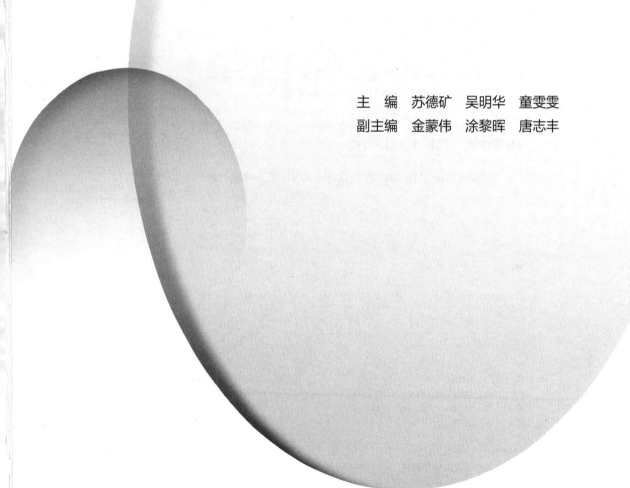

高等教育出版社·北京

内容简介

  本书在教育部"高等教育面向21世纪教学内容和课程体系改革计划"研究成果的基础上，根据教育部高等学校大学数学课程教学指导委员会最新制定的"工科类本科数学基础课程教学基本要求"，并结合教学实践经验修订而成。为适应广大高校教师的教学需求，作者广泛吸取教师使用意见，在保留上版注重分析综合、将数学建模的基本内容和方法融入教材等特色的基础上，修改了一些重要概念的论述，增加和更新了一些定理和例题，使本书内容更加丰富，系统更加完整，有利于教师教学和学生学习。

  本书分上、下两册。上册共6章，主要内容有：函数与极限，导数与微分，微分中值定理及导数的应用，不定积分，定积分及其应用，常微分方程；下册共6章，主要内容有：矢量代数与空间解析几何，多元函数微分学，多元函数积分学，第二类曲线积分与第二类曲面积分，级数，含参量积分。

  本书可作为高等学校工科、理科、经济及管理类专业的微积分教材。

图书在版编目（CIP）数据

  微积分. 上. ／ 苏德矿，吴明华，童雯雯主编. -- 3版. -- 北京：高等教育出版社，2021.1（2025.7 重印）
  ISBN 978-7-04-054816-7

  Ⅰ. ①微… Ⅱ. ①苏… ②吴… ③童… Ⅲ. ①微积分-高等学校-教材 Ⅳ. ①O172

  中国版本图书馆 CIP 数据核字（2020）第 141203 号

Weijifen

策划编辑	于丽娜	责任编辑	安 琪	封面设计	王 鹏	版式设计 王艳红
插图绘制	李沛蓉	责任校对	李大鹏	责任印制	刘思涵	

出版发行	高等教育出版社		网 址	http://www.hep.edu.cn
社 址	北京市西城区德外大街4号			http://www.hep.com.cn
邮政编码	100120		网上订购	http://www.hepmall.com.cn
印 刷	运河（唐山）印务有限公司			http://www.hepmall.com
开 本	787mm×1092mm 1/16			http://www.hepmall.cn
印 张	26.5		版 次	2000 年 7 月第 1 版
字 数	540 千字			2021 年 1 月第 3 版
购书热线	010-58581118		印 次	2025 年 7 月第 5 次印刷
咨询电话	400-810-0598		定 价	47.80 元

微积分(上)

第三版

苏德矿

吴明华

童雯雯

1 计算机访问 http://abook.hep.com.cn/1234074，或手机扫描二维码、下载并安装 Abook 应用。

2 注册并登录，进入"我的课程"。

3 输入封底数字课程账号（20位密码，刮开涂层可见），或通过 Abook 应用扫描封底数字课程账号二维码，完成课程绑定。

4 单击"进入课程"按钮，开始本数字课程的学习。

课程绑定后一年为数字课程使用有效期。受硬件限制，部分内容无法在手机端显示，请按提示通过计算机访问学习。

如有使用问题，请发邮件至 abook@hep.com.cn。

扫描二维码
下载 Abook 应用

http://abook.hep.com.cn/1234074

教材编委会

第三版前言

本教材自 2000 年第一版出版以来，深受广大师生的欢迎和好评。在本次修订中，我们对教材进行了全面、仔细的梳理，并且对重要概念、定义、性质、定理等的表述进行了仔细的斟酌，增加和更新了一些定理和例题。

本次修订我们重点考虑如何把微积分在线课程与教材结合，创新教材形态。因此，我们做了大量的调研和深入的思考，通过互联网技术和教学模式的融合，结合教学方法改革成果，以纸质教材为核心和载体，加入数字化教学资源，将教材、课堂、教学资源三者融合，实现线上、线下结合的教材出版新模式。

近年来，中学数学已实行新课标教学改革，在教学内容上有较大变化，比如反三角函数、参数方程、极坐标等内容在高中不作要求或者作为选讲内容，而在大学微积分中需要用到。这样就产生了中学数学与高等数学的知识断裂，教学内容发生脱节，极大地影响了高等数学的教学。因此，在教材中我们加入了中学数学内容补充视频。

对于微积分的有些内容，学生通过自学或者老师课堂讲授，有时还不能完全掌握，尤其是对综合性习题，很多学生找不到思路。为此，我们在教材中加入了微积分重难点讲解视频，具有综合性的、开阔视野的习题拓展视频，方便学生自学和课后巩固复习。

本教材入选浙江省普通高校"十三五"新形态教材，可与苏德矿团队在中国大学 MOOC 平台上开设的浙江大学微积分(一)(二)(三)系列课程配套使用，该课程 2020 年获评首批国家级一流本科课程。

编　者
2020 年 3 月于求是园

第二版前言

《微积分》(第一版)自 2000 年出版以来，被广泛采用并得到一致好评。根据教育部非数学类专业数学基础课程教学指导分委员会修订的"工科类本科数学基础课程教学基本要求"，并参照中华人民共和国教育部制定的最新全国硕士研究生入学考试数学一、二、三、四的基本要求，本书在第一版的基础上，广泛听取教师的使用意见和建议，结合编者自身的教学实践经验进行了修订。

在保持第一版结构严谨、逻辑严密、叙述详细、通俗易懂、例题较多、便于自学等特点的基础上，编者从教学需求的角度出发，进行了仔细的推敲，改写了一些重要概念的论述和重要定理的证明，调整了一些内容的讲述顺序，增加了部分教学内容，使本书内容体系更加完整，更有利于教师教学和学生学习。本教材主要修订内容如下：

（1）删除了教材中较为烦琐的内容、例题、习题，尤其删除了数列极限中难度较大的习题。

（2）考虑到中学数学课程降低了对反三角函数的要求，而这部分内容对学好微积分又非常重要，为此在附录中增加了基本初等函数的性质与图像。

（3）针对目前中学数学课程中，对参数方程介绍比较少，而且不再介绍极坐标系的有关内容等问题，在教材中增加了参数方程的简单介绍和较详细的极坐标系的内容介绍，同时在附录中增加了曲线极坐标方程的图形。

（4）对教材中重要或较难理解的定理及重要的例题采用多种方法进行分析和证明，便于学生更好地理解所学内容，同时也有利于学生自学能力的提高。

（5）基于教学实践中积累的丰富教学经验，对教材中重要或较难理解的方法，采用与众不同的叙述方法，有利于学生理解与掌握。

与本书配套的微积分多媒体辅助教学课件以文字、图形、声音、动静态图像等形式把本书内容集成自学课件，并以网页的形式呈现。其中，每个章节包括基本点、重点、难点、内容概述、教学内容、教学要求等，每章还附有例题、练习题、自测题与课后学习供任课教师参考使用和学生自学使用。特别是微分中值定理、数学建模初步、曲面方程等内容中都配有较多的动态演示图形，对学生理解教材内容有很大的帮助。

在本书修订过程中，浙江大学及其他兄弟院校讲授微积分课程的教师给我们提出了宝贵意见和建议，在此表示衷心的感谢。

本次修订致力于加强学生自学能力和研究能力的培养，为提高学生的综合能力和创新能力奠定良好的数学基础。希望本教材的再版能为推动普通高等院校素质教育的改革与素质教育工程的实施贡献一份力量。

编　者

2007 年 3 月于求是园

第一版前言

本书是由清华大学萧树铁教授主持的前国家教委"面向 21 世纪教学内容和课程体系改革"研究课题的成果之一，是根据国家教育部高等学校工科数学课程教学指导委员会拟定的高等数学课程教学基本要求，并参照中华人民共和国教育部制定的全国硕士研究生入学统一考试数学考试大纲，在认真研究部颁教材的基础上，取长补短而编写的。本书经过在浙江大学计算机系、化工系等系 3 年的教学试验，取得了良好的效果。本书的主要内容有：函数极限与连续、一元函数微分学及应用(包括在经济中的应用)、一元函数积分学、常微分方程、矢量代数与空间解析几何、多元函数微分学、多元函数积分学、无穷级数等 8 部分，可作为高等学校工科、理科(非数学类专业)、经济、管理等有关专业本科生的微积分课程的教材。书中冠有"*"号的部分供对微积分有较高要求的专业选用和有兴趣欲扩大知识面的学生阅读。

在内容安排上我们注意以下几点：

1. 编写时力求表述确切、思路清楚、由浅入深、通俗易懂，并注意数学思维与数学方法的论述；对一些重要的知识，以注解的形式进行分析和总结。例题具有典型性，既便于教师教学，更利于学生自学。

2. 在保留我国传统的重归纳、演绎、推理的基础上，更注重分析、综合的思想。对一些重要概念的引入，注重概念实际背景的分析与教学。许多定理的条件与结论用发现探索的方式引出(即由果索因)，并用分析、综合的方法给予证明。这样做的目的是便于学生对概念的理解。

3. 将微积分与数学模型有机地结合起来，从而恢复了微积分的真实面目：即微积分来源于实践，又应用于实践，而数学模型的引入正是为学习微积分提供了实践基础，使学生在学习微积分的过程中，也学会用数学方法建立数学模型，解决实际问题，有利于提高学生的综合素质。

4. 强调微积分在经济中的应用：如复利、连续复利、年有效收益、现值与将来值、边际分析、弹性分析、最大利润、收入流、收入流的现值与将来值，等等。

5. 把现代数学的基本概念和思想融入本书之中，如算子、泛函，并说明诸如导数、定积分分别是线性算子与线性泛函等，为学生进一步了解和学习现代数学知识提供了一个良好的开端。

本书的第一、二、三、四、五、八、九、十、十一、十二章及附录由苏德矿撰稿，第六、七章由吴明华撰稿，金蒙伟对全书进行了认真仔细的校对和修改，杨起帆负责书中插图的创意与绘制。

浙江大学数学系蔡燧林教授、邵剑教授参加了编写本书大纲的讨论，提出了许多宝贵的建议，有些建议已在撰写本书时采纳。在此向他们二位表示衷心的感谢。

在这里，我们要特别感谢本书的主审人清华大学数学科学系的施学瑜教授和北京航空航天大学数学系的徐兵教授，他们花费了大量的时间，对书稿进行了非常认真仔细的审查，并提出了许多宝贵的意见和建议；此外，在本书的撰写过程中，自始至终得到了高等教育出版社徐可同志的热情支持与帮助，他对全书进行了十分仔细的修改与审阅，并提出了许多好的建议。他们的意见和建议使本书增色不少，在此向他们表示衷心的感谢。

本书得到了浙江大学教务处、数学系的协助与鼓励。并得到了浙江大学远程教育学院副院长杨纪生教授、赖德生主任、郑潇、周丽娟老师以及浙江大学教材服务中心何宝鑫主任等的大力支持。借本书出版之机，我们一并表示衷心的感谢。

最后我们还要感谢李杰、江丽华夫妇，他们为书稿的排版与打印付出了辛勤的劳动。

本教材的书稿虽经试用和修改，但仍然会有一些错误，我们衷心地希望得到专家、同行和读者的批评指正，使本书在教学实践中不断完善起来。

编者于浙江大学求是园

2000 年 7 月

目　　录

第一章　函数与极限 ………………………………………………………… 1

§1　函数 …………………………………………………………………… 1

§1.1　函数的概念 ……………………………………………………… 1

§1.2　具有某些特性的函数 …………………………………………… 7

习题 1-1 …………………………………………………………………… 10

§2　数列极限 ……………………………………………………………… 14

§2.1　数列极限的概念 ………………………………………………… 14

§2.2　收敛数列的性质 ………………………………………………… 19

§2.3　数列极限存在的准则 …………………………………………… 23

*§2.4　数列极限存在的准则(续) ……………………………………… 29

习题 1-2 …………………………………………………………………… 31

§3　函数极限 ……………………………………………………………… 33

§3.1　函数极限的概念 ………………………………………………… 33

§3.2　函数极限的性质 ………………………………………………… 37

§3.3　函数极限存在的准则 …………………………………………… 40

*§3.4　函数极限存在的准则(续) ……………………………………… 42

§3.5　无穷小量、无穷大量、阶的比较 ……………………………… 43

§3.6　两个重要极限 …………………………………………………… 47

§3.7　极限在经济中的应用 …………………………………………… 50

习题 1-3 …………………………………………………………………… 53

§4　函数的连续性 ………………………………………………………… 55

§4.1　函数连续的概念 ………………………………………………… 55

§4.2　连续函数的局部性质 …………………………………………… 59

§4.3　闭区间上连续函数的性质 ……………………………………… 61

§4.4　初等函数在其定义域上的连续性 ……………………………… 62

*§4.5　闭区间上连续函数性质的证明 ………………………………… 65

*§4.6　一致连续 ………………………………………………………… 68

习题 1-4 …………………………………………………………………… 71

第一章综合题 …………………………………………………………… 72

第二章 导数与微分 ···································· 74

§1 导数 ······································· 74

§1.1 导数的概念 ······················· 74

§1.2 导数的基本公式与运算法则 ······ 79

§1.3 隐函数的导数 ····················· 88

§1.4 高阶导数 ························· 91

§1.5 导数在实际中的应用 ············· 96

习题 2-1 ······························· 98

§2 微分 ······································· 102

§2.1 微分的概念 ······················· 102

§2.2 微分的基本性质 ················· 106

§2.3 近似计算与误差估计 ············· 110

* §2.4 高阶微分 ······················· 112

习题 2-2 ······························· 113

第二章综合题 ···························· 114

第三章 微分中值定理及导数的应用 ············· 116

§1 微分中值定理 ························· 116

§1.1 费马定理、最大(小)值 ········· 116

§1.2 罗尔定理 ························· 118

§1.3 拉格朗日定理、函数的单调区间 ·· 119

§1.4 柯西定理 ························· 123

§1.5 函数的单调区间与极值 ········· 125

习题 3-1 ······························· 128

§2 未定式的极限 ························· 130

§2.1 $\dfrac{0}{0}$型未定式的极限 ················· 130

§2.2 $\dfrac{\infty}{\infty}$型未定式的极限 ················· 133

§2.3 其他类型未定式的极限 ········· 136

习题 3-2 ······························· 138

§3 泰勒定理及应用 ······················· 140

§3.1 泰勒定理 ························· 140

§3.2 几个常用函数的麦克劳林公式 ···· 143

§3.3 带有佩亚诺余项的泰勒公式 ······ 145

§3.4 泰勒公式的应用 ················· 147

习题 3-3 ······························· 149

§4 数学建模(一) ······················· 150

习题 3-4 ·································· 156

§5　函数图形的凹凸性与拐点 ·············· 157

习题 3-5 ·································· 160

§6　函数图形的描绘 ······················ 160

§6.1　曲线的渐近线 ·················· 160

§6.2　函数图形的描绘 ················ 162

习题 3-6 ·································· 164

*§7　导数在经济中的应用 ················ 164

§7.1　经济中常用的一些函数 ·········· 164

§7.2　边际分析 ······················ 166

§7.3　弹性分析 ······················ 169

习题 3-7 ·································· 172

§8　曲率 ································ 174

§8.1　曲率 ·························· 174

§8.2　曲率圆 ························ 177

习题 3-8 ·································· 179

*§9　方程的近似根 ······················ 180

§9.1　图解法 ························ 180

§9.2　数值法 ························ 181

习题 3-9 ·································· 186

第三章综合题 ······························ 186

第四章　不定积分 ···························· 188

§1　不定积分的概念 ······················ 188

§1.1　原函数与不定积分 ·············· 188

§1.2　基本积分 ······················ 189

§1.3　不定积分的性质 ················ 190

习题 4-1 ·································· 192

§2　不定积分的几种基本方法 ·············· 192

§2.1　凑微分法（第一换元法） ········ 192

§2.2　变量代换法（第二换元法） ······ 196

§2.3　分部积分法 ···················· 199

习题 4-2 ·································· 202

§3　某些特殊类型函数的不定积分 ·········· 204

§3.1　有理函数的不定积分 ············ 204

§3.2　三角函数有理式的不定积分 ······ 210

§3.3　某些无理函数的不定积分 ········ 214

习题 4-3 ………………………………………………… 218

第四章综合题 …………………………………………… 219

第五章 定积分及其应用 ……………………………… 221

§ 1 定积分概念 ……………………………………… 221

§ 1.1 定积分的定义 ……………………………… 221

§ 1.2 可积函数类 ………………………………… 226

习题 5-1 ………………………………………… 228

§ 2 定积分的性质和基本定理 ……………………… 228

§ 2.1 定积分的基本性质 ………………………… 228

§ 2.2 微积分学基本定理 ………………………… 233

习题 5-2 ………………………………………… 236

§ 3 定积分的计算方法 ……………………………… 238

§ 3.1 几种基本的定积分计算方法 ……………… 238

§ 3.2 几种简化的定积分计算方法 ……………… 241

习题 5-3 ………………………………………… 246

§ 4 定积分的应用 …………………………………… 248

§ 4.1 平面图形的面积 …………………………… 248

§ 4.2 立体及旋转体的体积 ……………………… 252

§ 4.3 微元法及应用 ……………………………… 254

§ 4.4 定积分在物理中的应用 …………………… 263

§ 4.5 定积分在经济中的应用 …………………… 267

习题 5-4 ………………………………………… 270

§ 5 反常积分 ………………………………………… 272

§ 5.1 无穷区间上的反常积分 …………………… 272

§ 5.2 无界函数的反常积分 ……………………… 275

§ 5.3 反常积分敛散性的判别法 ………………… 278

§ 5.4 Γ 函数 ……………………………………… 283

习题 5-5 ………………………………………… 284

*§ 6 定积分的近似计算 ……………………………… 286

§ 6.1 矩形法 ……………………………………… 286

§ 6.2 梯形法 ……………………………………… 286

§ 6.3 抛物线法 …………………………………… 287

习题 5-6 ………………………………………… 289

第五章综合题 …………………………………………… 289

第六章 常微分方程 …………………………………… 292

§ 1 基本概念 ………………………………………… 292

习题 6-1 ·· 296

§2　可分离变量方程 ······························· 297

　§2.1　可分离变量方程 ·························· 297

　§2.2　齐次微分方程 ···························· 300

习题 6-2 ·· 303

§3　一阶线性微分方程 ··························· 303

　§3.1　一阶线性微分方程 ······················ 303

　§3.2　伯努利方程 ······························ 308

习题 6-3 ·· 309

§4　全微分方程 ··································· 310

习题 6-4 ·· 311

§5　可降阶的二阶微分方程 ······················ 312

　§5.1　$\dfrac{\mathrm{d}^2 y}{\mathrm{d}x^2}=f(x)$ 型微分方程 ··············· 312

　§5.2　$\dfrac{\mathrm{d}^2 y}{\mathrm{d}x^2}=f\left(x, \dfrac{\mathrm{d}y}{\mathrm{d}x}\right)$ 型微分方程 ······· 313

　§5.3　$\dfrac{\mathrm{d}^2 y}{\mathrm{d}x^2}=f\left(y, \dfrac{\mathrm{d}y}{\mathrm{d}x}\right)$ 型微分方程 ······· 315

习题 6-5 ·· 317

§6　二阶线性微分方程解的结构 ·················· 317

习题 6-6 ·· 321

§7　二阶常系数线性微分方程的解法 ·············· 321

　§7.1　二阶常系数线性齐次方程及其解法 ········ 322

　§7.2　二阶常系数线性非齐次方程的解法 ········ 325

　§7.3　欧拉方程 ································ 333

习题 6-7 ·· 334

§8　常系数线性微分方程组 ······················ 335

习题 6-8 ·· 337

§9　二阶变系数线性微分方程的一般解法 ·········· 337

　§9.1　降阶法 ·································· 337

　§9.2　常数变易法 ······························ 339

习题 6-9 ·· 342

§10　数学建模（二）——微分方程在几何、物理中的应用举例 ······ 342

*§11　差分方程 ··································· 348

　§11.1　差分方程的基本概念 ···················· 348

　§11.2　一阶线性差分方程 ······················ 350

　§11.3　二阶常系数线性差分方程 ················ 354

习题 6-11 ………………………………………………… 357

第六章综合题 …………………………………………… 357

附录Ⅰ 基本初等函数与极坐标方程的图形 ……………… 359

附录Ⅱ 线性空间与映射 ……………………………… 364

　§Ⅱ.1 笛卡儿乘积集合 ……………………………… 364

　§Ⅱ.2 线性空间 …………………………………… 364

　§Ⅱ.3 映射 ………………………………………… 366

　§Ⅱ.4 线性算子与线性泛函 ………………………… 367

附录Ⅲ 可积函数类的证明 …………………………… 370

　§Ⅲ.1 大和与小和的性质 ………………………… 370

　§Ⅲ.2 可积判断准则 ……………………………… 373

　§Ⅲ.3 可积类函数 ………………………………… 374

附录Ⅳ 积分表 ………………………………………… 376

部分习题参考答案 …………………………………… 385

第一章　函数与极限

微积分的研究对象是函数，其核心和基础是极限. 极限的思想自始至终贯穿于微积分之中. 极限是建立在无限基础上的概念，考虑的是一个动态过程. 极限方法的无限性和动态性与初等数学处理问题的方法(其主要特征为有限性和静态性)有着本质的不同，但又有着密切的联系. 微积分是以函数为研究对象，运用极限手段(如取无穷小或无穷逼近等极限过程)分析处理问题的一个数学分支.

§1　函　　数

§1.1　函数的概念

一、常量与变量

人们在观察、研究某一运动过程中，会遇到许多不同的量. 其中有的量在研究过程中保持不变，这种量叫做**常量**；也有的量在运动过程中可取不同的值，这种量叫做**变量**. 例如，火车在两车站之间的行驶过程中，乘客的数量是常量；而火车到两站的距离、燃料的储存量等都是变量. 又如，在某一地点，物体自由下落的过程中，到地面的距离是变量，而重力加速度 g 是常量. 必须注意，上述常量与变量的概念依赖于所考察的过程. 仍以落体为例，如果由高空落下，重力加速度就不是常量而是变量.

二、函数的定义

一切客观事物都是不断变化发展的，在变化过程中，各个变量的变化不是孤立的，而是彼此联系着的. 为了探索和掌握运动的规律性，就必须深入研究变量的变化状态和变量间的依赖关系，这是微积分研究的主要内容.

函数是微积分研究的对象. 虽然在中学已经讲授过一些有关函数的知识, 但不够详尽透彻. 我们要对函数有一个清楚的认识.

首先, 我们再叙述一下一元函数的定义.

定义 1.1 设 D, B 是两个非空实数集, 如果存在一个对应法则 f, 使得对 D 中任何一个实数 x, 在 B 中都有唯一确定的实数 y 与 x 对应, 则称 $f:D \to B$ 是 D 上的函数, 记为

$$f: x \mapsto y, \quad x \in D \quad 或 \quad f:D \to B,$$

y 称为 x 对应的函数值, 记为

$$y = f(x), \quad x \in D,$$

其中 x 叫做自变量, y 叫做因变量.

有时也简称因变量 y 是自变量 x 的函数, 虽然这种说法并不太切, 但反映了 y 是依赖于 x 的变量, 在使用上有方便之处. 所以我们以后常用这种说法, 但应正确理解, **函数的本质是指对应法则 f 与定义域, 不是指因变量 y.**

D 称为函数 f 的定义域, 记为 $D(f)$. $\{f(x):x \in D\} \xlongequal{\text{def}}{}^{①} R(f)$, 称为函数的值域. 在平面坐标系 Oxy 下, 集合 $\{(x,y):y=f(x), x \in D\}$ 称为函数 $y=f(x)$ 的图形或图像.

由函数的定义可知, 定义域和对应法则是确定函数的两个要素. 至于变量本身的具体意义及采用什么记号是无关紧要的, 比如

$$y = f(x), \ x \in D \quad 与 \quad S = f(t), \ t \in D$$

代表同一个函数.

如果同时研究几个不同的函数, 即不同的对应规律, 就必须用不同的记号加以区别, 如 $f, g, \varphi, \psi, \cdots$. 有时为了简便起见, 可用 $y = y(x)$ 表示一个函数, 这样 y 既代表对应规律又代表因变量.

在函数的定义中, 当 x 在 D 上每取一个值 x_0, 所对应的值 y_0 称为函数 f 在 $x=x_0$ 处的值, 记作 $f(x_0)$, 即有 $y_0 = f(x_0)$.

如果一个函数是由数学表达式给出, 而定义域没有具体的规定, 那么它的定义域就是使得函数在数学上有意义的自变量所取数值的全体. 如果该函数有实际背景, 则它的定义域还要根据问题的实际条件来确定.

表示函数的定义域常用区间、不等式这两种方法.

对区间我们常引入下面的记号. 开区间 $(x_0-\delta, \ x_0+\delta) \xlongequal{\text{def}} U(x_0, \ \delta)(\delta>0)$ 称为以 x_0 为心, 以 δ 为半径的邻域, 简称为 x_0 的 δ 邻域. 若不需要指明半径 δ 时, 记作 $U(x_0)$, 称为 x_0 的某邻域. $(x_0-\delta, \ x_0) \cup (x_0, \ x_0+\delta) \xlongequal{\text{def}} \mathring{U}(x_0, \ \delta)$ 称为以 x_0 为心, 以 δ 为半径的空(去)心邻域, 简称为 x_0 的 δ 空(去)心邻域. 若

---

① 符号 "$\xlongequal{\text{def}}$" 表示 "定义为" 或 "记为".

不需要指明半径 δ 时，记作 $\overset{\circ}{U}(x_0)$，称为 x_0 的某空（去）心邻域. 同理，

$$(x_0, x_0+\delta) \overset{\text{def}}{=\!=\!=} \overset{\circ}{U}_+(x_0, \delta)，[x_0, x_0+\delta) \overset{\text{def}}{=\!=\!=} U_+(x_0, \delta) \text{统称为 } \underline{x_0 \text{ 的右邻域}}，$$

$$(x_0-\delta, x_0) \overset{\text{def}}{=\!=\!=} \overset{\circ}{U}_-(x_0, \delta)，(x_0-\delta, x_0] \overset{\text{def}}{=\!=\!=} U_-(x_0, \delta) \text{统称为 } \underline{x_0 \text{ 的左邻域}}.$$

例 1 （1）$y=x^2$，其中 $x \in [0,1]$，该函数的定义域是 $[0,1]$；

（2）$y=x^2$，该函数的定义域是 $(-\infty, +\infty)$；

（3）$y=x^2$，其中 x 表示正方形的边长，y 表示正方形的面积，它的定义域是 $[0,+\infty)$.

例 2 判断下列每组的两个函数是否表示同一个函数.

（1）$y=\dfrac{x^2-1}{x-1}$，$y=x+1$；　　　　（2）$y=\ln x^2$，$S=2\ln|t|$.

解 （1）函数 $y=\dfrac{x^2-1}{x-1}$ 的定义域是 $(-\infty, 1) \cup (1, +\infty)$；而函数 $y=x+1$ 的定义域是 $(-\infty, +\infty)$，即两个函数的定义域不同，尽管当 $x \neq 1$ 时，有 $y=\dfrac{x^2-1}{x-1}=x+1$，两个函数的对应法则相同，但不是同一个函数.

（2）函数 $y=\ln x^2$ 的定义域是 $(-\infty, 0) \cup (0, +\infty)$；而函数 $S=2\ln|t|$ 的定义域是 $(-\infty, 0) \cup (0, +\infty)$，所以两个函数的定义域相同. 又

$$S=2\ln|t|=\ln|t|^2=\ln t^2，$$

所以两个函数的对应法则也相同. 尽管两个函数的自变量、因变量所用的字母不同，但两个函数表示同一个函数.

三、函数的表示方法

一般地，函数可以用三种不同的方法来表示，即表格法、图像法和公式法.

1. 表格法

例 3 保险丝的熔断电流 I（单位:A）和直径 D（单位:mm）之间有如下表所示的关系：

直径 D/mm	0.508	0.559	0.61	0.71	0.813	0.915	1.22	3.0	3.5	4.0	5.0	6.0	7.0	10.0
熔断电流 I/A	1.63	1.83	2.03	2.34	2.65	2.95	3.26	16.0	19.0	22.0	27.0	32.0	37.0	44.0

从表中由直径 D 可读出对应的熔断电流 I 值.

表格法的特点是简明方便，缺点是自变量的取值有限.

2. 图像法

有些函数自然地产生了图像.

例 4 在自动记录气压计中，有一个匀速转动的圆柱形记录鼓，印有坐标方格的记录纸就裹在这鼓上，记录鼓每 24 小时转动一周. 气压计指针的端点装有一支黑水笔，笔尖接触着记录纸. 这样经过 24 小时之后，取下的记录纸上就

描画了一条曲线, 这条曲线表示气压 P 随时间 t 变化的函数关系.

　　例 5　如图 1-1 所示的心电图 (EKG) 显示两个人的心率模式, 一位正常, 另一位不正常. 尽管也可以构造一个心电图函数的近似公式, 但很少这样做. 这种重复出现的图形正是医生需要了解的. 从图像上可以看出, 每个心电图都把一个显示电流活动的函数表示为一个相对于时间的函数.

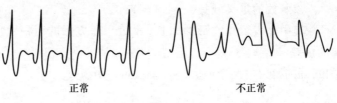

正常　　　　　　　　　　不正常

图 1-1

　　图像法的特点是形象直观, 富有启发性, 一目了然.

　　3. 公式法 (解析法)

　　公式法是把一个函数通过指明运算的数学式子表示出来, 依照它, 从自变量的值可以计算出因变量的对应值. 其特点是精确、完整, 便于理论上分析研究.

　　有一类函数, 称为**分段函数**, 它是一个在其定义域的不同部分用不同数学表达式表示的函数. 注意分段函数不是由几个函数组成, 而是一个函数.

　　下面我们介绍几个常用的函数.

　　例 6　**取整函数**

$$y = [x], \quad x \in (-\infty, +\infty).$$

符号 $[x]$ 表示不超过 x 的最大整数, 其图像如图 1-2 所示. 如 $[4] = 4$, $[4.15] = 4$, $[-4.5] = -5$, $[\sqrt{2}] = 1$. 由取整函数定义, 不难看出, 取整函数有如下性质: $[x] \leqslant x < [x] + 1$.

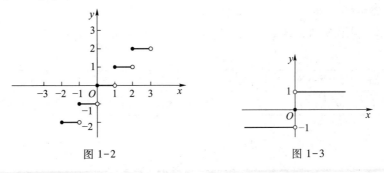

图 1-2　　　　　　　　　　图 1-3

　　例 7　**符号函数**

$$y = \operatorname{sgn} x = \begin{cases} 1, & x > 0, \\ 0, & x = 0, \\ -1, & x < 0. \end{cases}$$

其图像如图 1-3 所示.

例 8 狄利克雷(Dirichlet)函数

$$y = D(x) = \begin{cases} 1, & x \text{ 是有理数}, \\ 0, & x \text{ 是无理数}. \end{cases}$$

这个函数定义在整个数轴上,把定义域全体实数分成两类,有理数的函数值为 1,无理数的函数值为 0. 在平面坐标系中无法画出它的图像.

四、复合函数

变量间的依赖关系有时是错综复杂的,表现之一是锁链式的依赖关系,即 y 依赖于 u,u 依赖于 x,等等. 这种关系在数学上就抽象为复合函数的概念.

定义 1.2 设 $y = f(u)$,$u \in E$,$u = \varphi(x)$,$x \in D$. 若 $D(f) \cap R(\varphi) \neq \varnothing$,则 y 通过 u 构成的 x 的函数,称为由 $y = f(u)$ 与 $u = \varphi(x)$ 复合而成的函数,简称为**复合函数**,记作 $y = f(\varphi(x))$.

复合函数的定义域为 $\{x : x \in D$ 且 $\varphi(x) \in E\}$,其中 x 称为**自变量**,y 称为**因变量**,u 称为**中间变量**,$\varphi(x)$ 称为**内函数**,$f(u)$ 称为**外函数**. 例如,$y = \sqrt{u}$,$u = 1 - x^2$,则复合函数 $y = \sqrt{1 - x^2}$,$x \in [-1, 1]$.

要判断两个函数 $y = f(u)$,$u = \varphi(x)$ 能不能构成复合函数,只要看 $y = f(\varphi(x))$ 的定义域是否为非空集. 若不为空集,则能构成复合函数,否则就不能构成复合函数.

今后,我们要学会分析复合函数的复合结构,既要会把几个函数复合成一个复合函数,又要会把一个复合函数分拆成几个函数的复合.

五、反函数

函数 $y = f(x)$ 表示了 y 依赖于 x 的对应规律,x 是自变量,y 是因变量. 如果反过来,让 y 独立变化,考察 x 如何依赖于 y 而变化,这就引出了反函数的概念.

定义 1.3 设 $y = f(x)$,$x \in D$. 若对 $R(f)$ 中的每一个 y,都有唯一确定且满足 $y = f(x)$ 的 $x \in D$ 与之对应,则按此对应法则就能得到一个定义在 $R(f)$ 上的函数,称这个函数为 f 的**反函数**,记作

$$f^{-1} : R(f) \to D \quad \text{或} \quad x = f^{-1}(y), \quad y \in R(f).$$

由于习惯上用 x 表示自变量,y 表示因变量,所以常把上述反函数改写成

$$y = f^{-1}(x), \quad x \in R(f).$$

由函数、反函数的定义可知,反函数的定义域是原来函数的值域,值域是原来函数的定义域. 注意函数 $y = f(x)$ 与 $x = f^{-1}(y)$ 的图像相同,函数 $y = f(x)$ 与 $y = f^{-1}(x)$ 的图像关于直线 $y = x$ 对称.

例如，按习惯记法，函数 $y = \log_a x (a > 0, a \neq 1)$ 是 $y = a^x (a > 0, a \neq 1)$ 的反函数，$y = \arcsin x$ 是 $y = \sin x \left(x \in \left[-\dfrac{\pi}{2}, \dfrac{\pi}{2} \right] \right)$ 的反函数.

六、初等函数

中学数学补充内容
反正弦函数

中学数学补充内容
反余弦函数

中学数学补充内容
反正切函数
与反余切函数

在中学数学课程中，我们已经熟悉了以下几类函数：

常值函数 $y = C (C$ 是常数$)$，$x \in \mathbf{R}$；

幂函数 $y = x^a (a$ 为幂常数$)$，该函数的定义域由常数 a 确定，且总包含区间 $(0, +\infty)$；

指数函数 $y = a^x (a > 0, a \neq 1)$，$x \in \mathbf{R}$；

对数函数 $y = \log_a x (a > 0, a \neq 1)$，$x \in (0, +\infty)$；

三角函数 $y = \sin x$，$x \in \mathbf{R}$；$y = \cos x$，$x \in \mathbf{R}$；

$y = \tan x$，$x \in \left(k\pi - \dfrac{\pi}{2}, k\pi + \dfrac{\pi}{2} \right)$，$k \in \mathbf{Z}$；

$y = \cot x$，$x \in (k\pi, k\pi + \pi)$，$k \in \mathbf{Z}$；

反三角函数 $y = \arcsin x$，$x \in [-1, 1]$；$y = \arccos x$，$x \in [-1, 1]$；

$y = \arctan x$，$x \in \mathbf{R}$；$y = \text{arccot } x$，$x \in \mathbf{R}$.

以上六类函数，我们统称为**基本初等函数**，它们的图形及性质，见附录 I，请读者一定要记住，今后我们经常要用到基本初等函数的图像与性质. 由基本初等函数经过有限次四则运算与复合运算所得到的函数，统称为**初等函数**.

例如，多项式函数

$$P_n(x) = a_0 + a_1 x + \cdots + a_n x^n, \quad x \in \mathbf{R}$$

是常值函数与正整数幂函数经过有限次四则运算得到的. 有理（分式）函数

$$f(x) = \frac{P_n(x)}{Q_m(x)}$$

$(P_n(x)$，$Q_m(x)$ 分别为 n 次和 m 次多项式函数$)$ 的定义域是 $\{x : x \in \mathbf{R}$，且 $Q_m(x) \neq 0\}$.

凡不是初等函数的函数，皆称为**非初等函数**.

一般说来，分段函数不是初等函数，如前面已提到的符号函数、狄利克雷函数. 但个别分段函数除外，例如，

$$f(x) = \begin{cases} -x, & x \leqslant 0, \\ x, & x > 0, \end{cases}$$

由于 $f(x) = |x| = \sqrt{x^2}$ 是由 $y = \sqrt{u}$，$u = x^2$ 复合而成的，所以该函数是初等函数.

§1.2　具有某些特性的函数

一、奇函数与偶函数

定义 1.4　设 D 是关于原点对称的数集，f 为定义在 D 上的函数，若对每一个 $x \in D$（这时也有 $-x \in D$），都有

$$f(-x) = -f(x) \quad (f(-x) = f(x)),$$

则称 f 为 D 上的**奇（偶）函数**.

从函数图像上看，奇函数的图像关于原点对称，偶函数的图像关于 y 轴对称.

例 9　判断函数 $y = \log_a(x + \sqrt{1+x^2})\,(a>0, a \neq 1)$ 的奇偶性.

解　函数 y 的定义域是 $\mathbf{R} = (-\infty, +\infty)$，由于

$$f(-x) = \log_a(-x + \sqrt{1+(-x)^2}) = \log_a(-x + \sqrt{1+x^2})$$

$$= \log_a \frac{1+x^2-x^2}{x+\sqrt{1+x^2}} = -\log_a(x+\sqrt{1+x^2}) = -f(x),$$

所以 $f(x)$ 是奇函数.

二、周期函数

设 f 为定义在 D 上的函数，若存在某个非零常数 T，使得对一切 $x \in D$，都有 $x+T \in D$，且

$$f(x+T) = f(x),$$

则称 f 为周期函数. T 称为 f 的一个**周期**. 显然，若 T 是 $f(x)$ 的周期，则 kT 也是 $f(x)$ 的周期，$k \in \mathbf{Z}$. 若周期函数 f 的所有正周期中存在最小正周期，则称这个最小正周期为 f 的**基本周期**. 一般地，函数的周期指的是基本周期.

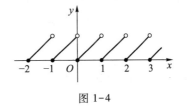

图 1-4

例 10　$f(x) = x - [x]$，$x \in (-\infty, +\infty)$ 的周期为 1（见图 1-4）.

例 11
$$D(x) = \begin{cases} 1, & x \text{ 是有理数}, \\ 0, & x \text{ 是无理数} \end{cases}$$

是周期函数，但不存在最小正周期.

事实上，我们可以证明任何非零有理数都是 $D(x)$ 的周期. 设 T 是一个非零有理数，任给 $x \in \mathbf{R}$，

（1）当 x 是有理数时，$x+T$ 也是有理数，则 $D(x+T) = D(x) = 1$；

（2）当 x 是无理数时，$x+T$ 也是无理数，则 $D(x+T) = D(x) = 0$.

所以当 $x \in \mathbf{R}$ 时，$D(x+T) = D(x)$，故 T 是 $D(x)$ 的周期. 但是所有正有理数中不存在最小的正数，所以 $D(x)$ 无最小正周期.

三、单调函数

定义 1.5 设 f 为定义在 D 上的函数，若对于 D 中的任意两个数 x_1，x_2 且 $x_1 < x_2$，总有

$$f(x_1) \leqslant f(x_2) \quad (f(x_1) \geqslant f(x_2)),$$

则称 f 为 D 上的递增(递减)函数. 若对 D 中的任意两个数 x_1，x_2 且 $x_1 < x_2$，总有

$$f(x_1) < f(x_2) \quad (f(x_1) > f(x_2)),$$

则称 f 为 D 上的严格递增(递减)函数.

递增和递减函数统称为**单调函数**，严格递增和严格递减函数统称为**严格单调函数**.

反函数存在性定理 严格递增(递减)的函数必有严格递增(递减)的反函数.

证 设函数 $y = f(x)$ 的定义域为 D，不妨设 $y = f(x)$ 在 D 上严格递增. 对 $R(f)$ 中的每一个 y_0，有 $x_0 \in D$，使 $f(x_0) = y_0$，我们证明这样的 x_0 只能有一个. 事实上，假设存在 $x_0' \neq x_0$，使 $f(x_0') = f(x_0)$，由 $f(x)$ 严格递增知，若 $x_0' < x_0$，则 $f(x_0') < f(x_0)$；若 $x_0' > x_0$，则 $f(x_0') > f(x_0)$，这与 $f(x_0') = f(x_0)$ 相矛盾. 所以，对每一个 $y_0 \in R(f)$，都存在且只存在唯一的 $x_0 \in D$，使 $f(x_0) = y_0$. 从而函数 $y = f(x)$ 存在反函数 $x = f^{-1}(y)$，$y \in R(f)$.

现证 $x = f^{-1}(y)$ 在 $R(f)$ 上是严格递增的，任取 y_1，$y_2 \in R(f)$ 且 $y_1 < y_2$. 设 $x_1 = f^{-1}(y_1)$，$x_2 = f^{-1}(y_2)$，则 $y_1 = f(x_1)$，$y_2 = f(x_2)$. 由 $f(x)$ 严格递增知，若 $x_1 > x_2$，则 $f(x_1) > f(x_2)$，即 $y_1 > y_2$；若 $x_1 = x_2$，则 $f(x_1) = f(x_2)$，即 $y_1 = y_2$，都与 $y_1 < y_2$ 相矛盾. 故只有 $x_1 < x_2$ 才能使 $y_1 < y_2$，所以 $x = f^{-1}(y)$ 在 $R(f)$ 上严格递增. □

例如，$y = \sin x$ 在 $\mathbf{R}$ 上没有反函数，但在 $\left[-\dfrac{\pi}{2}, \dfrac{\pi}{2} \right]$ 上严格递增，所以 $y = \sin x$ 在 $\left[-\dfrac{\pi}{2}, \dfrac{\pi}{2} \right]$ 上有反函数，它的反函数就是前面介绍过的

$$y = \arcsin x, \ x \in [-1, 1].$$

*四、有界集、确界原理

定义 1.6 设 $A \subset \mathbf{R}$，$A \neq \varnothing$，若存在常数 $M(N)$，使得对一切 $x \in A$，都有 $x \leqslant M (x \geqslant N)$，则称 A 为有上(下)界的数集，数 $M(N)$ 称为 A 的一个上(下)界.

显然，任何大(小)于 $M(N)$ 的数，也都是 A 的上(下)界. 因此，若 A 有一

个上界(下界)就有无数个上界(下界). 若数集 A 既有上界又有下界,则称 A 为**有界集**. 若 A 不是有界集,则称 A 为**无界集**.

有界集的定义可叙述如下:若存在常数 $M>0$,对每一个 $x \in A$,都有 $|x| \leq M$,则称 A 为有界集.

无界集的定义可叙述如下:若对任何实数 $M>0$,都存在一个 $x_0 \in A$,使 $|x_0|>M$,则称 A 为无界集.

若一个数集有上界,则它就有无限多个上界,在这些上界中最小的一个常常具有重要的作用,称它为数集的**上确界**. 同样,把有下界的数集的最大下界称为数集的**下确界**. 确界的定义如下:

定义 1.7 设 $A \subset \mathbf{R}$,$A \neq \varnothing$,若常数 α 满足下列两个条件:

(1) α 是 A 的上界,即对一切 $x \in A$,都有 $x \leq \alpha$;

(2) α 是 A 的最小上界,即对任意给定的 $\varepsilon>0$,$\alpha-\varepsilon$ 都不是 A 的上界,即任给 $\varepsilon>0$,一定存在 $x_0 \in A$,使 $x_0>\alpha-\varepsilon$(注意:这里的 x_0 随 ε 变化而变化),则称数 α 为数集 A 的上确界,记作 $\alpha=\sup A$ 或 $\alpha=\sup\limits_{x \in A}\{x\}$ [①].

定义 1.8 设 $A \subset \mathbf{R}$,$A \neq \varnothing$,若常数 β 满足下列两个条件:

(1) β 是 A 的下界,即对一切 $x \in A$,都有 $x \geq \beta$;

(2) β 是 A 的最大下界,即对任意给定的 $\varepsilon>0$,一定存在 $x_0 \in A$,使 $x_0<\beta+\varepsilon$,则称数 β 为数集 A 的下确界,记作 $\beta=\inf A$ 或 $\beta=\inf\limits_{x \in A}\{x\}$ [②].

例如,
$$\sup[0,2]=2,\ \inf[0,2]=0;$$
$$\sup(0,2)=2,\ \inf(0,2)=0;$$
$$\sup(0,2]=2,\ \inf(0,2]=0;$$
$$\sup\left\{1,\frac{1}{2},\frac{1}{3},\cdots\right\}=1,\ \inf\left\{1,\frac{1}{2},\frac{1}{3},\cdots\right\}=0;$$
$$\sup\left\{0,1,\frac{1}{2},\frac{1}{3},\cdots\right\}=1,\ \inf\left\{0,1,\frac{1}{2},\frac{1}{3},\cdots\right\}=0.$$

从上面这些例子可以看出,若数集 A 有上(下)确界,则上(下)确界可能属于 A,也可能不属于 A. 可以证明上(下)确界属于 A 的充要条件是上(下)确界为 A 的最大(小)值. 若数集 A 存在上(下)确界,则一定是唯一的.

关于数集确界的存在性问题,我们有如下的公理:

确界原理 非空有上(下)界的数集,必有上(下)确界.

推论 非空有界的数集,必有上(下)确界.

这个原理,我们作为公理来接受,它是微积分理论的基础,因此,我们应给予足够的重视.

---

① sup 是拉丁文 supremum(上确界)一词的简写.

② inf 是 infimum(下确界)一词的简写.

五、有界函数、无界函数

定义 1.9 设 f 为定义在 D 上的函数，若存在常数 $M(N)$，对每一个 $x \in D$，都有

$$f(x) \leqslant M \ (f(x) \geqslant N),$$

则称 f 为 D 上的有上（下）界的函数，$M(N)$ 称为 f 的一个上（下）界.

由定义知，若 $M(N)$ 为 f 的上（下）界，则任何大（小）于 $M(N)$ 的数也是 f 在 D 上的上（下）界.

定义 1.10 设 f 为定义在 D 上的函数，若存在常数 $N \leqslant M$，使得对每一个 $x \in D$，都有 $N \leqslant f(x) \leqslant M$，则称 f 为 D 上的有界函数.

我们也经常写成如下的等价定义：设 f 为定义在 D 上的函数，若存在常数 $M > 0$，使得对每一个 $x \in D$，都有 $|f(x)| \leqslant M$，则称 f 为 D 上的有界函数.

几何意义：若 f 为 D 上的有界函数，则 f 的图像完全落在直线 $y = M$ 与 $y = -M$ 之间.

注 直线 $y = M$，$y = -M$ 不一定与曲线 $y = f(x)$ 相切.

定义 1.11 设 f 为定义在 D 上的函数，若对每一个正常数 M（无论 M 多么大），都存在 $x_0 \in D$，使 $|f(x_0)| > M$，则称 f 为 D 上的无界函数.

注 当我们对一个陈述加以否定时，应该把逻辑量词"存在"换成"任给"，把"任给"换成"存在"，并且最后给出否定的结论.

例 12 证明 $f(x) = \dfrac{1}{\sqrt{x}}$ 在 $(0,1]$ 上无界.

证 对任何正常数 M，取 $x_0 = \dfrac{1}{(M+1)^2}$，则有

$$|f(x_0)| = \left| \frac{1}{\sqrt{x_0}} \right| = M+1 > M,$$

故 f 为 $(0,1]$ 上的无界函数. □

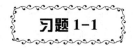

习题 1-1

1. 已知

$$f(x) = \begin{cases} 1+x, & x \leqslant 0, \\ 2^x, & x > 0, \end{cases}$$

求 $f(-2)$，$f(-1)$，$f(0)$，$f(1)$，$f(2)$.

2. 已知 $f(x) = \dfrac{1-x}{1+x}$，求 $f(0)$，$f(-x)$，$f(x+1)$，$f(x)+1$，$f\left(\dfrac{1}{x}\right)$.

3. 判断下列每小题中的两个函数是否表示同一函数:

(1) $y=\sqrt{x}\,(x\geqslant 0)$, $s=\sqrt{t}\,(t\geqslant 0)$; (2) $y=\sqrt{x}\,(0\leqslant x\leqslant 2)$, $y=\sqrt{x}$;

(3) $y=\sqrt{x^2}$, $y=|x|$; (4) $y=x$, $y=\sin(\arcsin x)$.

4. 设 $f(-1)=0$, $f(0)=2$, $f(1)=-3$, $f(2)=5$, 求三次有理函数 $f(x)=ax^3+bx^2+cx+d$.

5. 求下列函数的定义域:

(1) $y=(x-2)\sqrt{\dfrac{1+x}{1-x}}$; (2) $y=\sqrt{\cos x^2}$; (3) $y=\dfrac{\sqrt{x}}{\sin \pi x}$;

(4) $y=\arcsin \dfrac{2x}{1+x}$; (5) $y=\arcsin(1-x)+\lg(\lg x)$.

6. 求下列函数的定义域及值域:

(1) $y=\sqrt{2+x-x^2}$; (2) $y=\arccos \dfrac{2x}{1+x^2}$; (3) $y=\sqrt{x-x^2}$.

7. 设 $f\left(x+\dfrac{1}{x}\right)=x^2+\dfrac{1}{x^2}$, 求 $f(x)$.

8. 设 $f\left(\dfrac{1}{x}\right)=x+\sqrt{1+x^2}\,(x>0)$, 求 $f(x)$.

9. 在 Ox 轴上的开区间 $0<x<1$ 内有 2 kg 的质量均匀地分布着, 而在此轴上的两点 $x=2$ 和 $x=3$ 处各有集中的 1 kg 质量. 设 $m(x)$ 是介于区间 $(-\infty,x)$ 的质量的值, 求函数 $m=m(x)\,(-\infty<x<+\infty)$ 的解析表示式(用分段函数表示), 并作出这个函数的图形.

10. 在等腰梯形 $ABCD$ 中(第 10 题图), 底 $AD=a$, $BC=b\,(a>b)$, 高 $HB=h$. 引直线 $MN\parallel HB$, MN 与顶点 A 相距 $AM=x$, 把图中阴影部分的面积 S 表示为变量 x 的函数, 并作出函数 $S=S(x)$ 的图形.

11. 如第 11 题图, 试将内接于抛物弓形的矩形面积 A 表示为 x 的函数.

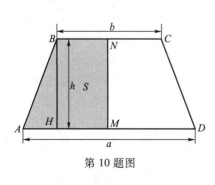

第 10 题图

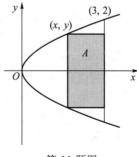

第 11 题图

12. 一半径为 R 的圆形铁片, 自中心剪去一扇形, 将剩余部分(中心角为 θ)围成一无底圆锥(第 12 题图), 试求此圆锥的容积 V 与 θ 的函数关系.

13. 在漏斗形的量杯上要刻上表示容积的刻度, 需要找出溶液深度 h 与其对应容积之间的函数关系式, 现已知漏斗的顶角为 $\dfrac{\pi}{6}$(第 13 题图), 试求容积与深度的函数关系式.

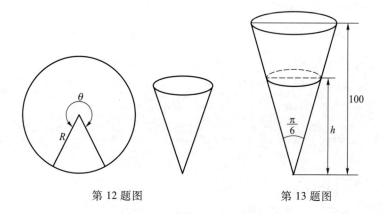

第 12 题图   第 13 题图

14. 某工厂要建造一蓄水池，池长 50 m，断面为一等腰梯形，其尺寸如第 14 题图所示，为了随时能知道池中水的吨数，在水池的端壁上标出尺寸，看出水高的高度 x，就可以换算出池内储水的吨数 W（1 m^3 水的质量为 1 t），试列出换算用的函数公式，即求 W 与 x 的函数.

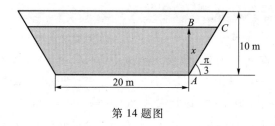

第 14 题图

15. 空调以至更小的家用喷雾液（发胶等）中使用的氟氯碳化物的释放会破坏臭氧层. 目前，臭氧含量 Q 正持续以每年 0.25% 的速率呈指数衰减，问臭氧的半衰期是多少，即以这样的速率多长时间将会有一半的臭氧消失？（注：任何指数增长函数都可写成 $P = P_0 e^{kt}$ 的形式，任何指数衰减函数都可写成 $Q = Q_0 e^{-kt}$ 的形式，这里 P_0 和 Q_0 是初始量，而 k 是正数，我们称 P 和 Q 以一个连续速率 k 增长或衰减.）

16. 一次核事故，例如切尔诺贝利（Chernobyl）核泄漏的主要污染源之一是锶-90，它以每年大约 2.47% 的速率呈指数衰减，切尔诺贝利核灾难后的初步估计显示该地区大约需要 100 年才可能再次成为人类居住的安全区，到那时原有的锶-90 还剩百分之几？

17. 拟建一个容积为 V 的长方体水池，设它的底为正方形，如果池底所有材料单位面积的造价是四周单位面积造价的 2 倍，试将总造价 y 表示成底边长 x 的函数，并确定此函数的定义域.

18. 某化肥厂生产某种产品 1 000 t，每吨定价为 130 元. 销售量在 700 t 以内时，按原价出售；超过 700 t 时，超过的部分需打 9 折出售. 试将销售总收益 y 与总销售量 x 的函数关系用数学表达式表出.

19. 求下列函数的反函数：

(1) $y = \dfrac{1-x}{1+x}$;

(2) $y = \sqrt{1-x^2} \ (-1 \leqslant x \leqslant 0)$;

(3) $y = \begin{cases} x, & x < 1, \\ x^2, & 1 \leqslant x \leqslant 4, \\ 2^x, & x > 4; \end{cases}$

(4) $y = \sqrt[3]{x+\sqrt{1+x^2}} + \sqrt[3]{x-\sqrt{1+x^2}}$.

20. 设 $\varphi(x) = \begin{cases} 0, & x \leqslant 0, \\ x, & x > 0, \end{cases}$ 及 $\psi(x) = \begin{cases} 0, & x \leqslant 0, \\ -x^2, & x > 0, \end{cases}$ 求 $\varphi(\varphi(x))$, $\psi(\psi(x))$, $\varphi(\psi(x))$,

$\psi(\varphi(x))$.

21. 设 $f(x) = \begin{cases} 1, & |x| \leqslant 1, \\ 0, & |x| > 1, \end{cases}$ 求 $f(f(x))$.

22. 设 $f_n(x) = \underbrace{f(f(\cdots f(x)))}_{n\text{个}}$, 若 $f(x) = \dfrac{x}{\sqrt{1+x^2}}$, 求 $f_n(x)$.

23. 判断下列函数的奇偶性:

(1) $f(x) = 3x - x^3$;

(2) $f(x) = \sqrt[3]{(1-x)^2} + \sqrt[3]{(1+x)^2}$;

(3) $f(x) = a^x + a^{-x} (a > 0)$;

(4) $f(x) = \ln\dfrac{1-x}{1+x}$.

24. 证明定义于对称区间 $(-\tau, \tau)$ 内的任何函数 $f(x)$ 可以表示成一个偶函数与一个奇函数之和的形式.

25. 判断下列函数中哪些是周期函数, 并求出它的最小正周期.

(1) $f(x) = \sin^2 x$;

(2) $f(x) = \sin x + \dfrac{1}{2}\sin 2x + \dfrac{1}{3}\sin 3x$;

(3) $f(x) = \sqrt{\tan x}$;

(4) $f(x) = 2\tan\dfrac{x}{2} - 3\tan\dfrac{x}{3}$;

(5) $f(x) = \sin x^2$;

(6) $y = \sin^4 x + \cos^4 x$.

26. 判断下列函数是否为初等函数:

(1) $y = \dfrac{e^{\sqrt{1-x^2}} + x^2}{1 + x + \sin\sqrt{x}}$;

(2) $y = \begin{cases} -x - x^3, & x < 0, \\ x + x^3, & x \geqslant 0; \end{cases}$

(3) $y = \begin{cases} x^2, & x < 1, \\ 0, & x \geqslant 1; \end{cases}$

(4) $y = \begin{cases} 1, & x \text{ 是有理数}, \\ 0, & x \text{ 是无理数}. \end{cases}$

27. 判断下列函数的有界性:

(1) $y = |\sin x| e^{\cos x}$;

(2) $y = \dfrac{x}{1+x^2}$;

(3) $y = \sin\dfrac{1}{x}$;

(4) $y = e^{\frac{1}{x}}$.

28. 延拓定义在 $[0, +\infty)$ 上的函数 $f(x)$ 到整个实数轴上, 使所得函数为 (i) 偶函数; (ii) 奇函数.

(1) $f(x) = x^3 + x^2$;

(2) $f(x) = \sqrt{x}$.

§2 数 列 极 限

§2.1 数列极限的概念

一、数列极限的概念

在中学，我们对数列 $\{a_n\}$：$a_1, a_2, a_3, \cdots, a_n, \cdots$ 已经有了初步的了解. 下面，我们给出数列的准确定义.

定义 1.12 若函数的定义域为全体正整数集，则称函数 $f: \mathbf{N}_+ \to \mathbf{R}$ 或 $f(n)$（$n \in \mathbf{N}_+$）为自变量取正整数的函数. 因正整数集 $\mathbf{N}_+$ 的元素可按大小顺序依次排列，因此，函数值 $f(n)$ 也可按 n 从小到大的次序排列成一列：

$$f(1), f(2), f(3), \cdots, f(n), \cdots,$$

称为**数列**. 若令 $a_n = f(n)$，则把 $a_1, a_2, a_3, \cdots, a_n, \cdots$ 简记为 $\{a_n\}$，其中 a_n 称为数列的**通项**.

那么当 n 无限增大时，数列的项 a_n 有怎样的变化趋向呢？

例1 $\dfrac{1}{2}, \dfrac{1}{2^2}, \dfrac{1}{2^3}, \cdots, \dfrac{1}{2^n}, \cdots$ 或 $\left\{\dfrac{1}{2^n}\right\}$. 不难看出，数列 $\left\{\dfrac{1}{2^n}\right\}$ 的通项随着 n 的无限增大而无限地接近于 0（图 1-5），这个例子反映了一类数列的某种特性. 即数列 $\{a_n\}$ 的通项随着 n 的无限增大而无限地接近某一个常数 a. 让我们看一看该数列的变化趋势：

$$n > 10, \quad \left|\frac{1}{2^n} - 0\right| < \frac{1}{2^{10}};$$

$$n > 100, \quad \left|\frac{1}{2^n} - 0\right| < \frac{1}{2^{100}};$$

$$n > 1\,000, \quad \left|\frac{1}{2^n} - 0\right| < \frac{1}{2^{1\,000}}.$$

即 n 越大，$\left|\dfrac{1}{2^n} - 0\right|$ 越接近于 0，而且这种接近是没有限制地接近，即要有多接近就有多接近.

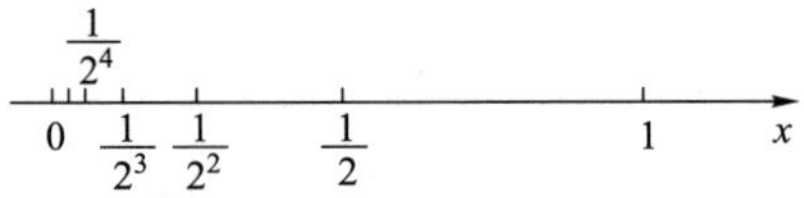

图 1-5

例2 $\left\{\dfrac{1}{n}\right\}$：$1,\dfrac{1}{2},\dfrac{1}{3},\cdots,\dfrac{1}{n},\cdots$ 随着 n 的无限增大而无限地接近于 0（图1-6）.

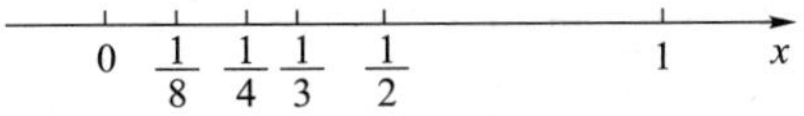

图 1-6

例3 $\left\{3+\dfrac{(-1)^{n}}{n}\right\}$：$2,3+\dfrac{1}{2},3-\dfrac{1}{3},\cdots,3+\dfrac{(-1)^{n}}{n},\cdots$ 随着 n 的无限增大而无限地接近于 3（图 1-7）.

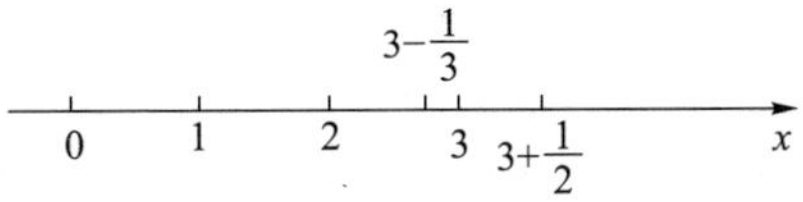

图 1-7

是不是任何数列 $\{a_{n}\}$ 都是随着 n 的无限增大而无限地接近于某一个常数 a 呢？我们再来看几个例子.

例4 $\{n^{2}\}$：$1,4,9,\cdots,n^{2},\cdots$ 随着 n 的无限增大而越来越大，不能与某一个常数 a 无限地接近.

例5 $\{(-1)^{n}\}$：$-1,1,-1,\cdots,(-1)^{n},\cdots$ 随着 n 的无限增大也不能与某一个常数 a 无限接近.

从上面这些例子我们可看出，数列有两类，一类是 $\{a_{n}\}$ 中的 a_{n} 随着 n 的无限增大而无限地接近某一个常数 a，我们称 a 是数列 $\{a_{n}\}$ 的极限；另一类 $\{a_{n}\}$ 中的 a_{n} 随着 n 的无限增大而不能无限接近于一个确定的常数 a. 第一类数列对我们很重要.

为什么我们不把陈述："a_{n} 随着 n 的无限增大而无限地接近某一个常数 a"作为 a 是数列 $\{a_{n}\}$ 的极限的定义呢？尽管这句话很直观且通俗易懂，但不能精确地描述极限的过程，首先它仅是形象表述，不符合数学的严密性与简洁性，其次把它作为定义不利于证明其他命题，证明过程也无法表述. 因此，我们需要的是清楚、简洁的数学表达式.

若数列 $\{a_{n}\}$ 的极限是某一个确定的常数 a，那么在 a 的任意给定的 ε 邻域 $(a-\varepsilon,a+\varepsilon)$ 外面有数列 a_{n} 的多少项呢？从给出的几何图形（图 1-8）中可以看出，外面只有有限项.

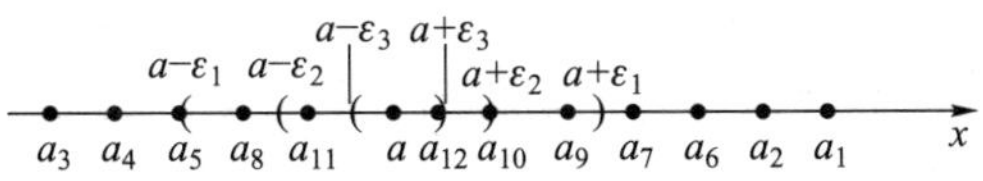

图 1-8

设这有限项的最大下标为 N, 则当 $n>N$ 时, $a_n \in (a-\varepsilon, a+\varepsilon)$, 即 $|a_n-a|<\varepsilon$, 这就是数列极限的本质. 由此, 我们得到数列极限的定义.

定义 1.13 设 $\{a_n\}$ 是一个数列, a 是一个确定的常数, 若对任意给定的正数 ε, 总存在一个正整数 N, 使得当 $n>N$ 时, 都有 $|a_n-a|<\varepsilon$, 则称数列 $\{a_n\}$ 的极限是 a. 或者说数列 $\{a_n\}$ 收敛到 a, 记作 $\lim\limits_{n\to\infty} a_n = a$(读作当 n 趋向于无穷大时, a_n 的极限是 a)或记作 $a_n \to a(n\to\infty)$(读作当 n 趋向于无穷大时, a_n 趋向于 a).

此定义称为数列极限的 ε-N 定义.

若"任给"用"$\forall$"表示, "存在"用"$\exists$"表示, 则 ε-N 定义可叙述为:

若 $\forall \varepsilon>0$, $\exists$ 正整数 N, 当 $n>N$ 时, 都有 $|a_n-a|<\varepsilon$, 则

$$\lim_{n\to\infty} a_n = a.$$

对数列极限定义的几点说明:

1. ε 的任意性. ε 是一个正数, 其作用在于衡量 a_n 与 a 的接近程度. 尽管 ε 是任意给定的, 但当它一经给出, 就应暂时看成一个定值, 以便根据它来求 N. 既然 ε 是任意的正数, 那么 2ε, 10ε, $\sqrt{\varepsilon}$, ε^2 等同样也是任意的正数, 因此定义中不等式右边的 ε 也可用 2ε, 10ε, $\sqrt{\varepsilon}$ 或 ε^2 等来代替. 同样可以把"<"号换成"≤"号. (注意: 可限制 ε 小于某一个正常数, 不影响衡量 a_n 与 a 接近的程度.)

2. N 的相应性. 一般说, N 是随着 ε 的变小而变大的, 但 ε 给定以后, 确定的 N 不是唯一的, 因为对已给的 ε, 若 $N=100$ 满足要求, 则 $N=101$, 102, $\cdots$ 自然更能满足要求. 在定义中, 只要求存在一个正整数 N, 而不在于它的值有多大, 只要求对一切 $n>N$ 时, 都有 $|a_n-a|<\varepsilon$. 至于 $n \leqslant N$ 时, $|a_n-a|$ 是大于或等于 ε 是无关紧要的, 而且 $n>N$ 也可改成 $n \geqslant N$.

3. **几何意义**: $\lim\limits_{n\to\infty} a_n = a$ 等价于任意给定正数 ε, 相应地存在 N, 当 $n>N$ 时, 都有 $|a_n-a|<\varepsilon$, 即有 $a-\varepsilon<a_n<a+\varepsilon$ 或 $a_n \in (a-\varepsilon, a+\varepsilon)$. 换一句话说, a 的任何给定的 ε 邻域中都含有数列 $\{a_n\}$ 中除了有限项以外的所有项.

重难点讲解
数列极限的定义

重难点讲解
数列极限定义的
理解

性质 1(唯一性) 若数列 $\{a_n\}$ 的极限存在, 则极限值是唯一的.

分析 如果不唯一, 即有 $\lim\limits_{n\to\infty} a_n = a$, $\lim\limits_{n\to\infty} a_n = b$, $a \neq b$. 当 n 充分大时, 由于

$$|a-b| = |a-a_n+a_n-b| \leqslant |a-a_n| + |a_n-b|$$
$$= |a_n-a| + |a_n-b| < \varepsilon + \varepsilon = 2\varepsilon,$$

要想推出矛盾, 只要取 $\varepsilon \leqslant \dfrac{|a-b|}{2}$ 即可.

证 反证法. 假设极限值不唯一, 即有 $\lim\limits_{n\to\infty} a_n = a$, $\lim\limits_{n\to\infty} a_n = b$, $a \neq b$.

取 $\varepsilon = \dfrac{|a-b|}{3} > 0$, 由 $\lim\limits_{n\to\infty} a_n = a$ 知, 存在正整数 N_1, 当 $n>N_1$ 时, 有

$$|a_n - a| < \varepsilon.$$

同理，由 $\lim\limits_{n \to \infty} a_n = b$ 知，存在正整数 N_2，当 $n > N_2$ 时，有

$$|a_n - b| < \varepsilon.$$

取 $N = \max\{N_1, N_2\}$，当 $n > N$ 时，都有 $|a_n - a| < \varepsilon$，$|a_n - b| < \varepsilon$. 则

$$|a - b| = |a - a_n + a_n - b| \leqslant |a_n - a| + |a_n - b| < \varepsilon + \varepsilon = 2\varepsilon = \frac{2}{3}|a - b|,$$

由 $|a - b| > 0$，推出 $1 < \frac{2}{3}$. 矛盾. □

一个数列 $\{a_n\}$ 若有极限，就称它为收敛数列，否则称为发散数列.

利用数列极限的定义，我们可得到

定理 1.1　**改变数列的有限项，不改变数列的收敛性与极限.**

证　设数列 $\{a_n\}$ 收敛且极限为 a，不妨设改变了前 k 项，得到数列 $\{b_n\}$，即有

$$\{a_n\}: a_1, a_2, \cdots, a_k, a_{k+1}, \cdots, a_n, \cdots,$$

$$\{b_n\}: b_1, b_2, \cdots, b_k, a_{k+1}, \cdots, a_n, \cdots.$$

由于 $\lim\limits_{n \to \infty} a_n = a$，所以，$\forall \varepsilon > 0$，$\exists$ 正整数 N_1，当 $n > N_1$ 时，都有 $|a_n - a| < \varepsilon$. 取 $N = \max\{k, N_1\}$，当 $n > N$ 时，都有 $|a_n - a| < \varepsilon$. 当 $n > N \geqslant k$ 时，有 $a_n = b_n$，从而 $n > N$ 时，都有 $|b_n - a| < \varepsilon$，所以 $\lim\limits_{n \to \infty} b_n = a$. 从而 $\{b_n\}$ 收敛，且极限仍为 a.

若 $\{a_n\}$ 不收敛，则 $\{b_n\}$ 亦不收敛. 因若 $\{b_n\}$ 收敛，则 $\{a_n\}$ 可以看成经 $\{b_n\}$ 改变有限项后所得到的数列，由上面证明知，$\{a_n\}$ 收敛，矛盾. 故 $\{b_n\}$ 发散. □

二、怎样用 ε-N 定义验证数列极限的存在

在 ε-N 定义中，ε 是任意给定的正数，N 一般依赖于 ε. 因此，我们是要从 $|a_n - a| < \varepsilon$ 中找出使此不等式成立的正整数 N，使得当 $n > N$ 时，此不等式成立. 即由果索因，应采取分析法.

$\forall \varepsilon > 0$，要使 $|a_n - a| < \varepsilon$ 成立，只要 $\cdots$ 成立，$\cdots$，只要 $n > N(\varepsilon)$. 取 $N = N(\varepsilon)$，当 $n > N$ 时，由逐步可逆，推出 $|a_n - a| < \varepsilon$. 换句话说，找到使 $|a_n - a| < \varepsilon$ 成立的充要条件或充分条件 $n > N(\varepsilon)$，即

① $|a_n - a| < \varepsilon \Leftrightarrow n > N(\varepsilon)$；

② $|a_n - a| < \varepsilon \Leftarrow n > N(\varepsilon)$.

1. 直接法

我们要证明 $\lim\limits_{n \to \infty} a_n = a$，即证明任给 $\varepsilon > 0$，存在正整数 N，当 $n > N$ 时，都有 $|a_n - a| < \varepsilon$. 关键是从 $|a_n - a| < \varepsilon$ 中解出 $n > N(\varepsilon)$.

例 6 证明 $\lim\limits_{n\to\infty}\dfrac{1}{n^k}=0^{☆①}$，$k>0$ 为常数.

证 $\forall\varepsilon>0$，要使 $\left|\dfrac{1}{n^k}-0\right|<\varepsilon\Leftrightarrow\dfrac{1}{n^k}<\varepsilon\Leftrightarrow n^k>\dfrac{1}{\varepsilon}$，只要 $n>\left(\dfrac{1}{\varepsilon}\right)^{\frac{1}{k}}$. 取 $N=\max\left\{1,\left[\left(\dfrac{1}{\varepsilon}\right)^{\frac{1}{k}}\right]\right\}$，当 $n>N$ 时，都有 $\left|\dfrac{1}{n^k}-0\right|<\varepsilon$. 所以 $\lim\limits_{n\to\infty}\dfrac{1}{n^k}=0$. $\square$

注 取 $N=\max\left\{1,\left[\left(\dfrac{1}{\varepsilon}\right)^{\frac{1}{k}}\right]\right\}$ 是为了保证 N 是正整数.

例 7 证明 $\lim\limits_{n\to\infty}q^n=0^{☆}$，$|q|<1$ 为常数.

证 （1）当 $q=0$ 时，显然有 $\lim\limits_{n\to\infty}0=0$.

（2）当 $0<|q|<1$ 时，$\forall\varepsilon>0$，要使 $|q^n-0|<\varepsilon\Leftrightarrow|q|^n<\varepsilon\Leftrightarrow\lg|q|^n<\lg\varepsilon\Leftrightarrow n\lg|q|<\lg\varepsilon$（注意 $\lg|q|$ 为负数），只要

$$n>\frac{\lg\varepsilon}{\lg|q|}.$$

取 $N=\max\left\{1,\left[\dfrac{\lg\varepsilon}{\lg|q|}\right]\right\}$，当 $n>N$ 时，都有 $|q^n-0|<\varepsilon$.

所以 $\lim\limits_{n\to\infty}q^n=0$. $\square$

例 8 证明 $\lim\limits_{n\to\infty}\sqrt[n]{a}=1^{☆}$，$a>1$ 为常数.

证 $\forall\varepsilon>0$，要使

$$\left|\sqrt[n]{a}-1\right|<\varepsilon\Leftrightarrow\sqrt[n]{a}-1<\varepsilon\Leftrightarrow a^{\frac{1}{n}}<1+\varepsilon\Leftrightarrow\log_a a^{\frac{1}{n}}<\log_a(1+\varepsilon)\Leftrightarrow\frac{1}{n}<\log_a(1+\varepsilon),$$

只要

$$n>\frac{1}{\log_a(1+\varepsilon)}.$$

取 $N=\max\left\{1,\left[\dfrac{1}{\log_a(1+\varepsilon)}\right]\right\}$，当 $n>N$ 时，都有 $\left|\sqrt[n]{a}-1\right|<\varepsilon$.

所以 $\lim\limits_{n\to\infty}\sqrt[n]{a}=1$. $\square$

2. 适当放大法

有时从 $|a_n-a|<\varepsilon$ 中等价解出 $n>N(\varepsilon)$ 不容易，或者虽然能解出，但很复杂. 这时我们就可用适当放大法，即让 $|a_n-a|\leqslant g(n)$（令 $n>N_1$），要 $g(n)<\varepsilon$ 成立，只要 $n>N_2(\varepsilon)$，取 $N=\max\{N_1,[N_2(\varepsilon)]\}$，当 $n>N$ 时，有 $|a_n-a|\leqslant g(n)<\varepsilon$，即 $|a_n-a|<\varepsilon$.

在用适当放大法时，我们要求：

---

① ☆表示常用的极限.

① 放大以后的 $g(n)$ 要尽可能简单，从 $g(n)<\varepsilon$ 中容易解出 $n>N_2(\varepsilon)$；

② $\lim\limits_{n\to\infty}g(n)=0$，即放大后的式子必须以 0 为极限.

（a）直接放大，把 $|a_n-a|$ 一步一步地放大，使
$$|a_n-a|\leqslant g(n)\,(\diamondsuit\ n>N_1).$$

例 9 证明 $\lim\limits_{n\to\infty}\dfrac{a^n}{n!}=0^{☆}$，$a$ 是常数.

证 （i）当 $a=0$ 时，显然有 $\lim\limits_{n\to\infty}\dfrac{a^n}{n!}=\lim\limits_{n\to\infty}0=0.$

（ii）当 $a\neq0$ 时，设 $|a|<m$，m 是正整数，且为常数. 设 $\dfrac{|a|}{1}\cdot\dfrac{|a|}{2}\cdot\cdots\cdot$

$\dfrac{|a|}{m}=K$ 是正常数，从而

$$\left|\frac{a^n}{n!}-0\right|=\frac{|a|}{1}\cdot\frac{|a|}{2}\cdot\cdots\cdot\frac{|a|}{m}\cdot\frac{|a|}{m+1}\cdot\cdots\cdot\frac{|a|}{n-1}\cdot\frac{|a|}{n}<\frac{K|a|}{n}(\diamondsuit\ n>m),$$

因此，$\forall\varepsilon>0$，要使 $\left|\dfrac{a^n}{n!}-0\right|<\varepsilon$，只要 $\dfrac{K|a|}{n}<\varepsilon\Leftrightarrow n>\dfrac{K|a|}{\varepsilon}$. 取 $N=$

$\max\left\{m,\left[\dfrac{K|a|}{\varepsilon}\right]\right\}$，当 $n>N$ 时，就有 $\left|\dfrac{a^n}{n!}-0\right|<\varepsilon.$ 所以 $\lim\limits_{n\to\infty}\dfrac{a^n}{n!}=0.$ $\square$

（b）间接放大，有时从 $|a_n-a|$ 直接放大不容易，我们可借助于其他公式，如二项式公式及各种不等式等辅助工具来达到放大的目的.

例 10 证明 $\lim\limits_{n\to\infty}\sqrt[n]{n}=1^{☆}.$

证 设 $\left|\sqrt[n]{n}-1\right|=\sqrt[n]{n}-1=h_n$，可得 $n=(1+h_n)^n$. 利用二项式公式，有

$$n=1+nh_n+\frac{n(n-1)}{2}h_n^2+\cdots+h_n^n>1+\frac{n(n-1)}{2}h_n^2,$$

可推出 $h_n^2<\dfrac{2}{n}$，即 $h_n<\sqrt{\dfrac{2}{n}}$，于是

$$\left|\sqrt[n]{n}-1\right|<\sqrt{\frac{2}{n}}.$$

所以 $\forall\varepsilon>0$，要使 $\left|\sqrt[n]{n}-1\right|<\varepsilon$，只要 $\sqrt{\dfrac{2}{n}}<\varepsilon\Leftrightarrow\dfrac{2}{n}<\varepsilon^2\Leftrightarrow n>\dfrac{2}{\varepsilon^2}$. 取 $N=$

$\max\left\{1,\left[\dfrac{2}{\varepsilon^2}\right]\right\}$，当 $n>N$ 时，都有 $\left|\sqrt[n]{n}-1\right|<\varepsilon.$ 所以

$$\lim\limits_{n\to\infty}\sqrt[n]{n}=1.\ \square$$

§2.2 收敛数列的性质

如果数列 $\{a_n\}$ 的极限存在，设极限为 a. 由几何意义知，在 a 的任何给定

的 ε 邻域外仅有有限项. 由这一事实可得

性质 2(有界性) 若数列 $\{a_n\}$ 收敛,则 $\{a_n\}$ 为有界数列. 即存在某正常数 M,使得对一切正整数 n,都有 $|a_n| \leq M$.

证 设 $\lim\limits_{n \to \infty} a_n = a$. 由极限定义知,取 $\varepsilon = 1$,存在相应的正整数 N,对一切 $n > N$,有

$$|a_n - a| < 1,$$

由 $|a_n| - |a| \leq |a_n - a| < 1$ 知,对一切 $n > N$,有 $|a_n| < 1 + |a|$. 设

$$M = \max\{|a_1|,\ |a_2|,\ \cdots,\ |a_N|,\ 1 + |a|\},$$

则对一切正整数 n,都有 $|a_n| \leq M$. □

有界性只是数列收敛的必要条件,而非充分条件. 例如,数列 $\{(-1)^n\}$ 有界,但它并不收敛. 该性质的逆否命题为真,即

推论 若数列 $\{a_n\}$ 无界,则数列 $\{a_n\}$ 发散.

如果 $\lim\limits_{n \to \infty} a_n = a$,$\lim\limits_{n \to \infty} b_n = b$ 且 $a < b$. 我们可取 ε 充分小,使得 $a + \varepsilon \leq b - \varepsilon$ $\left(\text{取 } \varepsilon \text{ 满足 } 0 < \varepsilon \leq \dfrac{b-a}{2} \text{ 即可}\right)$,

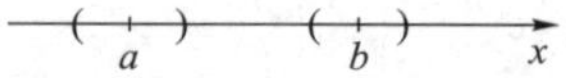

于是 a 的 ε 邻域与 b 的 ε 邻域不相交(图 1-9). 由极限定义知,存在正整数 N_1,当 $n > N_1$ 时,$a_n \in (a - \varepsilon,\ a + \varepsilon)$;存在正整数 N_2,当 $n > N_2$ 时,$b_n \in (b - \varepsilon,\ b + \varepsilon)$.

图 1-9

设 $N = \max\{N_1,\ N_2\}$,当 $n > N$ 时,有 $a_n \in (a - \varepsilon,\ a + \varepsilon)$,$b_n \in (b - \varepsilon,\ b + \varepsilon)$,则 $a_n < a + \varepsilon \leq b - \varepsilon < b_n$,所以我们有如下的

性质 3 设 $\lim\limits_{n \to \infty} a_n = a$,$\lim\limits_{n \to \infty} b_n = b$ 且 $a < b$,则存在正整数 N,当 $n > N$ 时(即 n 充分大时),都有 $a_n < b_n$.

证 由于 $\lim\limits_{n \to \infty} a_n = a$,$\lim\limits_{n \to \infty} b_n = b$,且 $a < b$. 取 $\varepsilon = \dfrac{b-a}{2} > 0$,存在正整数 N_1 及 N_2,使得

$$\text{当 } n > N_1 \text{ 时},\ |a_n - a| < \frac{b-a}{2},\ \text{即 } \frac{3a-b}{2} < a_n < \frac{a+b}{2},$$

$$\text{当 } n > N_2 \text{ 时},\ |b_n - b| < \frac{b-a}{2},\ \text{即 } \frac{a+b}{2} < b_n < \frac{3b-a}{2},$$

取 $N = \max\{N_1,\ N_2\}$,当 $n > N$ 时,都有

$$a_n < \frac{a+b}{2} \text{ 且 } \frac{a+b}{2} < b_n,\ \text{即 } a_n < b_n. \quad \square$$

推论(保号性) 若 $\lim\limits_{n \to \infty} a_n = a > 0 (a < 0)$,则对于满足 $0 < \eta < a (a < \eta < 0)$ 的任何常数 η,存在正整数 N,当 $n > N$ 时,都有

$$a_n > \eta > 0 \quad (a_n < \eta < 0).$$

证 对 $0 < \eta < a$,设 $b_n = \eta (n = 1, 2, \cdots)$,则 $\lim\limits_{n \to \infty} b_n = \eta$. 由 $\lim\limits_{n \to \infty} a_n = a (0 < \eta < a)$ 及

性质 3 知, 存在正整数 N, 当 $n>N$ 时, 都有 $a_n>b_n=\eta>0$. 对 $a<0$ 的情况, 同理可证. □

性质 4(不等式性质) 若 $\lim\limits_{n\to\infty}a_n=a$, $\lim\limits_{n\to\infty}b_n=b$, 且存在正整数 N_0, 当 $n>N_0$ 时, 都有 $a_n\geq b_n$, 则 $a\geq b$.

证 用反证法. 假设 $a<b$, 由性质 3 知, 存在正整数 N_1, 当 $n>N_1$ 时, 都有 $a_n<b_n$. 取 $N=\max\{N_0,N_1\}$, 当 $n>N$ 时, 有 $a_n<b_n$, 与当 $n>N$ 时 $a_n\geq b_n$ 相矛盾, 所以假设不成立. 因此 $a\geq b$. □

注 在性质 4 中, 即使存在正整数 N_0, 当 $n>N_0$ 时, 都有 $a_n>b_n$, 也不能保证 $a>b$. 例如, $a_n=\dfrac{1}{n}$, $b_n=-\dfrac{1}{n}$, $a_n>b_n(n=1,2,3,\cdots)$, 但 $\lim\limits_{n\to\infty}a_n=0$, $\lim\limits_{n\to\infty}b_n=0$, 两极限相等.

性质 5(数列极限的四则运算) 如果 $\lim\limits_{n\to\infty}a_n=a$, $\lim\limits_{n\to\infty}b_n=b$, 则数列 $\{a_n\pm b_n\}$, $\{a_nb_n\}$, $\left\{\dfrac{a_n}{b_n}\right\}(b\neq 0)$ 的极限都存在, 且

(1) $\lim\limits_{n\to\infty}(a_n\pm b_n)=\lim\limits_{n\to\infty}a_n\pm\lim\limits_{n\to\infty}b_n=a\pm b$;

(2) $\lim\limits_{n\to\infty}(a_n\cdot b_n)=\lim\limits_{n\to\infty}a_n\cdot\lim\limits_{n\to\infty}b_n=a\cdot b$,

特别地, 当 k 为常数时, 有

$$\lim_{n\to\infty}ka_n=k\lim_{n\to\infty}a_n=ka;$$

(3) $\lim\limits_{n\to\infty}\dfrac{a_n}{b_n}=\dfrac{\lim\limits_{n\to\infty}a_n}{\lim\limits_{n\to\infty}b_n}=\dfrac{a}{b}\ (b\neq 0).$

重难点讲解
数列极限性质
(一)

*证 由于 $a_n-b_n=a_n+(-1)b_n$, $\dfrac{a_n}{b_n}=a_n\dfrac{1}{b_n}$, 所以我们只需证明关于和、积与倒数运算的结论.

由于 $\lim\limits_{n\to\infty}a_n=a$, $\lim\limits_{n\to\infty}b_n=b$, 所以, 任给 $\varepsilon>0$, 由定义知, 分别存在正整数 N_1 和 N_2, 当 $n>N_1$ 时, 有 $|a_n-a|<\varepsilon$, 当 $n>N_2$ 时, 有 $|b_n-b|<\varepsilon$. 取 $N=\max\{N_1,N_2\}$, 则当 $n>N$ 时, 都有 $|a_n-a|<\varepsilon$, $|b_n-b|<\varepsilon$. 从而, 有

重难点讲解
数列极限性质
(二)

(1)
$$\begin{aligned}|(a_n+b_n)-(a+b)|&=|(a_n-a)+(b_n-b)|\\&\leq|a_n-a|+|b_n-b|<\varepsilon+\varepsilon=2\varepsilon,\end{aligned}$$

所以, $\lim\limits_{n\to\infty}(a_n+b_n)=a+b=\lim\limits_{n\to\infty}a_n+\lim\limits_{n\to\infty}b_n$.

(2)
$$\begin{aligned}|a_nb_n-ab|&=|a_nb_n-ab_n+ab_n-ab|\\&=|(a_n-a)b_n+a(b_n-b)|\\&\leq|a_n-a||b_n|+|a||b_n-b|,\end{aligned}$$

由收敛数列的有界性知, 存在正数 M, 对一切 n, 有 $|b_n|\leq M$. 于是,

$$|a_nb_n-ab|<\varepsilon M+|a|\varepsilon=(M+|a|)\varepsilon,$$

由 ε 的任意性知, $\lim\limits_{n\to\infty}a_nb_n=ab=\lim\limits_{n\to\infty}a_n\cdot\lim\limits_{n\to\infty}b_n$.

重难点讲解
数列极限性质
(三)

（3）由 $\lim\limits_{n\to\infty}b_n=b\neq 0$，知 $\lim\limits_{n\to\infty}|b_n|=|b|>0$，取 $0<\eta=\dfrac{|b|}{2}<|b|$．由保号性知，存在正整数 N_0，当 $n>N_0$ 时，有 $|b_n|>\dfrac{|b|}{2}$．

取 $N=\max\{N_0,N_2\}$，当 $n>N$ 时，有 $|b_n-b|<\varepsilon$，且 $|b_n|>\dfrac{|b|}{2}$，则

$$\left|\frac{1}{b_n}-\frac{1}{b}\right|=\frac{|b_n-b|}{|b_n||b|}<\frac{|b_n-b|}{|b|\dfrac{|b|}{2}}<\frac{2\varepsilon}{|b|^2},$$

由 ε 的任意性知，$\lim\limits_{n\to\infty}\dfrac{1}{b_n}=\dfrac{1}{b}=\dfrac{1}{\lim\limits_{n\to\infty}b_n}$（$b\neq 0$）．□

注 数列极限的四则运算前提是两个数列的极限都存在，并可把数列极限推广到有限项极限的四则运算，但数列极限的运算法则不能推广到无限项．

例 11 $\lim\limits_{n\to\infty}\left(\underbrace{\dfrac{1}{n}+\dfrac{1}{n}+\cdots+\dfrac{1}{n}}_{n\text{项}}\right)\neq\lim\limits_{n\to\infty}\dfrac{1}{n}+\lim\limits_{n\to\infty}\dfrac{1}{n}+\cdots+\lim\limits_{n\to\infty}\dfrac{1}{n}=0.$

实际上

$$\lim\limits_{n\to\infty}\left(\frac{1}{n}+\frac{1}{n}+\cdots+\frac{1}{n}\right)=\lim\limits_{n\to\infty}1=1.$$

例 12 证明 $\lim\limits_{n\to\infty}\sqrt[n]{a}=1$（$a>0$ 为常数）．

证 当 $a>1$ 时，我们已证 $\lim\limits_{n\to\infty}\sqrt[n]{a}=1$；当 $a=1$ 时，$\lim\limits_{n\to\infty}\sqrt[n]{1}=\lim\limits_{n\to\infty}1=1$；当 $0<a<1$ 时，$\lim\limits_{n\to\infty}\sqrt[n]{a}=\lim\limits_{n\to\infty}\dfrac{1}{\sqrt[n]{\dfrac{1}{a}}}=1.$

故 $\lim\limits_{n\to\infty}\sqrt[n]{a}=1.$ □

例 13 求

$$\lim\limits_{n\to\infty}\frac{a_0n^m+a_1n^{m-1}+\cdots+a_{m-1}n+a_m}{b_0n^k+b_1n^{k-1}+\cdots+b_{k-1}n+b_k},$$

其中 $m\leqslant k$，$a_0\neq 0$，$b_0\neq 0$．

解

$$\lim\limits_{n\to\infty}\frac{a_0n^m+a_1n^{m-1}+\cdots+a_{m-1}n+a_m}{b_0n^k+b_1n^{k-1}+\cdots+b_{k-1}n+b_k}$$

$$=\lim\limits_{n\to\infty}\frac{n^m\left(a_0+a_1\dfrac{1}{n}+\cdots+a_{m-1}\dfrac{1}{n^{m-1}}+a_m\dfrac{1}{n^m}\right)}{n^k\left(b_0+b_1\dfrac{1}{n}+\cdots+b_{k-1}\dfrac{1}{n^{k-1}}+b_k\dfrac{1}{n^k}\right)}$$

$$=\begin{cases}\dfrac{a_0}{b_0}, & m=k,\\[2mm] 0, & m<k.\end{cases}$$

这个例子表明当分子的次数和分母的次数相同时，这个分式的极限就是分子、分母最高次项的系数之比；当分子的次数小于分母的次数时，这个分式的极限为 0. 同理可证对分子、分母的每一项次数是正数时也成立. 例如

$$\lim_{n\to\infty}\frac{2n^{\frac{5}{4}}+2n+n^{\frac{1}{3}}+2}{3n^{\frac{5}{4}}-2n^{\frac{2}{3}}-6}=\frac{2}{3}.$$

§2.3 数列极限存在的准则

定理 1. 2(夹逼定理) 设 $\{a_n\}$，$\{b_n\}$ 为收敛数列，且 $\lim\limits_{n\to\infty}a_n=a$，$\lim\limits_{n\to\infty}b_n=a$，若存在正整数 N_0，当 $n>N_0$ 时，都有 $a_n\leqslant c_n\leqslant b_n$，则数列 $\{c_n\}$ 收敛，且 $\lim\limits_{n\to\infty}c_n=a$.

证   由 $\lim\limits_{n\to\infty}a_n=a$ 知，任给 $\varepsilon>0$，存在正整数 N_1，当 $n>N_1$ 时，有

$$|a_n-a|<\varepsilon,\ \ 即\ a-\varepsilon<a_n<a+\varepsilon.$$

由 $\lim\limits_{n\to\infty}b_n=a$ 知，对上述的 $\varepsilon>0$，存在正整数 N_2，当 $n>N_2$ 时，有

$$|b_n-a|<\varepsilon,\ \ 即\ a-\varepsilon<b_n<a+\varepsilon.$$

又由题意知，当 $n>N_0$ 时，有 $a_n\leqslant c_n\leqslant b_n$. 取 $N=\max\{N_0,N_1,N_2\}$，当 $n>N$ 时，都有

$$a-\varepsilon<a_n,\ \ \ \ a_n\leqslant c_n\leqslant b_n,\ \ \ \ b_n<a+\varepsilon.$$

于是，有

$$a-\varepsilon<c_n<a+\varepsilon\ \ \ 即\ \ \ |c_n-a|<\varepsilon,$$

所以数列 $\{c_n\}$ 收敛，且 $\lim\limits_{n\to\infty}c_n=a$. $\square$

夹逼定理是求较复杂数列极限的重要方法.

例 14   求极限 $\lim\limits_{n\to\infty}\sqrt[n]{a_1^n+a_2^n+\cdots+a_m^n}$，其中 $a_1,a_2,\cdots,a_m$ 均为正常数.

解   不妨设 $a_1=\max\{a_1,a_2,\cdots,a_m\}$，由于 $a_1<\sqrt[n]{a_1^n+a_2^n+\cdots+a_m^n}<\sqrt[n]{m\cdot a_1^n}=a_1\sqrt[n]{m}$，且 $\lim\limits_{n\to\infty}a_1=a_1$，$\lim\limits_{n\to\infty}a_1\sqrt[n]{m}=a_1\lim\limits_{n\to\infty}\sqrt[n]{m}=a_1$. 故由夹逼定理知，

$$\lim_{n\to\infty}\sqrt[n]{a_1^n+a_2^n+\cdots+a_m^n}=a_1=\max\{a_1,a_2,\cdots,a_m\}.$$

例 15   求极限 $\lim\limits_{n\to\infty}\dfrac{1}{2}\times\dfrac{3}{4}\times\dfrac{5}{6}\times\cdots\times\dfrac{2n-1}{2n}$.

解   由于 $\dfrac{1}{2}\times\dfrac{3}{4}\times\cdots\times\dfrac{2n-1}{2n}<\dfrac{2}{3}\times\dfrac{4}{5}\times\cdots\times\dfrac{2n}{2n+1}$，所以

$$\left(\frac{1}{2}\times\frac{3}{4}\times\cdots\times\frac{2n-1}{2n}\right)^2<\frac{1}{2}\times\frac{3}{4}\times\cdots\times\frac{2n-1}{2n}\times\frac{2}{3}\times\frac{4}{5}\times\cdots\times\frac{2n-2}{2n-1}\times\frac{2n}{2n+1}=\frac{1}{2n+1},$$

即

$$0<\frac{1}{2}\times\frac{3}{4}\times\cdots\times\frac{2n-1}{2n}<\frac{1}{\sqrt{2n+1}}<\frac{1}{\sqrt{n}},$$

且 $\lim\limits_{n\to\infty}0=0$，$\lim\limits_{n\to\infty}\dfrac{1}{\sqrt{n}}=0$，由夹逼定理知 $\lim\limits_{n\to\infty}\dfrac{1}{2}\times\dfrac{3}{4}\times\cdots\times\dfrac{2n-1}{2n}=0$.

例 16 求 $\lim\limits_{n\to\infty}\left(1+\dfrac{1}{n}\right)^{\beta}$，其中 β 是任意常数.

解 当 $\beta=0$ 时，显然有 $\lim\limits_{n\to\infty}\left(1+\dfrac{1}{n}\right)^{\beta}=1$. 当 β 为正整数 m 时，

$$\lim_{n\to\infty}\left(1+\frac{1}{n}\right)^{m}=\lim_{n\to\infty}\underbrace{\left(1+\frac{1}{n}\right)\left(1+\frac{1}{n}\right)\cdots\left(1+\frac{1}{n}\right)}_{m\uparrow}=\underbrace{1\times1\times\cdots\times1}_{m\uparrow}=1.$$

当 β 为负整数 $-k$ 时，

$$\lim_{n\to\infty}\left(1+\frac{1}{n}\right)^{-k}=\lim_{n\to\infty}\frac{1}{\left(1+\dfrac{1}{n}\right)^{k}}=\frac{1}{1}=1.$$

一般地，设 $[\beta]=m$，则 m 是固定整数，且 $m\leqslant\beta<m+1$，并有

$$\left(1+\frac{1}{n}\right)^{m}\leqslant\left(1+\frac{1}{n}\right)^{\beta}<\left(1+\frac{1}{n}\right)^{m+1},$$

且 $\lim\limits_{n\to\infty}\left(1+\dfrac{1}{n}\right)^{m}=1$，$\lim\limits_{n\to\infty}\left(1+\dfrac{1}{n}\right)^{m+1}=1$，由夹逼定理知 $\lim\limits_{n\to\infty}\left(1+\dfrac{1}{n}\right)^{\beta}=1$.

定义 1. 14 给定数列 $a_1,a_2,\cdots,a_n\cdots$，如果任意地从中挑选无穷多项并按照原有的次序排列出来，即

$$a_{n_1},a_{n_2},\cdots,a_{n_k},\cdots\ (n_1<n_2<\cdots<n_k<\cdots),$$

就得到一个以 k 为序号的数列 $\{a_{n_k}\}$，称为原数列 $\{a_n\}$ 的**子数列**（或**子列**）.

例如 $a_1,a_3,a_5,\cdots,a_{2k-1},\cdots;a_2,a_4,a_6,\cdots,a_{2k},\cdots;a_3,a_6,a_9,\cdots,a_{3k},\cdots$ 都是 $\{a_n\}$ 的子列，这样的子列有无限多个. 由子列的定义可知，$n_k\geqslant k$.

定理 1. 3 **数列 $\{a_n\}$ 收敛的充要条件是 $\{a_n\}$ 的任一子列 $\{a_{n_k}\}$ 都收敛且极限相等**.

证 必要性. 设 $\{a_{n_k}\}$ 是 $\{a_n\}$ 的任意一个子列，由于 $\{a_n\}$ 收敛，即设 $\lim\limits_{n\to\infty}a_n=a$. $\forall\varepsilon>0$，$\exists$ 正整数 N，当 $n>N$ 时，都有 $|a_n-a|<\varepsilon$.

取 $K=N$，当 $k>K$ 时，有 $n_k\geqslant k>K=N$，都有 $|a_{n_k}-a|<\varepsilon$. 所以 $\lim\limits_{k\to\infty}a_{n_k}=a$.

充分性. 若 $\{a_n\}$ 的任意一个子列 $\{a_{n_k}\}$ 都收敛且极限相等，由于 $\{a_n\}$ 本身就是 $\{a_n\}$ 的一个子列，故 $\{a_n\}$ 收敛. □

由此定理我们还可得到：

定理 1. 4 **数列 $\{a_n\}$ 发散的充要条件是 $\{a_n\}$ 中有两个子列极限存在但不相等，或有一个子列极限不存在**.

我们常用两个子列极限存在但不相等来判断一个数列发散.

例 17 判断数列 $\left\{\sin\dfrac{n\pi}{4}\right\}$ 的敛散性.

解 由于 $\lim\limits_{k\to\infty}\sin\dfrac{4k\pi}{4}=0$，$\lim\limits_{k\to\infty}\sin\dfrac{(8k+2)\pi}{4}=1$，即两个子列 $\left\{\sin\dfrac{4k\pi}{4}\right\}$，$\left\{\sin\dfrac{(8k+2)\pi}{4}\right\}$ 的极限都存在但不相等，故 $\left\{\sin\dfrac{n\pi}{4}\right\}$ 发散.

我们知道收敛数列必有界，但数列有界不一定收敛，那么满足什么条件的有界数列才收敛呢？我们有下面的定理：

定理 1.5（单调有界定理） 若数列 $\{a_n\}$ 递增（递减）有上界（下界），则数列 $\{a_n\}$ 收敛，即单调有界数列必有极限.

*证 不妨设 $\{a_n\}$ 递增，由于 $\{a_n\}$ 有上界，由确界原理知，必有上确界，设为 a，则 $a_n\leqslant a$. 任给 $\varepsilon>0$，存在正整数 N，使 $a_N>a-\varepsilon$. 因为 $\{a_n\}$ 递增，所以当 $n>N$ 时，有 $a-\varepsilon<a_N\leqslant a_n\leqslant a<a+\varepsilon$，即 $|a_n-a|<\varepsilon$，于是 $\lim\limits_{n\to\infty}a_n=a$. 因此数列 $\{a_n\}$ 收敛.

同理可证，递减有下界数列必有极限且这个极限就是该数列的下确界. □

单调有界定理只能证明数列极限存在，如何求极限需用其他方法. 由于改变数列的有限项不影响数列的敛散性和极限，所以数列从某一项开始单调有界结论依然成立.

下面我们来证明重要极限 $\lim\limits_{n\to\infty}\left(1+\dfrac{1}{n}\right)^n$ 存在.

证法一 设 $a_n=\left(1+\dfrac{1}{n}\right)^n$，由于

$$a_n=\left(1+\dfrac{1}{n}\right)^n$$

$$=1+n\left(\dfrac{1}{n}\right)+\dfrac{n(n-1)}{2!}\left(\dfrac{1}{n}\right)^2+\cdots+\dfrac{n(n-1)\cdots(n-k+1)}{k!}\left(\dfrac{1}{n}\right)^k+\cdots+\dfrac{n!}{n!}\left(\dfrac{1}{n}\right)^n$$

$$=1+1+\dfrac{1}{2!}\left(1-\dfrac{1}{n}\right)+\dfrac{1}{3!}\left(1-\dfrac{1}{n}\right)\left(1-\dfrac{2}{n}\right)+\cdots+$$

$$\dfrac{1}{k!}\left(1-\dfrac{1}{n}\right)\left(1-\dfrac{2}{n}\right)\cdots\left(1-\dfrac{k-1}{n}\right)+\cdots+$$

$$\dfrac{1}{n!}\left(1-\dfrac{1}{n}\right)\left(1-\dfrac{2}{n}\right)\cdots\left(1-\dfrac{n-1}{n}\right),$$

$$a_{n+1}=\left(1+\dfrac{1}{n+1}\right)^{n+1}$$

$$=1+1+\dfrac{1}{2!}\left(1-\dfrac{1}{n+1}\right)+\dfrac{1}{3!}\left(1-\dfrac{1}{n+1}\right)\left(1-\dfrac{2}{n+1}\right)+\cdots+$$

$$\dfrac{1}{k!}\left(1-\dfrac{1}{n+1}\right)\left(1-\dfrac{2}{n+1}\right)\cdots\left(1-\dfrac{k-1}{n+1}\right)+\cdots+$$

$$\dfrac{1}{n!}\left(1-\dfrac{1}{n+1}\right)\left(1-\dfrac{2}{n+1}\right)\cdots\left(1-\dfrac{n-1}{n+1}\right)+\left(\dfrac{1}{n+1}\right)^{n+1},$$

可以看出，a_{n+1} 有 $n+2$ 项，且前 $n+1$ 项均不小于 a_n 对应的每一项，最后一项 $\left(\dfrac{1}{n+1}\right)^{n+1}>0$，故 $a_n<a_{n+1}$. 即 $\{a_n\}$ 递增. 另外

$$a_n=\left(1+\frac{1}{n}\right)^n$$

$$<1+1+\frac{1}{2!}+\frac{1}{3!}+\cdots+\frac{1}{k!}+\cdots+\frac{1}{n!}\quad(n>1)$$

$$<1+1+\frac{1}{1\times2}+\frac{1}{2\times3}+\cdots+\frac{1}{(n-1)n}$$

$$=2+1-\frac{1}{2}+\frac{1}{2}-\frac{1}{3}+\cdots+\frac{1}{n-1}-\frac{1}{n}$$

$$=3-\frac{1}{n}<3,$$

由单调有界定理知，$\lim\limits_{n\to\infty}\left(1+\dfrac{1}{n}\right)^n$ 存在.

我们也可用其他方法来证明.

证法二 先建立一个不等式.

由 $b^{n+1}-a^{n+1}=(b-a)(b^n+b^{n-1}a+\cdots+a^n)$，得

$$\frac{b^{n+1}-a^{n+1}}{b-a}=b^n+b^{n-1}a+\cdots+a^n<(n+1)b^n,$$

其中，$b>a>0$，$n\in\mathbf{N}_+$. 于是有 $b^{n+1}-a^{n+1}<(n+1)b^n(b-a)$，即

$$a^{n+1}>b^n[(n+1)a-nb].\tag{1.1}$$

令 $a=1+\dfrac{1}{n+1}$，$b=1+\dfrac{1}{n}$，代入式 (1.1)，得

$$\left(1+\frac{1}{n+1}\right)^{n+1}>\left(1+\frac{1}{n}\right)^n\left[(n+1)\left(1+\frac{1}{n+1}\right)-n\left(1+\frac{1}{n}\right)\right]=\left(1+\frac{1}{n}\right)^n,$$

故有 $\left(1+\dfrac{1}{n+1}\right)^{n+1}>\left(1+\dfrac{1}{n}\right)^n$，所以数列 $\{a_n\}$ 递增.

再令 $a=1$，$b=1+\dfrac{1}{2n}$，代入式 (1.1)，得

$$1>\left(1+\frac{1}{2n}\right)^n\left[(n+1)-n\left(1+\frac{1}{2n}\right)\right]=\left(1+\frac{1}{2n}\right)^n\cdot\frac{1}{2},$$

即 $\left(1+\dfrac{1}{2n}\right)^n<2$，两边平方得 $\left(1+\dfrac{1}{2n}\right)^{2n}<4$，即 $a_{2n}<4$.

由于 $a_n<a_{2n}<4$，所以 $\{a_n\}$ 有上界，由单调有界定理知 $\lim\limits_{n\to\infty}\left(1+\dfrac{1}{n}\right)^n$ 存在. $\square$

设此极限为 e，于是

$$\lim_{n \to \infty} \left(1 + \frac{1}{n}\right)^n = \mathrm{e}.$$

可以证明 e 是一个无理数, 用十进制小数表示时, 其前 13 位数字是

$$\mathrm{e} \approx 2.718\ 281\ 828\ 459.$$

在科学上最频繁使用的对数的底就是这个数 e = 2.718 281 828 459….

这个底如此重要以至以 e 为底的对数称为**自然对数**, 并用 ln 来表示. 在大部分计算器上既有 e^x 键, 也有 ln 键. e 似乎显得很神秘, 使用以 2.718 28… 为底的对数怎么可能自然呢? 在后面的内容中, 我们会发现很多结果都会与 e 有着密切的联系, 而且以 e 为底时, 很多计算公式的结果要比用任何其他底简洁得多.

这个例子是一个重要的极限, 从这个例子也可以发现一个有趣的结果: 数列 $\left\{\left(1 + \frac{1}{n}\right)^n\right\}$ 的每一项都是有理数, 但它的极限 e 却是无理数. 事实上, 对任一无理数 μ, 我们都可以构造一个有理数列 $\{a_n\}$, 使 $\lim_{n \to \infty} a_n = \mu$.

例 18 设 $c > 0$, 证明 $x_n = \underbrace{\sqrt{c + \sqrt{c + \cdots + \sqrt{c}}}}_{n\text{个}}$ 极限存在, 并求 $\lim_{n \to \infty} x_n$.

分析 由于 $x_{n+1} = \sqrt{c + x_n}$, 容易观察出 $\{x_n\}$ 是递增的, 并可用数学归纳法证明. 关键是证明它有上界, 哪一个数是 $\{x_n\}$ 的上界呢? 我们观察不出来. 由于 $\{x_n\}$ 是递增的, 所以, 若 $\{x_n\}$ 的极限存在, 则极限一定是它的一个上界. 若 $\{x_n\}$ 有极限, 设 $\lim_{n \to \infty} x_n = a$. 由于 $x_{n+1} = \sqrt{c + x_n}$, 令 $n \to \infty$, 有 $a = \sqrt{c + a}$, 两边平方得 $a^2 - a - c = 0$, 解得

$$a = \frac{1 \pm \sqrt{1 + 4c}}{2}.$$

由题意知 $a > 0$, 所以 $a = \frac{1 + \sqrt{1 + 4c}}{2}$. 由于 a 太复杂, 我们对它作适当放大.

$$a < \frac{1 + \sqrt{1 + 4c + 4\sqrt{c}}}{2} = \frac{1 + (1 + 2\sqrt{c})}{2} = 1 + \sqrt{c},$$

则必有 $x_n \leqslant 1 + \sqrt{c}$.

证 我们先证明 $\{x_n\}$ 是递增的, 即 $x_n < x_{n+1}$.

由于 $x_1 = \sqrt{c}$, $x_2 = \sqrt{c + \sqrt{c}}$, 显然 $x_1 < x_2$, 即当 $n = 1$ 时成立.

假设当 $n = k$ 时成立, 即 $x_k < x_{k+1}$.

现在证明当 $n = k + 1$ 时成立, 当 $n = k + 1$ 时, $c + x_k < c + x_{k+1}$, 有

$$\sqrt{c + x_k} < \sqrt{c + x_{k+1}},$$

即 $x_{k+1} < x_{k+2}$, 所以当 $n = k + 1$ 时也成立. 因此, 对一切正整数 n, 都有 $x_n < x_{n+1}$, 即 $\{x_n\}$ 递增.

再证明 $\{x_n\}$ 有一个上界为 $1+\sqrt{c}$. $x_1=\sqrt{c}<1+\sqrt{c}$, 即当 $n=1$ 时成立. 假设当 $n=k$ 时成立, 即有 $x_k<1+\sqrt{c}$. 当 $n=k+1$ 时, 有

$$x_{k+1}=\sqrt{c+x_k}<\sqrt{c+1+\sqrt{c}}<\sqrt{1+2\sqrt{c}+c}=1+\sqrt{c},$$

即当 $n=k+1$ 时也成立. 所以对一切正整数 n, 都有 $x_n<1+\sqrt{c}$, 即 $\{x_n\}$ 有上界. 由单调有界定理知, $\{x_n\}$ 收敛. 设 $\lim\limits_{n\to\infty}x_n=a$, 对 $x_{n+1}=\sqrt{c+x_n}$, 令 $n\to\infty$, 得 $a=\sqrt{c+a}$, 即 $a^2-a-c=0$, 解得 $a=\dfrac{1\pm\sqrt{1+4c}}{2}$, 由 $a>0$ 知 $a=\dfrac{1+\sqrt{1+4c}}{2}$, 即

$$\lim_{n\to\infty}x_n=\frac{1+\sqrt{1+4c}}{2}. \quad \square$$

注 在求由递推关系式给出数列的极限时, 一定要先证明数列极限存在, 再求极限, 否则就犯了逻辑错误.

例 19 数列 $\{(-1)^n\}$ 是发散的. 如果我们不去判断它的敛散性, 直接求极限会怎么样呢? 设 $a_n=(-1)^n$, $a_{n+1}=(-1)^{n+1}=-a_n$, 设 $\lim\limits_{n\to\infty}a_n=a$, 令 $n\to\infty$, 有 $a=-a$, 即 $2a=0$, 得 $a=0$. 于是

$$\lim_{n\to\infty}(-1)^n=0.$$

这里犯错误的原因是还没有证明 a_n 的极限是否存在, 便假设 $\lim\limits_{n\to\infty}a_n=a$.

例 20 设 $x_0=2$, $x_n=\dfrac{2x_{n-1}^3+1}{3x_{n-1}^2}$ $(n=1,2,\cdots)$, 证明 $\lim\limits_{n\to\infty}x_n$ 存在, 并计算此极限.

分析 由于

$$x_n-x_{n-1}=\frac{1-x_{n-1}^3}{3x_{n-1}^2},$$

且 $3x_{n-1}^2>0$, 所以要判断 $\{x_n\}$ 是否单调, 关键是判断分式的分子中 x_{n-1}^3 与 1 之间的大小. 若 $\{x_n\}$ 收敛, 设 $\lim\limits_{n\to\infty}x_n=a$, 对

$$x_n=\frac{2x_{n-1}^3+1}{3x_{n-1}^2}$$

令 $n\to\infty$, 有 $a=\dfrac{2a^3+1}{3a^2}$, 解得 $a=1$. 若 $x_n\geq 1$, 则 $x_n-x_{n-1}<0$, 即 $\{x_n\}$ 递减; 若 $x_n\leq 1$, 则 $\{x_n\}$ 递增.

证 由于

$$x_n=\frac{2x_{n-1}^3+1}{3x_{n-1}^2}=\frac{1}{3}\left(2x_{n-1}+\frac{1}{x_{n-1}^2}\right)$$

$$=\frac{1}{3}\left(x_{n-1}+x_{n-1}+\frac{1}{x_{n-1}^2}\right)\geq\sqrt[3]{x_{n-1}x_{n-1}\frac{1}{x_{n-1}^2}}=1,$$

所以 $\{x_n\}$ 有下界. 由于

$$x_n - x_{n-1} = \frac{1-x_{n-1}^3}{3x_{n-1}^2} \leqslant 0,$$

所以 $\{x_n\}$ 递减. 由单调有界定理知, $\{x_n\}$ 收敛. 设 $\lim\limits_{n\to\infty} x_n = a$, 对

$$x_n = \frac{2x_{n-1}^3 + 1}{3x_{n-1}^2}$$

令 $n\to\infty$, 有 $a = \dfrac{2a^3+1}{3a^2}$, 即 $a^3 = 1$, 解得 $a = 1$, 所以 $\lim\limits_{n\to\infty} x_n = 1$.

*§2.4 数列极限存在的准则 (续)

我们知道如果一个数列单调, 则该数列收敛的充要条件是数列有界. 一般地, 数列收敛的内在规律是什么呢? 当一个数列收敛, 由数列收敛的几何意义知, 对极限值的任何给定的 ε 邻域内都含有数列 $\{a_n\}$ 中除了有限项以外的所有项, 而该邻域中任何两项 a_n, a_m 的距离都小于 2ε. 2ε 也是一个任意正数, 换句话说, 当 n 充分大时, 任意两项的距离都小于 ε.

反之, 任给 $\varepsilon > 0$, 若存在正整数 N, 当 n, $m > N$ 时, 都有 $|a_n - a_m| < \varepsilon$, 数列 $\{a_n\}$ 是否收敛呢? 我们有下面的一些结果.

定理 1.6(魏尔斯特拉斯(Weierstrass)定理) 有界数列必有收敛的子列.

证 设数列 $\{a_n\}$ 有界, 即存在正常数 M, 使得对一切正整数 n, 都有 $|a_n| \leqslant M$, 即 $a_n \in [-M, M] \xlongequal{\text{def}} [\alpha_1, \beta_1]$. 现把 $[\alpha_1, \beta_1]$ 等分成两个区间 $\left[\alpha_1, \dfrac{\alpha_1+\beta_1}{2}\right]$, $\left[\dfrac{\alpha_1+\beta_1}{2}, \beta_1\right]$, 那么其中至少有一个区间包含 $\{a_n\}$ 的无穷多项 $\left(\text{若} \left[\alpha_1, \dfrac{\alpha_1+\beta_1}{2}\right], \left[\dfrac{\alpha_1+\beta_1}{2}, \beta_1\right] \text{都含有} \{a_n\} \text{中的有限项},\right.$ 则 $[\alpha_1, \beta_1]$ 作为这两个区间之并集含有 $\{a_n\}$ 中的有限, 与 $[\alpha_1, \beta_1]$ 的定义相矛盾$\Big)$, 把这样的一个区间记为 $[\alpha_2, \beta_2]$, 再把 $[\alpha_2, \beta_2]$ 等分成两个区间, 同样至少有一个区间包含 $\{a_n\}$ 的无穷多项, 记它为 $[\alpha_3, \beta_3]$, 逐次这样作, 便得到一系列闭区间:

$$[\alpha_1, \beta_1] \supset [\alpha_2, \beta_2] \supset [\alpha_3, \beta_3] \supset \cdots \supset [\alpha_n, \beta_n] \supset \cdots,$$

其中每一个都包含 $\{a_n\}$ 的无穷多项, 且

① $\alpha_1 \leqslant \alpha_2 \leqslant \cdots \leqslant \alpha_n \leqslant \cdots \leqslant \beta_n \leqslant \cdots \leqslant \beta_2 \leqslant \beta_1 (n = 1, 2, \cdots);$

② $\beta_n - \alpha_n = \dfrac{\beta_1 - \alpha_1}{2^{n-1}} \to 0 \ (n\to\infty).$

由①知数列 $\{\alpha_n\}$ 递增有上界, 数列 $\{\beta_n\}$ 递减有下界, 由单调有界定理知这两个数列有极限, 记为 $\lim\limits_{n\to\infty}\alpha_n = \alpha$, $\lim\limits_{n\to\infty}\beta_n = \beta$, 并且满足 $\alpha_n \leqslant \alpha \leqslant \beta \leqslant \beta_n (n = 1, 2, 3, \cdots)$, 由于

$$\lim_{n\to\infty}(\beta_n - \alpha_n) = \beta - \alpha = 0,$$

所以 $\alpha = \beta$ 且 $\alpha \in [\alpha_n, \beta_n]$ $(n = 1, 2, 3, \cdots)$. 然后, 我们在 $[\alpha_1, \beta_1]$ 中任取一项, 记为 a_{n_1}, 由于 $[\alpha_2, \beta_2]$ 中含有 $\{a_n\}$ 中的无穷多项, 因此, 也含有下标大于 n_1 的无限项(若 $[\alpha_2, \beta_2]$ 只含有下标大于 n_1 的有限项, 由于下标小于等于 n_1 只有有限项, 则 $[\alpha_2, \beta_2]$ 只含有 $\{a_n\}$ 中的有

限项，矛盾），因此，在 $[\alpha_2, \beta_2]$ 中选取一个下标大于 n_1 的项 a_{n_2}，同样在 $[\alpha_3, \beta_3]$ 中选取一个下标大于 n_2 的项 a_{n_3}，如此继续下去，就得到 $\{a_n\}$ 的一个子列 $\{a_{n_k}\}$：

$$a_{n_1}, a_{n_2}, \cdots, a_{n_k}, \cdots \ (n_1 < n_2 < n_3 < \cdots < n_k < \cdots),$$

其中 $a_{n_k} \in [\alpha_k, \beta_k] (k = 1, 2, 3, \cdots)$，由于 $|a_{n_k} - \alpha| \leqslant \beta_k - \alpha_k$，而 $\lim\limits_{k \to \infty} (\beta_k - \alpha_k) = 0$. 所以任给 $\varepsilon > 0$，存在正整数 K，当 $k > K$ 时，有 $\beta_k - \alpha_k < \varepsilon$，即 $|a_{n_k} - \alpha| < \varepsilon$. 所以 $\lim\limits_{n \to \infty} a_{n_k} = \alpha$. □

定理 1.7(柯西(Cauchy)收敛准则) 数列 $\{a_n\}$ 收敛的充分必要条件是任给 $\varepsilon > 0$，存在正整数 N，使得当 $n, m > N$ 时，都有 $|a_m - a_n| < \varepsilon$ 成立.

证 必要性. 由题意知，$\{a_n\}$ 收敛，设 $\lim\limits_{n \to \infty} a_n = a$. 即任给 $\varepsilon > 0$，对 $\dfrac{\varepsilon}{2} > 0$，存在正整数 N，当 $n > N$ 时，有 $|a_n - a| < \dfrac{\varepsilon}{2}$ 成立. 当 $m > N$ 时，也有 $|a_m - a| < \dfrac{\varepsilon}{2}$ 成立，于是

$$|a_m - a_n| = |a_m - a + a - a_n| \leqslant |a_m - a| + |a_n - a| < \frac{\varepsilon}{2} + \frac{\varepsilon}{2} = \varepsilon.$$

充分性. 由题意知，$\{a_n\}$ 满足：$\forall \varepsilon > 0$，$\exists$ 正整数 N，当 $n, m > N$ 时，有 $|a_m - a_n| < \varepsilon$. 取 $\varepsilon = 1$，存在正整数 N_0，当 $m, n > N_0$ 时，有 $|a_m - a_n| < 1$. 由于 $N_0 + 1 > N_0$，所以，当 $n > N_0$ 时，有 $|a_n - a_{N_0 + 1}| < 1$，从而 $|a_n| \leqslant |a_{N_0 + 1}| + 1$，令

$$M = \max\{|a_1|, |a_2|, \cdots, |a_{N_0}|, |a_{N_0 + 1}| + 1\},$$

就有 $|a_n| \leqslant M (n = 1, 2, 3, \cdots)$，即 $\{a_n\}$ 有界. 由魏尔斯特拉斯定理知，存在一个收敛子列 $\{a_{n_k}\}$，设 $\lim\limits_{k \to \infty} a_{n_k} = a$. 由定义知，任给 $\varepsilon > 0$，对 $\dfrac{\varepsilon}{2} > 0$，存在正整数 K，当 $k > K$ 时，有

$$|a_{n_k} - a| < \frac{\varepsilon}{2}. \tag{1.2}$$

由题意知，对 $\dfrac{\varepsilon}{2} > 0$，存在正整数 N(取 $N \geqslant K$)，当 $n, m > N$ 时，都有 $|a_n - a_m| < \dfrac{\varepsilon}{2}$. 取 $m = n_{N+1} \geqslant N + 1 > N$，有

$$|a_n - a_{n_{N+1}}| < \frac{\varepsilon}{2}.$$

因此，当 $n > N$ 时，就有

$$|a_n - a| = |a_n - a_{n_{N+1}} + a_{n_{N+1}} - a| \leqslant |a_n - a_{n_{N+1}}| + |a_{n_{N+1}} - a|.$$

由于 $N + 1 > N \geqslant K$，由式(1.2)知 $|a_{n_{N+1}} - a| < \dfrac{\varepsilon}{2}$，从而

$$|a_n - a| < \frac{\varepsilon}{2} + \frac{\varepsilon}{2} = \varepsilon,$$

所以数列 $\{a_n\}$ 收敛于 a. □

柯西收敛准则的优点在于无需借助数列以外的数 a，只要根据数列本身的特征就可以判别它的敛散性.

在柯西收敛准则中，m 和 n 是任意两个大于 N 的正整数，我们可以认为 $m > n$，于是 m 可以写成 $m = n + p$. 这里 p 为任意正整数，从而柯西收敛准则可叙述为下面形式(这种形式有时更便于运用).

推论 数列 $\{a_n\}$ 收敛的充要条件是任给 $\varepsilon > 0$，存在正整数 N，当 $n > N$ 时，对一切正整数 p，都有 $|a_{n+p} - a_n| < \varepsilon$ 成立.

例 21　设 $a_n = \dfrac{\sin 1^2}{1^2} + \dfrac{\sin 2^2}{2^2} + \cdots + \dfrac{\sin n^2}{n^2}$ $(n=1,2,\cdots)$，证明 $\{a_n\}$ 收敛.

证　由于

$$
\left| a_{n+p} - a_n \right| = \left| \frac{\sin (n+1)^2}{(n+1)^2} + \frac{\sin (n+2)^2}{(n+2)^2} + \cdots + \frac{\sin (n+p)^2}{(n+p)^2} \right|
$$

$$
\leqslant \frac{1}{(n+1)^2} + \frac{1}{(n+2)^2} + \cdots + \frac{1}{(n+p)^2}
$$

$$
< \frac{1}{n(n+1)} + \frac{1}{(n+1)(n+2)} + \cdots + \frac{1}{(n+p-1)(n+p)}
$$

$$
= \left(\frac{1}{n} - \frac{1}{n+1} \right) + \left(\frac{1}{n+1} - \frac{1}{n+2} \right) + \cdots + \left(\frac{1}{n+p-1} - \frac{1}{n+p} \right)
$$

$$
= \frac{1}{n} - \frac{1}{n+p} < \frac{1}{n},
$$

所以，任给 $\varepsilon > 0$，要使 $\left| a_{n+p} - a_n \right| < \varepsilon$，只要 $\dfrac{1}{n} < \varepsilon$ 即 $n > \dfrac{1}{\varepsilon}$，取 $N = \max \left\{ 1, \left[\dfrac{1}{\varepsilon} \right] \right\}$，当 $n > N$ 时，对一切正整数 p，都有 $\left| a_{n+p} - a_n \right| < \varepsilon$. 即 $\{a_n\}$ 收敛.

注　为了保证当 $n > N$ 时，对一切正整数 p，都有 $\left| a_{n+p} - a_n \right|$ 成立，N 应与 p 无关.

由于柯西收敛准则是数列收敛的充要条件，所以我们还能得到判断数列发散的准则.

定理 1.8　数列 $\{a_n\}$ 发散的充要条件是存在 $\varepsilon_0 > 0$，对无论多么大的正整数 N，总存在 $n_0 > N$，存在正整数 p_0，使 $\left| a_{n_0+p_0} - a_{n_0} \right| \geqslant \varepsilon_0$.

例 22　试证 $a_n = 1 + \dfrac{1}{2} + \dfrac{1}{3} + \cdots + \dfrac{1}{n}$ 发散.

证　由于

$$
\left| a_{n+p} - a_n \right| = \frac{1}{n+1} + \frac{1}{n+2} + \cdots + \frac{1}{n+p} > \frac{p}{n+p},
$$

所以，当 $p = n$ 时，就有 $\left| a_{2n} - a_n \right| > \dfrac{n}{n+n} = \dfrac{1}{2}$. 从而取 $\varepsilon_0 = \dfrac{1}{2}$，对无论多么大的正整数 N，总存在 $n_0 = N+1$，$p_0 = N+1$，有

$$
\left| a_{n_0+p_0} - a_{n_0} \right| > \frac{1}{2}.
$$

因此数列 $\{a_n\}$ 发散.

习题 1-2

1. 试写出下列数列的通项表达式：

(1) $\dfrac{1}{2}, -\dfrac{3}{4}, \dfrac{5}{6}, -\dfrac{7}{8}, \cdots$;

(2) $0, \dfrac{1}{2}, 0, \dfrac{1}{8}, 0, \dfrac{1}{18}, \cdots$;

(3) $\dfrac{1}{2}, \dfrac{1}{2}, \dfrac{3}{8}, \dfrac{1}{4}, \dfrac{5}{32}, \cdots$.

2. 按定义证明下列数列极限：

(1) $\lim_{n\to\infty} (-1)^n \dfrac{1}{n^3} = 0$;　　　　　(2) $\lim_{n\to\infty} \dfrac{\sqrt[3]{n^2} \sin n!}{(n+1)^2} = 0$;

(3) $\lim_{n\to\infty} (\sqrt{n+1} - \sqrt{n}) = 0$;　　　　(4) $\lim_{n\to\infty} \dfrac{n}{a^n} = 0$ ($a > 1$ 为常数);

(5) $\lim_{n\to\infty} \dfrac{n}{100+n} = 1$;　　　　　　(6) $\lim_{n\to\infty} \dfrac{n}{2n+1} = \dfrac{1}{2}$.

3. 证明：若 $\lim_{n\to\infty} a_n = a$，则 $\lim_{n\to\infty} a_{n+m} = a$（其中 m 是固定的正整数）.

4. 证明：若 $\lim_{n\to\infty} a_n = a$，则 $\lim_{n\to\infty} |a_n| = |a|$，但反之不正确，试举例说明. 但当 $a = 0$ 时，反之也成立，试证明之.

5. 证明：数列 $\{a_n\}$ 收敛的充要条件是子列 $\{a_{2k}\}$ 与 $\{a_{2k-1}\}$ 均收敛且极限相等.

6. 利用第 5 题的结论，求 $\lim_{n\to\infty} \left| \dfrac{1}{n} - \dfrac{2}{n} + \dfrac{3}{n} + \cdots + \dfrac{(-1)^{n-1} n}{n} \right|$.

7. 利用极限性质计算下列极限：

(1) $\lim_{n\to\infty} \dfrac{(-2)^n + 3^n}{(-2)^{n+1} + 3^{n+1}}$;　　　　(2) $\lim_{n\to\infty} \dfrac{n^{\frac{5}{2}} - n + 6}{2n^{\frac{5}{2}} + 2n^2 - 7}$;

(3) $\lim_{n\to\infty} \dfrac{1 + a + a^2 + \cdots + a^n}{1 + b + b^2 + \cdots + b^n}$ $(|a| < 1, |b| < 1)$;　(4) $\lim_{n\to\infty} \left(\dfrac{1}{n^2} + \dfrac{2}{n^2} + \cdots + \dfrac{n-1}{n^2} \right)$;

(5) $\lim_{n\to\infty} \left[\dfrac{1^2}{n^3} + \dfrac{2^2}{n^3} + \cdots + \dfrac{(n-1)^2}{n^3} \right]$;

(6) $\lim_{n\to\infty} \left[\dfrac{1}{1\times 2} + \dfrac{1}{2\times 3} + \dfrac{1}{3\times 4} + \cdots + \dfrac{1}{n(n+1)} \right]$.

8. 利用夹逼定理计算下列极限：

(1) $\lim_{n\to\infty} \left(\dfrac{\sqrt{1\times 2}}{n^2+1} + \dfrac{\sqrt{2\times 3}}{n^2+2} + \cdots + \dfrac{\sqrt{n(n+1)}}{n^2+n} \right)$;　　(2) $\lim_{n\to\infty} \sqrt[n]{a^n + b^n}$ $(a > 0, b > 0)$;

(3) $\lim_{n\to\infty} \sqrt[n]{n^p + n^q}$ (p, q 为正整数);

(4) $\lim_{n\to\infty} [(n+1)^\alpha - n^\alpha]$ ($0 < \alpha < 1$ 为常数);

(5) $\lim_{n\to\infty} \dfrac{1}{\sqrt{n!}}$.

9. 利用单调有界定理，判断下列数列是否收敛. 若收敛，则求出极限.

(1) $x_n = \dfrac{a^n}{n!}$ ($a > 0$ 为常数);

(2) 设 a 为正常数，$x_0 > 0$，k 为正整数，$x_{n+1} = \dfrac{1}{k+1} \left(kx_n + \dfrac{a}{x_n^k} \right)$;

(3) 设 $x_1 = \sqrt{5}$，$x_2 = \sqrt{5 + \sqrt{5}}$，$\cdots$，$x_n = \underbrace{\sqrt{5 + \sqrt{5 + \cdots + \sqrt{5}}}}_{n\uparrow}$;

(4) $x_n = \dfrac{n^k}{a^n}$ ($a > 1$ 为常数，k 为常数).

10. 设 $\{x_n\}$ 是递增数列，$\{y_n\}$ 是递减数列，$\lim_{n\to\infty} (x_n - y_n) = 0$，证明 $\lim_{n\to\infty} x_n$，$\lim_{n\to\infty} y_n$ 存在且相等.

11. 设 $0 \leqslant a < b$，$x_1 = a$，$y_1 = b$ 且 $x_n = \dfrac{x_{n-1}+y_{n-1}}{2}$，$y_n = \sqrt{x_{n-1}y_{n-1}}$，试证 $\{x_n\}$，$\{y_n\}$ 的极限存在且相等.

12. 设 $x_1 = a > 0$，$x_{n+1} = \sqrt{b+x_n}$（$b > 0$），$n = 1, 2, \cdots$，证明 $\{x_n\}$ 收敛于方程 $x^2 - x - b = 0$ 的正根.

13. 用单调有界定理判断下列数列是否收敛：

（1）$x_n = \dfrac{10}{1} \times \dfrac{11}{3} \times \cdots \times \dfrac{n+9}{2n-1}$；　　　　（2）$x_n = \left(1-\dfrac{1}{2}\right)\left(1-\dfrac{1}{4}\right)\cdots\left(1-\dfrac{1}{2^n}\right)$；

（3）$x_n = 1 + \dfrac{1}{2^2} + \cdots + \dfrac{1}{n^2}$.

14. 设数列 $\{a_n\}$ 满足 $|a_{n+1}| \leqslant q|a_n|$，$n \geqslant N$（$N$ 是某一确定正整数，$0 < q < 1$ 为常数），用夹逼定理证明 $\lim\limits_{n\to\infty}|a_n| = 0$，从而 $\lim\limits_{n\to\infty}a_n = 0$.

15. 证明：若单调数列的某一个子列收敛，则此单调数列本身也收敛.

§3　函 数 极 限

§3.1　函数极限的概念

一、自变量 $x \to \infty$ 时 $f(x)$ 的极限

1. $\lim\limits_{x\to+\infty}f(x) = A$ 的定义

数列 $\{a_n\}$ 本身就是一个定义在正整数集上的函数，即 $a_n = f(n)$. 若数列 $\{a_n\}$ 的极限是 A，即 $\lim\limits_{n\to\infty}f(n) = A$. 用 $\varepsilon\text{-}N$ 语言叙述就是：任给 $\varepsilon > 0$，存在正整数 N，当 $n > N$ 时，都有 $|f(n) - A| < \varepsilon$. 这里的 n 是大于 N 的一切正整数. 而当 $x \to +\infty$ 时 $f(x)$ 的极限与当 $n \to \infty$ 时 $f(n)$ 的极限不同之处在于 x 取的是实数，n 取的是正整数. 因此我们可以仿照数列极限的定义，给出当 $x \to +\infty$ 时，函数 $f(x)$ 极限的定义.

定义 1.15　设函数 $f(x)$ 在 $[b, +\infty)$ 上有定义，若存在常数 A，对任给 $\varepsilon > 0$，存在 $X > 0$，当 $x > X$ 时，都有 $|f(x) - A| < \varepsilon$，则称数 A 为函数 $f(x)$ 当 $x \to +\infty$ 时的极限，记作

$$\lim_{x\to+\infty}f(x) = A \quad \text{或} \quad f(x) \to A \ (x \to +\infty).$$

例 1　证明 $\lim\limits_{x\to+\infty}a^x = 0$（$0 < a < 1$ 为常数）.

证　任给 $\varepsilon > 0$，要使 $|a^x - 0| < \varepsilon$，即 $a^x < \varepsilon$，只要 $x > \log_a \varepsilon$，取 $X = \log_a \varepsilon$，当 $x > X$ 时，都有 $|a^x - 0| < \varepsilon$. 按定义知 $\lim\limits_{x\to+\infty}a^x = 0$. □

2. $\lim\limits_{x \to -\infty} f(x) = A$ 的定义，把定义 1.15 中的"$[b, +\infty)$"换成"$(-\infty, b]$"，"$x > X$"换成"$x < -X$"，即得 $\lim\limits_{x \to -\infty} f(x) = A$ 的定义.

3. $\lim\limits_{x \to \infty} f(x) = A$ 的定义，把定义 1.15 中的"$[b, +\infty)$"换成"$(-\infty, a] \cup [b, +\infty)$，$a \leqslant b$"，"$x > X$"换成"$|x| > X$"，即得 $\lim\limits_{x \to \infty} f(x) = A$ 的定义.

例 2 证明 $\lim\limits_{x \to +\infty} \dfrac{1}{x^k} = 0$ ($k > 0$ 为常数).

证 任给 $\varepsilon > 0$，要使 $\left| \dfrac{1}{x^k} - 0 \right| < \varepsilon \Leftrightarrow \dfrac{1}{x^k} < \varepsilon \Leftrightarrow x^k > \dfrac{1}{\varepsilon}$，只要 $x > \dfrac{1}{\varepsilon^{\frac{1}{k}}}$. 取 $X = \dfrac{1}{\varepsilon^{\frac{1}{k}}}$，当 $x > X$ 时，都有 $\left| \dfrac{1}{x^k} - 0 \right| < \varepsilon$，按定义知 $\lim\limits_{x \to +\infty} \dfrac{1}{x^k} = 0$. □

由于 $|f(x) - A| < \varepsilon$，即 $A - \varepsilon < f(x) < A + \varepsilon$，从而得到 $\lim\limits_{x \to \infty} f(x) = A$ 的**几何意义**是：对于任给的 $\varepsilon > 0$，存在正数 X，当 $|x| > X$ 时，曲线 $y = f(x)$ 上的点 $(x, f(x))$ 全部落在直线 $y = A - \varepsilon$ 与 $y = A + \varepsilon$ 之间的带形区域内(图 1-10).

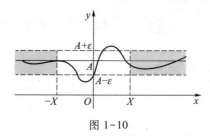

图 1-10

由上面的定义，容易得到

定理 1.9 $\lim\limits_{x \to \infty} f(x) = A$ 的充要条件是 $\lim\limits_{x \to +\infty} f(x) = \lim\limits_{x \to -\infty} f(x) = A$.

二、自变量 $x \to x_0$ 时，函数 $f(x)$ 的极限

1. $\lim\limits_{x \to x_0} f(x) = A$ 的定义

我们经常要研究 $x \to x_0$ 时，函数 $f(x)$ 的变化趋势，其中自变量 $x \to x_0$ 是指 x 无限接近于 x_0，但 $x \neq x_0$. 在 $x \to x_0$ 的过程中，函数 $f(x)$ 能否与某一常数无限接近，与函数在 $x = x_0$ 处是否有定义，或与函数值是多少都没有关系. 在考虑当 $x \to x_0$，函数 $f(x)$ 的变化趋势时，只要在 x_0 的某一空心邻域($x = x_0$ 可以除外)内考虑就行了. 当 $x \to x_0$ 时，$f(x)$ 与某一常数 A 无限接近，指的是 $|x - x_0|$ 越无限接近于 0，$|f(x) - A|$ 就越无限接近于 0. 因此，有以下定义：

定义 1.16 设函数 $f(x)$ 在点 $x = x_0$ 的某一空心邻域 $\overset{\circ}{U}(x_0, \delta_0)$ 内有定义，A 为一常数，若任给 $\varepsilon > 0$，总存在 $\delta > 0$($\delta \leqslant \delta_0$)，使得当 $0 < |x - x_0| < \delta$(即 $x \in \overset{\circ}{U}(x_0, \delta)$)时，都有 $|f(x) - A| < \varepsilon$(即 $f(x) \in U(A, \varepsilon)$)成立，则称 A 为函数 $f(x)$ 当 $x \to$

x_0 时的极限，记作

$$\lim_{x \to x_0} f(x) = A \quad \text{或} \quad f(x) \to A \ (x \to x_0).$$

这个定义称为 ε-δ 定义.

几何意义：对于任给的 $\varepsilon > 0$，存在 $\delta > 0$，当 $0 < |x - x_0| < \delta$ 时，曲线 $y = f(x)$ 上的点 $(x, f(x))$ 全部落在直线 $y = A - \varepsilon$ 与 $y = A + \varepsilon$ 之间的带形区域内（图 1-11）.

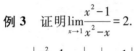

图 1-11

例 3　证明 $\lim\limits_{x \to 1} \dfrac{x^2 - 1}{x^2 - x} = 2$.

证　$\left| \dfrac{x^2 - 1}{x^2 - x} - 2 \right| = \left| \dfrac{x - 1}{x} \right| = \dfrac{|x - 1|}{|x|}$.

由于 $x \to 1$，不妨设

$$0 < |x - 1| < \frac{1}{2},$$

于是 $x > \dfrac{1}{2}$，即 $|x| > \dfrac{1}{2}$，从而

$$\frac{|x - 1|}{|x|} < 2|x - 1| \quad \left(0 < |x - 1| < \frac{1}{2} \right).$$

所以，任给 $\varepsilon > 0$，要使 $\left| \dfrac{x^2 - 1}{x^2 - x} - 2 \right| < \varepsilon$，只要 $2|x - 1| < \varepsilon$，即 $|x - 1| < \dfrac{\varepsilon}{2}$.

取 $\delta = \min\left\{ \dfrac{1}{2}, \dfrac{\varepsilon}{2} \right\}$，当 $0 < |x - 1| < \delta$ 时，都有 $\left| \dfrac{x^2 - 1}{x^2 - x} - 2 \right| < \varepsilon$.

由定义知 $\lim\limits_{x \to 1} \dfrac{x^2 - 1}{x^2 - x} = 2$. □

例 4　设在 x_0 的某邻域内 $f(x) \geqslant 0$，且

$$\lim_{x \to x_0} f(x) = A \geqslant 0 \, (\text{常数}),$$

证明 $\lim\limits_{x \to x_0} \sqrt[m]{f(x)} = \sqrt[m]{A}$，其中 $m \in \mathbf{N}_+$，$m > 1$，x_0 为某一定值.

证　由 $\lim\limits_{x \to x_0} f(x) = A$，根据 ε-δ 定义，任给 $\varepsilon > 0$，存在 $\delta > 0$，当 $0 < |x - x_0| < \delta$ 时，都有

$$|f(x) - A| < \varepsilon.$$

（1）当 $A = 0$ 时，由 $|f(x) - A| < \varepsilon$，得

$$\left| \sqrt[m]{f(x)} \right| < \sqrt[m]{\varepsilon}.$$

于是任给 $\varepsilon > 0$，存在 $\delta > 0$，当 $0 < |x - x_0| < \delta$ 时，都有

$$\left| \sqrt[m]{f(x)} - 0 \right| < \sqrt[m]{\varepsilon}.$$

由定义知 $\lim\limits_{x \to x_0} \sqrt[m]{f(x)} = 0$.

（2）当 $A>0$ 时，

$$\left| \sqrt[m]{f(x)} - \sqrt[m]{A} \right| = \frac{|f(x)-A|}{\left| (\sqrt[m]{f(x)})^{m-1} + (\sqrt[m]{f(x)})^{m-2}\sqrt[m]{A} + \cdots + (\sqrt[m]{A})^{m-1} \right|}$$

$$< \frac{|f(x)-A|}{(\sqrt[m]{A})^{m-1}} < \frac{\varepsilon}{(\sqrt[m]{A})^{m-1}}.$$

于是任给 $\varepsilon>0$，存在 $\delta>0$，当 $0<|x-x_0|<\delta$ 时，都有

$$\left| \sqrt[m]{f(x)} - \sqrt[m]{A} \right| < \frac{\varepsilon}{(\sqrt[m]{A})^{m-1}}.$$

由定义知，$\lim\limits_{x \to x_0} \sqrt[m]{f(x)} = \sqrt[m]{A}$. 故 $\lim\limits_{x \to x_0} f(x) = A$ 时，有 $\lim\limits_{x \to x_0} \sqrt[m]{f(x)} = \sqrt[m]{A}$. □

注 当 x_0 为 ∞ 或 $+\infty$ 或 $-\infty$ 时，结论仍成立.

2. 函数的左、右极限

在讨论极限 $\lim\limits_{x \to x_0} f(x)$ 时，要求自变量 x 从点 x_0 的两侧趋于 x_0. 有时函数 $f(x)$ 仅在 x_0 的一侧有定义，另外，在研究分段函数在分界点 x_0 处是否存在极限时，由于在 x_0 的两侧，函数表达式不同，无法直接求极限 $\lim\limits_{x \to x_0} f(x)$. 因此，有必要考虑 x 仅从点 x_0 的一侧（$x>x_0$ 或 $x<x_0$）趋于 x_0 时函数 $f(x)$ 的极限，即单侧极限.

定义 1.17 设 $f(x)$ 在 x_0 的某右邻域 $\overset{\circ}{U}_+(x_0)$ 内有定义，若存在一个确定的常数 A，任给 $\varepsilon>0$，总存在 $\delta>0(\delta \le \delta_0)$，使得当 $x_0<x<x_0+\delta(x \in \overset{\circ}{U}_+(x_0, \delta))$ 时，都有 $|f(x)-A|<\varepsilon$，则称 A 为 $f(x)$ 当 $x \to x_0$ 时的右极限，记作

$$\lim\limits_{x \to x_0^+} f(x) = A \quad \text{或} \quad f(x_0^+) = A \quad \text{或} \quad f(x_0+0) = A.$$

定义 1.18 设 $f(x)$ 在 x_0 的某左邻域 $\overset{\circ}{U}_-(x_0)$ 内有定义，若存在一个确定的常数 A，任给 $\varepsilon>0$，存在 $\delta>0(\delta \le \delta_0)$，使得当 $x_0-\delta<x<x_0(x \in \overset{\circ}{U}_-(x_0, \delta))$ 时，都有 $|f(x)-A|<\varepsilon$，则称 A 为 $f(x)$ 当 $x \to x_0$ 时的左极限，记作

$$\lim\limits_{x \to x_0^-} f(x) = A \quad \text{或} \quad f(x_0^-) = A \quad \text{或} \quad f(x_0-0) = A.$$

由左极限和右极限的定义知

定理 1.10 $\lim\limits_{x \to x_0} f(x) = A$ **的充要条件是** $\lim\limits_{x \to x_0^+} f(x) = A$ **且** $\lim\limits_{x \to x_0^-} f(x) = A$.

例 5 研究 $f(x) = \operatorname{sgn} x$ 在点 $x=0$ 的极限.

解 由于 $\lim\limits_{x \to 0^-} f(x) = \lim\limits_{x \to 0^-} (-1) = -1$，$\lim\limits_{x \to 0^+} f(x) = \lim\limits_{x \to 0^+} 1 = 1$，所以 $\lim\limits_{x \to 0} f(x)$ 不存在.

例 6 设 $f(x) = \begin{cases} 1, & x \le 0, \\ \sqrt[3]{1+x}, & x>0, \end{cases}$ 研究 $f(x)$ 在点 $x=0$ 处的极限.

解 由于 $\lim\limits_{x \to 0^-} f(x) = \lim\limits_{x \to 0^-} 1 = 1$，$\lim\limits_{x \to 0^+} f(x) = \lim\limits_{x \to 0^+} \sqrt[3]{1+x} = 1$（由本节例 4 中 $m=3$ 可

得），所以由定理 1.10 知 $\lim\limits_{x\to 0}f(x)=1$.

*例 7 证明 $\lim\limits_{x\to 0}a^x=1\,(a>1$ 为常数$)$.

分析 任给 $\varepsilon>0$，要使 $|a^x-1|<\varepsilon$，从中解出 $|x|<\delta$ 比较困难. 因此，我们通过左、右极限来证明.

证 先证 $\lim\limits_{x\to 0^+}a^x=1$. 由于 $a>1$，$x>0$，所以 $a^x>1$.

任给 $\varepsilon>0$，要使 $|a^x-1|<\varepsilon$，只要 $a^x-1<\varepsilon\Leftrightarrow a^x<1+\varepsilon$，即 $x<\log_a(1+\varepsilon)$.

取 $\delta=\log_a(1+\varepsilon)$，当 $0<x<\log_a(1+\varepsilon)$ 时，都有 $|a^x-1|<\varepsilon$. 由定义知 $\lim\limits_{x\to 0^+}a^x=1$.

再证 $\lim\limits_{x\to 0^-}a^x=1$. 由于 $a>1$，$x<0$，所以 $a^x<1$.

任给 $\varepsilon>0$，要使 $|a^x-1|<\varepsilon$，只要 $1-a^x<\varepsilon\Leftrightarrow a^x>1-\varepsilon$（不妨设 $\varepsilon<1$，读者想一想为什么），只要 $x>\log_a(1-\varepsilon)$，即 $x>-[-\log_a(1-\varepsilon)]$，即存在 $\delta=-\log_a(1-\varepsilon)>0$，当 $-\delta<x<0$ 时，都有 $|a^x-1|<\varepsilon$，由定义知 $\lim\limits_{x\to 0^-}a^x=1$.

综上所述，$\lim\limits_{x\to 0}a^x=1$. $\square$

§3.2　函数极限的性质

在 §3.1 中我们引入了下述 6 种类型的函数极限：

(1) $\lim\limits_{x\to+\infty}f(x)$；　　(2) $\lim\limits_{x\to-\infty}f(x)$；　　(3) $\lim\limits_{x\to\infty}f(x)$；

(4) $\lim\limits_{x\to x_0}f(x)$；　　(5) $\lim\limits_{x\to x_0^+}f(x)$；　　(6) $\lim\limits_{x\to x_0^-}f(x)$.

它们具有与数列极限相类似的一些性质，现在以第（4）种类型的极限为代表来叙述，证明的方法与数列极限性质证明的方法完全类似. 其他类型极限的相应性质的叙述与证明只要作适当的修改就可以了（留作练习）.

性质 1（唯一性） 若极限 $\lim\limits_{x\to x_0}f(x)$ 存在，则它只有一个极限.

性质 2（局部有界性） 若极限 $\lim\limits_{x\to x_0}f(x)$ 存在，则存在 x_0 的某个空心邻域 $\overset{\circ}{U}(x_0)$，使 $f(x)$ 在 $\overset{\circ}{U}(x_0)$ 内有界.

证 设 $\lim\limits_{x\to x_0}f(x)=A$，由 ε-δ 定义，取 $\varepsilon=1$，存在 $\delta_0>0$，当 $x\in\overset{\circ}{U}(x_0,\delta_0)$ 时，都有

$$|f(x)-A|<1,$$

由于

$$|f(x)|-|A|\leqslant|f(x)-A|<1,$$

所以 $|f(x)|<1+|A|$，其中，$1+|A|$ 为常数. 从而 $f(x)$ 在 $\overset{\circ}{U}(x_0,\delta_0)$ 内有界. $\square$

性质 3(不等式性质) 若 $\lim\limits_{x \to x_0} f(x) = A$，$\lim\limits_{x \to x_0} g(x) = B$，且 $A > B$，则存在 x_0 的某空心邻域 $\mathring{U}(x_0, \delta_0)$，使得对一切 $x \in \mathring{U}(x_0, \delta_0)$，都有 $f(x) > g(x)$.

推论(局部保号性) 若 $\lim\limits_{x \to x_0} f(x) = A > 0$(或 < 0)，则对任何常数 $\eta(0 < \eta < A)$(或 $A < \eta < 0$)，存在 x_0 的某空心邻域 $\mathring{U}(x_0, \delta_0)$，使得对一切 $x \in \mathring{U}(x_0, \delta_0)$，都有 $f(x) > \eta > 0$(或 $f(x) < \eta < 0$)成立.

性质 4(不等式性质) 若 $\lim\limits_{x \to x_0} f(x) = A$，$\lim\limits_{x \to x_0} g(x) = B$，且存在 x_0 的某空心邻域 $\mathring{U}(x_0, \delta_0)$，使得对一切 $x \in \mathring{U}(x_0, \delta_0)$，都有 $f(x) \leqslant g(x)$，则 $A \leqslant B$.

性质 5(函数极限的四则运算) 若 $\lim\limits_{x \to x_0} f(x)$ 与 $\lim\limits_{x \to x_0} g(x)$ 存在，则函数 $f \pm g$，$f \cdot g$，$cf(c$ 为常数)在 $x \to x_0$ 时的极限都存在，且

(1) $\lim\limits_{x \to x_0} [f(x) \pm g(x)] = \lim\limits_{x \to x_0} f(x) \pm \lim\limits_{x \to x_0} g(x)$；

(2) $\lim\limits_{x \to x_0} f(x) g(x) = \lim\limits_{x \to x_0} f(x) \cdot \lim\limits_{x \to x_0} g(x)$；

(3) $\lim\limits_{x \to x_0} cf(x) = c \lim\limits_{x \to x_0} f(x)$；

又若 $\lim\limits_{x \to x_0} g(x) \neq 0$，则 f/g 在 $x \to x_0$ 时的极限也存在，且有

(4) $\lim\limits_{x \to x_0} \dfrac{f(x)}{g(x)} = \dfrac{\lim\limits_{x \to x_0} f(x)}{\lim\limits_{x \to x_0} g(x)}$.

按定义，容易证明 $\lim\limits_{x \to x_0} c = c$($c$ 为常数)，$\lim\limits_{x \to x_0} x = x_0$.

设

$$P_n(x) = a_0 x^n + a_1 x^{n-1} + \cdots + a_{n-1} x + a_n,$$

n 为正整数. 由极限的四则运算性质，可得

$$\lim\limits_{x \to x_0} P_n(x) = a_0 x_0^n + a_1 x_0^{n-1} + \cdots + a_{n-1} x_0 + a_n = P_n(x_0).$$

设

$$Q_m(x) = b_0 x^m + b_1 x^{m-1} + \cdots + b_{m-1} x + b_m,$$

若 $Q_m(x_0) \neq 0$，则

$$\lim\limits_{x \to x_0} \frac{P_n(x)}{Q_m(x)} = \frac{\lim\limits_{x \to x_0} P_n(x)}{\lim\limits_{x \to x_0} Q_m(x)} = \frac{P_n(x_0)}{Q_m(x_0)},$$

$$\lim\limits_{x \to \infty} \frac{a_0 x^n + a_1 x^{n-1} + \cdots + a_{n-1} x + a_n}{b_0 x^m + b_1 x^{m-1} + \cdots + b_{m-1} x + b_m} = \begin{cases} \dfrac{a_0}{b_0}, & n = m, \\[2mm] 0, & n < m, \end{cases}$$

其中 a_0, b_0 为常数且不为 0，n, m 为正整数.

例 8 求 $\lim\limits_{x \to 1} \left(\dfrac{1}{x-1} - \dfrac{3}{x^3-1} \right)$.

解
$$\lim\limits_{x \to 1} \left(\frac{1}{x-1} - \frac{3}{x^3-1} \right) = \lim\limits_{x \to 1} \frac{x^2 + x + 1 - 3}{(x-1)(x^2+x+1)}$$

$$= \lim_{x \to 1} \frac{x^2 + x - 2}{(x-1)(x^2+x+1)} = \lim_{x \to 1} \frac{(x+2)(x-1)}{(x-1)(x^2+x+1)},$$

由于 $x \to 1$，$x \neq 1$，所以 $x - 1 \neq 0$，从而

$$原式 = \lim_{x \to 1} \frac{x+2}{x^2+x+1} = \frac{1+2}{1+1+1} = 1.$$

性质 6(复合函数的极限) 设 $y = f(u)$，$u = \varphi(x)$，若 $\lim\limits_{x \to x_0} \varphi(x) = u_0$，$\lim\limits_{u \to u_0} f(u)$ $= A$，且存在 x_0 的某邻域 $\mathring{U}(x_0, \delta')$，当 $x \in \mathring{U}(x_0, \delta')$ 时，$\varphi(x) \neq u_0$，则

$$\lim_{x \to x_0} f(\varphi(x)) = \lim_{u \to u_0} f(u) = A.$$

证 由于 $\lim\limits_{u \to u_0} f(u) = A$，所以，任给 $\varepsilon > 0$，存在 $\eta > 0$，使得当 $0 < |u - u_0| < \eta$ 时，都有

$$|f(u) - A| < \varepsilon.$$

又因为 $\lim\limits_{x \to x_0} \varphi(x) = u_0$，所以对上述 $\eta > 0$，存在 $\delta_1 > 0$，当 $0 < |x - x_0| < \delta_1$ 时，都有

$$|\varphi(x) - u_0| < \eta.$$

取 $\delta = \min\{\delta', \delta_1\}$，当 $0 < |x - x_0| < \delta$ 时，有 $0 < |\varphi(x) - u_0| < \eta$，从而有

$$|f(\varphi(x)) - A| < \varepsilon.$$

即

$$\lim_{x \to x_0} f(\varphi(x)) = \lim_{u \to u_0} f(u) = A. \quad \square$$

由性质 6，我们可得到求极限的一个重要方法——变量替代法，即

$$\lim_{x \to x_0} f(\varphi(x)) \xrightarrow[\text{当}\ x \to x_0\ \text{时},\ \varphi(x) \to u_0]{\text{令}\ \varphi(x) = u} \lim_{u \to u_0} f(u) = A.$$

例 9 求 $\lim\limits_{x \to 0} \sqrt[3]{1 + x^2 - x^3}$.

解 $\lim\limits_{x \to 0} \sqrt[3]{1 + x^2 - x^3} \xrightarrow[u \to 1]{\text{令}\ 1 + x^2 - x^3 = u} \lim\limits_{u \to 1} \sqrt[3]{u} = 1.$

注 以后这个变量代换过程可省去.

例 10 求 $\lim\limits_{x \to 1} \dfrac{\sqrt[m]{x} - 1}{\sqrt[n]{x} - 1}$，其中 n，$m \in \mathbf{N}_+$.

解 $\lim\limits_{x \to 1} \dfrac{\sqrt[m]{x} - 1}{\sqrt[n]{x} - 1}$

$$= \lim_{x \to 1} \frac{(\sqrt[m]{x} - 1)\left[(\sqrt[m]{x})^{m-1} + (\sqrt[m]{x})^{m-2} + \cdots + 1\right]\left[(\sqrt[n]{x})^{n-1} + (\sqrt[n]{x})^{n-2} + \cdots + 1\right]}{(\sqrt[n]{x} - 1)\left[(\sqrt[n]{x})^{n-1} + (\sqrt[n]{x})^{n-2} + \cdots + 1\right]\left[(\sqrt[m]{x})^{m-1} + (\sqrt[m]{x})^{m-2} + \cdots + 1\right]}$$

$$= \lim_{x \to 1} \frac{(x - 1)\left[(\sqrt[n]{x})^{n-1} + (\sqrt[n]{x})^{n-2} + \cdots + 1\right]}{(x - 1)\left[(\sqrt[m]{x})^{m-1} + (\sqrt[m]{x})^{m-2} + \cdots + 1\right]}$$

$$= \lim_{x \to 1} \frac{(\sqrt[n]{x})^{n-1} + (\sqrt[n]{x})^{n-2} + \cdots + 1}{(\sqrt[m]{x})^{m-1} + (\sqrt[m]{x})^{m-2} + \cdots + 1} = \frac{n}{m}.$$

§3.3 函数极限存在的准则

定理 1.11(夹逼定理) 若 $\lim\limits_{x \to x_0} f(x) = \lim\limits_{x \to x_0} g(x) = A$,且存在 x_0 的某空心邻域 $\overset{\circ}{U}(x_0, \delta')$,使得对一切 $x \in \overset{\circ}{U}(x_0, \delta')$,都有 $f(x) \leqslant h(x) \leqslant g(x)$,则

$$\lim_{x \to x_0} h(x) = A.$$

例 11 求 $\lim\limits_{x \to 0^+} x\left[\dfrac{1}{x}\right]$.

解 $\dfrac{1}{x} - 1 < \left[\dfrac{1}{x}\right] \leqslant \dfrac{1}{x}$,且 $x > 0$. 两边同乘以 x,得 $1 - x < x\left[\dfrac{1}{x}\right] \leqslant 1$,又

$$\lim_{x \to 0^+}(1-x) = 1,\ \lim_{x \to 0^+} 1 = 1,$$

根据夹逼定理知 $\lim\limits_{x \to 0^+} x\left[\dfrac{1}{x}\right] = 1$.

下面这个定理指出,数列极限与函数极限之间存在着一定的关系,即它们在一定的条件下能相互转化. 定理 1.12 给出的是 $x \to x_0$ 的情形,对其他五种情形的极限,读者可相应修改叙述,证明方法则完全类似.

定理 1.12(归结原则或海涅(Heine)定理) 设 $f(x)$ 在 x_0 的某空心邻域 $\overset{\circ}{U}(x_0)$ 内有定义,则 $\lim\limits_{x \to x_0} f(x)$ 存在的充要条件是对任何以 x_0 为极限且含于 $\overset{\circ}{U}(x_0)$ 的数列 $\{x_n\}$,极限 $\lim\limits_{n \to \infty} f(x_n)$ 都存在且相等.

重难点讲解
归结原则的引入

重难点讲解
归结原则的证明

证 必要性. 由于

$$\lim_{x \to x_0} f(x) = A,$$

所以任给 $\varepsilon > 0$,存在 $\delta > 0$,当 $0 < |x - x_0| < \delta$ 时,都有

$$|f(x) - A| < \varepsilon.$$

对任何 $x_n \in \overset{\circ}{U}(x_0)$ 且 $\lim\limits_{n \to \infty} x_n = x_0$,由 $x_n \in \overset{\circ}{U}(x_0)$ 知

$$x_n \neq x_0,\ \lim_{n \to \infty} x_n = x_0.$$

根据定义,对上述的 $\delta > 0$,存在正整数 N,当 $n > N$ 时,有 $0 < |x_n - x_0| < \delta$,从而有 $|f(x_n) - A| < \varepsilon$. 即

$$\lim_{n \to \infty} f(x_n) = A.$$

充分性. 若 $\lim\limits_{n \to \infty} f(x_n) = A$,用反证法. 假设 $\lim\limits_{x \to x_0} f(x) \neq A$,则存在 $\varepsilon_0 > 0$,对无论多么小的 $\delta > 0$,总存在一点 x',尽管 $0 < |x' - x_0| < \delta$,但有 $|f(x') - A| \geqslant \varepsilon_0$. 设 $f(x)$ 在空心邻域 $\overset{\circ}{U}(x_0, \delta')$ 内有定义,现依次取 $\delta = \dfrac{\delta'}{2}, \dfrac{\delta'}{2^2}, \cdots, \dfrac{\delta'}{2^n}, \cdots$,则存在相应的 $x_1, x_2, \cdots, x_n, \cdots$,尽管

$$0<|x_1-x_0|<\frac{\delta'}{2},\ \text{但}\ |f(x_1)-A|\geqslant\varepsilon_0;$$

$$0<|x_2-x_0|<\frac{\delta'}{2^2},\ \text{但}\ |f(x_2)-A|\geqslant\varepsilon_0;$$

$$\cdots$$

$$0<|x_n-x_0|<\frac{\delta'}{2^n},\ \text{但}\ |f(x_n)-A|\geqslant\varepsilon_0;$$

$$\cdots$$

显然数列 $\{x_n\}\subset\mathring{U}(x_0,\delta')$，且 $\lim\limits_{n\to\infty}x_n=x_0$. 但对任何 n，$f(x_n)$ 与 A 的距离始终大于 ε_0，这与 $\lim\limits_{n\to\infty}f(x_n)=A$ 相矛盾，所以假设不成立. 因此

$$\lim_{x\to x_0}f(x)=A.\quad\square$$

归结原则的意义在于把函数极限归结为数列极限问题来处理，从而我们能通过归结原则和数列极限的有关定理来解决一些问题，比如我们可以证明函数极限的唯一性、局部有界性、局部保号性、不等式性质、四则运算法则及夹逼定理.

如用归结原则给出夹逼定理的证明：由于 $f(x)\leqslant h(x)\leqslant g(x)$，任给 $\{x_n\}\subset\mathring{U}(x_0,\delta')$，有

$$f(x_n)\leqslant h(x_n)\leqslant g(x_n).$$

由于 $\lim\limits_{x\to x_0}f(x)=A$，$\lim\limits_{x\to x_0}g(x)=A$，由归结原则，可得

$$\lim_{n\to\infty}f(x_n)=A,\quad\lim_{n\to\infty}g(x_n)=A,$$

再由数列的夹逼定理知 $\lim\limits_{n\to\infty}h(x_n)=A$，由归结原则知

$$\lim_{x\to x_0}h(x)=A.$$

由归结原则，我们还可以得到

定理 1.13 $f(x)$ 当 $x\to x_0$ 时极限不存在的充要条件是

(1) 存在 $\{x_n''\}$，$\{x_n'\}\subset\mathring{U}(x_0)$，$\lim\limits_{n\to\infty}x_n'=x_0$，$\lim\limits_{n\to\infty}x_n''=x_0$，$\lim\limits_{n\to\infty}f(x_n')=A$，$\lim\limits_{n\to\infty}f(x_n'')=B$，$A\neq B$；

或 (2) 存在 $\{x_n\}\subset\mathring{U}(x_0)$，$\lim\limits_{n\to\infty}x_n=x_0$，**使** $\lim\limits_{n\to\infty}f(x_n)$ **不存在**.

我们常常用 (1) 证明 $\lim\limits_{x\to x_0}f(x)$ 不存在.

例 12 证明 $\lim\limits_{x\to+\infty}\sin x$ 不存在.

证 取 $x_n'=2n\pi$，n 是正整数，$\lim\limits_{n\to\infty}x_n'=+\infty$，$\lim\limits_{n\to\infty}\sin 2n\pi=0$；取 $x_n''=2n\pi+\frac{\pi}{2}$，$\lim\limits_{n\to\infty}x_n''=+\infty$，$\lim\limits_{n\to\infty}\sin\left(2n\pi+\frac{\pi}{2}\right)=1$，由于 $0\neq 1$，所以 $\lim\limits_{x\to+\infty}\sin x$ 不存在.$\square$

*§3.4 函数极限存在的准则(续)

数列里有单调有界定理、柯西收敛准则. 对函数，我们有下面的定理.

定理 1.14(充分条件) 单调有界函数必有单侧极限.

现就 $x \to x_0^-$ 与 $x \to -\infty$ 的两种情形，分别叙述如下：

(1) 若 $f(x)$ 在 $U_-(x_0)$ 内递增(或递减)有上界(或下界)，则 $\lim\limits_{x \to x_0^-} f(x)$ 存在；

(2) 若 $f(x)$ 在 $(-\infty, a)$ 内递增(或递减)有下界(或上界)，则 $\lim\limits_{x \to -\infty} f(x)$ 存在.

证 (1)不妨设 $f(x)$ 在 $U_-(x_0, \delta')$ 内递减有下界. 即 $Y = \{f(x) : x \in (x_0 - \delta', x_0), \delta' > 0\}$ 有下界，由确界原理知，必有下确界 $\beta = \inf Y$，于是

① 当 $x \in (x_0 - \delta', x_0)$ 时，$f(x) \geqslant \beta$.

② 任给 $\varepsilon > 0$，存在 $x' \in (x_0 - \delta', x_0)$，$f(x') \in Y$，$f(x') < \beta + \varepsilon$. 由于 $f(x)$ 递减，当 $x' < x < x_0$ 时，有 $\beta - \varepsilon < \beta \leqslant f(x) < f(x') < \beta + \varepsilon$，取 $x_0 - x' = \delta$，当 $x_0 - \delta < x < x_0$ 时，都有 $|f(x) - \beta| < \varepsilon$. 按定义有

$$\lim_{x \to x_0^-} f(x) = \beta. \quad \square$$

对于(2)的证明及 $x \to x_0^+$，$x \to +\infty$ 的叙述及证明，留作练习，请读者完成.

定理 1.15(柯西收敛准则) 设 $f(x)$ 在 x_0 的某空心邻域 $\overset{\circ}{U}(x_0)$ 内有定义，$\lim\limits_{x \to x_0} f(x)$ 存在的充要条件是任给 $\varepsilon > 0$，总存在 $\delta > 0$，当 x'，$x'' \in \overset{\circ}{U}(x_0)$，且 $0 < |x' - x_0| < \delta$，$0 < |x'' - x_0| < \delta$ 时，都有

$$|f(x') - f(x'')| < \varepsilon.$$

证 必要性. 设 $\lim\limits_{x \to x_0} f(x) = A$，即任给 $\varepsilon > 0$，存在 $\delta > 0$，当 $0 < |x - x_0| < \delta$ 时，都有

$$|f(x) - A| < \frac{\varepsilon}{2}.$$

当 $0 < |x' - x_0| < \delta$，$0 < |x'' - x_0| < \delta$ 时，有

$$|f(x') - A| < \frac{\varepsilon}{2}, \quad |f(x'') - A| < \frac{\varepsilon}{2},$$

则

$$|f(x') - f(x'')| = |f(x') - A + A - f(x'')|$$

$$\leqslant |f(x') - A| + |f(x'') - A| < \frac{\varepsilon}{2} + \frac{\varepsilon}{2} = \varepsilon.$$

充分性. 由条件知任给 $\varepsilon > 0$，存在 $\delta > 0$，当 x'，$x'' \in \overset{\circ}{U}(x_0)$ 且 $0 < |x' - x_0| < \delta$，$0 < |x'' - x_0| < \delta$ 时，都有

$$|f(x') - f(x'')| < \varepsilon.$$

对数列 $\{x_n\} \subset \overset{\circ}{U}(x_0)$，$\lim\limits_{n \to \infty} x_n = x_0$，由数列极限的定义知，对上述的 $\delta > 0$，存在正整数 N，当 $n > N$ 时，都有 $0 < |x_n - x_0| < \delta$，当 $m > N$ 时，有 $0 < |x_m - x_0| < \delta$，所以有

$$|f(x_m) - f(x_n)| < \varepsilon.$$

由数列极限的柯西收敛准则知 $\{f(x_n)\}$ 收敛，设

$$\lim_{n \to \infty} f(x_n) = A.$$

设任一数列 $\{y_n\} \subset \overset{\circ}{U}(x_0)$，$\lim y_n = x_0$，如上所证，$\lim f(y_n)$ 存在，记为 B，现证 $A = B$. 设 $\{z_n\} = x_1, y_1, x_2, y_2, \cdots, x_n, y_n, \cdots$，则 $\{z_n\} \subset \overset{\circ}{U}(x_0)$，$\lim\limits_{n \to \infty} z_n = x_0$，如上所证 $\{f(z_n)\}$ 收敛，于是 $\{f(z_n)\}$ 的两个子列 $\{f(x_n)\}$，$\{f(y_n)\}$ 极限存在且相等，则 $A = B$. 由归结原则知

$$\lim_{x \to x_0} f(x) = A. \quad \square$$

对于 $x \to x_0^-$，$x \to x_0^+$，$x \to +\infty$，$x \to -\infty$，$x \to \infty$ 的情形，读者可相应地叙述出来，并可类似证明.

定理 1.16 极限 $\lim\limits_{x \to x_0} f(x)$ 不存在的充要条件是存在 $\varepsilon_0 > 0$，对无论多么小的 $\delta > 0$，总存在 x'，$x'' \in \overset{\circ}{U}(x_0)$，尽管 $0 < |x' - x_0| < \delta$，$0 < |x'' - x_0| < \delta$，但是

$$|f(x') - f(x'')| \geqslant \varepsilon_0.$$

§3.5 无穷小量、无穷大量、阶的比较

一、无穷小量

在函数极限中，有一类极限在微积分的理论中尤为重要.

定义 1.19 若 $\lim\limits_{x \to x_0} f(x) = 0$，则称 $f(x)$ 是当 $x \to x_0$ 时的无穷小量，这里 x_0 可以是常数，也可以是 $+\infty$，$-\infty$ 或 ∞.

例 13 x，x^3 当 $x \to 0$ 时是无穷小量，$\dfrac{1}{x}$ 当 $x \to \infty$ 时是无穷小量.

注 无穷小量不是很小的量，而是一类特殊的以 0 为极限的变量，它依赖于某个无限变化过程. 用 $\varepsilon - \delta$ 定义叙述则为：任给 $\varepsilon > 0$，存在 $\delta > 0$，当 $0 < |x - x_0| < \delta$ 时，都有

$$|f(x)| < \varepsilon.$$

定义 1.20 若存在 x_0 的某空心邻域 $\overset{\circ}{U}(x_0)$，$f(x)$ 在 $\overset{\circ}{U}(x_0)$ 内有界，则称 $f(x)$ 当 $x \to x_0$ 时是有界量.

这个定义的否定陈述就是无界量定义.

定义 1.21 对 x_0 无论多么小的空心邻域 $\overset{\circ}{U}(x_0, \delta)$，任给 $M > 0$，存在 $x' \in \overset{\circ}{U}(x_0, \delta)$，$|f(x')| > M$，称 $f(x)$ 当 $x \to x_0$ 时是无界量.

定理 1.17 若 $\lim\limits_{x \to x_0} f(x) = A$，则 $f(x) - A$ 当 $x \to x_0$ 时是无穷小量或者

$$f(x) = A + \alpha(x),$$

其中 $\alpha(x) \to 0 \ (x \to x_0)$.

无穷小量还具有下列性质：

（1）有限多个无穷小量之和仍是无穷小量；

（2）有限多个无穷小量之积仍是无穷小量；

（3）无穷小量与有界量之积仍是无穷小量.

证 现证（3）. 设 $\lim\limits_{x \to x_0} f(x) = 0$，$g(x)$ 当 $x \to x_0$ 时是有界量. 由定义知，存在 x_0 的一个空心邻域 $\mathring{U}(x_0, \delta_1)$，存在常数 $M > 0$，当 $x \in \mathring{U}(x_0, \delta_1)$ 时，

$$|g(x)| \leq M.$$

任给 $\varepsilon > 0$，存在 $\delta_2 > 0$，当 $x \in \mathring{U}(x_0, \delta_2)$ 时，都有

$$|f(x)| < \frac{\varepsilon}{M}.$$

取 $\delta = \min\{\delta_1, \delta_2\}$，当 $x \in \mathring{U}(x_0, \delta)$ 时，都有

$$|f(x)g(x)| < \frac{\varepsilon}{M}M = \varepsilon.$$

即 $\lim\limits_{x \to x_0} f(x)g(x) = 0$. $\square$

例 14 由于当 $x \to 0$ 时，x 是无穷小量，$\sin\dfrac{1}{x}$ 是有界量，所以 $\lim\limits_{x \to 0} x\sin\dfrac{1}{x} = 0$.

注 无限个无穷小量之和不一定是无穷小量.

例如，$\lim\limits_{n \to \infty} \dfrac{1}{n} = 0$，而 $\lim\limits_{n \to \infty} \left(\underbrace{\dfrac{1}{n} + \dfrac{1}{n} + \cdots + \dfrac{1}{n}}_{n \uparrow} \right) = 1$.

从这个例子我们可以看出有限与无限的本质区别. 无限的奥妙也使我们认识到一些结果必须通过推理证明才能予以接受. 换句话说，我们认为是正确的命题，要给予证明；我们认为是不正确的命题，要举一个例子说明.

二、无穷小量阶的比较

如果 $\lim\limits_{x \to x_0} f(x) = 0$，$\lim\limits_{x \to x_0} g(x) = 0$，那么，我们如何来判断当 $x \to x_0$ 时 $f(x)$，$g(x)$ 趋于 0 的快慢程度呢？

定义 1.22 设 $\lim\limits_{x \to x_0} f(x) = 0$，$\lim\limits_{x \to x_0} g(x) = 0$，若 $\lim\limits_{x \to x_0} \dfrac{f(x)}{g(x)} = 0$，则称当 $x \to x_0$ 时，$f(x)$ 是比 $g(x)$ 高阶的无穷小量，记作

$$f(x) = o(g(x)) \quad (x \to x_0).$$

若 $\lim\limits_{x \to x_0} \dfrac{f(x)}{g(x)} = c \neq 0$，则称当 $x \to x_0$ 时，$f(x)$ 与 $g(x)$ 是同阶的无穷小量.

若 $\lim\limits_{x \to x_0} \dfrac{f(x)}{g(x)} = 1$，则称当 $x \to x_0$ 时，$f(x)$ 与 $g(x)$ 是等价无穷小量. 记作

$$f(x) \sim g(x) \quad (x \to x_0).$$

$\lim\limits_{x \to x_0} \dfrac{f(x)}{g(x)} = c \neq 0$ 也可记作 $f(x) \sim cg(x) \ (x \to x_0)$.

特别地, 若 $\lim\limits_{x \to x_0^+} \dfrac{f(x)}{(x-x_0)^k} = c \neq 0$ 时 ($k > 0$ 为常数), 则称 $f(x)$ 当 $x \to x_0^+$ 时是 $(x - x_0)$ 的 k 阶无穷小量.

注 $f(x) = o(g(x)) \ (x \to x_0)$ 是一个记号, 仅表示 $\lim\limits_{x \to x_0} \dfrac{f(x)}{g(x)} = 0$, 不要理解为等式.

三、无穷大量

与无穷小量相对应的是无穷大量.

定义 1.23 设 $f(x)$ 在 x_0 的某邻域内有定义, 任给 $M > 0$, 总存在 $\delta > 0$, 当 $x \in \overset{\circ}{U}(x_0, \delta)$ 时, 都有 $|f(x)| > M$, 则称 $f(x)$ 是当 $x \to x_0$ 时的无穷大量, 记作

$$\lim_{x \to x_0} f(x) = \infty \quad \text{或} \quad f(x) \to \infty \ (x \to x_0).$$

若定义中 $|f(x)| > M$, 换成 $f(x) > M$, 则称 $f(x)$ 是当 $x \to x_0$ 时的正无穷大量, 记作

$$\lim_{x \to x_0} f(x) = +\infty \quad \text{或} \quad f(x) \to +\infty \ (x \to x_0).$$

若定义中 $|f(x)| > M$ 换成 $f(x) < -M$, 则称 $f(x)$ 是当 $x \to x_0$ 时的负无穷大量, 记作

$$\lim_{x \to x_0} f(x) = -\infty \quad \text{或} \quad f(x) \to -\infty \ (x \to x_0).$$

注 无穷大量仍属于极限不存在之列, 之所以还用极限的记号, 是因为无穷大量当 $x \to x_0$ 时具有按绝对值无限增大的趋势, 故以符号 "∞" 作为它的极限, 但 ∞ 不是一个数. 我们把这种极限叫做无穷极限, 与趋于实数的极限(叫做有穷极限)有着本质的区别. 我们说极限存在, 指的是趋于某一个实数的极限.

无穷大量的性质:

(1) 有限个无穷大量之积仍是无穷大量;

(2) 无穷大量与有界量之和仍是无穷大量.

以上两条性质读者自证.

注 有限个无穷大量之和不一定是无穷大量, 请读者自己举反例说明.

对于无穷大量, 趋于无穷大的速度也有快慢之分. 设 $\lim\limits_{x \to x_0} f(x) = \infty$, $\lim\limits_{x \to x_0} g(x) = \infty$.

若 $\lim\limits_{x \to x_0} \dfrac{f(x)}{g(x)} = 0$, 则称当 $x \to x_0$ 时, $f(x)$ 是比 $g(x)$ 低阶的无穷大量, 或

$g(x)$ 是比 $f(x)$ 高阶的无穷大量.

若 $\lim\limits_{x \to x_0} \dfrac{f(x)}{g(x)} = c \neq 0$，则称当 $x \to x_0$ 时，$f(x)$ 与 $g(x)$ 是同阶无穷大量.

若 $\lim\limits_{x \to x_0} \dfrac{f(x)}{g(x)} = 1$，则称当 $x \to x_0$ 时，$f(x)$ 与 $g(x)$ 是等价无穷大量，记作

$$f(x) \sim g(x) \ (x \to x_0).$$

尤其是等价这个概念，非常重要，我们可推广到一般的等价量. 若 $\lim\limits_{x \to x_0} \dfrac{f(x)}{g(x)} = 1$，称当 $x \to x_0$ 时，$f(x)$ 与 $g(x)$ 是等价的量，记作

$$\boxed{f(x) \sim g(x) \ (x \to x_0).}$$

例如

$$\boxed{\lim\limits_{x \to x_0} f(x) = A，\text{若 } A \neq 0，\text{则 } f(x) \sim A \ (x \to x_0).}$$

由无穷小量与无穷大量的定义可以看出，它们的变化状态恰好相反. 因此，有

定理 1.18　若 $\lim\limits_{x \to x_0} f(x) = \infty$，则 $\lim\limits_{x \to x_0} \dfrac{1}{f(x)} = 0$. 若 $\lim\limits_{x \to x_0} f(x) = 0$，且存在 x_0 的某空心邻域 $\mathring{U}(x_0)$，当 $x \in \mathring{U}(x_0)$ 时，$f(x) \neq 0$，则 $\lim\limits_{x \to x_0} \dfrac{1}{f(x)} = \infty$.

简述为：无穷大量的倒数是无穷小量，无穷小量(当 x 充分接近 x_0 时不等于 0)的倒数为无穷大量(请读者自证).

例 15　求 $\lim\limits_{x \to 1} \dfrac{1}{1 - x^2}$.

解　由于 $\lim\limits_{x \to 1} (1 - x^2) = 0$，所以

$$\lim\limits_{x \to 1} \frac{1}{1 - x^2} = \infty.$$

注　或者直接写 $\lim\limits_{x \to 1} \dfrac{1}{1 - x^2} = \infty$，但不能写成 $\lim\limits_{x \to 1} \dfrac{1}{1 - x^2} = \dfrac{1}{0} = \infty$.

例 16　求 $\lim\limits_{x \to \infty} \dfrac{P_n(x)}{Q_m(x)}$ $(n > m)$，其中 $P_n(x)$，$Q_m(x)$ 分别是 n 次和 m 次多项式.

解　由于 $\lim\limits_{x \to \infty} \dfrac{Q_m(x)}{P_n(x)} = 0$ $(n > m)$，所以

$$\lim\limits_{x \to \infty} \frac{P_n(x)}{Q_m(x)} = \infty.$$

§3.6 两个重要极限

在求函数极限时，经常要用到下面两个函数的极限：

$$\lim_{x\to 0}\frac{\sin x}{x}=1,\qquad \lim_{x\to\infty}\left(1+\frac{1}{x}\right)^{x}=\mathrm{e}.$$

1. 证明 $\lim\limits_{x\to 0}\dfrac{\sin x}{x}=1$.

证 设 $0<x<\dfrac{\pi}{2}$，作一个单位圆如图 1-12 所示，显然有 $\triangle OAB$ 面积 < 扇形 OAB 面积 < $\triangle OAC$ 面积. 即

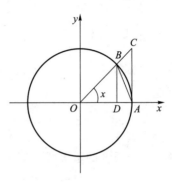

图 1-12

$$\frac{1}{2}\cdot 1\cdot\sin x<\frac{1}{2}\cdot 1^{2}\cdot x<\frac{1}{2}\cdot 1\cdot\tan x,$$

有

$$\sin x<x<\frac{\sin x}{\cos x}\left(0<x<\frac{\pi}{2}\right),$$

上式同除以 $\sin x$，得 $1<\dfrac{x}{\sin x}<\dfrac{1}{\cos x}$，从而有 $\cos x<\dfrac{\sin x}{x}<1$，由于

$$\cos x=1+\cos x-1$$

$$=1-2\sin^{2}\frac{x}{2}>1-2\cdot\frac{x^{2}}{4}=1-\frac{x^{2}}{2},$$

即

$$1-\frac{x^{2}}{2}<\cos x<\frac{\sin x}{x}<1\ \left(0<x<\frac{\pi}{2}\right),$$

而 $\lim\limits_{x\to 0^{+}}\left(1-\dfrac{x^{2}}{2}\right)=1$，$\lim\limits_{x\to 0^{+}}1=1$，根据夹逼定理知 $\lim\limits_{x\to 0^{+}}\dfrac{\sin x}{x}=1$，且 $\lim\limits_{x\to 0^{+}}\cos x=1$. 又有

$$\lim_{x\to 0^{-}}\frac{\sin x}{x}\xrightarrow{x=-t}\lim_{t\to 0^{+}}\frac{\sin(-t)}{-t}=\lim_{t\to 0^{+}}\frac{\sin t}{t}=1,$$

所以

$$\lim_{x\to 0}\frac{\sin x}{x}=1.\ \square$$

在求极限的过程中，我们已证 $\lim\limits_{x\to 0^{+}}\cos x=1$，且

$$\lim_{x\to 0^{-}}\cos x\xrightarrow{x=-t}\lim_{t\to 0^{+}}\cos t=1,$$

所以

$$\lim_{x\to 0}\cos x=1.$$

在求极限时，我们经常用的是 $\lim\limits_{x\to x_{0}}\dfrac{\sin f(x)}{f(x)}=1$（当 $x\to x_{0}$ 时，$f(x)\to 0$）. 事

实上

$$\lim_{x \to x_0} \frac{\sin f(x)}{f(x)} \xlongequal{f(x)=t} \lim_{t \to 0} \frac{\sin t}{t} = 1.$$

在证明 $\lim\limits_{x \to 0} \dfrac{\sin x}{x} = 1$ 的过程中，我们还证明了 $\sin x < x \left(0 < x < \dfrac{\pi}{2}\right)$. 实际上，我们可以证明 $|\sin x| \leqslant |x| (x \in \mathbf{R})$，等号当且仅当 $x = 0$ 时成立. 事实上，

当 $x = 0$ 时， $\qquad |\sin x| = 0 = |x|$；

当 $0 < x < \dfrac{\pi}{2}$ 时， $\qquad |\sin x| = \sin x < x = |x|$；

当 $x \geqslant \dfrac{\pi}{2}$ 时， $\qquad |\sin x| \leqslant 1 < \dfrac{\pi}{2} \leqslant x$；

当 $x < 0$ 时， $\qquad |\sin x| = |\sin(-x)| < |-x| = |x|$.

因此

$$\boxed{|\sin x| \leqslant |x|.}$$

这是一个重要的不等式，请大家记住.

例 17　求 $\lim\limits_{x \to 0} \dfrac{1 - \cos x}{x^2}$.

解　$\lim\limits_{x \to 0} \dfrac{1 - \cos x}{x^2} = \lim\limits_{x \to 0} \dfrac{2\left(\sin \dfrac{x}{2}\right)^2}{x^2} = \lim\limits_{x \to 0} \dfrac{1}{2} \cdot \left(\sin \dfrac{x}{2} \middle/ \dfrac{x}{2}\right)^2 = \dfrac{1}{2}$.

例 18　求 $\lim\limits_{x \to 0} \dfrac{\tan x}{x}$.

解　$\lim\limits_{x \to 0} \dfrac{\tan x}{x} = \lim\limits_{x \to 0} \dfrac{\sin x}{x} \cdot \dfrac{1}{\cos x} = 1 \cdot 1 = 1$.

例 19　由于

$$\lim_{x \to 0} \frac{\sin x}{x} = 1, \quad \lim_{x \to 0} \frac{\tan x}{x} = 1, \quad \lim_{x \to 0} \frac{1 - \cos x}{x^2} = \frac{1}{2},$$

所以

$$\boxed{\text{当 } x \to 0 \text{ 时}, \ \sin x \sim x, \ \tan x \sim x, \ 1 - \cos x \sim \frac{1}{2}x^2.}$$

2. 证明 $\lim\limits_{x \to \infty} \left(1 + \dfrac{1}{x}\right)^x = \mathrm{e}$.

证　先证明 $\lim\limits_{x \to +\infty} \left(1 + \dfrac{1}{x}\right)^x = \mathrm{e}$.

设 $1 < x < +\infty$，令 $[x] = n$，则 $n \leqslant x < n+1$，由此得

$$\left(1 + \frac{1}{n+1}\right)^n \leqslant \left(1 + \frac{1}{n+1}\right)^x < \left(1 + \frac{1}{x}\right)^x \leqslant \left(1 + \frac{1}{n}\right)^x < \left(1 + \frac{1}{n}\right)^{n+1},$$

由 $x \to +\infty$ 有 $n \to \infty$，于是

$$\lim_{x \to +\infty} \left(1 + \frac{1}{n+1}\right)^n = \lim_{n \to \infty} \left(1 + \frac{1}{n+1}\right)^n = \lim_{n \to \infty} \frac{\left(1 + \dfrac{1}{n+1}\right)^{n+1}}{1 + \dfrac{1}{n+1}} = e,$$

$$\lim_{x \to +\infty} \left(1 + \frac{1}{n}\right)^{n+1} = \lim_{n \to \infty} \left(1 + \frac{1}{n}\right)^n \cdot \left(1 + \frac{1}{n}\right) = e,$$

从而由夹逼定理知 $\lim\limits_{x \to +\infty} \left(1 + \dfrac{1}{x}\right)^x = e$. 再证明 $\lim\limits_{x \to -\infty} \left(1 + \dfrac{1}{x}\right)^x = e$. 由于

$$\lim_{x \to -\infty} \left(1 + \frac{1}{x}\right)^x \xlongequal{\diamondsuit\ x = -y} \lim_{y \to +\infty} \left(1 - \frac{1}{y}\right)^{-y} = \lim_{y \to +\infty} \left(\frac{y}{y-1}\right)^y$$

$$= \lim_{y \to +\infty} \left(1 + \frac{1}{y-1}\right)^{y-1} \cdot \left(1 + \frac{1}{y-1}\right) = e \cdot 1 = e,$$

即 $\lim\limits_{x \to -\infty} \left(1 + \dfrac{1}{x}\right)^x = e$. 综合得

$$\lim_{x \to \infty} \left(1 + \frac{1}{x}\right)^x = e. \quad \square$$

若令 $\dfrac{1}{x} = t$，则 $\lim\limits_{t \to 0} (1 + t)^{\frac{1}{t}} = e$. 若 $x \to x_0$ 时，$f(x) \to 0$，则

$$\lim_{x \to x_0} (1 + f(x))^{\frac{1}{f(x)}} = e.$$

例 20 求 $\lim\limits_{x \to 0} (1 - 5x)^{\frac{1}{x}}$.

解 $\lim\limits_{x \to 0} (1 - 5x)^{\frac{1}{x}} = \lim\limits_{x \to 0} \left\{ \left[1 + (-5x) \right]^{\frac{1}{-5x}} \right\}^{(-5)} = e^{-5}$.

例 21 求 $\lim\limits_{x \to 0} (1 + 2\sin x)^{\csc x}$.

解 $\lim\limits_{x \to 0} (1 + 2\sin x)^{\csc x} = \lim\limits_{x \to 0} \left[(1 + 2\sin x)^{\frac{1}{2\sin x}} \right]^2 = e^2$.

定理 1.19（等价量替换定理） 若

(1) $f(x) \sim f_1(x)$，$g(x) \sim g_1(x)$，$h(x) \sim h_1(x)$ $(x \to x_0)$；

(2) $\lim\limits_{x \to x_0} \dfrac{f_1(x) g_1(x)}{h_1(x)} = A (\text{或} \infty)$，

则

$$\boxed{\lim_{x \to x_0} \frac{f(x) g(x)}{h(x)} = \lim_{x \to x_0} \frac{f_1(x) g_1(x)}{h_1(x)} = A (\text{或} \infty).}$$

证 $\lim\limits_{x \to x_0} \dfrac{f(x) g(x)}{h(x)} = \lim\limits_{x \to x_0} \dfrac{f_1(x) g_1(x)}{h_1(x)} \cdot \dfrac{f(x)}{f_1(x)} \cdot \dfrac{g(x)}{g_1(x)} \cdot \dfrac{h_1(x)}{h(x)}$

$$= A \cdot 1 \cdot 1 \cdot 1 = A(\text{或}\infty),$$

即 $\lim\limits_{x \to x_0} \dfrac{f(x)g(x)}{h(x)} = \lim\limits_{x \to x_0} \dfrac{f_1(x)g_1(x)}{h_1(x)} = A(\text{或}\infty). \quad \square$

这个定理告诉我们,在求函数极限时,分子、分母中的因式可用它们的简单的等价量来替换,以便进行化简. 但替换以后的函数极限要存在或为无穷大. 需注意的是,分子、分母中进行加减的项不能替换,应分解因式,用因式来替换.

例 22 求 $\lim\limits_{x \to 0} \dfrac{1-\cos x^2}{x \sin x^2 \cdot \tan 3x}$.

解 $\lim\limits_{x \to 0} \dfrac{1-\cos x^2}{x \sin x^2 \cdot \tan 3x} = \lim\limits_{x \to 0} \dfrac{\dfrac{1}{2}x^4}{x \cdot x^2 \cdot 3x} = \dfrac{1}{6}$.

例 23 求 $\lim\limits_{x \to 0} \dfrac{\tan x - \sin x}{x^3}$.

解 $\lim\limits_{x \to 0} \dfrac{\tan x - \sin x}{x^3} = \lim\limits_{x \to 0} \dfrac{\dfrac{\sin x}{\cos x} - \sin x}{x^3} = \lim\limits_{x \to 0} \dfrac{\sin x(1-\cos x)}{x^3 \cos x}$

$$= \lim\limits_{x \to 0} \dfrac{x \cdot \dfrac{1}{2}x^2}{x^3 \cdot 1} = \dfrac{1}{2}.$$

注 这里 $\sin x$,$1-\cos x$,$\cos x$ 都是因式,而且,如前所述,当 $x \to 0$ 时,有

$$\sin x \sim x, \quad 1-\cos x \sim \frac{1}{2}x^2, \quad \cos x \sim 1.$$

但是以下做法是错误的:由于 $\tan x \sim x$,$\sin x \sim x (x \to 0)$,因此,

$$\lim\limits_{x \to 0} \dfrac{\tan x - \sin x}{x^3} = \lim\limits_{x \to 0} \dfrac{x-x}{x^3} = \lim\limits_{x \to 0} \dfrac{0}{x^3} = 0.$$

§3.7 极限在经济中的应用

1. 复利

目前,我国的个人银行存款实行的是单利制,而在国外银行存款中,经常采用复利制. 如果你有暂时不用的钱,可能决定将它投资来赚取利息. 支付利息有很多不同的方式,例如,一年一次或一年多次. 如果支付利息的方式比一年一次频繁得多且利息不被取出,则对投资者是有利的,因为可用利息赚取利息,这种效果称为复式的. 银行所提供的账户无论在利率上还是在复利方式上都有所不同,有些账户提供的复利是一年一次,有些是一年四次,而另一些则

是每天计复利,有些甚至提供的是连续复利.

例 24 某年 X 银行提供每年支付一次,复利为年利率 8% 的银行账户,Y 银行提供每年支付四次,复利为年利率 8% 的账户,它们之间有何差异呢?

解 两种情况中 8% 都是年利率,一年支付一次,复利 8% 表示在每年末都要加上当前余额的 8%,这相当于当前余额乘以 1.08. 如果存入 100 元,则余额 A 为

一年后:$A = 100 \times 1.08$,两年后:$A = 100 \times 1.08^2$,$\cdots$,t 年后:$A = 100 \times 1.08^t$.

而一年支付四次,复利 8% 表示每年要加四次(即每三个月一次)利息,每次要加上当前余额的 8%/4 = 2%. 因此,如果同样存入 100 元,则在年末,已计入四次复利,该账户将拥有 100×1.02^4 元,所以余额 B 为

一年后:$B = 100 \times 1.02^4$,二年后:$B = 100 \times 1.02^{4 \times 2}$,$\cdots$,$t$ 年后:$B = 100 \times 1.02^{4t}$.

注意这里的 8% 不是每三个月的利率,年利率被分为四个 2% 的支付额,在上面两种复利方式下,计算一年后的总余额显示

一年一次复利:$A = 100 \times 1.08 = 108.00$,一年四次复利:$B = 100 \times 1.02^4 \approx 108.24$.

因此,随着年份的延续,由于利息赚利息,每年四次复利可赚更多的钱. 所以,付复利的次数越频繁可赚取的钱越多(尽管差别不是很大).

2. 年有效收益

由上面的例子,我们可以测算出复利的效果,由于在一年支付四次,复利为年利率 8% 的条件下投 100 元,一年之后可增加到 108.24 元,我们就说在这种情形下年有效收益为 8.24%.

我们现在有两种利率来描述同一种投资行为:一年支付四次的 8% 复利和 8.24% 的年有效收益,银行称 8% 为年百分率(或年利率)或 APR(annual percentage rate),我们也称为票面利率(票面的意思是"仅在名义上"). 然而,正是年有效收益确切地告诉你一笔投资所得的利息究竟有多少. 因此,为比较两种银行账户,只需比较年有效收益.

例 25 某年银行 X 提供每月支付一次,年利率为 7% 的复利,而银行 Y 提供每天支付一次,年利率为 6.9% 的复利,哪种收益好?若分别用 100 元投资于两个银行,写出 t 年后每个银行中所存余额的表达式.

解 由题意知,设在银行 X 的一年后的余额为 A_1,t 年后的余额为 A_t;设在银行 Y 的一年后的余额为 B_1,t 年后的余额为 B_t.

$$A_1 = 100 \times \left(1 + \frac{0.07}{12}\right)^{12} \approx 100 \times 1.005\,833^{12} \approx 100 \times 1.072\,286 \approx 100 \times 1.072\,3,$$

$$B_1 = 100 \times \left(1 + \frac{0.069}{365}\right)^{365} \approx 100 \times 1.000\,189^{365} \approx 100 \times 1.071\,413 \approx 100 \times 1.071\,4,$$

所以银行 X 账户年有效收益 $\approx 7.23\%$，银行 Y 账户年有效收益 $\approx 7.14\%$. 因此，银行 X 提供的投资行为效益好. t 年后每个银行中所存余额为

$$A_t \approx 100 \times 1.072\ 286^t \approx 100 \times 1.072\ 3^t, \quad B_t \approx 100 \times 1.071\ 413^t \approx 100 \times 1.071\ 4^t.$$

由此，我们可以得出：如果年利率为 r（票面利率）的利息一年支付 n 次，那么当初始存款为 P 元时，t 年后的余额 A_t 为

$$A_t = P\left(1+\frac{r}{n}\right)^{nt} \quad (r \text{ 是票面利率}).$$

3. 连续复利

例如，一笔年利率为 7%，每年支付 n 次复利的投资 1 年后的余额为 $\left(1+\dfrac{0.07}{n}\right)^n$，由于

$$\lim_{n\to\infty}\left(1+\frac{0.07}{n}\right)^n = \lim_{n\to\infty}\left[\left(1+\frac{0.07}{n}\right)^{\frac{n}{0.07}}\right]^{0.07} = e^{0.07} \approx 1.072\ 508\ 2.$$

当年有效收益达到这一上界（$7.250\ 82\%$）时，我们就说这种利息是<u>连续支付的复利</u>（使用"连续"一词，是因为随着复利支付次数越来越频繁，前后每两次支付的时间越来越接近，该上界被不断地趋近）. 因此，当一个 7% 的票面年利率，其复利支付次数频繁得使年有效收益为 $7.250\ 82\%$ 时，我们就说 7% 是连续支付的复利，这是从 7% 的票面利率中能够取到的最大收益. 由此我们得到，如果初始存款为 P 元的利息水平是年利率为 r 的连续复利，则 t 年后，余额 B 可用以下公式计算：

$$B = Pe^{rt}.$$

在解有关复利的问题时，重要的是弄清利率是票面利率还是年有效收益，以及复利是否为连续的.

在现实世界中，有许多事物的变化都类似连续复利. 例如，放射物质的衰变；细胞的繁殖；物体被周围介质冷却或加热；大气随地面上的高度的变化而变化；电路接通或切断时，直流电流的产生或消失过程，等等.

4. 现值与将来值

许多商业上的交易都涉及将来的付款方式，例如你买一幢房子或一辆汽车，那么你可以采取分期付款的方式. 而如果你准备接受别人这样的在将来的付款方式，很显然你需要知道最终你可以得到多少付款，有许多原因表明在将来收到 100 元的付款显然没有现在收到 100 元付款划算. 为了得以补偿而要求对方将来多支付一些，那么，这多付的一些是多少？

为了简单起见，我们仅考虑利息损失，不考虑通货膨胀的因素. 假设你存入银行 100 元，并且将按 7% 的年利率以年复利方式获得利息，于是一年后，

你的存款将变为 107 元, 所以, 今天的 100 元可以购得一年后用 107 元购得的东西, 我们说 107 元是 100 元的**将来值**, 而 100 元是 107 元的**现值**. 一般地, 一笔 P 元的付款的将来值 B 元是指这样的一笔款额, 你把它(P 元)今天存入银行账户而将来指定时刻其加上利息正好等于 B 元.

一笔 P 元的存款, 以年复利方式计息, 年利率为 r, 在 t 年后的将来, 余额为 B 元, 那么有

$$B = P(1+r)^t \quad \text{或} \quad P = \frac{B}{(1+r)^t}.$$

若把一年分成 n 次来计算复利, 年利率仍为 r, 计算 t 年, 并且如果 B 元为 t 年后 P 元的将来值, 而 P 元是 B 元的现值, 则

$$B = P\left(1+\frac{r}{n}\right)^{nt} \quad \text{或} \quad P = \frac{B}{\left(1+\dfrac{r}{n}\right)^{nt}}.$$

当 n 趋于无穷时, 则复利计息变成连续的了(即连续复利), 即

$$B = Pe^{rt} \quad \text{或} \quad P = \frac{B}{e^{rt}} = Be^{-rt}.$$

例 26　假设你买的彩票中奖 100 万元, 你要在两种兑奖方式中进行选择, 一种为分四年每年支付 25 万元的分期支付方式, 从现在开始支付; 另一种为一次支付总额为 92 万元的一次付清方式, 也就是现在支付. 假设银行利率为 6%, 以连续复利方式计息, 又假设不交税, 那么你选择哪种兑奖方式?

解　我们选择时考虑的是要使现在价值(即现值)最大, 那么设分四年每年支付 25 万元的支付方式的现总值为 P, 则

$$P = 250\,000 + 250\,000\mathrm{e}^{-0.06} + 250\,000\mathrm{e}^{-0.06\times2} + 250\,000\mathrm{e}^{-0.06\times3}$$

$$\approx 250\,000 + 235\,441 + 221\,730 + 208\,818$$

$$= 915\,989 < 920\,000.$$

因此, 最好选择现在一次付清 92 万元这种兑奖方式.

习题 1-3

1. 按定义证明:

(1) $\lim\limits_{x\to1}(3x-1)=2$;

(2) $\lim\limits_{x\to1}(x^2+1)=2$;

(3) $\lim\limits_{x\to-1}\dfrac{x+1}{x^2-1}=-\dfrac{1}{2}$;

(4) $\lim\limits_{x\to+\infty}\dfrac{1}{2^x}=0$;

(5) $\lim\limits_{x\to\infty}\dfrac{1}{x^2}\sin x=0$.

2. 设 $D(x) = \begin{cases} 1, & x \text{ 为有理数}, \\ 0, & x \text{ 为无理数}, \end{cases}$ 证明 $D(x)$ 在每一点极限都不存在.

3. 研究 $f(x) = \begin{cases} x, & x < 1, \\ x^2 + 1, & x \geqslant 1 \end{cases}$ 在 $x = 1$ 处的极限.

4. 若 $f(x) = \begin{cases} x + a, & x < 0, \\ x^3 + 2, & x \geqslant 0 \end{cases}$ 在 $x = 0$ 处的极限存在, 求常数 a.

5. 证明下列极限不存在:

(1) $\lim\limits_{x \to +\infty} \sin \sqrt{x}$;　　(2) $\lim\limits_{x \to 0} \sin \dfrac{1}{x^2}$;　　(3) $\lim\limits_{x \to -\infty} x \sin x$;　　(4) $\lim\limits_{x \to 0} e^{\frac{1}{x}}$.

6. 利用极限 $\lim\limits_{n \to \infty} \dfrac{n^k}{a^n} = 0$ ($a > 1$ 为常数, k 为常数), 证明 $\lim\limits_{x \to +\infty} \dfrac{x^k}{a^x} = 0$ (提示:用夹逼定理).

7. 求 $\lim\limits_{x \to +\infty} \dfrac{(\ln x)^k}{x}$ (k 为常数).

8. 利用极限性质求下列极限:

(1) $\lim\limits_{x \to \infty} \dfrac{3x^4 - x + 5}{4x^4 + x^3 - 2x + 5}$;

(2) $\lim\limits_{x \to 0} \dfrac{(1+x)^5 - (1+5x)}{x^2 + x^5}$;

(3) $\lim\limits_{x \to 0} \dfrac{(1+mx)^n - (1+nx)^m}{x^2}$ (m 与 n 为正整数);

(4) $\lim\limits_{x \to \infty} \dfrac{(2x-3)^{20}(3x+2)^{30}}{(2x+1)^{50}}$;

(5) $\lim\limits_{x \to \infty} \dfrac{(x+1)(x^2+1) \cdots (x^n+1)}{[(nx)^n + 1]^{\frac{n+1}{2}}}$;

(6) $\lim\limits_{x \to 3} \dfrac{x^2 - 5x + 6}{x^2 - 8x + 15}$;

(7) $\lim\limits_{x \to 1} \dfrac{x^3 - 3x + 2}{x^4 - 4x + 3}$;

(8) $\lim\limits_{x \to 1} \dfrac{x^{n+1} - (n+1)x + n}{(x-1)^2}$ (n 是正整数);

(9) $\lim\limits_{x \to +\infty} \dfrac{\sqrt{x + \sqrt{x + \sqrt{x}}}}{\sqrt{x + \sqrt{x}}}$;

(10) $\lim\limits_{x \to 4} \dfrac{\sqrt{1+2x} - 3}{\sqrt{x} - 2}$;

(11) $\lim\limits_{x \to a^+} \dfrac{\sqrt{x} - \sqrt{a} + \sqrt{x-a}}{\sqrt{x^2 - a^2}}$ ($a > 0$);

(12) $\lim\limits_{x \to 0} \dfrac{\sqrt[n]{1+x} - 1}{x}$ (n 为正整数);

(13) $\lim\limits_{x \to 0} \dfrac{\sqrt{1+x} - \sqrt{1-x}}{\sqrt[3]{1+x} - \sqrt[3]{1-x}}$;

(14) $\lim\limits_{x \to +\infty} \left(\sqrt{x + \sqrt{x + \sqrt{x}}} - \sqrt{x} \right)$;

(15) $\lim\limits_{x \to +\infty} \left[\sqrt{(x+a)(x+b)} - x \right]$;

(16) $\lim\limits_{x \to +\infty} \left(\dfrac{x}{1+x^2} \right)^x$;

(17) $\lim\limits_{x \to 0} \left(1 + \cos^2 \dfrac{1}{x} \right)^x$.

9. 利用两个重要极限求下列极限:

(1) $\lim\limits_{x \to \pi} \dfrac{\sin mx}{\sin nx}$ (m, n 为整数, $n \neq 0$);

(2) $\lim\limits_{x \to 0} \dfrac{\sin 5x - \sin 3x}{\sin x}$;

(3) $\lim\limits_{x \to 1} (1-x) \tan \dfrac{\pi x}{2}$;

(4) $\lim\limits_{x \to a} \dfrac{\tan x - \tan a}{x - a}$;

(5) $\lim\limits_{x \to 0} \dfrac{\sqrt{1 - \cos x^2}}{1 - \cos x}$;

(6) $\lim\limits_{x \to 0^+} \dfrac{1 - \sqrt{\cos x}}{1 - \cos \sqrt{x}}$;

(7) $\lim\limits_{x \to 0} (1 - 2x)^{\frac{1}{x}}$;

(8) $\lim\limits_{x \to \infty} \left(\dfrac{x+a}{x-a} \right)^x$;

(9) $\lim\limits_{x\to 0}(\cos^2 x)^{\frac{1}{\sin^2 x}}$.

10. 由 $\lim\limits_{x\to\infty}\left(\dfrac{x^2+1}{x+1}-ax-b\right)=0$，求常数 a，b.

11. (1) 由 $\lim\limits_{x\to-\infty}(\sqrt{x^2-x+1}-a_1x-b_1)=0$，求常数 a_1，b_1；

(2) 由 $\lim\limits_{x\to+\infty}(\sqrt{x^2-x+1}-a_2x-b_2)=0$，求常数 a_2，b_2.

12. 证明下列关系：

(1) $\cos x=1-\dfrac{1}{2}x^2+o(x^2)\ (x\to 0)$；

(2) $\sqrt{x+\sqrt{x+\sqrt{x}}}\sim\sqrt[8]{x}\ (x\to 0^+)$；

(3) $1-\cos\dfrac{1}{x}\sim\dfrac{1}{2x^2}\ (x\to\infty)$；

(4) $o(x^n)\cdot o(x^m)=o(x^{m+n})\ (x\to 0)$；

(5) $o(x^n)+o(x^m)=o(x^m)\ (x\to 0,\ n>m>0)$.

13. 设 $\alpha(x)$，$\beta(x)$ 是当 $x\to x_0$ 时的无穷小量，且存在 $\overset{\circ}{U}(x_0)$，当 $x\in\overset{\circ}{U}(x_0)$ 时，有 $\beta(x)\neq 0$，则 $\alpha(x)\sim\beta(x)\ (x\to x_0)$ 的充要条件是 $\alpha(x)=\beta(x)+o(\beta(x))\ (x\to x_0)$.

14. 已知当 $x\to 0$ 时，$(1+ax^2)^{\frac{1}{3}}-1\sim\cos x-1$，求常数 a.

15. 按定义证明：

(1) $\lim\limits_{x\to+\infty}x^k=+\infty\ (k>0)$；　　(2) $\lim\limits_{x\to+\infty}\ln x=+\infty$；　　(3) $\lim\limits_{x\to 0^+}\ln x=-\infty$.

16. 利用等价量替换计算下列极限：

(1) $\lim\limits_{x\to 0}\dfrac{\sqrt{1+\tan^2 x}-1}{x\sin x}$；

(2) $\lim\limits_{x\to 0}\dfrac{\sin(\tan^2 x)}{\sqrt[n]{1+x^2}-1}$；

(3) $\lim\limits_{x\to 0^+}\dfrac{(1-\sqrt{\cos x})\tan x}{(1-\cos x)^{\frac{3}{2}}}$.

17. 求年利率为 6% 的连续复利的年有效收益.

18. 假定你为了购买某个大件物品，打算在银行存入一笔资金，你需要这笔资金投资 10 年后价值为 12 000 元，如果银行以年利率 9%，每年支付复利四次的方式付息，你应该投资多少元？如果复利是连续的，应投资多少元？

19. (1) 某年一银行账户以 10% 的年利率按连续复利方式盈利，一对父母打算给孩子攒学费，要在 10 年内攒够 10 万元，问这对父母必须每年存入多少元？

(2) 若这对父母现改为一次存够一总数，用这一总数加上它的盈利作为孩子的将来学费，那么问在 10 年后获得 10 万元的学费，现在必须一次存入多少元？

§4　函数的连续性

§4.1　函数连续的概念

比较图 1-13，图 1-14，图 1-15，图 1-16 这四个图，我们可以看出图 1-16

中的曲线在 $x=x_0$ 处没有断开. 对这一特性, 我们就说 $y=f(x)$ 在 $x=x_0$ 处连续.

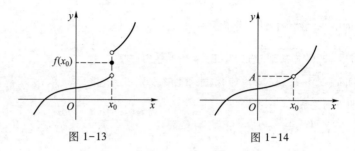

图 1-13   图 1-14

定义 1.24 若 $f(x)$ 在 x_0 的某邻域 $U(x_0)$ 内有定义, 且

$$\lim_{x \to x_0} f(x) = f(x_0),$$

则称函数 $y=f(x)$ 在点 $x=x_0$ 处连续.

用 ε-δ 语言叙述为: 设 $f(x)$ 在 x_0 的某邻域内有定义, 任给 $\varepsilon>0$, 总存在 $\delta>0$, 当 $|x-x_0|<\delta$ 时, 都有

$$|f(x)-f(x_0)|<\varepsilon,$$

则称 $y=f(x)$ 在点 $x=x_0$ 处连续.

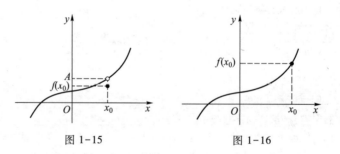

图 1-15   图 1-16

函数在点 $x=x_0$ 处极限存在与函数在点 $x=x_0$ 处连续的区别是: 函数极限存在与 $f(x)$ 在 x_0 处是否有定义无关; 函数连续不仅要求 $f(x)$ 在 x_0 处有定义, 且函数极限等于 $f(x_0)$.

我们在后面经常要用到改变量的概念, 并由它引入函数连续的另一种表述. 记 $\Delta x=x-x_0$, 并把它称为自变量 x 在 x_0 处的增量或改变量, 相应的函数 $f(x)$ 在 x_0 处的增量为

$$f(x)-f(x_0)=f(x_0+\Delta x)-f(x_0),$$

记为 Δy, 即 $\Delta y=f(x_0+\Delta x)-f(x_0)$.

注 Δx 可以是正数, 也可以是负数, 也可以是 0.

由 $\lim\limits_{x \to x_0} f(x)=f(x_0)$, 得

$$\lim_{\Delta x \to 0}[f(x_0+\Delta x)-f(x_0)]=0,$$

即 $\lim\limits_{\Delta x \to 0}\Delta y=0$. 从而连续的定义也可叙述为:

定义 1.25 若 $f(x)$ 在 x_0 的某邻域内有定义且 $\lim\limits_{\Delta x \to 0} \Delta y = 0$，则称函数 $y = f(x)$ 在点 $x = x_0$ 处连续.

由 $\lim\limits_{x \to x_0} f(x) = f(x_0) = f(\lim\limits_{x \to x_0} x)$ 知，在连续意义下，极限运算 $\lim\limits_{x \to x_0}$ 与对应法则 f 可交换.

有时需要研究只在 x_0 一侧有定义的函数的连续性或分段函数 $f(x)$ 在分界点处的连续性. 因此，引入左、右连续的概念.

定义 1.26 设 $f(x)$ 在 x_0 的左(右)邻域 $U_-(x_0)(U_+(x_0))$ 内有定义且

$$\lim_{x \to x_0^-} f(x) = f(x_0) \left(\lim_{x \to x_0^+} f(x) = f(x_0) \right),$$

则称函数 $f(x)$ 在点 $x = x_0$ 处左(右)连续.

由连续，左、右连续的定义，我们有下面结果：

定理 1.20 $f(x)$ 在点 $x = x_0$ 处连续的充要条件是 $f(x)$ 在 x_0 处既左连续又右连续.

例 1 设

$$f(x) = \begin{cases} \dfrac{\sin x}{x}, & x < 0, \\ \sqrt{1 + x^2}, & x \geqslant 0, \end{cases}$$

讨论 $f(x)$ 在点 $x = 0$ 处的连续性.

解 由于

$$\lim_{x \to 0^-} f(x) = \lim_{x \to 0^-} \frac{\sin x}{x} = 1 = f(0),$$

$$\lim_{x \to 0^+} f(x) = \lim_{x \to 0^+} \sqrt{1 + x^2} = \sqrt{1 + 0} = 1 = f(0),$$

所以 $f(x)$ 在点 $x = 0$ 处既左连续又右连续，从而 $f(x)$ 在点 $x = 0$ 处连续.

例 2 设

$$f(x) = \begin{cases} \dfrac{1 - \cos x}{x^2}, & x \neq 0, \\ 1, & x = 0, \end{cases}$$

讨论 $f(x)$ 在点 $x = 0$ 处的连续性.

解 因为

$$\lim_{x \to 0} f(x) = \lim_{x \to 0} \frac{1 - \cos x}{x^2} = \frac{1}{2} \neq f(0) = 1,$$

所以 $f(x)$ 在点 $x = 0$ 处不连续.

若 $f(x)$ 在开区间 (a, b) 内的每一点都连续，则称 $f(x)$ 在开区间 (a, b) 内连续. 若 $f(x)$ 在开区间 (a, b) 内连续，且 $f(x)$ 在点 $x = a$ 处右连续，在点 $x = b$ 处左连续，则称 $f(x)$ 在闭区间 $[a, b]$ 上连续.

若 $f(x)$ 在区间 X 上连续(X 可以是开区间，可以是闭区间，也可以是半开半闭区间），则它的图形是一条连绵不断的曲线，称为连续曲线.

由连续的定义可知，$y = c (c$ 为常数$)$ 在 **R** 上连续.

设 $P_n(x)$，$Q_m(x)$ 分别是 n 次和 m 次多项式. 由于

$$\lim_{x \to x_0} P_n(x) = P_n(x_0)，\quad \lim_{x \to x_0} \frac{P_n(x)}{Q_m(x)} = \frac{P_n(x_0)}{Q_m(x_0)} \ (Q_m(x_0) \neq 0)，$$

所以 $P_n(x)$ 在 **R** 上连续，$\dfrac{P_n(x)}{Q_m(x)}$ 在 $Q_m(x) \neq 0$ 的点 x 处连续.

例 3　证明 $y = \sin x$ 和 $y = \cos x$ 在 **R** 上连续.

证　由于

$$\left| \sin x - \sin x_0 \right| = \left| 2\cos \frac{x + x_0}{2} \sin \frac{x - x_0}{2} \right| \leqslant 2 \frac{|x - x_0|}{2} = |x - x_0|，$$

所以对任一点 $x_0 \in \mathbf{R}$，$\forall \varepsilon > 0$，要使 $|\sin x - \sin x_0| < \varepsilon$，只要 $|x - x_0| < \varepsilon$. 取 $\delta = \varepsilon$，当 $|x - x_0| < \delta$ 时，都有

$$|\sin x - \sin x_0| < \varepsilon.$$

即 $\lim\limits_{x \to x_0} \sin x = \sin x_0$，所以 $y = \sin x$ 在 x_0 处连续. 又由 x_0 的任意性知 $y = \sin x$ 在 **R** 上连续. 同理可证 $y = \cos x$ 在 **R** 上连续.

若 $f(x)$ 在点 $x = x_0$ 处不连续，则称 $x = x_0$ 是函数 $y = f(x)$ 的间断点. 若 x_0 为函数 $f(x)$ 的间断点，则必为下列情形之一：

（1）极限 $\lim\limits_{x \to x_0} f(x)$ 不存在；

（2）$f(x)$ 在 x_0 处无定义；

（3）$\lim\limits_{x \to x_0} f(x)$ 存在，$f(x)$ 在 x_0 处有定义，但

$$\lim_{x \to x_0} f(x) \neq f(x_0).$$

间断点也可分为下面几类：

1. 若 $\lim\limits_{x \to x_0} f(x) = A$，而 $f(x)$ 在 $x = x_0$ 处没有定义或有定义但 $f(x_0) \neq A$，则称 x_0 为 $f(x)$ 的可去间断点.

若 $x = x_0$ 为函数 $f(x)$ 的可去间断点，只需补充定义或改变 f 在 $x = x_0$ 处的函数值，就可使函数在点 x_0 处连续. 但必须注意这时的函数与 $f(x)$ 已经不是同一个函数，但仅在 $x = x_0$ 处不同，在其他点则完全相同.

例 4　设 $f(x) = \dfrac{\sin x}{x}$，由于 $\lim\limits_{x \to 0} f(x) = 1$，$f(x)$ 在点 $x = 0$ 无定义，所以 $x = 0$ 是可去间断点. 设

$$F(x) = \begin{cases} \dfrac{\sin x}{x}, & x \neq 0, \\[2mm] 1, & x = 0, \end{cases}$$

则 $F(x)$ 在 $x = 0$ 处连续. 当 $x \neq 0$ 时，$F(x) \equiv f(x)$.

2. 若 $\lim\limits_{x \to x_0^+} f(x) = f(x_0^+)$，$\lim\limits_{x \to x_0^-} f(x) = f(x_0^-)$，但 $f(x_0^+) \neq f(x_0^-)$，则称 $x = x_0$ 为函数 $f(x)$ 的跳跃间断点，$|f(x_0^+) - f(x_0^-)|$ 称为跳跃度.

可去间断点、跳跃间断点统称为第一类间断点. 第一类间断点的特点是左、右极限均存在.

3. 若 $f(x)$ 在 $x = x_0$ 的左、右极限至少有一个不存在，则称 $x = x_0$ 为函数 $f(x)$ 的第二类间断点.

例 5 设 $f(x) = \dfrac{1}{x}$，$x = 0$ 是 $f(x)$ 的第二类间断点. 狄利克雷函数定义域上的每一点都是第二类间断点.

如果 $f(x)$ 在区间 $[a, b]$ 上仅有有限个第一类间断点，则称函数 $f(x)$ 在 $[a, b]$ 上按段连续. 例如 $y = [x]$ 在 $[-n, n]$（n 是正整数）上按段连续.

§4.2 连续函数的局部性质

若函数 $f(x)$ 在点 $x = x_0$ 处连续，即 $\lim\limits_{x \to x_0} f(x) = f(x_0)$. 利用极限的局部有界性、局部保号性、不等式性质，可相应得到连续函数的局部有界性、局部保号性、不等式性质. 只需把极限性质中的 $\mathring{U}(x_0)$ 换成 $U(x_0)$ 即可，请读者自己叙述出来.

利用极限的四则运算，我们有

性质 1（连续函数的四则运算） 若 $f(x)$，$g(x)$ 在点 $x = x_0$ 处连续，则 $f(x) \pm g(x)$，$f(x)g(x)$，$cf(x)$（c 为常数），$\dfrac{f(x)}{g(x)}$（这里 $g(x_0) \neq 0$）在点 $x = x_0$ 处也连续.

性质 2（复合函数的连续性） 若 $u = \varphi(x)$ 在点 $x = x_0$ 处连续，$y = f(u)$ 在 $u_0 = \varphi(x_0)$ 处连续，则 $y = f(\varphi(x))$ 在 $x = x_0$ 处也连续，且

$$\lim_{x \to x_0} f(\varphi(x)) = f(\varphi(x_0)) = f(\lim_{x \to x_0} \varphi(x)).$$

证 由于 $y = f(u)$ 在 $u_0 = \varphi(x_0)$ 处连续，所以，任给 $\varepsilon > 0$，存在 $\eta > 0$，当 $|u - u_0| < \eta$ 时，都有 $|f(u) - f(u_0)| < \varepsilon$，即

$$|f(\varphi(x)) - f(\varphi(x_0))| < \varepsilon.$$

又 $u = \varphi(x)$ 在 x_0 处连续，对上述的 $\eta > 0$，存在 $\delta > 0$，当 $|x - x_0| < \delta$ 时，都有 $|\varphi(x) - \varphi(x_0)| < \eta$，即 $|u - u_0| < \eta$，从而有

$$|f(\varphi(x)) - f(\varphi(x_0))| < \varepsilon.$$

由连续函数的定义知，$f(\varphi(x))$ 在 $x = x_0$ 处连续，即

$$\lim_{x \to x_0} f(\varphi(x)) = f(\varphi(x_0)) = f(\lim_{x \to x_0} \varphi(x)). \quad \square$$

由性质 2 知，在满足性质 2 的条件下极限符号可与外函数 f 交换. 如果仅要求

$$\lim_{x \to x_0} f(\varphi(x)) = f(\lim_{x \to x_0} \varphi(x)),$$

性质 2 中的条件还可减弱. 即

推论　**若 $\lim\limits_{x \to x_0} \varphi(x) = u_0$，$y = f(u)$ 在 $u = u_0$ 处连续，则**

$$\lim_{x \to x_0} f(\varphi(x)) = f(\lim_{x \to x_0} \varphi(x)).$$

证　设

$$g(x) = \begin{cases} \varphi(x), & x \neq x_0, \\ u_0, & x = x_0, \end{cases}$$

则 $g(x)$ 在 $x = x_0$ 处连续，又 $y = f(u)$ 在 $u = u_0 = g(x_0)$ 处连续，由复合函数的连续性知

$$\lim_{x \to x_0} f(g(x)) = f(\lim_{x \to x_0} g(x)),$$

由于当 $x \to x_0$ 但 $x \neq x_0$ 时，有 $g(x) = \varphi(x)$，所以

$$\lim_{x \to x_0} f(\varphi(x)) = f(\lim_{x \to x_0} \varphi(x)). \quad \square$$

注　上面定理不仅对 $x \to x_0$ 时成立，对于 $x \to x_0^+$，$x \to x_0^-$，$x \to \infty$，$x \to -\infty$，$x \to +\infty$ 的情形，也可按上述证明方法证明成立.

下面我们证明：若 $\lim\limits_{x \to \infty} \varphi(x) = u_0$，$y = f(u)$ 在 u_0 处连续，则

$$\lim_{x \to \infty} f(\varphi(x)) = f(\lim_{x \to \infty} \varphi(x)) = f(u_0).$$

证　由 $f(u)$ 在 u_0 处连续知，任给 $\varepsilon > 0$，存在 $\eta > 0$，当 $|u - u_0| < \eta$ 时，都有

$$|f(u) - f(u_0)| < \varepsilon.$$

由 $\lim\limits_{x \to \infty} \varphi(x) = u_0$ 知，对上述的 $\eta > 0$，存在 $N > 0$，当 $|x| > N$ 时，有

$$|\varphi(x) - u_0| < \eta,$$

则

$$|f(\varphi(x)) - f(u_0)| < \varepsilon.$$

于是，由定义知

$$\lim_{x \to \infty} f(\varphi(x)) = f(u_0) = f(\lim_{x \to \infty} \varphi(x)). \quad \square$$

利用这一性质，我们可以简化求极限.

例 6　求 $\lim\limits_{x \to 0} \sin\left(1 + \dfrac{\sin x}{x}\right)$.

解　$\sin\left(1 + \dfrac{\sin x}{x}\right)$ 可看成 $f(u) = \sin u$ 与 $u = \varphi(x) = 1 + \dfrac{\sin x}{x}$ 的复合. 由于

$$\lim_{x \to 0} \varphi(x) = \lim_{x \to 0} \left(1 + \frac{\sin x}{x}\right) = 2,$$

而 $f(u)=\sin u$ 在 $u=2$ 处连续，所以

$$\lim_{x\to 0}\sin\left(1+\frac{\sin x}{x}\right)=\sin\left[\lim_{x\to 0}\left(1+\frac{\sin x}{x}\right)\right]=\sin 2.$$

熟悉了以后，这些过程都可以不写.

例 7 $\lim\limits_{x\to\infty}\cos\left(x\sin\dfrac{1}{x}-1\right)=\cos(1-1)=\cos 0=1.$

§4.3 闭区间上连续函数的性质

定义 1.27 设 $f(x)$ 为定义在 D 上的函数，若存在 $x_0\in D$，对一切 $x\in D$，都有

$$f(x_0)\geqslant f(x)\quad(f(x_0)\leqslant f(x)),$$

则称 $f(x)$ 在 D 上有最大（小）值，并称 $f(x_0)$ 为 $f(x)$ 在 D 上的最大（小）值.

定理 1.21（最大值最小值定理） 若 $f(x)$ 在闭区间 $[a,b]$ 上连续，则 $f(x)$ 在 $[a,b]$ 上一定能取到最大值与最小值，即存在 x_1，$x_2\in[a,b]$，$f(x_1)=M$，$f(x_2)=m$，使得对一切 $x\in[a,b]$，都有

$$m\leqslant f(x)\leqslant M.$$

如图 1-17，其几何意义：闭区间上的连续曲线一定有最高点与最低点.

推论 若 $f(x)$ 在闭区间 $[a,b]$ 上连续，则 $f(x)$ 在 $[a,b]$ 上有界.

定理 1.22（根的存在定理或零点定理） 若函数 $f(x)$ 在闭区间 $[a,b]$ 上连续，且 $f(a)f(b)<0$，则至少存在一点 $\xi\in(a,b)$，使 $f(\xi)=0$.

几何意义：若点 $A(a,f(a))$，$B(b,f(b))$ 分别在 x 轴的上、下两侧，则连接 AB 的连续曲线 $y=f(x)$ 至少穿过 x 轴一次（图 1-18）.

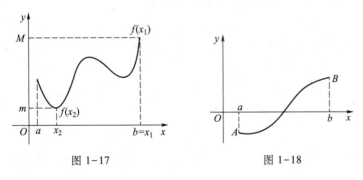

图 1-17   图 1-18

定理 1.22 为判断 $f(x)=0$ 在区间 (a,b) 是否有根提供了依据.

推论 1（介值定理） 若函数 $f(x)$ 在闭区间 $[a,b]$ 上连续，且 $f(a)\neq f(b)$，若 c 为介于 $f(a)$，$f(b)$ 之间的任何实数，则在 (a,b) 内至少存在一点 ξ，使 $f(\xi)=c$.

证 设 $F(x)=f(x)-c$，则 $F(x)$ 在 $[a,b]$ 上连续. 由 $F(a)=f(a)-c$，$F(b)=$

$f(b)-c$, 而 c 介于 $f(a)$, $f(b)$ 之间知, $f(a)-c$ 与 $f(b)-c$ 异号, 即 $F(a)F(b)<0$, 由根的存在定理知, 至少存在一点 $\xi \in (a,b)$, 使 $F(\xi)=0$, 即 $f(\xi)=c$. □

例 8 设

$$P_n(x)=a_0x^n+a_1x^{n-1}+\cdots+a_{n-1}x+a_n \quad (a_0 \neq 0),$$

证明: 当 n 为奇数时, $P_n(x)=0$ 在 **R** 内至少有一个根.

证 不妨设 $a_0>0$. 由于

$$\lim_{x \to +\infty} P_n(x) = \lim_{x \to +\infty} x^n \left(a_0+a_1\frac{1}{x}+\cdots+a_{n-1}\frac{1}{x^{n-1}}+a_n\frac{1}{x^n}\right)=+\infty,$$

由正无穷定义知, 存在 $b>0$, 使 $P_n(b)>0$. 又

$$\lim_{x \to -\infty} P_n(x) = \lim_{x \to -\infty} x^n \left(a_0+a_1\frac{1}{x}+\cdots+a_{n-1}\frac{1}{x^{n-1}}+a_n\frac{1}{x^n}\right)=-\infty,$$

由负无穷定义知, 存在 $a<b$, 使 $P_n(a)<0$. 由于 $P_n(x)$ 在 $[a,b]$ 上连续, 且 $P_n(a)P_n(b)<0$, 所以, 由根的存在定理知, 至少存在一点 $\xi \in (a,b) \subset \mathbf{R}$, 使 $P_n(\xi)=0$. 即 $P_n(x)=0$ 在 **R** 内至少有一个根. □

推论 2 若 $f(x)$ 在闭区间 $[a,b]$ 上连续, m, M 的含义见定理 **1.21**, 则

$$R(f)=f([a,b])=[m,M].$$

§4.4 初等函数在其定义域上的连续性

定理 1.23(反函数的连续性) 若函数 $f(x)$ 在闭区间 $[a,b]$ 上严格递增(递减)且连续, 则反函数 $x=f^{-1}(y)$ 在 $[f(a),f(b)]$($[f(b),f(a)]$)上严格递增(递减)且连续.

*证 前面已经证明了 $x=f^{-1}(y)$ 的严格单调性, 下面来证明连续. 不妨设 $f(x)$ 在 $[a,b]$ 上严格递增(图 1-19), 则 $R(f)=[f(a),f(b)]$. 于是 $x=f^{-1}(y)$ 的定义域是 $[f(a),f(b)]$.

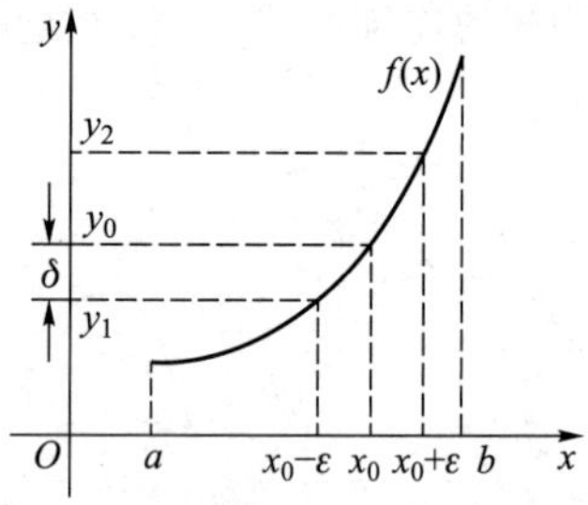

设 $y_0 \in (f(a),f(b))$, 有 $x_0=f^{-1}(y_0)$, $x_0 \in (a,b)$, 且 $y_0=f(x_0)$. 任给 $\varepsilon>0$, 要使

$$|f^{-1}(y)-f^{-1}(y_0)|<\varepsilon,$$

图 1-19

只要 $|x-x_0|<\varepsilon \Leftrightarrow x_0-\varepsilon<x<x_0+\varepsilon$. 设 $y_1=f(x_0-\varepsilon)$, $y_2=f(x_0+\varepsilon)$, 由于 $f(x)$ 严格递增, 所以要证明 $x_0-\varepsilon<x<x_0+\varepsilon$, 只要证明

$$f(x_0-\varepsilon)<f(x)<f(x_0+\varepsilon),$$

即 $y_1<y<y_2$, 取 $\delta=\min\{y_2-y_0, y_0-y_1\}$ (图 1-19 中指出了 $\delta=y_0-y_1$ 的情形), 当 $|y-y_0|<\delta$ 时, 有 $y_0-\delta<y<y_0+\delta$. 由 $\delta \leqslant y_2-y_0$ 且 $\delta \leqslant y_0-y_1$ 知, $y_0+\delta \leqslant y_2$ 且 $y_1 \leqslant y_0-\delta$, 因此, 当 $y_0-\delta<y<y_0+\delta$ 时, 有 $y_1<y<y_2$, 由 $f^{-1}(y)$ 的单调性, 有

$$f^{-1}(y_1) < f^{-1}(y) < f^{-1}(y_2),$$

这就是 $x_0 - \varepsilon < x < x_0 + \varepsilon$, 即

$$|f^{-1}(y) - f^{-1}(y_0)| < \varepsilon.$$

所以 $x = f^{-1}(y)$ 在点 y_0 处连续. 应用左、右连续定义, 同样可证 $x = f^{-1}(y)$ 在 $f(a)$, $f(b)$ 处的连续性. □

一、基本初等函数的连续性

例 9 证明: 指数函数 $y = a^x (a > 0, a \neq 1)$ 在 **R** 上是连续函数.

证 我们已经证明了

$$\lim_{x \to 0} a^x = 1 \quad (a > 1 \text{ 为常数}).$$

当 $0 < a < 1$ 时,

$$\lim_{x \to 0} a^x = \lim_{x \to 0} \frac{1}{\left(\dfrac{1}{a}\right)^x} = \frac{1}{1} = 1.$$

因此当 $a > 0$, $a \neq 1$ 时, $\lim\limits_{x \to 0} a^x = 1$. 对每一个 $x_0 \in \mathbf{R}$, 有

$$\lim_{\Delta x \to 0} \Delta y = \lim_{\Delta x \to 0} (a^{x_0 + \Delta x} - a^{x_0}) = \lim_{\Delta x \to 0} a^{x_0}(a^{\Delta x} - 1)$$
$$= a^{x_0} \lim_{\Delta x \to 0} (a^{\Delta x} - 1) = a^{x_0}(1 - 1) = 0,$$

即 $y = a^x$ 在 x_0 处连续, 所以 $y = a^x$ 在 **R** 上连续.

由反函数的连续性定理知, 对数函数 $y = \log_a x (a > 0$, $a \neq 1$ 且为常数) 在 $(0, +\infty)$ 内连续. 而 $y = x^\alpha (\alpha$ 是实数), 当 $x > 0$ 时, $x^\alpha = \mathrm{e}^{\alpha \ln x}$ 是由 $y = \mathrm{e}^u$, $u = \alpha \ln x$ 复合而成的, 由复合函数的连续性知 $y = x^\alpha$ 连续; 当 $x < 0$ 时, $y = x^\alpha = (-1)^\alpha (-x)^\alpha$, 其中 $(-x)^\alpha$ 是由 $y = u^\alpha (u > 0)$ (连续) 与 $u = -x$ 复合而成的, 所以 $(-x)^\alpha$ 连续, 从而 $y = x^\alpha$ 连续; 若 0 在定义域中, 则由定义可验证 x^α 在点 $x = 0$ 处连续. 所以 $y = x^\alpha$ 在其定义域内连续.

我们已经证明, 常值函数 $y = c$ 在 **R** 上连续, $y = \sin x$, $y = \cos x$ 在 **R** 上连续. 由连续的四则运算知 $\dfrac{\sin x}{\cos x} = \tan x$ 在 $x \neq k\pi + \dfrac{\pi}{2}$ 时连续, $\dfrac{\cos x}{\sin x} = \cot x$ 在 $x \neq k\pi$ 时连续. 因此, 三角函数在其定义域内连续.

由反函数的连续性定理知, 反三角函数在其定义域内连续.

因此我们有下面定理.

定理 1.24 一切基本初等函数都是在其定义域上的连续函数.

二、初等函数的连续性

因为初等函数都是由基本初等函数经过有限次四则运算及复合运算所得到的, 由连续函数的四则运算及复合函数的连续性可得

定理 1.25 任何初等函数都是在它有定义的区间上的连续函数.

利用这个性质，我们求函数极限时就非常方便.

例 10 求 $\lim\limits_{x\to 0}\dfrac{\arcsin\dfrac{1}{\sqrt{1+x^2}}}{\ln\left(1+\sqrt{1+e^x}\right)}$.

解 由于所求极限函数是初等函数，且 $x=0$ 在它的定义域内，所以

$$\lim_{x\to 0}\frac{\arcsin\dfrac{1}{\sqrt{1+x^2}}}{\ln\left(1+\sqrt{1+e^x}\right)}=\frac{\arcsin\dfrac{1}{\sqrt{1+0}}}{\ln\left(1+\sqrt{1+e^0}\right)}=\frac{\dfrac{\pi}{2}}{\ln\left(1+\sqrt{2}\right)}=\frac{\pi}{2\ln\left(1+\sqrt{2}\right)}.$$

利用初等函数的连续性及极限符号与外函数的可交换性，我们可得到下面的重要的函数极限(注：列出推导过程，便于读者理解记忆).

---

1. $\lim\limits_{x\to 0}\dfrac{\ln(1+x)}{x}=\lim\limits_{x\to 0}\ln(1+x)^{\frac{1}{x}}=\ln\lim\limits_{x\to 0}(1+x)^{\frac{1}{x}}=\ln\,e=1.$

2. $\lim\limits_{x\to 0}\dfrac{e^x-1}{x}\xlongequal{\text{设 }e^x-1=t}\lim\limits_{t\to 0}\dfrac{t}{\ln(1+t)}=\lim\limits_{t\to 0}\dfrac{t}{t}=1.$

3. $\lim\limits_{x\to 0}\dfrac{a^x-1}{x}=\lim\limits_{x\to 0}\dfrac{e^{x\ln a}-1}{x}=\lim\limits_{x\to 0}\dfrac{x\ln a}{x}=\ln\,a\ \ (a>0,a\neq 1\text{ 为常数}).$

 注：$a=1$ 结论显然成立.

4. $\lim\limits_{x\to 0}\dfrac{(1+x)^{\alpha}-1}{x}=\lim\limits_{x\to 0}\dfrac{e^{\alpha\ln(1+x)}-1}{x}=\lim\limits_{x\to 0}\dfrac{\alpha\ln(1+x)}{x}=\alpha\ \ (\alpha\neq 0\text{ 为常数}).$

 注：$\alpha=0$ 结论显然成立.

5. $\lim\limits_{x\to 0}\dfrac{\arcsin x}{x}\xlongequal{\arcsin x=t}\lim\limits_{t\to 0}\dfrac{t}{\sin t}=1.$

6. $\lim\limits_{x\to 0}\dfrac{\arctan x}{x}\xlongequal{\arctan x=t}\lim\limits_{t\to 0}\dfrac{t}{\tan t}=1.$

利用上述重要极限，我们可以得到下列对应的重要的等价无穷小量，在解题中经常利用它们.

$\ln(1+x)\sim x\ (x\to 0).$

$e^x-1\sim x\ (x\to 0).$

$a^x-1\sim x\ln a\ (x\to 0)(a>0,\ a\neq 1\text{ 为常数}).$

$(1+x)^{\alpha}-1\sim\alpha x(x\to 0)\ (\alpha\neq 0\text{ 为常数}).$

$\arcsin x\sim x\ (x\to 0).$

$\arctan x\sim x\ (x\to 0).$

例 11　求 $\lim\limits_{x\to 0}\dfrac{\arcsin\dfrac{x}{\sqrt{1+x^2}}\cdot\tan x}{\sqrt[5]{1+x^2}-1}$.

解　$\lim\limits_{x\to 0}\dfrac{\arcsin\dfrac{x}{\sqrt{1+x^2}}\cdot\tan x}{\sqrt[5]{1+x^2}-1}=\lim\limits_{x\to 0}\dfrac{\dfrac{x}{\sqrt{1+x^2}}\cdot x}{\dfrac{1}{5}x^2}=\lim\limits_{x\to 0}\dfrac{5}{\sqrt{1+x^2}}=5.$

> 7. 若 $\lim\limits_{x\to x_0}u(x)=a>0$，$\lim\limits_{x\to x_0}v(x)=b$（$a,b$ 为常数），则 $\lim\limits_{x\to x_0}u(x)^{v(x)}=a^b$.

证　$\lim\limits_{x\to x_0}u(x)^{v(x)}=\lim\limits_{x\to x_0}\mathrm{e}^{\ln u(x)^{v(x)}}=\mathrm{e}^{\lim\limits_{x\to x_0}v(x)\ln u(x)}$

$=\mathrm{e}^{\lim\limits_{x\to x_0}v(x)\,\cdot\,\lim\limits_{x\to x_0}\ln u(x)}=\mathrm{e}^{\lim\limits_{x\to x_0}v(x)\,\cdot\,\ln\lim\limits_{x\to x_0}u(x)}=\mathrm{e}^{b\ln a}=\mathrm{e}^{\ln a^b}=a^b.$

这个结果可作为结论用.

例 12　求 $\lim\limits_{n\to\infty}\left(\dfrac{\sqrt[n]{a}+\sqrt[n]{b}}{2}\right)^n$（$a>0,b>0$ 均为常数）.

解　由于

$$\lim_{n\to\infty}\left(\frac{\sqrt[n]{a}+\sqrt[n]{b}}{2}\right)^n=\lim_{n\to\infty}\left\{\left[1+\left(\frac{\sqrt[n]{a}+\sqrt[n]{b}}{2}-1\right)\right]^{\frac{1}{\frac{\sqrt[n]{a}+\sqrt[n]{b}}{2}-1}}\right\}^{\left(\frac{\sqrt[n]{a}+\sqrt[n]{b}}{2}-1\right)n},$$

而

$$\lim_{n\to\infty}\left(\frac{\sqrt[n]{a}+\sqrt[n]{b}}{2}-1\right)n=\lim_{n\to\infty}\frac{1}{2}\left(\frac{a^{\frac{1}{n}}-1}{\frac{1}{n}}+\frac{b^{\frac{1}{n}}-1}{\frac{1}{n}}\right)=\frac{1}{2}(\ln a+\ln b)=\frac{1}{2}\ln ab=\ln\sqrt{ab},$$

所以，原式 $=\mathrm{e}^{\ln\sqrt{ab}}=\sqrt{ab}.$

*§4.5　闭区间上连续函数性质的证明

定理 1.21(最大值最小值定理)　若 $f(x)$ 在闭区间 $[a,b]$ 上连续，则 $f(x)$ 在 $[a,b]$ 上一定能取到最大值与最小值.

证法一　先证 $f(x)$ 在闭区间 $[a,b]$ 上有界，即存在 $M>0$，对一切 $x\in[a,b]$，都有 $|f(x)|\le M$. 若不然，则 $f(x)$ 在 $[a,b]$ 上无界，即任给正整数 N，总存在 $x\in[a,b]$，使 $|f(x)|>N$. 于是对每一个正整数 n，都存在 $x_n\in[a,b]$，使 $|f(x_n)|>n$.

由于 $\{x_n\}$ 有界，所以由魏尔斯特拉斯定理知，$\{x_n\}$ 必有收敛的子列 $\{x_{n_k}\}$，使

$$\lim_{k\to\infty}x_{n_k}=x_0.$$

由于 $a\le x_{n_k}\le b$，所以 $a\le x_0\le b$. 又 $f(x)$ 在点 x_0 连续，由归结原则知 $\lim\limits_{k\to\infty}f(x_{n_k})=f(x_0)$，即

$$\lim_{k\to\infty}|f(x_{n_k})|=|f(x_0)|.$$

由于 $|f(x_{n_k})|>n_k>k$，所以

$$\lim_{k\to\infty}|f(x_{n_k})|=+\infty,$$

与 $\lim\limits_{k\to\infty}|f(x_{n_k})|=|f(x_0)|$ 相矛盾. 因此，假设不成立，故 $f(x)$ 在 $[a,b]$ 上有界.

由于 $f([a,b])$ 为有界集，所以由确界定理知一定有上、下确界. 设

$$M=\sup_{x\in[a,b]}\{f(x)\}, \quad m=\inf_{x\in[a,b]}\{f(x)\},$$

先证必存在一点 $x_1\in[a,b]$，使 $f(x_1)=M$. 若不然，对一切 $x\in[a,b]$，都有 $f(x)<M$，作函数

$$h(x)=\frac{1}{M-f(x)}, \quad x\in[a,b].$$

由 $M-f(x)\neq0$ 且连续知，$h(x)$ 在 $[a,b]$ 上连续. 由上面的证明知，$h(x)$ 在 $[a,b]$ 有界，当然有上界，即存在 $N>0$，对一切 $x\in[a,b]$，有

$$h(x)=\frac{1}{M-f(x)}<N,$$

即 $M-f(x)>\dfrac{1}{N}$，有 $f(x)<M-\dfrac{1}{N}$，与 M 是 $f(x)$ 的上确界相矛盾. 故必存在 $x_1\in[a,b]$，使 $f(x_1)=M$. 同理可证存在 $x_2\in[a,b]$，使 $f(x_2)=m$. $\square$

证法二 有界性与证法一相同. 由于 $f([a,b])$ 有界，所以 $f([a,b])$ 必有下确界与上确界. 设

$$\alpha=\inf f([a,b]), \quad \beta=\sup f([a,b]).$$

下面证明至少存在 $x_1\in[a,b]$，使 $f(x_1)=\alpha$，存在 $x_2\in[a,b]$，使 $f(x_2)=\beta$. 由下确界定义，对一切 $x\in[a,b]$，有 $f(x)\geqslant\alpha$，任给 $\varepsilon>0$，存在 $x'\in[a,b]$，使

$$f(x')<\alpha+\varepsilon.$$

因此，对 $\dfrac{1}{n}>0$，存在 $x_n\in[a,b]$，使

$$f(x_n)<\alpha+\frac{1}{n}.$$

由于 $\{x_n\}$ 有界，则必有收敛的子列 $\{x_{n_k}\}$. 设 $\lim\limits_{k\to\infty}x_{n_k}=x_1$ 且 $x_1\in[a,b]$. 又 $f(x)$ 在点 x_1 连续，则

$$\lim_{x\to x_1}f(x)=f(x_1).$$

由归结原则知

$$\lim_{k\to\infty}f(x_{n_k})=f(x_1).$$

由于 $\alpha-\dfrac{1}{n_k}<\alpha\leqslant f(x_{n_k})<\alpha+\dfrac{1}{n_k}$，且 $0<\dfrac{1}{n_k}\leqslant\dfrac{1}{k}$，$\lim\limits_{k\to\infty}\dfrac{1}{k}=0$，根据夹逼定理知

$$\lim_{k\to\infty}\frac{1}{n_k}=0.$$

从而

$$\lim_{k\to\infty}\left(\alpha-\frac{1}{n_k}\right)=\alpha, \quad \lim_{k\to\infty}\left(\alpha+\frac{1}{n_k}\right)=\alpha,$$

再由夹逼定理知

$$\lim_{k\to\infty}f(x_{n_k})=\alpha=f(x_1).$$

同理可证存在 $x_2 \in [a,b]$，使 $f(x_2) = \beta$. 所以 $f(x)$ 在 $[a,b]$ 上一定能取到最大值与最小值. □

定理 1.22(根的存在定理或零点定理) 若函数 $f(x)$ 在闭区间 $[a,b]$ 上连续，且 $f(a)f(b) < 0$，则至少存在一点 $\xi \in (a,b)$，使 $f(\xi) = 0$.

证法一 由于 $f(a)f(b) < 0$，不妨设 $f(a) < 0$，$f(b) > 0$，
$$E = \{x \mid f(x) > 0, x \in [a,b]\},$$
由于 E 有界，所以有下确界，设 $\xi = \inf E$，显然 $\xi \neq a$，$\xi \in [a,b]$. 现证明 $f(\xi) = 0$，若不然 $f(\xi) \neq 0$，不妨设 $f(\xi) > 0$. 由 $f(x)$ 在点 ξ 连续的局部保号性知，存在 ξ 的 δ 邻域 $U(\xi,\delta)$，对一切 $x \in U(\xi,\delta)$，有 $f(x) > 0$. 因为 $\xi - \dfrac{\delta}{2} \in U(\xi,\delta)$，则 $f\left(\xi - \dfrac{\delta}{2}\right) > 0$ 与 $\xi = \inf E$ 相矛盾，故 $f(\xi) = 0$. □

证法二 不妨设 $f(a) < 0 < f(b)$. 现将 $[a,b]$ 二等分，若 $f\left(\dfrac{a+b}{2}\right) = 0$，则取 $\xi = \dfrac{a+b}{2}$，于是 $f(\xi) = 0$，即 ξ 符合要求. 若 $f\left(\dfrac{a+b}{2}\right) \neq 0$，当 $f\left(\dfrac{a+b}{2}\right) > 0$ 时，取
$$\left[a, \frac{a+b}{2}\right] \xlongequal{\text{def}} [a_1, b_1];$$
或当 $f\left(\dfrac{a+b}{2}\right) < 0$ 时，取
$$\left[\frac{a+b}{2}, b\right] \xlongequal{\text{def}} [a_1, b_1],$$
这样就得到 $[a_1, b_1]$，$f(a_1) < 0$，$f(b_1) > 0$，
$$b_1 - a_1 = \frac{b-a}{2}.$$

再将 $[a_1, b_1]$ 二等分，若 $f\left(\dfrac{a_1+b_1}{2}\right) = 0$，则取 $\xi = \dfrac{a_1+b_1}{2}$，于是 $f(\xi) = 0$，即 ξ 符合要求. 若 $f\left(\dfrac{a_1+b_1}{2}\right) \neq 0$，当 $f\left(\dfrac{a_1+b_1}{2}\right) > 0$ 时，取
$$\left[a_1, \frac{a_1+b_1}{2}\right] \xlongequal{\text{def}} [a_2, b_2];$$
或当 $f\left(\dfrac{a_1+b_1}{2}\right) < 0$ 时，取
$$\left[\frac{a_1+b_1}{2}, b_1\right] \xlongequal{\text{def}} [a_2, b_2],$$
这样就得到 $[a_2, b_2]$，$f(a_2) < 0$，$f(b_2) > 0$，
$$b_2 - a_2 = \frac{b-a}{2^2}.$$

照此下去，只可能出现两种情形：

(1) 在某一次的中点 $\dfrac{a_i+b_i}{2}$，有 $f\left(\dfrac{a_i+b_i}{2}\right) = 0$，这时 $\dfrac{a_i+b_i}{2}$ 就是所求的 ξ.

(2) 若每一次均有 $f\left(\dfrac{a_i+b_i}{2}\right) \neq 0$，$i = 1, 2, \cdots, n$，则得一闭区间构成的集合 $\{[a_n, b_n]\}$，其中

$$a_1 \leqslant a_2 \leqslant \cdots \leqslant a_n \leqslant b_n \leqslant \cdots \leqslant b_2 \leqslant b_1, \quad b_n - a_n = \frac{b-a}{2^n}, \quad f(a_n) < 0, \quad f(b_n) > 0.$$

由 $\{a_n\}$ 递增有上界知其必有极限，设 $\lim\limits_{n \to \infty} a_n = \alpha$，$\{b_n\}$ 递减有下界必有极限，设 $\lim\limits_{n \to \infty} b_n = \beta$. 且有

$$\lim_{n \to \infty} (b_n - a_n) = \lim_{n \to \infty} \frac{b-a}{2^n} = 0$$

与

$$\lim_{n \to \infty} (b_n - a_n) = \beta - \alpha = 0,$$

即 $\alpha = \beta = \xi$，且 $a_n \leqslant \xi \leqslant b_n$. 由 $f(x)$ 在 ξ 点连续，知 $\lim\limits_{x \to \xi} f(x) = f(\xi)$，由归结原则知，由 $a_n \to \xi$，得

$$\lim_{n \to \infty} f(a_n) = f(\xi),$$

由 $f(a_n) < 0$，得

$$\lim_{n \to \infty} f(a_n) = f(\xi) \leqslant 0.$$

同理，由 $b_n \to \xi$，$f(b_n) > 0$，知

$$\lim_{n \to \infty} f(b_n) = f(\xi) \geqslant 0.$$

综上知 $f(\xi) = 0$. $\square$

*§4.6 一致连续

一、一致连续的定义

我们已知道，若 $f(x)$ 在区间 E 上连续，即对每一个 $x_0 \in E$，任给 $\varepsilon > 0$，存在 $\delta > 0$（δ 不仅与 ε 有关也与 x_0 有关），当 $|x - x_0| < \delta$ 时，都有

$$|f(x) - f(x_0)| < \varepsilon.$$

当 ε 给定以后，对不同的 x_0，一般说来 δ 是不相同的，而在实际问题的研究中，有时需要对 $\delta(x_0, \varepsilon)$ 有较严格的限制，即 ε 给定以后，确定的 δ 只与 ε 有关而与 x_0 无关. 这就是下面我们要叙述的一致连续（有时也称为均匀连续）.

定义 1.28 设函数 $f(x)$ 定义在区间 E 上，若任给 $\varepsilon > 0$，存在 $\delta(\varepsilon) > 0$，当 x'，$x'' \in E$ 且满足 $|x' - x''| < \delta$ 时，就有

$$|f(x') - f(x'')| < \varepsilon,$$

则称 $f(x)$ 在 E 上一致连续.

这个定义表明，不论 E 中两点 x' 与 x'' 的位置如何，只要它们充分靠近，相应函数值差的绝对值就可以任意地小.

例 13 证明 $f(x) = \sin x$ 在 $\mathbf{R}$ 上一致连续.

证 由于

$$\left| \sin x' - \sin x'' \right| = \left| 2\cos \frac{x' + x''}{2} \sin \frac{x' - x''}{2} \right| \leqslant 2 \left| \frac{x' - x''}{2} \right| = |x' - x''|.$$

于是，任给 $\varepsilon > 0$，x'，$x'' \in \mathbf{R}$，要使 $|\sin x' - \sin x''| < \varepsilon$，只要 $|x' - x''| < \varepsilon$. 取 $\delta = \varepsilon$，当 $|x' - x''| < \delta$ 时，都有

$$\underset{\sim\sim\sim\sim\sim\sim\sim\sim\sim}{\left| \sin x' - \sin x'' \right| < \varepsilon},$$

因此 $f(x) = \sin x$ 在 **R** 上一致连续.

例 14 证明 $y = \sqrt{x}$ 在 $[0, +\infty)$ 上一致连续.

证 由 $\left| \sqrt{x'} - \sqrt{x''} \right| = \dfrac{\left| x' - x'' \right|}{\left| \sqrt{x'} + \sqrt{x''} \right|} \leqslant \dfrac{\left| x' - x'' \right|}{\left| \sqrt{x'} - \sqrt{x''} \right|}$ $(x' \neq x'')$，得

$$\left| \sqrt{x'} - \sqrt{x''} \right|^2 \leqslant \left| x' - x'' \right|,$$

即

$$\left| \sqrt{x'} - \sqrt{x''} \right| \leqslant \left| x' - x'' \right|^{\frac{1}{2}}.$$

于是，任给 $\varepsilon > 0$，x', $x'' \in [0, +\infty)$，要使 $\left| \sqrt{x'} - \sqrt{x''} \right| < \varepsilon$，只要 $\left| x' - x'' \right|^{\frac{1}{2}} < \varepsilon$，即 $\left| x' - x'' \right| < \varepsilon^2$. 取 $\delta = \varepsilon^2$，当 $\left| x' - x'' \right| < \delta$ 时，都有

$$\underset{\sim\sim\sim\sim\sim\sim\sim\sim}{\left| \sqrt{x'} - \sqrt{x''} \right| < \varepsilon}.$$

因此，$y = \sqrt{x}$ 在 $[0, +\infty)$ 上一致连续. □

$f(x)$ 在区间 E 上不一致连续的定义是：存在 $\varepsilon_0 > 0$，对无论多么小的 $\delta > 0$，总存在 x'，$x'' \in X$，尽管 $\left| x' - x'' \right| < \delta$，但

$$\left| f(x') - f(x'') \right| \geqslant \varepsilon_0.$$

例 15 证明 $y = \sin \dfrac{1}{x}$ 在 $(0, 1]$ 上不一致连续.

分析 对 x', x''，如何使 $\left| x' - x'' \right| \to 0$，且 $\left| \sin \dfrac{1}{x'} - \sin \dfrac{1}{x''} \right| \geqslant \varepsilon_0$ 呢？我们取

$$x'_n = \frac{1}{2n\pi + \dfrac{\pi}{2}}, \quad x''_n = \frac{1}{2n\pi},$$

有 $\left| x'_n - x''_n \right| \to 0 \, (n \to \infty)$，但

$$\left| \sin \frac{1}{\dfrac{1}{2n\pi + \dfrac{\pi}{2}}} - \sin \frac{1}{\dfrac{1}{2n\pi}} \right| = 1 \geqslant \varepsilon_0,$$

因此只要取 $\varepsilon_0 \leqslant 1$ 即可.

证 存在 $\varepsilon_0 = \dfrac{1}{2} > 0$，取

$$x'_n = \frac{1}{2n\pi + \dfrac{\pi}{2}}, \quad x''_n = \frac{1}{2n\pi} \in (0, 1],$$

有 $\lim\limits_{n \to \infty} \left| x'_n - x''_n \right| = 0$，对无论多么小的 $\delta > 0$，总存在正整数 N，当 $n > N$ 时，有 $\left| x'_n - x''_n \right| < \delta$，但

$$\left| \sin \frac{1}{x'_n} - \sin \frac{1}{x''_n} \right| = 1 > \frac{1}{2} = \varepsilon_0.$$

因此，$y = \sin \dfrac{1}{x}$ 在 $(0, 1]$ 上不一致连续.

从一致连续定义可以看出，若 $f(x)$ 在区间 E 上一致连续，则 $f(x)$ 在区间 E 上连续，反之若 $f(x)$ 在区间 E 上连续，$f(x)$ 是否在区间 E 上一致连续呢？答案是不一定. 例如 $\sin \dfrac{1}{x}$ 在

$(0,1]$上连续，但在$(0,1]$上不一致连续，但对闭区间上的连续函数来说，答案是肯定的.

二、一致连续性定理

定理 1.26(康托尔(Cantor)定理或一致连续性定理) 若$f(x)$在闭区间$[a,b]$上连续，则$f(x)$在$[a,b]$上一致连续.

证 由题意知，$f(x)$在闭区间$[a,b]$上连续，假定$f(x)$在$[a,b]$上不一致连续，则存在一个$\varepsilon_0>0$，对于任意的正整数n，必有点列x_n'，$x_n''\in[a,b]$，尽管$|x_n'-x_n''|<\dfrac{1}{n}$，但

$$|f(x_n')-f(x_n'')|\geqslant\varepsilon_0.$$

由于$\{x_n'\}$有界，所以必有收敛子列$\{x_{n_k}'\}$，设

$$\lim_{k\to\infty}x_{n_k}'=x_0\in[a,b],$$

由于$\lim\limits_{n\to\infty}(x_n'-x_n'')=0$，所以有$\lim\limits_{k\to\infty}(x_{n_k}'-x_{n_k}'')=0$，则

$$\lim_{k\to\infty}x_{n_k}''=\lim_{k\to\infty}[x_{n_k}'-(x_{n_k}'-x_{n_k}'')]=x_0.$$

由$f(x)$在x_0点连续，得$\lim\limits_{x\to x_0}f(x)=f(x_0)$，由归结原则知

$$\lim_{k\to\infty}f(x_{n_k}')=f(x_0),\ \lim_{k\to\infty}f(x_{n_k}'')=f(x_0),$$

由假设有$\lim\limits_{k\to\infty}|f(x_{n_k}')-f(x_{n_k}'')|\geqslant\varepsilon_0$，即$0\geqslant\varepsilon_0$，与$\varepsilon_0>0$矛盾，所以假设不成立. 因此，$f(x)$在$[a,b]$上一致连续. □

为什么一定要是闭区间上的连续函数才一致连续呢？如果是开区间，由证明的过程可知有

$$\lim_{k\to\infty}x_{n_k}'=x_0,$$

若x_0恰好是端点，则无法利用函数在x_0处的极限存在性. 对于开区间的一致连续性，我们有下面的定理.

定理 1.27 $f(x)$在开区间(a,b)内一致连续的充要条件是$f(x)$在(a,b)内连续，且$\lim\limits_{x\to a^+}f(x)$，$\lim\limits_{x\to b^-}f(x)$存在(其中$a,b$为常数).

证 充分性. 设$\lim\limits_{x\to a^+}f(x)=A$，$\lim\limits_{x\to b^-}f(x)=B$，构造函数

$$F(x)=\begin{cases}A, & x=a,\\ f(x), & x\in(a,b),\\ B, & x=b.\end{cases}$$

由于

$$\lim_{x\to a^+}F(x)=\lim_{x\to a^+}f(x)=A=F(a),$$

所以$F(x)$在点$x=a$处连续. 同理$F(x)$在点$x=b$处连续. 当$x\in(a,b)$时，$F(x)=f(x)$，则$F(x)$在(a,b)内连续，所以$F(x)$在$[a,b]$上连续. 又由康托尔定理知，$F(x)$在闭区间$[a,b]$上一致连续，由于$(a,b)\subset[a,b]$，故$F(x)$在(a,b)内一致连续，即$f(x)$在(a,b)内一致连续.

必要性. 由于$f(x)$在(a,b)内一致连续，所以，任给$\varepsilon>0$，存在$\delta>0$，当x'，$x''\in(a,b)$且$|x'-x''|<\delta$时，都有

$$|f(x')-f(x'')|<\frac{\varepsilon}{2}.$$

对端点 a，当 x'，x'' 满足 $0<|x'-a|<\dfrac{\delta}{2}$，$0<|x''-a|<\dfrac{\delta}{2}$ 时，就有

$$|x'-x''|=|x'-a+a-x''|\leqslant|x'-a|+|x''-a|<\frac{\delta}{2}+\frac{\delta}{2}=\delta,$$

于是 $|f(x')-f(x'')|<\varepsilon$，由函数的柯西收敛准则知 $\lim\limits_{x\to a^+}f(x)$ 存在. 同理可证 $\lim\limits_{x\to b^-}f(x)$ 存在. 由于 $f(x)$ 在 (a,b) 内一致连续，因此 $f(x)$ 在 (a,b) 内连续. □

习题 1-4

1. 求下列函数的对应改变量.

（1）$y=x^2$，自变量 $x=x_0$，$\Delta x=h$；　　　　（2）$y=\sqrt[3]{x}$，自变量 $x=8$，$\Delta x=-9$.

2.（1）设 $y=x^2$，求 $\dfrac{\Delta y}{\Delta x}$；　　　　（2）设 $y=\sin x$，求 $\dfrac{\Delta y}{\Delta x}$.

3. 指出下列函数的间断点，并指出间断点是属于哪一类型：

（1）$f(x)=\dfrac{4}{x-2}$；　　　　　　　　　　（2）$f(x)=\tan x$；

（3）$f(x)=e^{\frac{1}{x}}$；　　　　　　　　　　（4）$f(x)=\dfrac{1}{x}\sin\dfrac{1}{x}$；

（5）$f(x)=\dfrac{\sin x}{|x|}$；　　　　　　　　（6）$f(x)=\dfrac{x}{(4-x^2)(1+x^2)}$；

（7）$f(x)=\arctan\dfrac{1}{x}$；　　　　　　　（8）$f(x)=\begin{cases}2x+1,&x\geqslant 0,\\ x,&x<0;\end{cases}$

（9）$f(x)=\begin{cases}x^2,&x<1,\\ 2x-1,&x\geqslant 1;\end{cases}$　　　　（10）$f(x)=\lim\limits_{n\to\infty}\dfrac{x^n}{1+x^n}$ $(x\geqslant 0)$；

（11）$f(x)=\lim\limits_{t\to +\infty}\dfrac{x+e^{tx}}{1+e^{tx}}$.

4. 设 $f(x)=\begin{cases}e^x(\sin x+\cos x),&x>0,\\ 2x+a,&x\leqslant 0\end{cases}$ 在 $(-\infty,+\infty)$ 上连续，求常数 a.

5. 设 $f(x)=\begin{cases}a+bx^2,&x\leqslant 0,\\ \dfrac{\sin bx}{x},&x>0\end{cases}$ 在 $(-\infty,+\infty)$ 上连续，求常数 a，b 的关系式.

6. 若 $f(x)=\begin{cases}\dfrac{\sin 2x+e^{2ax}-1}{x},&x\neq 0,\\ a,&x=0\end{cases}$ 在 $x=0$ 处连续，求常数 a.

7. 用 $\varepsilon-\delta$ 语言证明：$f(x)=\sqrt{x}$ 在 $x=1$ 处连续.

8. 用 $\varepsilon-\delta$ 语言证明：若 $f(x)$ 为连续函数，则 $|f(x)|$ 也为连续函数.

9. 证明：（1）方程 $2^x-4x=0$ 在 $\left(0,\dfrac{1}{2}\right)$ 内必有一实根；

（2）方程 $x-\tan x=0$ 有无穷多个实根；

（3）方程 $x-\varepsilon\sin x=1(0<\varepsilon<1)$ 在 $(-\infty,+\infty)$ 内必有且仅有一实根.

10.（1）若 $f(x)$ 在 $[a,b]$ 上连续，$x_1,x_2,\cdots,x_n\in[a,b]$，证明至少存在一点 $\xi\in[a,b]$，使

$$f(\xi)=\frac{f(x_1)+f(x_2)+\cdots+f(x_n)}{n};$$

（2）设 $f(x)$ 在开区间 (a,b) 内连续，极限 $\lim\limits_{x\to a^+}f(x)$ 与 $\lim\limits_{x\to b^-}f(x)$ 存在，并且两者异号，证明在 (a,b) 内必有一点 ξ，使 $f(\xi)=0$.

11.若 $f(x)$ 在 $[0,1]$ 上连续，且 $0<f(x)<1$，则至少存在一点 $\xi\in(0,1)$，使 $f(\xi)=\xi$.

12.求下列极限：

（1）$\lim\limits_{x\to 0}\dfrac{(1+\alpha x)^a-(1+\beta x)^b}{x}$；

（2）$\lim\limits_{x\to a}\dfrac{x^\alpha-a^\alpha}{x^\beta-a^\beta}$（$a>0$，$\beta\neq 0$）；

（3）$\lim\limits_{x\to 0}\left(\dfrac{a^x+b^x+c^x}{3}\right)^{\frac{1}{x}}$（$a>0$，$b>0$，$c>0$）；

（4）$\lim\limits_{x\to -\infty}\dfrac{\ln(1+3^x)}{\ln(1+2^x)}$；

（5）$\lim\limits_{x\to +\infty}\dfrac{\ln(1+3^x)}{\ln(1+2^x)}$；

（6）$\lim\limits_{x\to 0}\dfrac{\sqrt{1+x\sin x}-1}{e^{x^2}-1}$；

（7）$\lim\limits_{x\to +\infty}\left(2e^{\frac{x}{x^2+1}}-1\right)^{\frac{x^2+1}{x}}$；

（8）$\lim\limits_{x\to +\infty}[\sin\ln(x+1)-\sin\ln x]$；

（9）$\lim\limits_{n\to\infty}\left(1+\dfrac{x+x^2+\cdots+x^n}{n}\right)^n$（$|x|<1$）.

第一章综合题

1.若 $\lim\limits_{x\to +\infty}[(x^5+7x^4+2)^a-x]=b\neq 0$，求常数 a，b.

2.若 $\lim\limits_{n\to\infty}\dfrac{n^a}{n^b-(n-1)^b}=1\,995$，求常数 a，b.

3.求下列极限：

（1）$\lim\limits_{x\to 0}\dfrac{3\sin x+x^2\cos\dfrac{1}{x}}{(1+\cos x)\ln(1+x)}$；

（2）$\lim\limits_{x\to 0}\left(\dfrac{a_1^x+a_2^x+\cdots+a_n^x}{n}\right)^{\frac{1}{x}}$（$a_1,a_2,\cdots,a_n$ 均为正数）；

（3）$\lim\limits_{x\to 0}\left(\dfrac{a^{x+1}+b^{x+1}+c^{x+1}}{a+b+c}\right)^{\frac{1}{x}}$（$a>0,b>0,c>0$）；

（4）$\lim\limits_{n\to\infty}\left(\dfrac{1}{n^2+n+1}+\dfrac{2}{n^2+n+2}+\cdots+\dfrac{n}{n^2+n+n}\right)$.

4.已知 $\lim\limits_{x\to\infty}\left(\dfrac{x^2+1}{x+1}-ax+b\right)=3$，求常数 a，b.

5.证明：若 $\lim\limits_{n\to\infty}a_n=a$，则 $\lim\limits_{n\to\infty}\dfrac{a_1+a_2+\cdots+a_n}{n}=a$.

6. 证明：若 $\lim\limits_{n\to\infty} a_n = a > 0$ 且 $a_n > 0$，则 $\lim\limits_{n\to\infty} \sqrt[n]{a_1 a_2 \cdots a_n} = a$（利用第 5 题）.

7. 证明：若 $a_n > 0$，$n = 1, 2, 3, \cdots$，$\lim\limits_{n\to\infty} \dfrac{a_{n+1}}{a_n} = a$，则 $\lim\limits_{n\to\infty} \sqrt[n]{a_n} = a$（利用第 6 题）.

8. 求下列极限：

（1）$\lim\limits_{n\to\infty} \dfrac{\sqrt{2} + \sqrt[3]{2} + \cdots + \sqrt[n]{2}}{n}$（利用第 5 题）；　　（2）$\lim\limits_{n\to\infty} \dfrac{n}{\sqrt[n]{n!}}$（利用第 7 题）.

9. 若 $f(x)$ 在开区间 (a, b) 内连续，极限 $\lim\limits_{x\to a^+} f(x)$，$\lim\limits_{x\to b^-} f(x)$ 存在，则 $f(x)$ 在 (a, b) 内有界.

10. 证明方程 $\dfrac{a_1}{x - b_1} + \dfrac{a_2}{x - b_2} + \dfrac{a_3}{x - b_3} = 0$（其中 $a_1, a_2, a_3 > 0$ 且 $b_1 < b_2 < b_3$）在 (b_1, b_2)，(b_2, b_3) 内各有一个根.

11. 若 $f(x)$ 在 $[a, b]$ 上连续，$a < c < d < b$ 且 $k = f(c) + f(d)$，证明：

（1）存在一个 $\xi \in (a, b)$，使 $k = 2f(\xi)$；

（2）存在一个 $\xi \in (a, b)$，使 $mf(c) + nf(d) = (m + n)f(\xi)$，其中 m，n 为正数.

12. 设 $f(x)$ 在 $[a, b]$ 上连续，$x_1, x_2, \cdots, x_n \in [a, b]$，若 $\lambda_1, \lambda_2, \cdots, \lambda_n > 0$ 满足

$$\lambda_1 + \lambda_2 + \cdots + \lambda_n = 1.$$

证明：存在一点 $\xi \in [a, b]$，使得

$$f(\xi) = \lambda_1 f(x_1) + \lambda_2 f(x_2) + \cdots + \lambda_n f(x_n).$$

13. 设 $f(x)$ 在 $[a, b]$ 上连续，且 $a \leqslant f(x) \leqslant b$，证明：存在 $\xi \in [a, b]$，使 $f(\xi) = \xi$.

14. 设 $f(x)$ 在 $\mathbf{R}$ 上有定义，且在 $x = 0$，1 两点处连续，证明：若对任何 $x \in \mathbf{R}$，有 $f(x^2) = f(x)$，则 $f(x)$ 为常值函数.

15. 证明：若函数 $f(x)$ 在 $[a, b]$ 上连续，且对任何 $x \in [a, b]$，存在相应的 $y \in [a, b]$，使得 $|f(x)| \leqslant \dfrac{1}{2} |f(y)|$，则 $f(x) \equiv 0$，$x \in [a, b]$.

16. 试确定常数 k，c，使得当 $x \to +\infty$ 时，$\arcsin\left(\sqrt{x^2 + \sqrt{x}} - x\right) \sim \dfrac{c}{x^k}$.

17. 设 $f(x) = \dfrac{\sqrt{1 + \sin x + \sin^2 x} - (\alpha + \beta \sin x)}{\sin^2 x}$，且点 $x = 0$ 是 $f(x)$ 的可去间断点，试求常数 α，β.

18. 已知 $\lim\limits_{x\to 0} \dfrac{\sqrt{1 + \dfrac{1}{x} f(x)} - 1}{x^2} = c \neq 0$，求常数 τ 和 k，使当 $x \to 0$ 时，$f(x) \sim \tau x^k$.

第一章习题拓展

第二章 导数与微分

宇宙空间中的万事万物都按照一定的规律在不断地变化和运动，其中的许多规律，常常可以通过形式完美而其实质不易被人们理解的途径用数学形式表示出来，并且由此得出新的甚至是人们预想不到的知识. 导数作为微积分中重要的概念，是从研究因变量相对于自变量的变化率的问题中抽象出来的数学概念. 它是由英国数学家牛顿（Newton）和德国数学家莱布尼茨（Leibniz）分别在研究力学与几何过程中同时建立的.

导数是微积分学的核心概念，是利用微积分学解决实际问题的基本工具. 许多事物，从指数的涨跌到婴儿的出生率以及气体分子的扩散率，无不可以用导数来描述，所以导数的应用贯穿于整个科学领域之中.

§1 导　　数

§1.1 导数的概念

一、导数概念的引入

问题 1　切线斜率

（1）**定义 2.1**　设一平面曲线方程为 $y = f(x)$，$P_0(x_0, y_0)$ 是曲线上一点，过 P_0 作割线 P_0Q 与曲线相交于 Q 点，点 Q 沿曲线无限趋于点 P_0 时，若割线 P_0Q 的极限位置的直线 P_0T 存在且唯一，则称 P_0T 为该曲线在点 P_0 处的切线（图 2-1）.（注：Q 可在 P_0 左边也可在 P_0 右边.）

（2）设一平面曲线 $y = f(x)$，在曲线上点 P_0 (x_0, y_0) 处存在不平行于 y 轴的切线 P_0T，试求

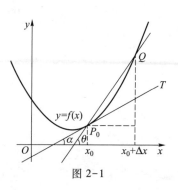

图 2-1

切线 P_0T 的斜率 k_{P_0T}.

在曲线上任意另取一点 $Q(x_0+\Delta x, y_0+\Delta y)(\Delta x \neq 0)$，得割线 P_0Q 的斜率 k_{P_0Q} 为

$$k_{P_0Q} = \tan\theta = \frac{\Delta y}{\Delta x} = \frac{f(x_0+\Delta x)-f(x_0)}{\Delta x},$$

则 $k_{P_0T} = \tan\alpha = \lim_{Q \to P_0}\tan\theta = \lim_{\Delta x \to 0}\frac{\Delta y}{\Delta x} = \lim_{\Delta x \to 0}\frac{f(x_0+\Delta x)-f(x_0)}{\Delta x}.$

问题 2　瞬时速度

一质点做变速直线运动，其运动方程为 $s=s(t)$，其中 t 是时间，s 是路程，试求在 t_0 时刻的瞬时速度 $v(t_0)$.

我们知道匀速直线运动的速度 $v=\dfrac{s}{t}$. 对于非匀速直线运动，它只能表示某一时间段的平均速度. 现在的问题是要求非匀速直线运动在 t_0 时刻的瞬时速度，当时间间隔 $|\Delta t|$ 很小时，从 t_0 到 $t_0+\Delta t$ 时间段内的平均速度 $\bar{v}$ 与 t_0 时刻的瞬时速度就近似相等，即

$$v(t_0) \approx \bar{v} = \frac{\Delta s}{\Delta t} = \frac{s(t_0+\Delta t)-s(t_0)}{\Delta t},$$

而且 $|\Delta t|$ 越小，$\bar{v}$ 就越接近 $v(t_0)$，当 $\Delta t \to 0$ 时，$\bar{v} \to v(t_0)$. 因此我们把该质点在时刻 t_0 的瞬时速度定义为平均速度的极限，即

$$v(t_0) = \lim_{\Delta t \to 0}\frac{\Delta s}{\Delta t} = \lim_{\Delta t \to 0}\frac{s(t_0+\Delta t)-s(t_0)}{\Delta t}.$$

问题 3　电流强度

在导线中有一强度变化不定的电流通过，设在 t 时刻流过导线某一固定横截面的电量 $Q=Q(t)$，试求在 t_0 时刻的电流强度 $I(t_0)$.

从 t_0 到 $t_0+\Delta t$ 这一时间段内有 $\Delta Q = Q(t_0+\Delta t)-Q(t_0)$ 的电量流过这一横截面，此时平均电流强度

$$\bar{I} = \frac{\Delta Q}{\Delta t} = \frac{Q(t_0+\Delta t)-Q(t_0)}{\Delta t},$$

当 $\Delta t \to 0$ 时的极限就给出了在时刻 t_0 的电流强度

$$I(t_0) = \lim_{\Delta t \to 0}\frac{\Delta Q}{\Delta t} = \lim_{\Delta t \to 0}\frac{Q(t_0+\Delta t)-Q(t_0)}{\Delta t}.$$

问题 4　人口增长率

月有阴晴圆缺，人有生死祸福，这是自然界的规律. 人口的数量随着时间的变化而改变，把 t 时刻的人口记为 $N(t)$，并设 $N(t)$ 连续，试求 t_0 时刻的人口增长率 $k(t_0)$.

由于 t 时刻的人口为 $N(t)$，从 t_0 到 $t_0+\Delta t$ 时间段内人口的增长量为 $N(t_0+$

$\Delta t)-N(t_0)$，所以，在 t_0 到 $t_0+\Delta t$ 时间段内人口的平均增长率为

$$\frac{\Delta N}{\Delta t}=\frac{N(t_0+\Delta t)-N(t_0)}{\Delta t},$$

$|\Delta t|$ 越小，平均增长率就越接近于 t_0 时刻的人口增长率 $k(t_0)$，于是

$$k(t_0)=\lim_{\Delta t\to 0}\frac{\Delta N}{\Delta t}=\lim_{\Delta t\to 0}\frac{N(t_0+\Delta t)-N(t_0)}{\Delta t}.$$

以上考虑的四个问题，虽然分属于人类知识的四个不同领域：几何学、力学、电学与社会学，但都有共同的数学特征，即就某一函数施行同一种数学运算，要求出函数值增量与相应的自变量增量之比（这个比值称为差商）当自变量增量趋于 0 时的极限——因变量对自变量的变化率. 此外，我们还可以举出许多例子，如化学反应速度、分布不均匀细棒的线密度、加速度、角速度功率、人口的死亡率、经济的增长率等，它们的求解都导致同样的运算，这种运算的结果有一个特别的名称——导数.

二、导数的定义

定义 2.2 设函数 $y=f(x)$ 在点 x_0 的某邻域 $U(x_0)$ 内有定义. 若极限

$$\lim_{\Delta x\to 0}\frac{\Delta y}{\Delta x}=\lim_{\Delta x\to 0}\frac{f(x_0+\Delta x)-f(x_0)}{\Delta x} \tag{2.1}$$

存在，则称 $f(x)$ 在点 x_0 可导，并称此极限值为 $f(x)$ 在点 x_0 处的导数（或微商），记作 $f'(x_0)$ 或 $y'\big|_{x=x_0}$ 或 $\dfrac{\mathrm{d}y}{\mathrm{d}x}\big|_{x=x_0}$ 或 $\dfrac{\mathrm{d}}{\mathrm{d}x}f(x)\big|_{x=x_0}$，即

$$\lim_{\Delta x\to 0}\frac{\Delta y}{\Delta x}=\lim_{\Delta x\to 0}\frac{f(x_0+\Delta x)-f(x_0)}{\Delta x}=f'(x_0)=y'\bigg|_{x=x_0}=\frac{\mathrm{d}}{\mathrm{d}x}f(x)\bigg|_{x=x_0}.$$

另外导数的定义还可写成另一种常用的形式：

$$\lim_{\Delta x\to 0}\frac{f(x_0+\Delta x)-f(x_0)}{\Delta x}\xlongequal[x=x_0+\Delta x]{x-x_0=\Delta x}\lim_{x\to x_0}\frac{f(x)-f(x_0)}{x-x_0}=f'(x_0).$$

若式（2.1）的极限不存在，则称函数 $y=f(x)$ 在点 x_0 不可导.

应当注意，记号 $\dfrac{\mathrm{d}y}{\mathrm{d}x}\big|_{x=x_0}$ 作为一个符号，表示 $f(x)$ 在点 x_0 的导数，看起来却像分数的样子. 在后面的几节中，这个"分数"的分子和分母将获得独立的意义，而且它们的比值恰好与导数相等，但现在仍要把 $\dfrac{\mathrm{d}y}{\mathrm{d}x}$ 看成一个整体，作为导数的符号.

前面所提出几个问题的结果现在可用导数表达出来：

$$k_{P_0T}=f'(x_0),\qquad v(t_0)=s'(t_0),\qquad I(t_0)=Q'(t_0),\qquad k(t_0)=N'(t_0).$$

导数的几何意义：若 $f(x)$ 在点 x_0 可导，则 $f'(x_0)$ 表示曲线 $y=f(x)$ 在点 P_0

(x_0, y_0) 处切线的斜率.

曲线 $y = f(x)$ 在曲线上点 $P_0(x_0, y_0)$ 处的切线方程为

$$y - y_0 = f'(x_0)(x - x_0).$$

法线方程为

$$y - y_0 = -\frac{1}{f'(x_0)}(x - x_0) \quad (f'(x_0) \neq 0).$$

若 $f'(x_0) = 0$,则切线方程为 $y = y_0$,法线方程为 $x = x_0$.

注 若曲线 $y = f(x)$ 在曲线上点 $P_0(x_0, y_0)$ 处存在切线,但 $f(x)$ 在点 x_0 不一定可导. (请读者想一想,为什么?)

例 1 求 $y = x^3$ 在 $x = 1$ 处的导数.

解 由

$$\lim_{x \to 1} \frac{x^3 - 1^3}{x - 1} = \lim_{x \to 1} \frac{(x-1)(x^2 + x + 1)}{x - 1} = \lim_{x \to 1} (x^2 + x + 1) = 3$$

知 $f'(1) = 3$.

例 2 设 $f(x) = \begin{cases} x^2 \sin \dfrac{1}{x}, & x \neq 0, \\ 0, & x = 0, \end{cases}$ 研究 $f(x)$ 在 $x = 0$ 处的可导性.

解 按定义,

$$\lim_{x \to 0} \frac{f(x) - f(0)}{x - 0} = \lim_{x \to 0} \frac{x^2 \sin \dfrac{1}{x}}{x} = \lim_{x \to 0} x \sin \frac{1}{x} = 0,$$

因此,$f'(0) = 0$.

注 研究函数 $f(x)$ 在一点 x_0 处是否可导,常用极限形式 $\lim\limits_{x \to x_0} \dfrac{f(x) - f(x_0)}{x - x_0}$,

当 $x_0 = 0$ 时,

$$\lim_{x \to 0} \frac{f(x) - f(0)}{x} (若存在) = f'(0).$$

特别当 $f(0) = 0$ 时,有

$$\lim_{x \to 0} \frac{f(x)}{x} (若存在) = f'(0).$$

三、左导数与右导数

在实际中,我们经常需要研究在点 x_0 一侧有定义的函数在点 x_0 的可导性,或分段函数在分界点 x_0 处是否可导,由此引出了左导数与右导数的概念.

定义 2.3 设 $f(x)$ 在点 x_0 的左邻域 $U_-(x_0)$ 内有定义,若极限

$$\lim_{\Delta x \to 0^-} \frac{\Delta y}{\Delta x} = \lim_{\Delta x \to 0^-} \frac{f(x_0 + \Delta x) - f(x_0)}{\Delta x} = \lim_{x \to x_0^-} \frac{f(x) - f(x_0)}{x - x_0}$$

存在，则称 $f(x)$ 在点 x_0 左可导，此极限值称为 $f(x)$ 在点 x_0 的左导数，记作 $f_-'(x_0)$.

定义 2.4 设 $f(x)$ 在点 x_0 的右邻域 $U_+(x_0)$ 内有定义，若极限

$$\lim_{\Delta x \to 0^+} \frac{\Delta y}{\Delta x} = \lim_{\Delta x \to 0^+} \frac{f(x_0 + \Delta x) - f(x_0)}{\Delta x} = \lim_{x \to x_0^+} \frac{f(x) - f(x_0)}{x - x_0}$$

存在，则称 $f(x)$ 在点 x_0 右可导，此极限值称为 $f(x)$ 在点 x_0 的右导数，记作 $f_+'(x_0)$.

由导数、左导数、右导数的定义知

定理 2.1 $f'(x_0)$ 存在的充要条件是左、右导数 $f_-'(x_0)$，$f_+'(x_0)$ 存在且相等.

例 3 设 $f(x) = |x|$（图 2-2），问 $f(x)$ 在 $x = 0$ 处是否可导？

解 由于 $f(x) = \begin{cases} -x, & x \leqslant 0, \\ x, & x > 0, \end{cases}$ 且

$$\lim_{x \to 0^-} \frac{f(x) - f(0)}{x} = \lim_{x \to 0^-} \frac{-x}{x} = -1 = f_-'(0),$$

$$\lim_{x \to 0^+} \frac{f(x) - f(0)}{x} = \lim_{x \to 0^+} \frac{x}{x} = 1 = f_+'(0),$$

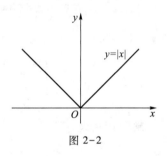

图 2-2

显然，$f_-'(0) \neq f_+'(0)$，所以，$f(x) = |x|$ 在点 $x = 0$ 处不可导.

注 研究绝对值函数在零点处是否可导一般需把它化成分段函数，判断分段函数在分界点是否可导需利用左、右导数定义或导数定义.

四、可导与连续的关系

在问题 1 中，求曲线在点 $P_0(x_0, y_0)$ 处切线的斜率时，$Q \to P_0$ 即 $\Delta x \to 0$ 时，有 $f(x_0 + \Delta x) \to f(x_0)$，即 $\Delta x \to 0$ 时，有 $\Delta y \to 0$，这说明 $f(x)$ 在点 x_0 可导，则必连续. 因此有

定理 2.2 若函数 $y = f(x)$ 在点 x_0 可导，则函数 $y = f(x)$ 在点 x_0 连续.

证 由于 $f(x)$ 在点 x_0 可导，所以有

$$\lim_{\Delta x \to 0} \frac{\Delta y}{\Delta x} = f'(x_0),$$

于是

$$\lim_{\Delta x \to 0} \Delta y = \lim_{\Delta x \to 0} \frac{\Delta y}{\Delta x} \cdot \Delta x = f'(x_0) \cdot 0 = 0.$$

因此，$f(x)$ 在点 x_0 连续. □

但此定理的逆命题不真. 例如, $f(x)=|x|$ 在点 $x=0$ 连续, 但不可导. 此定理的逆否定理就是下面的结论.

定理 2.3 若 $f(x)$ 在点 x_0 不连续, 则 $f(x)$ 在点 x_0 不可导.

此定理为判断函数在一点不可导提供了一个简单有效的方法.

注 在利用抽象函数在一点可导作为条件, 或证明抽象函数可导时, 常用极限形式 $\lim\limits_{\Delta x \to 0} \dfrac{\Delta y}{\Delta x}$.

例 4 讨论当 a, b 为何值时, 可使函数

$$f(x)=\begin{cases} x^2+2x+b, & x \leqslant 0, \\ \arctan(ax), & x>0 \end{cases}$$

在点 $x=0$ 处可导.

解 因为 $f(x)$ 在点 $x=0$ 处可导, 所以 $f(x)$ 在点 $x=0$ 处连续. 而

$$\lim_{x \to 0^-} f(x) = \lim_{x \to 0^-}(x^2+2x+b) = b = f(0),$$
$$\lim_{x \to 0^+} f(x) = \lim_{x \to 0^+} \arctan(ax) = 0 = f(0),$$

于是推出 $b=0$. 又因为

$$\lim_{x \to 0^-} \frac{f(x)-f(0)}{x} = \lim_{x \to 0^-} \frac{x^2+2x}{x} = 2 = f'_-(0),$$

$$\lim_{x \to 0^+} \frac{f(x)-f(0)}{x} = \lim_{x \to 0^+} \frac{\arctan(ax)}{x} = \lim_{x \to 0} \frac{ax}{x} = a = f'_+(0),$$

从而由 $f'_-(0)=f'_+(0)$ 推出 $a=2$. 所以当 $a=2$, $b=0$ 时, $f(x)$ 在点 $x=0$ 处可导.

§1.2 导数的基本公式与运算法则

若 $f(x)$ 在开区间 (a,b) 内的每一点 x 处都可导, 则称 $f(x)$ 在开区间 (a,b) 内可导. 若 $f(x)$ 在开区间 (a,b) 内可导, 且在点 a 的右导数 $f'_+(a)$ 及在点 b 的左导数 $f'_-(b)$ 都存在, 则称 $f(x)$ 在闭区间 $[a,b]$ 上可导.

设函数 $y=f(x)$ 在某个区间 I 上可导, 则 I 上的每一点 x 处的导数 (若 x 是区间端点, 指的是单侧导数) $f'(x)$ 也是区间 I 上的一个函数. 称为 $y=f(x)$ 在区间 I 上的导函数, 或简称为导数.

若我们求出了在区间 I 上 $f(x)$ 的导函数 $f'(x)$, 要求 I 上的一点 x_0 处的导数, 那么直接代入即可, 即 $f'(x_0)=f'(x)\big|_{x=x_0}$.

求函数导数的方法叫做**微分法**, 求导数的运算简称**求导**. 利用导数的定义, 可以推出基本初等函数的导数公式、导数的四则运算法则、反函数求导法则及复合函数求导法则.

一、几个基本初等函数的导数

1. 常值函数 $f(x)=c$, $x \in \mathbf{R}$. 由

$$\lim_{\Delta x \to 0} \frac{f(x+\Delta x) - f(x)}{\Delta x} = \lim_{\Delta x \to 0} \frac{c-c}{\Delta x} = 0,$$

得

$$\boxed{(c)' \equiv 0, \ x \in \mathbf{R}.}$$

2. $f(x) = \sin x, \ x \in \mathbf{R};\ f(x) = \cos x, \ x \in \mathbf{R}.$ 由

$$\lim_{\Delta x \to 0} \frac{f(x+\Delta x) - f(x)}{\Delta x} = \lim_{\Delta x \to 0} \frac{\sin(x+\Delta x) - \sin x}{\Delta x}$$

$$= \lim_{\Delta x \to 0} \frac{2\cos \dfrac{2x+\Delta x}{2} \sin \dfrac{\Delta x}{2}}{\Delta x} = \lim_{\Delta x \to 0} \frac{2 \cdot \dfrac{\Delta x}{2} \cos \dfrac{2x+\Delta x}{2}}{\Delta x} = \cos x,$$

得

$$\boxed{(\sin x)' = \cos x, \ x \in \mathbf{R}.}$$

例如

$$(\sin x)' \big|_{x=0} = \cos 0 = 1,$$

$$(\sin x)' \big|_{x=\frac{\pi}{4}} = \cos \frac{\pi}{4} = \frac{\sqrt{2}}{2},$$

$$(\sin x)' \big|_{x=\frac{\pi}{2}} = \cos \frac{\pi}{2} = 0.$$

同理可证

$$\boxed{(\cos x)' = -\sin x, \ x \in \mathbf{R}.}$$

3. $f(x) = a^x (a>0, a \neq 1), \ x \in \mathbf{R}.$ 由

$$\lim_{\Delta x \to 0} \frac{f(x+\Delta x) - f(x)}{\Delta x} = \lim_{\Delta x \to 0} \frac{a^{x+\Delta x} - a^x}{\Delta x} = a^x \lim_{\Delta x \to 0} \frac{a^{\Delta x} - 1}{\Delta x} = a^x \ln a,$$

得

$$\boxed{(a^x)' = a^x \ln a, \ x \in \mathbf{R}.}$$

特别地,

$$\boxed{(\mathrm{e}^x)' = \mathrm{e}^x, \ x \in \mathbf{R}.}$$

4. $f(x) = \log_a x (a>0, a \neq 1), \ x \in (0, +\infty).$ 由

$$\lim_{\Delta x \to 0} \frac{f(x+\Delta x) - f(x)}{\Delta x} = \lim_{\Delta x \to 0} \frac{\log_a(x+\Delta x) - \log_a x}{\Delta x}$$

$$= \lim_{\Delta x \to 0} \frac{\log_a \left(1+\dfrac{\Delta x}{x}\right)}{\Delta x} = \lim_{\Delta x \to 0} \frac{\ln \left(1+\dfrac{\Delta x}{x}\right)}{\Delta x \ln a} = \lim_{\Delta x \to 0} \frac{\dfrac{\Delta x}{x}}{\Delta x \ln a} = \frac{1}{x \ln a},$$

得

$$\boxed{(\log_a x)' = \frac{1}{x \ln a}, \ x \in (0, +\infty).}$$

特别地，

$$(\ln x)' = \frac{1}{x}, \ x \in (0, +\infty).$$

5. $f(x) = x^\alpha$, $x \in D$ （α 为常数，$\alpha \neq 0$），D 由 α 确定.

（1） $\forall x \in D$ 且 $x \neq 0$，由

$$\lim_{\Delta x \to 0} \frac{f(x+\Delta x)-f(x)}{\Delta x} = \lim_{\Delta x \to 0} \frac{(x+\Delta x)^\alpha - x^\alpha}{\Delta x} = \lim_{\Delta x \to 0} x^\alpha \frac{\left(1+\dfrac{\Delta x}{x}\right)^\alpha - 1}{\Delta x}$$

$$= \lim_{\Delta x \to 0} x^\alpha \cdot \frac{\alpha \cdot \dfrac{\Delta x}{x}}{\Delta x} = \alpha x^{\alpha-1},$$

得

$$(x^\alpha)' = \alpha x^{\alpha-1}.$$

例如

$$\left(\frac{1}{x}\right)' = (x^{-1})' = (-1) \cdot x^{-2} = -\frac{1}{x^2},$$

$$\left(\frac{1}{\sqrt{x}}\right)' = (x^{-\frac{1}{2}})' = -\frac{1}{2}x^{-\frac{3}{2}}.$$

（2） 若有 $x = 0 \in D$，必有 $\alpha > 0$，此时 $f(0) = 0$，由于

$$\lim_{x \to 0} \frac{f(x)-f(0)}{x} = \lim_{x \to 0} \frac{x^\alpha}{x} = \begin{cases} 0, & \alpha > 1, \\ 1, & \alpha = 1, \\ \infty, & 0 < \alpha < 1, \end{cases}$$

所以，当 $\alpha \geqslant 1$ 时，$f(x) = x^\alpha$ 在点 $x = 0$ 处可导且

$$f'(0) = \begin{cases} 0, & \alpha > 1, \\ 1, & \alpha = 1, \end{cases}$$

且仍然适合公式 $y' = \alpha x^{\alpha-1}$；当 $0 < \alpha < 1$ 时，$f(x) = x^\alpha$ 在点 $x = 0$ 处不可导.

特别地，当 n 是正整数时，

$$(x^n)' = nx^{n-1}, \ x \in \mathbf{R}.$$

重难点讲解
幂函数的导数

二、导数的四则运算

定理 2.4 设函数 $u = u(x)$，$v = v(x)$ 在点 x 处可导，则 $u \pm v$，$u \cdot v$，$\dfrac{u}{v}$ ($v \neq 0$) 都在点 x 处可导，且

（1） $(u \pm v)' = u' \pm v'$；

（2） $(uv)' = u'v + uv'$，**特别地**，$v = c$（常数）时，$(cu)' = cu'$；

（3） $\left(\dfrac{u}{v}\right)' = \dfrac{u'v - uv'}{v^2}$ ($v \neq 0$)，**特别地**，$\left(\dfrac{1}{v}\right)' = -\dfrac{v'}{v^2}$ ($v \neq 0$).

证 由 $\Delta u = u(x+\Delta x) - u(x)$ 知 $u(x+\Delta x) = u + \Delta u$；由 $\Delta v = v(x+\Delta x) - v(x)$ 知 $v(x+\Delta x) = v + \Delta v$.

（1）设 $y = f(x) = u(x) + v(x)$，有

$$\Delta y = f(x+\Delta x) - f(x)$$
$$= u(x+\Delta x) + v(x+\Delta x) - u(x) - v(x) = \Delta u + \Delta v,$$

于是

$$\lim_{\Delta x \to 0} \frac{\Delta y}{\Delta x} = \lim_{\Delta x \to 0} \frac{\Delta u + \Delta v}{\Delta x} = \lim_{\Delta x \to 0} \frac{\Delta u}{\Delta x} + \lim_{\Delta x \to 0} \frac{\Delta v}{\Delta x} = u' + v' = (u+v)'.$$

同理可证 $(u-v)' = u' - v'$.

（2）设 $y = f(x) = u(x)v(x)$，有

$$\Delta y = f(x+\Delta x) - f(x) = u(x+\Delta x)v(x+\Delta x) - uv$$
$$= (u+\Delta u)(v+\Delta v) - uv = v\Delta u + u\Delta v + \Delta u\Delta v,$$

于是

$$\lim_{\Delta x \to 0} \frac{\Delta y}{\Delta x} = \lim_{\Delta x \to 0} \frac{v\Delta u + u\Delta v + \Delta u\Delta v}{\Delta x} = \lim_{\Delta x \to 0}\left(v \cdot \frac{\Delta u}{\Delta x} + u \cdot \frac{\Delta v}{\Delta x} + \Delta u \cdot \frac{\Delta v}{\Delta x}\right)$$
$$= u'v + uv' = (uv)'.$$

特别地，若 $v = c$（常数），则 $(cu)' = cu'$.

（3）设 $y = f(x) = \dfrac{u}{v}$ $(v \neq 0)$，有

$$\Delta y = f(x+\Delta x) - f(x) = \frac{u(x+\Delta x)}{v(x+\Delta x)} - \frac{u}{v} = \frac{u+\Delta u}{v+\Delta v} - \frac{u}{v} = \frac{v\Delta u - u\Delta v}{v(v+\Delta v)},$$

于是

$$\lim_{\Delta x \to 0} \frac{\Delta y}{\Delta x} = \lim_{\Delta x \to 0} \frac{v\dfrac{\Delta u}{\Delta x} - u\dfrac{\Delta v}{\Delta x}}{v(v+\Delta v)} = \frac{u'v - uv'}{v^2} = \left(\frac{u}{v}\right)' \quad (v \neq 0),$$

特别地，$\left(\dfrac{1}{v}\right)' = \dfrac{-v'}{v^2}$. □

应用归纳法，可把（1）、（2）推广到任意有限多个可导函数的情形，即若 $u_i = u_i(x)$ $(i = 1, 2, \cdots, n)$ 均可导，则

$$(u_1 + u_2 + \cdots + u_n)' = u_1' + u_2' + \cdots + u_n';$$
$$(u_1 u_2 \cdots u_n)' = u_1' u_2 \cdots u_n + u_1 u_2' \cdots u_n + \cdots + u_1 u_2 \cdots u_n'.$$

由导数的四则运算知

$$(\tan x)' = \left(\frac{\sin x}{\cos x}\right)' = \frac{(\sin x)'\cos x - (\cos x)'\sin x}{\cos^2 x}$$
$$= \frac{\cos^2 x + \sin^2 x}{\cos^2 x} = \sec^2 x \quad \left(x \neq k\pi + \frac{\pi}{2}\right);$$

$$
\begin{aligned}
(\cot x)' &= \left(\frac{\cos x}{\sin x}\right)' = \frac{(\cos x)'\sin x - (\sin x)'\cos x}{\sin^2 x} \\
&= \frac{-\sin x \sin x - \cos x \cos x}{\sin^2 x} = -\csc^2 x \quad (x \neq k\pi);
\end{aligned}
$$

$$
(\sec x)' = \left(\frac{1}{\cos x}\right)' = \frac{-(\cos x)'}{\cos^2 x} = \frac{\sin x}{\cos^2 x} = \sec x \tan x \quad \left(x \neq k\pi + \frac{\pi}{2}\right);
$$

$$
(\csc x)' = \left(\frac{1}{\sin x}\right)' = \frac{-(\sin x)'}{\sin^2 x} = \frac{-\cos x}{\sin^2 x} = -\csc x \cot x \quad (x \neq k\pi).
$$

三、反函数的求导法则

定理 2.5　设 $y = f(x)$ 为函数 $x = \varphi(y)$ 的反函数，若 $\varphi(y)$ 在点 y_0 的某邻域内连续、严格单调且 $\varphi'(y_0) \neq 0$，则 $f(x)$ 在点 $x_0 (x_0 = \varphi(y_0))$ 可导，且

$$
f'(x_0) = \frac{1}{\varphi'(y_0)} \quad \text{或} \quad \frac{\mathrm{d}y}{\mathrm{d}x}\bigg|_{x=x_0} = \frac{1}{\dfrac{\mathrm{d}x}{\mathrm{d}y}\bigg|_{y=y_0}}.
$$

证　给 x_0 以改变量 $\Delta x \neq 0$，由于 $\varphi(y)$ 严格单调，所以 $y = f(x)$ 也严格单调，从而可知 $\Delta y \neq 0$。由 $\varphi(y)$ 在 y_0 处连续，知 $f(x)$ 在 x_0 处也连续，因此 $\Delta x \to 0$ 等价于 $\Delta y \to 0$。又 $\varphi'(y_0) \neq 0$，故

$$
f'(x_0) = \lim_{\Delta x \to 0} \frac{\Delta y}{\Delta x} = \lim_{\Delta y \to 0} \frac{1}{\dfrac{\Delta x}{\Delta y}} = \frac{1}{\varphi'(y_0)}
$$

或

$$
\frac{\mathrm{d}y}{\mathrm{d}x}\bigg|_{x=x_0} = \frac{1}{\dfrac{\mathrm{d}x}{\mathrm{d}y}\bigg|_{y=y_0}}. \quad \square
$$

反三角函数的导数，虽然可以根据导数定义来求，但由于要用到烦琐的反三角函数公式，因此，我们可利用反函数求导法则来求反三角函数的导数。

由于 $y = \arcsin x$，$x \in [-1, 1]$ 的反函数是 $x = \sin y$，$y \in \left[-\dfrac{\pi}{2}, \dfrac{\pi}{2}\right]$，符合反函数求导法则的条件，于是

$$
(\arcsin x)' = \frac{1}{(\sin y)'} = \frac{1}{\cos y} = \frac{1}{\sqrt{1-\sin^2 y}} = \frac{1}{\sqrt{1-x^2}}, \quad x \in (-1, 1).
$$

同理可证

$$
(\arccos x)' = -\frac{1}{\sqrt{1-x^2}}, \quad x \in (-1, 1).
$$

由于 $y = \arctan x$，$x \in \mathbf{R}$ 的反函数是 $x = \tan y$，$y \in \left(-\dfrac{\pi}{2}, \dfrac{\pi}{2}\right)$，符合反函数求导

法则的条件，于是

$$(\arctan x)' = \frac{1}{(\tan y)'} = \frac{1}{\sec^2 y} = \frac{1}{1+\tan^2 y} = \frac{1}{1+x^2}, \quad x \in \mathbf{R}.$$

同理可证

$$(\operatorname{arccot} x)' = -\frac{1}{1+x^2}, \quad x \in \mathbf{R}.$$

从而，我们求出了所有基本初等函数的导数. 除了 $y = \arcsin x$，$y = \arccos x$ 在 $x = \pm 1$ 处不可导，$y = x^\alpha$ 在 $x = 0$ 处有时可能不可导，其余的基本初等函数在它们的定义域内的每一点都可导.

关于三角函数、反三角函数的导数的"±"号，有一个简单的记忆方法：带有"正"字的三角函数、反三角函数的导数前面取"+"号；带有"余"字的三角函数、反三角函数的导数前面取"−"号.

四、复合函数的求导法则

定理 2.6(复合函数的求导法则) 设函数 $y = f(u)$ 对 u 可导，$u = \varphi(x)$ 对 x 可导，则复合函数 $y = f(\varphi(x))$ 对 x 可导，且

$$\frac{\mathrm{d}y}{\mathrm{d}x} = \frac{\mathrm{d}y}{\mathrm{d}u} \cdot \frac{\mathrm{d}u}{\mathrm{d}x} \quad \text{或} \quad (f(\varphi(x)))' = f'(u)\varphi'(x) = f'(\varphi(x)) \cdot \varphi'(x).$$

分析 有的读者看到结论 $\dfrac{\mathrm{d}y}{\mathrm{d}x} = \dfrac{\mathrm{d}y}{\mathrm{d}u} \cdot \dfrac{\mathrm{d}u}{\mathrm{d}x}$，可能会采取下面的求法

$$\lim_{\Delta x \to 0} \frac{\Delta y}{\Delta x} = \lim_{\Delta x \to 0} \frac{\Delta y}{\Delta u} \cdot \frac{\Delta u}{\Delta x} = \lim_{\Delta x \to 0} \frac{\Delta y}{\Delta u} \cdot \lim_{\Delta x \to 0} \frac{\Delta u}{\Delta x}$$

$$= \lim_{\Delta u \to 0} \frac{\Delta y}{\Delta u} \cdot \lim_{\Delta x \to 0} \frac{\Delta u}{\Delta x} = f'(u)\varphi'(x).$$

事实上，这种证法不合理. 当 $\Delta x \neq 0$ 而趋于 0 时，对应的 Δu 虽然也趋于 0，但在此过程中不能保证恒有 $\Delta u \neq 0$，因此以 Δu 去除 Δy 就不能保证有意义. 例如

$$u = \varphi(x) = \begin{cases} x^2 \sin \dfrac{1}{x}, & x \neq 0, \\ 0, & x = 0, \end{cases}$$

令 $x_0 = 0$，取 $x_n = \dfrac{1}{n\pi}$，$\Delta x = x_n - x_0 = \dfrac{1}{n\pi}$，这时

$$u(x_n) = \varphi(x_n) = 0,$$

$$\Delta u_n = u(x_n) - u(0) = 0.$$

即在 $\Delta x \to 0$ 时，虽然有 $\Delta u \to 0$，但它存在一个恒为 0 的子列 $\{\Delta u_n\}$. 因此，在证明时应避免上述问题.

证 由于 $f(u)$ 在 u 处可导，所以有

$$\lim_{\Delta u \to 0} \frac{\Delta y}{\Delta u} = f'(u).$$

从而，当 $\Delta u \neq 0$ 时，有 $\dfrac{\Delta y}{\Delta u} = f'(u) + \alpha$，其中 $\lim\limits_{\substack{\Delta u \to 0 \\ (\Delta u \neq 0)}} \alpha = 0$，于是

$$\Delta y = f'(u)\Delta u + \alpha \Delta u.$$

当 $\Delta u = 0$ 时，定义 $\alpha = 0$ 且满足上面等式，于是

$$\lim_{\Delta x \to 0} \frac{\Delta y}{\Delta x} = \lim_{\Delta x \to 0} \frac{f'(u)\Delta u + \alpha \Delta u}{\Delta x} = \lim_{\Delta x \to 0} \left(f'(u) \cdot \frac{\Delta u}{\Delta x} + \alpha \cdot \frac{\Delta u}{\Delta x} \right)$$

$$= \lim_{\Delta x \to 0} f'(u) \cdot \frac{\Delta u}{\Delta x} + \lim_{\Delta x \to 0} \alpha \cdot \lim_{\Delta x \to 0} \frac{\Delta u}{\Delta x} = f'(u)\varphi'(x) + 0 \cdot \varphi'(x)$$

$$= f'(u)\varphi'(x) = (f(\varphi(x)))',$$

即

$$\frac{\mathrm{d}y}{\mathrm{d}x} = \frac{\mathrm{d}y}{\mathrm{d}u} \cdot \frac{\mathrm{d}u}{\mathrm{d}x}. \quad \square$$

用归纳法可以推广到有限个可导函数的复合. 例如 $y = f(u)$，$u = \varphi(v)$，$v = h(x)$，设 $f'(u)$，$\varphi'(v)$，$h'(x)$ 均存在，由 $u = \varphi(v)$ 对 v 可导，$v = h(x)$ 对 x 可导，得 $u = \varphi(h(x))$ 对 x 可导，且 $\dfrac{\mathrm{d}u}{\mathrm{d}x} = \dfrac{\mathrm{d}u}{\mathrm{d}v} \cdot \dfrac{\mathrm{d}v}{\mathrm{d}x}$. 而 $y = f(u)$ 对 u 可导，于是

$$\frac{\mathrm{d}y}{\mathrm{d}x} = \frac{\mathrm{d}y}{\mathrm{d}u} \cdot \frac{\mathrm{d}u}{\mathrm{d}x} = \frac{\mathrm{d}y}{\mathrm{d}u} \cdot \frac{\mathrm{d}u}{\mathrm{d}v} \cdot \frac{\mathrm{d}v}{\mathrm{d}x}.$$

因此，复合函数的求导法则被形象地称为链式法则.

例 5 设 $y = \mathrm{e}^{\sin^2 \frac{1}{x}}$，求 y'.

解 由于 $y = \mathrm{e}^u$，$u = v^2$，$v = \sin w$，$w = \dfrac{1}{x}$，于是

$$\frac{\mathrm{d}y}{\mathrm{d}x} = \frac{\mathrm{d}y}{\mathrm{d}u} \cdot \frac{\mathrm{d}u}{\mathrm{d}v} \cdot \frac{\mathrm{d}v}{\mathrm{d}w} \cdot \frac{\mathrm{d}w}{\mathrm{d}x} = \mathrm{e}^u \cdot 2v \cdot \cos w \cdot \left(-\frac{1}{x^2} \right)$$

$$= \mathrm{e}^{\sin^2 \frac{1}{x}} 2\sin \frac{1}{x} \cos \frac{1}{x} \left(-\frac{1}{x^2} \right) = -\mathrm{e}^{\sin^2 \frac{1}{x}} \frac{1}{x^2} \sin \frac{2}{x}.$$

注 要学会把一个复合函数拆成几个简单函数的复合(基本初等函数和由基本初等函数经过四则运算得到的函数称为简单函数). 熟练以后，我们也可以反复利用两个函数复合的求导法则求复合函数的导数.

例 6 设 $y = \ln(x + \sqrt{1+x^2})$，求 y'.

解
$$y' = \frac{1}{x+\sqrt{1+x^2}}\left(x+\sqrt{1+x^2}\right)' = \frac{1}{x+\sqrt{1+x^2}}\left[1+\left(\sqrt{1+x^2}\right)'\right]$$

$$= \frac{1}{x+\sqrt{1+x^2}}\left[1+\frac{1}{2\sqrt{1+x^2}}(1+x^2)'\right] = \frac{1}{x+\sqrt{1+x^2}}\left(1+\frac{2x}{2\sqrt{1+x^2}}\right)$$

重难点讲解
复合函数的求导
法则（一）

重难点讲解
复合函数的求导
法则（二）

重难点讲解
复合函数的求导
例题

$$= \frac{1}{x+\sqrt{1+x^2}} \frac{\sqrt{1+x^2}+x}{\sqrt{1+x^2}} = \frac{1}{\sqrt{1+x^2}}.$$

例7　设 $y = \sqrt[3]{1+\sqrt[3]{1+\sqrt[3]{x}}}$，求 y'.

解　$y' = \frac{1}{3}\left(1+\sqrt[3]{1+\sqrt[3]{x}}\right)^{-\frac{2}{3}}\left(\sqrt[3]{1+\sqrt[3]{x}}\right)'$

$$= \frac{1}{9}\left(1+\sqrt[3]{1+\sqrt[3]{x}}\right)^{-\frac{2}{3}}\left(1+\sqrt[3]{x}\right)^{-\frac{2}{3}}\left(\sqrt[3]{x}\right)'$$

$$= \frac{1}{27}\left(1+\sqrt[3]{1+\sqrt[3]{x}}\right)^{-\frac{2}{3}}\left(1+\sqrt[3]{x}\right)^{-\frac{2}{3}}x^{-\frac{2}{3}}.$$

例8　设 $y = u(x)^{v(x)}$，求 y'.

解　由于 $y = e^{v(x)\ln u(x)}$，则

$$y' = e^{v(x)\ln u(x)}\left[v'(x)\ln u(x) + \frac{v(x)u'(x)}{u(x)}\right] = u(x)^{v(x)}\left[v'(x)\ln u(x) + \frac{v(x)u'(x)}{u(x)}\right].$$

例9　设 $y = \ln|x|$，求 y'.

解　当 $x>0$ 时，$y = \ln x$，$y' = \frac{1}{x}$；当 $x<0$ 时，$y = \ln(-x)$，$y' = \frac{1}{-x}(-1) = \frac{1}{x}$.

于是

$$\boxed{(\ln|x|)' = \frac{1}{x}.}$$

我们将上面得到的导数公式及导数的运算法则列表如下，要求读者非常熟练地掌握.

$(c)' = 0$，c 为常数，	$(x^\alpha)' = \alpha x^{\alpha-1}$，
$(\sin x)' = \cos x$，	$(\cos x)' = -\sin x$，
$(\tan x)' = \sec^2 x$，	$(\cot x) = -\csc^2 x$，
$(\sec x)' = \sec x \tan x$，	$(\csc x)' = -\csc x \cot x$，
$(\arcsin x)' = \dfrac{1}{\sqrt{1-x^2}}$，	$(\arccos x)' = -\dfrac{1}{\sqrt{1-x^2}}$，
$(\arctan x)' = \dfrac{1}{1+x^2}$，	$(\operatorname{arccot} x)' = -\dfrac{1}{1+x^2}$，
$(a^x)' = a^x\ln a$，$a>0$ 且 $a\neq 1$，	$(e^x)' = e^x$，
$(\log_a x)' = \dfrac{1}{x\ln a}$，$a>0$ 且 $a\neq 1$，	$(\ln x)' = \dfrac{1}{x}$，
$(\ln|x|)' = \dfrac{1}{x}$.	

设 $u(x)$，$v(x)$ 均可导，则

$(u \pm v)' = u' \pm v'$， $(uv)' = u'v + uv'$，

$(cu)' = cu'$，c 为常数， $\left(\dfrac{u}{v}\right)' = \dfrac{u'v - uv'}{v^2}$ $(v \neq 0)$，

$\left(\dfrac{1}{v}\right)' = \dfrac{-v'}{v^2}$ $(v \neq 0)$.

设 $y = f(u)$ 及 $u = \varphi(x)$ 均可导，则

$$\frac{dy}{dx} = \frac{dy}{du} \cdot \frac{du}{dx}.$$

设 $y = f(x)$ 的反函数是 $x = \varphi(y)$ 且 $\varphi'(y) \neq 0$，则

$$\frac{dy}{dx} = \frac{1}{\dfrac{dx}{dy}}.$$

在工程技术中经常要用到双曲函数

$$\sinh x = \frac{e^x - e^{-x}}{2} \text{（双曲正弦）}, \qquad \cosh x = \frac{e^x + e^{-x}}{2} \text{（双曲余弦）},$$

$$\tanh x = \frac{e^x - e^{-x}}{e^x + e^{-x}} \text{（双曲正切）}, \qquad \coth x = \frac{e^x + e^{-x}}{e^x - e^{-x}} \text{（双曲余切）}.$$

由求导公式可得 $(\sinh x)' = \cosh x$，$(\cosh x)' = \sinh x$，$(\tanh x)' = \dfrac{1}{\cosh^2 x}$.

由于初等函数是由基本初等函数经过有限次四则运算以及复合运算而得到的函数. 因此，有了上述导数公式与导数运算法则，就可以按部就班地计算初等函数的导数.

而分段函数是在 x 取值的不同范围内用不同的初等函数表达式. 因此，不在分界点时，可直接利用求导公式；在分界点时需用左、右导数的定义或导数的定义.

例 10   设 $f(x) = \begin{cases} x\arctan\dfrac{1}{x^2}, & x \neq 0 \\ 0, & x = 0, \end{cases}$ 求 $f'(x)$.

解   由于

$$\lim_{x \to 0} \frac{f(x) - f(0)}{x} = \lim_{x \to 0} \frac{x\arctan\dfrac{1}{x^2}}{x} = \frac{\pi}{2} = f'(0),$$

所以

$$f'(x) = \begin{cases} \arctan \dfrac{1}{x^2} - \dfrac{2x^2}{1+x^4}, & x \neq 0, \\[3mm] \dfrac{\pi}{2}, & x = 0. \end{cases}$$

例 11   设 $f(x) = |x^3|$，求 $f'(x)$.

解   由于 $f(x) = \begin{cases} -x^3, & x \leqslant 0, \\ x^3, & x > 0, \end{cases}$ 且

$$\lim_{x \to 0^-} \frac{f(x) - f(0)}{x} = \lim_{x \to 0^-} \frac{-x^3}{x} = 0 = f'_-(0),$$

$$\lim_{x \to 0^+} \frac{f(x) - f(0)}{x} = \lim_{x \to 0^+} \frac{x^3}{x} = 0 = f'_+(0),$$

所以 $f'(0) = 0$. 从而

$$f'(x) = \begin{cases} -3x^2, & x < 0, \\ 0, & x = 0, \\ 3x^2, & x > 0. \end{cases}$$

§1.3   隐函数的导数

一、隐函数的求导法则

我们知道函数 $y = f(x)$ 可化为 $y - f(x) = 0$. 设 $F(x,y) = y - f(x)$，有 $F(x,y) = 0$，即函数可化成一个二元方程. 反之一个二元方程 $F(x,y) = 0$ 能否确定一个函数呢？

例如 $2y + 3x - 4 = 0$ 确定函数 $y = \dfrac{4-3x}{2}$，即

$$2 \cdot \frac{4-3x}{2} + 3x - 4 \equiv 0.$$

定义 2.5   设 $F(x,y) = 0$ 为二元方程，若存在非空集合 $D \subset \mathbf{R}$，$C \subset \mathbf{R}$，任给 $x \in D$，都有唯一的 $y \in C$，使得 $F(x,y) = 0$，则称由二元方程 $F(x,y) = 0$ 确定了一个<u>隐函数</u> $y = f(x)$，$x \in D$. 即 $x \in D$ 时，

$$F(x, f(x)) \equiv 0.$$

例如 $x^2 + y^2 = R^2 (R > 0)$ 确定

$$y = \sqrt{R^2 - x^2}, \quad x \in [-R, R], y \in [0, R],$$

满足 $x^2 + (\sqrt{R^2 - x^2})^2 \equiv R^2$；也确定

$$y = -\sqrt{R^2 - x^2}, \quad x \in [-R, R], \; y \in [-R, 0],$$

满足 $x^2 + (-\sqrt{R^2 - x^2})^2 \equiv R^2$.

若能从 $F(x,y)=0$ 中解出来 $y=f(x)$，成为普通的函数，则可根据以前的求导法则进行求导. 若方程确定的隐函数未能从方程中解出来，如何求 $\dfrac{\mathrm{d}y}{\mathrm{d}x}$？由于 $F(x,f(x))\equiv0$ 是一个恒等式，所以可两边同时对 x 求导，从而解出 $\dfrac{\mathrm{d}y}{\mathrm{d}x}$. 以下如无特别声明，我们所指的隐函数都是存在且可导的.

例 12　设 $y=g(x+y)$ 确定隐函数 $y=y(x)$，其中 g 具有一阶导数，且其一阶导数不等于 1，求 $\dfrac{\mathrm{d}y}{\mathrm{d}x}$.

解　由于方程确定 $y=y(x)$，所以有
$$y(x)=g(x+y(x)),$$
两边同时对 x 求导，有
$$y'=g'(x+y)(1+y'),$$
解得
$$\frac{\mathrm{d}y}{\mathrm{d}x}=y'=\frac{g'(x+y)}{1-g'(x+y)}=\frac{g'}{1-g'}.$$

例 13　设函数 $y=y(x)$ 由方程 $y-x\mathrm{e}^y=1$ 确定，求 $\dfrac{\mathrm{d}y}{\mathrm{d}x}\Big|_{x=0}$，并求曲线上其横坐标 $x=0$ 处点的切线和法线方程.

解　方程两边同时对 x 求导，有
$$y'-\mathrm{e}^y-x\mathrm{e}^y\cdot y'=0. \tag{2.2}$$
当 $x=0$ 时，有 $y-0=1$，得 $y=1$. 将 $x=0$，$y=1$ 代入上式，得
$$y'(0)-\mathrm{e}=0,$$
即 $y'(0)=\dfrac{\mathrm{d}y}{\mathrm{d}x}\Big|_{x=0}=\mathrm{e}.$

因此，切线方程为
$$y-1=\mathrm{e}x \quad 即 \quad y=\mathrm{e}x+1;$$
法线方程为
$$y-1=-\frac{1}{\mathrm{e}}x \quad 即 \quad y=-\frac{1}{\mathrm{e}}x+1.$$

注　若求 $\dfrac{\mathrm{d}y}{\mathrm{d}x}\Big|_{x=x_0}$，不必求出 $\dfrac{\mathrm{d}y}{\mathrm{d}x}$，只需把 x_0，y_0 代入式（2.2），解出 $y'\Big|_{\substack{x=x_0\\y=y_0}}$ 即可.

二、对数求导法

把函数 $y=f(x)$ 看成一个等式，两边取对数，并注意 y 是 x 的函数，利用隐函数求导法，等式两边同时对 x 求导，解出 y'，最后把 y' 表达式中的 y 换成

$f(x)$，即得所求的导数. 这种方法叫做对数求导法.

例 14 设 $y=u(x)^{v(x)}$，求 y'.

解 等式两边同时取对数，得

$$\ln y=v(x)\ln u(x),$$

把函数 y 看成由方程确定的隐函数，利用隐函数求导法，有

$$\frac{1}{y} \cdot y'=v'(x)\ln u(x)+v(x) \cdot \frac{u'(x)}{u(x)},$$

经整理得

$$y'=u(x)^{v(x)}\left[v'(x)\ln u(x)+\frac{v(x)u'(x)}{u(x)}\right].$$

例 15 设 $y=(\sin x)^x$，求 y'.

解 等式两边同时取对数，得 $\ln y=x\ln \sin x$，两边同时对 x 求导，得

$$\frac{1}{y}y'=\ln \sin x+x\frac{\cos x}{\sin x},$$

因此

$$y'=(\sin x)^x (\ln \sin x+x\cot x).$$

例 16 设 $y=\dfrac{x^{\ln x}}{(\ln x)^x}$，求 y'.

解 等式两边同时取对数，得 $\ln y=(\ln x)^2-x\ln \ln x$，两边同时对 x 求导，得

$$\frac{1}{y}y'=2(\ln x)\frac{1}{x}-\ln \ln x-x \cdot \frac{1}{\ln x} \cdot \frac{1}{x},$$

于是

$$y'=\frac{x^{\ln x}}{(\ln x)^x}\left(\frac{2\ln x}{x}-\ln \ln x-\frac{1}{\ln x}\right).$$

例 17 设 $y=\dfrac{\sqrt[5]{x-3}\sqrt[3]{3x-2}}{\sqrt{x+2}}$，求 y'.

解 等式两边同时取对数，得 $\ln y=\dfrac{1}{5}\ln |x-3|+\dfrac{1}{3}\ln |3x-2|-\dfrac{1}{2}\ln |x+2|$，两边同时对 x 求导，得

$$\frac{1}{y}y'=\frac{1}{5}\frac{1}{x-3}+\frac{1}{3}\frac{1}{3x-2} \cdot 3-\frac{1}{2}\frac{1}{x+2},$$

于是

$$y'=\frac{\sqrt[5]{x-3}\sqrt[3]{3x-2}}{\sqrt{x+2}}\left[\frac{1}{5(x-3)}+\frac{1}{3x-2}-\frac{1}{2(x+2)}\right].$$

注 对下述四种情况：(1)一个函数是分式，且分子、分母都是若干因式的乘积；(2)函数 $y=u(x)^{v(x)}$（称为幂指函数）；(3)一个函数是分式，且分子、

分母是幂指函数；（4）一个函数是多个函数的乘积，均可利用对数求导法求导.

例 18　设 $y=\left(\dfrac{x}{a}\right)^{b}\left(\dfrac{a}{b}\right)^{x}\left(\dfrac{b}{x}\right)^{a}$　$(a>0,b>0,c>0)$，求 y'.

解　等式两边同时取对数，得

$$\ln y=b(\ln x-\ln a)+x\ln\frac{a}{b}+a(\ln b-\ln x),$$

两边同时对 x 求导，有

$$\frac{1}{y}y'=\frac{b}{x}+\ln\frac{a}{b}-\frac{a}{x},$$

于是

$$y'=\left(\frac{x}{a}\right)^{b}\left(\frac{a}{b}\right)^{x}\left(\frac{b}{x}\right)^{a}\left(\ln\frac{a}{b}+\frac{b-a}{x}\right).$$

§1.4　高阶导数

若函数 $y=f(x)$ 在区间 I 上可导，则导函数 $f'(x)$ 是区间 I 上的函数. 若 $x_0\in I$，$f'(x)$ 在点 x_0 可导，即极限

$$\lim_{\Delta x\to 0}\frac{f'(x_0+\Delta x)-f'(x_0)}{\Delta x}$$

存在，则称此极限值为 $f(x)$ 在点 x_0 的二阶导数，记作 $f''(x_0)$ 或 $\dfrac{\mathrm{d}^2 y}{\mathrm{d}x^2}\Big|_{x=x_0}$ 或 $y''\Big|_{x=x_0}$.

若 $f'(x)$ 在区间 I 上每一点都可导，即任给 $x\in I$，有

$$y''=f''(x)=\lim_{\Delta x\to 0}\frac{f'(x+\Delta x)-f'(x)}{\Delta x},$$

按函数定义，$f''(x)$ 是区间 I 上的函数，称为 $f(x)$ 在区间 I 上的二阶导函数或二阶导数，于是

$$y''=(y')'=\frac{\mathrm{d}y'}{\mathrm{d}x}=\frac{\mathrm{d}}{\mathrm{d}x}\left(\frac{\mathrm{d}y}{\mathrm{d}x}\right)=\frac{\mathrm{d}^2 y}{\mathrm{d}x^2}=f''(x)=[f'(x)]'.$$

同理，$f(x)$ 的二阶导数的导数称为 $f(x)$ 的三阶导数，记成

$$f'''(x)=\frac{\mathrm{d}^3 y}{\mathrm{d}x^3}=y'''.$$

一般地，$f(x)$ 的 $n-1$ 阶导数的导数，称为 $f(x)$ 的 n 阶导数，记作

$$y^{(n)}=\frac{\mathrm{d}}{\mathrm{d}x}\left(\frac{\mathrm{d}^{n-1}y}{\mathrm{d}x^{n-1}}\right)=\frac{\mathrm{d}^n y}{\mathrm{d}x^n}=f^{(n)}(x)=[f^{(n-1)}(x)]'.$$

$f'(x)$ 称为 $f(x)$ 的一阶导数，$f^{(n)}(x)(n>1)$ 统称为 $f(x)$ 的高阶导数.

一、部分基本初等函数的高阶导数

1. 设 $y = x^\alpha$，则

$$y' = \alpha x^{\alpha-1}, \ y'' = \alpha(\alpha-1)x^{\alpha-2}, \ \cdots, \ y^{(n)} = \alpha(\alpha-1)\cdots(\alpha-n+1)x^{\alpha-n},$$

即

$$(x^\alpha)^{(n)} = \alpha(\alpha-1)\cdots(\alpha-n+1)x^{\alpha-n}.$$

特别当 $\alpha = n$ 是正整数时，$(x^n)^{(n)} = n!$，若 $k > n$，则 $(x^n)^{(k)} = 0$.

同理，$[(1+x)^\alpha]^{(n)} = \alpha(\alpha-1)\cdots(\alpha-n+1)(1+x)^{\alpha-n}$.

2. 设 $y = \ln x$，则

$$\begin{aligned}
y^{(n)} &= [(\ln x)']^{(n-1)} = (x^{-1})^{(n-1)} \\
&= -1(-1-1)\cdots[-1-(n-1)+1]x^{-1-(n-1)} \\
&= (-1)^{n-1}(n-1)! \ x^{-n}.
\end{aligned}$$

即

$$(\ln x)^{(n)} = (-1)^{n-1}(n-1)! \ x^{-n}.$$

同理，

$$[\ln(1+x)]^{(n)} = (-1)^{n-1}(n-1)! \ (1+x)^{-n}.$$

3. 设 $y = \sin x$，则

$$y' = \cos x = \sin\left(x + \frac{\pi}{2}\right),$$

$$y'' = \left[\sin\left(x+\frac{\pi}{2}\right)\right]' = \cos\left(x+\frac{\pi}{2}\right) = \sin\left(x+\frac{\pi}{2}+\frac{\pi}{2}\right) = \sin\left(x+2\cdot\frac{\pi}{2}\right),$$

假设 $n = k$ 时，$y^{(k)} = \sin\left(x + k\cdot\frac{\pi}{2}\right)$ 成立. 当 $n = k+1$ 时，

$$y^{(k+1)} = [y^{(k)}]' = \left[\sin\left(x+k\cdot\frac{\pi}{2}\right)\right]' = \cos\left(x+k\cdot\frac{\pi}{2}\right)$$

$$= \sin\left(x+k\cdot\frac{\pi}{2}+\frac{\pi}{2}\right) = \sin\left[x+(k+1)\frac{\pi}{2}\right].$$

由数学归纳法知，对任意正整数 n，都有

$$(\sin x)^{(n)} = \sin\left(x+n\cdot\frac{\pi}{2}\right).$$

同理可证，

$$(\cos x)^{(n)} = \cos\left(x+n\cdot\frac{\pi}{2}\right).$$

4. 设 $y = a^x$，则 $y' = a^x\ln a$，$y'' = a^x(\ln a)^2$，$\cdots$，$y^{(n)} = a^x(\ln a)^n$. 即

$$(a^x)^{(n)} = a^x(\ln a)^n.$$

特别地,

$$\boxed{(\mathrm{e}^x)^{(n)} = \mathrm{e}^x.}$$

二、高阶导数的运算法则

定理 2.7 若 $u = u(x)$, $v = (x)$ 均存在 n 阶导数,则

$$
\begin{aligned}
&(1)\ (u \pm v)^{(n)} = u^{(n)} \pm v^{(n)}; \\
&(2)\ (cu)^{(n)} = cu^{(n)},\ \text{其中 } c \text{ 为常数}; \\
&(3)\ (uv)^{(n)} = \mathrm{C}_n^0 u^{(n)} v^{(0)} + \mathrm{C}_n^1 u^{(n-1)} v' + \cdots + \mathrm{C}_n^k u^{(n-k)} v^{(k)} + \cdots + \mathrm{C}_n^n u^{(0)} v^{(n)} \\
&\qquad\qquad = \sum_{k=0}^n \mathrm{C}_n^k u^{(n-k)} v^{(k)},\ \text{其中 } v^{(0)} = v, u^{(0)} = u.
\end{aligned}
$$

证 (1), (2)略.

(3) 当 $n = 1$ 时, $(uv)' = u'v + uv' = \mathrm{C}_1^0 u' v^{(0)} + \mathrm{C}_1^1 u^{(0)} v'$, 公式成立.

假设当 $n = m$ 时, $(uv)^{(m)} = \sum\limits_{k=0}^m \mathrm{C}_m^k u^{(m-k)} v^{(k)}$ 成立.

当 $n = m + 1$ 时,

$$(uv)^{(m+1)} = [(uv)^{(m)}]' = \left[\sum_{k=0}^m \mathrm{C}_m^k u^{(m-k)} v^{(k)} \right]'$$

$$= \sum_{k=0}^m \mathrm{C}_m^k [u^{(m-k)} v^{(k)}]' = \sum_{k=0}^m \mathrm{C}_m^k [u^{(m-k+1)} v^{(k)} + u^{(m-k)} v^{(k+1)}]$$

$$= \sum_{k=0}^m \mathrm{C}_m^k u^{(m-k+1)} v^{(k)} + \sum_{k=0}^m \mathrm{C}_m^k u^{(m-k)} v^{(k+1)}$$

$$= u^{(m+1)} v + \sum_{k=1}^m \mathrm{C}_m^k u^{(m-k+1)} v^{(k)} + \sum_{k=1}^{m+1} \mathrm{C}_m^{k-1} u^{(m-k+1)} v^{(k)}$$

$$= \mathrm{C}_{m+1}^0 u^{(m+1)} v^{(0)} + \sum_{k=1}^m \mathrm{C}_m^k u^{(m-k+1)} v^{(k)} + \sum_{k=1}^m \mathrm{C}_m^{k-1} u^{(m-k+1)} v^{(k)} + u^{(0)} v^{(m+1)}$$

$$= \mathrm{C}_{m+1}^0 u^{(m+1)} v^{(0)} + \sum_{k=1}^m (\mathrm{C}_m^k + \mathrm{C}_m^{k-1}) u^{(m-k+1)} v^{(k)} + \mathrm{C}_{m+1}^{m+1} u^{(0)} v^{(m+1)}$$

$$= \mathrm{C}_{m+1}^0 u^{(m+1)} v^{(0)} + \sum_{k=1}^m \mathrm{C}_{m+1}^k u^{(m-k+1)} v^{(k)} + \mathrm{C}_{m+1}^{m+1} u^{(0)} v^{(m+1)}$$

$$= \sum_{k=0}^{m+1} \mathrm{C}_{m+1}^k u^{(m-k+1)} v^{(k)}.$$

即当 $n = m+1$ 时, 公式也成立. 由数学归纳法知公式对一切正整数 n 都成立. □

定理 2.7 的公式(3)称为莱布尼茨(Leibniz)公式, 它的系数与二项式 $(u + v)^n$ 展开式的系数相同.

求函数的高阶导数时, 由于没有商的高阶导数公式, 乘积的高阶导数公式也比较复杂, 因此在求某些函数的高阶导数之前, 首先应把函数化简, 尽量化

成有高阶导数公式的函数的加减形式. 求 $(uv)^{(n)}$ 时，若其中一项有高阶导数公式，另一项经过几次求导变为 0，则可用乘积的高阶导数公式.

例 19 设 $y = \sin^4 x + \cos^4 x$，求 $y^{(n)}$.

解 $y = (\sin^2 x + \cos^2 x)^2 - 2\sin^2 x \cos^2 x$

$$= 1 - \frac{1}{2}\sin^2 2x = 1 - \frac{1}{4}(1 - \cos 4x) = \frac{3}{4} + \frac{1}{4}\cos 4x,$$

因此

$$y^{(n)} = \left(\frac{3}{4} + \frac{1}{4}\cos 4x\right)^{(n)} = \frac{1}{4}(\cos 4x)^{(n)}$$

$$= \frac{1}{4} \cdot 4^n \cos\left(4x + \frac{n\pi}{2}\right) = 4^{n-1}\cos\left(4x + \frac{n\pi}{2}\right) \quad (n \geq 1).$$

例 20 设 $y = \dfrac{1}{x^2 - 3x + 2}$，求 $y^{(n)}$.

解 因为 $y = \dfrac{1}{(x-1)(x-2)} = \dfrac{1}{x-2} - \dfrac{1}{x-1}$，所以

$$y^{(n)} = [(x-2)^{-1} - (x-1)^{-1}]^{(n)}$$

$$= [(x-2)^{-1}]^{(n)} - [(x-1)^{-1}]^{(n)}$$

$$= (-1)^n n! [(x-2)^{-1-n} - (x-1)^{-1-n}].$$

例 21 设 $y = e^x x^2$，求 $y^{(n)}$.

解 $y^{(n)} = (e^x x^2)^{(n)}$

$$= C_n^0 (e^x)^{(n)} x^2 + C_n^1 (e^x)^{(n-1)} (x^2)' + C_n^2 (e^x)^{(n-2)} (x^2)''$$

$$= e^x x^2 + n e^x 2x + 2\frac{n(n-1)}{2} e^x$$

$$= e^x [x^2 + 2nx + n(n-1)] \quad (n > 1).$$

当 $n = 1$ 时，$y' = 2xe^x + x^2 e^x = e^x(x^2 + 2x)$.

例 22 设 $y = e^x \cos x$，求 $y^{(n)}$.

分析 如果用乘积的高阶导数公式，得不到化简，宜改用其他方法.

解 当 $n = 1$ 时，

$$y' = e^x \cos x + e^x(-\sin x) = e^x \sqrt{2}\left(\frac{\sqrt{2}}{2}\cos x - \frac{\sqrt{2}}{2}\sin x\right)$$

$$= e^x \sqrt{2}\left(\cos\frac{\pi}{4}\cos x - \sin\frac{\pi}{4}\sin x\right) = \sqrt{2}e^x\cos\left(x + \frac{\pi}{4}\right).$$

假设当 $n = k$ 时，$y^{(k)} = \sqrt{2}^k e^x \cos\left(x + \dfrac{k\pi}{4}\right)$ 成立. 当 $n = k+1$ 时，

$$y^{(k+1)} = [y^{(k)}]' = \sqrt{2}^k \left[e^x \cos\left(x + \frac{k\pi}{4}\right)\right]',$$

$$= \sqrt{2}^k \left[e^x \cos\left(x + \frac{k\pi}{4}\right) - e^x \sin\left(x + \frac{k\pi}{4}\right)\right]$$

$$= \sqrt{2}^{\,k+1} \mathrm{e}^x \cos\left[x+(k+1)\frac{\pi}{4}\right].$$

由归纳法知，对一切正整数 n，有

$$y^{(n)} = \sqrt{2}^{\,n} \mathrm{e}^x \cos\left(x+\frac{n\pi}{4}\right).$$

注 求有些函数的高阶导数，须经求一、二阶导数，发现规律，再用归纳法证明.

例 23 设 $y(x)$ 是由方程 $\mathrm{e}^y - xy = 0$ 所确定的隐函数，求 $\dfrac{\mathrm{d}^2 y}{\mathrm{d}x^2}$.

解 方程两端同时对 x 求导，得

$$\frac{\mathrm{d}y}{\mathrm{d}x}\mathrm{e}^y - y - x\frac{\mathrm{d}y}{\mathrm{d}x} = 0,$$

重难点讲解
高阶导数

解得

$$\frac{\mathrm{d}y}{\mathrm{d}x} = \frac{y}{\mathrm{e}^y - x},$$

$$\frac{\mathrm{d}^2 y}{\mathrm{d}x^2} = \frac{\dfrac{\mathrm{d}y}{\mathrm{d}x}(\mathrm{e}^y - x) - y\left(\mathrm{e}^y \cdot \dfrac{\mathrm{d}y}{\mathrm{d}x} - 1\right)}{(\mathrm{e}^y - x)^2},$$

将 $\dfrac{\mathrm{d}y}{\mathrm{d}x} = \dfrac{y}{\mathrm{e}^y - x}$ 代入 $\dfrac{\mathrm{d}^2 y}{\mathrm{d}x^2}$ 进行化简，有

$$\frac{\mathrm{d}^2 y}{\mathrm{d}x^2} = \frac{2y\mathrm{e}^y - 2xy - y^2 \mathrm{e}^y}{(\mathrm{e}^y - x)^3}.$$

例 24 设函数 $y = y(x)$ 由方程 $y - x\mathrm{e}^y = 1$ 所确定，求 $y''(0)$.

解 由题设，$x = 0$ 时，$y = 1$. 方程两边同时对 x 求导，得

$$y' - \mathrm{e}^y - x\mathrm{e}^y y' = 0, \tag{2.3}$$

两端对 x 求导，得

$$y'' - \mathrm{e}^y y' - \mathrm{e}^y y' - x\mathrm{e}^y y'^2 - x\mathrm{e}^y y'' = 0. \tag{2.4}$$

将 $x = 0$，$y = 1$ 代入式 (2.3)，有 $y'(0) - \mathrm{e} = 0$，即 $y'(0) = \mathrm{e}$.

将 $x = 0$，$y = 1$，$y'(0) = \mathrm{e}$ 代入式 (2.4)，得

$$y''(0) - \mathrm{e} \cdot \mathrm{e} - \mathrm{e} \cdot \mathrm{e} = 0,$$

即 $y''(0) = 2\mathrm{e}^2$.

有时，我们需要求 $f^{(n)}(x_0)$，如果能求出 $f^{(n)}(x)$，则

$$f^{(n)}(x_0) = f^{(n)}(x)\Big|_{x=x_0},$$

但有时求不出 $f^{(n)}(x)$，我们可求出 $f(x)$ 在 x_0 的高阶导数与低阶导数的递推关系式，从而求出 $f^{(n)}(x_0)$.

例 25 设 $y = f(x) = \arctan x$，求 $y^{(n)}\Big|_{x=0}$.

解 由 $f'(x)=\dfrac{1}{1+x^2}$，得

$$(1+x^2)f'(x)=1,$$

方程两端同时取 n 阶导数，有

$$f^{(n+1)}(x)(1+x^2)+nf^{(n)}(x)2x+n(n-1)f^{(n-1)}(x)=0 \quad (n\geqslant 2),$$

把 $x=0$ 代入上式，有 $f^{(n+1)}(0)+n(n-1)f^{(n-1)}(0)=0$，由此得

$$f^{(n+1)}(0)=-n(n-1)f^{(n-1)}(0).$$

n 用 $n-1$ 代换，有

$$f^{(n)}(0)=-(n-1)(n-2)f^{(n-2)}(0) \quad (n\geqslant 3).$$

由于 $f(0)=0$，$f'(0)=1$，$f''(0)=0$，于是推出

$$f^{(2k)}(0)=0,\ f^{(2k+1)}(0)=(-1)^k(2k)! \quad (k=0,1,2,\cdots).$$

§1.5 导数在实际中的应用

例 26 应用导数的概念，我们来证明旋转抛物面对平行光的聚焦原理. 所谓旋转抛物面是由抛物线绕对称轴旋转而形成的，放在焦点处的光源所发出的光，经过旋转抛物面各点反射之后就成为平行光束. 利用这一性质制造出需要发射平行光的灯具，例如探照灯、汽车的前灯等. 我们只需讨论在平面上抛物线对于平行光的聚焦原理，只要证从抛物线焦点出发的光线，经抛物面反射后，其反射光线都平行于抛物线的对称轴.

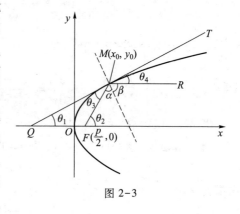

图 2-3

证 设抛物线方程为 $y^2=2px$（图 2-3），在其上任取一点 $M(x_0,y_0)$，从焦点 $F\left(\dfrac{p}{2},0\right)$ 发出的光线经点 M 的反射线为 MR，现证 $MR /\!/ x$ 轴（对称轴）. 过点 M 作切线 MT 交 x 轴于 Q 点，现只要证 $\theta_1=\theta_4$.

根据光线的入射角 α（入射光线与法线的夹角）应等于反射角 β（反射光线与法线的夹角）的原理，有

$$\theta_3=\frac{\pi}{2}-\alpha=\frac{\pi}{2}-\beta=\theta_4.$$

因此，只需证 $\theta_1=\theta_3$，即要证 $\triangle QFM$ 为等腰三角形，或 $|QF|=|FM|$. $y^2=2px$ 两端同时对 x 求导，有

$$2yy'=2p \quad \text{或} \quad y'=\frac{p}{y},$$

从而，$k_{MT} = \dfrac{\mathrm{d}y}{\mathrm{d}x}\Big|_{x=x_0} = \dfrac{p}{y_0}$，于是切线方程为

$$y - y_0 = \frac{p}{y_0}(x - x_0).$$

令 $y = 0$，有 $-y_0^2 = px - px_0$，得

$$x = \frac{px_0 - y_0^2}{p} = \frac{px_0 - 2px_0}{p} = -x_0,$$

由于

$$|QF| = \frac{p}{2} + x_0,$$

$$|MF| = \sqrt{\left(x_0 - \frac{p}{2}\right)^2 + y_0^2} = \sqrt{x_0^2 - px_0 + \frac{p^2}{4} + 2px_0}$$

$$= \sqrt{\left(x_0 + \frac{p}{2}\right)^2} = \left|\frac{p}{2} + x_0\right| = \frac{p}{2} + x_0,$$

所以 $|QF| = |MF|$，从而 $MR /\!/ x$ 轴. □

例 27　把一个球形气球充气到体积为 V m^3，如果从 $t = 0$ 开始放气，且气体放出的速率为 $\dfrac{-1}{1+t^4}$ m^3/s，求这个气球半径的变化率.

解　由题意知

$$\frac{\mathrm{d}V(t)}{\mathrm{d}t} = \frac{-1}{1+t^4}.$$

由于 $V(t) = \dfrac{4}{3}\pi R^3(t)$，两边对 t 求导，得

$$\frac{\mathrm{d}V}{\mathrm{d}t} = 4\pi R^2 \cdot R'(t),$$

从而有

$$R'(t) = \frac{1}{4\pi R^2}\frac{\mathrm{d}V}{\mathrm{d}t} = \frac{-1}{4\pi R^2(1+t^4)} \ (\text{m/s}).$$

例 28　某山区融化后的雪水流入一水库，水库形状相似于长为 τ m、截面为等腰三角形、顶角为 2α 的水槽(图 2-4)，已知水流为常数 b m^3/s，求水库水深为 $2h_0$ 时，水面上升的速度.

解　设在时刻 t s 时，水深为 $h(t)$ m，水的体积为 $V = \tau h^2(t)\tan\alpha$，由于

$$b = \frac{\mathrm{d}V}{\mathrm{d}t} = 2\tau h(t)h'(t)\tan\alpha,$$

所以 $h'(t) = \dfrac{b}{2\tau h(t)\tan\alpha}$，从而

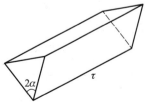

图 2-4

$$h'(t)\Big|_{h=2h_0} = \frac{b}{4\tau h_0 \tan\alpha}(\text{m/s}).$$

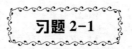

习题 2-1

1. 若 $T=f(t)$ 表示温度，其中 t 表示时间，$f'(t_0)$ 存在，解释 $f'(t_0)$ 的实际意义.

2. 若 $N=f(t)$ 表示癌细胞的数量，N 是时间 t 的函数且可导，解释 $f'(t_0)$ 的实际意义.

3. 若 $S=f(t)$ 表示污染源扩散过程中污染的面积，S 是时间 t 的函数且可导，解释 $f'(t_0)$ 的实际意义.

4. 若 $N=N(t)$ 表示某地区的人口数量，N 是时间 t 的函数且可导，用数学式子表示在时刻 $t=t_0$ 时的人口增长率.

5. 若 $Q=f(t)$ 表示某放射性物质衰减的剩余量，Q 是时间 t 的函数且可导，用数学式子表示在时刻 $t=t_0$ 时的衰减率.

6. 动点沿 Ox 轴的运动规律由式 $x=10t+5t^2$ 给出，式中 t 表示时间（单位：s），x 表示距离（单位：m），求在 $20\leqslant t\leqslant 20+\Delta t$ 时间段内动点的平均速度，其中

(1) $\Delta t=1$；　　(2) $\Delta t=0.1$；　　(3) $\Delta t=0.001$.

当 $t=20$ 时运动的瞬时速度等于什么？

7. 按定义求下列函数在指定点的导数：

(1) $f(x)=x^2$，$x=1$；

(2) $f(x)=\mathrm{e}^{-|x|}$，$x=0$；

(3) $f(x)=\begin{cases}3x^2, & x\leqslant 1, \\ 2x^3+1, & x>1,\end{cases}\ x=1$；

(4) $f(x)=\begin{cases}x^2\sin\dfrac{1}{x}, & x\neq 0, \\ 0, & x=0,\end{cases}\ x=0$.

8. 根据导函数的定义，直接求下列函数的导函数：

(1) $f(x)=\sqrt{x}$；　　　　(2) $f(x)=\tan x$；　　　　(3) $f(x)=\arcsin x$.

9. 设 $f(x)=(x-1)(x-2)^2(x-3)^3$，求 $f'(1)$，$f'(2)$，$f'(3)$.

10. 设 $f(x)=x+(x-1)\arcsin\sqrt{\dfrac{x}{x+1}}$，求 $f'(1)$.

11. 证明：若 $f(x)$ 可导，n 为正整数，则

$$\lim_{n\to\infty}n\left[f\left(x+\frac{1}{n}\right)-f(x)\right]=f'(x).$$

反之，对于函数 $f(x)$ 若有上式左边极限存在，那么，可否断定这个函数有导数？请研究狄利克雷函数.

求第 12 题—第 70 题中函数的导数：

12. $y=\dfrac{1}{x^2}+\sqrt[3]{x^2}+\dfrac{1}{\sqrt[3]{x}}+\sqrt[3]{2}$.

13. $y=\dfrac{x^2-5x-1}{x^3}$.

14. $y=(\sqrt{x}+1)\left(\dfrac{1}{\sqrt{x}}-1\right)$.

15. $y=x^2\sin x+2x\sin x-\cos\dfrac{\pi}{5}$.

16. $y = (x^2 - 1)\sin x + x\cos x$.

17. $y = (x+1)(2x-1)(x+3)$.

18. $y = \dfrac{\sqrt{x}}{\sqrt{x}+1}$.

19. $y = \dfrac{3-4x}{2+3x}$.

20. $y = \dfrac{1}{x^2+x+1}$.

21. $y = \dfrac{1}{1+\sqrt{x}} - \dfrac{1}{1-\sqrt{x}}$.

22. $y = \dfrac{x}{1-\cos x} + \ln 2$.

23. $y = \dfrac{x}{\tan x+1}$.

24. $y = \dfrac{\sin x - \cos x}{\sin x + \cos x}$.

25. $y = \dfrac{\sin x}{x^2}$.

26. $y = (2x^3+5)^4$.

27. $y = \left(x^3 - \dfrac{1}{x^3} + 3\right)^4$.

28. $y = \sin(2x+3)$.

29. $y = \dfrac{1}{\sqrt{x^2+1}}$.

30. $y = (3-2\sin x)^5$.

31. $y = \sec \dfrac{x+1}{2}$.

32. $y = \tan x - \dfrac{1}{3}\tan^3 x + \dfrac{1}{5}\tan^5 x$.

33. $y = \sqrt{\sin x}$.

34. $y = \cos\sqrt{x}$.

35. $y = \dfrac{1}{2}\sin x^2$.

36. $y = \sin^2 \dfrac{x}{2} + \cos^2 \dfrac{x}{2}$.

37. $y = \sin^4 x \cos^4 x$.

38. $y = \dfrac{\sin 2x}{1+\cos 2x}$.

39. $y = \left(\dfrac{1-\cos x}{1+\cos x}\right)^3$.

40. $y = \sqrt{1+3\cos^2 4x}$.

41. $y = \dfrac{1}{2}\tan^2\sqrt{x}$.

42. $y = x\sec^2 x - \tan 2x$.

43. $y = \sqrt[3]{(b+x)(d+x)}$.

44. $y = x^2\sqrt{1-x}$.

45. $y = \sqrt{x\sin 2x}$.

46. $y = \dfrac{1}{\cos^3 x}$.

47. $y = \dfrac{1}{e^x+1}$.

48. $y = e^{2x+3}$.

49. $y = 2^{\sin x}$.

50. $y = x^2 2^{-x}$.

51. $y = \cos\sqrt{x} + \sqrt{\cos x} + \sqrt{\cos\sqrt{x}}$.

52. $y = \tan \dfrac{x}{2} + \ln\tan \dfrac{x}{2} + \sqrt{\ln\tan \dfrac{x}{2}}$.

53. $y = \ln(1-2x)$.

54. $y = \ln(\sec x + \tan x)$.

55. $y = \ln\sec 2x$.

56. $y = \ln(x+\sqrt{1+x^2})$.

57. $y = \sqrt{1+(\ln x)^2}$.

58. $y = 2^{\frac{x}{\ln x}}$.

59. $y = \arcsin\sqrt{x}$.

60. $y = \arcsin \dfrac{1}{x}$.

61. $y = \arctan\sqrt{\sqrt{x}-1}$.

62. $y = x\arccos \dfrac{x}{2} - \sqrt{4-x^2}$.

63. $y = e^x\sqrt{1-e^{2x}} + \arcsin e^x$.

64. $y = \left(\dfrac{a}{b}\right)^x + \left(\dfrac{b}{x}\right)^b + \left(\dfrac{x}{a}\right)^a$.

65. $y = \left[\ln\,(1+\sqrt{x}\,)\,\right]^2$.

66. $y = \mathrm{e}^{\sqrt{\ln x}}$.

67. $y = \ln\dfrac{x\sqrt{2x+1}}{\sqrt[3]{3x+1}}$.

68. $y = (\ln x)^x$.

69. $y = x^x + x^{\frac{1}{x}}$.

70. $y = \ln\dfrac{\sqrt{1+x^2}-1}{\sqrt{1+x^2}+1}$.

71. 设 $y = \sqrt{\varphi^2(x)+\psi^2(x)}$，求 $\dfrac{\mathrm{d}y}{\mathrm{d}x}$.

72. 设 $y = \arctan\dfrac{\varphi(x)}{\psi(x)}$，求 $\dfrac{\mathrm{d}y}{\mathrm{d}x}$.

73. 设 $y = f\left[\varphi^2(x)+\psi^2(x)\right]$，求 $\dfrac{\mathrm{d}y}{\mathrm{d}x}$.

74. 设 $y = f\left[f\left(\sin\dfrac{x}{2}\right)\right]$，求 $\dfrac{\mathrm{d}y}{\mathrm{d}x}$.

75. 设 $x^2+xy+y^3 = 0$，求 $\dfrac{\mathrm{d}y}{\mathrm{d}x}$.

76. 设 $x+y+\sin y = 2$，求 $\dfrac{\mathrm{d}y}{\mathrm{d}x}$.

77. 设 $y = 1+x\mathrm{e}^y$，求 $\dfrac{\mathrm{d}y}{\mathrm{d}x}$.

78. 设 $y\sin x - \cos\,(x-y) = 0$，求 $\dfrac{\mathrm{d}y}{\mathrm{d}x}$.

79. 设 $\mathrm{e}^x\cos y - \mathrm{e}^{-y}\cos x = 0$，求 $\dfrac{\mathrm{d}y}{\mathrm{d}x}$.

80. 设 $\mathrm{e}^{xy}-x^2+y^3 = 0$，求 $\dfrac{\mathrm{d}y}{\mathrm{d}x}\bigg|_{x=0}$.

81. 求下列曲线在指定点的切线方程与法线方程：

(1) $y = \sin x$，$x = \dfrac{\pi}{4}$；

(2) $y = \sqrt{x}$，$x = 4$；

(3) $\mathrm{e}^{xy}-x^2+y^3 = 0$，$x = 0$.

82. 求下列函数的导数：

(1) $y = |x^3|$；　(2) $y = x|x(x-1)|$.

83. 求下列函数的导数：

(1) $f(x) = \begin{cases} x^3, & x>0, \\ x^2, & x\leqslant 0; \end{cases}$ 　(2) $f(x) = \begin{cases} x^2\cos\dfrac{1}{x}, & x\neq 0, \\ 0, & x = 0. \end{cases}$

利用对数求导法求第 84 题—第 86 题中的函数的导数：

84. $y = \sqrt{\dfrac{(a+x)(b+x)}{(a-x)(b-x)}}$，求 $\dfrac{\mathrm{d}y}{\mathrm{d}x}$.

85. $y = x^{\sin x}\cdot\mathrm{e}^x$，求 $\dfrac{\mathrm{d}y}{\mathrm{d}x}$.

86. $y = \left(1+\dfrac{1}{x}\right)^x$，求 $\dfrac{\mathrm{d}y}{\mathrm{d}x}$.

87. 设 $f(x) = \varphi_1(x)\varphi_2(x)\cdots\varphi_n(x)$，其中 $\varphi_i(x)(i=1,2,\cdots,n)$ 可导且 $\varphi_i(x)\neq 0$，证明

$$f'(x) = f(x)\left[\dfrac{\varphi_1{}'(x)}{\varphi_1(x)}+\dfrac{\varphi_2{}'(x)}{\varphi_2(x)}+\cdots+\dfrac{\varphi_n{}'(x)}{\varphi_n(x)}\right].$$

88. 证明：椭圆 $\dfrac{x^2}{a^2}+\dfrac{y^2}{b^2} = 1$ 在点 $M(x_0,y_0)$ 处的切线方程为 $\dfrac{x_0 x}{a^2}+\dfrac{y_0 y}{b^2} = 1$.

89. 求曲线 $x^2-y^2=5$ 与 $\dfrac{x^2}{18}+\dfrac{y^2}{8}=1$ 的交角（两曲线交点处两条切线的夹角）.

90. 证明：双曲线族 $x^2-y^2=a$ 及 $xy=b$（a,b 为任意常数）形成正交曲线网，即这两个曲线族中的曲线成直角相交.

91. 试确定抛物线方程 $y=x^2+bx+c$ 中的常数 b 和 c，使抛物线与直线 $y=2x$ 在 $x=2$ 处相切.

92. 当 p 为何值时，曲线 $y=x^3+px+2$ 与 x 轴相切？并求此切点坐标.

93. 试证：双曲线 $y=\dfrac{a}{x}$ 上任意点处切线界于两坐标轴之间的线段被切点所平分.

94. 试证：曲线 $x^{\frac{1}{2}}+y^{\frac{1}{2}}=a^{\frac{1}{2}}$ 上任意点的切线在两坐标轴上的截距之和等于 a.

95. 证明：星形线 $x^{\frac{2}{3}}+y^{\frac{2}{3}}=a^{\frac{2}{3}}$ 的切线界于两坐标轴间线段的长度是一定值.

96. 证明：（1）可导偶函数的导数为奇函数，可导奇函数的导数为偶函数；

（2）可导周期函数的导数仍为周期函数，并问是否具有相同的周期.

97. 设 $y=x\ln(x+\sqrt{x^2+a^2})-\sqrt{x^2+a^2}$，求 $\dfrac{\mathrm{d}^2y}{\mathrm{d}x^2}$.

98. 设 $x^2-y^2=a^2$，求 $\dfrac{\mathrm{d}^2y}{\mathrm{d}x^2}$.

99. 设 $\ln\sqrt{x^2+y^2}=\arctan\dfrac{y}{x}$，求 $\dfrac{\mathrm{d}^2y}{\mathrm{d}x^2}$.

100. 证明：$y=\mathrm{e}^x\sin x$ 满足 $\dfrac{\mathrm{d}^2y}{\mathrm{d}x^2}-2\dfrac{\mathrm{d}y}{\mathrm{d}x}+2y=0$.

101. 证明：切比雪夫多项式 $T_n(x)=\dfrac{1}{2^{n-1}}\cos(n\arccos x)$ $(n=0,1,2,\cdots)$，满足方程

$$(1-x^2)T_n''(x)-xT_n'(x)+n^2T_n(x)=0.$$

102. 证明：$\sqrt{1+y}\cdot\sqrt{y}-\ln(\sqrt{y}+\sqrt{1+y})=x$ 满足 $\dfrac{\mathrm{d}^2y}{\mathrm{d}x^2}+\dfrac{1}{2y^2}=0$.

103. 设 $y=xf(\ln x)$，求 $\dfrac{\mathrm{d}y}{\mathrm{d}x}$，$\dfrac{\mathrm{d}^2y}{\mathrm{d}x^2}$.

104. 设函数 $\varphi(x)$ 当 $x\le x_0$ 时有定义，并且它的二阶导数存在，应当如何选择 a，b，c，才能使函数

$$f(x)=\begin{cases}\varphi(x), & x\le x_0,\\ a(x-x_0)^2+b(x-x_0)+c, & x>x_0\end{cases}$$

的二阶导数存在.

105. 设函数 $f(x)=\begin{cases}0, & x\le 0,\\ x^a\sin\dfrac{1}{x}, & x>0,\end{cases}$ 分别求满足下列条件的 a 的取值范围.

（1）在区间 $(-\infty,+\infty)$ 上，$f(x)$ 的二阶导数存在；

（2）在区间 $(-\infty,+\infty)$ 上，$f(x)$ 的二阶导数连续.

106. 在方程 $x^2\dfrac{\mathrm{d}^2y}{\mathrm{d}x^2}+a_1x\dfrac{\mathrm{d}y}{\mathrm{d}x}+a_2y=0$（$a_1,a_2$ 是常数）中令 $x=\mathrm{e}^t$，证明：可将方程化成如下

的形式

$$\frac{\mathrm{d}^2 y}{\mathrm{d}t^2} + (a_1 - 1)\frac{\mathrm{d}y}{\mathrm{d}t} + a_2 y = 0.$$

107. 令 $x = \sin t$，化简方程 $(1-x^2)\dfrac{\mathrm{d}^2 y}{\mathrm{d}x^2} - x\dfrac{\mathrm{d}y}{\mathrm{d}x} - y = 0$.

108. 令 $x = \ln t$，化简方程 $\dfrac{\mathrm{d}^2 y}{\mathrm{d}x^2} - \dfrac{\mathrm{d}y}{\mathrm{d}x} + \mathrm{e}^{2x} y = 0$.

109. $y = \dfrac{1+x}{\sqrt{1-x}}$，求 $y^{(100)}$.

110. $y = x^2 \mathrm{e}^{2x}$，求 $y^{(20)}$.

111. 证明：若函数 $f(x)$ n 阶可导，则 $[f(ax+b)]^{(n)} = a^n f^{(n)}(ax+b)$.

112. 设 $y = \dfrac{1}{x(1-x)}$，求 $y^{(n)}$.

113. 设 $y = \dfrac{x}{\sqrt[3]{1+x}}$，求 $y^{(n)}$.

114. 设 $y = \cos^2 x$，求 $y^{(n)}$.

115. 设 $y = \sin ax \sin bx$，求 $y^{(n)}$.

116. 证明：

$$\left[\mathrm{e}^{ax}\sin(bx+c)\right]^{(n)} = \mathrm{e}^{ax}(a^2+b^2)^{\frac{n}{2}}\sin(bx+c+n\varphi),$$

其中

$$\sin\varphi = \frac{b}{\sqrt{a^2+b^2}}, \quad \cos\varphi = \frac{a}{\sqrt{a^2+b^2}}.$$

117. 设 $y = x^2 \mathrm{e}^{ax}$，求 $f^{(n)}(0)$.

118. 设 $y = \arcsin x$，求 $f^{(n)}(0)$.

§2 微　　分

§2.1　微分的概念

一、微分概念的引入

在实际测量中，由于受到仪器精度的限制，往往会产生误差. 例如 x_0 为准确数，实际测量值 $x^* = x_0 + \Delta x$ 为 x_0 的近似数，由此产生的误差为 Δx，相应产生的函数值的误差 $\Delta y = f(x_0 + \Delta x) - f(x_0)$. 如果 $f(x_0 + \Delta x)$，$f(x_0)$ 计算很复杂，那么计算 Δy 也很麻烦；或者实际中只知道近似值 x^* 或误差 $|\Delta x| \leq \delta$，又如何估计 Δy？

假设 $f'(x_0)$ 存在，则

$$\lim_{\Delta x\to 0}\frac{f(x_0+\Delta x)-f(x_0)}{\Delta x}=\lim_{\Delta x\to 0}\frac{\Delta y}{\Delta x}=f'(x_0),$$

有 $\dfrac{\Delta y}{\Delta x}=f'(x_0)+\alpha$，$\lim\limits_{\Delta x\to 0}\alpha=0$. 于是

$$\Delta y=f'(x_0)\Delta x+\alpha\Delta x, \tag{2.5}$$

其中 $\alpha\Delta x=o(\Delta x)$（$\Delta x\to 0$）.

因此，在实际中如果不知道 x_0，只知道 x^*，且 x_0，x^* 相差很小，那么有 $\Delta y\approx f'(x^*)\Delta x$，从而可以估计出 Δy.

从式(2.5)我们看到，$f'(x_0)$ 相对 Δx 是一个常数，$\alpha\Delta x$ 是 Δx 的高阶无穷小. 一般地，对函数 $y=f(x)$，如果

$$\Delta y=A\Delta x+o(\Delta x) \quad (\Delta x\to 0),$$

其中 A 是与 Δx 无关的常量，则 $\Delta y\approx A\Delta x$，由此得到微分的概念.

二、微分的概念

定义 2.6 设 $y=f(x)$ 在 x 的某邻域 $U(x)$ 内有定义，若 $\Delta y=f(x+\Delta x)-f(x)$ 可表示为

$$\Delta y=A\Delta x+o(\Delta x) \quad (\Delta x\to 0),$$

其中 A 是与 Δx 无关的量，则称 $y=f(x)$ 在点 x 处可微. $A\Delta x$ 是 Δy 的线性主部，并称其为 $y=f(x)$ 在点 x 处的微分，记为 $\mathrm{d}y$，即 $\mathrm{d}y=A\Delta x$.

三、可微与可导的关系

从微分概念的引入，我们可以看到可导必可微，反之也是正确的. 因此有

定理 2.8 函数 $y=f(x)$ 在点 x 可微的充要条件是函数 $y=f(x)$ 在点 x 处可导.

证 充分性. 由 $f(x)$ 在点 x 处可导的定义知

$$\lim_{\Delta x\to 0}\frac{\Delta y}{\Delta x}=f'(x).$$

于是 $\dfrac{\Delta y}{\Delta x}=f'(x)+\alpha$，其中 $\lim\limits_{\Delta x\to 0}\alpha=0$. 从而有

$$\Delta y=f'(x)\Delta x+\alpha\Delta x,$$

而 $\lim\limits_{\Delta x\to 0}\dfrac{\alpha\Delta x}{\Delta x}=0$，即 $\alpha\Delta x=o(\Delta x)(\Delta x\to 0)$. 所以

$$\Delta y=f'(x)\Delta x+o(\Delta x) \quad (\Delta x\to 0).$$

因此 $y=f(x)$ 在点 x 处可微且 $f'(x)=A$.

必要性. 由于 $y=f(x)$ 在点 x 处可微，由定义知

$$\Delta y=A\Delta x+o(\Delta x) \quad (\Delta x\to 0),$$

其中 A 与 Δx 无关. 由于

$$\lim_{\Delta x \to 0}\frac{\Delta y}{\Delta x} = \lim_{\Delta x \to 0}\left[A + \frac{o(\Delta x)}{\Delta x}\right] = A = f'(x),$$

所以 $y = f(x)$ 在点 x 处可导. □

于是, 若 $y = f(x)$ 在点 x 处可微, 则 $\mathrm{d}y = A\Delta x$, 且 $A = f'(x)$, 有

$$\mathrm{d}y = f'(x)\Delta x.$$

由于函数 $f(x) = x$ 在 x 处可微, 且 $\mathrm{d}x = (x)'\Delta x = \Delta x$, 即自变量的改变量等于自变量的微分, 因此 $\mathrm{d}y = f'(x)\mathrm{d}x$, 从而

$$\boxed{\mathrm{d}y = f'(x)\mathrm{d}x \text{ 等价于 } \frac{\mathrm{d}y}{\mathrm{d}x} = f'(x).}$$

由此可见, 导数 $f'(x)$ 等于函数 $y = f(x)$ 的微分 $\mathrm{d}y$ 与自变量 x 的微分 $\mathrm{d}x$ 之商. 因此, 导数又称为微商, 这时 $\frac{\mathrm{d}y}{\mathrm{d}x}$ 不仅可以看成一个整体记号, 也可以看成 $\mathrm{d}y$ 与 $\mathrm{d}x$ 的商.

由于当 $f'(x) \neq 0$ 时, $\lim\limits_{\Delta x \to 0}\frac{\Delta y}{\mathrm{d}y} = \lim\limits_{\Delta x \to 0}\frac{f'(x)\ \Delta x + o(\Delta x)}{f'(x)\ \Delta x} = \lim\limits_{\Delta x \to 0}\left(1 + \frac{1}{f'(x)}\frac{o(\Delta x)}{\Delta x}\right) = 1,$

因此, $\Delta y \sim \mathrm{d}y$ $(\Delta x \to 0)$. 这是一个很重要的结论, 在后面定积分的微元法中要用到.

下面举几个例子, 来说明微分的实际意义.

(1) 圆面积 $S = \pi r^2$, 其中 r 为圆半径. 圆面积的增量

$$\Delta S = \pi(r + \Delta r)^2 - \pi r^2 = 2\pi r \Delta r + \pi(\Delta r)^2,$$

所以 $\mathrm{d}S = 2\pi r\Delta r = 2\pi r\mathrm{d}r$. 当半径有增量 Δr 时, 圆面积的增量 ΔS 如图 2-5 中圆环所示. 若用微分 $\mathrm{d}S$ 作近似, 即用长为 $2\pi r$(圆环内周长), 宽为圆环厚度 Δr 的矩形面积 $\mathrm{d}S$(图 2-6)来近似表示 ΔS.

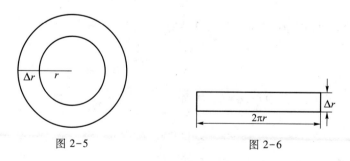

图 2-5　　　　　　　　　　　图 2-6

(2) 圆柱体体积 $V = \pi r^2 h$, 其中 r 为圆柱体的底圆面半径, h 为圆柱的高. 圆柱体体积的增量

$$\Delta V = \pi(r + \Delta r)^2 h - \pi r^2 h = 2\pi r h\Delta r + \pi h(\Delta r)^2,$$

所以 $\mathrm{d}V = 2\pi rh\Delta r = 2\pi rh\mathrm{d}r$. 当底圆面半径有增量 Δr 时, 圆柱体体积的增量 ΔV

如图 2-7 中空心圆柱所示. 用微分 dV 近似, 即用底边长为 $2\pi r$(内圆柱底圆面周长), 宽为 h(圆柱的高), 高为空心圆柱厚度 Δr 的长方体体积(图 2-8)近似表示 ΔV.

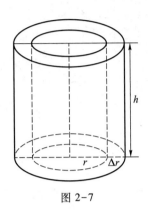

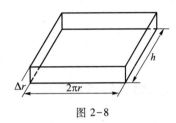

图 2-7   图 2-8

(3) 球的体积 $V = \dfrac{4}{3}\pi r^3$(其中 r 为球半径), 当半径有增量 Δr 时, 球体积的增量(即薄球壳的体积 ΔV)为

$$\Delta V = \frac{4}{3}\pi(r+\Delta r)^3 - \frac{4}{3}\pi r^3 = \frac{4}{3}\pi(r^3 + 3r^2\Delta r + 3r(\Delta r)^2 + (\Delta r)^3 - r^3)$$

$$= 4\pi r^2\Delta r + \left(4\pi r\Delta r + \frac{4}{3}\pi(\Delta r)^2\right)\Delta r,$$

所以 $dV = 4\pi r^2\Delta r = 4\pi r^2 dr$. 即薄球壳的体积 ΔV 用微分 dV: 球壳内球面面积 $4\pi r^2$ 与厚度 dr 的乘积来近似表示.

四、微分的几何意义

如图 2-9 所示, 若 $y = f(x)$ 在点 x 处可微, 则

$$\Delta y = f'(x)\Delta x + o(\Delta x) = dy + o(\Delta x).$$

曲线 $y = f(x)$ 在曲线上点 $P(x,y)$ 处的切线斜率 $\tan\alpha = f'(x)$, 有

$$\Delta y = f(x+\Delta x) - f(x) = NQ,$$

$$dy = f'(x)\Delta x = \Delta x\tan\alpha = NT,$$

$$o(\Delta x) = \Delta y - dy = NQ - NT = TQ,$$

由于 $dy \approx \Delta y$(即用 dy 近似表示 Δy), 即 $NT \approx NQ$, 所以

$$|PT| = \sqrt{(\Delta x)^2 + |NT|^2} \approx \sqrt{(\Delta x)^2 + |NQ|^2} = |PQ| \approx |\overparen{PQ}|.$$

因此, 当 $|\Delta x|$ 很小时, 可用切线段 PT 近似表示曲线弧 $\overparen{PQ}$(图 2-9).

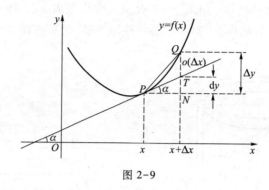

图 2-9

§2.2　微分的基本性质

一、微分基本公式

由于 $\mathrm{d}y = f'(x)\mathrm{d}x$，所以将导数公式表中每个导数乘上自变量的微分 $\mathrm{d}x$，便得相应的微分公式（请读者写出来）.

二、微分的四则运算

定理 2.9　设 $u = u(x)$，$v = v(x)$ 在点 x 处均可微，则 $u \pm v$，uv，cu（c 为常数），$\dfrac{u}{v}(v \neq 0)$ 在点 x 处都可微，且

（1）$\mathrm{d}(u \pm v) = \mathrm{d}u \pm \mathrm{d}v$；

（2）$\mathrm{d}(uv) = v\mathrm{d}u + u\mathrm{d}v$，

　　特别地，$\mathrm{d}(cu) = c\mathrm{d}u$（$c$ 为常数）；

（3）$\mathrm{d}\left(\dfrac{u}{v}\right) = \dfrac{v\mathrm{d}u - u\mathrm{d}v}{v^2}(v \neq 0)$，

　　特别地，$\mathrm{d}\left(\dfrac{1}{v}\right) = -\dfrac{\mathrm{d}v}{v^2}(v \neq 0)$.

证　（1），（2）略.

（3）$\mathrm{d}\left(\dfrac{u}{v}\right) = \left(\dfrac{u}{v}\right)'\mathrm{d}x = \dfrac{u'v - uv'}{v^2}\mathrm{d}x$

$$= \dfrac{vu'\mathrm{d}x - uv'\mathrm{d}x}{v^2} = \dfrac{v\mathrm{d}u - u\mathrm{d}v}{v^2} \quad (v \neq 0). \quad \square$$

注　微分的四则运算与导数的四则运算类似，只需把导数四则运算中的导数改成微分，就可得到微分的四则运算.

三、一阶微分形式不变性

定理 2.10 **若 $u=\varphi(x)$ 在点 x 处可微，$y=f(u)$ 在点 $u(u=\varphi(x))$ 处可微，则复合函数 $y=f(\varphi(x))$ 在点 x 处可微，且**

$$\boxed{\mathrm{d}y=f'(u)\mathrm{d}u.}$$

证 由复合函数的求导法则知，$y=f(\varphi(x))$ 在点 x 处可导，所以在点 x 处可微. 且

$$\mathrm{d}y=f'(\varphi(x))\varphi'(x)\mathrm{d}x=f'(\varphi(x))\mathrm{d}\varphi(x)=f'(u)\mathrm{d}u,$$

即 $\mathrm{d}y=f'(u)\mathrm{d}u.$ □

这里 u 是中间变量，它与当 x 是自变量时，$\mathrm{d}y=f'(x)\mathrm{d}x$ 的形式一样. 我们把此性质称为<u>一阶微分形式不变性</u>.

例 1 设 $y=\mathrm{e}^{\sin(x^2+\sqrt{x})}$，求 $\mathrm{d}y$.

解法一 由于

$$y'=\mathrm{e}^{\sin(x^2+\sqrt{x})}\cos\left(x^2+\sqrt{x}\right)\cdot\left(2x+\frac{1}{2\sqrt{x}}\right),$$

所以

$$\mathrm{d}y=y'\mathrm{d}x=\mathrm{e}^{\sin(x^2+\sqrt{x})}\cos\left(x^2+\sqrt{x}\right)\left(2x+\frac{1}{2\sqrt{x}}\right)\mathrm{d}x.$$

重难点讲解
一阶微分形式
不变性

解法二 利用微分的四则运算和一阶微分形式不变性，得

$$\mathrm{d}y=\mathrm{d}\mathrm{e}^{\sin(x^2+\sqrt{x})}=\mathrm{e}^{\sin(x^2+\sqrt{x})}\mathrm{d}\sin\left(x^2+\sqrt{x}\right)$$

$$=\mathrm{e}^{\sin(x^2+\sqrt{x})}\cos\left(x^2+\sqrt{x}\right)\mathrm{d}\left(x^2+\sqrt{x}\right)$$

$$=\mathrm{e}^{\sin(x^2+\sqrt{x})}\cos\left(x^2+\sqrt{x}\right)\left[\mathrm{d}\left(x^2\right)+\mathrm{d}\sqrt{x}\right]$$

$$=\mathrm{e}^{\sin(x^2+\sqrt{x})}\cos\left(x^2+\sqrt{x}\right)\left(2x\mathrm{d}x+\frac{1}{2\sqrt{x}}\mathrm{d}x\right)$$

$$=\mathrm{e}^{\sin(x^2+\sqrt{x})}\cos\left(x^2+\sqrt{x}\right)\left(2x+\frac{1}{2\sqrt{x}}\right)\mathrm{d}x.$$

也可得到导数

$$y'=\mathrm{e}^{\sin(x^2+\sqrt{x})}\cos\left(x^2+\sqrt{x}\right)\left(2x+\frac{1}{2\sqrt{x}}\right).$$

例 2 求由方程 $2y-x=(x-y)\ln(x-y)$ 所确定的函数 $y=y(x)$ 的微分 $\mathrm{d}y$.

解 对方程两端求微分，有

$$\mathrm{d}(2y-x)=\ln(x-y)\mathrm{d}(x-y)+(x-y)\mathrm{d}\ln(x-y),$$

即 $2\mathrm{d}y-\mathrm{d}x=\ln(x-y)(\mathrm{d}x-\mathrm{d}y)+(\mathrm{d}x-\mathrm{d}y)$，得

$$dy = \frac{2+\ln(x-y)}{3+\ln(x-y)}dx.$$

把 $\ln(x-y) = \frac{2y-x}{x-y}$ 代入上式整理得

$$dy = \frac{x}{2x-y}dx.$$

四、参数式函数的导数

在直角坐标平面内，曲线上任意一点的坐标 (x,y)，分别表示为某一第三变量 t 的函数

$$\begin{cases} x = \varphi(t), \\ y = \psi(t). \end{cases}$$

这种方程叫做曲线的参数方程，这第三个变量 t 叫做参数.

在同一个直角坐标系下，参数方程与普通方程可以互化，消去参数方程中的参数，即可得普通方程. 反之，对于曲线的普通方程，只要选择适当的参数，也可化为参数方程.

设函数 $y = y(x)$ 由参数方程 $\begin{cases} x = \varphi(t), \\ y = \psi(t), \end{cases}$ $\alpha \le t \le \beta$ 所确定，如何求 $\frac{dy}{dx}$?

由微分知 $\frac{dy}{dx}$ 可以看成 dy 除以 dx，若 $x = \varphi(t)$，$y = \psi(t)$ 均可导且 $\varphi'(t) \neq 0$，知

$$\frac{dy}{dx} = \frac{d\psi(t)}{d\varphi(t)} = \frac{\psi'(t)dt}{\varphi'(t)dt} = \frac{\psi'(t)}{\varphi'(t)},$$

或由于 $x = \varphi(t)$，$y = \psi(t)$ 均是 t 的函数，则

$$\frac{dy}{dx} = \frac{dy}{dt} \bigg/ \frac{dx}{dt} = \frac{\psi'(t)}{\varphi'(t)}.$$

若 $x = \varphi(t)$，$y = \psi(t)$ 二阶可导且 $\varphi'(t) \neq 0$，由前面的结果知

$$y' = \frac{dy}{dx} = \frac{\psi'(t)}{\varphi'(t)}.$$

于是

$$\frac{d^2y}{dx^2} = \frac{dy'}{dx} = \frac{d\dfrac{\psi'(t)}{\varphi'(t)}}{d\varphi(t)} = \frac{\dfrac{\psi''(t)\varphi'(t)-\psi'(t)\varphi''(t)}{[\varphi'(t)]^2}dt}{\varphi'(t)dt}$$

$$= \frac{\psi''(t)\varphi'(t)-\psi'(t)\varphi''(t)}{[\varphi'(t)]^3},$$

或

$$\frac{\mathrm{d}^2 y}{\mathrm{d}x^2} = \frac{\mathrm{d}y'}{\mathrm{d}x} = \frac{\dfrac{\mathrm{d}y'}{\mathrm{d}t}}{\dfrac{\mathrm{d}x}{\mathrm{d}t}} = \frac{\left(\dfrac{\psi'(t)}{\varphi'(t)}\right)'}{\varphi'(t)} = \frac{\psi''(t)\varphi'(t) - \psi'(t)\varphi''(t)}{[\varphi'(t)]^3}.$$

例 3 设

$$\begin{cases} x = \ln(1+t^2), \\ y = \arctan t, \end{cases}$$

求 $\dfrac{\mathrm{d}y}{\mathrm{d}x}$, $\dfrac{\mathrm{d}^2 y}{\mathrm{d}x^2}$.

解
$$\frac{\mathrm{d}y}{\mathrm{d}x} = \frac{1}{2t}, \qquad \frac{\mathrm{d}^2 y}{\mathrm{d}x^2} = \frac{\mathrm{d}y'}{\mathrm{d}x} = \frac{\dfrac{\mathrm{d}y'}{\mathrm{d}t}}{\dfrac{\mathrm{d}x}{\mathrm{d}t}} = \frac{\dfrac{-2t^2}{-4t^3}}{\dfrac{2t}{1+t^2}} = \frac{1+t^2}{-4t^3}.$$

五、极坐标方程确定函数的导数

1. 极坐标系

在平面内取一个定点 O，引一条射线 Ox，再选定一个长度单位和角度的正向（通常取逆时针方向），这样就建立了一个极坐标系，如图 2-10 所示. O 点叫做极点，射线 Ox 叫做极轴.

在平面内任取一点 P，用 r 表示线段 OP 的长度，θ 表示从 Ox 转到 OP 的角度，r 叫做点 P 的极径，θ 叫做点 P 的极角，有序数对 (r,θ) 就叫做点 P 的极坐标，可表示为 $P(r,\theta)$.

有时也允许 $\theta \geqslant 2\pi$ 或 $\theta < 0$，这时 $P(r,\theta)$ 点的坐标也可以用 $(r,\theta+2n\pi)$ 来表示（n 是整数）.

经过这样的规定之后，对于给定的 r 和 θ，就可以在平面内确定唯一点 M，反过来，给定平面内一点都有无数多对的实数与其对应.

但在规定了 $r \geqslant 0$，$0 \leqslant \theta < 2\pi$ 或 $-\pi < \theta \leqslant \pi$ 之后，平面上的点（除极点外）与有序数对 (r,θ) 就是一一对应关系.

2. 极坐标与直角坐标的互化

在以直角坐标系的原点作为极点，x 轴的正半轴作为极轴，并在两种坐标系中取相同的长度单位的条件下，同一个点的直角坐标 (x,y) 与极坐标 (r,θ) 之间有如图 2-11 所示的如下关系：

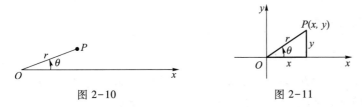

图 2-10   图 2-11

$$x = r\cos\theta, \quad y = r\sin\theta.$$

由上述关系可得出关系式

$$r^2 = x^2 + y^2, \quad \tan\theta = \frac{y}{x}(x \neq 0).$$

用前一关系式可以把点的极坐标化为直角坐标，用后一关系式可以把点的直角坐标化为极坐标.

3. 曲线的极坐标方程

在极坐标系中，平面内的一条曲线可以用含有 r, θ 这两个变量的方程 $\varphi(r,\theta) = 0$ 来表示，这种方程叫做曲线的极坐标方程. 常见的极坐标方程的图形见附录 I.

例 4 如图 2-12 所示，设曲线 $\varGamma$ 的极坐标方程为 $r = r(\theta)$. 试证：在曲线上点 $M(r,\theta)$ 的切线 MT 与该点的矢径 OM 的夹角 ψ，满足

$$\cot\psi = \frac{1}{r}\frac{\mathrm{d}r}{\mathrm{d}\theta}.$$

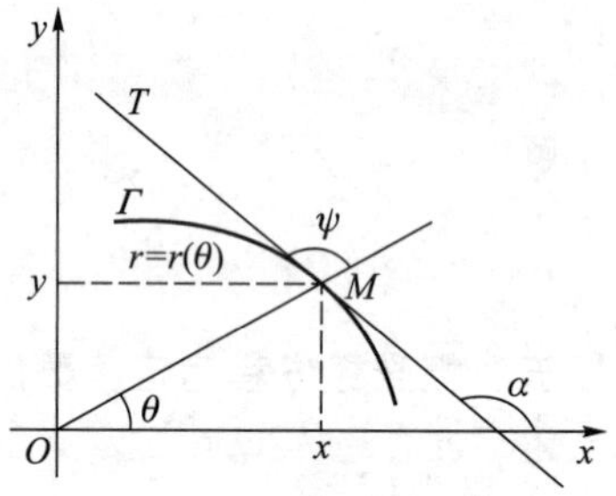

图 2-12

证 把极坐标方程化成参数方程

$$\begin{cases} x = r(\theta)\cos\theta, \\ y = r(\theta)\sin\theta, \end{cases}$$

求得曲线 $\varGamma$ 在点 $M(r,\theta)$ 处的切线斜率为

$$\tan\alpha = \frac{\mathrm{d}y}{\mathrm{d}x} = \frac{r'(\theta)\sin\theta + r(\theta)\cos\theta}{r'(\theta)\cos\theta - r(\theta)\sin\theta}, \tag{2.6}$$

又

$$\tan\psi = \tan(\alpha - \theta) = \frac{\tan\alpha - \tan\theta}{1 + \tan\alpha\tan\theta} = \frac{\dfrac{\mathrm{d}y}{\mathrm{d}x} - \tan\theta}{1 + \dfrac{\mathrm{d}y}{\mathrm{d}x}\tan\theta},$$

将式 (2.6) 代入上式，经化简得

$$\tan\psi = \frac{r(\theta)}{r'(\theta)} \quad \text{或} \quad \cot\psi = \frac{r'(\theta)}{r(\theta)} = \frac{1}{r}\frac{\mathrm{d}r}{\mathrm{d}\theta}. \quad \square$$

中学数学补充内容
参数方程

中学数学补充内容
极坐标系以及
坐标

中学数学补充内容
极坐标方程的
图形等

§2.3 近似计算与误差估计

一、近似计算

若 $y = f(x)$ 在点 x_0 处可微，则有

$$\Delta y = f(x_0 + \Delta x) - f(x_0) = f'(x_0)\Delta x + o(\Delta x) \quad (\Delta x \to 0).$$

当 $|\Delta x|$ 很小时，得

$$\boxed{\Delta y \approx f'(x_0)\Delta x.} \tag{2.7}$$

即

$$f(x_0+\Delta x)-f(x_0)\approx f'(x_0)\Delta x,$$

或

$$\boxed{f(x_0+\Delta x)\approx f(x_0)+f'(x_0)\Delta x.} \tag{2.8}$$

式(2.7)为我们提供了计算 Δy 近似值的公式，式(2.8)为我们提供了计算 $f(x_0+\Delta x)$ 近似值的公式.

特别地，当 $x_0=0$ 时，有 $f(\Delta x)\approx f(0)+f'(0)\Delta x$. 设 $\Delta x=x$，若 $|x|$ 很小时，有 $f(x)\approx f(0)+f'(0)x$. 于是当 $|x|$ 很小时，有

$$\boxed{\begin{array}{l} \sin x\approx x,\ \tan x\approx x,\ \ln(1+x)\approx x,\\ \mathrm{e}^x\approx 1+x,\ (1+x)^\alpha\approx 1+\alpha x\ (\alpha\neq 0). \end{array}}$$

与我们前面讲的等价无穷小量完全一致.

例 5　计算 $\sqrt[100]{1.002}$ 的近似值.

解　设 $f(x)=\sqrt[100]{x}$，$f'(x)=\dfrac{1}{100}x^{-\frac{99}{100}}$，$f'(1)=\dfrac{1}{100}$. 有

$$\begin{aligned} \sqrt[100]{1.002}&=f(1.002)=f(1+0.002)\\ &\approx f(1)+f'(1)\times 0.002\\ &=1+\frac{1}{100}\times 0.002=1.000\,02. \end{aligned}$$

二、误差估计

从微分概念的引入可知，应用微分来估计误差，是非常方便迅速的. 设 x_0 为准确数，x^* 为 x_0 的近似数，则 $x^*-x_0=\Delta x$ 称为准确数 x_0 的<u>绝对误差</u>，若存在正数 δ_x，使 $|x^*-x_0|=|\Delta x|\leqslant\delta_x$，则称 δ_x 为<u>绝对误差限</u>. 称 $\dfrac{\Delta x}{x_0}\left(\text{或}\dfrac{\Delta x}{x^*}\right)$ 为准确数的<u>相对误差</u>，而 $\dfrac{\delta_x}{|x_0|}\left(\text{或}\dfrac{\delta_x}{|x^*|}\right)$ 为<u>相对误差限</u>.

若 $y=f(x)$，则

$$|\Delta y|\approx|\mathrm{d}y|=|f'(x_0)\Delta x|\leqslant|f'(x_0)|\delta_x\xlongequal{\text{def}}\delta_y.$$

于是把 $\delta_y=|f'(x_0)|\delta_x$ 或 $|f'(x^*)|\delta_x$ 称为 y 的<u>绝对误差限</u>，$\dfrac{\delta_y}{|y|}=\left|\dfrac{f'(x_0)}{f(x_0)}\right|\delta_x$ 或 $\left|\dfrac{f'(x^*)}{f(x^*)}\right|\delta_x$ 称为 y 的<u>相对误差限</u>.

例 6　为了计算出球的体积(精确到 1%)，问度量球的直径 D 所允许的最大相对误差是多少？

重难点讲解
微分的近似计算

解　球的体积

$$V = \frac{4\pi}{3}\left(\frac{D}{2}\right)^3 = \frac{\pi D^3}{6},$$

由于 $dV = \dfrac{\pi D^2}{2}dD$，于是

$$\left|\frac{dV}{V}\right| = \left|\frac{\dfrac{\pi D^2}{2}dD}{\dfrac{\pi D^3}{6}}\right| = 3\left|\frac{dD}{D}\right|,$$

题意要求 $\left|\dfrac{dV}{V}\right| \leqslant 1\%$，即 $3\left|\dfrac{dD}{D}\right| \leqslant 1\%$，或 $\left|\dfrac{dD}{D}\right| \leqslant 0.33\%$. 即最大相对误差是 0.33%.

*§2.4　高阶微分

若 $y = f(x)$ 在区间 I 上可微（x 为自变量），则 $dy = f'(x)dx$. 这里 dy 不仅与 x 有关，与 $dx = \Delta x$ 也有关，而 Δx 是与 x 无关的一个量. 我们现在研究 dy 与 x 之间的关系，在这里，Δx 相对于 x 来说是个常数，所以 dy 是 x 的函数. 如果 dy 又可微，即 $f''(x)$ 存在，则 $d(dy) = d(f'(x)dx) = d(f'(x))dx = f''(x)dxdx = f''(x)dx^2$，称为 $f(x)$ 的<u>二阶微分</u>，记作 d^2y，即 $d^2y = f''(x)dx^2$.

一般地，若 $d^{n-1}y = f^{(n-1)}(x)dx^{n-1}$ 可微，即 $f^{(n)}(x)$ 存在，则

$$d(d^{n-1}y) = d(f^{(n-1)}(x)dx^{n-1}) = d(f^{(n-1)}(x))dx^{n-1}$$
$$= f^{(n)}(x)dx \cdot dx^{n-1} = f^{(n)}(x)dx^n,$$

称为 $f(x)$ 的 <u>n 阶微分</u>，记作 d^ny，即 $d^ny = f^{(n)}(x)dx^n$. 于是

$$\frac{d^ny}{dx^n} = f^{(n)}(x)（x \text{ 为自变量}），$$

因此 $f^{(n)}(x)$ 可看成 d^ny 与 dx^n 的商，又称 <u>n 阶微商</u>.

我们知道，不论 u 是中间变量，还是自变量，$f'(u)$ 都存在（若 u 是中间变量，$u'(x)$ 存在），即有一阶微分形式不变性 $dy = f'(u)du$. 那么二阶微分有没有这样的形式不变性呢？若 x 是自变量，$f''(x)$ 存在，则

$$d^2y = f''(x)dx^2.$$

若 $y = f(u)$，$u = \varphi(x)$ 且 $f''(u)$，$\varphi''(x)$ 都存在，由于 $dy = f'(u)du$，于是

$$d^2y = d(dy) = d(f'(u)du) = du \cdot df'(u) + f'(u)d(du)$$
$$= f''(u)du \cdot du + f'(u)d^2u = f''(u)du^2 + f'(u)d^2u,$$

由于 $du = d\varphi(x) = \varphi'(x)dx$，$d^2u = \varphi''(x)dx^2$，且在一般情况下，$d^2u \neq 0$，所以 $f'(u)d^2u \neq 0$. 因此，二阶微分不具有微分形式不变性. 因此当 $n > 1$ 时，n 阶微分不具有微分形式不变性. 于是，若 u 是中间变量，则 $\dfrac{d^ny}{du^n} = f^{(n)}(u)$ 仅表示对 u 的 n 阶导数，且 $\dfrac{d^ny}{du^n}$ 只能看成一个整体符号，不能看成商.

注 $d(x^2)$ ，dx^2 ，d^2x 之间的区别：$d(x^2)=2xdx$ ，$dx^2=(dx)^2$ ，

$$d^2x=d(dx)\xlongequal{\text{若 } x \text{ 是自变量}}0.$$

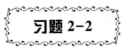

习题 2-2

求第 1 题—第 5 题中函数的微分：

1. $y=\dfrac{x}{\sqrt{1-x^2}}$.   2. $y=\arccos\dfrac{1}{|x|}$.   3. $y=\dfrac{\ln x}{x}$.

4. $y=\ln(x+\sqrt{x^2+a^2})$.   5. $y=\dfrac{1}{2a}\ln\left|\dfrac{x+a}{x-a}\right|$.

求第 6 题和第 7 题中函数在指定点的微分：

6. 设 $y=\dfrac{1}{x}$ ，求 $dy\Big|_{x=1}$.

7. 设 $y=\dfrac{1}{a}\arctan\dfrac{x}{a}$ ，求 $dy\Big|_{x=a,\Delta x=1}$.

利用一阶微分形式不变性求第 8 题—第 11 题中函数的微分：

8. 设 $y=e^{\sin^2 x^2}$ ，求 dy .

9. 设 $y=\sqrt{x^2+\ln(1+x^3)}$ ，求 dy .

10. 设 $x^{\frac{2}{3}}+y^{\frac{2}{3}}=a^{\frac{2}{3}}$ ，求 dy .

11. 求由方程 $y=f(x+y)$ 所确定的函数 $y=y(x)$ 的微分 dy ，其中 f 可微.

设 u ，v ，w 为 x 的可微函数 ，求下列函数 y 的微分：

12. $y=uvw$.   13. $y=\arctan\dfrac{u}{v}$.   14. $y=\ln\sqrt{u^2+v^2}$.

利用微分求下列函数的导数：

15. $\begin{cases}x=e^t\cos t,\\ y=e^t\sin t,\end{cases}$ 求 $\dfrac{d^2y}{dx^2}$.   16. $\begin{cases}x=(1+t^2)^{\frac{1}{2}},\\ y=(1-t^2)^{\frac{1}{2}},\end{cases}$ 求 $\dfrac{d^2y}{dx^2}$.

17. 设 $\begin{cases}x=a(t-\sin t),\\ y=a(1-\cos t),\end{cases}$ 求 $\dfrac{dy}{dx}$ ，$\dfrac{d^2y}{dx^2}$.

18. 设 $\begin{cases}x=a(\cos t+t\sin t),\\ y=a(\sin t-t\cos t),\end{cases}$ 求 $\dfrac{d^2y}{dx^2}$.

19. 设 $\begin{cases}x=e^{2t},\\ y=e^{3t},\end{cases}$ 求 $\dfrac{d^3y}{dx^3}$.

20. 设 $\begin{cases}x=f'(t),\\ y=tf'(t)-f(t),\end{cases}$ 求 $\dfrac{d^3y}{dx^3}$.

利用微分求近似值：

21. $\sin 29°$.   22. $\arctan 1.05$.   23. $\lg 11$.   24. $\sqrt[100]{1.001}$.

25. 证明: 近似公式 $\sqrt[n]{a^n+x} \approx a + \dfrac{x}{na^{n-1}}$, 其中 $\left|\dfrac{x}{a^n}\right|$ 很小. 并利用此公式计算 (1) $\sqrt[4]{80}$;

(2) $\sqrt[10]{1\,000}$.

26. 求数 $x(x>0)$ 的常用对数的绝对误差, 设此数的相对误差为 δ.

27. 设测量出球的直径 $D_0 = 20$ cm, 其绝对误差 (限) $\delta_D = 0.05$ cm, 求算出的球体积 V_0 的绝对误差 δ_V 和相对误差 δ_V^*.

第二章综合题

1. 若 $y^2 f(x) + x f(y) = x^2$, 且 $f(x)$ 可导, 求 $\dfrac{\mathrm{d}y}{\mathrm{d}x}$.

2. 设 $f(x)$, $g(x)$ 是定义在 **R** 上的函数, 且有

(1) $f(x+y) = f(x)g(y) + f(y)g(x)$;

(2) $f(x)$, $g(x)$ 在 $x=0$ 处可导;

(3) $f(0) = 0$, $g(0) = 1$, $f'(0) = 1$, $g'(0) = 0$,

证明: $f(x)$ 对所有的 x 可导, 且 $f'(x) = g(x)$.

3. 设 $f(x)$ 在区间 (a,b) 上有定义, 又 $x_0 \in (a,b)$, $f(x)$ 在 $x=x_0$ 处可导, 设数列 $\{x_n\}$, $\{y_n\}$ 满足 $a<x_n<x_0<y_n<b$, 且 $\lim\limits_{n \to \infty} x_n = x_0$, $\lim\limits_{n \to \infty} y_n = x_0$, 证明:

$$\lim_{n \to \infty} \frac{f(y_n) - f(x_n)}{y_n - x_n} = f'(x_0).$$

4. 设 $\varphi(x)$ 在点 a 连续, $f(x) = |x-a| \varphi(x)$, 求 $f'_+(a)$, $f'_-(a)$. 当满足什么条件时, $f'(a)$ 存在.

5. 设 $x = g(y)$ 为 $y = f(x)$ 的反函数, 试由 $f'(x)$, $f''(x)$, $f'''(x)$, 计算出 $g''(y)$, $g'''(y)$.

6. 长方形的一边 $x = 20$ m, 另一边为 $y = 15$ m, 若第一边以 1 m/s 的速度减少, 而第二边以 2 m/s 的速度增加, 问该长方形的面积和对角线变化的速度如何?

7. 若圆半径以 2 cm/s 等速增加, 则当圆半径 $R = 10$ cm 时, 圆面积增加的速度如何?

8. 两艘轮船 A 和 B 从同一码头同时出发, A 船往北, B 船往东, 若 A 船的速度为 30 km/h, B 船的速度为 40 km/h, 问两船间的距离增加的速度如何?

9. 质点 $M(x,y)$ 在铅直平面 Oxy 内以速度 v_0 沿与水平面成 α 角的方向抛出 (空气阻力略去不计), 建立运动方程并计算速度 v 和加速度 a 的大小及运动的轨道, 最大的高度和射程等于多少?

10. 设函数 $f(x)$ 具有一阶连续导数, 试证明: $F(x) = (1 + |\sin x|) f(x)$ 在点 $x=0$ 处可导的充分必要条件是 $f(0) = 0$.

11. 设函数 $f(x)$ 对任何非零实数 x, y, 均有 $f(xy) = f(x) + f(y)$, 又 $f'(1)$ 存在, 证明: 当 $x \neq 0$ 时, $f(x)$ 可导.

12. 设函数 $f(x)$ 与 $g(x)$ 在点 $x=a$ 处都可导, 且 $f(a) = g(a)$, $f'(a) > g'(a)$, 证明: 存在 $\delta > 0$, 使得当 $x \in (a-\delta, a)$ 时, 有 $f(x) < g(x)$.

13. 设函数 $f(x) = 3x^3 + x^2 |x|$, 求使 $f^{(n)}(0)$ 存在的最高阶数 n.

14. 试确定常数 α, β 的值, 使函数

$$f(x) = \lim_{n \to \infty} \frac{x^2 e^{n(x-1)} + \alpha x + \beta}{1 + e^{n(x-1)}}$$

连续且可导，并求出此时的 $f'(x)$.

第三章 微分中值定理及导数的应用

导数只反映了函数在一点附近的局部特性，如何利用导数进一步研究函数的性态，使导数用于解决更广泛的问题？本章介绍的微分学基本定理——中值定理（罗尔定理、拉格朗日定理、柯西定理、泰勒公式），是由函数的局部性质推断函数整体性质的有力工具.

在本章及以后的章节中，我们采用 $C[a,b]$ 表示区间 $[a,b]$ 上全体连续函数的集合，$D(a,b)$ 表示区间 (a,b) 上所有可导函数的集合.

求出某些量的最大值或最小值对现实世界的很多问题都显得十分重要. 例如，科学家要计算在给定温度下，哪种波长的辐射量最大；城市规划者要设计交通模型使交通堵塞最小；一家企业如何生产，能取得最大利润. 所有求这种最值的问题和方法构成一个称为最优化的领域.

§1 微分中值定理

§1.1 费马定理、最大(小)值

上面类似的问题还可以举出很多，它们虽然来自不同的领域，但舍去其具体内容而取其共性，在较简单的情形下，都能归结到这样一个数学问题，即一个函数 $f(x)$ 在 x 等于何值时，才能使 $f(x)$ 取到最大值或最小值？

在第一章，我们证明了：若 $f(x) \in C[a,b]$，则 $f(x)$ 在 $[a,b]$ 上一定能取到最大值与最小值，即存在 x_1，$x_2 \in [a,b]$，使 $f(x_1) = M$，$f(x_2) = m$，对一切 $x \in [a,b]$，有 $m \leqslant f(x) \leqslant M$.

但最大值与最小值在哪点取到呢？可能在端点取到，所以 a，b 是怀疑点；也可能在内部(除去端点以外的点)取到，若在内部某点 x_1 取到最大值，则最大值 $f(x_1)$ 一定是一个"峰"值(图 3-1)，若在内部取到最小值，则最小值 $f(x_2)$ 一定是一个"谷"值(图 3-2). 但区间 (a,b) 内可能会有许多"峰"和

"谷"，因此，达到这些峰值或谷值的点也是函数最值的怀疑点. 峰值是一个小范围的最大值，谷值是一个小范围的最小值，这些"峰"或"谷"如何用数学语言给出叙述呢？

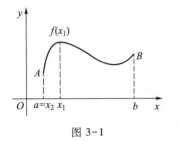
图 3-1

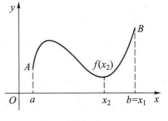
图 3-2

定义 3.1　若存在 x_0 的某邻域 $U(x_0,\delta)$，使得对一切 $x \in U(x_0,\delta)$，都有 $f(x_0) \geqslant f(x)$（$f(x_0) \leqslant f(x)$），则称 $f(x_0)$ 为极大值（极小值），称 x_0 为极大（小）值点. 极大值、极小值统称为极值①，极大值点、极小值点统称为极值点.

我们要找到所有极值点的怀疑点，首先要研究极值点的性质.

定理 3.1（费马（Fermat）定理）　设 $f(x)$ 在点 x_0 处取到极值，且 $f'(x_0)$ 存在，则 $f'(x_0) = 0$.

证　不妨设 $f(x)$ 在点 x_0 处取到极大值，即存在 x_0 的某邻域 $U(x_0,\delta)$，对一切 $x \in U(x_0,\delta)$，都有

$$f(x) \leqslant f(x_0) \quad \text{或} \quad f(x) - f(x_0) \leqslant 0.$$

取 $|\Delta x|$ 充分小，使 $x_0 + \Delta x \in U(x_0,\delta)$. 当 $\Delta x < 0$ 时，有

$$\frac{f(x_0+\Delta x) - f(x_0)}{\Delta x} \geqslant 0,$$

于是

$$f'(x_0) = f'_-(x_0) = \lim_{\Delta x \to 0^-} \frac{f(x_0+\Delta x) - f(x_0)}{\Delta x} \geqslant 0.$$

当 $\Delta x > 0$ 时，有

$$\frac{f(x_0+\Delta x) - f(x_0)}{\Delta x} \leqslant 0,$$

于是

$$f'(x_0) = f'_+(x_0) = \lim_{\Delta x \to 0^+} \frac{f(x_0+\Delta x) - f(x_0)}{\Delta x} \leqslant 0.$$

因此 $f'(x_0) = 0$. □

但逆命题不真，若 $f'(x_0) = 0$，但 $f(x)$ 在 $x = x_0$ 处不一定取到极值.

重难点讲解
费马定理

---

①　在有的书中，极大值有时称为"局部最大值"，极小值有时称为"局部最小值".

例如, $f(x) = x^3$, $f'(x) = 3x^2$, $f'(0) = 0$, 但 $f(0)$ 不是极值(图 3-3).

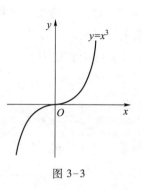

图 3-3

但使 $f'(x_0) = 0$ 的点 x_0 还是比较重要的, 我们称 x_0 为驻点或稳定点.

若 $f(x)$ 在区间内部某点 x_0 处取到极值, $f(x)$ 在点 x_0 处只有两种情形: (1) $f(x)$ 在点 x_0 的导数存在, 则 $f'(x_0) = 0$; (2) 在点 x_0 的导数不存在, 例如 $y = |x|$ 在 $x = 0$ 处取到极小值. 但在 $x = 0$ 处不可导. 因此, 极值点一定包含在驻点或导数不存在的点之中.

由此得到区间上连续函数 $f(x)$ 的最大值与最小值点一定包含在端点或内部的极值点之中, 从而最大值与最小值点一定包含在区间端点、区间内部的驻点及区间内部导数不存在的点之中.

例 1 求 $f(x) = \dfrac{1}{3}x^3 - x^2 - 3x + 1$ 在闭区间 $[-2, 4]$ 上的最大值与最小值.

解 由于 $f(x)$ 在闭区间 $[-2, 4]$ 上连续, 有
$$f'(x) = x^2 - 2x - 3.$$
令 $f'(x) = 0$, 得 $x^2 - 2x - 3 = 0$, 即 $(x+1)(x-3) = 0$, 解得
$$x_1 = -1, \quad x_2 = 3.$$
而 $f(x)$ 在 $(-2, 4)$ 内没有导数不存在的点, 由于
$$f(-2) = \frac{1}{3}, \quad f(-1) = \frac{8}{3}, \quad f(3) = -8, \quad f(4) = -\frac{17}{3},$$
所以最小值 $m = -8$, 最大值 $M = \dfrac{8}{3}$.

§1.2 罗尔定理

重难点讲解
罗尔定理的引入

重难点讲解
罗尔定理

满足 $f'(x) = 0$ 的点的存在性对我们来说是非常重要的, 这个点不仅是极值点的怀疑点, 而且也是单调区间分界点的怀疑点. 更重要的是为判断方程根的存在性提供了一条途径. 那么, 我们怎么找到这样的点呢?

要找到使 $f'(x) = 0$ 的点 x_0, 关键是要找出 $f(x)$ 在哪些点 x_0 处取到极值, 且 $f'(x_0)$ 存在. 闭区间 $[a, b]$ 上的连续函数一定能取到最大值与最小值. 假设 $f(x)$ 不是常值函数, 若 $f(a) = f(b)$, 则最大值、最小值至少有一个在区间内部某点 x_0 处取到且必是极值, 若 $f'(x_0)$ 存在, 但 x_0 是区间 (a, b) 中的哪一点, 还不能确定. 因此, 要求 $f(x) \in D(a, b)$, 则由费马定理知 $f'(x_0) = 0.$ 当 $f(x)$ 是常值函数时, 结论显然成立. 因此有

定理 3.2(罗尔(Rolle)定理) 设 $f(x)$ 在闭区间 $[a, b]$ 上满足下列三个

条件：

　　（1）$f(x) \in C[a,b]$；

　　（2）$f(x) \in D(a,b)$；

　　（3）$f(a)=f(b)$，

则至少存在一点 $\xi \in (a,b)$，使 $f'(\xi)=0$.

　　证　由于 $f(x)$ 在闭区间 $[a,b]$ 上连续，所以 $f(x)$ 在 $[a,b]$ 上一定可以取到最小值与最大值，分别设为 m 与 M.

　　（1）当 $m=M$ 时，则 $f(x)$ 在 $[a,b]$ 上是常值函数，即

$$f(x)=m,\, f'(x)\equiv 0,\, x \in [a,b].$$

因此，ξ 可取 (a,b) 内任意一点，有 $f'(\xi)=0$.

　　（2）当 $m<M$ 时，由于 $f(a)=f(b)$，所以最大值、最小值至少有一个在内部取到（若不然，最大值、最小值都在端点取到，推出 $m=M$，矛盾），不妨设最大值 M 在内部取到. 设 $\xi \in (a,b)$，$f(\xi)=M$，则 $f(\xi)$ 为极大值. 由 $f(x)$ 在 (a,b) 内可导，知 $f'(\xi)$ 存在. 由费马定理知，$f'(\xi)=0$. □

　　几何意义：两端点纵坐标相等的连续曲线 $y=f(x)$，若除端点外曲线上的任意一点都存在不平行于 y 轴的切线，则至少在曲线上存在一点 $(\xi,f(\xi))$，在该点的切线平行于 x 轴.

　　推论　在罗尔定理中，若 $f(a)=f(b)=0$，则在 (a,b) 内必有一点 ξ，使 $f'(\xi)=0$. 即方程 $f(x)=0$ 的两个不同实根之间，必存在方程 $f'(x)=0$ 的一个根.

　　罗尔定理为我们证明方程根的存在性提供了一条途径.

　　例2　设 $f(x)=a_1\cos x+a_2\cos 2x+\cdots+a_n\cos nx$，其中，$a_1,a_2,\cdots,a_n$ 为任意常数，证明至少存在一点 $\xi \in (0,\pi)$，使 $f(\xi)=0$.

　　分析　此题不符合根的存在定理条件. 尝试用罗尔定理，要找到一个函数 $F(x)$（我们称 $F(x)$ 是 $f(x)$ 的一个原函数），使 $F'(x)=f(x)$，对 $F(x)$ 在 $[0,\pi]$ 上应用罗尔定理.

　　证　设

$$F(x)=a_1\sin x+\frac{a_2\sin 2x}{2}+\cdots+\frac{a_n\sin nx}{n},$$

知 $F(x) \in C[0,\pi]$，由 $F'(x)=f(x)$，知 $F(x) \in D(0,\pi)$，又 $F(0)=F(\pi)=0$. 由罗尔定理知，至少存在一点 $\xi \in (0,\pi)$，使 $F'(\xi)=0$，由于 $F'(x)=f(x)$，从而推出 $f(\xi)=0$. □

§1.3　拉格朗日定理、函数的单调区间

　　如果把罗尔定理的条件 $f(a)=f(b)$ 去掉，当然罗尔定理的结论不一定成

立，那么会有什么结论呢？A 点是 $(a,f(a))$，B 点是 $(b,f(b))$，若把 AB 连接起来看成 x' 轴，建立新坐标系 $O'x'y'$，则在新坐标系中，不仅两端点的函数值相等，曲线仍然连续且在曲线上非端点处的切线存在(图 3-4)．由罗尔定理知，曲线上存在一点，使该点切线平行于 x' 轴，从而至少存在一点 $\xi \in (a,b)$，使

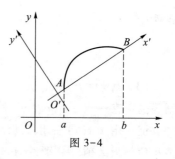

图 3-4

$$\frac{f(b)-f(a)}{b-a}=f'(\xi),$$

因此有下面的定理．

定理 3.3(拉格朗日(Lagrange)定理) 若 $f(x)$ 在闭区间 $[a,b]$ 上满足下列条件：

(1) $f(x) \in C[a,b]$；

(2) $f(x) \in D(a,b)$，

则至少存在一点 $\xi \in (a,b)$，使

$$\frac{f(b)-f(a)}{b-a}=f'(\xi).$$

证法一 利用我们观察中的思路，可构造一个函数，设

$$F(x)=f(x)-\frac{f(b)-f(a)}{b-a}(x-a)-f(a),$$

由于 $F(x) \in C[a,b]$，$F(x) \in D(a,b)$，且 $F(a)=F(b)=0$. 所以由罗尔定理知至少存在一点 $\xi \in (a,b)$，使 $F'(\xi)=0$. 又

$$F'(x)=f'(x)-\frac{f(b)-f(a)}{b-a},$$

所以

$$f'(\xi)-\frac{f(b)-f(a)}{b-a}=0,$$

于是

$$\boxed{\frac{f(b)-f(a)}{b-a}=f'(\xi).}$$

我们也可用分析法来证明．

证法二 要证 $\dfrac{f(b)-f(a)}{b-a}=f'(\xi)$ 成立，只要证

$$\frac{f(b)-f(a)}{b-a}-f'(\xi)=0$$

成立，只要证

$$\left[\frac{f(b)-f(a)}{b-a}-f'(x)\right]_{x=\xi}=0$$

成立，即只要证下式成立：

$$\left[\frac{f(b)-f(a)}{b-a}x-f(x)\right]'_{x=\xi}=0.$$

设 $F(x)=\dfrac{f(b)-f(a)}{b-a}x-f(x)$，因此，只要证

$$F'(\xi)=0 \tag{3.1}$$

成立. 到这一步，应想到利用罗尔定理，下面我们看一看，$F(x)$ 是否满足罗尔定理的条件. 由于 $F(x)\in C[a,b]$，$F(x)\in D(a,b)$，且

$$F(a)=\frac{f(b)-f(a)}{b-a}a-f(a)=\frac{af(b)-bf(a)}{b-a},$$

$$F(b)=\frac{f(b)-f(a)}{b-a}b-f(b)=\frac{af(b)-bf(a)}{b-a},$$

有 $F(a)=F(b)$. 由罗尔定理知，至少存在一点 $\xi\in(a,b)$，使 $F'(\xi)=0$，即式 (3.1) 成立，由每一步可逆知，原等式成立. □

几何意义：闭区间 $[a,b]$ 上的连续曲线 $y=f(x)$ 在 (a,b) 内处处具有不平行于 y 轴的切线，则在区间内部该曲线上至少存在一点 $C(\xi,f(\xi))$ 的切线平行于曲线两端点的连线.

拉格朗日定理的结论常写成下列形式：

$$f(b)-f(a)=f'(\xi)(b-a),\quad a<\xi<b. \tag{3.2}$$

尽管公式中 ξ 的准确值一般是不知道的，但不影响公式在微积分中的各种重要应用.

上式中当 $a>b$ 时公式仍然成立，因为

$$f(a)-f(b)=f'(\xi)(a-b),\quad b<\xi<a,$$

所以有 $f(b)-f(a)=f'(\xi)(b-a)$.

不论 a，b 之间关系如何，ξ 总介于 a，b 之间，由 $0<\dfrac{\xi-a}{b-a}=\theta<1$，得

$$\xi=a+\theta(b-a),\quad 0<\theta<1.$$

所以

$$f(b)-f(a)=f'[a+\theta(b-a)](b-a),\ 0<\theta<1.$$

若令 $a=x_0$，$b=x_0+\Delta x$，则有

$$\boxed{f(x_0+\Delta x)-f(x_0)=f'(x_0+\theta\Delta x)\Delta x,\ 0<\theta<1.}$$

例 3 证明：当 $b>a>\mathrm{e}$ 时，有 $a^b>b^a$.

重难点讲解
拉格朗日定理

证 由于

$$a^b > b^a \Leftrightarrow \ln a^b > \ln b^a \Leftrightarrow b\ln a > a\ln b \Leftrightarrow \frac{\ln a}{a} > \frac{\ln b}{b} \Leftrightarrow \frac{\ln b}{b} - \frac{\ln a}{a} < 0.$$

所以，要证 $a^b > b^a$ 成立，只要证

$$\frac{\ln b}{b} - \frac{\ln a}{a} < 0 \qquad\qquad (3.3)$$

成立. 设

$$f(x) = \frac{\ln x}{x}, \quad x \in [a, b].$$

$f(x) \in C[a, b]$，且

$$f'(x) = \frac{\frac{1}{x} x - \ln x}{x^2} = \frac{1 - \ln x}{x^2},$$

由于 $x \geqslant a > e$，所以 $\ln x > 1$，从而 $f(x) \in D(a, b)$ 且 $f'(x) < 0$. 由拉格朗日定理知

$$\frac{\ln b}{b} - \frac{\ln a}{a} = f(b) - f(a) = f'(\xi)(b - a) < 0, \ a < \xi < b,$$

即不等式 (3.3) 成立，由每一步可逆，所以原不等式成立.

注 证明有些不等式，可转化为比较函数值的大小，用拉格朗日中值定理证明.

例 4 证明：当 $0 < \alpha < \beta < \frac{\pi}{2}$ 时，有

$$\frac{\beta - \alpha}{\cos^2 \alpha} < \tan \beta - \tan \alpha < \frac{\beta - \alpha}{\cos^2 \beta}.$$

证 由于 $f(x) = \tan x$ 在 $[\alpha, \beta]$ 上满足拉格朗日定理条件，所以

$$\tan \beta - \tan \alpha = f(\beta) - f(\alpha) = f'(\xi)(\beta - \alpha) = \frac{\beta - \alpha}{\cos^2 \xi}, \ 0 < \alpha < \xi < \beta < \frac{\pi}{2}.$$

又由于

$$\cos^2 \alpha > \cos^2 \xi > \cos^2 \beta,$$

所以

$$\frac{1}{\cos^2 \alpha} < \frac{1}{\cos^2 \xi} < \frac{1}{\cos^2 \beta}.$$

因为 $\beta - \alpha > 0$，所以有

$$\frac{\beta - \alpha}{\cos^2 \alpha} < \frac{\beta - \alpha}{\cos^2 \xi} < \frac{\beta - \alpha}{\cos^2 \beta},$$

从而

$$\frac{\beta - \alpha}{\cos^2 \alpha} < \tan \beta - \tan \alpha < \frac{\beta - \alpha}{\cos^2 \beta}. \quad \Box$$

例 5 证明：当 $x>0$ 时，有

$$\frac{x}{1+x}<\ln\,(1+x)\,<x.$$

证 由于 $f\,(t)=\ln t$ 在 $[\,1,\,1+x\,]$ 上满足拉格朗日定理条件，所以

$$\ln(1+x)=\ln(1+x)-\ln 1=f(1+x)-f(1)=f'(\xi)x=\frac{x}{\xi},1<\xi<1+x.$$

又 $\dfrac{1}{1+x}<\dfrac{1}{\xi}<1$，且 $x>0$，从而

$$\frac{x}{1+x}<\frac{x}{\xi}<x,$$

故

$$\frac{x}{1+x}<\ln\,(1+x)<x.\quad\square$$

注 1 这个不等式是一个重要的不等式.

注 2 当 $-1<x<0$ 时，我们也可以证明上面的不等式成立.

§1.4 柯西定理

在拉格朗日定理中，若函数 $y=f(x)$ 为参数式函数，即

$$\begin{cases}x=\varphi(t),\\y=\psi(t),\end{cases}$$

有

$$\frac{\mathrm{d}y}{\mathrm{d}x}=\frac{\psi'(t)}{\varphi'(t)},$$

则结论为

$$\frac{\psi(b)-\psi(a)}{\varphi(b)-\varphi(a)}=\frac{\psi'(\xi)}{\varphi'(\xi)},\quad a<\xi<b,$$

因此有

定理 3.4(柯西定理) 设 $f(x)$，$g(x)$ 在闭区间 $[a,b]$ 上满足下列条件：

(1) $f(x)$，$g(x)\in C[a,b]$；

(2) $f(x)$，$g(x)\in D(a,b)$；

(3) $g'(x)\neq 0$，$x\in(a,b)$，

则至少存在一点 $\xi\in(a,b)$，使

$$\frac{f(b)-f(a)}{g(b)-g(a)}=\frac{f'(\xi)}{g'(\xi)}.$$

分析 与证明拉格朗日定理的方法类似，同样有两种证法，我们采用证法一. 在这里，只需把拉格朗日定理证法一中的 x 换成 $g(x)$，a 换成 $g(a)$，b 换成 $g(b)$.

证 设

$$F(x)=f(x)-\frac{f(b)-f(a)}{g(b)-g(a)}(g(x)-g(a))-f(a),$$

则 $F(x)\in C[a,b]$, $F(x)\in D(a,b)$, 且 $F(a)=F(b)=0$. 由罗尔定理知, 至少存在一点 $\xi\in(a,b)$, 使 $F'(\xi)=0$. 由于

$$F'(x)=f'(x)-\frac{f(b)-f(a)}{g(b)-g(a)}g'(x),$$

所以有

$$f'(\xi)=\frac{f(b)-f(a)}{g(b)-g(a)}g'(\xi),$$

又 $g'(\xi)\neq0$, 从而

$$\frac{f(b)-f(a)}{g(b)-g(a)}=\frac{f'(\xi)}{g'(\xi)}. \qquad \square$$

注 不能采用下述证法:

$$\frac{f(b)-f(a)}{g(b)-g(a)}=\frac{f'(\xi)(b-a)}{g'(\xi)(b-a)}=\frac{f'(\xi)}{g'(\xi)}.$$

实际上, $f'(\xi)$ 中的 ξ 与 $g'(\xi)$ 中的 ξ 不一定一致.

重难点讲解
柯西定理

几何意义: 用参数方程给定的连续曲线, 除端点外, 若处处有不平行于 y 轴的切线, 则在曲线上至少存在一点 C, 在该点的切线平行于两端点的连线.

例6 设 $x_1x_2>0$, 证明: $x_1\mathrm{e}^{x_2}-x_2\mathrm{e}^{x_1}=(x_1-x_2)(1-\xi)\mathrm{e}^{\xi}$, 其中 ξ 介于 x_1, x_2 之间.

证 要证原等式成立, 只要证

$$\frac{x_1\mathrm{e}^{x_2}-x_2\mathrm{e}^{x_1}}{x_1-x_2}=(1-\xi)\mathrm{e}^{\xi}$$

成立, 即只要证

$$\left(\frac{\mathrm{e}^{x_2}}{x_2}-\frac{\mathrm{e}^{x_1}}{x_1}\right)\bigg/\left(\frac{1}{x_2}-\frac{1}{x_1}\right)=(1-\xi)\mathrm{e}^{\xi} \tag{3.4}$$

成立. 设 $f(x)=\dfrac{\mathrm{e}^x}{x}$, $g(x)=\dfrac{1}{x}$, 由于 $f'(x)=\dfrac{x\mathrm{e}^x-\mathrm{e}^x}{x^2}$, $g'(x)=-\dfrac{1}{x^2}$, 且 $x_1x_2>0$, 所以 $0\notin[x_1,x_2]$ (或 $[x_2,x_1]$). 从而 $f(x)$, $g(x)\in C[x_1,x_2]$ (或 $C[x_2,x_1]$), $f(x)$, $g(x)\in D(x_1,x_2)$ (或 $D(x_2,x_1)$), 且 $g'(x)\neq0$. 由柯西定理知, 至少存在一点 ξ 介于 x_1, x_2 之间, 使

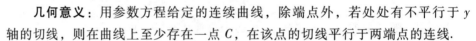

$$\frac{\dfrac{\mathrm{e}^{x_2}}{x_2}-\dfrac{\mathrm{e}^{x_1}}{x_1}}{\dfrac{1}{x_2}-\dfrac{1}{x_1}}=\frac{f(x_2)-f(x_1)}{g(x_2)-g(x_1)}=\frac{f'(\xi)}{g'(\xi)}=\frac{\dfrac{\xi\mathrm{e}^{\xi}-\mathrm{e}^{\xi}}{\xi^2}}{-\dfrac{1}{\xi^2}}=\mathrm{e}^{\xi}-\xi\mathrm{e}^{\xi}=(1-\xi)\mathrm{e}^{\xi}.$$

即等式 (3.4) 成立. 由每一步可逆知原等式成立. $\square$

§1.5 函数的单调区间与极值

一、单调区间

定理 3.5 设 $f(x)$ 在区间 I(I 可以是开区间，可以是闭区间，也可以是半开半闭区间）上连续，在区间 I 内部可导，

(1) 若 $x \in I$ 内部，$f'(x) \geqslant 0$，则 $f(x)$ 在区间 I 上递增；

(2) 若 $x \in I$ 内部，$f'(x) \leqslant 0$，则 $f(x)$ 在区间 I 上递减；

(3) 若 $x \in I$ 内部，$f'(x) \equiv 0$，则 $f(x)$ 在区间 I 上是一个常值函数.

证 任给 x_1, $x_2 \in I$，设 $x_1 < x_2$，由条件知 $f(x)$ 在 $[x_1, x_2]$ 上满足拉格朗日定理，于是

$$f(x_2) - f(x_1) = f'(\xi)(x_2 - x_1), \quad x_1 < \xi < x_2,$$

且 $\xi \in I$ 内部，

(1) 当 $f'(\xi) \geqslant 0$ 时，由 $x_2 - x_1 > 0$，知 $f(x_2) - f(x_1) \geqslant 0$，即 $f(x_1) \leqslant f(x_2)$，所以 $f(x)$ 在区间 I 上递增.

(2) 当 $f'(\xi) \leqslant 0$ 时，有 $f(x_2) - f(x_1) \leqslant 0$，即 $f(x_1) \geqslant f(x_2)$，所以 $f(x)$ 在区间 I 上递减.

(3) 当 $f'(\xi) = 0$ 时，有 $f(x_1) - f(x_2) = 0$，即 $f(x_1) = f(x_2)$，所以 $f(x)$ 在区间 I 上是常值函数. □

由证明过程可知，若(1)中 $f'(\xi) \geqslant 0$ 改成 $f'(\xi) > 0$，则 $f(x)$ 在区间 I 上严格递增；若(2)中 $f'(\xi) \leqslant 0$ 改成 $f'(\xi) < 0$，则 $f(x)$ 在区间 I 上严格递减.

推论 若 $f(x)$ 在区间 I 上连续，在区间 I 内部可导，当 $x \in I$ 内部，$f'(x) \geqslant 0(\leqslant 0)$，且 $f(x)$ 在 I 的任何子区间上，$f'(x) \not\equiv 0$，则 $f(x)$ 在区间 I 上**严格递增（减）**.

证 由于 $f'(x) \geqslant 0$，根据上面定理知 $f(x)$ 在区间 I 上递增. 假设 $f(x)$ 在区间 I 上不是严格递增，即存在 x_1, $x_2 \in I$，且 $x_1 < x_2$，有 $f(x_1) = f(x_2)$. 由于 $f(x)$ 在 $[x_1, x_2]$ 上递增，所以任给 $x \in [x_1, x_2]$，有

$$f(x_1) \leqslant f(x) \leqslant f(x_2) = f(x_1),$$

从而

$$f(x) = f(x_1) = f(x_2),$$

即 $f(x)$ 在区间 $[x_1, x_2]$ 上是常值函数，所以 $f'(x) \equiv 0$，$x \in [x_1, x_2]$，与条件相矛盾. 于是假设不成立，故 $f(x)$ 在区间 I 上严格递增. 对于 $f'(x) \leqslant 0$ 的情形，同理可证 $f(x)$ 在区间 I 上严格递减. □

利用函数的单调性可证明某些不等式.

例 7 证明：当 $b > a > e$ 时，有 $a^b > b^a$.

证 要证 $a^b > b^a$ 成立，只要证

$$\frac{\ln a}{a} > \frac{\ln b}{b} \qquad (3.5)$$

成立. 设 $f(x) = \frac{\ln x}{x}$，$x \in [a, b]$. 由于 $f(x)$ 在 $[a, b]$ 上连续，当 $x \in (a, b)$ 时，

$$f'(x) = \frac{1 - \ln x}{x^2} < 0,$$

所以 $f(x)$ 在 $[a, b]$ 上严格递减. 于是，$f(a) > f(b)$，即

$$\frac{\ln a}{a} > \frac{\ln b}{b}.$$

因此，不等式 (3.5) 成立，由每一步可逆知原不等式成立.

例 8 证明：当 $0 < x < \frac{\pi}{2}$ 时，有 $\tan x > x + \frac{x^3}{3}$.

证 要证原不等式成立，只要证 $\tan x - x - \frac{x^3}{3} > 0$ 成立. 设

$$f(x) = \tan x - x - \frac{x^3}{3},$$

由于 $f(0) = 0$，所以要证原不等式成立，只要证当 $x \in \left(0, \frac{\pi}{2}\right)$ 时，

$$f(x) > f(0) \qquad (3.6)$$

成立即可. 由于 $f(x)$ 在 $\left[0, \frac{\pi}{2}\right)$ 上连续，当 $x \in \left(0, \frac{\pi}{2}\right)$ 时，

$$f'(x) = \sec^2 x - 1 - x^2 = \tan^2 x - x^2 > 0,$$

所以 $f(x)$ 在 $\left[0, \frac{\pi}{2}\right)$ 上严格递增. 因此，当 $0 < x < \frac{\pi}{2}$ 时，$f(x) > f(0)$，即不等式 (3.6) 成立，由每一步可逆知原不等式成立.

注 证明某些不等式时，既可转化为比较区间两端点函数值（或极限值）的大小，或化为右边为 0 的不等式，又可转化为比较区间内任意一点函数值与端点函数值（或趋于端点极限值）的大小，然后利用单调性证明.

利用判断函数单调性的定理，我们可求出函数的单调区间. 一个函数在定义域内不一定单调，但可能在定义域内的某些区间上递增，在另外一些区间上递减. 而递增与递减区间的分界点一定是极值点，极值点一定包含在驻点或导数不存在的点之中. 因此，驻点、导数不存在的点是函数单调区间分界点的怀疑点.

二、函数极值的判定

定理 3.6（极值的第一充分条件） 设函数 $f(x)$ 在点 x_0 的某邻域 $(x_0 - \delta, x_0 +$

δ)内连续，在$(x_0-\delta,x_0)\cup(x_0,x_0+\delta)$内可导，

（1）若当$x\in(x_0-\delta,x_0)$时，有$f'(x)>0$；而当$x\in(x_0,x_0+\delta)$时，有$f'(x)<0$，则$f(x_0)$为极大值；

（2）若当$x\in(x_0-\delta,x_0)$时，有$f'(x)<0$；而当$x\in(x_0,x_0+\delta)$时，有$f'(x)>0$，则$f(x_0)$为极小值；

（3）若在x_0的两侧，即当$x\in(x_0-\delta,x_0)\cup(x_0,x_0+\delta)$时，$f'(x)$的符号保持不变，则$f(x_0)$不是极值.

证 （1）由于$f(x)$在$(x_0-\delta,x_0]$上连续，当$x\in(x_0-\delta,x_0)$时，有$f'(x)>0$，所以$f(x)$在$(x_0-\delta,x_0]$上严格递增，即当$x\in(x_0-\delta,x_0)$时，有$f(x)<f(x_0)$；由于$f(x)$在$[x_0,x_0+\delta)$上连续，当$x\in(x_0,x_0+\delta)$时，有$f'(x)<0$，所以$f(x)$在$[x_0,x_0+\delta)$上严格递减，即当$x\in(x_0,x_0+\delta)$时，有$f(x_0)>f(x)$. 综上可知，当$x\in(x_0-\delta,x_0+\delta)$时，都有$f(x_0)\geqslant f(x)$，因此$f(x_0)$为极大值.

同理可证（2）成立.

（3）不妨设$f'(x)>0$，则$f(x)$在$(x_0-\delta,x_0]$及$[x_0,x_0+\delta)$上严格递增，即$f(x)$在$(x_0-\delta,x_0+\delta)$内严格递增，所以$f(x_0)$不是极值. $\square$

定理 3.7（极值的第二充分条件） 若x_0是$f(x)$的驻点（即$f'(x_0)=0$），且$f''(x_0)$存在，$f''(x_0)\neq0$，则

（1）当$f''(x_0)>0$时，$f(x_0)$为极小值；

（2）当$f''(x_0)<0$时，$f(x_0)$为极大值.

证 由$f''(x_0)$存在，根据二阶导数定义知

$$f''(x_0)=\lim_{x\to x_0}\frac{f'(x)-f'(x_0)}{x-x_0}=\lim_{x\to x_0}\frac{f'(x)}{x-x_0}.$$

当$f''(x_0)>0$时，有

$$\lim_{x\to x_0}\frac{f'(x)}{x-x_0}=f''(x_0)>0.$$

根据保号性，存在$\delta>0$，当$x\in(x_0-\delta,x_0)\cup(x_0,x_0+\delta)$时，有

$$\frac{f'(x)}{x-x_0}>0.$$

当$x\in(x_0-\delta,x_0)$时，$x-x_0<0$，知$f'(x)<0$；当$x\in(x_0,x_0+\delta)$时，$x-x_0>0$，知$f'(x)>0$.

由定理3.6知$f(x_0)$为极小值，同理（2）当$f''(x_0)<0$时，可得$f(x_0)$为极大值. $\square$

注 当$f''(x_0)=0$时，$f(x_0)$可能是极值，也可能不是极值.

例 9 $f(x)=x^4$，$f'(0)=0$，$f''(0)=0$，$f(0)=0$为极小值；

$f(x)=x^3$，$f'(0)=0$，$f''(0)=0$，$f(0)=0$不是极值.

若极值点的怀疑点中有导数不存在的点时，需用第一充分条件，与求单调区间的方法类似：列表，判断怀疑点两侧导数的符号；若极值的怀疑点都是驻

点时，可用第二充分条件.

例 10 求函数 $f(x)=\dfrac{1}{3}x^3-x^2-3x+1$ 的单调区间与极值.

解 (1) $f(x)$ 的定义域是 $(-\infty,+\infty)$.

(2) $f'(x)=x^2-2x-3=(x+1)(x-3)$. 令 $f'(x)=0$，有 $(x+1)(x-3)=0$，解得 $x_1=-1$，$x_2=3$.

(3) $f(x)$ 在 $(-\infty,+\infty)$ 内无导数不存在的点.

(4) 作表如下：

x	$(-\infty,-1)$	-1	$(-1,3)$	3	$(3,+\infty)$
$f'(x)$	+	0	−	0	+
$f(x)$	↗		↘		↗

(5) $f(x)$ 在 $(-\infty,-1)$，$(3,+\infty)$ 上严格递增，在 $(-1,3)$ 上严格递减.

$f(-1)=\dfrac{8}{3}$ 为极大值，$f(3)=-8$ 为极小值.

例 11 求 $f(x)=\dfrac{2}{3}x-\sqrt[3]{x^2}$ 的单调区间与极值.

解 (1) $f(x)$ 的定义域是 $(-\infty,+\infty)$.

(2) $f'(x)=\dfrac{2}{3}-\dfrac{2}{3}x^{-\frac{1}{3}}=\dfrac{2\sqrt[3]{x}-1}{3\sqrt[3]{x}}$，令 $f'(x)=0$，解得 $x=1$.

(3) 当 $x=0$ 时，导数不存在.

(4) 作表如下：

x	$(-\infty,0)$	0	$(0,1)$	1	$(1,+\infty)$
$f'(x)$	+		−	0	+
$f(x)$	↗		↘		↗

(5) $f(x)$ 在 $(-\infty,0)$，$(1,+\infty)$ 上严格递增，在 $(0,1)$ 上严格递减.

$f(0)=0$ 为极大值，$f(1)=-\dfrac{1}{3}$ 为极小值.

习题 3-1

1. 检验罗尔定理对于函数 $f(x)=(x-1)(x-2)(x-3)$ 是否成立.

2. 检验拉格朗日公式对下列函数在给定区间上是否成立？

(1) $f(x)=\ln x,\ x\in[1,\mathrm{e}]$；　　　　(2) $f(x)=1-\sqrt[3]{x^2},\ x\in[-1,1]$.

3. 设 $f(x)=\mathrm{e}^x$，求满足 $f(x+\Delta x)-f(x)=f'(x+\theta\Delta x)\Delta x\ (0<\theta<1)$ 的 θ 值.

4. 证明：若 $x\geqslant 0$，则

(1) $\sqrt{x+1}-\sqrt{x}=\dfrac{1}{2\sqrt{x+\theta(x)}}$，其中 $\dfrac{1}{4}\leqslant\theta(x)\leqslant\dfrac{1}{2}$；

(2) $\lim\limits_{x\to 0^+}\theta(x)=\dfrac{1}{4}$，$\lim\limits_{x\to+\infty}\theta(x)=\dfrac{1}{2}$.

5. 利用中值定理证明下列不等式：

(1) $\left|\sin x-\sin y\right|\leqslant\left|x-y\right|$；

(2) $py^{p-1}(x-y)<x^p-y^p<px^{p-1}(x-y)$，其中 $0<y<x$ 及 $p>1$；

(3) $\left|\arctan a-\arctan b\right|\leqslant\left|a-b\right|$；

(4) $\dfrac{a-b}{a}<\ln\dfrac{a}{b}<\dfrac{a-b}{b}$，其中 $0<b<a$.

6. 说明在闭区间 $[-1,1]$ 上，柯西定理对于函数 $f(x)=x^2$ 及 $g(x)=x^3$ 不成立.

7. 设函数 $f(x)$ 在闭区间 $[x_1,x_2]$ 上可微，并且 $x_1x_2>0$，证明：

$$\frac{1}{x_1-x_2}[x_1f(x_2)-x_2f(x_1)]=f(\xi)-\xi f'(\xi),$$

其中 $x_1<\xi<x_2$.

8. 证明：导函数为常数（即 $f'(x)=k$）的函数 $f(x)\ (x\in\mathbf{R})$ 是且唯一是线性函数 $f(x)=kx+b$.

9. 设 $f^{(n)}(x)=0,\ x\in\mathbf{R}$，则函数 $f(x)$ 是怎样的函数？

10. 证明：方程 $x^3-3x+b=0$（b 为常数）在区间 $(-1,1)$ 内至多只有一个实根.

11. 求下列函数在指定区间上的最大值与最小值：

(1) $y=\mathrm{e}^{-x}\sin x,\ x\in[0,2\pi]$；

(2) $y=x^4-8x^2+3,\ x\in[-2,2]$.

12. 讨论下列函数的单调性：

(1) $y=3x^4-4x^3+1$；　　　　(2) $y=x+\ln x$；

(3) $y=x\sqrt{x+3}$；　　　　(4) $y=x-\ln(1+x)$.

13. 求下列函数的极值：

(1) $y=x(x-2)^2$；　　　　(2) $y=x^3+\dfrac{x^4}{4}$；

(3) $y=x+\mathrm{e}^{-x}$；　　　　(4) $y=x+\dfrac{1}{x^2}$；

(5) $y=(1-x^2)^{\frac{1}{3}}$；　　　　(6) $y=(x+1)^{\frac{2}{3}}(x-2)^2$.

14. 求函数 $y=\left(1+x+\dfrac{x^2}{2!}+\cdots+\dfrac{x^n}{n!}\right)\mathrm{e}^{-x}\ (n\in\mathbf{N}_+)$ 的极值.

15. 设 $f(x)$ 在 $[a,+\infty)$ 上连续，在 $(a,+\infty)$ 内可导，且 $f'(x)\geqslant k>0$（其中 k 为常数）. 证明：当 $f(a)<0$ 时，$f(x)=0$ 在 $(a,+\infty)$ 内有且仅有一个实根.

16. 证明下列不等式：

(1) 当 $x \neq 0$ 时, $e^x > 1 + x$;

(2) 当 $x > 0$ 时, $x - \dfrac{x^2}{2} < \ln(1+x) < x$;

(3) 当 $0 < x < \dfrac{\pi}{2}$ 时, $\dfrac{2}{\pi}x < \sin x < x$;

(4) 当 $x > 0$ 时, $\dfrac{2}{2x+1} < \ln\left(1 + \dfrac{1}{x}\right) < \dfrac{1}{\sqrt{x^2 + x}}$.

17. 比较 e^{π} 与 π^e 的大小, 并证明之.

18. 设函数 $f(x)$ 和 $g(x)$ 在 $[a,b]$ 上存在二阶导数, 并且 $g''(x) \neq 0$, $f(a) = f(b) = g(a) = g(b) = 0$, 试证:

(1) 在开区间 (a,b) 内, $g(x) \neq 0$;

(2) 在开区间 (a,b) 内, 至少存在一点 ξ, 使 $\dfrac{f(\xi)}{g(\xi)} = \dfrac{f''(\xi)}{g''(\xi)}$.

19. 设 $f(x)$ 在 $[0,1]$ 上连续, 在 $(0,1)$ 内二阶可导, 过点 $A(0, f(0))$ 与 $B(1, f(1))$ 的直线与曲线 $y = f(x)$ 相交于点 $(c, f(c))$, 其中 $0 < c < 1$. 证明: 在 $(0,1)$ 内至少存在一点 ξ, 使 $f''(\xi) = 0$.

20. 设 $f(x)$ 在 $[a, +\infty)$ 上连续, $f''(x)$ 在 $(a, +\infty)$ 内存在且大于零, 证明:

$$F(x) = \frac{f(x) - f(a)}{x - a} \quad (x > a)$$

在 $(a, +\infty)$ 内递增.

21. 设 $f(x)$, $g(x)$ 在 $[a,b]$ 上连续, 在 (a,b) 内可导, 且 $f(x)g'(x) \neq f'(x)g(x)$, 试证: 介于 $f(x)$ 的两个零点之间, 至少有一个 $g(x)$ 的零点.

22. 设 $f(x)$ 在 $[a,b]$ 上连续, 在 (a,b) 内可导, 且 $f(a) = f(b) = 0$, 则至少存在一点 $\xi \in (a,b)$, 使 $kf(\xi) = f'(\xi)$ (k 为给定实数).

§2　未定式的极限

§2.1　$\dfrac{0}{0}$ 型未定式的极限

若 $\lim\limits_{x \to x_0} f(x) = A$, $\lim\limits_{x \to x_0} g(x) = B$, 其中 A, B 为常数, 则

$$\lim_{x \to x_0} \frac{f(x)}{g(x)} = \begin{cases} \dfrac{A}{B}, & \text{若 } B \neq 0, \\ 0, & \text{若 } A = 0,\ B \neq 0, \\ \infty, & \text{若 } A \neq 0,\ B = 0. \end{cases} \tag{3.7}$$

若 $A = 0$, $B = 0$, 则称 $\lim\limits_{x \to x_0} \dfrac{f(x)}{g(x)}$ 为 $\dfrac{0}{0}$ 型未定式的极限. 对于比较简单的情形, 可

对分子、分母进行变形，使分子、分母均含有因式$(x-x_0)$，约去零因子，变成式(3.7)的情形. 而对于比较复杂的情形，用这种方法就行不通了.

例如，$\lim\limits_{x\to 0}\dfrac{x-\sin x}{x^3}$ 看起来很简单，但计算此极限值用以前的方法都行不通，那么如何求极限 $\lim\limits_{x\to x_0}\dfrac{f(x)}{g(x)}\left(\dfrac{0}{0}\text{型}\right)$ 呢?

分析 若 $\lim\limits_{x\to x_0}f(x)=0$，$\lim\limits_{x\to x_0}g(x)=0$，则 $f(x)$，$g(x)$ 在 $x=x_0$ 处是可去间断点. 利用可去间断点的性质，构造函数

$$F(x)=\begin{cases}f(x), & x\neq x_0,\\ 0, & x=x_0,\end{cases}$$

$$G(x)=\begin{cases}g(x), & x\neq x_0,\\ 0, & x=x_0,\end{cases}$$

则 $F(x)$，$G(x)$ 在点 $x=x_0$ 处连续. 由于

$$\lim_{x\to x_0}\frac{f(x)}{g(x)}=\lim_{x\to x_0}\frac{F(x)}{G(x)}=\lim_{x\to x_0}\frac{F(x)-F(x_0)}{G(x)-G(x_0)}$$

$$\xeq{\text{若满足柯西定理}}\lim_{\xi\to x_0}\frac{F'(\xi)}{G'(\xi)}(\xi\text{ 介于 }x_0\text{ 与 }x\text{ 之间,当 }x\to x_0\text{ 时,有 }\xi\to x_0)$$

$$=\lim_{\xi\to x_0}\frac{f'(\xi)}{g'(\xi)}=\lim_{x\to x_0}\frac{f'(x)}{g'(x)}(\text{若极限存在或等于}\infty),$$

因此得

定理 3.8(洛必达(L'Hospital)法则 Ⅰ) 设

(1) $\lim\limits_{x\to x_0}f(x)=0$，$\lim\limits_{x\to x_0}g(x)=0$;

(2) 存在 x_0 的某邻域 $\overset{\circ}{U}(x_0)$，当 $x\in\overset{\circ}{U}(x_0)$ 时，$f'(x)$，$g'(x)$ 都存在，且 $g'(x)\neq 0$;

(3) $\lim\limits_{x\to x_0}\dfrac{f'(x)}{g'(x)}=A(\text{或}\infty)$，

则

$$\lim_{x\to x_0}\frac{f(x)}{g(x)}=\lim_{x\to x_0}\frac{f'(x)}{g'(x)}=A(\text{或}\infty).$$

证 构造函数

$$F(x)=\begin{cases}f(x), & x\neq x_0,\\ 0, & x=x_0,\end{cases}$$

$$G(x)=\begin{cases}g(x), & x\neq x_0,\\ 0, & x=x_0,\end{cases}$$

设 $x\in\overset{\circ}{U}(x_0)$，由于 $F(x)$，$G(x)$ 在 $[x_0,x]$（或 $[x,x_0]$）上满足柯西定理的条件，故有

$$\frac{F(x)-F(x_0)}{G(x)-G(x_0)}=\frac{F'(\xi)}{G'(\xi)},$$

即 $\dfrac{f(x)}{g(x)}=\dfrac{f'(\xi)}{g'(\xi)}$，其中 ξ 介于 x_0 与 x 之间. 且当 $x\to x_0$ 时有 $\xi\to x_0$，所以

$$\lim_{x\to x_0}\frac{f(x)}{g(x)}=\lim_{x\to x_0}\frac{f'(\xi)}{g'(\xi)}=\lim_{\xi\to x_0}\frac{f'(\xi)}{g'(\xi)}=\lim_{x\to x_0}\frac{f'(x)}{g'(x)}=A（或\infty）. \quad\square$$

注 若 $f(x)$，$g(x)$ 满足条件（1），（2），而 $\displaystyle\lim_{x\to x_0}\frac{f'(x)}{g'(x)}$ 仍是 $\dfrac{0}{0}$ 型，且 $\displaystyle\lim_{x\to x_0}$

$\dfrac{f''(x)}{g''(x)}=A$（或 ∞），则可对 $\displaystyle\lim_{x\to x_0}\frac{f'(x)}{g'(x)}$ 再次利用洛必达法则，即

$$\lim_{x\to x_0}\frac{f'(x)}{g'(x)}=\lim_{x\to x_0}\frac{f''(x)}{g''(x)}=A（或\infty），$$

从而

$$\lim_{x\to x_0}\frac{f(x)}{g(x)}=\lim_{x\to x_0}\frac{f'(x)}{g'(x)}=\lim_{x\to x_0}\frac{f''(x)}{g''(x)}=A（或\infty）.$$

例 1 求 $\displaystyle\lim_{x\to 0}\frac{x-\sin x}{x^3}$.

解 $\displaystyle\lim_{x\to 0}\frac{x-\sin x}{x^3}\left(\frac{0}{0}型\right)=\lim_{x\to 0}\frac{1-\cos x}{3x^2}\left(\frac{0}{0}型\right)=\lim_{x\to 0}\frac{\sin x}{6x}=\frac{1}{6}$.

注 在用洛必达法则求极限之前，应尽可能把函数化简，或把较复杂的因式用简单等价因式来替换，以达到简化计算的目的.

例 2 求 $\displaystyle\lim_{x\to 0}\frac{\sin x-x\cos x}{(e^x-1)(\sqrt[3]{1+x^2}-1)}$.

解 当 $x\to 0$ 时，由于

$$e^x-1\sim x,\quad \sqrt[3]{1+x^2}-1\sim\frac{1}{3}x^2,$$

所以

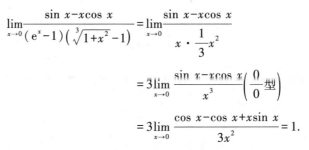

$$\lim_{x\to 0}\frac{\sin x-x\cos x}{(e^x-1)(\sqrt[3]{1+x^2}-1)}=\lim_{x\to 0}\frac{\sin x-x\cos x}{x\cdot\frac{1}{3}x^2}$$

$$=3\lim_{x\to 0}\frac{\sin x-x\cos x}{x^3}\left(\frac{0}{0}型\right)$$

$$=3\lim_{x\to 0}\frac{\cos x-\cos x+x\sin x}{3x^2}=1.$$

重难点讲解
洛必达法则 I

利用洛必达法则求极限时，可在计算的过程中论证是否满足洛必达法则的条件，若满足洛必达法则的条件，结果即可求出；若不满足，说明不能使用洛必达法则，需用其他方法解决.

将洛必达法则 I 中的 $x \to x_0$ 改为 $x \to x_0^+$，$x \to x_0^-$，$x \to \infty$，$x \to +\infty$，$x \to -\infty$，结论依然成立. 若 $x \to \infty$ 时，我们有

定理 3.9（洛必达法则 I′） 设

（1）$\lim\limits_{x \to \infty} f(x) = 0$，$\lim\limits_{x \to \infty} g(x) = 0$；

（2）存在常数 $X > 0$，当 $|x| > X$ 时，$f'(x)$，$g'(x)$ 都存在，且 $g'(x) \neq 0$；

（3）$\lim\limits_{x \to \infty} \dfrac{f'(x)}{g'(x)} = A$（或 ∞），

则

$$\lim_{x \to \infty} \frac{f(x)}{g(x)} = \lim_{x \to \infty} \frac{f'(x)}{g'(x)} = A \quad (\text{或} \infty).$$

证 通过变量代换 $\dfrac{1}{x} = t$，当 $x \to \infty$ 时 $t \to 0$，利用洛必达法则 I，有

$$\lim_{x \to \infty} \frac{f(x)}{g(x)} = \lim_{t \to 0} \frac{f\left(\dfrac{1}{t}\right)}{g\left(\dfrac{1}{t}\right)} \left(\frac{0}{0}\text{型}\right) = \lim_{t \to 0} \frac{f'\left(\dfrac{1}{t}\right)\left(-\dfrac{1}{t^2}\right)}{g'\left(\dfrac{1}{t}\right)\left(-\dfrac{1}{t^2}\right)} = \lim_{t \to 0} \frac{f'\left(\dfrac{1}{t}\right)}{g'\left(\dfrac{1}{t}\right)}.$$

$$= \lim_{x \to \infty} \frac{f'(x)}{g'(x)} = A(\text{或} \infty). \quad \square$$

例 3 求 $\lim\limits_{x \to +\infty} \dfrac{\ln\left(1 + \dfrac{1}{x}\right)}{\operatorname{arccot} x}$.

解 由于当 $x \to +\infty$ 时，

$$\ln\left(1 + \frac{1}{x}\right) \sim \frac{1}{x},$$

所以

$$\lim_{x \to +\infty} \frac{\ln\left(1 + \dfrac{1}{x}\right)}{\operatorname{arccot} x} = \lim_{x \to +\infty} \frac{\dfrac{1}{x}}{\operatorname{arccot} x} \left(\frac{0}{0}\text{型}\right) = \lim_{x \to +\infty} \frac{-\dfrac{1}{x^2}}{-\dfrac{1}{1+x^2}} = \lim_{x \to +\infty} \frac{1+x^2}{x^2} = 1.$$

§2.2 $\dfrac{\infty}{\infty}$ 型未定式的极限

若 $\lim\limits_{x \to x_0} f(x) = A$，$\lim\limits_{x \to x_0} g(x) = B$，则

$$\lim_{x \to x_0} \frac{f(x)}{g(x)} = \begin{cases} 0, & \text{若 } A \text{ 为常数，} B \text{ 为} \infty, \\ \infty, & \text{若 } A \text{ 为} \infty，B \text{ 为常数.} \end{cases}$$

若 A 为 ∞，B 为 ∞，则称 $\lim\limits_{x \to x_0} \dfrac{f(x)}{g(x)}$ 为 $\dfrac{\infty}{\infty}$ 型未定式的极限，我们有

定理 3.10(洛必达法则 Ⅱ) 设

(1) $\lim\limits_{x \to x_0} f(x) = \infty$, $\lim\limits_{x \to x_0} g(x) = \infty$;

(2) 存在 x_0 的某邻域 $\mathring{U}(x_0)$, 当 $x \in \mathring{U}(x_0)$ 时, $f'(x)$, $g'(x)$ 都存在, 且 $g'(x) \neq 0$;

(3) $\lim\limits_{x \to x_0} \dfrac{f'(x)}{g'(x)} = A$(或 ∞),

则

$$\lim\limits_{x \to x_0} \frac{f(x)}{g(x)} = \lim\limits_{x \to x_0} \frac{f'(x)}{g'(x)} = A(\text{或} \infty).$$

*证 我们只证 $\lim\limits_{x \to x_0} \dfrac{f(x)}{g(x)} = A$ 的情形. 先证 $\lim\limits_{x \to x_0^+} \dfrac{f(x)}{g(x)} = A$. 由条件(3)知,

$\lim\limits_{x \to x_0^+} \dfrac{f'(x)}{g'(x)} = A$. 由极限定义, 任给 $\varepsilon > 0$, 存在 $\delta_1 > 0$, 当 $x \in \mathring{U}_+(x_0, \delta_1)$ 时, 都有

$$\left| \frac{f'(x)}{g'(x)} - A \right| < \frac{\varepsilon}{2}. \tag{3.8}$$

取 $x_1 \in \mathring{U}_+(x_0, \delta_1)$, 任给 $x \in \mathring{U}_+(x_0, \delta_1)$, 在区间 $[x_1, x]$(或 $[x, x_1]$)上, 根据柯西定理, 必存在一点 ξ 介于 x_1, x 之间, 即 $\xi \in \mathring{U}_+(x_0, \delta_1)$, 有

$$\frac{f(x_1) - f(x)}{g(x_1) - g(x)} = \frac{f'(\xi)}{g'(\xi)},$$

由式(3.8)得

$$\left| \frac{f(x_1) - f(x)}{g(x_1) - g(x)} - A \right| < \frac{\varepsilon}{2}. \tag{3.9}$$

另一方面

$$\left| \frac{f(x)}{g(x)} - \frac{f(x_1) - f(x)}{g(x_1) - g(x)} \right| = \left| \frac{f(x_1) - f(x)}{g(x_1) - g(x)} \right| \left| \frac{\dfrac{g(x_1)}{g(x)} - 1}{\dfrac{f(x_1)}{f(x)} - 1} - 1 \right|,$$

由式(3.9)得 $\left| \dfrac{f(x_1) - f(x)}{g(x_1) - g(x)} \right| \leqslant |A| + \dfrac{\varepsilon}{2}$ 为有界量. 对固定的 x_1, $g(x_1)$ 为定值, 由于 $\lim\limits_{x \to x_0} f(x) = \infty$, $\lim\limits_{x \to x_0} g(x) = \infty$, 从而

$$\lim\limits_{x \to x_0^+} \left| \frac{\dfrac{g(x_1)}{g(x)} - 1}{\dfrac{f(x_1)}{f(x)} - 1} - 1 \right| = \left| \frac{-1}{-1} - 1 \right| = 0,$$

即 $\dfrac{\dfrac{g(x_1)}{g(x)}-1}{\dfrac{f(x_1)}{f(x)}-1}-1$ 当 $x\to x_0^+$ 时为无穷小量.

因此 $\lim\limits_{x\to x_0^+}\left|\dfrac{f(x)}{g(x)}-\dfrac{f(x_1)-f(x)}{g(x_1)-g(x)}\right|=0.$ 则对上述的 $\varepsilon>0$,存在 $\delta>0(\delta<\delta_1)$,当 $x\in$ $\mathring{U}_+(x_0,\delta)$ 时,都有

$$\left|\dfrac{f(x)}{g(x)}-\dfrac{f(x_1)-f(x)}{g(x_1)-g(x)}\right|<\dfrac{\varepsilon}{2}.$$

于是

$$\left|\dfrac{f(x)}{g(x)}-A\right|\leqslant\left|\dfrac{f(x)}{g(x)}-\dfrac{f(x_1)-f(x)}{g(x_1)-g(x)}\right|+\left|\dfrac{f(x_1)-f(x)}{g(x_1)-g(x)}-A\right|<\dfrac{\varepsilon}{2}+\dfrac{\varepsilon}{2}=\varepsilon.$$

由定义知 $\lim\limits_{x\to x_0^+}\dfrac{f(x)}{g(x)}=A$,同理可证 $\lim\limits_{x\to x_0^-}\dfrac{f(x)}{g(x)}=A.$ 因此 $\lim\limits_{x\to x_0}\dfrac{f(x)}{g(x)}=A.$ □

对于极限为 ∞,$+\infty$,$-\infty$ 时也可相应证明.

若将 $x\to x_0$ 改为 $x\to\infty$,$x\to+\infty$,$x\to-\infty$,$x\to x_0^+$,$x\to x_0^-$,我们只要把条件作相应的修改,结论依然成立.

例 4 求 $\lim\limits_{x\to+\infty}\dfrac{\ln(x+\sqrt{1+x^2})}{\sqrt{x}}$.

解
$$\lim_{x\to+\infty}\frac{\ln(x+\sqrt{1+x^2})}{\sqrt{x}}\left(\frac{\infty}{\infty}型\right)=\lim_{x\to+\infty}\frac{\dfrac{1}{\sqrt{1+x^2}}}{\dfrac{1}{2\sqrt{x}}}=\lim_{x\to+\infty}\frac{2\sqrt{x}}{\sqrt{1+x^2}}$$

$$=\lim_{x\to+\infty}\frac{\dfrac{2}{\sqrt{x}}}{\sqrt{\dfrac{1}{x^2}+1}}=0.$$

例 5 求 $\lim\limits_{x\to\infty}\dfrac{2x-\sin x}{3x+\cos x}$.

解 $\lim\limits_{x\to\infty}\dfrac{2x-\sin x}{3x+\cos x}\left(\dfrac{\infty}{\infty}型\right)=\lim\limits_{x\to\infty}\dfrac{2-\cos x}{3-\sin x}$(极限不存在且不是 ∞),因此洛必达法则不适用,宜改用其他方法. 有

$$\lim_{x\to\infty}\frac{2x-\sin x}{3x+\cos x}=\lim_{x\to\infty}\frac{2-\dfrac{1}{x}\sin x}{3+\dfrac{1}{x}\cos x}=\frac{2-0}{3+0}=\frac{2}{3}.$$

例 6 求 $\lim\limits_{x\to+\infty}\dfrac{e^x+\cos x}{e^x+\sin x}$.

解 由于 $\lim\limits_{x\to+\infty}\dfrac{e^x+\cos x}{e^x+\sin x}\left(\dfrac{\infty}{\infty}型\right)=\lim\limits_{x\to+\infty}\dfrac{e^x-\sin x}{e^x+\cos x}\left(\dfrac{\infty}{\infty}型\right)=\lim\limits_{x\to+\infty}\dfrac{e^x-\cos x}{e^x-\sin x}\left(\dfrac{\infty}{\infty}型\right)=\cdots,$

无限循环，所以不能用洛必达法则，宜改用其他方法. 有

$$原式=\lim_{x\to+\infty}\frac{1+\dfrac{1}{e^x}\cos x}{1-\dfrac{1}{e^x}\sin x}=1.$$

§2.3 其他类型未定式的极限

若 $\lim\limits_{x\to x_0}f(x)=0$，$\lim\limits_{x\to x_0}g(x)=\infty$，则

$$\lim_{x\to x_0}(f(x)\cdot g(x))\,(0\cdot\infty\,型)=\lim_{x\to x_0}\frac{f(x)}{\dfrac{1}{g(x)}}\left(\dfrac{0}{0}型\right)\ 或\lim_{x\to x_0}\frac{g(x)}{\dfrac{1}{f(x)}}\left(\dfrac{\infty}{\infty}型\right).$$

若 $\lim\limits_{x\to x_0}f(x)=\infty$，$\lim\limits_{x\to x_0}g(x)=\infty$，且两个 ∞ 同号时，求极限 $\lim\limits_{x\to x_0}(f(x)-g(x))$

（$\infty-\infty$ 型），则可通过把 $f(x)$，$g(x)$ 化成分式，通分化简成 $\dfrac{0}{0}$ 型或 $\dfrac{\infty}{\infty}$ 型，从而

求得极限.

若 $\lim\limits_{x\to x_0}f(x)=a$，$\lim\limits_{x\to x_0}g(x)=b$，

（1）若 $a>0$ 为常数，b 为常数，则 $\lim\limits_{x\to x_0}f(x)^{g(x)}=a^b$.

（2）若 $a=1$，$b=\infty$，则

$$\lim_{x\to x_0}f(x)^{g(x)}\,(1^\infty\,型)=\lim_{x\to x_0}e^{g(x)\ln f(x)\,(\infty\cdot 0\,型)}=e^{\lim\limits_{x\to x_0}\frac{\ln f(x)}{\frac{1}{g(x)}}\left(\frac{0}{0}型\right)}.$$

当然也可根据具体情形，利用 $\lim\limits_{x\to 0}(1+x)^{\frac{1}{x}}=e$ 去求极限.

（3）若 $a=0$，$b=0$，则

$$\lim_{x\to x_0}f(x)^{g(x)}\,(0^0\,型)=e^{\lim\limits_{x\to x_0}g(x)\ln f(x)\,(0\cdot\infty\,型)}=e^{\lim\limits_{x\to x_0}\frac{\ln f(x)}{\frac{1}{g(x)}}\left(\frac{\infty}{\infty}型\right)}.$$

（4）若 $a=\infty$，$b=0$，则

$$\lim_{x\to x_0}f(x)^{g(x)}\,(\infty^0\,型)=e^{\lim\limits_{x\to x_0}g(x)\ln f(x)\,(0\cdot\infty\,型)}=e^{\lim\limits_{x\to x_0}\frac{\ln f(x)}{\frac{1}{g(x)}}\left(\frac{\infty}{\infty}型\right)}.$$

因此，$\dfrac{0}{0}$ 型和 $\dfrac{\infty}{\infty}$ 型是两种基本未定式. 而其他的未定式有五种，即 $0\cdot\infty$，

$\infty-\infty$，1^∞，0^0，∞^0，它们均可通过适当的恒等变形，化成 $\dfrac{0}{0}$ 型或 $\dfrac{\infty}{\infty}$ 型，再使

用洛必达法则求极限.

例 7 求 $\lim\limits_{x\to 0}\left(\dfrac{1}{x}-\dfrac{1}{e^x-1}\right)$.

解 $\lim\limits_{x\to 0}\left(\dfrac{1}{x}-\dfrac{1}{e^x-1}\right)$（$\infty-\infty$ 型）$=\lim\limits_{x\to 0}\dfrac{e^x-1-x}{x(e^x-1)}=\lim\limits_{x\to 0}\dfrac{e^x-1-x}{x^2}\left(\dfrac{0}{0}型\right)$

$$=\lim\limits_{x\to 0}\dfrac{e^x-1}{2x}\left(\dfrac{0}{0}型\right)=\lim\limits_{x\to 0}\dfrac{e^x}{2}=\dfrac{1}{2}.$$

例 8 求 $\lim\limits_{x\to\infty}\left[x-x^2\ln\left(1+\dfrac{1}{x}\right)\right]$.

解 $\lim\limits_{x\to\infty}\left[x-x^2\ln\left(1+\dfrac{1}{x}\right)\right]$（$\infty-\infty$ 型）$\xlongequal{\diamondsuit\frac{1}{x}=t}\lim\limits_{t\to 0}\left[\dfrac{1}{t}-\dfrac{\ln(1+t)}{t^2}\right]$

$$=\lim\limits_{t\to 0}\dfrac{t-\ln(1+t)}{t^2}\left(\dfrac{0}{0}型\right)=\lim\limits_{t\to 0}\dfrac{1-\dfrac{1}{1+t}}{2t}=\lim\limits_{t\to 0}\dfrac{\dfrac{t}{1+t}}{2t}=\lim\limits_{t\to 0}\dfrac{1}{2(1+t)}=\dfrac{1}{2}.$$

注 在此题求极限的过程中，可看到变量代换的重要性.

例 9 求 $\lim\limits_{x\to 0^+}x^{\sin x}$.

解 $\lim\limits_{x\to 0^+}x^{\sin x}$（$0^0$ 型）$=\lim\limits_{x\to 0^+}e^{\sin x\ln x}=e^{\lim\limits_{x\to 0^+}\sin x\ln x}=e^{\lim\limits_{x\to 0^+}\frac{\ln x}{\frac{1}{x}}}\left(\dfrac{\infty}{\infty}型\right)$

$$=e^{\lim\limits_{x\to 0^+}\frac{\frac{1}{x}}{-\frac{1}{x^2}}}=e^{\lim\limits_{x\to 0^+}(-x)}=e^0=1.$$

例 10 求 $\lim\limits_{x\to 0^+}(\cot x)^{\sin x}$.

解 $\lim\limits_{x\to 0^+}(\cot x)^{\sin x}$（$\infty^0$ 型）$=e^{\lim\limits_{x\to 0^+}\sin x\ln\cot x}$，由于

$$\lim\limits_{x\to 0^+}\sin x\ln\cot x=\lim\limits_{x\to 0^+}x\ln\cot x=\lim\limits_{x\to 0^+}\dfrac{\ln\cot x}{\dfrac{1}{x}}\left(\dfrac{\infty}{\infty}型\right)$$

$$=\lim\limits_{x\to 0^+}\dfrac{\dfrac{1}{\cot x}(-\csc^2 x)}{-\dfrac{1}{x^2}}=\lim\limits_{x\to 0^+}\dfrac{x^2\cdot\tan x}{\sin^2 x}=\lim\limits_{x\to 0^+}\dfrac{x^2\cdot x}{x^2}=0,$$

所以 $\lim\limits_{x\to 0^+}(\cot x)^{\sin x}=e^0=1.$

例 11 求 $\lim\limits_{x\to 1}(3-2x)^{\sec\frac{\pi}{2}x}$.

解 $\lim\limits_{x\to 1}(3-2x)^{\sec\frac{\pi}{2}x}$（$1^\infty$ 型）$=e^{\lim\limits_{x\to 1}\sec\frac{\pi}{2}x\ln(3-2x)}=e^{\lim\limits_{x\to 1}\frac{\ln(3-2x)}{\cos\frac{\pi}{2}x}}\left(\dfrac{0}{0}型\right)=e^{\lim\limits_{x\to 1}\frac{\frac{-2}{3-2x}}{-\frac{\pi}{2}\sin\frac{\pi}{2}x}}=e^{\frac{4}{\pi}}.$

解本题也可利用重要极限.

$$\lim_{x\to 1}(3-2x)^{\sec\frac{\pi}{2}x} = \left\{\left[1+2(1-x)\right]^{\frac{1}{2-2x}}\right\}^{\frac{2-2x}{\cos\frac{\pi}{2}x}}.$$

由于

$$\lim_{x\to 1}\frac{2-2x}{\cos\dfrac{\pi}{2}x}\left(\frac{0}{0}型\right) = \lim_{x\to 1}\frac{-2}{-\dfrac{\pi}{2}\sin\dfrac{\pi}{2}x} = \frac{4}{\pi},$$

所以

$$\lim_{x\to 1}(3-2x)^{\sec\frac{\pi}{2}x} = e^{\frac{4}{\pi}}.$$

注 在求 1^{∞} 型未定式极限时，有两种方法，既可利用洛必达法则，也可利用重要极限

$$\lim_{x\to 0}(1+x)^{\frac{1}{x}} = e,$$

有时利用重要极限可能比利用洛必达法则还要方便.

求极限 $\lim\limits_{n\to\infty}f(n)$ 时，若 $\lim\limits_{x\to +\infty}f(x) = A$（或 ∞），则

$$\lim_{n\to\infty}f(n) = \lim_{x\to +\infty}f(x) = A（或 \infty），$$

从而可利用求函数极限的方法来求数列极限，但必须注意反之不真.

例 12 求 $\lim\limits_{n\to\infty}n\left[\left(1+\dfrac{1}{n}\right)^{n}-e\right]$.

解

$$\lim_{n\to\infty}n\left[\left(1+\frac{1}{n}\right)^{n}-e\right] = \lim_{x\to +\infty}x\left[\left(1+\frac{1}{x}\right)^{x}-e\right]\xrightarrow{\text{设}\frac{1}{x}=t}\lim_{t\to 0^{+}}\frac{(1+t)^{\frac{1}{t}}-e}{t}\left(\frac{0}{0}型\right)$$

$$=\lim_{t\to 0^{+}}\frac{e^{\frac{\ln(1+t)}{t}}-e}{t} = \lim_{t\to 0^{+}}e^{\frac{\ln(1+t)}{t}}\frac{\dfrac{t}{1+t}-\ln(1+t)}{t^{2}}$$

$$=e\lim_{t\to 0^{+}}\frac{t-(1+t)\ln(1+t)}{t^{2}(1+t)} = e\lim_{t\to 0^{+}}\frac{t-(1+t)\ln(1+t)}{t^{2}}\left(\frac{0}{0}型\right)$$

$$=e\lim_{t\to 0^{+}}\frac{1-1-\ln(1+t)}{2t} = e\lim_{t\to 0^{+}}\left(-\frac{1}{2}\right)\cdot\frac{\ln(1+t)}{t} = -\frac{1}{2}e.$$

习题 3-2

1. 求下列函数极限：

(1) $\lim\limits_{x\to 0}\dfrac{\tan x-x}{x-\sin x}$；

(2) $\lim\limits_{x\to 0}\dfrac{x\cot x-1}{x^{2}}$；

(3) $\lim\limits_{x\to 0}\dfrac{1-\cos x^{2}}{x^{2}\sin x^{2}}$；

(4) $\lim\limits_{x\to 0}\dfrac{a^{x}-a^{\sin x}}{x^{3}}(a>0, a\neq 1)$；

（5）$\lim\limits_{x\to 1}\dfrac{x^x-x}{\ln x-x+1}$；
（6）$\lim\limits_{x\to 0}\dfrac{\cos(\sin x)-\cos x}{x^4}$.

2. 求下列函数极限：

（1）$\lim\limits_{x\to +\infty}\dfrac{\ln x}{x^a}(a>0)$；
（2）$\lim\limits_{x\to +\infty}\dfrac{x^k}{a^x}(a>1,k>0$ 均为常数$)$；

（3）$\lim\limits_{x\to\frac{\pi}{2}}\dfrac{\tan x}{\tan 3x}$；
（4）$\lim\limits_{x\to 0^+}\dfrac{\ln x}{\cot x}$；
（5）$\lim\limits_{x\to 0^+}\dfrac{\ln\sin mx}{\ln\sin x}(m>0)$.

3. 求下列函数极限：

（1）$\lim\limits_{x\to 1}\left(\dfrac{1}{\ln x}-\dfrac{1}{x-1}\right)$；
（2）$\lim\limits_{x\to 0}\left(\cot x-\dfrac{1}{x}\right)$；

（3）$\lim\limits_{x\to 0}\left[\dfrac{1}{\ln\left(x+\sqrt{1+x^2}\right)}-\dfrac{1}{\ln(1+x)}\right]$；
（4）$\lim\limits_{x\to 0^+}x^a\ln x(a>0$ 为常数$)$；

（5）$\lim\limits_{x\to +\infty}x^2\mathrm{e}^{-0.1x}$；
（6）$\lim\limits_{x\to 0}\dfrac{\mathrm{e}^{-\frac{1}{x^2}}}{x^{100}}$；

（7）$\lim\limits_{x\to 1^-}\ln x\ln(1-x)$；
（8）$\lim\limits_{x\to 1}(1-x)\tan\dfrac{\pi x}{2}$.

4. 求下列函数极限：

（1）$\lim\limits_{x\to 1}x^{\frac{1}{1-x}}$；
（2）$\lim\limits_{x\to\frac{\pi}{4}}(\tan x)^{\tan 2x}$；

（3）$\lim\limits_{x\to 0^+}\left[\ln\left(\dfrac{1}{x}\right)\right]^x$；
（4）$\lim\limits_{x\to +\infty}\left(\dfrac{2}{\pi}\arctan x\right)^x$；

（5）$\lim\limits_{x\to 0}\left[\dfrac{(1+x)^{\frac{1}{x}}}{\mathrm{e}}\right]^{\frac{1}{x}}$.

5. 求下列函数极限：

（1）$\lim\limits_{x\to 0}\dfrac{x^2\sin\dfrac{1}{x}}{\sin x}$；
（2）$\lim\limits_{x\to +\infty}\dfrac{x-\sin x}{x+\cos x}$.

6. 求下列函数极限：

（1）$\lim\limits_{n\to\infty}\tan^n\left(\dfrac{\pi}{4}+\dfrac{2}{n}\right)$；
（2）$\lim\limits_{x\to 0^+}\dfrac{1-\sqrt{\cos x}}{x(1-\cos\sqrt{x})}$；

（3）$\lim\limits_{x\to 0}\left(\dfrac{\mathrm{e}^x+\mathrm{e}^{2x}+\cdots+\mathrm{e}^{nx}}{n}\right)^{\frac{1}{x}}(n\in\mathbf{N}_+)$；
（4）$\lim\limits_{x\to 0}\left[\dfrac{a}{x}-\left(\dfrac{1}{x^2}-a^2\right)\ln(1+ax)\right]\ (a\neq 0)$.

7. 试确定常数 a，b，使得 $\lim\limits_{x\to 0}\dfrac{\ln(1+x)-(ax+bx^2)}{x^2}=2$.

8. 已知 $\lim\limits_{x\to 0}\dfrac{2\arctan x-\ln\dfrac{1+x}{1-x}}{x^p}=c\neq 0$，求常数 p，c.

§3 泰勒定理及应用

§3.1 泰勒定理

当一个函数给出了具体表达式后，有的函数值并不是很容易计算. 例如 $f(x) = e^x$，计算 $f(0.312) = e^{0.312}$，若用十进制表示，不借助计算器或查表是很难计算出来的. 如何解决这一问题呢？多项式函数是各类函数中最简单的一类，因为它只需用到四则运算. 于是我们想到能否用多项式近似表达一般函数的问题. 实际上这是近似计算理论分析的一个重要内容.

定理 3.11(泰勒(Taylor)定理) 设函数 $f(x)$ 在区间 I 上 n 阶连续可导，在 I 内部存在 $n+1$ 阶导数，$x_0 \in I$，任给 $x \in I$，且 $x \neq x_0$，有

$$
\begin{aligned}
f(x) &= P_n(x) + \frac{f^{(n+1)}(\xi)}{(n+1)!}(x-x_0)^{n+1} \\
&= f(x_0) + f'(x_0)(x-x_0) + \frac{f''(x_0)}{2!}(x-x_0)^2 + \cdots + \\
&\quad \frac{f^{(n)}(x_0)}{n!}(x-x_0)^n + \frac{f^{(n+1)}(\xi)}{(n+1)!}(x-x_0)^{n+1},
\end{aligned}
\tag{3.10}
$$

其中，ξ 是介于 x_0 与 x 之间的某一点.

$$
P_n(x) = f(x_0) + f'(x_0)(x-x_0) + \frac{f''(x_0)}{2!}(x-x_0)^2 + \cdots + \frac{f^{(n)}(x_0)}{n!}(x-x_0)^n
$$

称为 n 次泰勒多项式.

证法一 $\forall x \in I$，$x \neq x_0$，不妨设 $x_0 < x$. 由 $[x_0, x] \subset I$，知 $f(x)$ 在 $[x_0, x]$ 上 n 阶连续可导，在 (x_0, x) 内存在 $n+1$ 阶导数，现记

$$
R_n(x) = f(x) - P_n(x) = f(x) - \left[f(x_0) + f'(x_0)(x-x_0) + \frac{f''(x_0)}{2!}(x-x_0)^2 + \cdots + \frac{f^{(n)}(x_0)}{n!}(x-x_0)^n \right],
$$

$$
Q_n(x) = (x-x_0)^{n+1}.
$$

这两个函数在 $[x_0, x]$ 上都存在 $n+1$ 阶导数.

$$
R_n'(x) = f'(x) - \left[f'(x_0) + f''(x_0)(x-x_0) + \cdots + \frac{f^{(n)}(x_0)}{(n-1)!}(x-x_0)^{n-1} \right],
$$

$$R_n''(x) = f''(x) - \left[f''(x_0) + f'''(x_0)(x-x_0) + \cdots + \frac{f^{(n)}(x_0)}{(n-2)!}(x-x_0)^{n-2} \right],$$

$$\cdots$$

$$R_n^{(n)}(x) = f^{(n)}(x) - f^{(n)}(x_0),$$

$$R_n^{(n+1)}(x) = f^{(n+1)}(x),$$

$$Q_n'(x) = (n+1)(x-x_0)^n,$$

$$Q_n''(x) = (n+1)n(x-x_0)^{n-1},$$

$$\cdots$$

$$Q_n^{(n)}(x) = (n+1)n \cdot \cdots \cdot 3 \cdot 2(x-x_0),$$

$$Q_n^{(n+1)}(x) = (n+1)!.$$

因此

$$R_n(x_0) = R_n'(x_0) = R_n''(x_0) = \cdots = R_n^{(n)}(x_0) = 0,$$

且

$$Q_n(x_0) = Q_n'(x_0) = \cdots = Q_n^{(n)}(x_0) = 0.$$

所以在区间 $[x_0, x]$ 上连续运用柯西定理 $n+1$ 次，就有

$$\frac{R_n(x)}{Q_n(x)} = \frac{R_n(x) - R_n(x_0)}{Q_n(x) - Q_n(x_0)} = \frac{R_n'(\xi_1)}{Q_n'(\xi_1)} = \frac{R_n'(\xi_1) - R_n'(x_0)}{Q_n'(\xi_1) - Q_n'(x_0)}$$

$$= \frac{R_n''(\xi_2)}{Q_n''(\xi_2)} = \frac{R_n''(\xi_2) - R_n''(x_0)}{Q_n''(\xi_2) - Q_n''(x_0)} = \frac{R_n'''(\xi_3)}{Q_n'''(\xi_3)} = \cdots$$

$$= \frac{R_n^{(n)}(\xi_n)}{Q_n^{(n)}(\xi_n)} = \frac{R_n^{(n)}(\xi_n) - R_n^{(n)}(x_0)}{Q_n^{(n)}(\xi_n) - Q_n^{(n)}(x_0)} = \frac{R_n^{(n+1)}(\xi)}{Q_n^{(n+1)}(\xi)},$$

其中

$$x_0 < \xi < \xi_n < \xi_{n-1} < \cdots < \xi_3 < \xi_2 < \xi_1 < x.$$

而

$$R_n^{(n+1)}(\xi) = f^{(n+1)}(\xi), \quad Q_n^{(n+1)}(\xi) = (n+1)!,$$

于是

$$\frac{R_n(x)}{Q_n(x)} = \frac{f^{(n+1)}(\xi)}{(n+1)!}, \quad x_0 < \xi < x,$$

或

$$R_n(x) = \frac{f^{(n+1)}(\xi)}{(n+1)!}(x-x_0)^{n+1},$$

即

$$f(x) = P_n(x) + \frac{f^{(n+1)}(\xi)}{(n+1)!}(x-x_0)^{n+1}, \quad x_0 < \xi < x.$$

证法二 任给 $x \in I$，这时把 x 看成常数，且 $x \neq x_0$. 设

$$\frac{f(x) - \left[f(x_0) + f'(x_0)(x-x_0) + \cdots + \frac{f^{(n)}(x_0)}{n!}(x-x_0)^n \right]}{(x-x_0)^{n+1}} = k, \quad (3.11)$$

只需证明至少存在一点 ξ 介于 x_0 与 x 之间, 使 $k = \dfrac{f^{(n+1)}(\xi)}{(n+1)!}$. 由式(3.11)知

$$f(x) - \left[f(x_0) + f'(x_0)(x-x_0) + \frac{f''(x_0)}{2!}(x-x_0)^2 + \cdots + \right.$$

$$\left. \frac{f^{(n)}(x_0)}{n!}(x-x_0)^n \right] - k(x-x_0)^{n+1} = 0. \qquad (3.12)$$

构造函数

$$\varphi(t) = f(x) - \left[f(t) + f'(t)(x-t) + \frac{f''(t)}{2!}(x-t)^2 + \cdots + \right.$$

$$\left. \frac{f^{(n)}(t)}{n!}(x-t)^n \right] - k(x-t)^{n+1},$$

这里 k 与 t 无关, 因此对 t 来说 k 是常数.

由于 $\varphi(x) = 0$, 且由式(3.12)知 $\varphi(x_0) = 0$, 而 $\varphi(t)$ 在 $[x_0, x]$(或 $[x, x_0]$)上可导, 所以 $\varphi(t)$ 在该区间上也连续. 由罗尔定理知, 至少存在一点 ξ 介于 x_0 与 x 之间, 使 $\varphi'(\xi) = 0$. 由于

$$\varphi'(t) = - \left[f'(t) - f'(t) + f''(t)(x-t) - f''(t)(x-t) + \frac{f'''(t)}{2!}(x-t)^2 - \frac{f'''(t)}{2!}(x-t)^2 + \right.$$

$$\left. \frac{f^{(4)}(t)}{3!}(x-t)^3 - \cdots - \frac{f^{(n)}(t)}{(n-1)!}(x-t)^{n-1} + \frac{f^{(n+1)}(t)}{n!}(x-t)^n \right] + (n+1)k(x-t)^n$$

$$= - \frac{f^{(n+1)}(t)}{n!}(x-t)^n + (n+1)k(x-t)^n,$$

所以有

$$- \frac{f^{(n+1)}(\xi)}{n!}(x-\xi)^n + (n+1)k(x-\xi)^n = 0,$$

其中 ξ 介于 x_0 与 x 之间, 且 $x \neq \xi$. 从而

$$\frac{f^{(n+1)}(\xi)}{n!} - (n+1)k = 0,$$

即

$$k = \frac{f^{(n+1)}(\xi)}{(n+1)!}.$$

因此结论成立. □

式(3.10)称为函数 $f(x)$ 在点 $x = x_0$ 处的 n 阶泰勒公式.

$\dfrac{f^{(n+1)}(\xi)}{(n+1)!}(x-x_0)^{n+1}$ 称为 n 阶泰勒公式的拉格朗日余项, 记作 $R_n(x)$. 由

$$\xi = x_0 + \theta(x - x_0),$$

知

$$R_n(x) = \frac{f^{(n+1)}[x_0 + \theta(x-x_0)]}{(n+1)!}(x-x_0)^{n+1}, \quad 0 < \theta < 1.$$

若对任意的正整数 n，对一切 $x \in I$，有 $|f^{(n+1)}(x)| \leqslant M.$ M 是某个正常数，则可用 $P_n(x)$ 近似表示函数 $f(x)$，误差

$$|f(x)-P_n(x)| = |R_n(x)| \leqslant \frac{M}{(n+1)!}|x-x_0|^{n+1}.$$

若 $x_0 = 0$，则

$$f(x) = f(0) + f'(0)x + \frac{f''(0)}{2!}x^2 + \cdots + \frac{f^{(n)}(0)}{n!}x^n + \frac{f^{(n+1)}(\xi)}{(n+1)!}x^{n+1}. \quad (3.13)$$

其中 ξ 介于 0 与 x 之间，这个公式称为<u>麦克劳林（Maclaurin）公式</u>，余项为

$$R_n(x) = \frac{f^{(n+1)}(\xi)}{(n+1)!}x^{n+1} = \frac{f^{(n+1)}(\theta x)}{(n+1)!}x^{n+1}, \quad 0 < \theta < 1.$$

重难点讲解
泰勒公式的引入

重难点讲解
泰勒公式

§3.2 几个常用函数的麦克劳林公式

实际中，最常用的还是麦克劳林公式，这是因为麦克劳林多项式 $P_n(x) = f(0) + f'(0)x + \frac{f''(0)}{2!}x^2 + \cdots + \frac{f^{(n)}(0)}{n!}x^n$ 形式简单，计算容易. 而且有了函数的麦克劳林公式以后，利用麦克劳林公式可求出函数的泰勒公式.

1. $f(x) = e^x$ 的麦克劳林公式.

由于 $f^{(n)}(x) = e^x$，所以 $f^{(n)}(0) = e^0 = 1$，$f^{(n+1)}(\theta x) = e^{\theta x}$，把它们代入公式 (3.13)，得

$$e^x = 1 + x + \frac{x^2}{2!} + \cdots + \frac{x^n}{n!} + \frac{e^{\theta x}}{(n+1)!}x^{n+1}, \quad 0 < \theta < 1, \ x \in \mathbf{R}.$$

2. $f(x) = \sin x$ 的麦克劳林公式.

$f(0) = 0.$ 由于

$$f^{(n)}(x) = \sin\left(x + n \cdot \frac{\pi}{2}\right),$$

$$f^{(n)}(0) = \sin\frac{n\pi}{2},$$

所以当 $n = 2m$ 时，

$$f^{(2m)}(0) = \sin m\pi = 0, \ m = 0, 1, 2, \cdots;$$

当 $n = 2m+1$ 时，

$$f^{(2m+1)}(0) = \sin(2m+1)\frac{\pi}{2} = \sin\left(m\pi + \frac{\pi}{2}\right) = (-1)^m, \quad m = 0, 1, 2, \cdots;$$

当 $n = 2m+2$ 时，

$$f^{(2m+2)}(\theta x) = \sin\left[\theta x + (2m+2)\frac{\pi}{2}\right],$$

代入式(3.13), 得

$$\sin x = x - \frac{x^3}{3!} + \frac{x^5}{5!} - \frac{x^7}{7!} + \cdots + (-1)^m \frac{x^{2m+1}}{(2m+1)!} + \frac{\sin(m\pi+\pi+\theta x)}{(2m+2)!} x^{2m+2},$$

$$0 < \theta < 1, \ x \in \mathbf{R}.$$

注 $n = 2m+1$.

3. $f(x) = \cos x$ 的麦克劳林公式.

$f(0) = 1$. 由于 $f^{(n)}(x) = \cos\left(x + n \cdot \dfrac{\pi}{2}\right)$, $f^{(n)}(0) = \cos\dfrac{n\pi}{2}$, 所以

当 $n = 2m$ 时, $f^{(2m)}(0) = \cos m\pi = (-1)^m$, $m = 0, 1, 2, \cdots$;

当 $n = 2m+1$ 时, $f^{(2m+1)}(0) = \cos\left(m\pi + \dfrac{\pi}{2}\right) = 0$, $m = 0, 1, 2, \cdots$;

当 $n = 2m+2$ 时, $f^{(2m+2)}(\theta x) = \cos(\theta x + m\pi + \pi)$,

代入式(3.13), 得

$$\cos x = 1 - \frac{x^2}{2!} + \frac{x^4}{4!} + \cdots + (-1)^m \frac{x^{2m}}{(2m)!} + \frac{\cos(\theta x + m\pi + \pi)}{(2m+2)!} x^{2m+2},$$

$$0 < \theta < 1, \ x \in \mathbf{R}.$$

注 $n = 2m+1$.

4. $f(x) = \ln(1+x)$ 的麦克劳林公式.

$f(0) = 0$. 由于

$$f^{(n)}(x) = (-1)^{n-1}(n-1)! \ (1+x)^{-n},$$
$$f^{(n)}(0) = (-1)^{n-1}(n-1)!,$$
$$f^{(n+1)}(\theta x) = (-1)^n n! \ (1+\theta x)^{-(n+1)},$$

代入式(3.13), 得

$$\ln(1+x) = x - \frac{x^2}{2} + \frac{x^3}{3} - \frac{x^4}{4} + \cdots + \frac{(-1)^{n-1}x^n}{n} + \frac{(-1)^n x^{n+1}}{(n+1)(1+\theta x)^{n+1}},$$

$$0 < \theta < 1, \ x \in \mathbf{R}.$$

5. $f(x) = (1+x)^\alpha$ 的麦克劳林公式.

$f(0) = 1$. 由于

$$f^{(n)}(x) = \alpha(\alpha-1)\cdots(\alpha-n+1)(1+x)^{\alpha-n},$$
$$f^{(n)}(0) = \alpha(\alpha-1)\cdots(\alpha-n+1),$$
$$f^{(n+1)}(\theta x) = \alpha(\alpha-1)\cdots(\alpha-n)(1+\theta x)^{\alpha-n-1},$$

代入式(3.13), 得

$$(1+x)^{\alpha} = 1+\alpha x+\frac{\alpha(\alpha-1)}{2!}x^2+\cdots+\frac{\alpha(\alpha-1)\cdots(\alpha-n+1)}{n!}x^n+$$

$$\frac{\alpha(\alpha-1)\cdots(\alpha-n)}{(n+1)!}\frac{x^{n+1}}{(1+\theta x)^{n+1-\alpha}}, \quad 0<\theta<1, \ x\in\mathbf{R}.$$

§3.3 带有佩亚诺余项的泰勒公式

由于拉格朗日余项形式比较复杂，我们考虑用更简单的形式表示. 由$f(x)$在点x_0可微的定义，知

$$\Delta y=f(x)-f(x_0)=f'(x_0)(x-x_0)+o(x-x_0) \quad (x\to x_0),$$

即

$$f(x)=f(x_0)+f'(x_0)(x-x_0)+o(x-x_0) \quad (x\to x_0).$$

因此，我们猜想，泰勒公式的余项$R_n(x)$可用$o((x-x_0)^n)$的形式表示.

定理 3.12（佩亚诺（Peano）定理） 若$f(x)$在点x_0处存在n阶导数，则

$$f(x)=f(x_0)+f'(x_0)(x-x_0)+\frac{f''(x_0)}{2!}(x-x_0)^2+\cdots+$$

$$\frac{f^{(n)}(x_0)}{n!}(x-x_0)^n+o((x-x_0)^n) \quad (x\to x_0).$$

证 设

$$F(x)=f(x)-\left[f(x_0)+f'(x_0)(x-x_0)+\frac{f''(x_0)}{2!}(x-x_0)^2+\cdots+\frac{f^{(n)}(x_0)}{n!}(x-x_0)^n\right],$$

$$G(x)=(x-x_0)^n,$$

利用$f(x)$在点x_0处存在n阶导数，并应用洛必达法则，有

$$\lim_{x\to x_0}\frac{F(x)}{G(x)}\left(\frac{0}{0}型\right)=\lim_{x\to x_0}\frac{F'(x)}{G'(x)}\left(\frac{0}{0}型\right)=\cdots=\lim_{x\to x_0}\frac{F^{(n-1)}(x)}{G^{(n-1)}(x)}\left(\frac{0}{0}型\right)$$

$$=\lim_{x\to x_0}\frac{f^{(n-1)}(x)-f^{(n-1)}(x_0)-f^{(n)}(x_0)(x-x_0)}{n(n-1)\cdots2(x-x_0)}$$

$$=\frac{1}{n!}\lim_{x\to x_0}\left[\frac{f^{(n-1)}(x)-f^{(n-1)}(x_0)}{x-x_0}-f^{(n)}(x_0)\right]=0.$$

因此，由无穷小量阶的比较知，$F(x)=o(G(x))=o((x-x_0)^n) \ (x\to x_0)$，即

$$f(x)=f(x_0)+f'(x_0)(x-x_0)+\frac{f''(x_0)}{2!}(x-x_0)^2+\cdots+$$

$$\frac{f^{(n)}(x_0)}{n!}(x-x_0)^n+o((x-x_0)^n) \quad (x\to x_0). \quad \square$$

称 $R_n(x) = o((x-x_0)^n)$ 为泰勒公式的佩亚诺(Peano)余项，相应的麦克劳林公式是

$$f(x) = f(0) + f'(0)x + \frac{f''(0)}{2!}x^2 + \cdots + \frac{f^{(n)}(0)}{n!}x^n + o(x^n) \quad (x \to 0).$$

我们把 5 个常用函数的带有佩亚诺余项的麦克劳林公式写在下面：

$$\mathrm{e}^x = 1 + x + \frac{x^2}{2!} + \cdots + \frac{x^n}{n!} + o(x^n);$$

$$\sin x = x - \frac{x^3}{3!} + \frac{x^5}{5!} - \frac{x^7}{7!} + \cdots + (-1)^n \frac{x^{2n+1}}{(2n+1)!} + o(x^{2n+1});$$

$$\cos x = 1 - \frac{x^2}{2!} + \frac{x^4}{4!} - \frac{x^6}{6!} + \cdots + (-1)^n \frac{x^{2n}}{(2n)!} + o(x^{2n});$$

$$\ln(1+x) = x - \frac{x^2}{2} + \frac{x^3}{3} - \frac{x^4}{4} + \cdots + (-1)^{n-1} \frac{x^n}{n} + o(x^n);$$

$$(1+x)^\alpha = 1 + \alpha x + \frac{\alpha(\alpha-1)}{2!}x^2 + \cdots + \frac{\alpha(\alpha-1)\cdots(\alpha-n+1)}{n!}x^n + o(x^n).$$

若 $f(x) = Ax^k + o(x^k)$，$A \neq 0$ 为常数 $(x \to 0)$，则 $f(x) \sim Ax^k$. 事实上，

$$\lim_{x \to 0} \frac{f(x)}{Ax^k} = \lim_{x \to 0} \frac{Ax^k + o(x^k)}{Ax^k} = 1.$$

因此，利用带有佩亚诺余项的泰勒公式可以求出某些函数的极限.

当 $x \to 0$ 时，若

$$f(x) = Ax^k + o(x^k) \sim Ax^k (A \neq 0),$$

$$g(x) = Bx^m + o(x^m) \sim Bx^m (B \neq 0),$$

则

$$\lim_{x \to 0} \frac{f(x)}{g(x)} = \lim_{x \to 0} \frac{Ax^k}{Bx^m} = \begin{cases} \infty, & k < m, \\ \dfrac{A}{B}, & k = m, \\ 0, & k > m. \end{cases}$$

例 1 求 $\lim\limits_{x \to 0} \dfrac{\cos x - \mathrm{e}^{-\frac{x^2}{2}}}{x^4}$.

解 由于

$$\cos x - \mathrm{e}^{-\frac{x^2}{2}} = \left(1 - \frac{x^2}{2!} + \frac{x^4}{4!} + o(x^4)\right) - \left(1 - \frac{x^2}{2} + \frac{1}{2!}\frac{x^4}{4} + o(x^4)\right)$$

$$= \left(\frac{1}{4!} - \frac{1}{4 \times 2!}\right)x^4 + o(x^4) \sim -\frac{1}{12}x^4 \quad (x \to 0),$$

所以

$$\lim_{x \to 0} \frac{\cos x - e^{-\frac{x^2}{2}}}{x^4} = \lim_{x \to 0} \frac{-\frac{1}{12}x^4}{x^4} = -\frac{1}{12}.$$

例 2 求 $\lim\limits_{x \to 0} \dfrac{e^x \sin x - x(1+x)}{x^3}$.

解

$$\lim_{x \to 0} \frac{e^x \sin x - x(1+x)}{x^3}$$

$$= \lim_{x \to 0} \frac{\left(1 + x + \dfrac{x^2}{2!} + o(x^2)\right) \cdot \left(x - \dfrac{x^3}{3!} + o(x^3)\right) - x(1+x)}{x^3}$$

$$= \lim_{x \to 0} \frac{\dfrac{1}{3}x^3 + o(x^3)}{x^3} = \frac{1}{3}.$$

重难点讲解
佩亚诺定理

重难点讲解
用佩亚诺余项
求极限

§3.4 泰勒公式的应用

利用麦克劳林公式，可以计算出三角函数、常用对数、自然对数的值. 三角函数表及自然对数表就是利用这个原理得到的.

一、计算函数的近似值

例 3 （1）计算数 e 的近似值，使其误差不超过 10^{-6}；

（2）证明：数 e 为无理数.

证 （1）$e^x = 1 + x + \dfrac{x^2}{2!} + \cdots + \dfrac{x^n}{n!} + \dfrac{e^\xi}{(n+1)!}x^{n+1}$，其中 ξ 介于 0 与 x 之间. 当 $x = 1$ 时，

$$e = 1 + 1 + \frac{1}{2!} + \cdots + \frac{1}{n!} + \frac{e^\xi}{(n+1)!}, \quad 0 < \xi < 1.$$

由于

$$R_n(1) = \frac{e^\xi}{(n+1)!} < \frac{3}{(n+1)!},$$

当 $n = 9$ 时，有 $R_9(1) < \dfrac{3}{10!} < 10^{-6}$，于是

$$e \approx 1 + 1 + \frac{1}{2!} + \frac{1}{3!} + \cdots + \frac{1}{9!} \approx 2.718\,281\,5.$$

（2）由于

$$e - \left(1 + 1 + \frac{1}{2!} + \cdots + \frac{1}{n!}\right) = \frac{e^\xi}{(n+1)!}, \quad 0 < \xi < 1,$$

上式两端乘以 $n!$，得

$$n!e-[n!+n!+n(n-1)\cdots3+\cdots+1]=\frac{e^{\xi}}{n+1}.$$

现证 e 是无理数. 假设 e 为有理数，设 $e=\dfrac{p}{q}$（其中 p,q 为整数），当 $n>q$ 时，$n!e$ 为整数，所以上式左端为整数，由于 $0<e^{\xi}<3$，因而右端当 $n\geqslant2$ 时为非整数，矛盾. 因此，e 只能是无理数. □

二、用多项式逼近函数

例 4　在 $[0,1]$ 上用二次多项式逼近函数 $y=\sqrt{1+x}$，并估计误差.

解　由于

$$\sqrt{1+x}=(1+x)^{\frac{1}{2}}=1+\frac{x}{2}-\frac{x^2}{8}+R_2(x),$$

所以，当 $0\leqslant x\leqslant1$ 时，有

$$|R_2(x)|=\left|\frac{3}{8}\cdot\frac{1}{(1+\xi)^{\frac{5}{2}}}\cdot\frac{1}{3!}x^3\right|\leqslant\frac{3}{8}\cdot\frac{1}{3!}=\frac{1}{16}.$$

三、证明在某种条件下 ξ 的存在性

例 5　设 $f(x)$ 在 $[a,b]$ 上 n 次可微，且 $f(a)=0$，
$$f^{(k)}(b)=0,\ k=0,\ 1,\ 2,\ \cdots,\ n-1.$$
证明：至少存在一点 $\xi\in(a,b)$，使 $f^{(n)}(\xi)=0$.

证　由于

$$f(x)=f(b)+f'(b)(x-b)+\cdots+\frac{f^{(n-1)}(b)}{(n-1)!}(x-b)^{n-1}+\frac{f^{(n)}(\xi)}{n!}(x-b)^n,\ \xi\in(x,b),$$

且由题意知 $f^{(k)}(b)=0\ (k=0,1,2,\cdots,n-1)$，所以

$$f(x)=\frac{f^{(n)}(\xi)}{n!}(x-b)^n\ (x<\xi<b),$$

取 $x=a$，有

$$0=f(a)=\frac{f^{(n)}(\xi)(a-b)^n}{n!},$$

因此有 $f^{(n)}(\xi)=0,\ \xi\in(a,b)$. □

四、证明某些不等式

例 6　设 $f(x)$ 在 $[0,1]$ 上具有三阶导数，且 $f(0)=1$，$f(1)=2$，$f'\left(\dfrac{1}{2}\right)=0$.
证明：至少存在一点 $\xi\in(0,1)$，使 $|f'''(\xi)|\geqslant24$.

证　$f(x)=f\left(\dfrac{1}{2}\right)+f'\left(\dfrac{1}{2}\right)\left(x-\dfrac{1}{2}\right)+\dfrac{1}{2!}f''\left(\dfrac{1}{2}\right)\left(x-\dfrac{1}{2}\right)^2+\dfrac{1}{3!}f'''(\xi)\left(x-\dfrac{1}{2}\right)^3$

$$= f\left(\frac{1}{2}\right) + \frac{1}{2!} f''\left(\frac{1}{2}\right)\left(x - \frac{1}{2}\right)^2 + \frac{1}{3!} f'''(\xi)\left(x - \frac{1}{2}\right)^3,$$

当 $x = 0$ 时，有

$$f(0) = f\left(\frac{1}{2}\right) + \frac{1}{2}\frac{1}{4} f''\left(\frac{1}{2}\right) - \frac{1}{3!}\frac{1}{8} f'''(\xi_1),\ 0 < \xi_1 < \frac{1}{2}, \qquad (3.14)$$

当 $x = 1$ 时，有

$$f(1) = f\left(\frac{1}{2}\right) + \frac{1}{2}\frac{1}{4} f''\left(\frac{1}{2}\right) + \frac{1}{3!}\frac{1}{8} f'''(\xi_2),\ \frac{1}{2} < \xi_2 < 1. \qquad (3.15)$$

式(3.15)减去式(3.14)，得

$$1 = f(1) - f(0) = \frac{1}{48}\left[f'''(\xi_2) + f'''(\xi_1) \right],$$

有

$$48 = |f'''(\xi_1) + f'''(\xi_2)| \leqslant |f'''(\xi_1)| + |f'''(\xi_2)|,$$

得

$$48 \leqslant 2\max\left\{ |f'''(\xi_1)|,\ |f'''(\xi_2)| \right\},$$

从而 $|f'''(\xi)| \geqslant 24$ ($|f'''(\xi)| = \max\{|f'''(\xi_1)|,\ |f'''(\xi_2)|\}$). □

例 7 设 $\lim\limits_{x \to 0} \dfrac{f(x)}{x} = 1$ 且 $f''(x) > 0$，证明：$f(x) \geqslant x$.

证 由于 $\lim\limits_{x \to 0} \dfrac{f(x)}{x} = 1$ 且 $\lim\limits_{x \to 0} x = 0$，所以 $\lim\limits_{x \to 0} f(x) = 0$，又 $f(x)$ 在 $x = 0$ 连续，有

$$\lim_{x \to 0} f(x) = f(0) = 0,$$

于是

$$\lim_{x \to 0} \frac{f(x) - f(0)}{x} = 1 = f'(0),$$

又

$$f(x) = f(0) + f'(0)x + \frac{f''(\xi)}{2!}x^2 = x + \frac{f''(\xi)}{2!}x^2,$$

其中 ξ 介于 0 与 x 之间，且 $f''(\xi) > 0$，$x^2 \geqslant 0$，所以 $f(x) \geqslant x$. □

习题 3-3

1. 将多项式 $P(x) = 1 + 3x + 5x^2 - 2x^3$ 表示成二项式 $x + 1$ 的正整数乘幂多项式.

2. 写出下列函数在指定点处的泰勒公式：

(1) $f(x) = \arcsin x$，在 $x = 0$ 处，3 阶；　　　　(2) $f(x) = e^{\sin x}$，在 $x = 0$ 处，3 阶；

(3) $f(x) = \sin x$，在 $x = \dfrac{\pi}{2}$ 处，$2n$ 阶.

3. 证明下列近似公式，并估计公式的绝对误差：

(1) $\sin x \approx x - \dfrac{x^3}{6}$，当 $|x| \leqslant \dfrac{1}{2}$ 时；　　　　(2) $\tan x \approx x + \dfrac{x^3}{3}$，当 $|x| \leqslant 0.1$ 时.

4. 利用基本函数的泰勒公式将下列函数展开成具有佩亚诺余项的泰勒公式：

(1) $f(x) = e^x$，在 $x = 1$ 处，n 阶；　　　　(2) $f(x) = \ln \dfrac{1-x}{1+x}$，在 $x = 0$ 处，$2n$ 阶.

5. 利用泰勒公式近似地计算下式，并估计误差：

(1) $\sqrt[5]{250}$；　　　(2) $\sqrt{e}$；　　　(3) $\sin 18°$；　　　(4) $\ln 1.2$.

6. 计算 $\sin 1°$（精确到 10^{-8}）.

7. 利用泰勒公式求下列函数极限：

(1) $\lim\limits_{x \to +\infty} x^{\frac{3}{2}} \left(\sqrt{x+1} + \sqrt{x-1} - 2\sqrt{x} \right)$；　　　　(2) $\lim\limits_{x \to +\infty} \left(\sqrt[6]{x^6 + x^5} - \sqrt[6]{x^6 - x^5} \right)$；

(3) $\lim\limits_{x \to +\infty} \left[\left(x^3 - x^2 + \dfrac{x}{2} \right) e^{\frac{1}{x}} - \sqrt{x^6 + 1} \right]$.

8. 怎样选择常数 a 与 b，使当 $x \to 0$ 时，$x - (a + b\cos x)\sin x$ 关于 x 为 5 阶无穷小？

9. 设 $f(x)$ 在 $[0,1]$ 上具有二阶导数，且满足条件 $|f(x)| \leqslant a$，$|f''(x)| \leqslant b$，其中 a，b 都是非负数，c 是 $(0,1)$ 内任意一点.

(1) 写出 $f(x)$ 在 $x = c$ 处带有拉格朗日余项的一阶泰勒公式；

(2) 证明：$|f'(c)| \leqslant 2a + \dfrac{b}{2}$.

§4　数学建模（一）

所谓数学模型，是指对于现实世界的一特定对象，为了某个特定的目的，做出一些重要的简化和假设，运用适当的数学工具得到的一个数学结构，它或者能解释特定现象的现实性态，或者能预测对象的未来状况，或者能提供处理对象的最优决策或控制．数学模型简称模型.

数学建模较简单的情形是：利用函数表示式取极大值或极小值，很容易求出全局极大值（最大值）和全局极小值（最小值），把一个问题转换成一个我们熟悉的函数表达式，并在定义域上优化该函数的方法称为建模，具体的步骤是：

1. 全面思考问题，确认优化哪个量或函数，即适当选取自变量与因变量；

2. 如有可能，画几幅草图显示变量间的关系，在草图上清楚地标出变量；

3. 设法用上述确认的变量表示要优化的函数，如有必要，在公式中保留一个变量而消去其他变量，确认此变量的变化区域；

4. 求出所有局部极大值点和极小值点，计算这些点和端点（如果有的话）

的函数值，以求出全局极大值和全局极小值.

在求函数的最大值与最小值的过程中，常利用以下结论：

（1）闭区间上连续函数的最大值点与最小值点一定包含在区间内部驻点、导数不存在的点及端点之中，比较这些点的函数值.

（2）当 $f(x)$ 在 $[a,b]$ 上连续时，若 $f'(x) \geqslant 0$，$x \in (a,b)$，则 $f(x)$ 在 $[a,b]$ 上递增，有 $m=f(a)$（最小值），$M=f(b)$（最大值）. 若 $f'(x) \leqslant 0$，$x \in (a,b)$，则 $f(x)$ 在 $[a,b]$ 上递减，有 $M=f(a)$，$m=f(b)$.

（3）若连续函数 $f(x)$ 在区间 I（I 可以是闭区间,可以是开区间,也可以是半闭半开区间）内取到唯一极值 $f(x_0)$，且是唯一极大（小）值，则必为最大（小）值. 事实上，$f(x)$ 在 x_0 左侧严格递增（减），而在 x_0 右侧严格递减（增），所以 $f(x_0)$ 为最大（小）值.

（4）对实际问题，如果根据题意肯定在区间内部存在最大值（最小值），且函数在该区间内只有一个可能极值点（驻点或导数不存在的点），那么此点就是所求函数的最大（小）值点.

例1 从一块边长为 a 的正方形铁皮的四角上截去同样大小的正方形（图 3-5），然后按虚线把四边折起来做成一个无盖的盒子，问要截取多大的小方块，才能使盒子的容量最大？

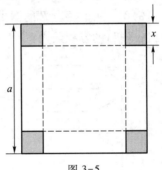

图 3-5

解 设 x 表示截去小正方形的边长，则盒子的容积为

$$V = x(a-2x)^2, \quad x \in \left[0, \frac{a}{2}\right],$$

$$\frac{\mathrm{d}V}{\mathrm{d}x} = (a-2x)^2 - 4x(a-2x) = (a-2x)(a-6x),$$

令 $\dfrac{\mathrm{d}V}{\mathrm{d}x} = 0$，解得

$$x_1 = \frac{a}{2}（舍去）, \quad x_2 = \frac{a}{6} \in \left(0, \frac{a}{2}\right).$$

由于 $V(0)=0$，$V\left(\dfrac{a}{2}\right)=0$，$V\left(\dfrac{a}{6}\right)=\dfrac{2a^3}{27}$，故盒子的最大容积 $V_\mathrm{m}=\dfrac{2a^3}{27}$. 因此，正方形的四个角各截去一块边长为 $\dfrac{a}{6}$ 的小正方形后，才能做成容积最大的盒子.

例2 欲制造一个容积为 V 的圆柱体有盖容器，如何设计可使材料最省？

解 设容器的高为 h，底圆半径为 r（图 3-6），则所需材料（表面积）为

$$S = 2\pi r^2 + 2\pi rh.$$

由于 $V = \pi r^2 h$，所以 $h = \dfrac{V}{\pi r^2}$. 代入上式，得

$$S(r) = 2\pi r^2 + \frac{2V}{r}, \quad 0 < r < +\infty.$$

由于

$$\frac{\mathrm{d}S}{\mathrm{d}r} = 4\pi r - \frac{2V}{r^2} = \frac{4\pi}{r^2}\left(r^3 - \frac{V}{2\pi}\right),$$

令 $\dfrac{\mathrm{d}S}{\mathrm{d}r} = 0$，解得 $r = \sqrt[3]{\dfrac{V}{2\pi}}$，而

$$\frac{\mathrm{d}^2 S}{\mathrm{d}r^2} = 4\pi + \frac{4V}{r^3}, \quad \left.\frac{\mathrm{d}^2 S}{\mathrm{d}r^2}\right|_{r=\sqrt[3]{\frac{V}{2\pi}}} = 12\pi > 0,$$

故 $r = \sqrt[3]{\dfrac{V}{2\pi}}$ 是唯一的极小值，所以它必为最小值. 从而，当 $r = \sqrt[3]{\dfrac{V}{2\pi}}$，$h = 2r$ 时，即有盖圆柱体容器的高与底圆直径相等时，用料最省.

例 3 从半径为 R 的圆中应切去怎样的扇形，才能使余下的部分卷成的漏斗(图 3-7)的容积最大?

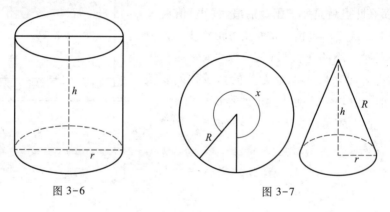

图 3-6　　　　　　　　　图 3-7

解 设余下部分的中心角为 x(以弧度制计量)，则漏斗(呈圆锥状)底的周长为 Rx，底半径 $r = \dfrac{Rx}{2\pi}$，高

$$h = \sqrt{R^2 - \left(\frac{Rx}{2\pi}\right)^2} = \frac{R}{2\pi}\sqrt{4\pi^2 - x^2}.$$

其容积为

$$V = \frac{1}{3}\pi\left(\frac{Rx}{2\pi}\right)^2 \frac{R}{2\pi}\sqrt{4\pi^2 - x^2} = \frac{R^3}{24\pi^2}x^2\sqrt{4\pi^2 - x^2}, \quad 0 < x < 2\pi.$$

由于 V 的表达式中带有根号，式子比较复杂. 因此，我们可以考虑当 x 为何值时，函数

$$f(x) = x^4(4\pi^2 - x^2)$$

的值为最大. 由于

$$f'(x) = 16\pi^2 x^3 - 6x^5,$$

令 $f'(x)=0$，解得

$$x=2\pi\sqrt{\dfrac{2}{3}}.$$

而

$$f''(x)=48\pi^2 x^2-30x^4=2x^2(24\pi^2-15x^2),$$

$$f''\left(2\pi\sqrt{\dfrac{2}{3}}\right)=2\times4\pi^2\times\dfrac{2}{3}\left(24\pi^2-15\times4\pi^2\times\dfrac{2}{3}\right)=-\dfrac{256}{3}\pi^4<0.$$

因此，当 $x=2\pi\sqrt{\dfrac{2}{3}}$ 时，$f\left(2\pi\sqrt{\dfrac{2}{3}}\right)$ 最大，即 $V\left(2\pi\sqrt{\dfrac{2}{3}}\right)$ 最大. 所以割去扇形的圆心角应为 $2\pi\left(1-\sqrt{\dfrac{2}{3}}\right)$.

例4   在宽为 a m 的河中修建一宽为 b m 的运河，两者成直角相交(图 3-8). 问能驶进这条运河的船，其最大的长度如何?

分析   可以把问题简化为，绕过拐角的只是船的一条边而忽略其宽度. 为了通过尽可能长的船，要使船两端不仅恰好触到河边(B 与 C 处)而且要恰好触到 A 处的拐角. 因此，要求绕过拐角的最长的船，解决办法就要求线段 BAC 的最小长度.

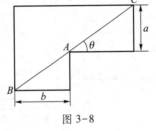

图 3-8

为此我们画出几条线段(图 3-8). 在绕过拐角时，线段 BAC 的长度先减少，而后又增加，其最小长度也许就是能绕过拐角的船体的最大长度(注意，在这一过程中点 B 和点 C 在变动). 当然，较短的船也能绕过拐角(它不同时接触 A,B,C 三点)，而更长的船就不能通过了.

解   如图所示，BC 代表船的长度，设为 τ. 由 $AC=a\csc\theta$，$AB=b\sec\theta$，得

$$\tau=AC+AB=a\csc\theta+b\sec\theta,\quad \theta\in\left(0,\dfrac{\pi}{2}\right).$$

由于

$$\tau'=-a\csc\theta\cot\theta+b\sec\theta\tan\theta=\dfrac{b\sin^3\theta-a\cos^3\theta}{\cos^2\theta\sin^2\theta},$$

令 $\tau'=0$，解得 $\tan\theta=\left(\dfrac{a}{b}\right)^{\frac{1}{3}}$，$\theta_0=\arctan\left(\dfrac{a}{b}\right)^{\frac{1}{3}}$，$0<\theta_0<\dfrac{\pi}{2}$. 又由于

$$\tau''=a\csc\theta\cot^2\theta+a\csc^3\theta+b\sec\theta\tan^2\theta+b\sec^3\theta,$$

而 $\tau''(\theta_0)>0$，可知 θ_0 是唯一的极小值，因此 $\tau(\theta_0)$ 为最小值. 且

$$\csc\theta_0=\dfrac{\left(a^{\frac{2}{3}}+b^{\frac{2}{3}}\right)^{\frac{1}{2}}}{a^{\frac{1}{3}}},\quad \sec\theta_0=\dfrac{\left(a^{\frac{2}{3}}+b^{\frac{2}{3}}\right)^{\frac{1}{2}}}{b^{\frac{1}{3}}},$$

所以 $\tau(\theta_0) = (a^{\frac{2}{3}} + b^{\frac{2}{3}})^{\frac{3}{2}}$ 为船的最大长度.

例 5 光源 S(图 3-9)的光线射到平面镜 Ox 的哪一点再反射到点 A, 使光线所走的路径最短.

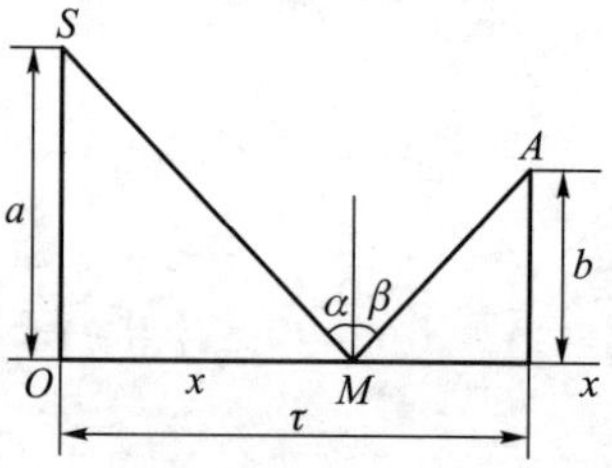

解 设入射点为 M, 令 $OM = x$. 光线 S 经 M 到 A 的路径长为

$$y = |SM| + |MA| = \sqrt{a^2 + x^2} + \sqrt{b^2 + (\tau - x)^2}.$$

由于

$$\frac{dy}{dx} = \frac{x}{\sqrt{a^2 + x^2}} - \frac{\tau - x}{\sqrt{b^2 + (\tau - x)^2}},$$

令 $\dfrac{dy}{dx} = 0$, 经化简得 $bx = a(\tau - x)$, 解得

$$x_0 = \frac{a\tau}{a + b}.$$

当 $x < x_0$ 时, $y'_x < 0$(因为 $y'(0) < 0$); 当 $x > x_0$ 时, $y'_x > 0$(因为 $y'(\tau) > 0$), 因此 x_0 为唯一极小值点, 也是光线路径长的最小值点, 此时

$$\tan\beta = \frac{\tau - x_0}{b} = \frac{\tau}{a + b} = \frac{x_0}{a} = \tan\alpha,$$

即入射角 α 等于反射角 β(图 3-9), 这就是著名的光的反射定律.

***例 6**(光的折射问题) 空气中光源 S 的光线经容器中水面折射到容器底部 M 点的路径遵循光线行程所需时间最短的原理, 试问此时光线的入射角 α 与折射角 β(图 3-10)满足什么关系? (设光在空气和水中的速度分别为 $v_1, v_2, v_1 > v_2$.)

解 设光线经 P 点折射到 M 点, 设 $|OP| = x$, 光线由 S 经 P 到 M 所需的时间

$$t = \frac{\sqrt{a^2 + x^2}}{v_1} + \frac{\sqrt{b^2 + (\tau - x)^2}}{v_2},$$

$$\frac{dt}{dx} = \frac{x}{v_1\sqrt{a^2 + x^2}} - \frac{\tau - x}{v_2\sqrt{b^2 + (\tau - x)^2}},$$

令 $\dfrac{dt}{dx} = 0$, 知 $\dfrac{\sin\alpha}{\sin\beta} = \dfrac{v_1}{v_2}$ 时, 光线行程所需时间最短, 这就是光学中著名的折射定律.

上面几个例子都是实际中典型的问题. 希望读者从这些例子中能够初步体会到建模的思想, 并能举一反三.

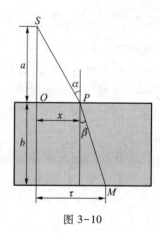

图 3-9

图 3-10

一般模型建立的步骤为

1. **模型准备**：了解问题的实际背景，明确建立模型的目的，掌握对象的各种信息，如统计数据等，弄清实际对象的特征.

2. **模型假设**：根据实际对象的特征和建模的目的，对问题进行必要的简化，并且用精确的语言做出假设.

3. **模型建立**：根据所做的假设，利用适当的数学工具，建立各个量(常量和变量)之间的等式或不等式，列出表格，画出图形或确定其他数学结构. 为了完成这项工作，常常需要具有比较广泛的应用数学知识及其他领域的知识，除了微积分外，还要用到我们现在或将要学习的其他数学课程，如微分方程、线性代数、概率统计等基础知识，更进一步，诸如计算方法、规划论、排队论、对策论等，可以说任何一个数学分支及任何领域的知识对不同模型的建立都有用. 但并不要求对数学的每个分支都精通，建模时还有一个原则就是，尽量采用简单的数学工具，因为建立数学模型的目的是为了解决实际问题，而不是供少数专家欣赏. 掌握数学建模的艺术，一要大量阅读，思考别人做过的模型；二要亲自动手认真做几个实际题目.

4. **模型求解**：利用解方程、画图形，证明定理以及逻辑运算等，特别是利用计算机技术、查资料，请教各方面的专家.

5. **模型分析**：对所得的结果进行数学上的分析，给出数学上的预测，有时给出数学上的最优决策或控制.

6. **模型检验**：把模型分析的结果拿到实际中去检验，用实际现象、数据等检验模型的合理性和适用性，如果检验结果不符合或部分不符合，那么问题通常出现在模型的假设上，应重新修改，补充假设，重新建模，如果检验满意，就可进行模型应用. 建模步骤如下所示：

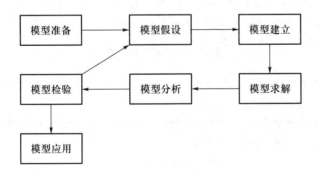

在实际建模的过程中，有时各个步骤之间的界限也并不是那么分明，不要局限于形式的按部就班，重要的是根据对象的特点和建模目的，去粗取精、抓住关键，从简到繁，不断完善.

模型的分类有以下几种：

1. 按照变量的情况，可分为离散模型和连续模型(利用微积分和微分方程知识常建立这种模型),确定型模型和随机模型(概率统计知识),线性模型和非线性模型,单变量模型和多变量模型(也可利用微积分及微分方程知识).

2. 按时间变化分,有静态模型和动态模型,参数定常的模型和参数时变的模型.

3. 按照研究方法和对象的数学特征分,有初等模型、优化模型、逻辑模型、稳定模型、扩散模型等.

4. 按照研究对象的实际领域分,有人口模型、交通模型、生态模型、生理模型、经济模型、社会模型.

5. 按照研究对象的了解程度分,有白箱模型、灰箱模型和黑箱模型.

白箱指可以用力学、物理学等一些机理清楚的学科来描述的现象,其中还需要进行大量研究的主要是优化设计和控制方面的问题.

灰箱指化工、水文、地质、气象、交通、经济等领域中机理尚不完全清楚的现象.

黑箱指生态、生理、医学、社会等领域中一些机理(指数量关系方面)更不清楚的现象.

当然白、灰、黑之间并没有明显的分界,并且随着科学技术的发展,箱子的"颜色"是逐渐由暗变亮的,希望读者能把所学的数学知识变为解决问题、造福人类的一个有效工具.

习题 3-4

1. 若直角三角形的一直角边与斜边之和为常数,求有最大面积的直角三角形.

2. 在不超过半圆的已知弓形内嵌入有最大面积的矩形.

3. 在椭圆 $\frac{x^2}{a^2}+\frac{y^2}{b^2}=1$ 中,嵌入有最大面积而平行于椭圆对称轴的矩形.

4. 从直径为 d 的圆形树干切出横断面为矩形的梁,此矩形的底等于 b,高等于 h,若梁的强度与 bh^2 成正比例,问梁的尺寸如何时,其强度最大.

5. 在半径为 R 的半球中,嵌入有最大体积的底为正方形的直平行六面体.

6. 于半径为 R 的球内嵌入有最大体积的圆柱.

7. 于半径为 R 的球内嵌入有最大表面积的圆柱.

8. 对已知球作具有最小体积的外切圆锥.

9. 求母线为 τ 的圆锥的最大体积.

10. 于顶角为 2α 与底半径为 R 的直圆锥中,嵌入有最大表面积的圆柱.

11. 从椭圆 $\frac{x^2}{a^2}+\frac{y^2}{b^2}=1$ 上的点 $M(x,y)$ 引切线,此切线与坐标轴构成一个三角形,使此三角形的面积为最小.

12. 一物体为直圆柱体, 其上端为半球体, 若此物体的体积等于 V, 问这物体的尺寸如何, 才有最小表面积.

13. 从南至北的铁路经过 B 城, 某工厂 A 距此铁路的最短距离为 a km, BC 的长度为 b km(第 13 题图). 为了从 A 到 B 运输货物最经济, 从工厂建设一条侧轨, 若每吨货物沿侧轨运输的价格为 p 元/km, 而沿铁路运输的价格为 q 元/km$(p>q)$, 则侧轨应向铁路取怎样的角度 φ?

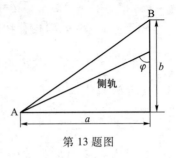

第 13 题图

14. 两船各以一定的速度 u 和 v 沿直线前进, 两者前进方向所成的角为 θ, 若于某时刻它们与其路线交点之距分别为 a 和 b, 求两船的最小距离.

§5 函数图形的凹凸性与拐点

函数的作图对研究函数的性态、解决实际问题都具有非常重要的意义. 而函数作图常采取描点作图法, 假如给了曲线上两点 $(a, f(a))$, $(b, f(b))$, 并且 $f(x)$ 在 $[a, b]$ 上严格递增, 如何描出区间 $[a, b]$ 上的曲线? 其实我们无法描绘, 因为曲线的形状仍然不能确定, 有两种截然不同的性质, 如图 3-11 所示, 可以是曲线 ACB, 也可以是曲线 ADB. 是不是 A, B 两点的距离太远了呢? 其实不然, A, B 两点无论多么近, 它们之间仍有无数点, 若放大则和图 3-11 的效果一样. 因此, 有必要研究在一个区间上曲线呈现 ACB 的形状, 还是呈现 ADB 的形状, 我们有如下的定义.

定义 3.2 设 $f(x)$ 在 (a, b) 内可导, 且曲线 $y = f(x)$ 都在曲线上任意一点切线的上方, 则称曲线在该区间内是凹的; 如果曲线都在曲线上任意一点切线的下方, 则称曲线在该区间内是凸的 (有兴趣的读者也可用其他的形式来定义).

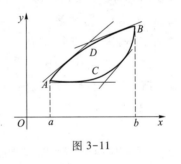

图 3-11

由图 3-11 可看出, 曲线弧 ACB 是凹的, 则曲线上的切线斜率 y' 递增; 弧 ADB 是凸的, 则曲线上的切线斜率 y' 递减. 因此有

定理 3.13(曲线凹凸的判定定理) 设函数 $f(x)$ 在区间 (a, b) 内具有二阶导数, 那么

(1) 若 $x \in (a, b)$, 有 $f''(x) > 0$, 则曲线 $y = f(x)$ 在 (a, b) 内是凹的;

(2) 若 $x \in (a, b)$, 有 $f''(x) < 0$, 则曲线 $y = f(x)$ 在 (a, b) 内是凸的.

证 任给 $x_0 \in (a, b)$, 曲线上点 $(x_0, f(x_0))$ 处的切线方程为

$$Y - f(x_0) = f'(x_0)(x - x_0),$$

或

$$Y = f(x_0) + f'(x_0)(x-x_0).$$

由于 $f(x)$ 在 (a,b) 内存在二阶导数，所以由泰勒公式知

$$y = f(x) = f(x_0) + f'(x_0)(x-x_0) + \frac{f''(\xi)}{2!}(x-x_0)^2,$$

其中 ξ 介于 x_0 与 x 之间.

由于 $y - Y = \dfrac{f''(\xi)}{2!}(x-x_0)^2$ $(x \neq x_0)$，从而

（1）当 $x \in (a,b)$ 时，若 $f''(x) > 0$，有 $y - Y > 0$，则曲线 $y = f(x)$ 在 (a,b) 内凹；

（2）当 $x \in (a,b)$ 时，若 $f''(x) < 0$，有 $y - Y < 0$，则曲线 $y = f(x)$ 在 (a,b) 内凸. □

定义 3.3 设函数 $y = f(x)$ 在点 x_0 的某邻域内连续，若 $(x_0, f(x_0))$ 是曲线 $y = f(x)$ 凹与凸的分界点，则称 $(x_0, f(x_0))$ 为曲线 $y = f(x)$ 的拐点或变凹点（图 3-12）.

定理 3.14（拐点的必要条件） 设函数 $f(x)$ 在 x_0 的某邻域内具有二阶导数，若 $(x_0, f(x_0))$ 是曲线 $y = f(x)$ 的拐点，则 $f''(x_0) = 0$. 但反之不成立.

定理 3.15（拐点的充分条件） 设函数 $f(x)$ 在 x_0 的某邻域内具有二阶导数，若在 x_0 的两侧 $f''(x)$ 异号，则 $(x_0, f(x_0))$ 是曲线 $y = f(x)$ 的一个拐点；若在 x_0 的两侧 $f''(x)$ 同号，则 $(x_0, f(x_0))$ 不是曲线的拐点.

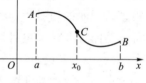

图 3-12

例 1 求函数 $y = 3x^2 - x^3$ 的凹凸区间与拐点.

解 （1）函数的定义域为 $(-\infty, +\infty)$.

（2）$y' = 6x - 3x^2$,

$$y'' = 6 - 6x = -6(x-1).$$

令 $y'' = 0$，有 $6(1-x) = 0$，解得 $x = 1$.

（3）作表如下：

x	$(-\infty, 1)$	1	$(1, +\infty)$
$f''(x)$	+		−
$f(x)$	凹	2	凸

（4）曲线在 $(-\infty, 1)$ 内是凹的，在 $(1, +\infty)$ 内是凸的，所以 $(1,2)$ 是曲线的拐点.

若上题仅求曲线的拐点，我们可以不用列表法. 由于 $y''' = -6$，$y''' \big|_{x=1} = -6 \neq 0$，所以 $(1,2)$ 是曲线的拐点.

例 2 求曲线 $y=x+x^{\frac{5}{3}}$ 的凹凸区间与拐点.

解 （1）函数的定义域是 $(-\infty,+\infty)$.

（2）$y'=1+\dfrac{5}{3}x^{\frac{2}{3}}$，$y''=\dfrac{10}{9}x^{-\frac{1}{3}}$，令 $y''=0$，无解.

（3）当 $x=0$ 时，y'' 不存在.

（4）当 $x\in(-\infty,0)$ 时，$y''<0$，曲线是凸的；当 $x\in(0,+\infty)$ 时，$y''>0$，曲线是凹的. 所以，$(0,0)$ 是曲线的拐点.

利用曲线的凹凸性，有如下的不等式.

定理 3.16 若曲线 $f(x)$ 在区间 (a,b) 内凹（凸），则任给 x_1，$x_2\in(a,b)$，$x_1\neq x_2$，都有

$$\frac{f(x_1)+f(x_2)}{2}>f\left(\frac{x_1+x_2}{2}\right)\left(\frac{f(x_1)+f(x_2)}{2}<f\left(\frac{x_1+x_2}{2}\right)\right).$$

证 不妨设曲线 $f(x)$ 在区间 (a,b) 内凹. 任给 x_1，$x_2\in(a,b)$，$x_1\neq x_2$，有 $\dfrac{x_1+x_2}{2}\in(a,b)$，则曲线在点 $\left(\dfrac{x_1+x_2}{2},f\left(\dfrac{x_1+x_2}{2}\right)\right)$ 处的切线方程为

$$y=f\left(\frac{x_1+x_2}{2}\right)+f'\left(\frac{x_1+x_2}{2}\right)\left(x-\frac{x_1+x_2}{2}\right),$$

由曲线凹的定义知

$$f(x_1)>f\left(\frac{x_1+x_2}{2}\right)+f'\left(\frac{x_1+x_2}{2}\right)\left(\frac{x_1-x_2}{2}\right),$$

$$f(x_2)>f\left(\frac{x_1+x_2}{2}\right)+f'\left(\frac{x_1+x_2}{2}\right)\left(\frac{x_2-x_1}{2}\right),$$

有

$$f(x_1)+f(x_2)>2f\left(\frac{x_1+x_2}{2}\right),$$

即

$$\frac{f(x_1)+f(x_2)}{2}>f\left(\frac{x_1+x_2}{2}\right).$$

同理可证曲线 $f(x)$ 在区间 (a,b) 内凸时，有

$$\frac{f(x_1)+f(x_2)}{2}<f\left(\frac{x_1+x_2}{2}\right).\quad\square$$

例 3 利用凹凸性证明

$$x\ln x+y\ln y>(x+y)\ln\frac{x+y}{2}\quad(x\neq y).$$

证 要证原不等式成立，只要证

$$\frac{x\ln x+y\ln y}{2}>\frac{x+y}{2}\ln\frac{x+y}{2}$$

成立. 由题意知 $x>0$, $y>0$. 设 $f(t)=t\ln t$, 由于

$$f'(t)=\ln t+1, \quad f''(t)=\frac{1}{t},$$

当 $t\in(0,+\infty)$ 时, 有 $f''(t)>0$, 所以 $f(t)$ 在 $(0,+\infty)$ 内是凹的. 因此, 任给 x, $y\in(0,+\infty)$ 且 $x\neq y$ 时, 有

$$\frac{f(x)+f(y)}{2}>f\left(\frac{x+y}{2}\right),$$

即

$$\frac{x\ln x+y\ln y}{2}>\frac{x+y}{2}\ln\frac{x+y}{2},$$

所以原不等式成立. □

习题 3-5

1. 讨论下列曲线的凹凸性, 并求拐点:

(1) $y=3x^2-x^3$; (2) $y=e^{-x^2}$;

(3) $y=\ln(1+x^2)$; (4) $y=x+x^{\frac{5}{3}}$.

2. 证明: 曲线 $y=\dfrac{x+1}{x^2+1}$ 有位于同一直线上的三个拐点.

3. 证明不等式:

$$\frac{x^n+y^n}{2}>\left(\frac{x+y}{2}\right)^n \quad (x>0,y>0,x\neq y,n>1).$$

4. 研究摆线(旋轮线)$x=a(t-\sin t)$, $y=a(1-\cos t)$ $(a>0)$ 的凹凸性.

§6 函数图形的描绘

§6.1 曲线的渐近线

在描点作图时, 函数的定义域往往是无穷区间, 我们在有限的平面上不可能完全画出函数的图像. 要知道曲线在无穷处的性态, 就需要借助于曲线的渐近线.

一、曲线的斜渐近线

定义 3.4 设函数 $y=f(x)$ 在 $(-\infty,-c]\cup[c,+\infty)$ $(c\geqslant 0)$ 内有定义, 若存在

一个已知的直线 L：$y=ax+b$（a,b 为常数），使得曲线 $y=f(x)$ 上的动点 $M(x,y)$，当它沿着曲线无限远离原点（即 $x\to\infty$）时，点 M 到直线 L 的距离 d 趋于 0，则称直线 L 是曲线 $y=f(x)$ 当 $x\to\infty$ 时的斜渐近线（图 3-13）.

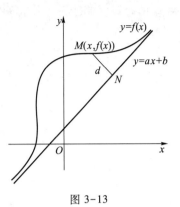

图 3-13

若直线 L：$y=ax+b$ 是曲线 $y=f(x)$ 的斜渐近线，则 a,b 为何值呢？

由斜渐近线定义知，$\lim\limits_{x\to\infty} d = \lim\limits_{x\to\infty} |MN| = 0$（其中，$MN$ 为动点到斜渐近线的距离），由点到直线距离公式，得

$$|MN| = \frac{|f(x)-ax-b|}{\sqrt{a^2+1}},$$

由 $\sqrt{a^2+1}\neq 0$，得 $\lim\limits_{x\to\infty}|f(x)-ax-b|=0$，即 $\lim\limits_{x\to\infty}(f(x)-ax-b)=0$. 从而有

$$\lim_{x\to\infty}\frac{f(x)-ax-b}{x}=0,$$

即

$$a=\lim_{x\to\infty}\frac{f(x)}{x},$$

且 $b=\lim\limits_{x\to\infty}(f(x)-ax)$. 因此，若 $y=ax+b$ 是曲线 $y=f(x)$ 当 $x\to\infty$ 时的斜渐近线，则

$$a=\lim_{x\to\infty}\frac{f(x)}{x}, \quad b=\lim_{x\to\infty}(f(x)-ax).$$

反之，若上式成立，即 $\lim\limits_{x\to\infty}(f(x)-ax)=b$，有 $\lim\limits_{x\to\infty}(f(x)-ax-b)=0$，又 $\sqrt{a^2+1}\neq 0$ 为常数，得

$$\lim_{x\to\infty}\frac{|f(x)-ax-b|}{\sqrt{a^2+1}}=0,$$

即

$$\lim_{x\to\infty}|MN|=\lim_{x\to\infty}d=0,$$

则直线 $y=ax+b$ 是曲线 $y=f(x)$ 当 $x\to+\infty$ 时的斜渐近线. 同理，对于 $x\to+\infty$ 或 $x\to-\infty$ 时的斜渐近线，只要把上式中 $x\to\infty$ 改成 $x\to+\infty$ 或 $x\to-\infty$ 即可.

若 $y=ax+b$ 是曲线的斜渐近线，当 $a=0$ 时，$y=b$ 称为曲线的水平渐近线. 换句话说，若 $\lim\limits_{x\to\infty}f(x)=b$，称直线 $y=b$ 是曲线 $y=f(x)$ 当 $x\to\infty$ 时的水平渐近线，水平渐近线包含在斜渐近线之中.

二、垂直渐近线

定义 3.5 若曲线上点 $M(x,f(x))$ 沿着曲线无限远离原点时，点 M 到直线

$x=x_0$ 的距离 d 趋于零，则称直线 $x=x_0$ 是曲线 $y=f(x)$ 的 <u>垂直渐近线</u>或<u>铅垂渐近线</u>.

由定义知，$x=x_0$ 是曲线 $y=f(x)$ 的垂直渐近线的充要条件是 $\lim\limits_{x \to x_0} f(x)=\infty$ 或 $\lim\limits_{x \to x_0^+} f(x)=\infty$ 或 $\lim\limits_{x \to x_0^-} f(x)=\infty$，如图 3-14 所示.

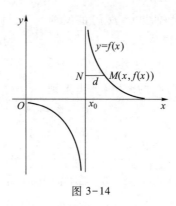

图 3-14

§6.2 函数图形的描绘

利用导数，我们可以求出函数在定义域上的单调区间、极值点、凹向区间、拐点、渐近线，从而可以比较准确地描绘出函数的图形. 作图的一般步骤为：

（1）确定函数的定义域；

（2）研究函数的奇偶性、周期性；

（3）确定函数的单调区间与极值；

（4）确定函数的凹向区间与拐点；

（5）求出函数的所有渐近线（如果有的话）；

（6）再描出一些点，如曲线与坐标轴的交点，每个单调整区间和凹凸区间再描几个点. 如果 $f(x)$ 在 $[a,b]$ 上有意义，要计算 $f(a)$，$f(b)$，若 $f(x)$ 在 (a,b) 或 $(-\infty,+\infty)$ 内有定义，要考察当 x 趋于端点或 $x \to \infty$ 时，函数值的变化趋势.

注 若曲线有渐近线，应首先画出渐近线. 而（3），（4）两步通常合在一起用列表法.

例 1 描绘函数 $y=\mathrm{e}^{-x^2}$ 的图形.

解 （1）函数的定义域是 $(-\infty,+\infty)$.

（2）函数是偶函数，关于 y 轴对称，故只需讨论 $x \geqslant 0$ 的情形.

（3）$y'=-2x\mathrm{e}^{-x^2}$，$y''=4\mathrm{e}^{-x^2}\left(x^2-\dfrac{1}{2}\right)$. 令 $y'=0$，解得 $x=0$. 令 $y''=0$，解得

$x = \dfrac{\sqrt{2}}{2}$.

（4）列表如下

x	0	$\left(0, \dfrac{\sqrt{2}}{2}\right)$	$\dfrac{\sqrt{2}}{2}$	$\left(\dfrac{\sqrt{2}}{2}, +\infty\right)$
$f'(x)$		$-$		$-$
$f''(x)$		$-$		$+$
$f(x)$	1	↘凸	$e^{-\frac{1}{2}}$	↘凹

由表中可知点 $\left(\dfrac{\sqrt{2}}{2},\ e^{-\frac{1}{2}}\right)$ 为曲线的拐点.

（5）由于 $\lim\limits_{x\to+\infty}\dfrac{e^{-x^2}}{x}=0=a$，$b=\lim\limits_{x\to+\infty}e^{-x^2}=0$，故 $y=0$ 是水平渐近线.

（6）当 $x=0$ 时，$y=1$，即曲线经过点 $(0,1)$.

根据上述讨论结果，作函数在 $(0, +\infty)$ 上的图形，再利用图形关于 y 轴的对称性，画出全部图形（图 3-15），这个曲线我们称为概率曲线.

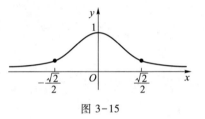

图 3-15

例 2 描绘函数 $y=\dfrac{(x-3)^2}{4(x-1)}$ 的图形.

解（1）函数的定义域为 $(-\infty,1)\cup(1,+\infty)$.

（2）函数非奇非偶.

（3）令 $y'=\dfrac{(x-3)(x+1)}{4(x-1)^2}=0$，解得 $x=-1,\ 3$. 当 $x=1$ 时，y' 不存在.

（4）令 $y''=\dfrac{2}{(x-1)^3}=0$，无解. 当 $x=1$ 时，y'' 不存在.

列表如下

x	$(-\infty,-1)$	-1	$(-1,1)$	1	$(1,3)$	3	$(3,+\infty)$
$f'(x)$	$+$	0	$-$	不存在	$-$	0	$+$
$f''(x)$	$-$		$-$	不存在	$+$		$+$
$f(x)$	↗凸	极大值	↘凸		↘凹	极小值	↗凹

（5）$\lim\limits_{x\to1}\dfrac{(x-3)^2}{4(x-1)}=\infty$，所以直线 $x=1$ 是曲线的垂直渐近线. 又

$$\lim_{x \to \infty} \frac{f(x)}{x} = \lim_{x \to \infty} \frac{(x-3)^2}{4x(x-1)} = \frac{1}{4} = a,$$

$$\lim_{x \to \infty} [f(x) - ax] = \lim_{x \to \infty} \left[\frac{(x-3)^2}{4(x-1)} - \frac{1}{4}x \right]$$

$$= \lim_{x \to \infty} \frac{-5x+9}{4(x-1)} = -\frac{5}{4} = b,$$

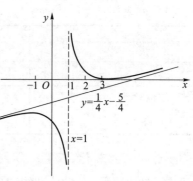

所以直线 $y = \frac{1}{4}x - \frac{5}{4}$ 是曲线当 $x \to \infty$ 时的斜渐近线.

(6) 曲线经过 $(3,0)$, $\left(0, -\frac{9}{4}\right)$.

根据上面的讨论，作出函数图形（图 3-16）.

图 3-16

习题 3-6

讨论下列函数性态并作图:

1. $y = 3x - x^3$;

2. $y = \dfrac{x}{(1-x^2)^2}$;

3. $y = \dfrac{(x+1)^3}{(x-1)^2}$;

4. $y = \dfrac{x}{\sqrt[3]{x^2-1}}$;

5. $y = (1+x^2)e^{-x^2}$.

*§7 导数在经济中的应用

§7.1 经济中常用的一些函数

一、成本函数

某产品的总成本 C 是指生产一定数量的产品所需的全部经济资源投入（如劳动力、原料、设备等）的价格或费用的总额. 它由固定成本 C_1 与可变成本 C_2 组成. 平均成本 $\bar{C}$ 是生产一定量产品，平均每单位产品的成本.

设产品数量为 q，成本为 C. 若生产的产品越多，成本就越高，所以 C 是增函数. 对多数产品来说，如杯子、电视机等，q 只能是整数，所以 C 的图像通常如图 3-17 所示.

但我们通常将 C 的图像看成一条通过这些点的连续曲线(图 3-18),这样,对于研究问题更有利. 成本函数通常具有如图 3-18 所示的一般形状(也有特殊的情形),C 轴上的截距表示固定成本,它是即使不生产也要支出的费用(例如厂房、设备等). 成本函数最初增长很快,然后就渐渐慢下来,因为生产产品的数量较大时,要比生产数量较少时的效率更高,即所谓规模经济. 当产量保持较高水平时,随着资源的逐渐匮乏,成本函数再次开始较快增长,当不得不更新厂房、设备时,成本函数会急速增长. 因此,$C(q)$ 开始时是凸的,后来变成凹的.

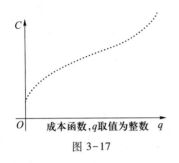

图 3-17 成本函数,q 取值为整数

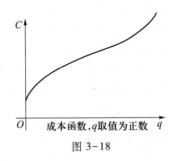

图 3-18 成本函数,q 取值为正数

设 C_1 为固定成本,C_2 为可变成本,$\bar{C}$ 为平均成本,则

$$C(q) = C_1 + C_2(q), \qquad \bar{C}(q) = \frac{C(q)}{q} = \frac{C_1}{q} + \frac{C_2(q)}{q}.$$

二、收益函数

总收益 R 是企业出售一定量产品所得到的全部收入.

平均收益 p 是企业出售一定量产品,平均每出售单位产品所得到的收入,即单位产品的价格,用 p 表示. p 与产品数量 q 有关,因此,$p = p(q)$. 设总收益为 R,则

$$R = qp = qp(q).$$

三、利润函数

设利润为 L,则利润=收入-成本,即 $L = R - C$.

四、需求函数

"需求"指的是顾客购买不同价格水平的同种商品的数量. 一般来说,价格的上涨导致需求量的下降.

设 p 表示商品价格,q 表示需求量. 需求量是由多种因素决定的,这里略去价格以外的其他因素,只讨论需求量与价格的关系,则 $q = f(p)$ 是单调递减函数,称为需求函数(图 3-19).

若 $q = f(p)$ 存在反函数,则 $p = f^{-1}(q)$ 也是单调递减函数,也称为需求函数.

根据市场调查,可得到一些价格与需求的数据

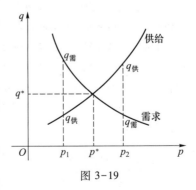

图 3-19

对 (p,q). 常用下列一些简单初等函数来拟合需求函数，建立经验曲线.

$$q = b - ap, \quad a > 0, \ b > 0; \qquad q = \frac{k}{p}, \quad k > 0, \ p \neq 0;$$

$$q = \frac{k}{p^a}, \quad a, \ k > 0, \ p \neq 0; \qquad q = ae^{-bp}, \quad a, \ b > 0.$$

五、供给函数

"供给"指的是生产者将要提供的不同价格水平的商品的数量. 一般说来，当价格上涨时，供给量增加. 设 p 表示商品价格，q 表示供给量，略去价格以外的其他因素，只讨论供给与价格的关系，则 $q = \varphi(p)$ 是单调递增函数，称为供给函数(图 3-19).

若 $q = \varphi(p)$ 存在反函数，则 $p = \varphi^{-1}(q)$ 也是单调递增函数.

我们常用以下函数拟合供给函数，建立经验曲线.

$$q = ap + b, \quad a, \ b > 0; \qquad q = kp^a, \quad k, \ a > 0; \qquad q = ae^{bp}, \quad a, \ p > 0.$$

六、均衡价格

均衡价格是市场上需求量与供给量相等时的价格. 在图 3-19 中表示为需求曲线与供给曲线相交的点处的横坐标 $p = p^*$，此时需求量与供给量 q^* 称为均衡商品量.

如图 3-19 所示，当 $p < p^*$ 时(不妨设 $p = p_1$)，此时消费者希望购买的商品量为 $q_需$，生产者能出卖的商品量为 $q_供$. 由于 $q_供 < q_需$，市场的商品供不应求，会形成抢购，从而导致价格上涨，即 p 增大，因而生产者增加产品的生产，有 $p \to p^{*-}$. 当 $p > p^*$ 时，如图 3-19 中 $p = p_2$ 处，此时 $q_供 > q_需$，市场的商品供大于求，商品滞销，自然导致价格下跌，即 p 减少，有 $p \to p^{*+}$.

总之，市场上的商品价格将趋向于均衡价格和均衡商品量，即 p^* 和 q^*. 而两条曲线正是在此处相交，这意味着在平衡点处，一种数量为 q^* 的商品将被生产出来并以单价 p^* 销售.

§7.2 边际分析

一、边际分析

很多经济决策是基于对边际成本和边际收益的分析得到的.

假如你是一位航空公司经理，节日来临，你想决定是否增加新的航班. 如果纯粹是从财务角度出发，你该如何决策，换句话说，如果该航班能给公司挣钱，则应该增加. 因此，你需要考虑有关的成本和收益，关键是增加航班的附加成本是大于还是小于该航班所产生的附加收益，这样的附加成本和附加收益称为边际成本 MC 和边际收益 MR.

设 $C(q)$ 是经营 q 个航班的总成本函数，若该航空公司原经营 100 个航班，若增加一个航班，则

$$边际成本 = C(101) - C(100) = \frac{C(101) - C(100)}{101 - 100} \approx C'(100).$$

因此，很多经济学家都选择把边际成本 MC 定义为成本的瞬时变化率，即

$$边际成本 = MC = C'(q),$$

而边际收益 $= R(101) - R(100) = \dfrac{R(101) - R(100)}{101 - 100} \approx R'(100)$，所以经济学家常常定义

$$边际收入 = MR = R'(q).$$

从而，比较 $R'(100)$ 与 $C'(100)$，即可决定是否增加航班.

一般地，若函数 $y = f(x)$ 可导，则导函数 $f'(x)$ 也称为<u>边际函数</u>.

$$\frac{\Delta y}{\Delta x} = \frac{f(x_0 + \Delta x) - f(x_0)}{\Delta x}$$

称为 $f(x)$ 在 $[x_0, x_0 + \Delta x]$ 上的<u>平均变化率</u>，它表示在 $[x_0, x_0 + \Delta x]$ 内 $f(x)$ 的平均变化速度. $f(x)$ 在点 x_0 处的<u>变化率</u> $f'(x_0)$ 也称为 $f(x)$ 在点 x_0 处的<u>边际函数值</u>，它表示 $f(x)$ 在点 x_0 处的变化速度.

在点 x_0 处，x 从 x_0 改变一个单位，y 相应的改变值为

$$\Delta y \Big|_{\substack{x = x_0 \\ \Delta x = 1}} = f(x_0 + 1) - f(x_0),$$

当 x 的一个单位与 x_0 值相比很小时，则有

$$\Delta y \Big|_{\substack{x = x_0 \\ \Delta x = 1}} = f(x_0 + 1) - f(x_0) \approx dy \Big|_{\substack{x = x_0 \\ dx = 1}} = f'(x) dx \Big|_{\substack{x = x_0 \\ \Delta x = 1}} = f'(x_0)$$

（当 $\Delta x = -1$ 时，标志着 x 由 x_0 减小一个单位）.

这说明 $f(x)$ 在点 x_0 处，当 x 产生一个单位的改变时，y 近似地改变 $f'(x_0)$ 个单位. 在实际应用中解释边际函数值的具体意义也略去"近似"二字.

因此，我们称 $C'(q)$，$R'(q)$，$L'(q)$ 分别为<u>边际成本，边际收益，边际利润</u>. 而 $C'(q_0)$ 称为当产量为 q_0 时的边际成本，其经济意义是当产量达到 q_0 时，再生产一个单位产品所增添的成本（即成本的瞬时变化率）. 同样 $R'(q_0)$ 称为当产量为 q_0 时的边际收益，其经济意义是当产量达到 q_0 时，再生产一个单位产品所得到的收益（即收益的瞬时变化率）.

二、最大利润

利润函数为 $L(q) = R(q) - C(q)$，可利用求函数最大值、最小值的方法来求最大利润.

由于 $L'(q) = R'(q) - C'(q)$，令 $L'(q) = 0$，得 $R'(q) = C'(q)$，即 $L(q)$ 取到最大值的必要条件是：边际收益等于边际成本. 当然最大利润或最小利润也不一定发生在 $MR = MC$ 时，有时还要考虑导数不存在的点及端点. 可是这一关系要比我们对个别问题得出的答案有力得多，因为它是帮助我们在一般情形下确定最大（或最小）利润的条件.

例1 已知某厂生产 x 件产品的成本为

$$C = 25\,000 + 200x + \frac{x^2}{40}（元），$$

（1）要使平均成本最小，应生产多少件产品；

（2）若产品以每件 500 元售出，要使利润最大，应生产多少件产品？

解 （1）设平均成本为 y，则

$$y = \frac{25\,000}{x} + 200 + \frac{x}{40},$$

令 $y' = -\dfrac{25\,000}{x^2} + \dfrac{1}{40} = 0$，解得 $x_1 = 1\,000$，$x_2 = -1\,000$（舍去）. 而

$$y'' = \frac{50\,000}{x^3}, \qquad y''\big|_{x=1\,000} = 5 \times 10^{-5} > 0.$$

所以当 $x = 1\,000$ 时，y 取得唯一的极小值，即最小值. 从而，要使平均成本最小，应生产 $1\,000$ 件产品.

（2）利润函数

$$L(x) = 500x - \left(25\,000 + 200x + \frac{x^2}{40}\right) = 300x - \frac{x^2}{40} - 25\,000,$$

由于

$$L'(x) = 300 - \frac{x}{20},$$

令 $L'(x) = 0$，解得 $x = 6\,000$. 因为

$$L''(x) = -\frac{1}{20}, \quad L''(6\,000) < 0,$$

所以当 $x = 6\,000$ 时，L 取得唯一的极大值，即最大值. 从而，要使利润最大，应生产 $6\,000$ 件产品.

例 2 一商家销售某种商品的价格 p 满足关系式

$$p = 7 - 0.2x,$$

其中 x 为销售量（单位：kg），商品的成本函数（单位：元）是 $C = 3x + 1$.

（1）若每销售 1 kg 商品，政府要征税 t 元，求该商家获得最大利润时的销售量；

（2）t 为何值时，政府税收总额最大.

解 （1）当销售了 x kg 商品时，总税额为 $T = tx$. 商品销售总收入为 $R = px = (7 - 0.2x)x$，利润函数为

$$L = R - C - T = -0.2x^2 + (4 - t)x - 1,$$

$$\frac{\mathrm{d}L}{\mathrm{d}x} = -0.4x + 4 - t,$$

令 $\dfrac{\mathrm{d}L}{\mathrm{d}x} = 0$，解得 $x = \dfrac{5}{2}(4 - t)$. 又 $\dfrac{\mathrm{d}^2 L}{\mathrm{d}x^2} < 0$，所以

$$x = \frac{5}{2}(4 - t)$$

为利润最大时的销售量.

（2）将 $x = \dfrac{5}{2}(4 - t)$ 代入 $T = tx$，得

$$T = 10t - \frac{5}{2}t^2,$$

$$\frac{\mathrm{d}T}{\mathrm{d}t} = 10 - 5t.$$

令 $\dfrac{\mathrm{d}T}{\mathrm{d}t} = 0$，解得 $t = 2$. 又

$$\frac{\mathrm{d}^2 T}{\mathrm{d}t^2} = -5 < 0,$$

所以当 $t=2$ 时，T 有唯一极大值，同时也是最大值. 此时，政府税收总额最大.

§7.3 弹性分析

一、弹性的概念

函数的改变量与函数的变化率实际上是绝对改变量与绝对变化率，仅仅研究这些是不够的. 在市场上，假若 1 kg 大米的价格由 2 元上涨至 3 元和 1 kg 黄金由 100 000 元上涨至 100 100 元，哪一种商品的价格波动大？显然是大米. 虽然大米每千克单位价格的改变量是 1 元，黄金每千克单位价格的改变量是 100 元，但这两个量是绝对改变量. 实际上，大米的涨幅是 $\frac{1}{2}=50\%$，而黄金的涨幅是 $\frac{100}{100\,000}=0.1\%$，当然大米的涨幅对我们的影响比较大. 这里就涉及相对改变量，我们对一个函数 $y=f(x)$，可考虑同样的问题.

例 3 设函数 $y=x^2$，当 $x_0=10$，$\Delta x=1$ 时，x 的绝对改变量是 1，x 的相对改变量是

$$\frac{\Delta x}{x_0}=\frac{1}{10}=10\%,$$

而 y 的绝对改变量为

$$\Delta y=(10+1)^2-(10)^2=21,$$

y 的相对改变量是 $\frac{\Delta y}{y_0}=\frac{21}{10^2}=21\%$. 而

$$\frac{\Delta y}{y_0}\Big/\frac{\Delta x}{x_0}=\frac{21\%}{10\%}=2.1,$$

它表示在 $[10,11]$ 上，x 从 $x=10$ 改变 1% 时，y 平均改变 2.1%. 我们称它为从 $x=10$ 到 $x=11$ 时，函数 $y=x^2$ 的平均相对变化率.

定义 3.6 函数 $y=f(x)$ 的相对改变量

$$\frac{\Delta y}{y_0}=\frac{f(x_0+\Delta x)-f(x_0)}{y_0}$$

与自变量的相对改变量 $\frac{\Delta x}{x_0}$ 之比 $\frac{\Delta y}{y_0}\Big/\frac{\Delta x}{x_0}$ 称为函数 $f(x)$ 从 $x=x_0$ 到 $x=x_0+\Delta x$ 两点间的相对变化率或称两点间的弹性.

若 $f'(x_0)$ 存在，则极限值

$$\lim_{\Delta x\to 0}\frac{\Delta y/y_0}{\Delta x/x_0}=\lim_{\Delta x\to 0}\frac{x_0}{y_0}\cdot\frac{\Delta y}{\Delta x}=f'(x_0)\frac{x_0}{y_0}$$

称为 $f(x)$ 在点 x_0 处的相对变化率，或相对导数或弹性，记作 $\dfrac{Ey}{Ex}\bigg|_{x=x_0}$ 或 $\dfrac{E}{Ex}f(x_0)$. 即

$$\frac{Ey}{Ex}\bigg|_{x=x_0}=\frac{E}{Ex}f(x_0)=f'(x_0)\frac{x_0}{y_0}.$$

若 $f'(x)$ 存在，则

$$\frac{Ey}{Ex}=\frac{E}{Ex}f(x)=\lim_{\Delta x\to 0}\frac{\Delta y/y}{\Delta x/x}=\lim_{\Delta x\to 0}\frac{x}{y}\cdot\frac{\Delta y}{\Delta x}=f'(x)\frac{x}{y}\ (\text{是 } x \text{ 的函数}),$$

称为 $f(x)$ 的弹性函数.

由于

$$\lim_{\Delta x \to 0} \frac{\Delta y / y_0}{\Delta x / x_0} = \frac{E}{Ex} f(x_0).$$

当 $|\Delta x|$ 充分小时,

$$\frac{\Delta y / y_0}{\Delta x / x_0} \approx \frac{E}{Ex} f(x_0),$$

从而

$$\frac{\Delta y}{y_0} \approx \frac{\Delta x}{x_0} \frac{E}{Ex} f(x_0).$$

若取 $\frac{\Delta x}{x_0} = 1\%$, 则 $\frac{\Delta y}{y_0} \approx \frac{E}{Ex} f(x_0)\%$.

弹性的经济意义: 若 $f'(x_0)$ 存在, 则 $\frac{E}{Ex} f(x_0)$ 表示在点 x_0 处, x 改变 1% 时, $f(x)$ 近似地改变 $\frac{E}{Ex} f(x_0)\%$ (我们常略去"近似"两字).

因此, 函数 $f(x)$ 在点 x 的弹性 $\frac{E}{Ex} f(x)$ 反映随 x 变化的幅度所引起函数 $f(x)$ 变化幅度的大小, 也就是 $f(x)$ 对 x 变化反应的强烈程度或灵敏度.

例 4 设 $y = a^x (a > 0, a \neq 1)$, 求 $\frac{Ey}{Ex}$, $\frac{Ey}{Ex}\Big|_{x=1}$.

解 由于

$$\frac{Ey}{Ex} = y' \cdot \frac{x}{y} = a^x \cdot \ln a \cdot \frac{x}{a^x} = x \ln a,$$

所以

$$\frac{Ey}{Ex}\Big|_{x=1} = \ln a.$$

例 5 设 $y = x^a$, 求 $\frac{Ey}{Ex}$.

解

$$\frac{Ey}{Ex} = y' \cdot \frac{x}{y} = a x^{a-1} \frac{x}{x^a} = a.$$

二、需求弹性

需求弹性反映了当商品价格变动时需求变动的强弱. 由于需求函数 $q = f(p)$ 为递减函数, 所以 $f'(p) \leqslant 0$, 从而 $f'(p_0) \frac{p_0}{q_0}$ 为负数. 经济学家一般用正数表示需求弹性, 因此, 采用需求函数相对变化率的相反数来定义需求弹性.

定义 3.7 设某商品的需求函数为 $q = f(p)$, 则称

$$\bar{\eta}(p_0, p_0 + \Delta p) = -\frac{\Delta q}{\Delta p} \cdot \frac{p_0}{q_0}$$

为该商品从 $p = p_0$ 到 $p = p_0 + \Delta p$ 两点间的需求弹性. 若 $f'(p_0)$ 存在, 则称

$$\eta\big|_{p=p_0} = \eta(p_0) = -f'(p_0) \cdot \frac{p_0}{f(p_0)}$$

为该商品在 $p = p_0$ 处的需求弹性.

例 6 已知某商品的需求函数为 $q = f(p) = \dfrac{1\,200}{p}$，求：

（1）从 $p = 30$ 到 $p = 20$，50 各点间的需求弹性；

（2）当 $p = 30$ 时的需求弹性，并解释其经济意义．

解 （1）由于当 $p = 30$ 时，$q = 40$，所以

$$\bar{\eta}(30, 20) = -\frac{\dfrac{1\,200}{20} - \dfrac{1\,200}{30}}{20 - 30} \times \frac{30}{40} = \frac{60 - 40}{10} \times \frac{30}{40} = 1.5,$$

$$\bar{\eta}(30, 50) = -\frac{\dfrac{1\,200}{50} - \dfrac{1\,200}{30}}{50 - 30} \times \frac{30}{40} = \frac{16}{20} \times \frac{3}{4} = 0.6.$$

$\bar{\eta}(30, 20) = 1.5$ 说明商品价格 p 从 30 降至 20，在该区间内 p（从 30）下降 1%，需求量相应地（从 40）平均增加 1.5%．

$\bar{\eta}(30, 50) = 0.6$ 说明商品价格 p 从 30 涨至 50，在该区间内 p（从 30）上涨 1%，需求量相应地（从 40）平均减少 0.6%．

（2）由于

$$\eta(p) = -f'(p)\frac{p}{f(p)} = -\frac{-1\,200}{p^2} \cdot \frac{p}{\dfrac{1\,200}{p}} = 1,$$

因此 $\eta(30) = 1$. 这说明当 $p = 30$ 时，价格上涨 1%，需求减少 1%；价格下跌 1%，需求增加 1%．

三、供给弹性

供给弹性与一般函数弹性定义一致．

定义 3.8 设某商品供给函数为 $q = \varphi(p)$，则称

$$\bar{\varepsilon}(p_0, p_0 + \Delta p) = \frac{\Delta q}{\Delta p} \cdot \frac{p_0}{q_0}$$

为该商品在 $p = p_0$ 与 $p = p_0 + \Delta p$ 两点间的供给弹性．若 $\varphi'(p_0)$ 存在，则称

$$\varepsilon\Big|_{p = p_0} = \varepsilon(p_0) = \varphi'(p_0) \cdot \frac{p_0}{\varphi(p_0)}$$

为该商品在 $p = p_0$ 处的弹性．

例 7 设 $q = e^{2p}$，求 $\varepsilon(2)$，并解释其经济意义．

解 由于 $(e^{2p})' = 2e^{2p}$，所以

$$\varepsilon(p) = \varphi'(p) \cdot \frac{p}{\varphi(p)} = 2e^{2p} \cdot \frac{p}{e^{2p}} = 2p,$$

有 $\varepsilon(2) = 4$. $\varepsilon(2) = 4$ 说明当 $p = 2$ 时，价格上涨 1%，供给增加 4%；价格下跌 1%，供给减少 4%．

例 8 设某产品的需求函数为 $q = f(p)$，收益函数为 $R = pq$，其中 p 为产品价格，q 为需求量（产品的产量），$f(p)$ 是单调递减函数．如果当价格为 p_0，对应的产量为 q_0 时，边际收益

$$\frac{\mathrm{d}R}{\mathrm{d}q}\Big|_{q = q_0} = a > 0,$$

收益对价格的边际效应为

$$\frac{dR}{dp}\bigg|_{p=p_0} = c < 0,$$

需求 q 对价格 p 的弹性为 $\eta_p = b > 1$，求 p_0 和 q_0.

解 因为收益 $R = pq$，所以有

$$\frac{dR}{dq} = p + q\frac{dp}{dq} = p + \left(-\frac{1}{\dfrac{dq}{dp}\cdot\dfrac{p}{q}}\right)(-p) = p\left(1-\frac{1}{\eta_p}\right),$$

于是 $\dfrac{dR}{dq}\bigg|_{q=q_0} = p_0\left(1-\dfrac{1}{b}\right) = a$，解得 $p_0 = \dfrac{ab}{b-1}$. 又

$$\frac{dR}{dp} = q + p\frac{dq}{dp} = q - \left(-\frac{dq}{dp}\cdot\frac{p}{q}\right)q = q(1-\eta_p),$$

于是有 $\dfrac{dR}{dp}\bigg|_{p=p_0} = q_0(1-\eta_p) = c$，得 $q_0 = \dfrac{c}{1-b}$.

四、用需求弹性分析总收益

因为 $R = pq$，$q = f(p)$，所以

$$R' = f(p) + pf'(p) = f(p)\left[1 + f'(p)\frac{p}{f(p)}\right] = f(p)(1-\eta).$$

由于 $f(p) \geqslant 0$，所以

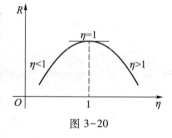

图 3-20

（1）若 $\eta < 1$，则需求变动的幅度小于价格变动的幅度，此时 $R' > 0$，R 递增. 即价格上涨，总收益增加；价格下跌，总收益减少.

（2）若 $\eta > 1$，则需求变动的幅度大于价格变动的幅度，此时 $R' < 0$，R 递减. 即价格上涨，总收益减少；价格下跌，总收益增加.

（3）若 $\eta = 1$，则需求变动的幅度等于价格变动的幅度，此时 $R' = 0$，则 R 取到最大值.

因此，总收益的变化受需求弹性的制约，随商品需求弹性的变化而变化（图 3-20）.

习题 3-7

1. 某公司生产成本的一个合理而实际的模型由短期柯布-道格拉斯曲线

$$C(a) = kq^{\frac{1}{a}} + F$$

给出，其中 a 是正常数，F 是固定成本，k 测算的是公司在获取技术方面的支出.

（1）证明：当 $a > 1$ 时，C 是凸的；

（2）假设当平均成本等于边际成本时，平均成本取极小值. 求当 q 取何值时，平均成本取极小值？

2. 设图(第 2 题图)给出了平均成本 $\overline{C}$ 的图像.

(1) 画出边际成本 $C'(q)$ 的图像;

(2) 证明:若 $\overline{C}(q)=b+mq$,则 $C'(q)=b+2mq$.

3. $C(q)$ 是产品数量为 q 的总成本,平均成本为 $\overline{C}(q)$ 如图(第 3 题图)所示.对于任意 q_0,经济学家用以下法则决定边际成本 $C'(q_0)$:首先作出 $\overline{C}(q)$ 在 q_0 处的切线 t_1,然后作直线 t_2,使其与 t_1 具有相同的 y 轴截距,而斜率是 t_1 斜率的 2 倍,则 $C'(q_0)$ 如图所示,解释此法则有效的理由.

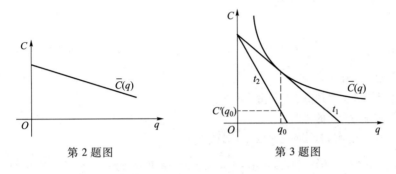

第 2 题图   第 3 题图

4. 设总收入和总成本(单位:元)分别由下列两式给出:
$$R(q)=5q-0.003q^2,\qquad C(q)=300+1.1q,$$
其中 $0\leqslant q\leqslant 1\,000$.求获得最大利润的 q 数量,以及怎样的生产水平将得到最小利润?

5. 设某产品的总成本函数为 $C(x)=400+3x+\dfrac{1}{2}x^2$,而需求函数为 $p=\dfrac{100}{\sqrt{x}}$,其中 x 为产量(假定等于需求量),p 为价格.试求:(1)边际成本;(2)边际收益;(3)边际利润;(4)收益的价格弹性.

6. 某出版社出版一种图书,印刷 x 册所需成本为 $y=25\,000+5x$(单位:元),又每册书的书价 p 与 x 之间有经验公式
$$\frac{x}{1\,000}=6\left(1-\frac{p}{30}\right).$$
问价格 p 定为多少时,出版社获取最大利润(假设该书可以全部售出).

7. 设某厂家打算生产一批商品投放市场,已知该商品的需求函数
$$p=p(x)=10\mathrm{e}^{-\frac{x}{2}},$$
且最大需求量为 6,其中 x 表示需求量,p 表示价格.

(1) 求该商品的收益函数和边际收益函数;

(2) 求使收益最大时的产量,最大收益和相应的价格;

(3) 画出收益函数的图形.

8. 已知某企业的总收益函数为
$$R=26x-2x^2-4x^3,$$
总成本函数 $C=8x+x^2$,其中 x 表示产品的产量.求利润函数、边际收益函数、边际成本函数,以及企业获得最大利润时的产量和最大利润.

9. 设当某种商品的单价为 p 时,售出的商品数量 q 可表示成

$$q = \frac{a}{p+b} - c,$$

其中 a，b，c 均为正数，且 $a > b$.

(1) 求 p 在何范围内变化时，可使相应销售额增加或减少；

(2) 要使销售额最大，商品单价 p 应取何值？最大销售额为多少？

10. 求下列函数的弹性函数：

(1) $y = x^2$；　　　　(2) $y = e^{3x}$；

(3) $y = ax + b$；　　　(4) $y = \sin x$.

11. 设某产品的成本函数为

$$C = aq^2 + bq + c,$$

需求函数为 $q = \dfrac{1}{e}(d-p)$，其中 C 为成本，q 为需求量（即产量），p 为单价，a，b，c，d，e 都是正的常数，且 $d > b$. 求：

(1) 利润最大时的需求量及最大利润；

(2) 需求对价格的弹性；

(3) 需求对价格弹性的绝对值为 1 时的产量.

12. 设某商品的需求函数为 $q = e^{-\frac{p}{4}}$，求需求弹性函数及当 $p = 3$，4，5 时的需求弹性.

13. 设某商品的供给函数 $q = 2 + 3p$，求供给弹性函数及当 $p = 3$ 时的供给弹性.

14. 某商品的需求函数为 $q = q(p) = 75 - p^2$，

(1) 求当 $p = 4$ 时的边际需求及需求弹性，并说明其经济意义；

(2) 当 $p = 4$ 时，若价格 p 上涨 1%，总收益将变化百分之几？是增加还是减少？

(3) 当 $p = 6$ 时，若价格 p 上涨 1%，总收益将变化百分之几？是增加还是减少？

(4) 当 p 为多少时，总收益最大？

§8　曲　　率

§8.1　曲率

一、曲率的定义

在实际问题中，我们经常要遇到诸如此类的问题：如一弹性桥梁在荷载的作用下要产生弯曲变形，设计时需要对该桥梁的允许弯曲程度有一定的限制；又如火车在转弯的地方，路轨需要用适当的曲线来衔接，使火车平稳地运行. 这些都与曲线的弯曲程度有关.

用怎样的量才能描述曲线的弯曲程度呢？我们看到，图 3-21 中两条曲线的长度（$= \tau$）一样，那么，切线所转过角度较大（$\theta_1 > \theta_2$）的曲线弯曲得厉害. 又若两条曲线的转角($=\theta$)一样，则较短的曲线($\tau_1<\tau_2$)弯曲得厉害(图 3-22).

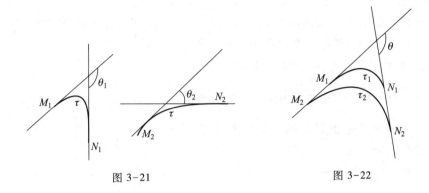

图 3-21   图 3-22

设 M，N 是曲线上邻近的两点，$\widehat{MN}$ 的长度为 τ，

切线的转角为 θ，$\dfrac{\theta}{\tau}$ 表示平均单位弧长上的切线转角.

由上面的分析知道，$\dfrac{\theta}{\tau}$ 越大，弧的平均弯曲程度就越

图 3-23

大. 比值 $\dfrac{\theta}{\tau}$ 称为 $\widehat{MN}$ 的平均曲率(图 3-23).

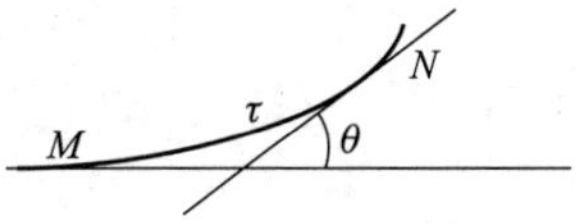

二、曲率公式

1. 曲率的定义

对一般的曲线来说，它在各点的弯曲程度不一样，如何描述在一点的弯曲

程度呢？当 τ 取得越小，$\dfrac{\theta}{\tau}$ 就越接近曲线在点 M 附近的弯曲程度，因此有

定义 3.9 当 $\tau\to0$ (N 沿曲线趋于 M)时，若 $\widehat{MN}$ 的平均曲率 $\dfrac{\theta}{\tau}$ 的极限

$$\lim_{\tau\to0}\frac{\theta}{\tau}$$

存在，则该极限值称为曲线在点 M 的曲率，记作 k，即

$$k=\lim_{\tau\to0}\frac{\theta}{\tau}.$$

曲率是描述曲线弯曲程度的量.

例 1 求半径为 R 的圆上一点 M 处的曲率(图 3-24).

解 在圆上取一点 N，设 $\widehat{MN}$ 的长为 τ，$\angle NOM=$

θ，则 $\tau=R\theta$，有 $\dfrac{\theta}{\tau}=\dfrac{1}{R}$. 因此 $\lim\limits_{\tau\to0}\dfrac{\theta}{\tau}=\dfrac{1}{R}$，所以曲率

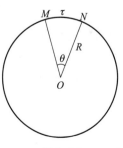

图 3-24

$$k = \frac{1}{R}.$$

这说明圆上各点的曲率相同，而且圆上每一点的曲率 k 都等于半径的倒数，半径越大曲率越小，半径越小曲率越大.

2. 曲率在直角坐标系下的表达式

除了圆以外，直接用极限 $\lim\limits_{\tau \to 0} \dfrac{\theta}{\tau}$ 去求曲线上一点的曲率是很麻烦的，我们需要寻求更常用的表达式.

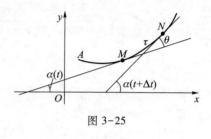

图 3-25

分析 设曲线方程为

$$\begin{cases} x = x(t), \\ y = y(t), \end{cases}$$

$M(x(t), y(t))$，$N(x(t+\Delta t), y(t+\Delta t))$ 是曲线上两点（图 3-25）.

由 $\tan \alpha = \dfrac{\mathrm{d}y}{\mathrm{d}x} = \dfrac{y'(t)}{x'(t)}$，得 $\alpha = \arctan \dfrac{y'(t)}{x'(t)}$，从而，

$$\theta = |\alpha(t+\Delta t) - \alpha(t)| = |\Delta \alpha|.$$

设 $\overset{\frown}{AN}$ 的长为 $s(t+\Delta t)$，则 $\tau = s(t+\Delta t) - s(t)$，于是

$$\lim_{\tau \to 0} \frac{\theta}{\tau} = \lim_{\Delta t \to 0} \left| \frac{\Delta \alpha}{\Delta s} \right| = \lim_{\Delta t \to 0} \left| \frac{\Delta \alpha}{\Delta t} \middle/ \frac{\Delta s}{\Delta t} \right| = \left| \frac{\mathrm{d}\alpha}{\mathrm{d}t} \middle/ \frac{\mathrm{d}s}{\mathrm{d}t} \right|,$$

其中

$$\frac{\mathrm{d}\alpha}{\mathrm{d}t} = \frac{1}{1 + \left(\dfrac{y'}{x'}\right)^2} \frac{y''x' - x''y'}{x'^2} = \frac{y''x' - x''y'}{x'^2 + y'^2},$$

$$\frac{\mathrm{d}s}{\mathrm{d}t} = \sqrt{x'^2(t) + y'^2(t)} = \sqrt{x'^2 + y'^2}$$

（将在定积分中给予证明）.

因此

$$\boxed{k = \frac{|y''x' - x''y'|}{(x'^2 + y'^2)^{\frac{3}{2}}}.}$$

从分析的过程中可知，要求 $x(t)$，$y(t)$ 存在二阶导数，且 $x'(t)$，$y'(t)$ 不同时为 0.

对于曲线 $y = f(x)$，相应的曲率公式为

$$\boxed{k = \frac{|y''|}{(1 + y'^2)^{\frac{3}{2}}}.}$$

例 2 求椭圆 $x = a\cos t$，$y = b\sin t$，$a \geqslant b > 0$，$0 \leqslant t \leqslant 2\pi$ 上曲率最大和最小

的点.

解 由于

$$x' = -a\sin t, \quad x'' = -a\cos t,$$
$$y' = b\cos t, \quad y'' = -b\sin t,$$

所以

$$k = \frac{ab}{(a^2\sin^2 t + b^2\cos^2 t)^{3/2}} = \frac{ab}{[(a^2 - b^2)\sin^2 t + b^2]^{3/2}}.$$

当 $t = 0$，π 时，$\sin^2 t = 0$ 为最小；当 $t = \dfrac{\pi}{2}$，$\dfrac{3\pi}{2}$ 时，$\sin^2 t = 1$ 为最大. 从而当 $t = 0$，π 时，曲率 $k = \dfrac{a}{b^2}$ 为最大值；当 $t = \dfrac{\pi}{2}$，$\dfrac{3\pi}{2}$ 时，曲率 $k = \dfrac{b}{a^2}$ 为最小值. 特别地，当 $a = b = R$ 时，椭圆变为圆，则 $k = \dfrac{1}{R}$，和我们用前面公式求出的结果一致.

§8.2 曲率圆

一、曲率圆

设 $y = f(x)$ 在点 $M(x, y)$ 处的曲率 $k \neq 0$，在点 M 引法线 MP，在位于曲线凹的一侧的法线上取线段 $|AM| = \dfrac{1}{k}$. 以 A 为中心，$\dfrac{1}{k}$ 为半径作一圆，这个圆就称为曲线在点 M 处的曲率圆(图 3-26)，这个圆具有下列性质：

(1) 它通过点 M，在点 M 处与曲线相切(即两曲线有公共切线)；

(2) 在点 M 处与曲线有相同的凹向；

(3) 圆的曲率与曲线在点 M 处的曲率相同.

曲率圆的中心称为曲率中心，其半径称为曲率半径，记作 R，有

$$\boxed{R = \frac{1}{k} = \frac{(1 + y'^2)^{\frac{3}{2}}}{|y''|}.}$$

由于曲率圆有上述三条性质，在研究某些实际问题(如弹性梁的弯曲)时，就用曲线在一点处的曲率圆来近似代替在该点邻近的曲线.

例 3 火车轨道从直道进入到半径为 R 的圆弧弯道时，为了行车安全必须经过一段缓冲的轨道，以使铁道的曲率由零连续地增加到 $\dfrac{1}{R}$(保证向心加速度不发生跳跃性的突破).

解 设铁道如图 3-27 所示，其中负 x 轴($x \leq 0$)表示直线轨道，$\overparen{AB}$ 是半径为 R 的圆弧形轨道(点 P 为其圆心)，$\overparen{OA}$ 为缓冲曲线，我国一般采用的缓冲曲

线是三次曲线

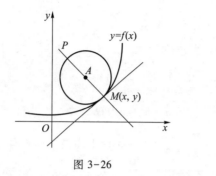
图 3-26

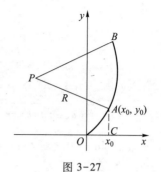
图 3-27

$$y = \frac{x^3}{6R\tau},$$

其中 τ 为曲线 $\overset{\frown}{OA}$ 的弧长，曲线 $\overset{\frown}{OA}$ 上每点的曲率

$$k = \frac{|y''|}{(1+y'^2)^{3/2}} = \frac{8R^2\tau^2 x}{(4R^2\tau^2 + x^4)^{3/2}}.$$

当 x 从 0 变为 x_0 时，曲率 k 从 0 连续地变为

$$k_0 = \frac{8R^2\tau^2 x_0}{(4R^2\tau^2 + x_0^4)^{3/2}}.$$

若以直线段 OC 的长近似地代替 $\overset{\frown}{OA}$ 的长，即 $x_0 \approx \tau$，则

$$k_0 \approx \frac{8R^2\tau^3}{(4R^2\tau^2 + \tau^4)^{3/2}} = \frac{1}{R} \frac{1}{\left(1 + \frac{\tau^2}{4R^2}\right)^{3/2}} = \frac{1}{R}\left[1 - \frac{3}{2} \cdot \frac{\tau^2}{4R^2} + o\left(\frac{\tau^2}{4R^2}\right)\right].$$

若比值 $\dfrac{\tau}{R}$ 很小，那么可略去 $\dfrac{\tau^2}{4R^2}$ 项和高阶无穷小，得 $k_0 \approx \dfrac{1}{R}$. 因此缓冲曲线的

曲率从 0 逐渐增加到 $\dfrac{1}{R}$，从而起到了缓冲作用.

二、渐屈线和渐伸线

对于曲线 C 上的每一点 $M(x, y)$，只要在该点曲率 $k \neq 0$，都对应着一个曲率中心 $A(\xi, \eta)$. 当点 M 沿曲线变动时，点 A 随着变动，点 A 的轨迹 G 称为曲线 C 的 <u>渐屈线</u>，而曲线 C 称为曲线 G 的 <u>渐伸线</u>（图3-28）.

下面推导曲率中心 A 的坐标 (ξ, η) 的公式. 由距离公式可得

$$(AM)^2 = (\xi - x)^2 + (\eta - y)^2,$$

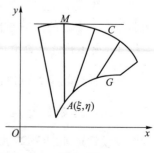
图 3-28

有

$$(\xi-x)^2+(\eta-y)^2=\frac{(1+y'^2)^3}{y''^2}.$$

又 AM 是曲线 $y=f(x)$ 在点 M 处的法线，故其斜率为 $-\dfrac{1}{y'}$. 又 AM 的斜率为

$\dfrac{\eta-y}{\xi-x}=-\dfrac{1}{y'}$，即 $\xi-x=-(\eta-y)y'$，代入上式，经化简得

$$(\eta-y)^2=\frac{(1+y'^2)^2}{y''^2},$$

即

$$\eta-y=\frac{1+y'^2}{y''}\quad\text{或}\quad\eta-y=-\frac{1+y'^2}{y''}.$$

若 $y''>0$，则曲线凹，$\eta-y$ 必为正；若 $y''<0$，则曲线凸，$\eta-y$ 必为负. 因此，y'' 与 $\eta-y$ 同号，有

$$\eta-y=\frac{1+y'^2}{y''},$$

且

$$\xi-x=-\frac{y'(1+y'^2)}{y''},$$

故得曲率中心的坐标为

$$\begin{cases}\xi=x-\dfrac{y'(1+y'^2)}{y''},\\[2mm]\eta=y+\dfrac{1+y'^2}{y''},\end{cases}$$

这就是曲线 C 的渐屈线 G 的参数方程.

习题 3-8

1. 求下列曲线在指定点的曲率：

（1）$y=\sin x$，在点 $x=\dfrac{\pi}{2}$；　　　　（2）$y=\mathrm{e}^x$，在点 $x=x_0$.

2. 问曲线 $y=\ln x$ 在哪一点曲率最大？

3. 求曲线在指定点的曲率半径，及对应的曲率圆方程.

（1）$xy=4$，在点 $(2,2)$；　　　　（2）$y=x^3$，在点 (x_0,y_0).

4.（1）求椭圆 $\dfrac{x^2}{a^2}+\dfrac{y^2}{b^2}=1$ 的渐屈线方程；

（2）求摆线 $\begin{cases} x = a(t-\sin t), \\ y = a(1-\cos t) \end{cases}$ 的渐屈线方程.

*§9   方程的近似根

在解决力学、物理学和其他科学技术中的各种问题时，常常需要求方程 $f(x)=0$ 的实根. 到目前为止，我们已经会用代数方法，比如用二次方程根的公式解决这样的问题. 但三次或四次方程的解的公式非常复杂，五次和五次以上的方程的解的公式不存在，大多数非多项式方程也不可能用公式加以求解. 因此，求方程的精确根往往是困难的，甚至是不可能的. 而在实际应用中，只要能够获得具有一定精度的近似根就足够了. 于是，怎样求方程的近似根，显得尤为重要.

§9.1   图解法

$f(x)=0$ 的实根在图形上表示为曲线 $y=f(x)$ 与 Ox 轴交点的横坐标. 因此，只要比较精确地画出 $y=f(x)$ 的曲线，该曲线与 Ox 轴交点的横坐标为 x_0，观察 x_0 落在哪两个数之间，然后在这两个数之间任取一个数 x_1 作为方程根的近似值，则误差不超过这两个数的差.

例 1   用图解法求方程 $2x^3+x+1=0$ 的近似根.

解   作出函数 $y=2x^3+x+1$ 的图形（图 3-29），在图形上看到这条曲线与 Ox 轴只有一个交点，且这个交点的横坐标在 -0.6 与 -0.5 之间（如果用坐标纸画图形则看得更清楚）. 因此，可取 $x_1=-0.55$ 作为方程的近似根.

有时作函数 $y=f(x)$ 的图形比较困难，可把 $f(x)=0$ 化成 $f_1(x)=f_2(x)$，使得函数 $y_1=f_1(x)$ 与 $y_2=f_2(x)$ 的图形容易画出，而方程的根在图形上就表示为曲线 $y_1=f_1(x)$ 与曲线 $y_2=f_2(x)$ 交点的横坐标 x.

我们仍以上面的方程为例，把 $2x^3+x+1=0$ 化成 $2x^3=-x-1$，作出 $y_1=2x^3$，$y_2=-x-1$ 的图形（图 3-30），这两条曲线的交点的横坐标在 -0.6 与 -0.5 之间，故可取 $x_1=-0.55$ 作为方程的近似根.

这两种方法主要是利用我们所熟悉的函数图形，较准确地画出函数图形. 这种求方程近似根的方法叫图解法，在精确度要求不高时，可以使用.

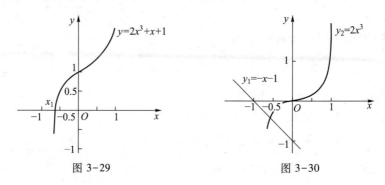

图 3-29   图 3-30

§9.2 数值法

一、隔根区间

为了按一定的精度，求方程 $f(x)=0$ 的根的近似值，首先要确定方程在哪个区间内肯定有一个根，然后逐步逼近方程的根，这个区间就称为隔根区间.

若在区间 (a,b) 内，方程 $f(x)=0$ 有且仅有一个根，而且 $f(a)f(b)\neq 0$，则称区间 (a,b) 为方程的一个隔根区间.

由根的存在定理和单调性定理知：若 $f(x)$ 在 $[a,b]$ 上连续，$f(a)f(b)<0$，且 $x\in(a,b)$ 时，有 $f'(x)>0$（或 $f'(x)<0$），则 (a,b) 是方程的一个隔根区间.

例 2 求方程 $2x^3+x+1=0$ 的隔根区间.

解 设 $f(x)=2x^3+x+1$，由于 $f'(x)=6x^2+1>0$，且 $f(-1)=-2-1+1=-2$，$f(0)=1$. 所以，$(-1,0)$ 是方程的一个隔根区间.

当隔根区间确定以后，在区间内可构造一数列 $\{x_n\}$，使 $\{x_n\}$ 收敛于方程的根. 于是，我们可以取当 n 充分大时的 x_n 作为方程根的近似值，并可作出误差估计.

二、对分法

设区间 (a,b) 是方程 $f(x)=0$ 的一个隔根区间，$f(x)$ 在 $[a,b]$ 上连续，$f(a)f(b)<0$，不妨设 $f(a)<0$，$f(b)>0$.

与构造证明根的存在定理的方法完全类似.

若 $f\left(\dfrac{a+b}{2}\right)=0$，那么 $x=\dfrac{a+b}{2}$ 就是方程的一个根. 若 $f\left(\dfrac{a+b}{2}\right)\neq 0$，当 $f\left(\dfrac{a+b}{2}\right)>0$ 时，取 $\left[a,\dfrac{a+b}{2}\right]=[a_1,b_1]$；当 $f\left(\dfrac{a+b}{2}\right)<0$ 时，取 $\left[\dfrac{a+b}{2},b\right]=[a_1,b_1]$. 因此 (a_1,b_1) 是方程 $f(x)=0$ 的新的隔根区间，它包含在原有的隔根区间 (a,b) 之内，且长度是原来隔根区间长度的一半. 这样继续下去，如果还没有找出方程的根，我们也得到一列隔根区间：

$$[a,b]\supset[a_1,b_1]\supset[a_2,b_2]\supset\cdots\supset[a_n,b_n]\cdots.$$

由 $b_n-a_n=\dfrac{b-a}{2^n}$ 知，如果把最后所得到区间 $[a_n,b_n]$ 的中点 $x_n=\dfrac{a_n+b_n}{2}$ 作为方程 $f(x)=0$ 的近似根，那么它的误差小于 $\dfrac{b-a}{2^n}$.

虽然对分法相当简单，但它有两个主要缺点：首先，它无法确定曲线与 x 轴相切（而不与 x 轴相交）这种情况下根的位置，其次由于需要多次迭代才能达到我们所要求的精度，在这种意义下，此方法相对来说速度慢. 尽管解单个方程时，速度可能显得并不重要，但一个实际问题，当参数改变时，可能涉及成千上万个方程，所以简化迭代步骤就非常重要. 因此，我们有下面的切线法（牛顿法）.

三、切线法

设 (a,b) 是方程 $f(x)=0$ 的一个隔根区间，且 $f'(x)\neq 0$，$y=f(x)$ 在 $[a,b]$ 上的图形如图

3-31 所示. 从 $\overset{\frown}{MN}$ 的一端点 N 作曲线的切线, 此切线交 Ox 轴于点 A_1, 设 A_1 的横坐标为 x_1, 于是 x_1 可以作为所求根的第一个近似值. 过点 A_1 作

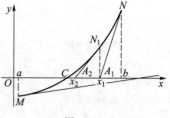

Oy 轴的平行线交曲线 $\overset{\frown}{MN}$ 于点 N_1, 过 N_1 作曲线的切线, 此切线交 Ox 轴于点 A_2, A_2 的横坐标为 x_2, x_2 可作为所求根的第二个近似值. 继续进行这种步骤, 得一数列 $\{x_n\}$, 则 $\lim\limits_{n\to\infty} x_n = x_0$. 于是 x_n 可作为方程根的近似值, 上述的方法叫做牛顿切线法, 简称切线法. 现推导切线法的计算公式.

图 3-31

在 N 点处的切线方程为

$$y - f(b) = f'(b)(x - b),$$

在上式中, 令 $y = 0$, 解得

$$x_1 = b - \frac{f(b)}{f'(b)},$$

这就是所求根的第一个近似值. 用 x_1 代替上式中 b 的位置, 可得根的第二个近似值

$$x_2 = x_1 - \frac{f(x_1)}{f'(x_1)},$$

如果达不到精确度要求, 可以继续进行, 从而得到一列精度越来越高的近似值

$$x_3 = x_2 - \frac{f(x_2)}{f'(x_2)},$$

$$x_4 = x_3 - \frac{f(x_3)}{f'(x_3)},$$

$$\cdots$$

$$x_n = x_{n-1} - \frac{f(x_{n-1})}{f'(x_{n-1})},$$

这就是切线法的求根公式.

但若在曲线上点 M 处作一切线, 是不恰当的. 因此, 我们要考察: 在怎样的条件下, 切线法产生的迭代序列收敛于方程 $f(x) = 0$ 的解 C.

为了便于讨论, 我们假设函数 $f(x)$ 在闭区间 $[a,b]$ 上存在二阶导数且满足 $f(a)f(b) < 0$, $f'(x) \neq 0$, $x \in [a,b]$. 在这样的条件下, 关于函数 $f(x)$ 在闭区间 $[a,b]$ 上的凹凸与单调性有如下四种情况:

(1) 递增凹 $(f'(x) > 0, f''(x) > 0)$, 如图 3-32 所示.

(2) 递减凹 $(f'(x) < 0, f''(x) > 0)$, 如图 3-33 所示.

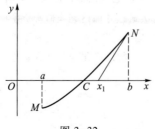

图 3-32

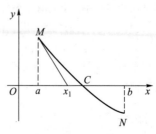

图 3-33

（3）递增凸（$f'(x)>0$，$f''(x)<0$），如图 3-34 所示.

（4）递减凸（$f'(x)<0$，$f''(x)<0$），如图 3-35 所示.

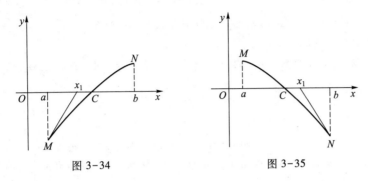

图 3-34   图 3-35

分析上面四种情况的图形，我们知道，只要选择满足条件 $f(x_0)f''(x_0)>0$ 的 $x_0 \in (a,b)$，就能保证

$$x_1 = x_0 - \frac{f(x_0)}{f'(x_0)}$$

与 x_0 在 C 的同侧，并且 x_1 比 x_0 离 C 更近. 同样

$$x_2 = x_1 - \frac{f(x_1)}{f'(x_1)}$$

与 x_1 在 C 的同侧，并且 x_2 比 x_1 离 C 更近. 这样的迭代过程可以不断地继续下去，并得到一个数列 $\{x_n\}$，且

$$x_n = x_{n-1} - \frac{f(x_{n-1})}{f'(x_{n-1})},$$

$\{x_n\}$ 单调有界，所以 $\lim\limits_{n \to \infty} x_n$ 存在，设 $\lim\limits_{n \to \infty} x_n = x^*$.

在上式中令 $n \to \infty$，有

$$x^* = x^* - \frac{f(x^*)}{f'(x^*)},$$

即 $f(x^*) = 0$. 因而 x^* 是方程 $f(x)=0$ 在闭区间上的唯一解 C.

定理 3.17　设函数 $f(x)$ 在区间 $[a,b]$ 上二阶连续可导，并且满足条件 $f(a) \cdot f(b)<0$，$f'(x)f''(x) \neq 0$，$x \in [a,b]$. 如果 $x_0 \in [a,b]$，有 $f(x_0)f''(x_0)>0$，那么迭代过程

$$x_n = x_{n-1} - \frac{f(x_{n-1})}{f'(x_{n-1})}, \quad n=1,2,3,\cdots$$

所产生的数列 $\{x_n\}$ 单调收敛于方程 $f(x)=0$ 在 $[a,b]$ 上的唯一解 C.

证　不妨设在闭区间 $[a,b]$ 上，有 $f''(x)>0$，$f'(x)>0$. 由条件 $f(x_0)f''(x_0)>0$ 知，$f(x_0)>0$，则 $x_0>C$.

$$x_1 = x_0 - \frac{f(x_0)}{f'(x_0)} < x_0,$$

设

$$\varphi(x) = x - \frac{f(x)}{f'(x)},$$

$x \in [C, x_0]$，得 $\varphi(C) = C$. 由于

$$\varphi'(x) = 1 - \frac{[f'(x)]^2 - f(x)f''(x)}{[f'(x)]^2} = \frac{f(x)f''(x)}{[f'(x)]^2} > 0,$$

于是

$$x_1 - C = \varphi(x_0) - \varphi(C) = \varphi'(\xi)(x_0 - C) > 0,$$

其中 ξ 介于 C 与 x_0 之间.

至此, 我们证明了只要 $x_0 > C$, 就有 $x_0 > x_1 > C$. 假设当 $n = k$ 时, 成立 $x_{k-1} > x_k > C$. 由于

$$x_{k+1} = x_k - \frac{f(x_k)}{f'(x_k)} < x_k,$$

而

$$x_{k+1} - C = \varphi(x_k) - \varphi(C) = \varphi'(\xi_k)(x_k - C) > 0,$$

其中 ξ_k 介于 C 与 x_k 之间, 有 $x_k > x_{k+1} > C$. 由数学归纳法知, $\{x_n\}$ 递减有下界, 因此 $\{x_n\}$ 收敛. 设 $\lim_{n \to \infty} x_n = x^*$, 在

$$x_{n+1} = x_n - \frac{f(x_n)}{f'(x_n)}$$

中, 令 $n \to \infty$, 有

$$x^* = x^* - \frac{f(x^*)}{f'(x^*)},$$

得 $f(x^*) = 0$, 由于 $f(x)$ 在 (a, b) 内有唯一的一个根, 故 $x^* = C$. □

对实际计算来说, 仅仅知道数列收敛于根 C 是不够的, 还需要了解这个数列收敛的速度.

定理 3.18 设函数 $f(x)$ 在闭区间 $[a, b]$ 上连续, $f'(x)$, $f''(x)$ 在 $[a, b]$ 上连续且不变号, $C \in (a, b)$ 是 $f(x) = 0$ 的根, 则按切线法产生的迭代数列

$$x_{n+1} = x_n - \frac{f(x_n)}{f'(x_n)}, \quad n = 0, 1, 2, \cdots,$$

满足

$$|x_{n+1} - C| \leqslant q |x_n - C|^2,$$

这里 $q = \frac{M}{2m}$, 其中

$$m = \min_{x \in [a, b]} |f'(x)|, \quad M = \max_{x \in [a, b]} |f''(x)|.$$

证 利用泰勒公式, 有

$$f(C) = f(x_n) + f'(x_n)(C - x_n) + \frac{f''(\xi_n)}{2}(C - x_n)^2,$$

其中 ξ_n 介于 C 与 x_n 之间.

由 $f(C) = 0$, 化简得

$$x_n - \frac{f(x_n)}{f'(x_n)} - C = \frac{f''(\xi_n)}{2f'(x_n)}(C - x_n)^2,$$

从而

$$|x_{n+1} - C| = \left| \frac{f''(\xi_n)}{2f'(x_n)}(C - x_n)^2 \right| \leqslant q |x_n - C|^2. \quad \square$$

因此, 只要初始值 x_0 选得比较好, 逼近数列 $\{x_n\}$ 收敛于根 C 的速度还是很快的.

定理 3.19　若 $f'(x)$ 在 $[a,b]$ 上连续, $f'(x) \neq 0$, 则用切线法求根时,

$$|x_n - C| \leqslant \frac{|f(x_n)|}{m},$$

这里 $m = \min\limits_{x \in [a,b]} |f'(x)|$.

　　证　利用拉格朗日中值定理, 有

$$f(x_n) = f(x_n) - f(C) = f'(\xi_n)(x_n - C),$$

其中 ξ_n 介于 C 与 x_n 之间.

　　于是

$$|x_n - C| = \left| \frac{f(x_n)}{f'(\xi_n)} \right| \leqslant \frac{|f(x_n)|}{m}. \quad \square$$

　　例 3　求方程 $x\ln x - 1 = 0$ 的近似根.

　　解　设

$$f(x) = x\ln x - 1, \quad f'(x) = \ln x + 1, \quad f''(x) = \frac{1}{x}.$$

$f(x)$ 的定义域为 $(0, +\infty)$, 而当 $x \in (0,1)$ 时, $f(x) < 0$, 因而方程无根. 当 $x \in (1, +\infty)$ 时, $f'(x) > 0$, 所以方程 $f(x) = 0$ 至多有一个根. 又 $f(1) = -1 < 0$,

$$f(2) = 2\ln 2 - 1 = \ln 4 - 1 > 0,$$

所以方程 $f(x) = 0$ 的唯一根在开区间 $(1,2)$ 内. 由于 $f(2)$ 与 $f'(2)$ 同号, 所以取 $x_0 = 2$. 切线法的迭代公式为

$$x_{n+1} = x_n - \frac{f(x_n)}{f'(x_n)} = x_n - \frac{x_n \ln x_n - 1}{\ln x_n + 1} = \frac{x_n + 1}{\ln x_n + 1},$$

则

$$x_1 = \frac{3}{\ln 2 + 1} = 1.771\,85,$$

$$x_2 = \frac{2.771\,85}{\ln 1.771\,85 + 1} = 1.763\,24,$$

$$x_3 = \frac{2.763\,24}{\ln 1.763\,24 + 1} = 1.763\,22.$$

　　利用定理来估计误差, 由于 $m = \min\limits_{x \in [1,2]} |f'(x)| = 1$, 所以

$$|x_3 - C| \leqslant |f(x_3)| \leqslant 0.000\,000\,26.$$

因此, 切线迭代法的精确度是非常高的.

　　例 4　设 $a > 0$, 试写出用切线法求算术平方根 $\sqrt{a}$ 的迭代公式.

　　解　设

$$f(x) = x^2 - a, \quad f'(x) = 2x > 0, \quad f''(x) = 2 > 0, \quad x \in (0, +\infty).$$

用切线法求解方程 $x^2 - a = 0$ 的迭代公式为

$$x_n = x_{n-1} - \frac{f(x_{n-1})}{f'(x_{n-1})} = x_{n-1} - \frac{x_{n-1}^2 - a}{2x_{n-1}} = \frac{1}{2}\left(x_{n-1} + \frac{a}{x_{n-1}} \right),$$

只要选取 $x_0 > \sqrt{a}$, 就有 $f(x_0)f''(x_0) > 0$. 因此把大于 $\sqrt{a}$ 的数选作初始点即可.

习题 3-9

1. 用图解法求方程 $x^3 + 2.8x - 7 = 0$ 的近似根.

2. 分别用对分法和切线法，求方程 $x^3 - 6x + 12 = 0$ 的近似根.

3. 用切线法求下列方程的根（精确到所指定的精度）：

（1）$x^2 + \dfrac{1}{x^2} = 10x$ （精确到 10^{-3}）；

（2）$x^4 - x - 1 = 0$ （精确到 10^{-3}）；

（3）$x + e^x = 0$ （精确到 10^{-5}）.

第三章综合题

1. 判断方程 $|x|^{\frac{1}{4}} + |x|^{\frac{1}{2}} - \cos x = 0$ 在 $(-\infty, +\infty)$ 有几个根，并证明之.

2. 就 k 的不同取值情况，确定下列方程实根的数目，并确定这些根所在的范围.

（1）$x^3 - 3x^2 - 9x + k = 0$；   （2）$\ln x = kx$.

3. 证明：若 $\dfrac{a_0}{1} + \dfrac{a_1}{2} + \cdots + \dfrac{a_n}{n+1} = 0$，则在 $(0,1)$ 内必有某个 x_0，使得

$$a_0 + a_1 x_0 + \cdots + a_n x_0^n = 0.$$

4. 若 $3a^2 - 5b < 0$，证明：方程 $x^5 + 2ax^3 + 3bx + 4c = 0$ 仅有一实根.

5. 设当 $x > 0$ 时，方程 $kx + \dfrac{1}{x^2} = 1$ 有且仅有一解，求 k 的取值范围.

6. 设 $f'(x)$ 在 (a,b) 内存在，且 $\lim\limits_{x \to a^+} f(x) = \lim\limits_{x \to b^-} f(x) = A$（常数）. 证明：至少存在一点 $\xi \in (a,b)$，使 $f'(\xi) = 0$（a,b 均为有限数）.

7. 设 $f(x)$ 在区间 $[a,b]$ 上存在二阶导数，且 $f(a) = f(b) = 0$，$f'(a)f'(b) > 0$. 证明：存在 $\xi \in (a,b)$ 和 $\tau \in (a,b)$，使 $f(\xi) = 0$，$f''(\tau) = 0$.

8. 设函数 $f(x)$ 在 $[a,b]$ 上连续，在 (a,b) 内可导，且 $f'(x) \neq 0$. 证明：存在 $\xi, \tau \in (a, b)$，使得

$$\frac{f'(\xi)}{f'(\tau)} = \frac{e^b - e^a}{b - a} e^{-\tau}.$$

9. 设 $f(x)$ 可微，证明：$f(x)$ 的任意两个零点之间必有 $f(x) + f'(x)$ 的零点.

10. 设 $f(x)$ 在 $[0,2]$ 上连续，在 $(0,2)$ 内可导，且有 $f(2) = 5f(0)$. 证明：在 $(0,2)$ 内至少存在一点 ξ，使得 $(1 + \xi^2)f'(\xi) = 2\xi f(\xi)$.

11. 设 $f(x)$ 在 $[a,b]$ 上可导，且 $f'(a) < f'(b)$. 证明：对一切适合不等式 $f'(a) < c < f'(b)$ 的 c，必存在 $\xi \in (a,b)$，使 $f'(\xi) = c$（导数的介值定理或导数的达布定理）.

12. 设 $f(x)$ 二阶可导，且在 $[0,a]$ 内某点取到最大值，对一切 $x \in [0,a]$，都有 $|f''(x)| \leqslant m$（m 为常数），证明：$|f'(0)| + |f'(a)| \leqslant am$.

13. 设 $f''(x)<0$，$f(0)=0$，证明：任给 x_1，$x_2>0$，有 $f(x_1+x_2)<f(x_1)+f(x_2)$.

14. 设 p，q 均是大于 1 的常数，且 $\dfrac{1}{p}+\dfrac{1}{q}=1$. 证明：任给 $x>0$，都有

$$\frac{1}{p}x^p+\frac{1}{q}\geqslant x.$$

15. 设 $x\in(0,1)$，证明：

(1) $(1+x)\ln^2(1+x)<x^2$；　　　　(2) $\dfrac{1}{\ln 2}-1<\dfrac{1}{\ln(1+x)}-\dfrac{1}{x}<\dfrac{1}{2}$.

16. 证明：$\dfrac{1}{2^{p-1}}\leqslant x^p+(1-x)^p\leqslant 1\quad(0\leqslant x\leqslant 1,p>1)$.

17. 试证：当 $x>0$ 时，$(x^2-1)\ln x\geqslant(x-1)^2$.

第三章习题拓展

第四章 不定积分

§1 不定积分的概念

§1.1 原函数与不定积分

在科学与技术的许多问题中，我们所要做的不仅是由给定的函数求它的微商，更多是要由已知一个函数的微商还原出这个函数(在微分方程中就需要这样做). 例如，若质点做变速直线运动的运动方程为 $s=s(t)$，则速度 $v=\dfrac{\mathrm{d}s}{\mathrm{d}t}$，加速度 $a=\dfrac{\mathrm{d}v}{\mathrm{d}t}$. 相反的问题是已知加速度 a 是时间 t 的函数，即 $a=a(t)$，要求速度 v 及路程 s.

定义 4.1 设 $f(x)$ 在某区间 I 上有定义，若存在一个可微函数 $F(x)$，使得对每一个 $x\in I$，都有 $F'(x)=f(x)$ 或 $\mathrm{d}F(x)=f(x)\mathrm{d}x$，则称 $F(x)$ 为 $f(x)$ 在区间 I 上的一个原函数.

若 $F(x)$ 是 $f(x)$ 在区间 I 上的一个原函数，则 $F(x)+C$(C 是一个常数)也是 $f(x)$ 在区间 I 上的一个原函数. 事实上，

$$[F(x)+C]'=F'(x)+C'=f(x).$$

定理 4.1 若 $F(x)$ 是 $f(x)$ 在区间 I 上的一个原函数，则 $f(x)$ 在区间 I 上的全体原函数为 $F(x)+C$，$C\in\mathbf{R}$ 是常数.

证 设

$$A=\{F(x)+C:\ C\in\mathbf{R} \text{ 是常数}\},$$

B 是 $f(x)$ 在区间 I 上所有原函数组成的集合，我们只要证明 $A=B$ 即可.

前面已经证明了 $A\subset B$. 现证明 $B\subset A$，任给 $G(x)\in B$，有

$$G'(x)=f(x),\ x\in I.$$

又 $F'(x)=f(x)$，$x\in I$. 由于

$$[G(x)-F(x)]'=G'(x)-F'(x)=f(x)-f(x)=0,\ x\in I,$$

因此，$G(x) - F(x) \equiv C$，$C \in \mathbf{R}$ 是某一个常数，即

$$G(x) \equiv F(x) + C, \ x \in I,$$

所以 $G(x) \in A$，于是 $B \subset A$. 因此 $A = B$. $\square$

定义 4.2 若 $F'(x) = f(x)$，则 $f(x)$ 的全体原函数 $F(x) + C$ 称为 $f(x)$ 的<u>不定积分</u>，C 是任意常数，记作 $\int f(x) \mathrm{d}x$，即

$$\int f(x) \mathrm{d}x = F(x) + C,$$

其中 $f(x)$ 称为<u>被积函数</u>，$f(x)\mathrm{d}x$ 称为<u>被积表达式</u>，x 称为<u>积分变量</u>，C 是任意常数，称为<u>积分常数</u>，拉长的 S 即"$\int$"称为<u>不定积分号</u>.

求已知函数的原函数的方法称为<u>积分法</u>，从不定积分和导数的定义可知，不定积分是微分的逆运算.

求不定积分，在几何上就是已知某一曲线上各点的切线的斜率，求此曲线. 这样的曲线是一族曲线，称为<u>积分曲线</u>.

几何意义：$f(x)$ 的不定积分的图形是一族"平行"的积分曲线，即它们在每个横坐标相同的点处，其切线是相互平行的.

§1.2 基本积分

既然积分运算是求导运算的逆运算，那么由微分学中的基本公式，可以直接得到相应的不定积分公式. 下面我们把一些基本的积分公式列成一个表，称为**基本积分表**.

---

1. $\int 1 \mathrm{d}x = \int \mathrm{d}x = x + C.$

2. $\int x^{\alpha} \mathrm{d}x = \dfrac{1}{\alpha + 1} x^{\alpha + 1} + C$，$\alpha \neq -1$，$\alpha$ 为常数.

3. $\int \dfrac{1}{x} \mathrm{d}x = \ln |x| + C.$

4. $\int a^x \mathrm{d}x = \dfrac{a^x}{\ln a} + C \ (a > 0, \ a \neq 1, \ a$ 为常数$).$

5. $\int \mathrm{e}^x \mathrm{d}x = \mathrm{e}^x + C.$

6. $\int \dfrac{1}{1 + x^2} \mathrm{d}x = \arctan x + C$ 或 $-\operatorname{arccot} x + C.$

7. $\int \dfrac{1}{\sqrt{1 - x^2}} \mathrm{d}x = \arcsin x + C$ 或 $-\arccos x + C.$

---

8. $\displaystyle\int \sin x \mathrm{d}x = -\cos x + C.$

9. $\displaystyle\int \cos x \mathrm{d}x = \sin x + C.$

10. $\displaystyle\int \sec^2 x \mathrm{d}x = \tan x + C.$

11. $\displaystyle\int \csc^2 x \mathrm{d}x = -\cot x + C.$

12. $\displaystyle\int \sec x \tan x \mathrm{d}x = \sec x + C.$

13. $\displaystyle\int \csc x \cot x \mathrm{d}x = -\csc x + C.$

14. $\displaystyle\int \sinh x \mathrm{d}x = \cosh x + C.$

15. $\displaystyle\int \cosh x \mathrm{d}x = \sinh x + C.$

这些公式，读者一定要牢牢记住，它们是求较复杂函数的不定积分的基础.

§1.3 不定积分的性质

由不定积分的定义，有

性质 1　$\dfrac{\mathrm{d}}{\mathrm{d}x}\displaystyle\int f(x)\,\mathrm{d}x = f(x)$ 或 $\mathrm{d}\displaystyle\int f(x)\,\mathrm{d}x = f(x)\,\mathrm{d}x.$

性质 2　$\displaystyle\int f'(x)\,\mathrm{d}x = f(x) + C$ 或 $\displaystyle\int \mathrm{d}f(x) = f(x) + C.$

性质 3　若 $f(x)$，$g(x)$ 的原函数都存在，则

(i) $\displaystyle\int [f(x) \pm g(x)]\,\mathrm{d}x = \displaystyle\int f(x)\,\mathrm{d}x \pm \displaystyle\int g(x)\,\mathrm{d}x;$

(ii) $\displaystyle\int \alpha f(x)\,\mathrm{d}x = \alpha \displaystyle\int f(x)\,\mathrm{d}x,$　α 为常数，$\alpha \neq 0.$

证　(i) 由于

$$\left[\int f(x)\,\mathrm{d}x \pm \int g(x)\,\mathrm{d}x\right]' = \left[\int f(x)\,\mathrm{d}x\right]' \pm \left[\int g(x)\,\mathrm{d}x\right]' = f(x) \pm g(x),$$

且 $\displaystyle\int f(x)\,\mathrm{d}x \pm \displaystyle\int g(x)\,\mathrm{d}x$ 中含有任意常数 C，所以

$$\int [f(x) \pm g(x)]\,\mathrm{d}x = \int f(x)\,\mathrm{d}x \pm \int g(x)\,\mathrm{d}x.$$

(ii) 由于

$$\left(\alpha \int f(x)\,\mathrm{d}x\right)' = \alpha\left(\int f(x)\,\mathrm{d}x\right)' = \alpha f(x),$$

所以

$$\int \alpha f(x)\,dx = \alpha \int f(x)\,dx. \quad \square$$

由性质 3 可推出

$$\int [\alpha f(x) + \beta g(x)]\,dx = \alpha \int f(x)\,dx + \beta \int g(x)\,dx.$$

上式称为不定积分的线性运算法则.

利用基本积分公式和不定积分的性质,可以求一些简单函数的不定积分,即把被积函数利用公式化成积分表中被积函数的线性运算,利用不定积分的线性运算性质,就可求出该函数的不定积分.

例 1 求 $\int \dfrac{2x^3 + 2x - \dfrac{1}{2}}{x^2 + 1}\,dx.$

解
$$\int \frac{2x^3 + 2x - \dfrac{1}{2}}{x^2 + 1}\,dx = \int \left(2x - \frac{1}{2} \cdot \frac{1}{1 + x^2}\right)dx$$
$$= 2\int x\,dx - \frac{1}{2}\int \frac{1}{1 + x^2}\,dx$$
$$= x^2 - \frac{1}{2}\arctan x + C.$$

注 (1) 在分解为两个不定积分之和后,每个不定积分的结果都含有任意常数,但由于任意常数之和仍为任意常数,因此,只需求出每个被积函数的一个原函数,然后在其总和后加上一个任意常数 C 就可以了.

(2) 检查积分结果是否正确,只要把结果求导,确认它的导数是否等于被积函数.

例 2 求 $\int \sqrt[3]{x\sqrt[3]{x}}\,dx.$

解 $\int \sqrt[3]{x\sqrt[3]{x}}\,dx = \int x^{\frac{1}{3}} \cdot x^{\frac{1}{9}}\,dx = \int x^{\frac{4}{9}}\,dx = \dfrac{9}{13}x^{\frac{13}{9}} + C.$

例 3 求 $\int \tan^2 x\,dx.$

解 $\int \tan^2 x\,dx = \int (\sec^2 x - 1)\,dx = \tan x - x + C.$

例 4 求 $\int \dfrac{1}{\sin^2 x \cos^2 x}\,dx.$

解
$$\int \frac{1}{\sin^2 x \cos^2 x}\,dx = \int \frac{\sin^2 x + \cos^2 x}{\sin^2 x \cos^2 x}\,dx = \int (\sec^2 x + \csc^2 x)\,dx$$
$$= \tan x - \cot x + C.$$

重难点讲解
不定积分线性
运算法则

例 5　一曲线经过点$(1,2)$，且其上任意一点处切线的斜率等于该点横坐标的两倍，求此曲线的方程.

解　设所求曲线方程为$y=f(x)$，(x,y)是曲线上任意一点. 由题意知$y'=2x$，对两端积分得

$$y = \int 2x\,\mathrm{d}x = x^2 + C.$$

由$x=1$时，$y=2$，代入上式得$1+C=2$，即$C=1$，从而所求曲线方程为

$$y = x^2 + 1.$$

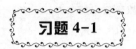
习题 4-1

利用基本积分公式和线性运算法则计算下列函数的不定积分：

1. $\displaystyle\int (1-x)(1-2x)(1-3x)\,\mathrm{d}x.$

2. $\displaystyle\int \left(\frac{1-x}{x}\right)^2 \,\mathrm{d}x.$

3. $\displaystyle\int \left(1-\frac{1}{x^2}\right)\sqrt{x\sqrt{x}}\,\mathrm{d}x.$

4. $\displaystyle\int \frac{\sqrt{x^4 + x^{-4} + 2}}{x^3}\,\mathrm{d}x.$

5. $\displaystyle\int \frac{x^2}{1+x^2}\,\mathrm{d}x.$

6. $\displaystyle\int (2^x + 3^x)^2\,\mathrm{d}x.$

7. $\displaystyle\int \cot^2 x\,\mathrm{d}x.$

8. 已知$\mathrm{d}s = (12t^2 - 3\sin t)\,\mathrm{d}t$，求$s$.

9. 一曲线经过原点，且曲线上每一点切线的斜率等于$6-2x$，其中x是该点的横坐标，试求该曲线的方程.

§2　不定积分的几种基本方法

§2.1　凑微分法（第一换元法）

由复合函数的求导法则知，若$F(u)$可微，$F'(u)=f(u)$，且$u=\varphi(x)$可微，则$F(\varphi(x))$也可微，且有

$$\mathrm{d}F(\varphi(x)) = F'(\varphi(x))\varphi'(x)\,\mathrm{d}x = f(\varphi(x))\varphi'(x)\,\mathrm{d}x.$$

反之，考虑$f(\varphi(x))\varphi'(x)\,\mathrm{d}x$，由一阶微分形式的不变性知

$$f(\varphi(x))\varphi'(x)\,\mathrm{d}x = f(\varphi(x))\,\mathrm{d}\varphi(x) \xpreceq{\text{设 }\varphi(x)=u} f(u)\,\mathrm{d}u = \mathrm{d}F(u) = \mathrm{d}F(\varphi(x)),$$

即$F(\varphi(x))$是$f(\varphi(x))\varphi'(x)$的一个原函数. 从而有

定理 4.2（凑微分法）　设 $F(u)$ 可微，$F'(u)=f(u)$，$u=\varphi(x)$ 可微，则

$$\int f(\varphi(x))\varphi'(x)\,\mathrm{d}x = F(\varphi(x)) + C.$$

证　由于

$$[F(\varphi(x))]' = F'(\varphi(x))\varphi'(x) = f(\varphi(x))\varphi'(x),$$

所以　　　　　　　　$\int f(\varphi(x))\varphi'(x)\,\mathrm{d}x = F(\varphi(x)) + C.$ □

注　运用此定理的关键是被积表达式能否凑成

$$f(\varphi(x))\varphi'(x)\,\mathrm{d}x = f(\varphi(x))\,\mathrm{d}\varphi(x)$$

的形式，并且 $f(u)$ 的原函数能求出. 在具体运用此定理时，一般可不引入中间变量 u，而直接写出结果来，即

$$\boxed{\int g(x)\,\mathrm{d}x = \int f(\varphi(x))\varphi'(x)\,\mathrm{d}x = \int f(\varphi(x))\,\mathrm{d}\varphi(x) = F(\varphi(x)) + C.}$$

所以，我们称它为凑微分法，关键是"凑".

我们介绍下面的一些微分关系式，它们对熟练运用凑微分法是非常有帮助的.

---

1. $\mathrm{d}x = \dfrac{1}{a}\mathrm{d}(ax+b)\ (a\neq 0)$.

2. $x\mathrm{d}x = -\dfrac{1}{2}\mathrm{d}(a^2-x^2)$.

3. $\dfrac{1}{\sqrt{x}}\mathrm{d}x = 2\mathrm{d}\sqrt{x}$.

4. $\sin x\mathrm{d}x = -\mathrm{d}\cos x$.

5. $\dfrac{1}{\sqrt{1-x^2}}\mathrm{d}x = \mathrm{d}\arcsin x$.

6. $x\mathrm{d}x = \dfrac{1}{2}\mathrm{d}(x^2\pm a^2)$.

7. $\dfrac{1}{x}\mathrm{d}x = \mathrm{d}\ln|x|$.

8. $\mathrm{e}^x\mathrm{d}x = \mathrm{d}\,\mathrm{e}^x$.

9. $\cos x\mathrm{d}x = \mathrm{d}\sin x$.

10. $\dfrac{1}{1+x^2}\mathrm{d}x = \mathrm{d}\arctan x$.

重难点讲解
不定积分凑微分法

重难点讲解
常用微分关系式

例 1　求 $\displaystyle\int \dfrac{1}{\sqrt{a^2-x^2}}\mathrm{d}x$　$(a>0)$.

解 $\displaystyle\int\frac{1}{\sqrt{a^2-x^2}}\mathrm{d}x=\int\frac{1}{a\sqrt{1-\left(\dfrac{x}{a}\right)^2}}\mathrm{d}x$

$$=\int\frac{1}{\sqrt{1-\left(\dfrac{x}{a}\right)^2}}\mathrm{d}\left(\frac{x}{a}\right)=\arcsin\frac{x}{a}+C.$$

例 2 求 $\displaystyle\int\frac{1}{a^2+x^2}\mathrm{d}x\quad(a\neq0)$.

解 $\displaystyle\int\frac{1}{a^2+x^2}\mathrm{d}x=\int\frac{1}{a^2}\frac{1}{1+\left(\dfrac{x}{a}\right)^2}\mathrm{d}x$

$$=\frac{1}{a}\int\frac{1}{1+\left(\dfrac{x}{a}\right)^2}\mathrm{d}\left(\frac{x}{a}\right)=\frac{1}{a}\arctan\frac{x}{a}+C.$$

例 3 求 $\displaystyle\int\tan x\mathrm{d}x,\ \int\cot x\mathrm{d}x.$

解 $\displaystyle\int\tan x\mathrm{d}x=\int\frac{\sin x}{\cos x}\mathrm{d}x=-\int\frac{1}{\cos x}\mathrm{d}\cos x=-\ln|\cos x|+C.$

同理，

$$\int\cot x\mathrm{d}x=\int\frac{\cos x}{\sin x}\mathrm{d}x=\int\frac{1}{\sin x}\mathrm{d}\sin x=\ln|\sin x|+C.$$

例 4 求 $\displaystyle\int\csc x\mathrm{d}x,\ \int\sec x\mathrm{d}x.$

解法一 $\displaystyle\int\csc x\mathrm{d}x=\int\frac{1}{\sin x}\mathrm{d}x=\int\frac{1}{2\sin\dfrac{x}{2}\cos\dfrac{x}{2}}\mathrm{d}x$

$$=\int\frac{1}{\tan\dfrac{x}{2}\cos^2\dfrac{x}{2}}\mathrm{d}\frac{x}{2}=\int\frac{1}{\tan\dfrac{x}{2}}\mathrm{d}\tan\frac{x}{2}=\ln\left|\tan\frac{x}{2}\right|+C$$

$$=\ln\left|\frac{1-\cos x}{\sin x}\right|+C=\ln|\csc x-\cot x|+C.$$

解法二 $\displaystyle\int\csc x\mathrm{d}x=\int\frac{\csc x(\csc x-\cot x)}{\csc x-\cot x}\mathrm{d}x$

$$=\int\frac{1}{\csc x-\cot x}\mathrm{d}(\csc x-\cot x)$$

$$=\ln|\csc x-\cot x|+C,$$

而 $\displaystyle\int\sec x\mathrm{d}x=\int\csc\left(x+\frac{\pi}{2}\right)\mathrm{d}\left(x+\frac{\pi}{2}\right)$

$$= \ln \left| \csc \left(x + \frac{\pi}{2} \right) - \cot \left(x + \frac{\pi}{2} \right) \right| + C$$

$$= \ln | \sec x + \tan x | + C.$$

例 5 求 $\int \frac{1}{a^2 - x^2} dx \ (a \neq 0)$.

解
$$\int \frac{1}{a^2 - x^2} dx = \int \frac{1}{(a-x)(a+x)} dx = \frac{1}{2a} \int \left(\frac{1}{a-x} + \frac{1}{a+x} \right) dx$$

$$= -\frac{1}{2a} \int \frac{1}{a-x} d(a-x) + \frac{1}{2a} \int \frac{1}{a+x} d(a+x)$$

$$= -\frac{1}{2a} \ln | a - x | + \frac{1}{2a} \ln | a + x | + C$$

$$= \frac{1}{2a} \ln \left| \frac{a+x}{a-x} \right| + C.$$

记住以上不定积分的结果，对于求较复杂的不定积分是有用的.

例 6 求 $\int \frac{\sqrt{1 + \ln x}}{x} dx$.

解
$$\int \frac{\sqrt{1 + \ln x}}{x} dx = \int \sqrt{1 + \ln x} \, d\ln x = \int \sqrt{1 + \ln x} \, d(1 + \ln x)$$

$$= \frac{2}{3} (1 + \ln x)^{\frac{3}{2}} + C.$$

例 7 求 $\int \frac{\sin x \cos x}{\sqrt{a^2 \sin^2 x + b^2 \cos^2 x}} dx \quad (|a| \neq |b|)$.

解
$$\int \frac{\sin x \cos x}{\sqrt{a^2 \sin^2 x + b^2 \cos^2 x}} dx$$

$$= \frac{1}{2(a^2 - b^2)} \int \frac{1}{\sqrt{a^2 \sin^2 x + b^2 \cos^2 x}} d(a^2 \sin^2 x + b^2 \cos^2 x)$$

$$= \frac{\sqrt{a^2 \sin^2 + b^2 \cos^2 x}}{a^2 - b^2} + C.$$

例 8 求 $\int \frac{\arctan x}{1 + x^2} dx$.

解 $\int \frac{\arctan x}{1 + x^2} dx = \int \arctan x \, d\arctan x = \frac{1}{2} (\arctan x)^2 + C.$

例 9 求 $\int \frac{1}{1 - x^2} \ln \frac{1 + x}{1 - x} dx$.

解 $\int \frac{1}{1 - x^2} \ln \frac{1+x}{1-x} dx = \frac{1}{2} \int \ln \frac{1+x}{1-x} d\ln \frac{1+x}{1-x} = \frac{1}{4} \left(\ln \frac{1+x}{1-x} \right)^2 + C.$

§2.2 变量代换法(第二换元法)

由一阶微分形式的不变性知

$$f(x)\,\mathrm{d}x \xrightarrow{\text{若 }x=\varphi(t)\text{ 可微}} f(\varphi(t))\,\mathrm{d}\varphi(t) = f(\varphi(t))\varphi'(t)\,\mathrm{d}t$$

$$\xrightarrow{\text{若 }f(\varphi(t))\varphi'(t)\text{ 有原函数 }F(t)} \mathrm{d}F(t) \xrightarrow[t=\varphi^{-1}(x)]{\text{若 }x=\varphi(t)\text{ 严格单调}} \mathrm{d}F(\varphi^{-1}(x)),$$

即 $F(\varphi^{-1}(x))$ 是 $f(x)$ 的一个原函数. 由此得

重难点讲解
不定积分
变量代换

定理 4.3(变量代换法) 若 $x=\varphi(t)$ 严格单调、可微,且 $F'(t)=f(\varphi(t))\varphi'(t)$,则

$$\int f(x)\,\mathrm{d}x = F(\varphi^{-1}(x)) + C.$$

证 $\int f(x)\,\mathrm{d}x = \int f(\varphi(t))\,\mathrm{d}\varphi(t) = \int f(\varphi(t))\varphi'(t)\,\mathrm{d}t = \int F'(t)\,\mathrm{d}t$

$$= F(t) + C = F(\varphi^{-1}(x)) + C. \qquad \square$$

注 在采取变量代换法求不定积分时,关键在于选择适当的变换 $x=\varphi(t)$,使 $\int f(\varphi(t))\varphi'(t)\,\mathrm{d}t$ 容易求得. 对某些含有根式的不定积分,使用变量代换法常可去掉根号.

例 10 求 $\int x\sqrt{a^2-x^2}\,\mathrm{d}x$.

分析 本题可以用凑微分法,不必用变量代换法.

解 $\int x\sqrt{a^2-x^2}\,\mathrm{d}x = -\dfrac{1}{2}\int \sqrt{a^2-x^2}\,\mathrm{d}(a^2-x^2) = -\dfrac{1}{3}(a^2-x^2)^{\frac{3}{2}} + C.$

例 11 求 $\int \sqrt{a^2-x^2}\,\mathrm{d}x \quad (a>0)$.

分析 尽管被积函数 $\sqrt{a^2-x^2}$ 比例 10 的 $x\sqrt{a^2-x^2}$ 更简单,但无法用凑微分法. 因此,我们考虑利用变量代换法去根号.

解 $\int \sqrt{a^2-x^2}\,\mathrm{d}x \xrightarrow{x=a\sin t} \int \sqrt{a^2-a^2\sin^2 t}\,\mathrm{d}\,a\sin t$
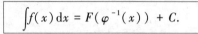

$$= \int a|\cos t|\,a\cos t\,\mathrm{d}t \xrightarrow[t\in\left[-\frac{\pi}{2},\frac{\pi}{2}\right]]{x\in[-a,a]} a^2\int \cos^2 t\,\mathrm{d}t = \frac{a^2}{2}\int(1+\cos 2t)\,\mathrm{d}t$$

$$= \frac{a^2}{2}\int \mathrm{d}t + \frac{a^2}{4}\int \cos 2t\,\mathrm{d}\,2t = \frac{a^2}{2}t + \frac{a^2}{4}\sin 2t + C = \frac{a^2}{2}t + \frac{a^2}{2}\sin t\cos t + C.$$

由 $\sin t = \dfrac{x}{a}$,作出直角三角形(图 4-1),可知

$$\cos t = \frac{\sqrt{a^2-x^2}}{a},$$

所以

$$\int \sqrt{a^2 - x^2}\, \mathrm{d}x = \frac{a^2}{2} \arcsin \frac{x}{a} + \frac{a^2}{2} \cdot \frac{x}{a} \cdot \frac{\sqrt{a^2 - x^2}}{a} + C$$

$$= \frac{1}{2} a^2 \arcsin \frac{x}{a} + \frac{1}{2} x \sqrt{a^2 - x^2} + C.$$

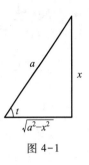

图 4-1

注　在采用三角变换，代换回原变量时，尽管可以用三角公式，但有时很麻烦. 我们可以根据三角变换，画出直角三角形，求出直角三角形各边的长，然后根据三角函数的定义，非常方便地求出所需的角 t 的三角函数.

一般来说，当被积函数中含有 $\sqrt{a^2 - x^2}$，$\sqrt{a^2 + x^2}$，$\sqrt{x^2 - a^2}$，$\sqrt[n]{\dfrac{ax+b}{cx+d}}$ 等形式的无理函数，而且不能用凑微分法时，可采取变量代换去根号：

若含有 $\sqrt{a^2 - x^2}$，令 $x = a\sin t$，$t \in \left[-\dfrac{\pi}{2}, \dfrac{\pi}{2} \right]$.

若含有 $\sqrt{a^2 + x^2}$，令 $x = a\tan t$，$t \in \left(-\dfrac{\pi}{2}, \dfrac{\pi}{2} \right)$.

若含有 $\sqrt{x^2 - a^2}$，令 $x = a\sec t$，$t \in \left[0, \dfrac{\pi}{2} \right) \cup \left(\dfrac{\pi}{2}, \pi \right]$.

若含有 $\sqrt[n]{\dfrac{ax+b}{cx+d}}$，令 $\sqrt[n]{\dfrac{ax+b}{cx+d}} = t$，即 $x = \dfrac{dt^n - b}{a - ct^n}$.

例 12　求 $\displaystyle\int \frac{1}{\sqrt{x^2 - a^2}} \mathrm{d}x$　$(a > 0)$.

解　$|x| > a$. 当 $x > a$ 时，令 $x = a\sec t$，$t \in \left(0, \dfrac{\pi}{2} \right)$.
于是

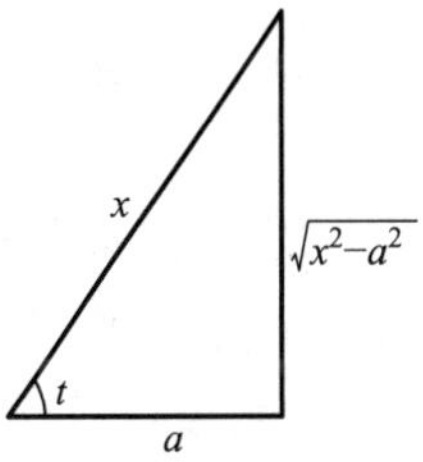

$$\int \frac{1}{\sqrt{x^2 - a^2}} \mathrm{d}x \xrightarrow{\ x = a\sec t\ } \int \frac{1}{\sqrt{a^2 \sec^2 t - a^2}} \mathrm{d} a\sec t$$

图 4-2

$$= \int \frac{1}{a \mid \tan t \mid} a\sec t \tan t \, \mathrm{d}t \xrightarrow{\ t \in \left(0, \frac{\pi}{2} \right)\ } \int \sec t \, \mathrm{d}t$$

$$= \ln \mid \sec t + \tan t \mid + C$$

$$\xrightarrow{\ 图 4-2\ } \ln \left| \frac{x}{a} + \frac{\sqrt{x^2 - a^2}}{a} \right| + C$$

$$= \ln \mid x + \sqrt{x^2 - a^2} \mid - \ln a + C$$

$$= \ln \mid x + \sqrt{x^2 - a^2} \mid + C_1 \quad (C_1 = -\ln a + C).$$

当 $x < -a$ 时，

$$\int \frac{1}{\sqrt{x^2 - a^2}}dx \xlongequal{x = -t} -\int \frac{1}{\sqrt{t^2 - a^2}}dt \xlongequal{t > a} -\ln\left| t + \sqrt{t^2 - a^2} \right| + C$$

$$= -\ln\left| -x + \sqrt{x^2 - a^2} \right| + C = \ln\left| \frac{1}{\sqrt{x^2 - a^2} - x} \right| + C$$

$$= \ln\left| \frac{\sqrt{x^2 - a^2} + x}{-a^2} \right| + C = \ln\left| x + \sqrt{x^2 - a^2} \right| - \ln a^2 + C$$

$$= \ln\left| x + \sqrt{x^2 - a^2} \right| + C_1 \qquad (C_1 = -\ln a^2 + C).$$

因此 $\int \dfrac{1}{\sqrt{x^2 - a^2}}dx = \ln\left| x + \sqrt{x^2 - a^2} \right| + C.$

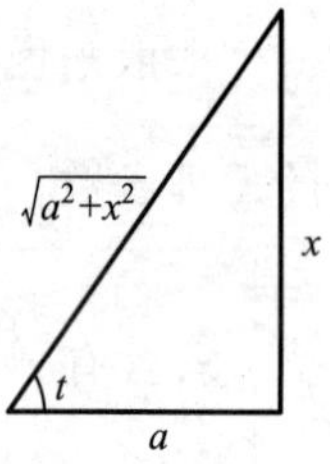

例 13 求 $\displaystyle\int \frac{1}{\sqrt{x^2 + a^2}}dx \quad (a > 0).$

解 $\displaystyle\int \frac{1}{\sqrt{x^2 + a^2}}dx \xlongequal{\text{令 } x = a\tan t} \int \frac{1}{\sqrt{a^2\tan^2 t + a^2}}a\sec^2 t\, dt$

图 4 - 3

$$= \int \frac{1}{|\sec t|}\sec^2 t\, dt \xlongequal{t \in \left(-\frac{\pi}{2}, \frac{\pi}{2}\right)} \int \sec t\, dt$$

$$= \ln\left| \sec t + \tan t \right| + C \xlongequal{\text{图 4-3}} \ln\left| \frac{\sqrt{a^2 + x^2}}{a} + \frac{x}{a} \right| + C$$

$$= \ln\left| x + \sqrt{x^2 + a^2} \right| + C - \ln a$$

$$= \ln\left| x + \sqrt{x^2 + a^2} \right| + C_1 \qquad (C_1 = C - \ln a).$$

知道这几个例题的结果，对求较复杂不定积分是有帮助的.

例 14 求 $\displaystyle\int \frac{1}{(a^2 + x^2)^{\frac{3}{2}}}dx \quad (a > 0).$

解 $\displaystyle\int \frac{1}{(a^2 + x^2)^{\frac{3}{2}}}dx \xlongequal{\text{令 } x = a\tan t} \int \frac{1}{(a^2 + a^2\tan^2 t)^{\frac{3}{2}}}d\,a\tan t$

$$= \int \frac{1}{a^3|\sec t|^3}a\sec^2 t\, dt \xlongequal{t \in \left(-\frac{\pi}{2}, \frac{\pi}{2}\right)} \int \frac{1}{a^2}\frac{1}{\sec^3 t}\sec^2 t\, dt$$

$$= \frac{1}{a^2}\int \cos t\, dt = \frac{1}{a^2}\sin t + C \xlongequal{\text{图 4 - 3}} \frac{1}{a^2}\frac{x}{\sqrt{a^2 + x^2}} + C.$$

当然变量代换并不限于以上几种类型，只要通过适当的变量代换能将复杂的不定积分转化为较容易的不定积分，都可以采用，因此要灵活运用.

例 15 求 $\displaystyle\int \frac{dx}{\sqrt{x} + \sqrt[3]{x}}.$

解 $\displaystyle\int \frac{dx}{\sqrt{x} + \sqrt[3]{x}} \xlongequal{\text{令 } x = t^6} \int \frac{dt^6}{\sqrt{t^6} + \sqrt[3]{t^6}} = \int \frac{6t^5\, dt}{t^3 + t^2}$

$$= 6\int \frac{t^3}{t + 1}dt = 6\int \left(t^2 - t + 1 - \frac{1}{t + 1} \right)dt$$

$$= 6\left[\frac{t^3}{3} - \frac{1}{2}t^2 + t - \ln(1 + t)\right] + C$$

$$= 2\sqrt{x} - 3\sqrt[3]{x} + 6\sqrt[6]{x} - 6\ln(1 + \sqrt[6]{x}) + C.$$

例 16　求 $\int x^2\sqrt[3]{1 - x}\,\mathrm{d}x$.

解　$\int x^2\sqrt[3]{1 - x}\,\mathrm{d}x \xrightarrow{\text{令 } 1 - x = t} \int(1 - t)^2 t^{\frac{1}{3}}\mathrm{d}(1 - t)$

$$= -\int(1 - 2t + t^2)t^{\frac{1}{3}}\,\mathrm{d}t = \int\left(-t^{\frac{1}{3}} + 2t^{\frac{4}{3}} - t^{\frac{7}{3}}\right)\,\mathrm{d}t$$

$$= -\frac{3}{4}t^{\frac{4}{3}} + \frac{6}{7}t^{\frac{7}{3}} - \frac{3}{10}t^{\frac{10}{3}} + C$$

$$= -\frac{3}{140}(1 - x)^{\frac{4}{3}}(35 + 40x + 14x^2) + C.$$

§2.3　分部积分法

若 $u = u(x)$，$v = v(x)$ 均可导，则 $(uv)' = u'v + uv'$. 移项有 $uv' = (uv)' - u'v$，两边求不定积分，得 $\int uv'\mathrm{d}x = \int(uv)'\mathrm{d}x - \int vu'\mathrm{d}x$. 因此有下面的结果：

定理 4.4（分部积分法）　若 $u = u(x)$，$v = v(x)$ 均可导，且 $\int u'(x)v(x)\mathrm{d}x$ 存在，则 $\int u(x)v'(x)\mathrm{d}x$ 也存在，并有

$$\int u(x)v'(x)\mathrm{d}x = u(x)v(x) - \int u'(x)v(x)\mathrm{d}x.$$

这个公式称为分部积分公式，常简单地写成

$$\int u\mathrm{d}v = uv - \int v\mathrm{d}u.$$

在具体运用这个公式时，关键是把被积函数表示成 $u(x)v'(x)$ 的形式，从而转化为求不定积分 $\int v(x)u'(x)\mathrm{d}x$.

例 17　求 $\int x\mathrm{e}^x\mathrm{d}x$.

解　设 $u = x$，$v' = \mathrm{e}^x$，于是

$$原式 = \int x\mathrm{d}\mathrm{e}^x = x\mathrm{e}^x - \int\mathrm{e}^x\mathrm{d}x = x\mathrm{e}^x - \mathrm{e}^x + C.$$

熟悉了以后，我们可以利用微分公式，直接将 $f(x)\mathrm{d}x$ 化成 $u\mathrm{d}v$ 的形式. 我们有时需要反复利用分部积分公式，才能求出结果.

例 18　求 $\int x^2\mathrm{e}^x\mathrm{d}x$.

重难点讲解
分部积分法

解 $\int x^2 e^x dx = \int x^2 de^x = x^2 e^x - \int e^x dx^2 = x^2 e^x - 2\int xe^x dx$

$$= x^2 e^x - 2(xe^x - e^x) + C = e^x(x^2 - 2x + 2) + C.$$

例 19 求$\int x^2 \ln x dx.$

分析 若令 $u = x^2$，$v' = \ln x$，则求不出不定积分. 因此，令 $u = \ln x$，$v' = x^2$.

解 原式 $= \int \ln x d\dfrac{x^3}{3} = \dfrac{x^3}{3} \ln x - \int \dfrac{x^3}{3} d\ln x = \dfrac{x^3}{3} \ln x - \int \dfrac{x^2}{3} dx = \dfrac{x^3}{3} \ln x - \dfrac{x^3}{9} + C.$

从上面几个例题可以看出，若 $P_n(x)$ 是 n 次多项式，则要求

---

1. $\int P_n(x) e^{ax} dx$，令 $P_n(x) = u$，$v' = e^{ax}$.

2. $\int P_n(x) \sin(ax + b) dx$，令 $P_n(x) = u$，$v' = \sin(ax + b)$.

3. $\int P_n(x) \cos(ax + b) dx$，令 $P_n(x) = u$，$v' = \cos(ax + b)$.

4. $\int P_n(x) \ln x dx$，令 $\ln x = u$，$v' = P_n(x)$.

    注 需用 n 次分部积分.

    设 $p(x)$ 为一般函数，则要求

5. $\int p(x) \arcsin x dx$，令 $\arcsin x = u$，$v' = p(x)$.

6. $\int p(x) \arctan x dx$，令 $\arctan x = u$，$v' = p(x)$.

例 20 求 $\int \dfrac{x \ln(x + \sqrt{1 + x^2})}{\sqrt{1 + x^2}} dx.$

解 $\int \dfrac{x \ln(x + \sqrt{1 + x^2})}{\sqrt{1 + x^2}} dx$

$= \dfrac{1}{2} \int \dfrac{\ln(x + \sqrt{1 + x^2})}{\sqrt{1 + x^2}} d(1 + x^2) = \int \ln(x + \sqrt{1 + x^2}) d\sqrt{1 + x^2}$

$= \sqrt{1 + x^2} \ln(x + \sqrt{1 + x^2}) - \int \sqrt{1 + x^2} d\ln(x + \sqrt{1 + x^2})$

$= \sqrt{1 + x^2} \ln(x + \sqrt{1 + x^2}) - \int \sqrt{1 + x^2} \dfrac{1}{\sqrt{1 + x^2}} dx$

$= \sqrt{1 + x^2} \ln(x + \sqrt{1 + x^2}) - x + C.$

有时在使用分部积分公式若干次后，又遇到了原来所求的积分，经过移项合并，可得所求积分.

例 21 求 $\int e^{ax} \sin bx dx$，$\int e^{ax} \cos bx dx (a \neq 0).$

解
$$\int e^{ax}\sin bx dx = \frac{1}{a}\int \sin bx de^{ax} = \frac{1}{a}e^{ax}\sin bx - \frac{1}{a}\int e^{ax}d\sin bx$$

$$= \frac{1}{a}e^{ax}\sin bx - \frac{b}{a}\int e^{ax}\cos bx dx$$

$$= \frac{1}{a}e^{ax}\sin bx - \frac{b}{a^2}\int \cos bx de^{ax}$$

$$= \frac{1}{a}e^{ax}\sin bx - \frac{b}{a^2}\left(e^{ax}\cos bx - \int e^{ax}d\cos bx\right)$$

$$= \frac{1}{a}e^{ax}\sin bx - \frac{b}{a^2}e^{ax}\cos bx - \frac{b^2}{a^2}\int e^{ax}\sin bx dx,$$

化简得

$$a^2\int e^{ax}\sin bx dx = ae^{ax}\sin bx - be^{ax}\cos bx - b^2\int e^{ax}\sin bx dx,$$

移项合并，得

$$\int e^{ax}\sin bx dx = \frac{e^{ax}}{a^2+b^2}(a\sin bx - b\cos bx) + C \text{ （注意：不要忘了加 } C\text{）}.$$

同理可得

$$\int e^{ax}\cos bx dx = \frac{e^{ax}}{a^2+b^2}(b\sin bx + a\cos bx) + C.$$

例 22 求 $\int e^{2x}\sin^2 x dx$.

解
$$\int e^{2x}\sin^2 x dx = \frac{1}{2}\int e^{2x}(1-\cos 2x)dx = \frac{1}{2}\int e^{2x}dx - \frac{1}{2}\int e^{2x}\cos 2x dx$$

$$= \frac{1}{4}e^{2x} - \frac{1}{2}e^{2x}\cdot\frac{1}{2^2+2^2}(2\sin 2x + 2\cos 2x) + C$$

$$= \frac{1}{4}e^{2x} - \frac{1}{8}e^{2x}(\sin 2x + \cos 2x) + C.$$

例 23 设 $I_n = \int \frac{1}{(x^2+a^2)^n}dx$ ($a \neq 0$, $n > 1$, n 是正整数)，求 I_n 的递推公式.

解法一
$$I_n = \int \frac{1}{(x^2+a^2)^n}dx = \frac{1}{a^2}\int \frac{a^2+x^2-x^2}{(x^2+a^2)^n}dx$$

$$= \frac{1}{a^2}\int \frac{1}{(x^2+a^2)^{n-1}}dx - \frac{1}{a^2}\int x\cdot\frac{x}{(x^2+a^2)^n}dx$$

$$= \frac{1}{a^2}I_{n-1} - \frac{1}{2a^2}\int x\frac{1}{(x^2+a^2)^n}d(x^2+a^2)$$

$$= \frac{1}{a^2}I_{n-1} - \frac{1}{2a^2}\int x d\frac{1}{1-n}(x^2+a^2)^{-n+1}$$

$$= \frac{1}{a^2}I_{n-1} - \frac{1}{2a^2}\left[\frac{1}{1-n} \cdot \frac{x}{(x^2+a^2)^{n-1}} - \int \frac{1}{1-n}\frac{1}{(x^2+a^2)^{n-1}}dx\right],$$

有

$$I_n = \frac{1}{a^2}I_{n-1} + \frac{x}{2(n-1)a^2(x^2+a^2)^{n-1}} - \frac{1}{2a^2(n-1)}I_{n-1}$$

$$= \frac{x}{2(n-1)a^2(x^2+a^2)^{n-1}} + \frac{2n-3}{2(n-1)a^2}I_{n-1}, \quad n = 2, 3, \cdots.$$

$$I_1 = \int \frac{1}{x^2+a^2}dx = \frac{1}{a}\arctan\frac{x}{a} + C.$$

解法二

$$I_n = \int \frac{1}{(x^2+a^2)^n}dx$$

$$= \frac{1}{(x^2+a^2)^n} \cdot x - \int x d\frac{1}{(x^2+a^2)^n}$$

$$= \frac{x}{(x^2+a^2)^n} - \int x \cdot (-n)(x^2+a^2)^{-n-1} \cdot 2x dx.$$

$$= \frac{x}{(x^2+a^2)^n} + 2n\int \frac{x^2+a^2-a^2}{(x^2+a^2)^{n+1}}dx$$

$$= \frac{x}{(x^2+a^2)^n} + 2nI_n - 2na^2 I_{n+1}$$

化简得

$$I_{n+1} = \frac{1}{2na^2} \cdot \frac{x}{(x^2+a^2)^n} + \frac{2n-1}{2na^2}I_n.$$

把两边的 n 换成 $n-1$ 有

$$I_n = \frac{x}{2(n-1)a^2(x^2+a^2)^{n-1}} + \frac{2n-3}{2(n-1)a^2}I_{n-1}, \quad n = 2, 3, \cdots.$$

对于这类积分，我们常常是建立递推公式，最后总可降到 $n = 1$，从而将积分求出，避免重复作分部积分.

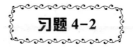

习题 4-2

1. 证明：若 $\int f(x)dx = F(x) + C$，则

$$\int f(ax+b)dx = \frac{1}{a}F(ax+b) + C \ (a \neq 0).$$

用凑微分法求下列函数的不定积分：

2. $\int (2x - 3)^{10} dx.$

3. $\int \sqrt[3]{1 - 3x} \, dx.$

4. $\int \dfrac{dx}{(5x - 2)^{\frac{5}{2}}}.$

5. $\int \dfrac{dx}{2 + 3x^2}.$

6. $\int \dfrac{dx}{2 - 3x^2}.$

7. $\int \dfrac{dx}{\sqrt{2 - 3x^2}}.$

8. $\int \dfrac{\tan x}{\sqrt{\cos x}} dx.$

9. $\int (e^{-x} + e^{-2x}) dx.$

10. $\int \dfrac{dx}{1 + \cos x}.$

11. $\int \dfrac{x \, dx}{\sqrt{1 - x^2}}.$

12. $\int x^2 \sqrt[3]{1 + x^3} \, dx.$

13. $\int \dfrac{x}{3 - 2x^2} dx.$

14. $\int \dfrac{x \, dx}{(1 + x^2)^2}.$

15. $\int \dfrac{x \, dx}{4 + x^4}.$

16. $\int \dfrac{dx}{\sqrt{x}(1 + x)}.$

17. $\int \dfrac{1}{x^2} \sin \dfrac{1}{x} dx.$

18. $\int \dfrac{x^3}{x^8 - 2} dx.$

19. $\int \dfrac{dx}{x \sqrt{x^2 - 1}}.$

20. $\int \dfrac{dx}{x(1 + 2\ln x)}.$

21. $\int x e^{-x^2} dx.$

22. $\int \dfrac{dx}{e^x + e^{-x}}.$

23. $\int \dfrac{dx}{x \ln x \ln(\ln x)}.$

24. $\int \dfrac{\ln^2 x}{x} dx.$

25. $\int \dfrac{dx}{\sqrt{x(1 - x)}}.$

26. $\int \dfrac{\arctan x}{1 + x^2} dx.$

27. $\int \dfrac{dx}{(\arcsin x)^2 \sqrt{1 - x^2}}.$

28. $\int \dfrac{x^2 + 1}{x^4 + 1} dx.$

29. $\int \dfrac{\cos x \, dx}{\sqrt{2 + \cos 2x}}.$

30. $\int \dfrac{x \, dx}{\sqrt{1 + x^2} + \sqrt{(1 + x^2)^3}}.$

31. $\int \dfrac{x^2}{1 + x} dx.$

32. $\int \dfrac{dx}{x^2 + x - 2}.$

33. $\int \cos^2 x \, dx.$

34. $\int \tan^3 x \, dx.$

35. $\int \dfrac{dx}{\cos^4 x}.$

36. $\int \dfrac{dx}{1 + e^x}.$

用变量代换法求下列不定积分:

37. $\int x^2 \sqrt[3]{1 - x} \, dx.$

38. $\int x^3 (1 - 5x^2)^{10} dx.$

39. $\int \dfrac{x^5}{\sqrt{1 - x^2}} dx.$

40. $\int x^5 (2 - 5x^3)^{\frac{2}{3}} dx.$

41. $\int \dfrac{\mathrm{d}x}{(2x^2+1)\sqrt{x^2+1}}$.

42. $\int \dfrac{\ln x \mathrm{d}x}{x\sqrt{1+\ln x}}$.

43. $\int \dfrac{\mathrm{d}x}{\sqrt{(x-a)(b-x)}} (a < x < b)$.

44. $\int \dfrac{\mathrm{d}x}{\sqrt{1+\mathrm{e}^x}}$.

45. $\int \dfrac{x\mathrm{e}^x}{\sqrt{\mathrm{e}^x-1}}\mathrm{d}x$.

用分部积分法求下列不定积分：

46. $\int x\mathrm{e}^{-x}\mathrm{d}x$.

47. $\int \left(\dfrac{\ln x}{x}\right)^2 \mathrm{d}x$.

48. $\int \sqrt{x}\ln^2 x\mathrm{d}x$.

49. $\int x^3 \mathrm{e}^{-x^2}\mathrm{d}x$.

50. $\int x^2 \sin 2x\mathrm{d}x$.

51. $\int \arctan x\mathrm{d}x$.

52. $\int \ln(x+\sqrt{1+x^2})\mathrm{d}x$.

53. $\int \arctan\sqrt{x}\,\mathrm{d}x$.

54. $\int \sin x \ln\tan x\mathrm{d}x$.

55. $\int x\sin^2 x\mathrm{d}x$.

56. $\int x\sin\sqrt{x}\,\mathrm{d}x$.

57. $\int \dfrac{x\mathrm{e}^{\arctan x}}{(1+x^2)^{\frac{3}{2}}}\mathrm{d}x$.

58. $\int \sin(\ln x)\mathrm{d}x$.

59. $\int \mathrm{e}^{2x}\sin^2 x\mathrm{d}x$.

60. $\int \dfrac{\arctan \mathrm{e}^x}{\mathrm{e}^x}\mathrm{d}x$.

61. $\int \dfrac{x}{\cos^2 x}\mathrm{d}x$.

62. $\int \dfrac{x\mathrm{e}^x}{(x+1)^2}\mathrm{d}x$.

§3　某些特殊类型函数的不定积分

§3.1　有理函数的不定积分

设 $P_n(x)$，$Q_m(x)$ 分别是 n 次和 m 次多项式. 对于有理函数 $\dfrac{Q_m(x)}{P_n(x)}$，当分子的次数小于分母的次数时，称为有理真分式；当分子的次数大于等于分母的次数时，称为有理假分式. 利用多项式除法，有理假分式可以化成多项式与有理真分式之和.

例 1　把 $\dfrac{x^4+2x^3+2x+1}{x^2+x+1}$ 化成多项式与有理真分式之和.

解　由于

$$\begin{array}{r}
x^2 + x - 2 \\
x^2 + x + 1 \overline{\smash{\big)}\ x^4 + 2x^3 + 0x^2 + 2x + 1} \\
\underline{x^4 + x^3 + x^2} \\
x^3 - x^2 + 2x \\
\underline{x^3 + x^2 + x} \\
-2x^2 + x + 1 \\
\underline{-2x^2 - 2x - 2} \\
3x + 3
\end{array}$$

所以

$$\frac{x^4 + 2x^3 + 2x + 1}{x^2 + x + 1} = x^2 + x - 2 + \frac{3x + 3}{x^2 + x + 1}.$$

由于多项式的不定积分可用幂函数的不定积分与线性运算法则求出，因此，研究有理函数的不定积分就转化为研究有理真分式的不定积分. 根据代数学中关于"部分分式"的知识，必定可以把既约有理真分式 $\dfrac{Q_m(x)}{P_n(x)}$（分母最高次项系数为 1）表示成若干个简单分式之和. 因此，有理真分式的积分就归结为那些简单分式的积分. 分解步骤简述如下：

第一步，$P_n(x)$ 在实数范围内可分解为

$$P_n(x) = x^n + a_1 x^{n-1} + \cdots + a_{n-1} x + a_n$$
$$= (x - \alpha)^k \cdots (x - \beta)^t (x^2 + px + q)^s \cdots (x^2 + ux + v)^r,$$

其中 $\alpha, \cdots, \beta$，$p, q, \cdots u$，v 均为实数，$k, \cdots, t$，$s, \cdots, r$ 均为正整数，且

$$k + \cdots + t + 2(s + \cdots + r) = n, \quad p^2 - 4q < 0, \quad \cdots, \quad u^2 - 4v < 0.$$

第二步，$\dfrac{Q_m(x)}{P_n(x)}$ 必可唯一地分解成若干个部分分式之和：

$$\frac{Q_m(x)}{P_n(x)} = \frac{A_1}{x - \alpha} + \frac{A_2}{(x - \alpha)^2} + \cdots + \frac{A_k}{(x - \alpha)^k} +$$

$$\frac{B_1}{x - \beta} + \frac{B_2}{(x - \beta)^2} + \cdots + \frac{B_t}{(x - \beta)^t} +$$

$$\frac{C_1 x + D_1}{x^2 + px + q} + \frac{C_2 x + D_2}{(x^2 + px + q)^2} + \cdots + \frac{C_s x + D_s}{(x^2 + px + q)^s} + \cdots +$$

$$\frac{E_1 x + F_1}{x^2 + ux + v} + \frac{E_2 x + F_2}{(x^2 + ux + v)^2} + \cdots + \frac{E_r x + F_r}{(x^2 + ux + v)^r},$$

其中 $A_1, A_2, \cdots, A_k$；$B_1, B_2, \cdots, B_t$；$C_1, C_2, \cdots, C_s$；$D_1, D_2, \cdots, D_s$；$E_1, E_2, \cdots, E_r$；$F_1, F_2, \cdots, F_r$ 为待定系数.

第三步，确定待定系数，将部分分式通分相加，则所得分子与分式的分子 $Q_m(x)$ 恒等，两个恒等的多项式，同次幂项系数必相等，由此得到一关于待定系数的线性方程组，这组方程的解就是所需要确定的系数.

例 2　将 $\dfrac{x-5}{x^3-3x^2+4}$ 分解为部分分式之和.

解　由

$$x^3-3x^2+4 = x^3+x^2-4x^2+4$$
$$= x^2(x+1)-4(x^2-1) = x^2(x+1)-4(x+1)(x-1)$$
$$= (x+1)(x^2-4x+4) = (x+1)(x-2)^2,$$

得

$$\frac{x-5}{x^3-3x^2+4} = \frac{x-5}{(x+1)(x-2)^2} = \frac{A}{x+1}+\frac{B}{x-2}+\frac{C}{(x-2)^2}.$$

通分并消去分母,得

$$x-5 = A(x-2)^2+B(x+1)(x-2)+C(x+1) \qquad (4.1)$$
$$= (A+B)x^2+(-4A-B+C)x+(4A-2B+C),$$

比较两边同次幂项系数,知

$$\begin{cases} A+B=0, \\ -4A-B+C=1, \\ 4A-2B+C=-5, \end{cases}$$

解得 $A=-\dfrac{2}{3}$, $B=\dfrac{2}{3}$, $C=-1$. 于是

$$\frac{x-5}{x^3-3x^2+4} = -\frac{\frac{2}{3}}{x+1}+\frac{\frac{2}{3}}{x-2}-\frac{1}{(x-2)^2}.$$

上面这种求 A, B, C 的方法称为待定系数法. 如待定系数较多时,用这种方法解方程组很复杂,我们经常用更灵活的方法. 由于式(4.1)两边的多项式恒等,即两边的 x 同取任何实数时都相等,所以可将 x 的某些特殊值(如 $P_n(x)=0$ 的根,或 $0,\pm 1,\pm 2$ 等)代入式(4.1),可直接求得某几个待定常数的值或一组比较简单的方程,从而较容易地求出待定系数的值,这种方法称为赋值法.

例如,在例 2 的式(4.1)中,令 $x=2$,有 $2-5=C(2+1)$,得 $C=-1$;

令 $x=-1$,有 $-1-5=A(-1-2)^2$,得 $A=-\dfrac{2}{3}$;

令 $x=0$,有 $-5=4\times\left(-\dfrac{2}{3}\right)-2B-1$,得 $B=\dfrac{2}{3}$.

例 3　将 $\dfrac{x}{(x-1)^2(x^2+2x+2)}$ 化成部分分式之和.

解　由 $\dfrac{x}{(x-1)^2(x^2+2x+2)} = \dfrac{A}{x-1}+\dfrac{B}{(x-1)^2}+\dfrac{Cx+D}{x^2+2x+2}$,得

$$x = A(x-1)(x^2+2x+2)+B(x^2+2x+2)+(Cx+D)(x-1)^2.$$

令 $x = 1$，有 $1 = 5B$，得 $B = \dfrac{1}{5}$；

令 $x = 0$，有 $0 = -2A + 2B + D = -2A + \dfrac{2}{5} + D$；

令 $x = 2$，有 $2 = 10A + 2 + 2C + D$；

令 $x = -1$，有 $-1 = -2A + \dfrac{1}{5} + 4(-C + D)$.

由此得

$$
\begin{cases}
2A - D = \dfrac{2}{5}, \\[2mm]
10A + 2C + D = 0, \\[2mm]
2A - 4(-C + D) = \dfrac{6}{5},
\end{cases}
$$

解得 $A = \dfrac{1}{25}$，$C = -\dfrac{1}{25}$，$D = -\dfrac{8}{25}$. 因此

$$
\frac{x}{(x-1)^2(x^2+2x+2)} = \frac{1}{25(x-1)} + \frac{1}{5(x-1)^2} + \frac{-\dfrac{1}{25}x - \dfrac{8}{25}}{x^2+2x+2}.
$$

完成了对有理分式的分解，最后是对各个简单分式进行积分. 由上述讨论知道，任何有理真分式的积分最终都可归结为求下列两种形式的积分：

$(1) \displaystyle\int \frac{\mathrm{d}x}{(x-a)^n}$；　　　$(2) \displaystyle\int \frac{Mx+N}{(x^2+px+q)^n}\mathrm{d}x$　$(p^2 - 4q < 0)$.

对于 (1)，有

$$
\int \frac{\mathrm{d}x}{(x-a)^n} = \begin{cases} \ln|x-a| + C, & n = 1, \\[3mm] \dfrac{1}{(1-n)(x-a)^{n-1}} + C, & n > 1. \end{cases}
$$

对于 (2)，有

解法一

$$
\int \frac{Mx+N}{(x^2+px+q)^n}\mathrm{d}x
$$

$$
= M\int \frac{x + \dfrac{N}{M}}{(x^2+px+q)^n}\mathrm{d}x = \frac{M}{2}\int \frac{2x + \dfrac{2N}{M}}{(x^2+px+q)^n}\mathrm{d}x
$$

$$
= \frac{M}{2}\int \frac{2x + p + \dfrac{2N}{M} - p}{(x^2+px+q)^n}\mathrm{d}x
$$

$$
= \frac{M}{2}\int \frac{2x+p}{(x^2+px+q)^n}\mathrm{d}x + \frac{M}{2}\left(\frac{2N}{M} - p\right)\int \frac{1}{(x^2+px+q)^n}\mathrm{d}x
$$

$$= \frac{M}{2} \int \frac{1}{(x^2 + px + q)^n} \mathrm{d}(x^2 + px + q) +$$

$$\left(N - \frac{Mp}{2} \right) \int \frac{1}{\left[\left(x + \dfrac{p}{2} \right)^2 + \left(\dfrac{\sqrt{4q - p^2}}{2} \right)^2 \right]^n} \mathrm{d}\left(x + \frac{p}{2} \right).$$

由于 $\displaystyle\int \frac{1}{(x^2 + px + q)^n} \mathrm{d}(x^2 + px + q)$

$$= \begin{cases} \ln(x^2 + px + q) + C, & n = 1, \\[3mm] \dfrac{1}{(1 - n)(x^2 + px + q)^{n-1}} + C, & n > 1. \end{cases}$$

对第二项用 $\displaystyle I_n = \int \frac{1}{(x^2 + a^2)^n} \mathrm{d}x$ 的递推公式即可.

解法二 $\displaystyle\int \frac{Mx + N}{(x^2 + px + q)^n} \mathrm{d}x = \int \frac{Mx + N}{\left[\left(x + \dfrac{p}{2} \right)^2 + \dfrac{4q - p^2}{4} \right]^n} \mathrm{d}\left(x + \frac{p}{2} \right)$

$$\xlongequal{\text{设} x + \frac{p}{2} = t} \int \frac{M\left(t - \dfrac{p}{2} \right) + N}{(t^2 + a^2)^n} \mathrm{d}t = \int \frac{Mt + N - \dfrac{Mp}{2}}{(t^2 + a^2)^n} \mathrm{d}t$$

$$= M \int \frac{t}{(t^2 + a^2)^n} \mathrm{d}t + \left(N - \frac{Mp}{2} \right) \int \frac{1}{(t^2 + a^2)^n} \mathrm{d}t. \qquad (4.2)$$

由于 $p^2 - 4q < 0$, 即 $4q - p^2 > 0$, 于是 $\dfrac{4q - p^2}{4} = \left(\dfrac{\sqrt{4q - p^2}}{2} \right)^2$. 令 $\dfrac{\sqrt{4q - p^2}}{2} = a$, 有

$$\int \frac{t}{(t^2 + a^2)^n} \mathrm{d}t = \frac{1}{2} \int \frac{1}{(t^2 + a^2)^n} \mathrm{d}(t^2 + a^2)$$

$$= \begin{cases} \dfrac{1}{2} \ln(t^2 + a^2) + C, & n = 1, \\[3mm] \dfrac{1}{2(1 - n)(t^2 + a^2)^{n-1}} + C, & n > 1. \end{cases}$$

对于积分 $\displaystyle\int \frac{\mathrm{d}t}{(t^2 + a^2)^n}$, 可利用上节我们建立的递推公式

$$I_n = \int \frac{\mathrm{d}t}{(t^2 + a^2)^n} = \frac{1}{2(n - 1)a^2} \cdot \frac{x}{(x^2 + a^2)^{n-1}} + \frac{2n - 3}{2(n - 1)a^2} I_{n-1}, \quad n > 1,$$

其中

$$I_1 = \int \frac{\mathrm{d}t}{t^2 + a^2} = \frac{1}{a} \arctan \frac{t}{a} + C.$$

把这些局部结果代入式(4.2), 并把 t 换成 $x + \dfrac{p}{2}$, 就求出了不定积分(2). 所以

有下面的结果:

定理 4.5 一切有理函数的原函数总可以用多项式、有理函数、对数函数及反正切函数表示出来. 因此, 有理函数的原函数一定是初等函数.

例 4 求 $\int \dfrac{x-5}{x^3-3x^2+4}\mathrm{d}x$.

解 由本节例 2, 知

$$\frac{x-5}{x^3-3x^2+4} = -\frac{\dfrac{2}{3}}{x+1} + \frac{\dfrac{2}{3}}{x-2} + \frac{-1}{(x-2)^2},$$

于是

$$\int \frac{x-5}{x^3-3x^2+4}\mathrm{d}x = -\frac{2}{3}\int \frac{\mathrm{d}x}{x+1} + \frac{2}{3}\int \frac{\mathrm{d}x}{x-2} - \int \frac{\mathrm{d}x}{(x-2)^2}$$

$$= -\frac{2}{3}\ln|x+1| + \frac{2}{3}\ln|x-2| + \frac{1}{x-2} + C$$

$$= \frac{1}{x-2} + \frac{2}{3}\ln\left|\frac{x-2}{x+1}\right| + C.$$

例 5 求 $\int \dfrac{x\mathrm{d}x}{(x-1)^2(x^2+2x+2)}$.

解 由本节例 3, 知

$$\frac{x}{(x-1)^2(x^2+2x+2)} = \frac{1}{25(x-1)} + \frac{1}{5(x-1)^2} - \frac{x+8}{25(x^2+2x+2)},$$

于是,

$$原式 = \frac{1}{25}\int \frac{\mathrm{d}x}{x-1} + \frac{1}{5}\int \frac{\mathrm{d}x}{(x-1)^2} - \frac{1}{25}\int \frac{x+8}{x^2+2x+2}\mathrm{d}x$$

$$= \frac{1}{25}\ln|x-1| - \frac{1}{5}\frac{1}{x-1} - \frac{1}{25}\int \frac{x+1+7}{(x+1)^2+1}\mathrm{d}x$$

$$= \frac{1}{25}\ln|x-1| - \frac{1}{5(x-1)} - \frac{1}{25}\int \frac{(x+1)}{(x+1)^2+1}\mathrm{d}(x+1) -$$

$$\frac{7}{25}\int \frac{1}{(x+1)^2+1}\mathrm{d}(x+1)$$

$$= \frac{1}{25}\ln|x-1| - \frac{1}{5(x-1)} - \frac{1}{50}\int \frac{1}{(x+1)^2+1}\mathrm{d}[(x+1)^2+1] -$$

$$\frac{7}{25}\arctan(x+1)$$

$$= \frac{1}{25}\ln|x-1| - \frac{1}{5(x-1)} - \frac{1}{50}\ln(x^2+2x+2) - \frac{7}{25}\arctan(x+1) + C$$

$$= \frac{1}{50}\ln\frac{(x-1)^2}{x^2+2x+2} - \frac{1}{5(x-1)} - \frac{7}{25}\arctan(x+1) + C.$$

例 6 求 $\int \dfrac{x^3 + 3x^2 + 12x + 11}{x^2 + 2x + 10} dx$.

解 $\int \dfrac{x^3 + 3x^2 + 12x + 11}{x^2 + 2x + 10} dx = \int \left(x + 1 + \dfrac{1}{x^2 + 2x + 10} \right) dx$

$$= \dfrac{x^2}{2} + x + \int \dfrac{1}{(x+1)^2 + 3^2} d(x+1) = \dfrac{x^2}{2} + x + \dfrac{1}{3} \arctan \dfrac{x+1}{3} + C.$$

例 7 求 $\int \dfrac{dx}{x^4 - 1}$.

解 $\int \dfrac{dx}{x^4 - 1} = \dfrac{1}{2} \int \left(\dfrac{1}{x^2 - 1} - \dfrac{1}{x^2 + 1} \right) dx = -\dfrac{1}{2} \int \dfrac{1}{1 - x^2} dx - \dfrac{1}{2} \int \dfrac{1}{1 + x^2} dx$

$$= -\dfrac{1}{2} \cdot \dfrac{1}{2} \ln \left| \dfrac{1+x}{1-x} \right| - \dfrac{1}{2} \arctan x + C = -\dfrac{1}{4} \ln \left| \dfrac{1+x}{1-x} \right| - \dfrac{1}{2} \arctan x + C.$$

本题若用待定系数法，则比较麻烦.

例 8 求 $\int \dfrac{1}{x^2(1 + x^2)^2} dx$.

解 因为

$$\dfrac{1}{x^2(1+x^2)^2} = \dfrac{1+x^2-x^2}{x^2(1+x^2)^2} = \dfrac{1}{x^2(1+x^2)} - \dfrac{1}{(1+x^2)^2}$$

$$= \dfrac{1+x^2-x^2}{x^2(1+x^2)} - \dfrac{1}{(1+x^2)^2} = \dfrac{1}{x^2} - \dfrac{1}{1+x^2} - \dfrac{1}{(1+x^2)^2},$$

所以

$$原式 = \int \dfrac{1}{x^2} dx - \int \dfrac{1}{1+x^2} dx - \int \dfrac{1}{(1+x^2)^2} dx$$

$$= -\dfrac{1}{x} - \arctan x - \int \dfrac{1}{(1+x^2)^2} dx.$$

由不定积分 $\int \dfrac{1}{(x^2 + a^2)^n} dx$ 的递推公式，有

$$\int \dfrac{1}{(1+x^2)^2} dx = \dfrac{1}{2} \cdot \dfrac{x}{x^2+1} + \dfrac{1}{2} I_1 = \dfrac{1}{2} \dfrac{x}{x^2+1} + \dfrac{1}{2} \arctan x,$$

所以，原式 $= -\dfrac{1}{x} - \dfrac{1}{2} \dfrac{x}{1+x^2} - \dfrac{3}{2} \arctan x + C.$

§3.2 三角函数有理式的不定积分

由 $u_1(x), u_2(x), \cdots, u_k(x)$ 及常数经过有限次四则运算所得到的函数称为关于 $u_1(x), u_2(x), \cdots, u_k(x)$ 的有理式，记作 $R(u_1(x), u_2(x), \cdots, u_k(x))$.

由于三角函数有理式

$$R(\sin x,\cos x,\tan x,\cot x,\sec x,\csc x)=R(\sin x,\cos x),$$

所以我们只要讨论 $\int R(\sin x,\ \cos x)\mathrm{d}x$. 对于这类积分，可以利用变换

$$t=\tan\frac{x}{2},\ x\in(-\pi,\pi)$$

把它们转化为 t 的有理函数的积分，从而求得原函数. 这是因为

$$\sin x=\frac{2\tan\dfrac{x}{2}}{1+\tan^2\dfrac{x}{2}}=\frac{2t}{1+t^2},\quad \cos x=\frac{1-\tan^2\dfrac{x}{2}}{1+\tan^2\dfrac{x}{2}}=\frac{1-t^2}{1+t^2},$$

又由于

$$x=2\arctan t,\qquad \mathrm{d}x=\frac{2\mathrm{d}t}{1+t^2},$$

故

$$\int R(\sin x,\ \cos x)\mathrm{d}x=\int R\!\left(\frac{2t}{1+t^2},\ \frac{1-t^2}{1+t^2}\right)\frac{2}{1+t^2}\mathrm{d}t.$$

显然，上式右端是关于变量 t 的有理函数的积分. 最后，只需将 $t=\tan\dfrac{x}{2}$ 代入关于 t 的积分结果即可.

例 9　求 $\displaystyle\int\frac{\mathrm{d}x}{2\sin x-\cos x+5}$.

解　令 $t=\tan\dfrac{x}{2}$，有

$$\int\frac{\mathrm{d}x}{2\sin x-\cos x+5}=\int\frac{1}{2\cdot\dfrac{2t}{1+t^2}-\dfrac{1-t^2}{1+t^2}+5}\cdot\frac{2}{1+t^2}\mathrm{d}t$$

$$=\int\frac{1}{3t^2+2t+2}\mathrm{d}t=\frac{1}{3}\int\frac{1}{\left(t+\dfrac{1}{3}\right)^2+\left(\dfrac{\sqrt{5}}{3}\right)^2}\mathrm{d}\!\left(t+\frac{1}{3}\right)$$

$$=\frac{1}{3}\cdot\frac{3}{\sqrt{5}}\arctan\frac{t+\dfrac{1}{3}}{\dfrac{\sqrt{5}}{3}}+C=\frac{1}{\sqrt{5}}\arctan\left(\frac{3\tan\dfrac{x}{2}+1}{\sqrt{5}}\right)+C.$$

从理论上讲，对于 $\int R(\sin x,\ \cos x)\mathrm{d}x$，利用上述变量代换总可以算出它的积分，然而有时候会导致很复杂的计算. 因此，对某些特殊类型的积分，可选择一些更简单的变量代换，使得积分比较容易计算.

一、$\int \sin^m x \cos^n x \mathrm{d}x$，其中 m,n 中至少有一个是奇数（另外一个数可以是任何一个实数）.

对这类积分，把奇次幂的三角函数分离出一次幂，用凑微分求出原函数.

例 10　求 $\int \sin^{\frac{1}{3}} x \cos^3 x \mathrm{d}x$.

解　$\int \sin^{\frac{1}{3}} x \cos^3 x \mathrm{d}x = \int \sin^{\frac{1}{3}} x \cos^2 x \cos x \mathrm{d}x = \int \sin^{\frac{1}{3}} x (1 - \sin^2 x) \mathrm{d} \sin x,$

令 $\sin x = t$，有

$$原式 = \int t^{\frac{1}{3}} (1 - t^2) \mathrm{d}t = \int (t^{\frac{1}{3}} - t^{\frac{7}{3}}) \mathrm{d}t = \frac{3}{4} t^{\frac{4}{3}} - \frac{3}{10} t^{\frac{10}{3}} + C$$

$$= \frac{3}{4} \sin^{\frac{4}{3}} x - \frac{3}{10} \sin^{\frac{10}{3}} x + C.$$

二、$\int \sin^m x \cos^n x \mathrm{d}x$，其中 m,n 均是偶数或零

计算这类不定积分主要利用下列三角恒等式

$$\sin^2 x = \frac{1 - \cos 2x}{2},$$

$$\cos^2 x = \frac{1 + \cos 2x}{2},$$

$$\sin x \cos x = \frac{1}{2} \sin 2x$$

降幂，化成情况一来计算.

例 11　求 $\int \sin^2 x \cos^4 x \mathrm{d}x$.

解　$\int \sin^2 x \cos^4 x \mathrm{d}x = \int (\sin x \cos x)^2 \cos^2 x \mathrm{d}x$

$$= \int \frac{1}{4} \sin^2 2x \cdot \frac{1}{2} (1 + \cos 2x) \mathrm{d}x$$

$$= \frac{1}{8} \int \sin^2 2x \mathrm{d}x + \frac{1}{8} \int \sin^2 2x \cos 2x \mathrm{d}x$$

$$= \frac{1}{8} \int \frac{1 - \cos 4x}{2} \mathrm{d}x + \frac{1}{16} \int \sin^2 2x \mathrm{d} \sin 2x$$

$$= \frac{1}{16} x - \frac{1}{64} \sin 4x + \frac{1}{48} \sin^3 2x + C.$$

三、$\int \sin mx \cos nx \mathrm{d}x$，$\int \sin mx \sin nx \mathrm{d}x$，$\int \cos mx \cos nx \mathrm{d}x$，其中 m，n 是常数，且 $m \neq \pm n$.

计算这类积分，可利用下述积化和差公式：

$$\sin mx \cos nx = \frac{1}{2}[\sin (m+n)x + \sin (m-n)x],$$

$$\sin mx \sin nx = \frac{1}{2}[\cos (m-n)x - \cos (m+n)x],$$

$$\cos mx \cos nx = \frac{1}{2}[\cos (m+n)x + \cos (m-n)x].$$

例 12　求 $\int \cos 4x \cos 3x \mathrm{d}x.$

解　$\int \cos 4x \cos 3x \mathrm{d}x = \frac{1}{2}\int (\cos 7x + \cos x)\mathrm{d}x = \frac{1}{14}\sin 7x + \frac{1}{2}\sin x + C.$

四、$\int R(\tan x)\mathrm{d}x.$

令 $\tan x = t,$ 得 $x = \arctan t,$ 有 $\mathrm{d}x = \frac{1}{1+t^2}\mathrm{d}t,$ 则

$$\int R(\tan x)\mathrm{d}x = \int R(t)\frac{1}{1+t^2}\mathrm{d}t.$$

五、$\int R(\sin^2 x,\ \sin x \cos x,\ \cos^2 x)\mathrm{d}x.$

令 $\tan x = t,$ 有 $x = \arctan t,$ 得

$$\mathrm{d}x = \frac{1}{1+t^2}\mathrm{d}t,$$

于是

$$\sin^2 x = \frac{\sin^2 x}{\cos^2 x}\cos^2 x = \frac{\tan^2 x}{1+\tan^2 x} = \frac{t^2}{1+t^2},$$

$$\cos^2 x = \frac{1}{1+\tan^2 x} = \frac{1}{1+t^2},$$

$$\sin x \cos x = \cos^2 x \tan x = \frac{t}{1+t^2},$$

则

$$\int R(\sin^2 x,\ \sin x \cos x,\ \cos^2 x)\mathrm{d}x = \int R\left(\frac{t^2}{1+t^2},\ \frac{t}{1+t^2},\ \frac{1}{1+t^2}\right)\frac{1}{1+t^2}\mathrm{d}t.$$

例 13　求 $\int \frac{\sin^2 x}{1+\sin^2 x}\mathrm{d}x.$

解　$\int \frac{\sin^2 x}{1+\sin^2 x}\mathrm{d}x = \int\left(1 - \frac{1}{1+\sin^2 x}\right)\mathrm{d}x = x - \int \frac{1}{1+\sin^2 x}\mathrm{d}x,$

由于

$$\int \frac{1}{1 + \sin^2 x} dx \xrightarrow{\text{令} \tan x = t} \int \frac{1}{1 + \dfrac{t^2}{1 + t^2}} \frac{1}{1 + t^2} dt$$

$$= \int \frac{1}{1 + 2t^2} dt = \frac{1}{\sqrt{2}} \int \frac{1}{(\sqrt{2}\,t)^2 + 1} d\sqrt{2}\,t$$

$$= \frac{1}{\sqrt{2}} \arctan \sqrt{2}\,t + C = \frac{1}{\sqrt{2}} \arctan (\sqrt{2} \tan x) + C,$$

所以原式 $= x - \dfrac{1}{\sqrt{2}} \arctan (\sqrt{2} \tan x) + C$.

§3.3　某些无理函数的不定积分

一、 形如 $\int R\left(x, \sqrt[n]{\dfrac{ax+b}{cx+d}}\right) dx$ 的积分

令 $\sqrt[n]{\dfrac{ax+b}{cx+d}} = t$，有 $\dfrac{ax+b}{cx+d} = t^n$，经整理得

$$x = \frac{dt^n - b}{a - ct^n} = \varphi(t),$$

于是

$$\int R\left(x, \sqrt[n]{\frac{ax + b}{xc + d}}\right) dx = \int R(\varphi(t), t) \varphi'(t) dt,$$

这样，就把它化成了以 t 为变量的有理函数积分.

例 14　求 $\int \dfrac{dx}{\sqrt[n]{(x - a)^{n+1} (x - b)^{n-1}}}$ （n 为正整数）.

解　（1）当 $a = b$ 时，

$$原式 = \int \frac{dx}{\sqrt[n]{(x - a)^{2n}}} = \int \frac{dx}{(x - a)^2} = -\frac{1}{x - a} + C.$$

（2）当 $a \neq b$ 时，

$$原式 = \int \frac{dx}{(x - a)(x - b) \sqrt[n]{\dfrac{x - a}{x - b}}} = \int \frac{1}{(x - a)(x - b)} \sqrt[n]{\frac{x - b}{x - a}} dx,$$

设 $\sqrt[n]{\dfrac{x-b}{x-a}} = t$，则 $x = a + \dfrac{a-b}{t^n - 1}$，

$$dx = -\frac{n(a-b) t^{n-1}}{(t^n - 1)^2} dt,$$

由于 $x-a=\dfrac{a-b}{t^n-1}$，$x-b=\dfrac{(a-b)t^n}{t^n-1}$，所以

$$原式 = -\frac{n}{a-b}\int dt = -\frac{n}{a-b}\,t+C = -\frac{n}{a-b}\sqrt[n]{\frac{x-b}{x-a}}+C.$$

例 15 求 $\displaystyle\int\frac{1}{x}\sqrt{\frac{x+2}{x-2}}\,dx.$

解 令 $t=\sqrt{\dfrac{x+2}{x-2}}$，有 $x=\dfrac{2(t^2+1)}{t^2-1}$，

$$dx=\frac{-8t}{(t^2-1)^2}dt,$$

所以

$$
\begin{aligned}
原式 &= \int\frac{4t^2}{(1-t^2)(1+t^2)}dt\\
&= 2\int\left(\frac{1}{1-t^2}-\frac{1}{1+t^2}\right)dt = \ln\left|\frac{1+t}{1-t}\right|-2\arctan t+C\\
&= \ln\left|\frac{1+\sqrt{\dfrac{x+2}{x-2}}}{1-\sqrt{\dfrac{x+2}{x-2}}}\right|-2\arctan\sqrt{\frac{x+2}{x-2}}+C.
\end{aligned}
$$

二、形如 $\displaystyle\int R(x,\sqrt{ax^2+bx+c})\,dx$ 的积分

把 $\sqrt{ax^2+bx+c}$ 化成如下三种形式之一：

$$\sqrt{\varphi^2(x)+k^2},\qquad \sqrt{\varphi^2(x)-k^2},\qquad \sqrt{k^2-\varphi^2(x)},$$

其中 $\varphi(x)$ 是 x 的一次多项式，k 为常数，再用三角变换便可化成三角有理式的不定积分. 有时我们也用欧拉(Euler)变换：

(1) 若 $a>0$，可令

$$\sqrt{ax^2+bx+c}=t+\sqrt{a}\,x \text{ 或 } t-\sqrt{a}\,x;$$

(2) 若 $c>0$，可令

$$\sqrt{ax^2+bx+c}=xt+\sqrt{c} \text{ 或 } xt-\sqrt{c};$$

(3) 若 $\sqrt{ax^2+bx+c}=\sqrt{a(x-\alpha)(x-\beta)}$，可令

$$\sqrt{a(x-\alpha)(x-\beta)}=t(x-\alpha) \text{ 或 } t(x-\beta),$$

从而达到去根号的目的. 在实际解题时，要灵活应用.

例 16 求 $\displaystyle\int\frac{dx}{x+\sqrt{x^2+x+1}}.$

解 令 $\sqrt{x^2+x+1}=t-x$，有

重难点讲解
无理函数不定积分

$$x = \frac{t^2 - 1}{1 + 2t}, \ dx = \frac{2(t^2 + t + 1)}{(1 + 2t)^2} dt,$$

$$\sqrt{x^2 + x + 1} = \frac{t^2 + t + 1}{1 + 2t},$$

则

$$原式 = \frac{1}{2} \int \frac{t^2 + t + 1}{t\left(t + \frac{1}{2}\right)^2} dt = \frac{1}{2} \int \left[\frac{4}{t} - \frac{3}{t + \frac{1}{2}} - \frac{3}{2\left(t + \frac{1}{2}\right)^2}\right] dt$$

$$= \frac{1}{2} \left[4\ln|t| - 3\ln\left|t + \frac{1}{2}\right| + \frac{3}{2\left(t + \frac{1}{2}\right)}\right] + C$$

$$= \frac{1}{2} \ln \frac{t^4}{\left|t + \frac{1}{2}\right|^3} + \frac{3}{2(2t + 1)} + C$$

$$= \frac{1}{2} \ln \frac{(x + \sqrt{x^2 + x + 1})^4}{\left|\sqrt{x^2 + x + 1} + x + \frac{1}{2}\right|^3} + \frac{3}{2(2\sqrt{x^2 + x + 1} + 2x + 1)} + C.$$

从以上不定积分的计算中可以看出，求不定积分要比求导数更复杂、更灵活. 计算不定积分的基础是利用基本积分表、简单函数的不定积分、凑微分法、变量代换法及分部积分法. 这几种方法都是将所求的不定积分化成基本积分表中被积函数的形式，从而求得不定积分. 我们将一些不定积分公式汇编成表（见附录Ⅳ），以供查阅，这些公式也是建立在基本积分方法基础上的. 在基本积分方法熟练掌握的基础上，要多做一些练习，才能熟能生巧.

最后还要指出，有些不定积分，例如

$$\int e^{-x^2} dx, \quad \int \frac{\sin x}{x} dx, \quad \int \sin x^2 dx, \quad \int \frac{1}{\ln x} dx,$$

$$\int \sqrt{1 - k^2 \sin^2 x} \, dx \ (0 < k < 1), \quad \int \frac{1}{\sqrt{1 - k^2 \sin^2 x}} dx \ (0 < k < 1)$$

等，它们的被积函数虽然是初等函数，但它们的原函数却不是初等函数. 因此，用上述各种积分法都不能求出这些不定积分，需要用其他的方法解决.

例 17 求 $\int x\ln(4 + x^4) \, dx$.

解 $\displaystyle\int x\ln(4 + x^4) \, dx = \int \ln(4 + x^4) \, d\frac{x^2}{2}$

$$= \frac{1}{2} x^2 \ln(4 + x^4) - 2 \int \frac{x^5}{4 + x^4} dx$$

$$= \frac{1}{2}x^2\ln(4+x^4) - 2\int\left(x - \frac{4x}{4+x^4}\right)dx$$

$$= \frac{1}{2}x^2\ln(4+x^4) - x^2 + 2\arctan\frac{x^2}{2} + C.$$

例 18　求 $\int\dfrac{x\arctan x}{\sqrt{1+x^2}}dx$.

解
$$\int\frac{x\arctan x}{\sqrt{1+x^2}}dx = \int\arctan x\,d\sqrt{1+x^2}$$

$$= \sqrt{1+x^2}\arctan x - \int\sqrt{1+x^2}\,\frac{1}{1+x^2}dx$$

$$= \sqrt{1+x^2}\arctan x - \int\frac{1}{\sqrt{1+x^2}}dx$$

$$= \sqrt{1+x^2}\arctan x - \ln(x + \sqrt{1+x^2}) + C.$$

例 19　求 $\int\max\{1,\ x^2\}dx$.

解　由于

$$\max\{1,\ x^2\} = \begin{cases} 1, & x^2 \leqslant 1, \\ x^2, & x^2 \geqslant 1, \end{cases} = \begin{cases} x^2, & x < -1, \\ 1, & -1 \leqslant x \leqslant 1, \\ x^2, & x > 1, \end{cases}$$

所以

$$\int\max\{1,\ x^2\}dx = \begin{cases} \dfrac{1}{3}x^3 + C_1, & x < -1, \\ x + C_2, & -1 \leqslant x \leqslant 1, \\ \dfrac{1}{3}x^3 + C_3, & x > 1. \end{cases}$$

由于原函数可导必连续，所以原函数在 $x = \pm 1$ 处连续，有

$$-\frac{1}{3} + C_1 = -1 + C_2,$$

得 $C_1 = -\dfrac{2}{3} + C_2$；又

$$1 + C_2 = \frac{1}{3} + C_3,$$

得 $C_3 = \dfrac{2}{3} + C_2$，于是

$$原式 = \begin{cases} \dfrac{1}{3}x^3 - \dfrac{2}{3} + C_2, & x < -1, \\[2mm] x + C_2, & -1 \leqslant x \leqslant 1, \\[2mm] \dfrac{1}{3}x^3 + \dfrac{2}{3} + C_2, & x > 1. \end{cases}$$

例 20 求 $\int x f''(x)\,\mathrm{d}x$.

解 $\int x f''(x)\,\mathrm{d}x = \int x\,\mathrm{d}f'(x) = x f'(x) - \int f'(x)\,\mathrm{d}x = x f'(x) - f(x) + C.$

例 21 设 $f'(\ln x) = \begin{cases} 1, & 0 < x \leqslant 1, \\ x, & 1 < x < +\infty \end{cases}$ 及 $f(0) = 0$, 求 $f(x)$.

解 $f(x) = \int f'(x)\,\mathrm{d}x \xlongequal{x = \ln t} \int f'(\ln t)\,\mathrm{d}\ln t$

$$= \int f'(\ln t)\,\frac{1}{t}\,\mathrm{d}t = \begin{cases} \displaystyle\int \frac{1}{t}\,\mathrm{d}t = \ln t + C_1, & 0 < t \leqslant 1, \\[3mm] \displaystyle\int t \cdot \frac{1}{t}\,\mathrm{d}t = t + C_2, & 1 < t < +\infty \end{cases}$$

$$= \begin{cases} x + C_1, & x \leqslant 0, \\ \mathrm{e}^x + C_2, & x > 0. \end{cases}$$

由 $f(x)$ 在点 $x = 0$ 处连续, 得 $0 + C_1 = 0$, 解得 $C_1 = 0$.

又 $\mathrm{e}^0 + C_2 = 0$, 解得 $C_2 = -1$. 于是

$$f(x) = \begin{cases} x, & x \leqslant 0, \\ \mathrm{e}^x - 1, & x > 0. \end{cases}$$

例 22 求 $\displaystyle\int \frac{\mathrm{d}x}{x\sqrt{x^4 - 2x^2 - 1}}$.

解 $\displaystyle\int \frac{\mathrm{d}x}{x\sqrt{x^4 - 2x^2 - 1}} = \int \frac{\mathrm{d}x}{x^3\sqrt{1 - 2\dfrac{1}{x^2} - \dfrac{1}{x^4}}}$

$$= -\frac{1}{2}\int \frac{\mathrm{d}(x^{-2} + 1)}{\sqrt{2 - (x^{-2} + 1)^2}} = -\frac{1}{2}\arcsin\frac{x^{-2} + 1}{\sqrt{2}} + C$$

$$= -\frac{1}{2}\arcsin\frac{1 + x^2}{\sqrt{2}\,x^2} + C.$$

习题 4-3

求下列不定积分:

1. $\int \dfrac{dx}{3x^2 - 2x - 1}.$

2. $\int \dfrac{xdx}{(x+1)(x+2)(x+3)}.$

3. $\int \dfrac{x^4}{x^4 + 5x^2 + 4}dx.$

4. $\int \dfrac{x^2 + 1}{(x+1)^2(x-1)^2}dx.$

5. $\int \dfrac{x}{(x+1)(x^2+1)}dx.$

6. $\int \dfrac{dx}{x^3 + 1}.$

7. $\int \cos^5 x dx.$

8. $\int \sin^2 x \cos^4 x dx.$

9. $\int \dfrac{\sin^3 x}{\cos^4 x}dx.$

10. $\int \dfrac{dx}{\sin^3 x}.$

11. $\int \dfrac{dx}{\sin x \cos^4 x}.$

12. $\int \tan^5 x dx.$

13. $\int \dfrac{\sin^4 x}{\cos^6 x}dx.$

14. $\int \sin 5x \cos x dx.$

15. $\int \dfrac{\sin x \cos x}{1 + \sin^4 x}dx.$

16. $\int \dfrac{dx}{1 + \sqrt{x}}$

17. $\int \dfrac{1 - \sqrt{x+1}}{1 + \sqrt[3]{x+1}}dx.$

18. $\int \dfrac{dx}{\sqrt{x}(1 + \sqrt[4]{x})^3}.$

19. $\int \dfrac{\sqrt{x+1} - \sqrt{x-1}}{\sqrt{x+1} + \sqrt{x-1}}dx.$

20. $\int \dfrac{dx}{(1-x)^2 \sqrt{1-x^2}}$

21. $\int \dfrac{xdx}{(1+x)\sqrt{1-x-x^2}}$

第四章综合题

求下列不定积分：

1. $\int \dfrac{dx}{x^6(1+x^2)}.$

2. $\int \dfrac{x+2}{x^2 \sqrt{1-x^2}}dx.$

3. $\int \dfrac{1 + \sqrt{1-x^2}}{1 - \sqrt{1-x^2}}dx.$

4. $\int x\ln(4 + x^4)dx.$

5. $\int \dfrac{x\ln(1 + \sqrt{1+x^2})}{\sqrt{1+x^2}}dx.$

6. $\int \dfrac{\arctan x}{x^2(1+x^2)}dx.$

7. $\int e^{2x}(\tan x + 1)^2 dx.$

8. $\int \dfrac{dx}{\sin x \sqrt{1+\cos x}}$

9. $\int \dfrac{x\arctan x}{\sqrt{1+x^2}}dx.$

10. $\int \dfrac{\sin 2x}{\sqrt{1+\cos^4 x}}dx.$

11. $\int \dfrac{x\ln x}{(1+x^2)^2}dx.$

12. $\int \sqrt{1-x^2} \arcsin x dx.$

13. 设 $f(x^2 - 1) = \ln \dfrac{x^2}{x^2 - 2}$，且 $f(\varphi(x)) = \ln x$，求 $\int \varphi(x)dx.$

求下列不定积分：

14. $\int \dfrac{\arcsin e^x}{e^x}dx.$

15. $\int x^x(1 + \ln x)dx.$

16. $\int \dfrac{1 + \sin x}{1 + \cos x}e^x dx.$

17. $\int |x|\,dx.$

18. $\int [\,|1 + x| - |1 - x|\,]dx.$

19. $\int e^{-|x|}dx.$

20. $\int f(x)dx,$ 其中 $f(x) = \begin{cases} 1, & x < 0, \\ x + 1, & 0 \leq x < 1, \\ 2x, & x \geq 1. \end{cases}$

21. 设 $f'(x^2) = \dfrac{1}{x}(x > 0)$，求 $f(x)$.

22. $\int \max\{x^2, x^3\}dx.$ 23. $\int \left[\dfrac{f(x)}{f'(x)} - \dfrac{f^2(x)f''(x)}{f'^3(x)}\right]dx.$ 24. $\int \dfrac{f'(\ln x)}{x\sqrt{f(\ln x)}}dx.$

25. 推导下列递推公式：

(1) 若 $I_n = \int \sin^n x dx$，则 $I_n = \dfrac{-\sin^{n-1}x\cos x}{n} + \dfrac{n-1}{n}I_{n-2}$ $(n \in \mathbf{N}_+)$;

(2) 若 $I_n = \int \cos^n x dx$，则 $I_n = \dfrac{\sin x\cos^{n-1}x}{n} + \dfrac{n-1}{n}I_{n-1}$ $(n \in \mathbf{N}_+)$;

(3) 若 $I_n = \int \tan^n x dx$，则 $I_n = \dfrac{\tan^{n-1}x}{n-1} - I_{n-2}$ $(n \in \mathbf{N}_+)$.

26. 设函数 $y = f(x)$ 在某区间内具有连续的导数，且 $f'(x) \neq 0$, $x = f^{-1}(y)$ 是它的反函数，试证明：

(1) $\int f(x)dx = xf(x) - \int f^{-1}(y)dy;$

(2) $\int f^{-1}(x)dx = xf^{-1}(x) - F(f^{-1}(x)) + C,$

其中 $F(x)$ 是 $f(x)$ 的一个原函数.

第四章习题拓展

第五章 定积分及其应用

定积分是微积分学中从实际问题抽象出来的一个重要的基本概念，它与不定积分有着密切的联系. 定积分在几何、物理、经济等领域都有着非常广泛的应用.

§1 定积分概念

§1.1 定积分的定义

一、定积分概念的引入

定积分是由于解决某些实际问题的需要而产生的，较为典型的问题是求曲边梯形的面积、变力所做的功、变速直线运动的路程.

1. 曲边梯形的面积

所谓曲边梯形(图 5-1)是这样的图形：它的三条边是直线，其中两条互相平行，第三条与前两条垂直，称为底边；另一条是连续曲线弧(直线是特殊情形).

直线图形(如三角形、矩形、梯形)及特殊曲线图形(如圆、扇形)的面积，在初等数学中已经解决，如何确定曲边梯形的面积呢？

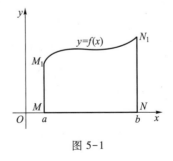

图 5-1

为了方便起见，我们选择坐标系如图 5-1 所示，曲线 M_1N_1 的方程为 $y=f(x)(\geqslant 0)$，其中 $f(x)$ 是连续函数. 如果 $f(x)$ 是常数 h，即 $y=h$，那么这个曲边梯形实际上就是矩形，它的面积 = 高×底 = $h(b-a)$. 但在一般情况下，我们假设 $y=f(x)$ 不是常量，而是随着 x 变化而变化的变量. 此时曲边梯形的面积就不能用我们以前所熟悉的公式进行计算.

由于 $f(x)$ 在闭区间 $[a,b]$ 上连续，即不论 x 在区间上何处，当 x 变化很小时，$f(x)$ 的变化也很小. 也就是说，在一个很小的区间上，$f(x)$ 近似不变，抓住这个特点，就可以方便地求出曲边梯形 MNN_1M_1 面积的近似值，然后取极限，从而求出准确值. 方法如下

第一步：分割. 在闭区间 $[a,b]$ 内插入 $n-1$ 个分点

$$a = x_0 < x_1 < x_2 < \cdots < x_{i-1} < x_i < \cdots < x_{n-1} < x_n = b,$$

相应地把区间 $[a,b]$ 分成 n 个小区间 $[x_{i-1}, x_i]$（$i = 1, 2, \cdots, n$）. $[x_{i-1}, x_i]$ 的长度 $x_i - x_{i-1}$ 用 Δx_i 表示，即 $\Delta x_i = x_i - x_{i-1}, i = 1, 2, \cdots, n$. 经过每一个分点 x_i 作 Oy 轴的平行线，于是把曲边梯形分成 n 个小的曲边梯形（图 5-2）.

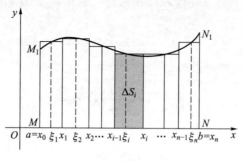

图 5-2

第二步：近似. 设曲边梯形的面积为 S，第 i 个小曲边梯形的面积为 ΔS_i（$i = 1, 2, \cdots, n$）. 由于 $f(x)$ 在闭区间 $[a,b]$ 上连续，所以当每个小区间 $[x_{i-1}, x_i]$ 很小时，该区间上任意两点的函数值相差很小，即近似相等. 从而小区间 $[x_{i-1}, x_i]$ 上的曲线可看成近似平行于 Ox 轴的直线，因此，可把此区间上的小曲边梯形近似看成矩形. 任取 $[x_{i-1}, x_i]$ 上一点 ξ_i，$f(\xi_i) \geq 0$ 代表该矩形的高，矩形的底边长为 Δx_i，于是

$$\Delta S_i \approx f(\xi_i) \Delta x_i.$$

第三步：求和.

$$S = \Delta S_1 + \Delta S_2 + \cdots + \Delta S_i + \cdots + \Delta S_n$$
$$\approx f(\xi_1) \Delta x_1 + f(\xi_2) \Delta x_2 + \cdots + f(\xi_i) \Delta x_i + \cdots + f(\xi_n) \Delta x_n,$$

即

$$S \approx \sum_{i=1}^{n} f(\xi_i) \Delta x_i.$$

第四步：取极限. 设 $\lambda = \max\{\Delta x_i : 1 \leq i \leq n\}$. λ 越小，就保证了每个小区间都越小，从而保证 $\sum_{i=1}^{n} f(\xi_i) \Delta x_i$ 与 S 无限接近，所以

$$S = \lim_{\lambda \to 0} \sum_{i=1}^{n} f(\xi_i) \Delta x_i. \tag{5.1}$$

从而求曲边梯形面积的问题，就归结为求形如式（5.1）极限的问题.

注 若用 $n \to \infty$，不能保证

$$\lim_{n \to \infty} \sum_{i=1}^{n} f(\xi_i) \Delta x_i = S.$$

2. 变力做功

设在与 Ox 轴平行、大小为 F 的力的作用下，质点 M 在 Ox 轴上从 $x = a$ 运动到 $x = b$，如果 F 是常量，则该力所做的功为

$$W = F(b - a).$$

现在假定力不是常量，而是 x 的某个连续函数 $F = f(x)$，上述算法就不适用了. 那么，应该怎样确定变力所做的功呢？可以仿照求曲边梯形面积的方法.

第一步：分割. 在闭区间 $[a, b]$ 内插入 $n-1$ 个分点

$$a = x_0 < x_1 < x_2 < \cdots < x_{i-1} < x_i < \cdots < x_{n-1} < x_n = b,$$

相应地把区间 $[a, b]$ 分成了 n 个小区间 $[x_{i-1}, x_i]$，记

$$\Delta x_i = x_i - x_{i-1}, \quad i = 1, 2, \cdots, n.$$

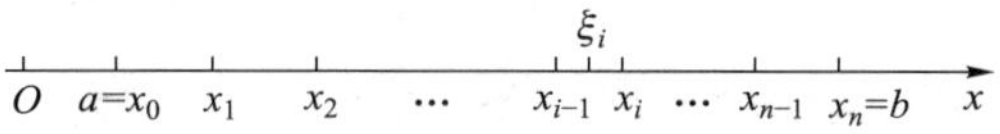

图 5-3

第二步：近似. 在 $[x_{i-1}, x_i]$ 上任取一点 ξ_i（图 5-3），那么在点 ξ_i 处作用于质点 M 的力为 $f(\xi_i)$. 由于 $f(x)$ 是 x 的连续函数，只要 $\lambda = \max\{\Delta x_i : 1 \leq i \leq n\}$ 很小，变力在每个小区间上的变化也很小，可以看成近似不变. 这样在每个小区间上用常力 $f(\xi_i)$ 来代替变力 $f(x)$，即当 $x \in [x_{i-1}, x_i]$ 时，有 $f(x) \approx f(\xi_i)$，$\xi_i \in [x_{i-1}, x_i]$. 于是，力 $f(x)$ 在区间 $[x_{i-1}, x_i]$ 做的功

$$W_i \approx f(\xi_i) \Delta x_i.$$

第三步：求和. 设质点 M 在 Ox 轴上从 $x = a$ 到 $x = b$ 所做的功为 W，则

$$W = W_1 + W_2 + \cdots + W_i + \cdots + W_n$$
$$\approx f(\xi_1) \Delta x_1 + f(\xi_2) \Delta x_2 + \cdots + f(\xi_i) \Delta x_i + \cdots + f(\xi_n) \Delta x_n$$
$$= \sum_{i=1}^{n} f(\xi_i) \Delta x_i.$$

第四步：取极限. 当 λ 越接近于 0 时，右端的和式就越接近于所求的功，因此有

$$W = \lim_{\lambda \to 0} \sum_{i=1}^{n} f(\xi_i) \Delta x_i. \tag{5.2}$$

从而变力做功的问题可以归结为求形如式 (5.2) 的极限问题.

3. 变速直线运动的路程

设一物体以连续的速度 $v = v(t)$ 做变速直线运动，求由时刻 $t = a$ 到时刻 $t = b$ 所走过的路程. 由于 $v(t)$ 的值随时间 t 而变化，因此不能简单地利用等速直线运动的公式

$$\text{路程} = \text{速度} \times \text{时间}.$$

同样地，我们采用如下的方法：分割，近似，求和，取极限.

第一步：**分割**. 在闭区间 $[a,b]$ 内插入 $n-1$ 个分点

$$a = t_0 < t_1 < t_2 < \cdots < t_{i-1} < t_i < \cdots < t_{n-1} < t_n = b,$$

相应地把区间 $[a,b]$ 分成了 n 个小区间 $[t_{i-1}, t_i]$（图 5-4），记

$$\Delta t_i = t_i - t_{i-1}, \quad i = 1, 2, \cdots, n.$$

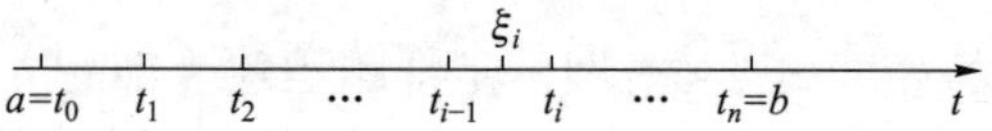

图 5-4

第二步：**近似**. 由于 $v(t)$ 是连续函数，当 $\lambda = \max\{\Delta t_i : 1 \leq i \leq n\}$ 很小时，速度 $v(t)$ 在每个小时间段上变化也很小，因此在每个小时间段 $[t_{i-1}, t_i]$ 上，变速直线运动可以近似看成等速直线运动，设 $[t_{i-1}, t_i]$ 上所走的路程为 Δs_i，任取 $\xi_i \in [t_{i-1}, t_i]$，有

$$\Delta s_i \approx v(\xi_i) \Delta t_i.$$

第三步：**求和**. 设总路程为 s，则

$$s = \Delta s_1 + \Delta s_2 + \cdots + \Delta s_i + \cdots + \Delta s_n$$
$$\approx v(\xi_1) \Delta t_1 + v(\xi_2) \Delta t_2 + \cdots + v(\xi_i) \Delta t_i + \cdots + v(\xi_n) \Delta t_n$$
$$= \sum_{i=1}^{n} v(\xi_i) \Delta t_i.$$

第四步：**取极限**. λ 越接近于 0，右端的和式就越接近于总路程 s，因此

$$s = \lim_{\lambda \to 0} \sum_{i=1}^{n} v(\xi_i) \Delta t_i.$$

二、定积分的定义

以上三个问题的讨论，虽然具体意义不同，但解决问题的方法都是一样的. 从数量关系上看，这三个问题最后都归结为求同一类型"和式"的极限，即归结为同一数学模型. 在实际问题的处理中，有很多问题都可归结为求这种和式的极限. 因此，研究这种和式的极限具有普遍的意义，抽象出它们的共同数学特征，就得到下述定积分的定义.

定义 5.1 设函数 $f(x)$ 在闭区间 $[a,b]$ 上有定义，在闭区间 $[a,b]$ 内任意插入 $n-1$ 个分点

$$a = x_0 < x_1 < x_2 < \cdots < x_{i-1} < x_i < \cdots < x_{n-1} < x_n = b,$$

将 $[a,b]$ 分成 n 个小区间 $[x_{i-1}, x_i]$，记 $\Delta x_i = x_i - x_{i-1}(i = 1, 2, \cdots, n)$，任给 $\xi_i \in [x_{i-1}, x_i]$，作乘积 $f(\xi_i) \Delta x_i$（称为积分元），把这些乘积相加得到和式

$$f(\xi_1) \Delta x_1 + f(\xi_2) \Delta x_2 + \cdots + f(\xi_i) \Delta x_i + \cdots + f(\xi_n) \Delta x_n = \sum_{i=1}^{n} f(\xi_i) \Delta x_i$$

称为积分和式. 设 $\lambda = \max\{\Delta x_i : 1 \leq i \leq n\}$，如果 $\lambda \to 0$，上述和式的极限存在且

极限值 I 与闭区间 $[a,b]$ 的分法及点 ξ_i 的取法都无关，则称这个唯一的极限值 I 为函数 $f(x)$ 在闭区间 $[a,b]$ 上的定积分，记作 $\int_a^b f(x)\,\mathrm{d}x$. 即

$$I = \int_a^b f(x)\,\mathrm{d}x = \lim_{\lambda \to 0} \sum_{i=1}^n f(\xi_i)\,\Delta x_i. \tag{5.3}$$

也称函数 $f(x)$ 在区间 $[a,b]$ 上可积. 否则称 $f(x)$ 在区间 $[a,b]$ 上不可积. 这里 a 与 b 分别称为定积分的下限与上限，$[a,b]$ 称为积分区间，x 称为积分变量，$f(x)$ 称为被积函数，$f(x)\mathrm{d}x$ 称为被积表达式.

注 在定积分的定义中，我们去掉了函数连续、非负这两个限制条件，这样做使得更多的函数符合定义.

定积分的定义用 "ε-δ" 语言叙述则为：

定义 5.2 若存在一常数 I，任给 $\varepsilon > 0$，存在 $\delta > 0$，使得对任意的分割

$$T:\; a = x_0 < x_1 < x_2 < \cdots < x_{i-1} < x_i < \cdots < x_{n-1} < x_n = b,$$

只要 $\max\{\Delta x_i:\ 1 \leqslant i \leqslant n\} = \lambda(T) < \delta$，任给 $\xi_i \in [x_{i-1}, x_i]$，都有

$$\left| \sum_{i=1}^n f(\xi_i)\,\Delta x_i - I \right| < \varepsilon$$

成立，则称 I 为函数 $f(x)$ 在区间 $[a,b]$ 上的定积分.

定积分定义的 "ε-δ" 说法，是 19 世纪德国数学家黎曼 (Riemann) 首先给出的，因此，这种积分又称为黎曼积分.

从定积分的定义可以看出，定积分的值（即和式的极限）只依赖于被积函数 f 与积分区间 $[a,b]$，与积分变量的记号无关. 换句话说，若 $\int_a^b f(x)\,\mathrm{d}x$ 存在，则

$$\int_a^b f(x)\,\mathrm{d}x = \int_a^b f(t)\,\mathrm{d}t = \int_a^b f(u)\,\mathrm{d}u.$$

定积分的几何意义：若 $f(x)$ 在 $[a,b]$ 上可积，且 $f(x) \geqslant 0$，则 $\int_a^b f(x)\,\mathrm{d}x$ 表示曲线 $y = f(x)$ 与直线 $y = 0$，$x = a$，$x = b$ 所围成的曲边梯形的面积. 同样，变力所做的功可表示为 $W = \int_a^b f(x)\,\mathrm{d}x$，变速直线运动的路程可表示为 $s = \int_a^b v(t)\,\mathrm{d}t$.

在上述积分的定义中，积分的下限 a 是小于上限 b 的. 但这样的限制带来某些不方便，我们知道质点 M 在变力 $f(x)$ 作用下，从 $x = a$ 到 $x = b$ 所做的功，与质点 M 在变力 $f(x)$ 作用下从 $x = b$ 到 $x = a$ 所做的功，其绝对值相等，符号相反. 因此，我们规定

$$当\ a > b\ 时，\int_a^b f(x)\,\mathrm{d}x = -\int_b^a f(x)\,\mathrm{d}x.$$

也就是当定积分交换上、下限时要变号.

此外，我们规定 $\int_a^a f(x)\,\mathrm{d}x = 0$.

§1.2 可积函数类

性质(可积的必要条件) 若函数 $f(x)$ 在闭区间 $[a,b]$ 上可积,则 $f(x)$ 在 $[a,b]$ 上有界.

*证 用反证法. 假设 $f(x)$ 在 $[a,b]$ 上无界,则对任一分割,必存在某个子区间 $[x_{k-1},x_k]$, $f(x)$ 在 $[x_{k-1},x_k]$ 上无界. 对于 $i \neq k$ 的各个区间 $[x_{i-1},x_i]$ 上任取一点 ξ_i, 设

$$\left| \sum_{i \neq k} f(\xi_i) \Delta x_i \right| = G,$$

任给 $M>0$, 由于 $f(x)$ 在 $[x_{k-1},x_k]$ 上无界,所以,总存在 $\xi_k \in [x_{k-1},x_k]$,使

$$|f(\xi_k)| > \frac{M+G}{\Delta x_k}.$$

于是

$$\left| \sum_{i=1}^{n} f(\xi_i) \Delta x_i \right| \geqslant |f(\xi_k) \Delta x_k| - \left| \sum_{i \neq k} f(\xi_i) \Delta x_i \right| > \frac{M+G}{\Delta x_k} \Delta x_k - G = M,$$

有

$$\lim_{\lambda \to 0} \left| \sum_{i=1}^{n} f(\xi_i) \Delta x_i \right| = +\infty,$$

其中 $\lambda = \max\{\Delta x_i : 1 \leqslant i \leqslant n\}$, 这与 $f(x)$ 在 $[a,b]$ 上可积相矛盾. 故 $f(x)$ 在 $[a,b]$ 上有界. □

该定理的逆命题不一定成立.

例1 狄利克雷函数

$$D(x) = \begin{cases} 1, & x \text{ 为有理数}, \\ 0, & x \text{ 为无理数} \end{cases}$$

在 $[0,1]$ 上有界但不可积.

证 因为不论把 $[0,1]$ 分割得多么细,在每个小区间 $[x_{i-1},x_i]$ 中,总能找到有理数和无理数. 取 $\xi_i' \in [x_{i-1},x_i]$, ξ_i' 是无理数,和式

$$\sum_{i=1}^{n} D(\xi_i') \Delta x_i = \sum_{i=1}^{n} 0 \cdot \Delta x_i = 0,$$

有

$$\lim_{\lambda \to 0} \sum_{i=1}^{n} D(\xi_i') \Delta x_i = 0.$$

另一方面,取 $\eta_i \in [x_{i-1},x_i]$, η_i 是有理数,和式

$$\sum_{i=1}^{n} D(\eta_i) \Delta x_i = \sum_{i=1}^{n} 1 \cdot \Delta x_i = 1,$$

有

$$\lim_{\lambda \to 0} \sum_{i=1}^{n} D(\eta_i) \Delta x_i = 1.$$

由归结原则知 $\lim_{\lambda \to 0} \sum_{i=1}^{n} D(\xi_i) \Delta x_i$, $\xi_i \in [x_{i-1}, x_i]$ 不存在, 所以 $D(x)$ 在 $[0, 1]$ 上不可积. 明显地, $D(x)$ 在 $[0,1]$ 上有界.

该性质的逆否命题为真. 即若 $f(x)$ 在闭区间 $[a, b]$ 上无界, 则 $f(x)$ 在 $[a, b]$ 上不可积.

那么什么样的函数一定可积呢?

定理 5.1 若函数 $f(x)$ 在闭区间 $[a,b]$ 上连续, 则 $f(x)$ 在 $[a,b]$ 上可积.

定理 5.2 若 $f(x)$ 在闭区间 $[a,b]$ 上只有有限个间断点且有界, 则 $f(x)$ 在 $[a,b]$ 上可积.

定理 5.3 若 $f(x)$ 在闭区间 $[a,b]$ 上单调, 则 $f(x)$ 在 $[a,b]$ 上可积.

以上三个定理的证明见附录 Ⅲ.

例 2 求定积分 $\int_0^1 e^x dx$.

解 由于函数 e^x 在 $[0,1]$ 上连续, 由定理 5.1 知 e^x 在 $[0,1]$ 上可积, 所以 $\int_0^1 e^x dx$ 与区间的分法及点 ξ_i 的取法无关. 我们采取特殊的区间分法及特殊的分点取法, 以便求出和式的极限. 现将 $[0,1]$ 分成 n 等份, 取 ξ_i 为每个小区间的右端点, 即 $\xi_i = \dfrac{i}{n}(i=1, 2, \cdots, n)$, $\lambda \to 0$ 等价于 $n \to \infty$, 则

$$\int_0^1 e^x dx = \lim_{\lambda \to 0} \sum_{i=1}^{n} e^{\xi_i} \Delta x_i = \lim_{n \to \infty} \sum_{i=1}^{n} e^{\frac{i}{n}} \frac{1}{n}$$

$$= \lim_{n \to \infty} \frac{1}{n}(e^{\frac{1}{n}} + e^{\frac{2}{n}} + \cdots + e^{\frac{n}{n}})$$

$$= \lim_{n \to \infty} \frac{1}{n} \cdot \frac{e^{\frac{1}{n}}(1 - e^{\frac{n}{n}})}{1 - e^{\frac{1}{n}}} = \lim_{n \to \infty} (e - 1) \cdot e^{\frac{1}{n}} \cdot \frac{\frac{1}{n}}{e^{\frac{1}{n}} - 1}$$

$$= e - 1.$$

例 3 试将和式的极限 $\lim\limits_{n \to \infty} \dfrac{1^p + 2^p + \cdots + n^p}{n^{p+1}} (p>0)$ 表示成定积分.

解 由于

$$\lim_{n \to \infty} \frac{1^p + 2^p + \cdots + n^p}{n^{p+1}} = \lim_{n \to \infty} \frac{1}{n}\left[\left(\frac{1}{n}\right)^p + \left(\frac{2}{n}\right)^p + \cdots + \left(\frac{n}{n}\right)^p\right]$$

$$= \lim_{n \to \infty} \frac{1}{n} \sum_{i=1}^{n} \left(\frac{i}{n}\right)^p = \lim_{n \to \infty} \sum_{i=1}^{n} \left(\frac{i}{n}\right)^p \cdot \frac{1}{n},$$

所以可把这个和式看成定义在区间 $[0,1]$ 上的函数 $f(x)=x^p(p>0)$, 将该区间 n 等分并选取 $\xi_i = \dfrac{i}{n}$ 时的积分和式. 由于 $f(x)=x^p(p>0)$ 在 $[0,1]$ 上连续, 故可积.

所以

$$\lim_{n\to\infty} \frac{1^p + 2^p + \cdots + n^p}{n^{p+1}} = \lim_{n\to\infty} \sum_{i=1}^{n} \left(\frac{i}{n}\right)^p \cdot \frac{1}{n} = \int_0^1 x^p \mathrm{d}x.$$

习题 5-1

1. 利用定义求下列函数的定积分:

(1) $\int_0^1 a^x \mathrm{d}x (a>0,\ a\neq 1)$; (提示:把区间 n 等分,取 ξ_i 为小区间的左端点.)

(2) $\int_a^b \frac{\mathrm{d}x}{x^2} (0<a<b)$. (提示:把区间 n 等分,取 $\xi_i = \sqrt{x_i x_{i-1}}$.)

2. 把下列极限用定积分形式表示:

(1) $\lim_{n\to\infty} \left(\frac{1}{n+1} + \frac{1}{n+2} + \cdots + \frac{1}{n+n}\right)$;

(2) $\lim_{n\to\infty} \left(\frac{n}{n^2+1^2} + \frac{n}{n^2+2^2} + \cdots + \frac{n}{n^2+n^2}\right)$;

(3) $\lim_{n\to\infty} \frac{1}{n}\left(\sqrt{1+\frac{1}{n}} + \sqrt{1+\frac{2}{n}} + \cdots + \sqrt{1+\frac{n}{n}}\right)$;

(4) $\lim_{n\to\infty} \frac{1}{n}\left(\sin\frac{\pi}{n} + \sin\frac{2\pi}{n} + \cdots + \sin\frac{n-1}{n}\pi\right)$.

3. 用定理 5.2 证明函数 $f(x) = \frac{1}{x} - \left[\frac{1}{x}\right]$ $(x\neq 0)$ 在闭区间 $[10^{-4}, 1]$ 上可积.

4. 对于直流电来说,电流是常量,电量=电流×时间;而对于交流电来说,电流 i 是时间 t 的函数· $i=i_0\sin\omega t$(其中 ω, i_0 是常数),试用定积分表示从 $t=t_1$ 到 $t=t_2$ 通过电路的电量 q.

§2 定积分的性质和基本定理

用求积分和式的极限的方法来计算定积分是很不方便的,在很多情况下也难以求出定积分的值. 因此,我们在定积分定义的基础上讨论它的各种性质,揭示定积分与微分的内在联系,寻找定积分的有效的、简便的计算方法.

§2.1 定积分的基本性质

本节先介绍定积分的性质,假设所考虑的函数在所讨论的区间上都可积.

性质 1 $\int_a^b 1\mathrm{d}x = \int_a^b \mathrm{d}x = b - a$.

证 $\lim\limits_{\lambda \to 0} \sum\limits_{i=1}^{n} f(\xi_i) \Delta x_i = \lim\limits_{\lambda \to 0} \sum\limits_{i=1}^{n} 1 \cdot \Delta x_i = \lim\limits_{\lambda \to 0} (b-a) = b-a,$

所以

$$\int_a^b 1 \mathrm{d}x = \int_a^b \mathrm{d}x = b-a.$$

性质 2（线性运算法则） 设 $f(x)$，$g(x)$ 在 $[a,b]$ 上可积. 对任何常数 α，β，则 $\alpha f(x) + \beta g(x)$ 在 $[a,b]$ 上可积，且

$$\int_a^b [\alpha f(x) + \beta g(x)] \mathrm{d}x = \alpha \int_a^b f(x) \mathrm{d}x + \beta \int_a^b g(x) \mathrm{d}x.$$

证 设 $F(x) = \alpha f(x) + \beta g(x)$，由于

$$\lim\limits_{\lambda \to 0} \sum\limits_{i=1}^{n} F(\xi_i) \Delta x_i = \lim\limits_{\lambda \to 0} \sum\limits_{i=1}^{n} [\alpha f(\xi_i) + \beta g(\xi_i)] \Delta x_i$$

$$= \lim\limits_{\lambda \to 0} \Big[\alpha \sum\limits_{i=1}^{n} f(\xi_i) \Delta x_i + \beta \sum\limits_{i=1}^{n} g(\xi_i) \Delta x_i \Big]$$

$$= \alpha \int_a^b f(x) \mathrm{d}x + \beta \int_a^b g(x) \mathrm{d}x,$$

因此 $\alpha f(x) + \beta g(x)$ 在 $[a,b]$ 上可积，且

$$\int_a^b [\alpha f(x) + \beta g(x)] \mathrm{d}x = \alpha \int_a^b f(x) \mathrm{d}x + \beta \int_a^b g(x) \mathrm{d}x.$$

特别地，当 $\alpha = 1$，$\beta = \pm 1$ 时，有

$$\int_a^b [f(x) \pm g(x)] \mathrm{d}x = \int_a^b f(x) \mathrm{d}x \pm \int_a^b g(x) \mathrm{d}x.$$

当 $\beta = 0$ 时，有

$$\int_a^b \alpha f(x) \mathrm{d}x = \alpha \int_a^b f(x) \mathrm{d}x.$$

性质 2 主要应用于定积分的计算.

性质 3（对区间的可加性） $\int_a^b f(x) \mathrm{d}x = \int_a^c f(x) \mathrm{d}x + \int_c^b f(x) \mathrm{d}x.$

证 a，b，c 的位置，由排列知有六种顺序.

（i）设 $a < c < b$. 由定义知，定积分的值与区间分法无关，在划分区间 $[a,b]$ 时，可以让点 c 是一个固定的分点，则有

$$\int_a^b f(x) \mathrm{d}x = \lim\limits_{\lambda \to 0} \sum\limits_{[a,b]} f(\xi_i) \Delta x_i = \lim\limits_{\lambda \to 0} \Big[\sum\limits_{[a,c]} f(\xi_i) \Delta x_i + \sum\limits_{[c,b]} f(\xi_i) \Delta x_i \Big]$$

$$= \lim\limits_{\lambda \to 0} \sum\limits_{[a,c]} f(\xi_i) \Delta x_i + \lim\limits_{\lambda \to 0} \sum\limits_{[c,b]} f(\xi_i) \Delta x_i$$

$$= \int_a^c f(x) \mathrm{d}x + \int_c^b f(x) \mathrm{d}x.$$

（ii）设 $c < b < a$. 由（i）知

$$\int_c^a f(x) \mathrm{d}x = \int_c^b f(x) \mathrm{d}x + \int_b^a f(x) \mathrm{d}x,$$

有

$$-\int_a^c f(x)\,\mathrm{d}x = \int_c^b f(x)\,\mathrm{d}x - \int_a^b f(x)\,\mathrm{d}x,$$

则

$$\int_a^b f(x)\,\mathrm{d}x = \int_a^c f(x)\,\mathrm{d}x + \int_c^b f(x)\,\mathrm{d}x.$$

其他 4 种位置的证法与(ii)的证法类似. □

性质 3 主要用于分段函数的计算及定积分证明.

性质 4 若 $f(x)$ 在 $[a,b]$ 上可积且 $f(x) \geqslant 0$，则

$$\int_a^b f(x)\,\mathrm{d}x \geqslant 0.$$

证 由于 $f(\xi_i) \geqslant 0$，$\Delta x_i > 0$，所以 $f(\xi_i)\Delta x_i \geqslant 0$，有

$$\sum_{i=1}^n f(\xi_i)\Delta x_i \geqslant 0.$$

由函数极限不等式知

$$\int_a^b f(x)\,\mathrm{d}x = \lim_{\lambda \to 0} \sum_{i=1}^n f(\xi_i)\Delta x_i \geqslant 0. \quad \square$$

利用性质 4，可不通过计算，直接判别定积分的符号.

性质 5 若 $f(x)$，$g(x)$ 在 $[a,b]$ 上可积且 $f(x) \geqslant g(x)$，则

$$\int_a^b f(x)\,\mathrm{d}x \geqslant \int_a^b g(x)\,\mathrm{d}x.$$

证 由于 $f(x) - g(x) \geqslant 0$，由性质 2 和性质 4 知

$$\int_a^b f(x)\,\mathrm{d}x - \int_a^b g(x)\,\mathrm{d}x = \int_a^b [f(x) - g(x)]\,\mathrm{d}x \geqslant 0,$$

所以

$$\int_a^b f(x)\,\mathrm{d}x \geqslant \int_a^b g(x)\,\mathrm{d}x. \quad \square$$

利用性质 5，可不通过计算，直接比较两定积分的大小.

性质 6 若 $f(x)$ 在 $[a,b]$ 上连续，$f(x) \geqslant 0$ 但 $f(x) \not\equiv 0$，则

$$\int_a^b f(x)\,\mathrm{d}x > 0.$$

证 由于 $f(x) \geqslant 0$，又 $f(x) \not\equiv 0$，所以存在 $x_0 \in [a,b]$，不妨设 $x_0 \in (a, b)$，有 $f(x_0) > 0$. 由于 $f(x)$ 在 $[a,b]$ 上连续，所以在点 x_0 处连续，即 $\lim\limits_{x \to x_0} f(x) = f(x_0) > 0$. 由保号性知，对 $0 < \dfrac{f(x_0)}{2} < f(x_0)$，存在 $\delta_1 > 0$，当 $x \in (x_0 - \delta_1,\ x_0 + \delta_1)$ 时，有 $f(x) > \dfrac{f(x_0)}{2}$.

当 $x \in \left[x_0 - \dfrac{\delta_1}{2}, x_0 + \dfrac{\delta_1}{2} \right] \subset (x_0 - \delta_1, x_0 + \delta_1)$ 时，$f(x) > \dfrac{f(x_0)}{2}$，则

$$\int_a^b f(x)\,\mathrm{d}x = \int_a^{x_0-\frac{\delta_1}{2}} f(x)\,\mathrm{d}x + \int_{x_0-\frac{\delta_1}{2}}^{x_0+\frac{\delta_1}{2}} f(x)\,\mathrm{d}x + \int_{x_0+\frac{\delta_1}{2}}^b f(x)\,\mathrm{d}x$$

$$\geqslant \int_{x_0-\frac{\delta_1}{2}}^{x_0+\frac{\delta_1}{2}} f(x)\,\mathrm{d}x \geqslant \int_{x_0-\frac{\delta_1}{2}}^{x_0+\frac{\delta_1}{2}} \frac{f(x_0)}{2}\,\mathrm{d}x$$

$$= \frac{f(x_0)}{2} \int_{x_0-\frac{\delta_1}{2}}^{x_0+\frac{\delta_1}{2}} \mathrm{d}x = \frac{\delta_1 f(x_0)}{2} > 0. \quad \square$$

性质 6 用于判断定积分值的符号.

推论 若 $f(x)$，$g(x)$ 在 $[a,b]$ 上连续，$f(x) \geqslant g(x)$，且 $f(x) \not\equiv g(x)$，则

$$\int_a^b f(x)\,\mathrm{d}x > \int_a^b g(x)\,\mathrm{d}x.$$

该推论用于不通过计算，比较两定积分的大小.

由不等式 $-|f(x)| \leqslant f(x) \leqslant |f(x)|$，并利用性质 5，有

$$-\int_a^b |f(x)|\,\mathrm{d}x \leqslant \int_a^b f(x)\,\mathrm{d}x \leqslant \int_a^b |f(x)|\,\mathrm{d}x,$$

于是有

性质 7 若 $f(x)$ 在 $[a,b]$ 上可积，则

$$\left| \int_a^b f(x)\,\mathrm{d}x \right| \leqslant \int_a^b |f(x)|\,\mathrm{d}x.$$

性质 8 若 $f(x)$ 在 $[a,b]$ 上可积，$m \leqslant f(x) \leqslant M$，$x \in [a,b]$，$m$，$M$ 均为常数，则

$$\boxed{m(b-a) \leqslant \int_a^b f(x)\,\mathrm{d}x \leqslant M(b-a).}$$

证 由于 $m \leqslant f(x) \leqslant M$，$x \in [a,b]$，由性质 5 知

$$m(b-a) = \int_a^b m\,\mathrm{d}x \leqslant \int_a^b f(x)\,\mathrm{d}x \leqslant \int_a^b M\,\mathrm{d}x = M(b-a). \quad \square$$

该性质用于估计定积分值的范围.

性质 9（积分中值定理） 若 $f(x)$ 在闭区间 $[a,b]$ 上连续，则至少存在一点 $\xi \in [a,b]$，使

$$\boxed{\int_a^b f(x)\,\mathrm{d}x = f(\xi)(b-a).} \tag{5.4}$$

证 由性质 8 知

$$m(b-a) \leqslant \int_a^b f(x)\,\mathrm{d}x \leqslant M(b-a),$$

不等式两边同除 $b-a$，由于 $b-a>0$，有

$$m \leqslant \frac{\displaystyle\int_a^b f(x)\,\mathrm{d}x}{b-a} \leqslant M.$$

又 $f(x)$ 在 $[a,b]$ 上连续，则 $[m,M]$ 为函数的值域. 故至少存在一点 $\xi \in [a,$

b], 使

$$\frac{\int_a^b f(x)\,\mathrm{d}x}{b-a} = f(\xi). \qquad\qquad (5.5)$$

即

$$\int_a^b f(x)\,\mathrm{d}x = f(\xi)(b-a). \ \square$$

积分中值定理的几何意义：设 $f(x) \geqslant 0$，则 $\int_a^b f(x)\,\mathrm{d}x$ 的数值表示曲线 $y=f(x)$，$y=0$，$x=a$，$x=b$ 围成的曲边梯形面积（图 5-5）。则区间 $[a,b]$ 上至少存在一点 ξ，以 $f(\xi)$ 为高，$(b-a)$ 为底的矩形面积，等于该曲边梯形的面积。

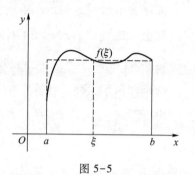

图 5-5

$f(\xi)$ 是由式 (5.5) 左边所确定的值，称为函数 $f(x)$ 在区间 $[a,b]$ 上的平均值。

积分中值定理与微分中值定理同样重要。利用积分中值定理可以证明方程根的存在性、适合某种条件 ξ 的存在性及不等式，有时可与微分中值定理综合运用解决一些问题。

例 1 设函数 $f(x)$ 在 $[0,1]$ 上连续，$(0,1)$ 内可导，且

$$3\int_{\frac{2}{3}}^1 f(x)\,\mathrm{d}x = f(0).$$

证明：在 $(0,1)$ 内至少存在一点 ξ，使 $f'(\xi)=0$。

证 由积分中值定理知，在 $\left[\dfrac{2}{3}, 1\right]$ 上存在一点 c，使

$$3\int_{\frac{2}{3}}^1 f(x)\,\mathrm{d}x = 3 \cdot f(c)\left(1-\frac{2}{3}\right) = f(c) = f(0),$$

故 $f(x)$ 在区间 $[0,c]$ 上满足罗尔定理条件，因此至少存在一点 $\xi \in (0,c) \subset (0,1)$，使 $f'(\xi)=0$。$\square$

例 2 证明：$\displaystyle\lim_{n\to\infty}\int_0^{\frac{1}{2}}\frac{x^n}{1+x}\mathrm{d}x = 0$。

证 由积分中值定理知

$$\int_0^{\frac{1}{2}}\frac{x^n}{1+x}\mathrm{d}x = \frac{\xi_n^n}{1+\xi_n}\frac{1}{2}, \quad 0 \leqslant \xi_n \leqslant \frac{1}{2},$$

由于 $0 \leqslant \xi_n^n \leqslant \left(\dfrac{1}{2}\right)^n$ 及 $\displaystyle\lim_{n\to\infty}\left(\dfrac{1}{2}\right)^n = 0$，所以根据夹逼定理知

$$\lim_{n\to\infty}\xi_n^n = 0,$$

而 $0<\dfrac{1}{1+\xi_n}\le 1$, 于是

$$\lim_{n\to\infty}\frac{1}{2}\cdot\xi_n^n\cdot\frac{1}{1+\xi_n}=0.$$

从而

$$\lim_{n\to\infty}\int_0^{\frac{1}{2}}\frac{x^n}{1+x}\mathrm{d}x=0. \quad \square$$

§2.2 微积分学基本定理

一、变上限的函数

设 $f(x)$ 在区间 I 上连续. $a\in I$ 是一固定点，任给 $x\in I$，有 $[a,x]$ 或 $[x,a]\subset I$，所以 $f(t)$ 在 $[a,x]$ 或 $[x,a]$ 上连续，从而 $f(t)$ 在 $[a,x]$ 或 $[x,a]$ 上可积. 对每一个 $x\in I$，都有唯一的值 $\int_a^x f(t)\mathrm{d}t$ 与之对应，由函数的定义知，$\int_a^x f(t)\mathrm{d}t$ 是区间 I 上的一个函数，称为变上限的函数，记作 $G(x)$. 即

$$G(x)=\int_a^x f(t)\mathrm{d}t,\ x\in I.$$

二、微积分学基本定理

定理 5.4 设 $f(x)$ 在区间 I 上连续，$a\in I$ 是一固定点，则由变上限积分

$$G(x)=\int_a^x f(t)\mathrm{d}t,\ x\in I \tag{5.6}$$

定义的函数在 I 上可导，且 $G'(x)=f(x)$.

证 任给 $x\in I$，当 $|\Delta x|$ 充分小时，有 $x+\Delta x\in I$，由于

$$\lim_{\Delta x\to 0}\frac{G(x+\Delta x)-G(x)}{\Delta x}=\lim_{\Delta x\to 0}\frac{\displaystyle\int_a^{x+\Delta x}f(t)\mathrm{d}t-\int_a^x f(t)\mathrm{d}t}{\Delta x}$$

$$=\lim_{\Delta x\to 0}\frac{\displaystyle\int_a^{x+\Delta x}f(t)\mathrm{d}t+\int_x^a f(t)\mathrm{d}t}{\Delta x}=\lim_{\Delta x\to 0}\frac{\displaystyle\int_x^{x+\Delta x}f(t)\mathrm{d}t}{\Delta x}$$

$$=\lim_{\Delta x\to 0}\frac{f(\xi)\Delta x}{\Delta x}(\xi\ \text{在}\ x\ \text{与}\ x+\Delta x\ \text{之间})$$

$$=\lim_{\Delta x\to 0}f(\xi)=\lim_{\xi\to x}f(\xi)\ (\text{当}\ \Delta x\to 0\ \text{时，有}\ \xi\to x),$$

且 $f(t)$ 在 x 处连续，所以 $\lim\limits_{\xi\to x}f(\xi)=f(x)$. 因此，$G(x)$ 在 x 处可导，且

$$\boxed{G'(x)=\frac{\mathrm{d}}{\mathrm{d}x}\int_a^x f(t)\mathrm{d}t=f(x).}$$

推论 若函数 $f(x)$ 在某区间 I 上连续，则在此区间上 $f(x)$ 的原函数一定存在，原函数的一般表达式可写成

$$\int_a^x f(t)\,\mathrm{d}t + C,$$

其中 C 是任意常数，$a \in I$ 为固定点，$x \in I$.

定理 5.4 及其推论指出了定积分与原函数之间的联系. 即若 f 在 $[a,b]$ 上连续，则 $f(x)$ 在 $[a,b]$ 上必存在原函数，积分上限函数 $\int_a^x f(t)\,\mathrm{d}t$ 就是其中一个.

若 $u(x)$，$v(x)$ 在区间 I 上可导，当 $x \in I$ 时，$u(x)$，$v(x) \in E$ 且 $f(x)$ 在区间 E 上连续，则

$$\boxed{\frac{\mathrm{d}}{\mathrm{d}x}\int_{v(x)}^{u(x)} f(t)\,\mathrm{d}t = f(u(x))u'(x) - f(v(x))v'(x).}$$

事实上，取 $a \in I$，a 为定点，利用导数的运算法则和复合函数求导法则，有

$$\frac{\mathrm{d}}{\mathrm{d}x}\int_{v(x)}^{u(x)} f(t)\,\mathrm{d}t = \frac{\mathrm{d}}{\mathrm{d}x}\left[\int_{v(x)}^{a} f(t)\,\mathrm{d}t + \int_{a}^{u(x)} f(t)\,\mathrm{d}t\right]$$

$$= \frac{\mathrm{d}}{\mathrm{d}x}\left[-\int_{a}^{v(x)} f(t)\,\mathrm{d}t + \int_{a}^{u(x)} f(t)\,\mathrm{d}t\right]$$

$$= f(u(x))u'(x) - f(v(x))v'(x). \quad \square$$

特别地，

$$\frac{\mathrm{d}}{\mathrm{d}x}\int_{a}^{u(x)} f(t)\,\mathrm{d}t = f(u(x))u'(x),$$

$$\frac{\mathrm{d}}{\mathrm{d}x}\int_{v(x)}^{a} f(t)\,\mathrm{d}t = -f(v(x))v'(x).$$

例 3 求 $\dfrac{\mathrm{d}}{\mathrm{d}x}\displaystyle\int_{x^2}^{x^3}\cos t^2\,\mathrm{d}t$.

解 $\dfrac{\mathrm{d}}{\mathrm{d}x}\displaystyle\int_{x^2}^{x^3}\cos t^2\,\mathrm{d}t = 3x^2\cos x^6 - 2x\cos x^4$.

例 4 求 $\displaystyle\lim_{x\to 0}\frac{\displaystyle\int_0^{x^2}\frac{\sin t}{\sqrt{1+t^2}}\mathrm{d}t}{x^4}$.

解 $\displaystyle\lim_{x\to 0}\frac{\displaystyle\int_0^{x^2}\frac{\sin t}{\sqrt{1+t^2}}\mathrm{d}t}{x^4}\left(\frac{0}{0}\text{ 型}\right) = \lim_{x\to 0}\frac{\dfrac{\sin x^2}{\sqrt{1+x^4}}2x}{4x^3} = \frac{1}{2}\lim_{x\to 0}\frac{x^2\cdot x}{x^3}\cdot\frac{1}{\sqrt{1+x^4}} = \frac{1}{2}$.

三、牛顿-莱布尼茨公式

由和式的极限求定积分是十分繁杂的，且在多数情况下行不通. 而微积分

学基本定理却为定积分的计算开辟了新途径，我们有下面的定理.

定理 5.5(牛顿-莱布尼茨公式) 设函数 $f(x)$ 在闭区间 $[a,b]$ 上连续，且 $F(x)$ 是它在该区间上的一个原函数，则

$$\int_a^b f(x)\,dx = F(b) - F(a). \qquad (5.7)$$

证 由定理条件知，$F(x)$ 也是 $f(x)$ 在区间 $[a,b]$ 上的一个原函数，而 $\int_a^x f(t)\,dt$ 也是 $f(x)$ 在区间 $[a,b]$ 上的一个原函数，则

$$\int_a^x f(t)\,dt - F(x) \equiv C, \ C \text{ 是某一个常数,}$$

即

$$\int_a^x f(t)\,dt \equiv F(x) + C.$$

在上面的恒等式中令 $x=a$，有 $0 = \int_a^a f(t)\,dt = F(a) + C$，即 $C = -F(a)$，于是

$$\int_a^x f(t)\,dt = F(x) - F(a).$$

再令 $x=b$，就有 $\int_a^b f(t)\,dt = F(b) - F(a)$，即

$$\int_a^b f(x)\,dx = F(b) - F(a). \quad \square$$

公式(5.7)称为牛顿-莱布尼茨(Newton-Leibniz)公式. 它给出了积分与导数之间，以及定积分与不定积分之间的内在联系，极其重要，以至于被称为微积分基本公式. 通过它，我们可利用不定积分来计算定积分. 为了书写方便，常用 $F(x)\Big|_a^b$ 表示 $F(b)-F(a)$，于是公式(5.7)可写成

$$\boxed{\int_a^b f(x)\,dx = F(x)\,\Big|_a^b = F(b) - F(a).}$$

注 不定积分的结果是一个函数，定积分的结果是一个数值.

例 5 计算 $\int_0^1 x^3\,dx$.

解 $\int_0^1 x^3\,dx = \dfrac{1}{4}\left(x^4\,\Big|_0^1\right) = \dfrac{1}{4}(1-0) = \dfrac{1}{4}$.

例 6 计算 $\int_0^{\frac{\pi}{2}}(x^2 + 2\cos x)\,dx$.

解 $\int_0^{\frac{\pi}{2}}(x^2 + 2\cos x)\,dx = \int_0^{\frac{\pi}{2}} x^2\,dx + 2\int_0^{\frac{\pi}{2}}\cos x\,dx$

$$= \frac{1}{3}\left(x^3\,\Big|_0^{\frac{\pi}{2}}\right) + 2\left(\sin x\,\Big|_0^{\frac{\pi}{2}}\right)$$

$$= \frac{1}{3}\left(\frac{\pi^3}{8} - 0\right) + 2\left(\sin\frac{\pi}{2} - \sin 0\right) = \frac{\pi^3}{24} + 2.$$

例 7　设

$$f(x) = \begin{cases} \sin x, & 0 \leqslant x < \dfrac{\pi}{2}, \\ x, & \dfrac{\pi}{2} \leqslant x \leqslant \pi, \end{cases}$$

计算 $\displaystyle\int_0^\pi f(x)\,\mathrm{d}x$.

解　函数 $f(x)$ 在 $[0,\pi]$ 上有间断点 $\dfrac{\pi}{2}$，除该点外在其他点都连续. 由定理

5.2 知 $f(x)$ 在 $[0,\pi]$ 上可积，且

$$\int_0^\pi f(x)\,\mathrm{d}x = \int_0^{\frac{\pi}{2}} \sin x\,\mathrm{d}x + \int_{\frac{\pi}{2}}^{\pi} x\,\mathrm{d}x = -\left(\cos x\,\Big|_0^{\frac{\pi}{2}}\right) + \frac{1}{2}\left(x^2\,\Big|_{\frac{\pi}{2}}^{\pi}\right)$$

$$= 1 + \frac{1}{2}\left(\pi^2 - \frac{\pi^2}{4}\right) = 1 + \frac{3}{8}\pi^2.$$

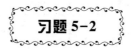

习题 5-2

1. 利用定积分的性质，比较下列定积分的大小：

（1）$\displaystyle\int_0^1 x^2\,\mathrm{d}x$ 与 $\displaystyle\int_0^1 x^3\,\mathrm{d}x$；

（2）$\displaystyle\int_1^2 x^2\,\mathrm{d}x$ 与 $\displaystyle\int_1^2 x^3\,\mathrm{d}x$；

（3）$\displaystyle\int_1^2 \ln x\,\mathrm{d}x$ 与 $\displaystyle\int_1^2 (\ln x)^2\,\mathrm{d}x$；

（4）$\displaystyle\int_0^1 e^{-x}\,\mathrm{d}x$ 与 $\displaystyle\int_0^1 e^{-x^2}\,\mathrm{d}x$.

2. 确定下列定积分的符号：

（1）$\displaystyle\int_{\frac{\pi}{4}}^{\frac{\pi}{2}} \frac{\sin x}{x}\,\mathrm{d}x$；

（2）$\displaystyle\int_{\frac{1}{2}}^1 x^2\ln x\,\mathrm{d}x$.

3. 利用定积分性质证明下列不等式：

（1）$\dfrac{4\pi}{3} \leqslant \displaystyle\int_0^{2\pi} \frac{\mathrm{d}x}{1 + 0.5\cos x} \leqslant 4\pi$；

（2）$\dfrac{1}{10\sqrt{2}} \leqslant \displaystyle\int_0^1 \frac{x^9}{\sqrt{1 + x}}\,\mathrm{d}x \leqslant \frac{1}{10}$.

4. 设函数 $f(x)$ 和 $g(x)$ 都在 $[a,b]$ 上连续，且 $g(x)$ 在 $[a,b]$ 上非负（或非正），则在 $[a,$ $b]$ 上至少存在一点 ξ，使得

$$\int_a^b f(x)g(x)\,\mathrm{d}x = f(\xi)\int_a^b g(x)\,\mathrm{d}x.$$

5. 设函数 $f(x)$ 及 $g(x)$ 在 $[a,b]$ 上连续，证明：

（1）$\left[\displaystyle\int_a^b f(x)g(x)\,\mathrm{d}x\right]^2 \leqslant \int_a^b f^2(x)\,\mathrm{d}x \cdot \int_a^b g^2(x)\,\mathrm{d}x$；

（2）$\displaystyle\int_a^b [f(x) + g(x)]^2\,\mathrm{d}x \leqslant \left\{\left[\int_a^b f^2(x)\,\mathrm{d}x\right]^{\frac{1}{2}} + \left[\int_a^b g^2(x)\,\mathrm{d}x\right]^{\frac{1}{2}}\right\}^2$.

6. 设函数 $f(x)$ 在 $[a,b]$ 上连续、可微且 $f(a)=0$，证明：

$$M^2 \leqslant (b-a)\int_a^b f'^2(x)\,\mathrm{d}x,$$

其中 $M=\sup\limits_{a\leqslant x\leqslant b}|f(x)|$.

7. 设 $f(x)$ 在 $[a,b]$ 上连续，在 (a,b) 内可导，且 $f'(x)\leqslant 0$，记

$$F(x)=\frac{1}{x-a}\int_a^x f(x)\,\mathrm{d}x,$$

证明：在 (a,b) 内，有 $F'(x)\leqslant 0$.

8. 设 $f(x)$ 在区间 $[0,1]$ 上可微，且满足

$$f(1)=2\int_0^{\frac{1}{2}} xf(x)\,\mathrm{d}x,$$

证明：至少存在一点 $\xi\in(0,1)$，使

$$f(\xi)+\xi f'(\xi)=0.$$

9. 设函数 $f(x)$ 在 $[0,+\infty)$ 上连续，单调递增且 $f(0)=0$，试证函数

$$F(x)=\begin{cases}\dfrac{1}{x}\displaystyle\int_0^x t^n f(t)\,\mathrm{d}t, & x>0\,(\text{其中 } n>0),\\[3mm] 0, & x=0\end{cases}$$

在 $[0,+\infty)$ 上连续递增.

10. 证明：

(1) $\lim\limits_{n\to\infty}\displaystyle\int_0^1 \frac{x^n}{1+x+x^3}\mathrm{d}x=0$;

(2) $\lim\limits_{n\to\infty}\displaystyle\int_n^{n+p} \frac{\sin^2 x}{x}\mathrm{d}x=0$.

11. 求下列函数的导数：

(1) $\dfrac{\mathrm{d}}{\mathrm{d}x}\displaystyle\int_0^{x^2}\sqrt{1+t^2}\,\mathrm{d}t$;

(2) $\dfrac{\mathrm{d}}{\mathrm{d}x}\displaystyle\int_{\sin x}^{\cos x}\cos(\pi t^2)\,\mathrm{d}t$;

(3) $\dfrac{\mathrm{d}}{\mathrm{d}x}\displaystyle\int_{-x^2}^0 f(t^2)\,\mathrm{d}t$;

(4) $\dfrac{\mathrm{d}}{\mathrm{d}x}\displaystyle\int_1^{x^2} xf(t)\,\mathrm{d}t$.

12. 求下列函数的极限：

(1) $\lim\limits_{x\to 0}\dfrac{\displaystyle\int_0^x \cos t^2\,\mathrm{d}t}{x}$;

(2) $\lim\limits_{x\to 0^+}\dfrac{\displaystyle\int_0^{\sin x}\sqrt{\tan t}\,\mathrm{d}t}{\displaystyle\int_0^{\tan x}\sqrt{\sin t}\,\mathrm{d}t}$;

(3) $\lim\limits_{x\to 0}\dfrac{\displaystyle\int_0^x te^t\sin t\,\mathrm{d}t}{x^3\mathrm{e}^x}$;

(4) $\lim\limits_{x\to+\infty}\dfrac{\displaystyle\int_0^x |\sin t|\,\mathrm{d}t}{x}$.

13. 设 $f(x)$ 是连续函数，且 $f(x)=x+2\displaystyle\int_0^1 f(x)\,\mathrm{d}x$，求 $f(x)$.

14. 设 $f(x)$ 在 $[a,b]$ 上有连续的导数，且 $f(a)=f(b)=0$. 证明：

$$\max\limits_{a\leqslant x\leqslant b}|f'(x)|\geqslant \frac{4}{(b-a)^2}\int_a^b |f(x)|\,\mathrm{d}x.$$

15. 设 $f(x)$ 在 $[-a,a]$ 上存在连续的二阶导数，且 $f(0)=0$，证明：至少存在一点 $\xi\in[-a,a]$，使得

$$f''(\xi)=\frac{3}{a^3}\int_{-a}^a f(x)\,\mathrm{d}x.$$

16. 计算下列定积分:

(1) $\int_0^\pi \sin x \mathrm{d}x$;

(2) $\int_{-\frac{1}{2}}^{\frac{1}{2}} \dfrac{\mathrm{d}x}{\sqrt{1-x^2}}$;

(3) $\int_0^\pi x\sin x \mathrm{d}x$;

(4) $\int_0^1 \arctan x \mathrm{d}x$;

(5) $\int_{\frac{1}{e}}^{e} |\ln x|\, \mathrm{d}x$.

§3 定积分的计算方法

§3.1 几种基本的定积分计算方法

牛顿-莱布尼茨公式告诉我们,一个函数 $f(x)$ 的原函数 $F(x)$ 在区间 $[a,b]$ 上的改变量等于它的变化率 $f(x)$ 在该区间上的定积分. 这表明连续函数的不定积分计算与定积分计算有着必然的联系. 同样地,在一定条件下,我们也可应用换元法和分部积分法求定积分.

一、换元法

定理5.6(定积分换元积分法) **若函数 $f(x)$ 在 $[a,b]$ 上连续,作变量代换 $x=\psi(t)$, $\psi(t)$ 满足下列条件:**

(1) $\psi(\alpha)=a$, $\psi(\beta)=b$ 且 $\psi(t)\in[a,b]$, $t\in[\alpha,\beta]$(或 $[\beta,\alpha]$);

(2) 在 $[\alpha,\beta]$(或 $[\beta,\alpha]$)上有连续的导数 $\psi'(t)$,

则有定积分换元公式

$$\int_a^b f(x)\,\mathrm{d}x = \int_\alpha^\beta f(\psi(t))\psi'(t)\,\mathrm{d}t. \tag{5.8}$$

证 由于式(5.8)两边的定积分的被积函数都是连续函数,所以它们的原函数都存在. 设 $F(x)$ 是 $f(x)$ 在 $[a,b]$ 上的原函数,即 $F'(x)=f(x)$,由

$$\frac{\mathrm{d}}{\mathrm{d}t}F(\psi(t)) = F'(\psi(t))\psi'(t) = f(\psi(t))\psi'(t)$$

知, $F(\psi(t))$ 是 $f(\psi(t))\psi'(t)$ 的原函数. 由牛顿-莱布尼茨公式,有

$$\int_a^b f(x)\,\mathrm{d}x = F(x)\,\Big|_a^b = F(b)-F(a),$$

$$\int_\alpha^\beta f(\psi(t))\psi'(t)\,\mathrm{d}t = F(\psi(t))\,\Big|_\alpha^\beta = F(\psi(\beta))-F(\psi(\alpha)) = F(b)-F(a),$$

从而式(5.8)成立. □

式(5.8)从左向右又称为定积分的变量代换法,从右向左又称为定积分的凑微分法:

$$\int_{\alpha}^{\beta} g(t)\mathrm{d}t = \int_{\alpha}^{\beta} f(\psi(t))\psi'(t)\mathrm{d}t = F(\psi(t)) \Big|_{\alpha}^{\beta} = F(\psi(\beta)) - F(\psi(\alpha)).$$

凑微分法避免了变动上、下限.

注 （1）用 $x = \psi(t)$ 把原来的变量 x 换为新变量 t 时，积分限也要换为相应新变量 t 的积分限，即对应 a 的 α 为下限，对应 b 的 β 为上限；

（2）公式（5.8）中的 α, β，谁大谁小不受限制.

重难点讲解
定积分变量代换

例1 计算 $\int_1^e \dfrac{\sqrt{1+\ln x}}{x}\mathrm{d}x$.

解 $\int_1^e \dfrac{\sqrt{1+\ln x}}{x}\mathrm{d}x = \int_1^e \sqrt{1+\ln x}\,\mathrm{d}(1+\ln x)$ （凑微分法）

$= \dfrac{2}{3}(1+\ln x)^{\frac{3}{2}} \Big|_1^e = \dfrac{2}{3}\Big[(1+\ln e)^{\frac{3}{2}} - 1\Big] = \dfrac{2}{3}(2^{\frac{3}{2}} - 1).$

例2 计算 $\int_0^a \sqrt{a^2-x^2}\,\mathrm{d}x\,(a>0)$.

解 令 $x = a\sin t$，则当 $t \in \left[0, \dfrac{\pi}{2}\right]$ 时，$x = a\sin t \in [0, a]$，且当 $x = 0$ 时，$t = 0$；当 $x = a$ 时，$t = \dfrac{\pi}{2}$. 于是

$$\int_0^a \sqrt{a^2-x^2}\,\mathrm{d}x = \int_0^{\frac{\pi}{2}} a\,|\cos t|\,\mathrm{d}a\sin t$$

$$= a^2 \int_0^{\frac{\pi}{2}} \cos^2 t\,\mathrm{d}t = \dfrac{a^2}{2} \int_0^{\frac{\pi}{2}} (1 + \cos 2t)\,\mathrm{d}t$$

$$= \dfrac{a^2}{2}\left(t + \dfrac{\sin 2t}{2}\right) \Big|_0^{\frac{\pi}{2}} = \dfrac{a^2}{2} \cdot \dfrac{\pi}{2} = \dfrac{\pi a^2}{4}.$$

由定积分几何意义知，因为 $\sqrt{a^2-x^2} \geq 0$，所以 $\int_0^a \sqrt{a^2-x^2}\,\mathrm{d}x$ 表示曲线 $y = \sqrt{a^2-x^2}$ 与 x 轴，y 轴围成的曲边梯形面积，即以原点为圆心、以 a 为半径的圆面积的 $\dfrac{1}{4}$ 倍，即 $\dfrac{\pi a^2}{4}$（图 5-6）.

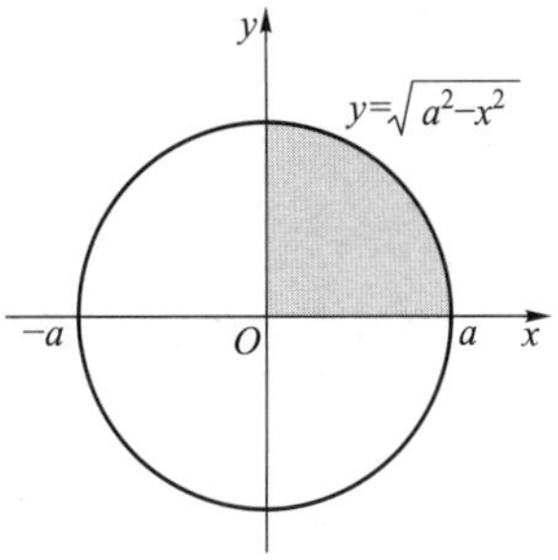

图 5-6

例3 计算 $\int_{-1}^1 \dfrac{x\mathrm{d}x}{\sqrt{5-4x}}$.

解 设 $\sqrt{5-4x} = t$，即 $x = \dfrac{5-t^2}{4}$，有 $\mathrm{d}x = -\dfrac{1}{2}t\mathrm{d}t$.

当 $x = -1$ 时，$t = 3$；当 $x = 1$ 时，$t = 1$. 因此

$$\int_{-1}^1 \dfrac{x\mathrm{d}x}{\sqrt{5-4x}} = \int_3^1 \dfrac{5-t^2}{4} \cdot \dfrac{1}{t}\left(-\dfrac{1}{2}\right)t\,\mathrm{d}t$$

$$= \int_3^1 \frac{t^2 - 5}{8} \mathrm{d}t = \frac{1}{8}\left(\frac{1}{3}t^3 - 5t \right) \Big|_3^1 = \frac{1}{6}.$$

例 4 计算 $\displaystyle\int_{\frac{1}{2}}^{\frac{\sqrt{2}}{2}} \frac{\mathrm{d}x}{x^2 \sqrt{1 - x^2}}$.

解 令 $x = \sin t$, 则 $\mathrm{d}x = \cos t \mathrm{d}t$. 当 $x = \frac{1}{2}$ 时, $t = \frac{\pi}{6}$; 当 $x = \frac{\sqrt{2}}{2}$ 时, $t = \frac{\pi}{4}$. 故

$$\int_{\frac{1}{2}}^{\frac{\sqrt{2}}{2}} \frac{\mathrm{d}x}{x^2 \sqrt{1 - x^2}} = \int_{\frac{\pi}{6}}^{\frac{\pi}{4}} \frac{\cos t \mathrm{d}t}{\sin^2 t \,|\cos t|} = \int_{\frac{\pi}{6}}^{\frac{\pi}{4}} \csc^2 t \, \mathrm{d}t$$

$$= (-\cot t) \Big|_{\frac{\pi}{6}}^{\frac{\pi}{4}} = (-1) - (-\sqrt{3}) = \sqrt{3} - 1.$$

例 5 设

$$f(x) = \begin{cases} 1 + x^2, & x \leqslant 0, \\ \mathrm{e}^{-x}, & x > 0, \end{cases}$$

计算 $\displaystyle\int_1^3 f(x - 2) \mathrm{d}x$.

解 令 $x - 2 = t$, 则

$$\int_1^3 f(x - 2) \mathrm{d}x = \int_{-1}^1 f(t) \mathrm{d}t = \int_{-1}^0 (1 + t^2) \mathrm{d}t + \int_0^1 \mathrm{e}^{-t} \mathrm{d}t$$

$$= \left(t + \frac{1}{3}t^3 \right) \Big|_{-1}^0 + (-\mathrm{e}^{-t}) \Big|_0^1$$

$$= -\left(-1 - \frac{1}{3} \right) + (-\mathrm{e}^{-1} + 1) = \frac{7}{3} - \frac{1}{\mathrm{e}}.$$

二、 分部积分法

设函数 $u = u(x)$, $v = v(x)$ 在区间 $[a, b]$ 上具有连续的导数, 则

$$[u(x)v(x)]' = u'(x)v(x) + u(x)v'(x),$$

移项得

$$u(x)v'(x) = [u(x)v(x)]' - u'(x)v(x),$$

由于等式两边的函数在 $[a, b]$ 上都连续, 因此上式两端的定积分都存在. 于是

$$\int_a^b u(x)v'(x) \mathrm{d}x = \int_a^b \{ [u(x)v(x)]' - u'(x)v(x) \} \mathrm{d}x,$$

于是

$$\int_a^b u(x) \mathrm{d}v(x) = u(x)v(x) \Big|_a^b - \int_a^b v(x) \mathrm{d}u(x).$$

简记为

$$\int_a^b u \mathrm{d}v = uv \Big|_a^b - \int_a^b v \mathrm{d}u.$$

因此有

定理 5.7（定积分的分部积分法） 若 $u = u(x)$，$v = v(x)$ 在 $[a, b]$ 上具有连续的导函数，则

$$\int_a^b u\mathrm{d}v = uv\Big|_a^b - \int_a^b v\mathrm{d}u. \tag{5.9}$$

公式 (5.9) 告诉我们，在利用定积分分部积分公式计算定积分时，不必等到原函数求出以后才将上、下限代入，可以算一步就代一步.

例 6 计算 $\int_0^{2\pi} x^2\cos x\,\mathrm{d}x$.

解
$$
\begin{aligned}
\int_0^{2\pi} x^2\cos x\,\mathrm{d}x &= \int_0^{2\pi} x^2\mathrm{d}\sin x \\
&= x^2\sin x\Big|_0^{2\pi} - \int_0^{2\pi} 2x\sin x\mathrm{d}x = 2\int_0^{2\pi} x\mathrm{d}\cos x \\
&= 2\left(x\cos x\Big|_0^{2\pi} - \int_0^{2\pi}\cos x\mathrm{d}x \right) = 2\left(2\pi - \sin x\Big|_0^{2\pi} \right) = 4\pi.
\end{aligned}
$$

例 7 计算 $\int_0^{\frac{\pi}{4}} \dfrac{x}{1 + \cos 2x}\mathrm{d}x$.

解
$$
\begin{aligned}
\int_0^{\frac{\pi}{4}} \frac{x}{1 + \cos 2x}\mathrm{d}x &= \int_0^{\frac{\pi}{4}} \frac{x}{2\cos^2 x}\mathrm{d}x = \frac{1}{2}\int_0^{\frac{\pi}{4}} x\mathrm{d}\tan x \\
&= \frac{1}{2}\left(x\tan x\Big|_0^{\frac{\pi}{4}} - \int_0^{\frac{\pi}{4}}\tan x\mathrm{d}x \right) \\
&= \frac{1}{2}\left(\frac{\pi}{4} + \ln\cos x\Big|_0^{\frac{\pi}{4}} \right) = \frac{\pi}{8} - \frac{1}{4}\ln 2.
\end{aligned}
$$

例 8 设 $f(x) = \displaystyle\int_0^x \frac{\sin t}{\pi - t}\mathrm{d}t$，计算 $\displaystyle\int_0^\pi f(x)\,\mathrm{d}x$.

解
$$
\begin{aligned}
\int_0^\pi f(x)\,\mathrm{d}x &= xf(x)\Big|_0^\pi - \int_0^\pi xf'(x)\,\mathrm{d}x = \pi\int_0^\pi \frac{\sin t}{\pi - t}\mathrm{d}t - \int_0^\pi x\frac{\sin x}{\pi - x}\mathrm{d}x \\
&= \int_0^\pi \frac{\pi\sin t}{\pi - t}\mathrm{d}t - \int_0^\pi x\frac{\sin x}{\pi - x}\mathrm{d}x = \int_0^\pi \frac{\pi - x}{\pi - x}\sin x\mathrm{d}x = \int_0^\pi \sin x\mathrm{d}x \\
&= (-\cos x)\Big|_0^\pi = 2.
\end{aligned}
$$

§3.2 几种简化的定积分计算方法

一、关于原点对称区间上函数的定积分

1. 若 $f(x)$ 在区间 $[-a, a]$ 上连续，则

$$\int_{-a}^a f(x)\,\mathrm{d}x = \begin{cases} 0, & \text{当 } f(x) \text{ 为奇函数,} \\ 2\displaystyle\int_0^a f(x)\,\mathrm{d}x, & \text{当 } f(x) \text{ 为偶函数.} \end{cases} \tag{5.10}$$

事实上，由于 $\int_{-a}^{a} f(x)\,\mathrm{d}x = \int_{-a}^{0} f(x)\,\mathrm{d}x + \int_{0}^{a} f(x)\,\mathrm{d}x.$ 令 $x = -t$ ，有

$$\int_{-a}^{0} f(x)\,\mathrm{d}x = \int_{a}^{0} f(-t)\,\mathrm{d}(-t) = \int_{0}^{a} f(-x)\,\mathrm{d}x$$

$$= \begin{cases} -\int_{0}^{a} f(x)\,\mathrm{d}x, & \text{当 } f(x) \text{ 为奇函数,} \\ \int_{0}^{a} f(x)\,\mathrm{d}x, & \text{当 } f(x) \text{ 为偶函数.} \end{cases}$$

故

$$\int_{-a}^{a} f(x)\,\mathrm{d}x = \begin{cases} 0, & \text{当 } f(x) \text{ 为奇函数,} \\ 2\int_{0}^{a} f(x)\,\mathrm{d}x, & \text{当 } f(x) \text{ 为偶函数.} \end{cases}$$

2. 若 $f(x)$ 在区间 $[-a, a]$ 上连续，

$$f(x) = \frac{f(x) + f(-x)}{2} + \frac{f(x) - f(-x)}{2},$$

由于 $\dfrac{f(x) + f(-x)}{2}$ 为偶函数， $\dfrac{f(x) - f(-x)}{2}$ 为奇函数，故由式 (5.10) 知

$$\int_{-a}^{a} f(x)\,\mathrm{d}x = \int_{-a}^{a} \frac{f(x) + f(-x)}{2}\,\mathrm{d}x + \int_{-a}^{a} \frac{f(x) - f(-x)}{2}\,\mathrm{d}x$$

$$= 2\int_{0}^{a} \frac{f(x) + f(-x)}{2}\,\mathrm{d}x = \int_{0}^{a} [f(x) + f(-x)]\,\mathrm{d}x,$$

即

$$\boxed{\int_{-a}^{a} f(x)\,\mathrm{d}x = \int_{0}^{a} [f(x) + f(-x)]\,\mathrm{d}x.} \tag{5.11}$$

例 9　计算 $\int_{-2}^{2} (|x| + x)\,\mathrm{e}^{-|x|}\,\mathrm{d}x.$

解　由于 $|x|\,\mathrm{e}^{-|x|}$ 为偶函数， $x\mathrm{e}^{-|x|}$ 为奇函数，所以

$$\int_{-2}^{2} (|x| + x)\,\mathrm{e}^{-|x|}\,\mathrm{d}x = 2\int_{0}^{2} |x|\,\mathrm{e}^{-|x|}\,\mathrm{d}x = 2\int_{0}^{2} x\mathrm{e}^{-x}\,\mathrm{d}x$$

$$= 2\int_{0}^{2} x\,\mathrm{d}(-\mathrm{e}^{-x}) = 2\left(-x\mathrm{e}^{-x} \Big|_{0}^{2} + \int_{0}^{2} \mathrm{e}^{-x}\,\mathrm{d}x \right)$$

$$= 2\left(-2\mathrm{e}^{-2} - \mathrm{e}^{-x} \Big|_{0}^{2} \right) = 2(-2\mathrm{e}^{-2} - \mathrm{e}^{-2} + 1) = 2 - \frac{6}{\mathrm{e}^{2}}.$$

例 10　计算 $\int_{-\frac{\pi}{6}}^{\frac{\pi}{6}} \frac{\sin^{2}x}{1 + \mathrm{e}^{-x}}\,\mathrm{d}x.$

解　虽然 $\dfrac{\sin^{2}x}{1 + \mathrm{e}^{-x}}$ 在 $\left[-\dfrac{\pi}{6}, \dfrac{\pi}{6} \right]$ 上既不是奇函数，也不是偶函数，但我们可以利用式 (5.11) 进行计算. 有

$$\int_{-\frac{\pi}{6}}^{\frac{\pi}{6}} \frac{\sin^2 x}{1 + e^{-x}} dx = \int_0^{\frac{\pi}{6}} \left[\frac{\sin^2 x}{1 + e^{-x}} + \frac{\sin^2(-x)}{1 + e^{-(-x)}} \right] dx$$

$$= \int_0^{\frac{\pi}{6}} \left(\frac{e^x \sin^2 x}{1 + e^x} + \frac{\sin^2 x}{1 + e^x} \right) dx = \int_0^{\frac{\pi}{6}} \sin^2 x dx$$

$$= \frac{1}{2} \int_0^{\frac{\pi}{6}} (1 - \cos 2x) dx = \frac{1}{2} \left(x - \frac{1}{2} \sin 2x \right) \Big|_0^{\frac{\pi}{6}}$$

$$= \frac{1}{24} (2\pi - 3\sqrt{3}).$$

注 本题用其他方法很难求出.

二、周期函数的定积分

设 $f(x)$ 是周期为 T 的周期函数，且连续，则

$$\boxed{\int_a^{a+T} f(x) dx = \int_0^T f(x) dx \ (a \text{ 是任意常数}).} \tag{5.12}$$

事实上，$\int_a^{a+T} f(x) dx = \int_a^0 f(x) dx + \int_0^T f(x) dx + \int_T^{a+T} f(x) dx$，由于

$$\int_T^{a+T} f(x) dx \xlongequal{\text{令 } x = t + T} \int_0^a f(t + T) dt = \int_0^a f(t) dt = \int_0^a f(x) dx,$$

所以

$$\int_a^{a+T} f(x) dx = -\int_0^a f(x) dx + \int_0^T f(x) dx + \int_0^a f(x) dx = \int_0^T f(x) dx.$$

三、$\sin^n x$，$\cos^n x$ 在 $\left[0, \frac{\pi}{2} \right]$ 上的积分

对任意的自然数 $n (n \geq 2)$，有

$$\boxed{\int_0^{\frac{\pi}{2}} \sin^n x dx = \int_0^{\frac{\pi}{2}} \cos^n x dx = \begin{cases} \dfrac{n-1}{n} \dfrac{n-3}{n-2} \cdots \dfrac{1}{2} \dfrac{\pi}{2}, & \text{当 } n \text{ 为偶数时}, \\ \dfrac{n-1}{n} \dfrac{n-3}{n-2} \cdots \dfrac{2}{3}, & \text{当 } n \text{ 为奇数时}. \end{cases}} \tag{5.13}$$

证 首先证明 $\int_0^{\frac{\pi}{2}} \sin^n x dx = \int_0^{\frac{\pi}{2}} \cos^n x dx$. 事实上

$$\int_0^{\frac{\pi}{2}} \sin^n x dx \xlongequal{\text{令 } x = \frac{\pi}{2} - t} \int_{\frac{\pi}{2}}^0 \sin^n \left(\frac{\pi}{2} - t \right) d \left(\frac{\pi}{2} - t \right) = -\int_{\frac{\pi}{2}}^0 \cos^n t dt = \int_0^{\frac{\pi}{2}} \cos^n x dx.$$

设 $I_n = \int_0^{\frac{\pi}{2}} \sin^n x dx$，由于

$$I_n = \int_0^{\frac{\pi}{2}} \sin^n x dx = -\int_0^{\frac{\pi}{2}} \sin^{n-1} x d\cos x$$

$$= -\sin^{n-1}x \cos x \Big|_0^{\frac{\pi}{2}} + \int_0^{\frac{\pi}{2}} (n-1)\cos x \sin^{n-2}x \cos x \mathrm{d}x \ (n \geqslant 2)$$

$$= (n-1)\int_0^{\frac{\pi}{2}} \sin^{n-2}x(1-\sin^2 x)\,\mathrm{d}x$$

$$= (n-1)\int_0^{\frac{\pi}{2}} \sin^{n-2}x\mathrm{d}x - (n-1)\int_0^{\frac{\pi}{2}} \sin^n x\mathrm{d}x$$

$$= (n-1)I_{n-2} - (n-1)I_n,$$

所以

$$I_n = \frac{n-1}{n}I_{n-2} = \frac{n-1}{n}\frac{n-3}{n-2}I_{n-4} = \cdots.$$

从而

当 n 为偶数时, $I_n = \dfrac{n-1}{n}\dfrac{n-3}{n-2}\cdots\dfrac{1}{2}I_0$;

当 n 为奇数时, $I_n = \dfrac{n-1}{n}\dfrac{n-3}{n-2}\cdots\dfrac{2}{3}I_1$,

其中

重难点讲解
沃利斯公式

$$I_0 = \int_0^{\frac{\pi}{2}} \sin^0 x\mathrm{d}x = \frac{\pi}{2}, \quad I_1 = \int_0^{\frac{\pi}{2}} \sin x\mathrm{d}x = -\cos x \Big|_0^{\frac{\pi}{2}} = 1,$$

因此

$$\int_0^{\frac{\pi}{2}} \sin^n x\mathrm{d}x = \begin{cases} \dfrac{n-1}{n}\dfrac{n-3}{n-2}\cdots\dfrac{1}{2}\dfrac{\pi}{2}, & \text{当 } n \text{ 为偶数时}, \\[3mm] \dfrac{n-1}{n}\dfrac{n-3}{n-2}\cdots\dfrac{2}{3}, & \text{当 } n \text{ 为奇数时}. \end{cases}$$

例 11 计算 $\displaystyle\int_{-1}^1 x^4\sqrt{1-x^2}\,\mathrm{d}x$.

解 $\displaystyle\int_{-1}^1 x^4\sqrt{1-x^2}\,\mathrm{d}x = 2\int_0^1 x^4\sqrt{1-x^2}\,\mathrm{d}x \xlongequal{\text{令 } x=\sin t} 2\int_0^{\frac{\pi}{2}} \sin^4 t \cos^2 t\mathrm{d}t$

$$= 2\int_0^{\frac{\pi}{2}} \sin^4 t(1-\sin^2 t)\,\mathrm{d}t = 2\left(\int_0^{\frac{\pi}{2}} \sin^4 t\mathrm{d}t - \int_0^{\frac{\pi}{2}} \sin^6 t\mathrm{d}t\right)$$

$$= 2\left(\frac{3}{4}\frac{1}{2}\frac{\pi}{2} - \frac{5}{6}\frac{3}{4}\frac{1}{2}\frac{\pi}{2}\right) = \frac{1}{16}\pi.$$

例 12 证明 $\displaystyle\int_0^{2\pi} \sin^{2n}x\mathrm{d}x = \int_0^{2\pi} \cos^{2n}x\mathrm{d}x = 4\int_0^{\frac{\pi}{2}} \sin^{2n}x\mathrm{d}x$, 并计算之.

证 首先证明 $\displaystyle\int_0^{2\pi} \sin^{2n}x\mathrm{d}x = \int_0^{2\pi} \cos^{2n}x\mathrm{d}x$. 事实上

$$\int_0^{2\pi} \sin^{2n}x\mathrm{d}x \xlongequal{\text{令 } x=\frac{\pi}{2}-t} -\int_{\frac{\pi}{2}}^{-\frac{3\pi}{2}} \sin^{2n}\left(\frac{\pi}{2}-t\right)\mathrm{d}t = \int_{-\frac{3\pi}{2}}^{\frac{\pi}{2}} \cos^{2n}t\mathrm{d}t$$

$$= \int_0^{2\pi} \cos^{2n} t \, dt = \int_0^{2\pi} \cos^{2n} x \, dx,$$

由于 $\sin^2 x = \dfrac{1-\cos 2x}{2}$ 周期为 π（当然 2π 也是它的一个周期），从而 $\sin^{2n} x$ 的周期

为 π（并且 2π 也是它的一个周期）. 由公式 (5.12)，有

$$\int_0^{2\pi} \sin^{2n} x \, dx = \int_{-\pi}^{\pi} \sin^{2n} x \, dx = 2 \int_0^{\pi} \sin^{2n} x \, dx$$

$$= 2 \int_{-\frac{\pi}{2}}^{\frac{\pi}{2}} \sin^{2n} x \, dx = 4 \int_0^{\frac{\pi}{2}} \sin^{2n} x \, dx$$

$$= 4 \frac{2n-1}{2n} \frac{2n-3}{2n-2} \cdots \frac{1}{2} \frac{\pi}{2} = \frac{(2n-1)!!}{2^{n-1} n!} \pi.$$

注 $6 \times 4 \times 2$ 记作 $6!!$，$7 \times 5 \times 3 \times 1$ 记作 $7!!$.

从证明的过程中，我们还可以得到

$$\int_0^{\pi} \sin^{2n} x \, dx = \int_0^{\pi} \cos^{2n} x \, dx = 2 \int_0^{\frac{\pi}{2}} \sin^{2n} x \, dx.$$

掌握以上的公式，可以简化某些定积分的计算.

四、灵活运用变量代换计算定积分

例 13 设函数 $f(x)$ 在 $[0,1]$ 上连续，证明：

$$\int_0^{\pi} x f(\sin x) \, dx = \frac{\pi}{2} \int_0^{\pi} f(\sin x) \, dx,$$

并利用此结果，计算 $\displaystyle\int_0^{\pi} \frac{x \sin^3 x}{1+\cos^2 x} dx.$

证 $\displaystyle\int_0^{\pi} x f(\sin x) \, dx \xrightarrow{\text{令 } x = \pi - t} -\int_{\pi}^0 (\pi - t) f(\sin t) \, dt$

$$= \int_0^{\pi} (\pi - x) f(\sin x) \, dx$$

$$= \pi \int_0^{\pi} f(\sin x) \, dx - \int_0^{\pi} x f(\sin x) \, dx,$$

移项得

$$\int_0^{\pi} x f(\sin x) \, dx = \frac{\pi}{2} \int_0^{\pi} f(\sin x) \, dx.$$

利用此结果，有

$$\int_0^{\pi} \frac{x \sin^3 x}{1+\cos^2 x} dx = \frac{\pi}{2} \int_0^{\pi} \frac{\sin^3 x}{1+\cos^2 x} dx = -\frac{\pi}{2} \int_0^{\pi} \frac{\sin^2 x}{1+\cos^2 x} d\cos x$$

$$= -\frac{\pi}{2} \int_0^{\pi} \frac{1-\cos^2 x}{1+\cos^2 x} d\cos x = \frac{\pi}{2} \int_0^{\pi} \frac{\cos^2 x + 1 - 2}{1+\cos^2 x} d\cos x$$

$$= \frac{\pi}{2} \int_0^{\pi} d\cos x - \pi \int_0^{\pi} \frac{1}{1+\cos^2 x} d\cos x$$

$$= \frac{\pi}{2}\left(\cos x \,\Big|_0^\pi\right) - \pi\left[\arctan(\cos x)\,\Big|_0^\pi\right] = -\pi + \frac{\pi^2}{2}.$$

例 14 计算 $\int_0^1 \frac{\ln(1+x)}{1+x^2}\mathrm{d}x.$

解 $\int_0^1 \frac{\ln(1+x)}{1+x^2}\mathrm{d}x \xlongequal{\text{令 } x = \tan t} \int_0^{\frac{\pi}{4}} \frac{\ln(1+\tan t)}{\sec^2 t}\sec^2 t \mathrm{d}t$

$$= \int_0^{\frac{\pi}{4}} \ln \frac{\cos t + \sin t}{\cos t}\mathrm{d}t = \int_0^{\frac{\pi}{4}} \ln \frac{\sqrt{2}\cos\left(\frac{\pi}{4}-t\right)}{\cos t}\mathrm{d}t$$

$$= \int_0^{\frac{\pi}{4}} \ln\sqrt{2}\,\mathrm{d}t + \int_0^{\frac{\pi}{4}} \ln \cos\left(\frac{\pi}{4}-t\right)\mathrm{d}t - \int_0^{\frac{\pi}{4}} \ln \cos t \mathrm{d}t,$$

由于

$$\int_0^{\frac{\pi}{4}} \ln \cos\left(\frac{\pi}{4}-t\right)\mathrm{d}t \xlongequal{\text{令 } \frac{\pi}{4}-t = u} -\int_{\frac{\pi}{4}}^0 \ln \cos u \,\mathrm{d}u = \int_0^{\frac{\pi}{4}} \ln \cos t \mathrm{d}t,$$

所以

$$\text{原式} = \int_0^{\frac{\pi}{4}} \ln\sqrt{2}\,\mathrm{d}t = \frac{\pi}{4}\ln\sqrt{2}.$$

以上两个例子，被积函数的原函数都很难求出来．

例 15 计算 $\int_0^{\frac{\pi}{2}} \frac{\sin t}{\sin t + \cos t}\mathrm{d}t.$

解 $\int_0^{\frac{\pi}{2}} \frac{\sin t}{\sin t + \cos t}\mathrm{d}t \xlongequal{\text{令 } t = \frac{\pi}{2}-u} -\int_{\frac{\pi}{2}}^0 \frac{\sin\left(\frac{\pi}{2}-u\right)}{\sin\left(\frac{\pi}{2}-u\right) + \cos\left(\frac{\pi}{2}-u\right)}\mathrm{d}u$

$$= \int_0^{\frac{\pi}{2}} \frac{\cos u}{\cos u + \sin u}\mathrm{d}u = \int_0^{\frac{\pi}{2}} \frac{\cos t}{\cos t + \sin t}\mathrm{d}t,$$

由于

$$\int_0^{\frac{\pi}{2}} \frac{\sin t}{\sin t + \cos t}\mathrm{d}t + \int_0^{\frac{\pi}{2}} \frac{\cos t}{\cos t + \sin t}\mathrm{d}t = \int_0^{\frac{\pi}{2}} \mathrm{d}t = \frac{\pi}{2},$$

所以

$$\int_0^{\frac{\pi}{2}} \frac{\sin t}{\sin t + \cos t}\mathrm{d}t = \frac{\pi}{4}.$$

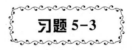

习题 5-3

1. 计算下列定积分：

(1) $\int_{e}^{e^2} \dfrac{\mathrm{d}x}{x\ln^2 x}$;

(2) $\int_{0}^{1} x\mathrm{e}^{x^2}\mathrm{d}x$;

(3) $\int_{-1}^{1} \dfrac{x\mathrm{d}x}{\sqrt{5-4x}}$;

(4) $\int_{0}^{a} x^2\sqrt{a^2-x^2}\,\mathrm{d}x\,(a>0)$;

(5) $\int_{0}^{\ln 2} \sqrt{\mathrm{e}^x-1}\,\mathrm{d}x$;

(6) $\int_{0}^{1} \dfrac{\arcsin\sqrt{x}}{\sqrt{x(1-x)}}\mathrm{d}x$;

(7) $\int_{0}^{1} x(2-x^2)^{12}\mathrm{d}x$;

(8) $\int_{-1}^{1} \dfrac{x\mathrm{d}x}{x^2+x+1}$;

(9) $\int_{1}^{e} (x\ln x)^2\mathrm{d}x$;

(10) $\int_{1}^{9} x\sqrt[3]{1-x}\,\mathrm{d}x$;

(11) $\int_{-2}^{-1} \dfrac{\mathrm{d}x}{x\sqrt{x^2-1}}$;

(12) $\int_{0}^{1} x^{15}\sqrt{1+3x^8}\,\mathrm{d}x$;

(13) $\int_{0}^{3} \arcsin\sqrt{\dfrac{x}{1+x}}\,\mathrm{d}x$;

(14) $\int_{0}^{\pi} (x\sin x)^2\mathrm{d}x$;

(15) $\int_{0}^{\pi} \mathrm{e}^x\cos^2 x\mathrm{d}x$;

(16) $\int_{0}^{1} \dfrac{\ln(1+x)}{(2-x)^2}\mathrm{d}x$;

(17) $\int_{0}^{\pi} \sqrt{1-\sin x}\,\mathrm{d}x$;

(18) $\int_{0}^{\ln 2} \sqrt{1-\mathrm{e}^{-2x}}\,\mathrm{d}x$;

(19) $\int_{\frac{1}{2}}^{1} \mathrm{e}^{\sqrt{2x-1}}\mathrm{d}x$;

(20) $\int_{0}^{2} |1-x|\,\mathrm{d}x$;

(21) $\int_{0}^{2} [\mathrm{e}^x]\mathrm{d}x$;

(22) 设 $f(x)=\begin{cases} 1-x, & 0\leqslant x\leqslant 1, \\ 0, & 1<x<2, \\ (2-x)^2, & 2\leqslant x\leqslant 3, \end{cases}$ 计算 $\int_{0}^{3} f(x)\,\mathrm{d}x$.

(23) $\int_{4}^{9} \dfrac{\sqrt{x}\,\mathrm{d}x}{\sqrt{x}-1}$;

(24) $\int_{1}^{\sqrt{3}} \dfrac{\mathrm{d}x}{(4-x^2)^{3/2}}$;

(25) $\int_{-\pi}^{\pi} \sin mx\cos nx\mathrm{d}x$ $(m, n\in \mathbf{N}_+)$;

(26) $\int_{-\pi}^{\pi} \sin mx\sin nx\mathrm{d}x$ $(m, n\in \mathbf{N}_+)$.

2. 计算下列定积分：

(1) $\int_{-1}^{1} \left(\dfrac{x^3}{1+x^4} + x\sqrt{1-x^4} + \sqrt{1-x^2} \right)\mathrm{d}x$;

(2) $\int_{-\frac{\pi}{4}}^{\frac{\pi}{4}} \dfrac{\cos x}{1+\mathrm{e}^{-x}}\mathrm{d}x$;

(3) $\int_{-1}^{1} x^2\sqrt{1-x^2}\,\mathrm{d}x$.

3. 计算下列定积分：

(1) $\int_{0}^{\frac{\pi}{2}} \sin^6 x\mathrm{d}x$;

(2) $\int_{0}^{\frac{\pi}{2}} \cos^7 x\mathrm{d}x$;

(3) $\int_{0}^{\frac{\pi}{4}} \cos^3 2x\mathrm{d}x$;

(4) $\int_{-\pi}^{\pi} \sin^4\dfrac{x}{2}\mathrm{d}x$;

(5) $I_n = \int_{0}^{1} (1-x^2)^n\mathrm{d}x$.

4. 证明：

(1) $\int_0^{\frac{\pi}{2}} f(\sin x)\,dx = \int_0^{\frac{\pi}{2}} f(\cos x)\,dx$;

(2) $\int_0^a x^3 f(x^2)\,dx = \dfrac{1}{2}\int_0^{a^2} x f(x)\,dx$ ($a > 0$) ;

(3) $\int_a^b f(x)\,dx = \int_a^b f(a + b - x)\,dx$;

(4) $\int_0^1 x^m (1 - x)^n\,dx = \int_0^1 x^n (1 - x)^m\,dx$.

5. 计算 $\int_0^\pi \dfrac{x\sin x}{1 + \cos^2 x}\,dx$.

6. 设 $I_n = \int_0^{\frac{\pi}{4}} \tan^n x\,dx$ ($n > 1$)，证明：

(1) $I_n + I_{n-2} = \dfrac{1}{n-1}$，并由此计算 I_n ；　　　　(2) $\dfrac{1}{2(n+1)} < I_n < \dfrac{1}{2(n-1)}$.

7. 证明：

(1) 若 $f(x)$ 是连续的奇函数，则 $\int_a^x f(t)\,dt$ 是偶函数 ；

(2) 偶函数的原函数中有一个为奇函数.

8. 设 $f''(x)$ 在 $[0,2]$ 上连续，且 $f(0) = 1$，$f(2) = 3$，$f'(2) = 5$，求 $\int_0^1 x f''(2x)\,dx$.

9. 设 $f''(x)$ 连续，$f(\pi) = 1$，且满足 $\int_0^\pi [f(x) + f''(x)]\sin x\,dx = 3$，求 $f(0)$.

10. 计算下列定积分：

(1) $\int_0^{\frac{\pi}{2}} \dfrac{f(\sin x)}{f(\cos x) + f(\sin x)}\,dx$ ；　　　　(2) $\int_0^{\frac{\pi}{4}} \ln(1 + \tan x)\,dx$.

11. 设函数 $f(x)$ 可导，且 $f(0) = 0$，

$$F(x) = \int_0^x t^{n-1} f(x^n - t^n)\,dt.$$

证明：

$$\lim_{x\to 0} \frac{F(x)}{x^{2n}} = \frac{1}{2n} f'(0).$$

12. 设 $f(u)$ 在 $u = 0$ 的某邻域内连续，且

$$\lim_{u\to 0} \frac{f(u)}{u} = A,$$

求 $\displaystyle\lim_{y\to 0} \frac{d}{dy}\int_0^1 f(yt)\,dt$.

§4　定积分的应用

§4.1　平面图形的面积

设连续曲线 $y = f(x)$，Ox 轴及直线 $x = a$，$x = b$ ($a < b$) 所围成的曲边梯形(图

5-7)的面积为 S.

（1）当 $f(x) \geq 0$ 时，由定积分几何意义知，$S = \int_a^b f(x)\,\mathrm{d}x = \int_a^b |f(x)|\,\mathrm{d}x$.

（2）当 $f(x) \leq 0$ 时，作出曲线 $y=f(x)$ 关于 Ox 轴的对称曲线 $y=-f(x)$，则曲线 $y=-f(x)$，Ox 轴及直线 $x=a$，$x=b$ 围成曲边梯形的面积 S_1 与 S 相等（图 5-8），即

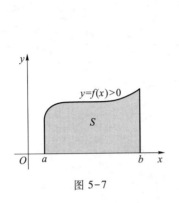

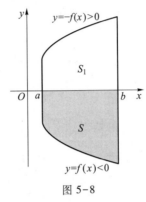

图 5-7   图 5-8

$$S = S_1 = \int_a^b -f(x)\,\mathrm{d}x = \int_a^b |f(x)|\,\mathrm{d}x.$$

因此，连续曲线 $y=f(x)$，Ox 轴及直线 $x=a$，$x=b(a<b)$ 所围的面积 S 为

$$S = \int_a^b |f(x)|\,\mathrm{d}x. \tag{5.14}$$

同理，由曲线 $x=\psi(y)$，Oy 轴及直线 $y=c$，$y=d(c<d)$ 所围的面积 S（图 5-9）为

$$S = \int_c^d |\psi(y)|\,\mathrm{d}y. \tag{5.15}$$

一般地，由两条连续曲线 $y=f_1(x)$，$y=f_2(x)$ 及直线 $x=a$，$x=b(a<b)$ 所围的平面图形面积（图 5-10）的计算公式为

$$S = \int_a^b |f_2(x) - f_1(x)|\,\mathrm{d}x. \tag{5.16}$$

事实上，对图 5-10 的情形，有

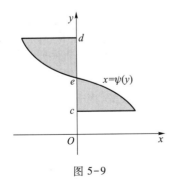

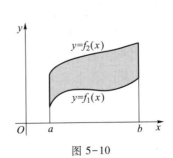

图 5-9   图 5-10

$$S = \int_a^b f_2(x) \, dx - \int_a^b f_1(x) \, dx = \int_a^b [f_2(x) - f_1(x)] \, dx$$

$$= \int_a^b |f_2(x) - f_1(x)| \, dx.$$

对图 5 – 11 的情形，进行坐标轴平移（设 $|OO'| = k$），在新坐标系 $O'x'y$ 下两条曲线分别为 $y = f_2(x) + k$，$y = f_1(x) + k$. 由图 5 – 10 的情形知

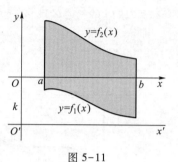

$$S = \int_a^b |(f_2(x) + k) - (f_1(x) + k)| \, dx$$

$$= \int_a^b |f_2(x) - f_1(x)| \, dx.$$

图 5-11

对图 5-12 的情形，有

$$S = \int_a^c [f_2(x) - f_1(x)] \, dx + \int_c^b [f_1(x) - f_2(x)] \, dx$$

$$= \int_a^c |f_2(x) - f_1(x)| \, dx + \int_c^b |f_2(x) - f_1(x)| \, dx$$

$$= \int_a^b |f_2(x) - f_1(x)| \, dx.$$

对上面 3 种情形也可用定义得到. 如图 5-13 所示，在 $[a,b]$ 内插入 $n-1$ 个分点

$$a = x_0 < x_1 < x_2 < \cdots < x_{i-1} < x_i < \cdots < x_{n-1} < x_n = b.$$

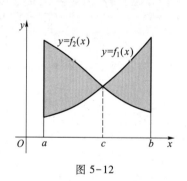

图 5-12

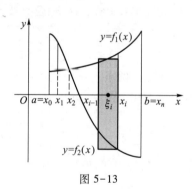

图 5-13

相应地分成了 n 个小区间 $[x_{i-1}, x_i]$ $(i = 1, 2, \cdots, n)$. 记 $\Delta x_i = x_i - x_{i-1}$，过分点作 Oy 轴的平行线，相应地，把曲边形分成 n 个窄曲边形. 设第 i 个窄曲边形的面积为 ΔS_i（图 5-13），由于两条曲线连续，所以可近似地把它看成矩形，其底为 Δx_i，$\forall \xi_i \in [x_{i-1}, x_i]$，高为 $|f_2(\xi_i) - f_1(\xi_i)|$，有 $\Delta S_i \approx |f_2(\xi_i) - f_i(\xi_i)| \Delta x_i$，于是

$$S \approx \sum_{i=1}^n |f_2(\xi_i) - f_1(\xi_i)| \Delta x_i,$$

因此

$$S = \lim_{\lambda \to 0} \sum_{i=1}^{n} |f_2(\xi_i) - f_1(\xi_i)| \Delta x_i = \int_a^b |f_2(x) - f_1(x)| \, dx,$$

$$\lambda = \max\{\Delta x_i : 1 \leqslant i \leqslant n\}.$$

同理，由连续曲线 $x = \psi_2(y)$，$x = \psi_1(y)$ 及直线 $y = c$，$y = d$ 所围成的平面图形(图 5-14)的面积 $S = \int_c^d |\psi_2(y) - \psi_1(y)| \, dy$.

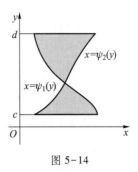

图 5-14

求简单曲线所围成的面积时，(1)首先应求出曲线的交点；(2)画出经过交点的曲线；(3)由所围成的曲边形，选择适当的公式来计算.

例 1 计算由抛物线 $y^2 = 2x$ 及直线 $y = x - 4$ 所围成的平面图形的面积.

解 由 $\begin{cases} y^2 = 2x, \\ y = x - 4 \end{cases}$ 解得 $\begin{cases} x_1 = 2, \\ y_1 = -2, \end{cases}$ $\begin{cases} x_2 = 8, \\ y_2 = 4, \end{cases}$

即交点为 $(2, -2)$，$(8, 4)$. 故所求的曲边形是由直线 $x = y + 4$，曲线 $x = \dfrac{1}{2}y^2$ 及直线 $y = -2$，$y = 4$ 所围成(图 5-15)，其面积

$$S = \int_{-2}^{4} \left[(y + 4) - \frac{1}{2}y^2 \right] dy$$

$$= \left(\frac{y^2}{2} + 4y - \frac{y^3}{6} \right) \bigg|_{-2}^{4} = 18.$$

本题如用公式(5.16)来计算，就需要将整个面积分成两部分 S_1 及 S_2，分别计算 S_1，S_2，相加才得 S. 读者可以计算一下，这样做就复杂多了.

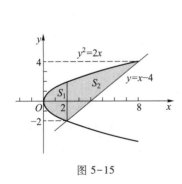

图 5-15

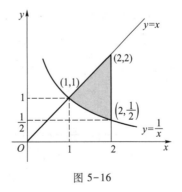

图 5-16

例 2 计算曲线 $y = \dfrac{1}{x}$ 及直线 $y = x$，$x = 2$ 所围成的曲边形面积.

解 曲边形如图 5-16 所示，故有

$$S = \int_1^2 \left(x - \frac{1}{x} \right) dx = \left(\frac{1}{2}x^2 - \ln x \right) \bigg|_1^2$$

$$= (2 - \ln 2) - \left(\frac{1}{2} - 0 \right) = \frac{3}{2} - \ln 2.$$

注 曲线较简单时, 可在画曲线的过程中求交点.

例 3 计算椭圆 $\dfrac{x^2}{a^2} + \dfrac{y^2}{b^2} = 1$ 所围成的平面图

形面积.

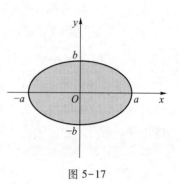

解 由于椭圆关于 Ox 轴及 Oy 轴对称, 所以只需计算位于第一象限部分的面积, 然后乘 4 就得到所求平面图形的面积 S(图 5-17). 由 $\dfrac{x^2}{a^2} + \dfrac{y^2}{b^2} = 1$, 解得 $y = \pm \dfrac{b}{a} \sqrt{a^2 - x^2}$, 故上半椭圆的

方程是 $y = \dfrac{b}{a} \sqrt{a^2 - x^2}$, 从而

图 5-17

$$S = 4 \int_0^a \frac{b}{a} \sqrt{a^2 - x^2}\, \mathrm{d}x$$

$$\xrightarrow{\text{令 } x = a\sin t} \frac{4b}{a} \int_0^{\frac{\pi}{2}} a\cos t \cdot a\cos t\, \mathrm{d}t = 4ab \int_0^{\frac{\pi}{2}} \cos^2 t\, \mathrm{d}t$$

$$= 4ab \cdot \frac{1}{2} \cdot \frac{\pi}{2} = \pi ab.$$

特别地, 当 $a = b = R$ 时, 得圆的面积为 $S = \pi R^2$.

§4.2 立体及旋转体的体积

一、立体的体积

设 Ω 为一空间立体, 它夹在垂直于 Ox 轴的两平面 $x = a$ 与 $x = b$ 之间 $(a < b)$, 我们称 Ω 为位于 $[a, b]$ 上的空间立体. 在区间 $[a, b]$ 上任意一点 x 处, 作垂直于 Ox 轴的平面, 它截得立体 Ω 的截面面积显然是 x 的函数, 设为 x 的连续函数, 记为 $A(x)$, $x \in [a, b]$, 称为空间立体 Ω 的截面面积函数(图 5-18). 如何计算该立体的体积 V 呢?

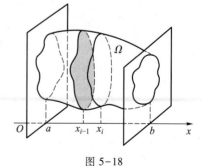

1. 分割. 在区间 $[a, b]$ 内插入 $n - 1$ 个分点

图 5-18

$$a = x_0 < x_1 < x_2 < \cdots < x_{i-1} < x_i < \cdots < x_{n-1} < x_n = b,$$

过 $x = x_i (i = 0, 1, 2, \cdots, n)$ 作垂直于 Ox 轴的平面, 这些平面把 Ω 分割成 n 个薄片, 记 $\Delta x_i = x_i - x_{i-1}$, $i = 1, 2, \cdots, n$.

2. **近似.** 由于 $A(x)$ 在 $[a,b]$ 上连续，当 $\lambda = \max\{\Delta x_i : 1 \le i \le n\}$ 很小时，$A(x)$ 在 $[x_{i-1}, x_i]$ 上变化不大，从而每个薄片的体积 ΔV_i 都可以用一个薄柱体的体积来近似表示，即 ΔV_i 近似等于以 $A(\xi_i)$，$\xi_i \in [x_{i-1}, x_i]$ 为底，以 Δx_i 为高的薄柱体体积

$$\Delta V_i \approx A(\xi_i)\Delta x_i, \quad i = 1, 2, \cdots, n.$$

3. **求和.** Ω 的体积 $V = \sum\limits_{i=1}^{n} \Delta V_i \approx \sum\limits_{i=1}^{n} A(\xi_i)\Delta x_i.$

4. **取极限.** 由于 $A(x)$ 在 $[a,b]$ 上连续，所以 $\int_a^b A(x)\mathrm{d}x$ 存在. 因此

$$\boxed{V = \lim_{\lambda \to 0} \sum_{i=1}^{n} A(\xi_i)\Delta x_i = \int_a^b A(x)\mathrm{d}x.} \tag{5.17}$$

例 4 设一个底面半径为 a 的圆柱，被一个与圆柱的底面相交角为 α，且过底面直径 AB 的平面所截，求截下的楔形的体积（图 5-19）.

解 取坐标系如图 5-19. 这时，垂直于 Ox 轴的截断面都是直角三角形，它的一个锐角为 α，这个锐角的邻边长为 $\sqrt{a^2-x^2}$，故截断面面积为

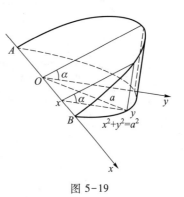

图 5-19

$$A(x) = \frac{1}{2}(a^2 - x^2)\tan\alpha.$$

则所求楔形的体积为

$$V = 2\int_0^a \frac{1}{2}(a^2 - x^2)\tan\alpha\,\mathrm{d}x$$

$$= \tan\alpha \int_0^a (a^2 - x^2)\mathrm{d}x = \frac{2}{3}a^3\tan\alpha.$$

二、旋转体的体积

求由连续曲线 $y = f(x)$，Ox 轴及直线 $x = a$，$x = b$ 所围成的曲边梯形绕 Ox 轴旋转而成的旋转体的体积 V_x（图 5-20）.

把旋转体看成夹在两平行平面 $x = a$，$x = b$ 之间，那么在 $[a,b]$ 上任意一点 x 处作平行两底面的平面与立体相截，截面积为 $A(x) = \pi|f(x)|^2 = \pi f^2(x)$. 因此，由公式 (5.17) 知

$$\boxed{V_x = \pi \int_a^b f^2(x)\mathrm{d}x.} \tag{5.18}$$

例 5 计算由椭圆 $\dfrac{x^2}{a^2} + \dfrac{y^2}{b^2} = 1$ 围成的平面图形绕 Ox 轴旋转而成的旋转椭球

体的体积(图 5-21).

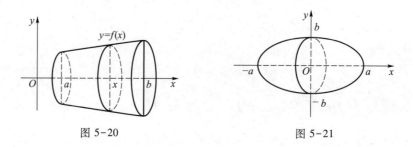

图 5-20 图 5-21

解 由椭圆方程解得 $y^2 = \dfrac{b^2}{a^2}(a^2 - x^2)$，根据式(5.18)得该椭圆围成的平面绕 Ox 轴旋转而成的旋转椭球体体积为

$$V = \int_{-a}^{a} \pi y^2 \mathrm{d}x = \int_{-a}^{a} \pi \frac{b^2}{a^2}(a^2 - x^2)\,\mathrm{d}x$$

$$= 2\pi \frac{b^2}{a^2}\int_{0}^{a}(a^2 - x^2)\,\mathrm{d}x$$

$$= 2\pi \frac{b^2}{a^2}\left(a^2 x - \frac{x^3}{3}\right)\Bigg|_{0}^{a} = \frac{4}{3}\pi a b^2.$$

特别地，当 $a = b = R$ 时，可得半径为 R 的球体的体积 $V = \dfrac{4}{3}\pi R^3$.

§4.3 微元法及应用

一、微元法

回顾前面讨论的曲边梯形面积、变力做功、变速直线运动路程、立体的体积等具体问题，可以将用定积分解决实际问题的方法与步骤归结为如下四步：

第一步，分割. 通过将区间 $[a,b]$ 任意分为 n 个小区间 $[x_{i-1}, x_i]$ $(i=1, 2, \cdots, n)$，相应地把所求的量 Q（如面积、功、路程、体积等）分为 n 个部分量 ΔQ_i $(i=1,2,\cdots,n)$.

第二步，近似(求积分元). 在每个小区间 $[x_{i-1}, x_i]$ 上求出部分量 ΔQ_i 的具有下面形式的近似值：

$$\Delta Q_i \approx f(\xi_i)\Delta x_i, \tag{5.19}$$

其中 ξ_i 是 $[x_{i-1}, x_i]$ 上任一点，$\Delta x_i = x_i - x_{i-1}$.

第三步，求和. 将各部分量的近似值相加，得到所求量 Q 的近似值

$$Q \approx \sum_{i=1}^{n} f(\xi_i)\Delta x_i.$$

第四步，取极限. 在上式中令 $\lambda = \max\{\Delta x_i : 1 \leq i \leq n\} \to 0$，得

$$Q = \lim_{\lambda \to 0} \sum_{i=1}^{n} f(\xi_i) \Delta x_i = \int_a^b f(x)\,\mathrm{d}x. \tag{5.20}$$

从上面过程可以看出，在上述四步中，关键是在第二步中写出区间 $[x_{i-1}, x_i]$ 上的部分量

$$\Delta Q_i \approx f(\xi_i) \Delta x_i.$$

它一旦确定后，被积表达式也就确定了. 问题是 ΔQ_i 与 $f(\xi_i)\Delta x_i$ 之间存在什么关系（因为近似是一个模糊的量），它们之间近似的程度应满足什么要求？我们把式(5.19)写成更一般的形式，设 $x_{i-1} = x$，$x_i - x_{i-1} = \Delta x$，则 $x_i = x_{i-1} + \Delta x = x + \Delta x$. ξ 取 $[x, x+\Delta x]$ 中的任何值都可以，自然也可以取它的左端点，即 $\xi = x$，这样式(5.19)就变成了区间 $[x, x+\Delta x]$ 上的部分量

$$\Delta Q \approx f(x) \Delta x. \tag{5.21}$$

如何正确地写出这个近似表达式，使得积分 $\int_a^b f(x)\,\mathrm{d}x$ 恰好就是所求的量 Q 呢？

我们由果索因.

设式(5.20)中的 $f(x)$ 在 $[a, b]$ 上连续，如果

$$Q = \int_a^b f(x)\,\mathrm{d}x = \int_a^b f(t)\,\mathrm{d}t, \tag{5.22}$$

那么式(5.22)实际上就是函数 $Q(x) = \int_a^x f(t)\,\mathrm{d}t$ 在 $x = b$ 处的值，即 $Q = Q(b)$.

$$\Delta Q = Q(x + \Delta x) - Q(x) = \int_a^{x+\Delta x} f(t)\,\mathrm{d}t - \int_a^x f(t)\,\mathrm{d}t$$

$$= \int_a^{x+\Delta x} f(t)\,\mathrm{d}t + \int_x^a f(t)\,\mathrm{d}t = \int_x^{x+\Delta x} f(t)\,\mathrm{d}t$$

$$\underset{\text{由积分中值定理}}{=\!=\!=\!=\!=\!=} f(\xi)\Delta x, \quad x \leq \xi \leq x + \Delta x.$$

由于 $f(x)$ 在 $[a, b]$ 上连续，且区间 $[x, x+\Delta x]$ 很小，所以有 $f(\xi) \approx f(x)$，从而

$$\Delta Q \approx f(x) \Delta x.$$

另一方面

$$\frac{\mathrm{d}Q}{\mathrm{d}x} = f(x)，\text{有 } \mathrm{d}Q = f(x)\,\mathrm{d}x.$$

由微分定义

$$\Delta Q = f(x)\Delta x + o(\Delta x) = f(x)\,\mathrm{d}x + o(\Delta x) = \mathrm{d}Q + o(\Delta x)\ (\Delta x \to 0)，$$

因此式(5.21)中的 $f(x)\Delta x$ 应当是 ΔQ 的线性主部 $\mathrm{d}Q$. 所以 $f(x)\,\mathrm{d}x = f(x)\Delta x$ 是区间 $[x, x+\Delta x]$ 的部分量 ΔQ 的线性主部 $\mathrm{d}Q$，而 $\Delta Q - f(x)\Delta x$ 应当是 Δx 的高阶无穷小.

这样，可以把定积分解决实际问题的步骤在认清实质的情况下进行简化，得到求 Q 的方法. 根据所给条件，适当建立坐标系，画图，在图中把需要的曲线方程表示出来，确定要求量 Q 所分布的区间 $[a, b]$.

1. 取近似求微元. 选取区间 $[x, x+\Delta x] \subset [a, b]$，$\Delta x > 0$. 写出部分量 ΔQ 的近似值 $f(x)\Delta x$，即

$$\Delta Q \approx f(x)\Delta x.$$

要求 $f(x)\Delta x$ 是 ΔQ 的线性主部 dQ，即在计算的过程中，可以略去 Δx 的高阶无穷小. 这一步是最关键、最本质的一步，所以称为微元分析法或简称微元法.

2. 得微分. 即 $dQ = f(x)dx$.

3. 计算积分. 即 $Q = \int_a^b f(x)dx$.

或　1. 选取区间 $[x, x+dx] \subset [a, b]$，$dx > 0$，$dQ = f(x)dx$.

2. $Q = \int_a^b f(x)dx$.

二、曲边扇形的面积

求由连续曲线 $r = r(\theta)$ 与射线 $\theta = \alpha$，$\theta = \beta$ 所围成图形(称为曲边扇形)的面积(图 5-22).

曲边扇形分布在区间 $[\alpha, \beta]$ 上，考察 $[\theta, \theta+\Delta\theta]$ 区间上曲边扇形的面积 ΔS，由于 $\Delta S \approx \dfrac{1}{2} r^2(\theta)\Delta\theta$，即 $dS = \dfrac{1}{2} r^2(\theta)d\theta$，因此

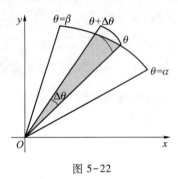

图 5-22

$$\boxed{S = \frac{1}{2} \int_\alpha^\beta r^2(\theta)d\theta.} \tag{5.23}$$

下面我们来证明 $\dfrac{1}{2} r^2(\theta)\Delta\theta$ 确实是 ΔS 的线性主部. 即

$$dS = \frac{1}{2} r^2(\theta)d\theta.$$

事实上，函数 $r = r(\theta)$ 在 $[\alpha, \beta]$ 上连续，则在区间 $[\theta, \theta+\Delta\theta]$ 上连续. 设 M，m 为 $r(t)$ 在 $[\theta, \theta+\Delta\theta]$ 的最大值与最小值，则 $m \leqslant r(t) \leqslant M$，有

$$\frac{1}{2} m^2 \Delta\theta \leqslant \Delta S \leqslant \frac{1}{2} M^2 \Delta\theta,$$

得

$$\frac{1}{2} m^2 \leqslant \frac{\Delta S}{\Delta\theta} \leqslant \frac{1}{2} M^2.$$

当 $\Delta\theta \to 0$ 时，有 $m \to r(\theta)$，$M \to r(\theta)$. 由夹逼定理知

$$\lim_{\Delta\theta \to 0} \frac{\Delta S}{\Delta\theta} = \frac{1}{2} r^2(\theta),$$

即

$$dS = \frac{1}{2} r^2(\theta)d\theta.$$

在具体问题中，要检验所求的近似值 $f(x)\Delta x$ 是否为 ΔQ 的线性主部即 $\mathrm{d}Q$，或者说要检验 $\Delta Q - f(x)\Delta x$ 是否是 Δx 的高阶无穷小，往往不是一件容易的事，并不是每个具体问题都可以像求曲边扇形那样来进行检验. 因此，在求 ΔQ 的近似值时要特别小心谨慎，要尽可能的精确. 对于 Δx 的高阶无穷小可以略去，还可以用实践是否合理来检验结论的正确性.

例 6 计算双纽线 $(x^2+y^2)^2 = x^2-y^2$ 所围平面图形的面积(图 5-23).

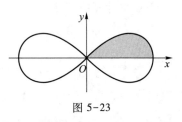

图 5-23

解 在方程中用 $-x$ 代替 x 方程不变，用 $-y$ 代替 y 方程不变，则曲线关于 x 轴及 y 轴对称. 因而只需计算第一象限面积，再乘 4 即得所求.

由于从方程中解 y 很困难，因此难以利用直角坐标系下求平面图形面积的方法. 双纽线在极坐标系下的方程为

$$r^2 = \cos 2\theta, \quad \text{即} \quad r = \sqrt{\cos 2\theta}.$$

在第一象限内 $0 \leqslant \theta \leqslant \dfrac{\pi}{2}$. 要使 $r \geqslant 0$，则 $0 \leqslant \theta \leqslant \dfrac{\pi}{4}$. 由公式(5.23)，有

$$S = 4\int_0^{\frac{\pi}{4}} \frac{1}{2} r^2(\theta)\,\mathrm{d}\theta = 4\int_0^{\frac{\pi}{4}} \frac{1}{2}\cos 2\theta\,\mathrm{d}\theta = \sin 2\theta \,\Big|_0^{\frac{\pi}{4}} = 1.$$

三、平面曲线的弧长

在初等几何中，求圆周的长度所用的方法是：利用圆内接正多边形的周长作圆周长的近似值，再令多边形的边数无限增多而取极限，就定出圆周的周长. 因此，我们也可用类似的方法来定义平面曲线弧长的概念.

定义 5.3 设 A，B 是平面曲线弧 Γ[①] 的两个端点. 在 Γ 上依次任意取点

$$A = M_0, M_1, M_2, \cdots, M_{i-1}, M_i, \cdots, M_{n-1}, M_n = B,$$

作折线 $M_0M_1M_2\cdots M_{i-1}M_i\cdots M_n$(图 5-24)，以 s_n 记此折线的长，即

$$s_n = \sum_{i=1}^n \overline{M_{i-1}M_i}.$$

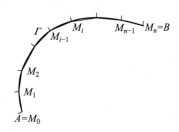

图 5-24

记 $\lambda = \max\limits_{1 \leqslant i \leqslant n} \overline{M_{i-1}M_i}$. 若 $\lim\limits_{\lambda \to 0} s_n$ 存在，且此极限与曲线弧上点 M_i 的取法无关，则称此极限值为曲线 Γ 的长度或曲线 Γ 的弧长. 此时，也称曲线 Γ 是可求长的.

---

① 这里所指的曲线弧，它自身不相交，且非封闭，否则可分段考虑，并规定曲线的弧长为各个分段的弧长之和.

设所给曲线 Γ 由参数方程

$$\begin{cases} x = \varphi(t), \\ y = \psi(t), \end{cases} \quad \alpha \leqslant t \leqslant \beta$$

确定，其中 $\varphi(t)$，$\psi(t)$ 在 $[\alpha, \beta]$ 上具有连续的导数，且 $\varphi'^2(t) + \psi'^2(t) \neq 0$，我们称 Γ 为光滑曲线. 设 Γ 的两个端点 A，B 各对应于参变量 t 的 α 与 β ($\alpha < \beta$)，现在来计算曲线 Γ 的弧长.

曲线 Γ 分布在参数 t 所对应的区间 $[\alpha, \beta]$ 上，我们可采取微元法来计算 Γ 的弧长.

1. 选取 $[t, t+\Delta t]$，设参数 t 对应曲线上的点为 $M(\varphi(t), \psi(t))$，参数 $t+\Delta t$ 对应曲线上的点为 $N(\varphi(t+\Delta t), \psi(t+\Delta(t)))$，对应的弧长为 Δs. 则

$$\begin{aligned} \Delta s &\approx |MN| = \sqrt{[\varphi(t+\Delta t) - \varphi(t)]^2 + [\psi(t+\Delta t) - \psi(t)]^2} \\ &= \sqrt{\varphi'^2(\xi) + \psi'^2(\eta)} \, \Delta t \; (t \leqslant \xi, \; \eta \leqslant t+\Delta t) \\ &= \sqrt{\varphi'^2(t) + \psi'^2(t)} \, \Delta t + \left[\sqrt{\varphi'^2(\xi) + \psi'^2(\eta)} - \sqrt{\varphi'^2(t) + \psi'^2(t)}\right] \Delta t. \end{aligned}$$

当 $\Delta t \to 0$ 时，有 $\xi \to t$，$\eta \to t$，由于

$$\lim_{\Delta t \to 0} \frac{\left[\sqrt{\varphi'^2(\xi) + \psi'^2(\eta)} - \sqrt{\varphi'^2(t) + \psi'^2(t)}\right] \Delta t}{\Delta t}$$

$$= \lim_{\Delta t \to 0} \sqrt{\varphi'^2(\xi) + \psi'^2(\eta)} - \sqrt{\varphi'^2(t) + \psi'^2(t)} = 0,$$

所以 $\left[\sqrt{\varphi'^2(\xi) + \psi'^2(\eta)} - \sqrt{\varphi'^2(t) + \psi'^2(t)}\right] \Delta t$ 是 Δt 的高阶无穷小，因此

$$\Delta s \approx \sqrt{\varphi'^2(t) + \psi'^2(t)} \, \Delta t.$$

2. 得微分 $\mathrm{d}s = \sqrt{\varphi'^2(t) + \psi'^2(t)} \, \mathrm{d}t$.

3. 计算积分 $s = \displaystyle\int_{\alpha}^{\beta} \sqrt{\varphi'^2(t) + \psi'^2(t)} \, \mathrm{d}t$.

因此，若给定曲线弧 $\overparen{AB}$ 的方程为

$$\begin{cases} x = \varphi(t), \\ y = \psi(t), \end{cases} \quad \alpha \leqslant t \leqslant \beta,$$

其中 $\varphi'(t)$，$\psi'(t)$ 在 $[\alpha, \beta]$ 上连续，则曲线弧 $\overparen{AB}$ 是可求长的. 其弧长 s 可表示为

$$s = \int_{\alpha}^{\beta} \sqrt{\varphi'^2(t) + \psi'^2(t)} \, \mathrm{d}t. \tag{5.24}$$

若曲线方程由

$$y = f(x), \quad a \leqslant x \leqslant b$$

给出，并且 A 点与 B 点各对应于自变量 x 的值 a 与 b，这时把

$$\begin{cases} x = x, \\ y = f(x), \end{cases} \quad a \leqslant x \leqslant b$$

代入式(5.24)，得曲线弧 $\overparen{AB}$ 的长为

$$s = \int_a^b \sqrt{1 + f'^2(x)} \, dx.$$

若曲线方程由

$$x = \psi(t), \ c \leqslant y \leqslant d$$

给出，并且 A 点与 B 点各对应于自变量 y 的值 c 与 d，这时把

$$\begin{cases} x = \psi(y), \\ y = y \end{cases}$$

代入式(5.24)，得曲线弧 $\overset{\frown}{AB}$ 的长为

$$s = \int_c^d \sqrt{1 + \psi'^2(y)} \, dy.$$

若曲线由极坐标方程

$$r = r(\theta), \ \alpha \leqslant \theta \leqslant \beta$$

给出，把极坐标变换化为参数方程

$$\begin{cases} x = r(\theta)\cos\theta, \\ y = r(\theta)\sin\theta, \end{cases} \quad \alpha \leqslant \theta \leqslant \beta.$$

由于

$$x'(\theta) = r'(\theta)\cos\theta - r(\theta)\sin\theta,$$

$$y'(\theta) = r'(\theta)\sin\theta + r(\theta)\cos\theta,$$

所以

$$s = \int_\alpha^\beta \sqrt{x'^2(\theta) + y'^2(\theta)} \, d\theta = \int_\alpha^\beta \sqrt{r^2(\theta) + r'^2(\theta)} \, d\theta.$$

四、弧长微分公式

若选定点 $M_0(\varphi(t_0), \psi(t_0))$，$t_0 \in [\alpha, \beta]$ 为度量弧长的起点. $M(\varphi(t),$ $\psi(t))$ 为弧上一点，设弧 $\overset{\frown}{M_0 M}$ 的长为 s，显然弧长 s 是 t 的函数 $s(t)$. 这里规定：当 $t > t_0$ 时，s 取正值；当 $t < t_0$ 时，s 取负值，则当 t 增加时 s 也增加. 因此，$s = s(t)$ 是严格递增函数，

$$s(t) = \int_{t_0}^t \sqrt{\varphi'^2(t) + \psi'^2(t)} \, dt \quad (\alpha \leqslant t \leqslant \beta),$$

对积分上限求导，得

$$\frac{ds}{dt} = \sqrt{\varphi'^2(t) + \psi'^2(t)} > 0.$$

从这里也可以看出 $s = s(t)$ 是增函数. 改写成微分形式，即得弧长的微分公式

$$ds = \sqrt{\varphi'^2(t) + \psi'^2(t)} \, dt. \tag{5.25}$$

若曲线方程 $y = f(x)$ $(a \leqslant x \leqslant b)$，则 $ds = \sqrt{1 + f'^2(x)} \, dx$.

若曲线方程 $x = \psi(y)$ $(c \leqslant y \leqslant d)$，则 $\mathrm{d}s = \sqrt{1 + \psi'^2(y)}\,\mathrm{d}y$.

若曲线方程 $r = r(\theta)$ $(\alpha \leqslant \theta \leqslant \beta)$，则 $\mathrm{d}s = \sqrt{r^2(\theta) + r'^2(\theta)}\,\mathrm{d}\theta$.

由于 $\mathrm{d}s = \sqrt{\varphi'^2(t) + \psi'^2(t)}\,\mathrm{d}t = \sqrt{(\varphi'(t)\mathrm{d}t)^2 + (\psi'(t)\mathrm{d}t)^2}$，所以

$$\boxed{\mathrm{d}s = \sqrt{(\mathrm{d}x)^2 + (\mathrm{d}y)^2}.} \qquad (5.26)$$

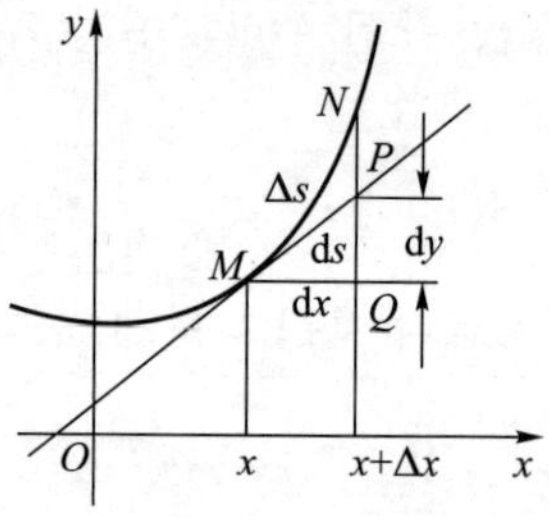

它的几何意义是：当自变量 x 增加到 $x + \Delta x$ 时，$\mathrm{d}s$ 是相应的曲线段增量的切线长（图 5-25）

$$\boxed{|MP| = \sqrt{(\mathrm{d}x)^2 + (\mathrm{d}y)^2} = \mathrm{d}s \approx \Delta s.}$$

图 5-25

例 7 计算圆 $x^2 + y^2 = R^2$ 的周长.

解 将圆的方程化成参数方程

$$\begin{cases} x = R\cos\theta, \\ y = R\sin\theta, \end{cases} \quad 0 \leqslant \theta \leqslant 2\pi,$$

则 $s = \displaystyle\int_0^{2\pi} \sqrt{(-R\sin\theta)^2 + (R\cos\theta)^2}\,\mathrm{d}\theta = R\int_0^{2\pi}\mathrm{d}\theta = 2\pi R$.

例 8 计算曲线 $x = \dfrac{1}{4}y^2 - \dfrac{1}{2}\ln y$ $(1 \leqslant y \leqslant \mathrm{e})$ 的弧长.

解 所求曲线的弧长为

$$s = \int_1^{\mathrm{e}} \sqrt{1 + \left(\frac{y}{2} - \frac{1}{2y}\right)^2}\,\mathrm{d}y = \int_1^{\mathrm{e}} \frac{1 + y^2}{2y}\,\mathrm{d}y = \frac{\mathrm{e}^2 + 1}{4}.$$

例 9 计算内摆线 $x^{\frac{2}{3}} + y^{\frac{2}{3}} = a^{\frac{2}{3}}$ 的周长.

解法一 由于曲线关于 x 轴及 y 轴对称，所以，只需计算第一象限内曲线的长，再乘 4 即得所求. 不妨设

$$a > 0, \quad y' = -\sqrt[3]{\frac{y}{x}}, \quad \sqrt{1 + y'^2} = \left(\frac{a}{x}\right)^{\frac{1}{3}},$$

得

$$s = 4\int_0^a \left(\frac{a}{x}\right)^{\frac{1}{3}}\mathrm{d}x = 6a.$$

解法二 把曲线化为参数方程

$$\begin{cases} x = a\cos^3\theta, \\ y = a\sin^3\theta, \end{cases}$$

在第一象限的参数 $0 \leqslant \theta \leqslant \dfrac{\pi}{2}$，于是

$$x' = -3a\cos^2\theta\sin\theta, \quad y' = 3a\sin^2\theta\cos\theta,$$

因此

$$s = 4\int_0^{\frac{\pi}{2}} \sqrt{(-3a\cos^2\theta\sin\theta)^2 + (3a\sin^2\theta\cos\theta)^2}\,\mathrm{d}\theta$$

$$=12a\int_0^{\frac{\pi}{2}}\sin\theta\cos\theta\mathrm{d}\theta = 6a\int_0^{\frac{\pi}{2}}\sin 2\theta\mathrm{d}\theta$$

$$=3a\left(-\cos 2\theta\,\bigg|_0^{\frac{\pi}{2}}\right) = 6a.$$

五、旋转体的体积及侧面面积

重难点讲解
平面图形绕 y 轴
旋转所成旋转体
的体积

求连续曲线 $y=f(x)$，x 轴及直线 $x=a$，$x=b(0\leqslant a<b)$ 所围的平面图形绕 y 轴旋转所形成的旋转体的立体体积 V_y (图 5-26).

把所求的旋转体看成分布在区间 $[a,b]$ 上.

1. 取区间 $[x,x+\Delta x]$，在该区间上平面图形绕 y 轴旋转所成旋转体的体积 ΔV 为一个空心圆柱体. 由第二章 §2 微分的实际例子知 $\Delta V_y\approx 2\pi x\,|f(x)|\Delta x$.

2. 得微分 $\mathrm{d}V_y=2\pi x\,|f(x)|\mathrm{d}x$.

3. 计算积分

$$V_y = 2\pi\int_a^b x\,|f(x)|\,\mathrm{d}x. \tag{5.27}$$

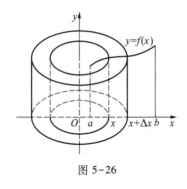

图 5-26

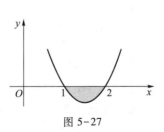

图 5-27

例 10 曲线 $y=(x-1)(x-2)$ 和 x 轴围成一平面图形，计算此平面图形(图 5-27)绕 y 轴旋转所成的旋转体的体积.

解 由公式 (5.27) 知

$$V_y = \int_1^2 2\pi x\,|(x-1)(x-2)|\,\mathrm{d}x$$

$$= -2\pi\int_1^2 x(x-1)(x-2)\,\mathrm{d}x = \frac{1}{2}\pi.$$

求由连续曲线 $y=f(x)$，x 轴及直线 $x=a$，$x=b$ 所围平面图形绕 x 轴旋转所形成的旋转体的侧面面积 S_x(图 5-28).

将所求旋转体的侧面积看成分布在区间 $[a,b]$ 上.

1. 选取区间 $[x,x+\Delta x]$，把该区间的侧

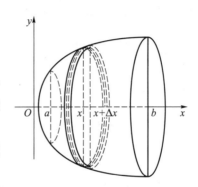

图 5-28

面积 ΔS_x 看成上底半径为 $|f(x)|$，下底半径为 $|f(x+\Delta x)|$，母线为曲线弧长 Δs 的圆台的侧面积. 因此，由圆台侧面积公式有

$$\Delta S_x \approx 2\pi \frac{|f(x)| + |f(x+\Delta x)|}{2}\Delta s$$

$$\approx 2\pi \frac{|f(x)| + |f(x)|}{2}\sqrt{1+f'^2(x)}\,\Delta x$$

$$\approx 2\pi |f(x)| \sqrt{1+f'^2(x)}\,\Delta x,$$

即 ΔS_x 又可简单地看作一圆柱体的侧面积，该圆柱体的底圆半径为 $|f(x)|$，高

$$ds = \sqrt{1+f'^2(x)}\,\Delta x.$$

2. 得微分 $dS_x = 2\pi |f(x)| \sqrt{1+f'^2(x)}\,dx$.

3. 计算积分

$$S_x = 2\pi \int_a^b |f(x)| \sqrt{1+f'^2(x)}\,dx. \tag{5.28}$$

注 圆柱体的高不能看成 Δx，否则 $\Delta S_x \approx 2\pi |f(x)| \Delta x$，由于

$$\lim_{\Delta x \to 0} \frac{2\pi |f(x)| \sqrt{1+f'^2(x)}\,\Delta x - 2\pi |f(x)| \Delta x}{\Delta x}$$

$$= 2\pi |f(x)| (\sqrt{1+f'^2(x)} - 1) = \frac{2\pi |f(x)| |f'^2(x)|}{1 + \sqrt{1+f'^2(x)}},$$

一般情况下不为 0（当 $f(x) \neq 0$ 且 $f'(x) \neq 0$ 时），即 $dS_x \neq 2\pi |f(x)| dx$. 因此，我们在计算 ΔQ 的近似值时，要利用已知的关系，尽可能得精确.

重难点讲解
旋转体侧面积

例 11 计算半径为 R 的球面的面积（图 5-29）.

解 半径为 R 的球面的面积可以看成圆 $x^2+y^2=R^2$ 所围成的平面图形绕 x 轴旋转所形成旋转体的侧面积. 由于 $y' = -\dfrac{x}{y}$，于是

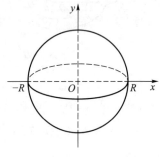

图 5-29

$$S = \int_{-R}^{R} 2\pi |y| \sqrt{1 + \left(-\frac{x}{y}\right)^2}\,dx$$

$$= 2\pi \int_{-R}^{R} |y| \sqrt{\frac{x^2+y^2}{y^2}}\,dx$$

$$= 2\pi R \int_{-R}^{R} dx = 4\pi R^2.$$

§4.4　定积分在物理中的应用

一、液体的静压力

在设计水库的闸门、管道的阀门时，常常需要计算油类或者水等液体对它们的静压力，这类问题也可用定积分进行计算.

例 12　一圆柱形水管半径为 1 m，若管中装一半水，求水管阀门一侧所受的静压力.

解　取坐标系如图 5-30，此时变量 x 表示水中各点的深度，它们的变化区间是 $[0,1]$，圆的方程为 $x^2+y^2=1$.

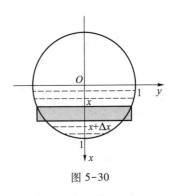

由物理知识，对于均匀受压的情况，压强 P 处处相等. 要计算所求的压力，可按公式

$$压力 = 压强 × 面积$$

计算，但现在阀门在水中所受的压力是不均匀的，压强随着水深度 x 的增加而增加，根据物理学知识，有 $P = g\mu x$ N/m^2，其中 $\mu = 1\,000$ kg/m^3

图 5-30

是水的密度，$g = 9.8$ m/s^2 是重力加速度. 因此要计算阀门所受的水压力，不能直接用上述公式. 但是，如果将阀门分成若干个水平的窄条，由于窄条上各处深度 x 相差很小，压强 $P = g\mu x$ 可看成不变. 从而

1. 选取深度小区间 $[x, x+\Delta x]$，在此小区间阀门所受到的压力为 ΔF，则

$$\Delta F \approx g\mu x \cdot 2y\Delta x = g\mu x \cdot 2\sqrt{1-x^2}\,\Delta x(\text{N}).$$

2. 得微分 $\mathrm{d}F = 2g\mu x\sqrt{1-x^2}\,\mathrm{d}x$.

3. 计算积分 $F = \displaystyle\int_0^1 2g\mu x\sqrt{1-x^2}\,\mathrm{d}x = 2g\mu\left[-\frac{1}{3}(1-x^2)^{\frac{3}{2}}\,\Big|_0^1 \right] = \frac{2g\mu}{3} \approx$

6 533(N).

重难点讲解
平面一侧的压力

二、功

例 13　设有一直径为 20 m 的半球形水池，池内贮满水，若要把水抽尽，问至少做多少功?

解　本题要计算克服重力所做的功. 要将水抽出，池中水至少要升高到池的表面. 由此可见对不同深度 x 的单位质点所需做的功不同，而对同一深度 x 的单位质点所需做的功相同. 因此如图 5-31 建立坐标系，即 Oy 轴取在水平面上，将原点置于球心处，而 Ox 轴向下(此时 x 表示深度). 这样，半球形可看作曲线 $x^2+y^2=100$ 在第一象限中部分绕 Ox 轴旋转而成的旋转体，深度 x 的变

化区间是 $[0,10]$.

因同一深度的质点升高的高度相同，故计算功时，宜用平行于水平面的平面截半球而成的许多小片来计算.

1. 选取区间 $[x,x+\Delta x]$，相应的体积
$$\Delta V \approx \pi y^2 \Delta x = \pi(100-x^2)\Delta x \ (\text{m}^3),$$
所以抽出这层水需做的功
$$\Delta W \approx g\mu\pi(100-x^2)\Delta x \cdot x = g\pi\mu x(100-x^2)\Delta x(\text{J}),$$
其中 $\mu = 1\,000 \text{ kg/m}^3$ 是水的密度，$g = 9.8 \text{ m/s}^2$ 是重力加速度.

2. 得微分 $\mathrm{d}W = g\pi\mu x(100-x^2)\mathrm{d}x$.

3. 计算积分 $W = \displaystyle\int_0^{10} g\pi\mu x(100-x^2)\mathrm{d}x = g\pi\mu \int_0^{10} x(100-x^2)\mathrm{d}x$
$$= \left(-g\frac{\pi\mu}{4}(100-x^2)^2\right)\Big|_0^{10} = g\frac{\pi\mu}{4}\times 10^4 = 2\,500\pi\mu g \approx 7.693\times 10^7 (\text{J}).$$

假若本题改为把水抽到水池上方 10 m 高的水箱中，需做的功又是多少呢？请读者自己解决.

三、引力

例 14 计算半径为 a，密度为 μ，均质的圆形薄板以怎样的力吸引质量为 m 的质点 P. 此质点位于通过薄板中心 Q 且垂直于薄板平面的垂直直线上，最短距离 PQ 等于 b(图 5-32).

解 取坐标系如图 5-32. 由于平面薄板均质且关于两坐标轴对称，P 在圆心的垂线上，显然引力在水平方向的分力为 0，在垂直方向的分力指向 y 轴的正向，所求的引力 $\boldsymbol{F}$ 看成分布在区间 $[0,a]$ 上.

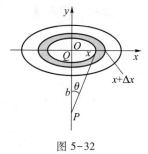

图 5-32

1. 选取区间 $[x,x+\Delta x]$，对于以 x 为内半径的圆环，其质量 $\Delta m \approx \mu 2\pi x \Delta x$，对质点 P 的引力
$$\Delta F_y \approx 2Gm\mu\pi \frac{x\cos\theta}{b^2+x^2}\Delta x$$
$$= 2Gm\mu\pi \frac{bx}{(b^2+x^2)^{3/2}}\Delta x,\ \text{其中 } G \text{ 为万有引力常数.}$$

2. 得微分 $\mathrm{d}F_y = 2Gm\mu\pi \dfrac{bx}{(b^2+x^2)^{3/2}}\mathrm{d}x$.

3. 计算积分 $F_y = 2Gm\mu\pi \displaystyle\int_0^a \frac{bx}{(b^2+x^2)^{3/2}}\mathrm{d}x = 2Gm\mu\pi\left(1-\frac{b}{\sqrt{a^2+b^2}}\right).$

因此 $|\boldsymbol{F}| = |F_y| = F_y$，方向指向 y 轴的正向.

四、质量

例 15 如图 5-33，充满圆锥容器中的液体的密度按照下列公式随高度变化：

$$\rho = \rho_0 \left(1 - \frac{1}{2}\frac{y}{H} \right),$$

计算所装液体的质量.

解 所求的质量 M 分布在区间 $[0,H]$ 上，容器在高度为 y 处的半径为 $r = \dfrac{R}{H}y$.

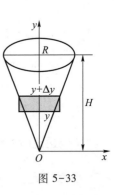

图 5-33

1. 选取 $[y, y+\Delta y]$，该区间上薄圆柱片的质量 ΔM 为

$$\Delta M \approx \pi r^2 \Delta y \rho = \frac{\pi R^2}{H^2} y^2 \Delta y \rho_0 \left(1 - \frac{1}{2}\frac{y}{H} \right).$$

2. $\mathrm{d}M = \dfrac{\pi R^2}{H^2} \rho_0 y^2 \left(1 - \dfrac{1}{2}\dfrac{y}{H} \right) \mathrm{d}y.$

3. $M = \dfrac{\pi R^2}{H^2} \rho_0 \displaystyle\int_0^H y^2 \left(1 - \dfrac{1}{2}\dfrac{y}{H} \right) \mathrm{d}y = \dfrac{5}{24}\pi R^2 H \rho_0.$

重难点讲解
细棒的质量

五、物体的动能

由物理知识，质量为 m，速度为 v 的运动质点，其动能为

$$E = \frac{1}{2}mv^2.$$

一个用细铁丝做成的圆环（半径为 r，质量为 m），以角速度 ω 绕中心轴 l 旋转（图 5-34），这时，圆环上各点的线速度均为 $r\omega$，于是圆环旋转时的动能为

$$E = \frac{1}{2}mr^2\omega^2.$$

例 16 设有一个均质的圆薄板，其半径为 R，面密度为 μ，求圆薄板以匀角速度 ω 绕中心旋转的动能（图 5-35）.

解 所求的动能 E 分布在区间 $[0,R]$ 上.

1. 选取区间 $[r, r+\Delta r]$，在该区间的圆板构成了一个圆环面，当 Δr 很小时，该圆环上各点的速度 $v = r\omega$，圆环的质量 $\Delta m \approx \mu 2\pi r \Delta r$，则圆环的动能

$$\Delta E \approx \frac{1}{2}(\Delta m)v^2 = \mu \pi r \Delta r r^2 \omega^2.$$

2. $\mathrm{d}E = \mu \pi \omega^2 r^3 \mathrm{d}r.$

3. $E = \displaystyle\int_0^R \mu \pi \omega^2 r^3 \mathrm{d}r = \dfrac{1}{4}\pi \mu \omega^2 R^4.$

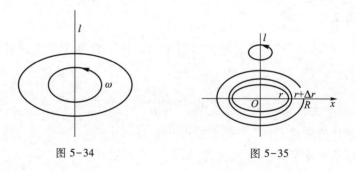

图 5-34　　　　　　　　　　　图 5-35

由于圆板的总质量 $M = \pi R^2 \mu$，则

$$E = \frac{1}{4} \pi \mu \omega^2 R^4 = \frac{1}{2} \left(\frac{R}{\sqrt{2}} \omega \right)^2 M.$$

这个例题说明如将圆板的质量 M 集中在 $r = \dfrac{R}{\sqrt{2}}$ 处（而不是我们想象中的 $\dfrac{R}{2}$ 处），并将其视为一质点，则该质点的旋转动能等于圆板的旋转动能.

六、物体的转动惯量

例 17 求长为 l，线密度（单位长度的质量）μ 为常数的均质细杆绕 y 轴转动的转动惯量（图 5-36）.

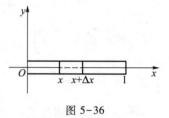

图 5-36

解 如图建立坐标系，所求的转动惯量 J 分布在 $[0, l]$ 区间上.

1. 选取 $[x, x + \Delta x]$，由转动惯量公式 $J = mx^2$，得

$$\Delta J \approx \Delta x \mu \cdot x^2.$$

2. $\mathrm{d}J = \mu x^2 \mathrm{d}x.$

3. $J = \mu \displaystyle\int_0^l x^2 \mathrm{d}x = \frac{1}{3} \mu l^3$，由于细杆的质量 $M = \mu l$，所以 $J = \frac{1}{3} M l^2$.

七、函数值的平均值

当我们在实际中测量数据时，常常是测得其近似值. 但一次测量不是很保险，必须进行若干次测量，将测得数据的平均值作为较好的近似值，即 $\dfrac{y_1 + y_2 + \cdots + y_n}{n}$ 称为 n 个数 $y_1, y_2, \cdots, y_n$ 的平均值.

在自然科学和工程技术中，不仅要求 n 个数的平均值，也常常要求一个函数在某个区间上所取得充分多个值的平均值，例如一日中的平均温度等. 那么如何求一个闭区间上连续函数 $f(x)$ 的平均值呢？

首先将闭区间 $[a, b]$ 分成 n 个相等的小区间，则每个小区间 $[x_{i-1}, x_i]$ 的长

$\Delta x_i = \dfrac{b-a}{n}$. 由于 $f(x)$ 在 $[a,b]$ 上连续, 当 Δx_i 很小时, $f(x)$ 变化很小, 因此区间 $[x_{i-1},x_i]$ 上的函数值近似相等, 取区间 $[x_{i-1},x_i]$ 的右端点 x_i 的函数值 $y_i = f(x_i)$, $i = 1,2,\cdots,n$, 则

$$\frac{f(x_1) + f(x_2) + \cdots + f(x_n)}{n}$$

可近似地表示区间 $[a,b]$ 上函数的一切值的平均值. 当 n 越大时, 这个算术平均值就能更好地代表在区间 $[a,b]$ 上函数的一切值的平均值. 故当 $n \to \infty$ 时, 这个算术平均值的极限就称为函数 $y = f(x)$ 在 $[a,b]$ 上的平均值, 记作 $\bar{y}$, 即

$$\bar{y} = \lim_{n \to \infty} \frac{f(x_1) + f(x_2) + \cdots + f(x_n)}{n}$$

$$= \lim_{n \to \infty} \sum_{i=1}^{n} f(x_i) \frac{1}{n} = \lim_{n \to \infty} \sum_{i=1}^{n} f(x_i) \cdot \frac{\Delta x_i}{b-a}$$

$$= \frac{1}{b-a} \lim_{n \to \infty} \sum_{i=1}^{n} f(x_i) \Delta x_i = \frac{\displaystyle\int_a^b f(x)\,\mathrm{d}x}{b-a},$$

故函数 $y = f(x)$ 在区间 $[a,b]$ 上的平均值计算公式为

$$\boxed{\bar{y} = \frac{1}{b-a} \int_a^b f(x)\,\mathrm{d}x.}$$

这正是积分中值定理中的 $f(\xi)$.

例 18　求初速度为 v_0 的自由落体的速度的平均值.

解　自由落体的速度为 $v(t) = v_0 + gt$, 从 $t = 0$ 到 $t = T$ 时间内的速度的平均值为

$$\bar{v} = \frac{1}{T} \int_0^T (v_0 + gt)\,\mathrm{d}t = \frac{1}{2}gT + v_0 = \frac{1}{2}(v_0 + v_T).$$

物理意义: 平均速度等于初速与末速之和的一半.

例 19　求正弦电流 $i = I_m \sin \omega t$ 在 $t = 0$ 到 $t = \dfrac{\pi}{\omega}$ 半周期内的平均值.

解　$\bar{i} = \dfrac{1}{\dfrac{\pi}{\omega} - 0} \displaystyle\int_0^{\frac{\pi}{\omega}} I_m \sin \omega t\, \mathrm{d}t = \dfrac{\omega I_m}{\pi} \left(-\dfrac{1}{\omega} \cos \omega t \right) \Big|_0^{\frac{\pi}{\omega}}$

$$= \frac{\omega I_m}{\pi} \left(\frac{1}{\omega} + \frac{1}{\omega} \right) = \frac{2}{\pi} I_m \approx 0.637 I_m.$$

§4.5　定积分在经济中的应用

一、收入流

当我们考虑支付给某人款项或某人获得款项时, 通常把这些款项当成离散

地支付或获得,即在某些特定时刻支付或获得的.但是一个大公司的收入,一般来说是随时流进的,因此,这些收益是可以被表示成为一连续的收入流(例如一大型商场的收益).既然收入流进公司的速率是随时间变化的,故收入流就被表示成

$$P(t)元/年.$$

注意 $P(t)$ 表示的是一速率(其单位为"元/年"),而这一速率是随时间 t(通常从现在开始计算,以年为单位)变化的.

二、收入流的现值和将来值

正像我们可以求得某单独款项的现值和将来值一样,我们也同样可以求得某一款项流的现值和将来值.和以前一样,其将来值表示的是这样获得一笔款项:它等于把收入流存入银行账户并加上应得利息后的存款值;其现值等于这样一笔款项:你若现在把它存入可获利息的银行账户中,你就可以在将来从收入流获得你预期达到的存款值.

当我们处理连续收入流时,我们会假设利息是以连续复利方式盈取的,这样假设是因为如果一笔款项和其利息都是连续变化的,则我们要得到的近似值(用定积分表示)会变得比较方便.

假设我们要计算由 $P(t)$ 元/年表示的收入流,求从现在开始到 T 年后的这一段时期收入流的总现值和总将来值,设年利率为 r.

如图 5-37,总现值和总将来值分布在时间区间 $[0,T]$ 上,选取 $[t,t+\Delta t]$,在这一段时间内所应收入的数额 $\approx P(t)\Delta t$,在区间 $[t,t+\Delta t]$ 上收入的现值 $\approx [P(t)\Delta t]\mathrm{e}^{-rt}$,在区间 $[t,t+\Delta t]$ 上收入的将来值 $\approx [P(t)\Delta t]\mathrm{e}^{r(T-t)}$.因此

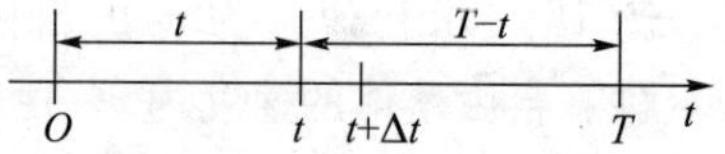

图 5-37

$$总现值 = \int_0^T P(t)\mathrm{e}^{-rt}\mathrm{d}t.$$

$$总将来值 = \int_0^T P(t)\mathrm{e}^{r(T-t)}\mathrm{d}t.$$

例 20 求以每年都为 100 元流进的收入流在 20 年内的现值和将来值,假设以 10% 的年利率按连续复利方式盈取利息.

解 现值 $= \int_0^{20} 100\mathrm{e}^{-0.1t}\mathrm{d}t = 100\left(-\dfrac{\mathrm{e}^{0.1t}}{0.1}\right)\Big|_0^{20} = 1\,000(1-\mathrm{e}^{-2}) \approx 864.66(元).$

将来值 $= \int_0^{20} 100\mathrm{e}^{0.1(20-t)}\mathrm{d}t = \mathrm{e}^2 100\int_0^{20}\mathrm{e}^{-0.1t}\mathrm{d}t$

$= 1\,000\mathrm{e}^2(1-\mathrm{e}^{-2}) \approx 6\,389.06(元).$

例 21 上例中现值和将来值的关系怎样?解释这一关系.

解 现值 $= 1\,000(1-\mathrm{e}^{-2})$,将来值 $= 1\,000\mathrm{e}^2(1-\mathrm{e}^{-2})$,可以发现

$$将来值 = 现值 \cdot e^2.$$

这一关系的获得是因为被支付款项的流动与 $t = 0$ 时刻单独一笔款项是等价的. 若年利率为 10%,以连续复利计算,在 20 年中,单独一笔款项将会增长到的将来值为

$$将来值 = 1\ 000(1 - e^{-2})e^{0.1 \times 20} = 1\ 000e^2(1 - e^{-2}).$$

与上例计算的将来值是相等的. 从而,总将来值 = 总现值 $\cdot\ e^{Tr}$.

三、消费者剩余和生产者剩余

如图 5-38 所示,供给函数 $q = \psi(p)$ 的反函数设为 $p = S(q)$,也称为供给函数且递增,需求函数 $q = f(p)$ 的反函数设为 $p = D(q)$,也称为需求函数且递减.

在平衡点,有一定数量的消费者已经以比他们原来打算出的价钱低的价格购得了这种商品(例如,有一些消费者,他们本打算以甚至高过 p_1 的价钱来购买这种商品). 同样地,也存在一些供给者,他们本来打算生产价格低一些的这种商品(实际上,可能低到价格 p_0). 因此,有下面的定义.

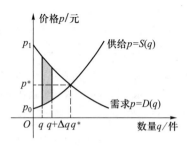

图 5-38

消费者剩余,是指消费者因以平衡价格购买了某种商品而没有以比他们本来打算出的较高的价格购买这种商品而节省下来的钱的总数.

生产者剩余,是指生产者因以平衡价格出售了某种商品而没有以他们本来打算以较低一些的售价售出这些商品而获得的额外收入.

假设所有消费者都是以他们打算支付的最终价格购买某种商品,其中,包括所有打算以比 p^* 高的价格支付商品的消费者确实支付了他们所情愿支付的更高的价格,那么,现考虑区间 $[0, q^*]$(图 5-38).

选取 $[q, q+\Delta q]$,消费者消费量 $\approx D(q)\Delta q$. 消费者消费总量 $= \displaystyle\int_0^{q^*} D(q)\mathrm{d}q$,即为 0 到 q^* 之间需求曲线下的面积.

现在,如果所有商品都以平衡价格出售,那么消费者实际上的消费额为 $p^* q^*$,为两条坐标轴及直线 $q = q^*$,$p = p^*$ 所围的矩形的面积(图 5-39). 于是消费者剩余可以从下面的公式计算出来.

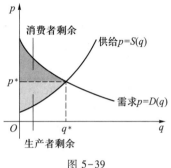

图 5-39

消费者剩余 $= \displaystyle\int_0^{q^*} D(q)\mathrm{d}q - p^* q^* =$ 需求曲线以下、直线 $p = p^*$ 以上的面积.

同理，$p^* q^*$ 是生产者实际售出商品的收入总额，$\int_0^{q^*} S(q)\,\mathrm{d}q$ 是生产者愿意售出商品的收入总额. 因此，生产者剩余如下

> 生产者剩余 = $p^* q^* - \int_0^{q^*} S(q)\,\mathrm{d}q$ = 供给曲线与直线 $p = p^*$ 之间区域的面积.

习题 5-4

1. 求下列各组曲线围成的面积：

(1) $2x = y^2$, $2y = x^2$;　　　　　　　　(2) $y = x^2$, $x + y = 2$;

(3) $y = 2x - x^2$, $x + y = 0$;　　　　　(4) $y = |\ln x|$, $y = 0$, $x = 0.1$, $x = 10$;

(5) $y^2 = x^2(a^2 - x^2)$ $(a > 0)$;　　　(6) $y = x$, $y = x + \sin^2 x$ $(0 \leqslant x \leqslant \pi)$.

2. 抛物线 $y^2 = 2x$ 分圆 $x^2 + y^2 = 8$ 的面积为两部分，这两部分的比如何？

3. 求由下列方程所表示的曲线围成的面积：

(1) $r = 2(1 + \cos\theta)$（心形线）;　　　(2) $r = 3\sin 3\theta$（三叶线）;

(3) $x^{\frac{2}{3}} + y^{\frac{2}{3}} = a^{\frac{2}{3}}$ $(a > 0)$（内摆线）.

4. 用极坐标求曲线 $(x^2 + y^2)^2 = 2xy$（双纽线）所围成的面积.

5. 求下列平面图形绕坐标轴旋转一周所得的体积：

(1) $y = 2x - x^2$, $y = 0$, (i) 绕 Ox 轴; (ii) 绕 Oy 轴;

(2) $y = \sin x$, $y = 0$ $(0 \leqslant x \leqslant \pi)$, (i) 绕 Ox 轴; (ii) 绕 Oy 轴;

(3) $x^2 + (y - b)^2 = a^2$ $(0 < a \leqslant b)$, 绕 Ox 轴;

(4) $x = a(t - \sin t)$, $y = a(1 - \cos t)$ $(0 \leqslant t \leqslant 2\pi$, $a > 0)$, $y = 0$, (i) 绕 Ox 轴; (ii) 绕 Oy 轴; (iii) 绕直线 $y = 2a$.

6. 求下列曲线的弧长：

(1) $y = x^{\frac{3}{2}}$ $(0 \leqslant x \leqslant 4)$;　　　　　(2) $y = \ln\cos x$ $\left(0 \leqslant x \leqslant a < \dfrac{\pi}{2}\right)$;

(3) $x^{\frac{2}{3}} + y^{\frac{2}{3}} = a^{\frac{2}{3}}$ $(a > 0)$;

(4) $x = a(\cos t + t\sin t)$, $y = a(\sin t - t\cos t)$ $(0 \leqslant t \leqslant 2\pi)$（圆的渐伸线）;

(5) $r = a(1 + \cos\theta)$ $(a > 0)$.

7. 求曲线 $y = \mathrm{e}^x$, $y = 0$, $x = 0$, $x = 1$ 围成的平面图形绕 Oy 轴旋转一周所得的体积.

8. 设有曲线 $y = \sqrt{x - 1}$, 过原点作其切线, 求由此曲线、切线及 x 轴围成的平面图形绕 Ox 轴旋转一周所得到的旋转体的表面积.

9. 轴的长度 $\tau = 10$ m, 若该轴的线密度为 $\mu = 6 + 0.3x$ (kg/m), 其中 x 为距轴两端点中一端的距离, 求轴的质量.

10. 若 9.8 N 的力能使弹簧伸长 1 cm, 现在要使这弹簧伸长 10 cm, 问需要做多大的功？

11. 求水对于垂直壁的压力, 该壁的形状为等腰梯形, 其下底 $a = 20$ m, 上底 $b = 12$ m, 高 $h = 5$ m, 下底沉没于水面下的距离为 $c = 20$ m（水的密度为 1 000 kg/m^3）.

12. 直径为 20 cm，长为 80 cm 的圆柱被压强为 10 kg/cm² 的蒸汽充满着，假定气体的温度不变，要使气体的体积减小一半，需要做多大的功（提示：$PV = C$，其中 P 表示气体的压强，V 表示体积，C 为常量）.

13. 有一直径为 3 m 的圆柱体水管，水平放置，管内盛水高达 1.5 m，水的密度为 ω t/m³，求水管端垂直闸门所受的压力.

14. 有一横断面为等腰梯形的贮水池，梯形的上底为 6 m，下底为 4 m，高为 2 m，水池长为 8 m，水的密度为 1 t/m³，现把盛满水的水池中的全部水抽到距水池上方 20 m 的水塔顶上去，问需做功多少？

15. 一正方形薄板垂直地沉没于水中，正方形的一个顶点位于水面，而一对角线平行于水面，水的密度为 1 t/m³，设正方形的边长为 a m，试求薄板一侧所受的压力.

16. 自 100 m 深的矿井提取 50 kg 的重物，而铁索每米重 20 kg，问需做功多少？

17. 设有一长度为 τ，质量为 M 的均质细杆及一个质量为 m 的质点，试求：

（1）当质点位于细杆延长线上距杆端为 a 处，细杆对质点的引力；

（2）当质点位于细杆中垂线上距细杆为 h 处，细杆对质点的引力.

18. 一金属球体沉于水中，球心在深度 H m 处，球体半径为 R m，密度为 ω t/m³，水的密度为 1 t/m³. $H > R$. 现将球体捞出水面，问至少需做功多少？

19. 油在油管中的流速沿直径按抛物线形状分布（第 19 题图），即有：$v = v_0 - \dfrac{4v_0}{d^2}x^2$，其中，$d$ 是油管直径，v_0 是管中心的速度，试求通过油管的流量（提示：单位时间内流过某截面的流体的体积叫流量，当流速不变时，流量＝流速×截面面积）.

20. 设连续曲线 $y = f(x)$（$\geqslant 0$）及直线 $x = a$，$x = b$（$0 < a < b$），$y = 0$ 围成一均质（密度为 ρ_0）薄板，证明：

（1）该薄板的质心坐标为 $\bar{x} = \dfrac{\displaystyle\int_a^b xf(x)\,\mathrm{d}x}{\displaystyle\int_a^b f(x)\,\mathrm{d}x}$，$\bar{y} = \dfrac{\dfrac{1}{2}\displaystyle\int_a^b f^2(x)\,\mathrm{d}x}{\displaystyle\int_a^b f(x)\,\mathrm{d}x}$；

（2）该薄板对 y 轴的转动惯量 $J_y = \rho_0 \displaystyle\int_a^b x^2 f(x)\,\mathrm{d}x$.

21. 已知 220 V 交流电的电压 $V(t) = V_m \sin \omega t$，其中电压幅值 $V_m = 220\sqrt{2}$ V，角频率 $\omega = 100\pi$. 若电阻为 R（单位：Ω），求电流通过 R 的平均功率.

22. 某日某证券交易所的股票指数的波动由函数 $T = 1\,100 + 6(t-2)^2$（$0 \leqslant t \leqslant 4$）确定，求该日的平均股指.

23. 求解 30 000 元的定常收入流经过 15 年的现值和将来值，假设利息以每年 6% 的年利率按连续复利方式支付.

24. 某种债券，保证每年付（$100 + 10t$）元，共付 10 年，其中 t 表示从现在算起的年数，求这一收入流的现值，假设以 5% 的年利率按连续复利方式支付.

25. 使用微元法，给出生产者剩余的解释（类似于消费者剩余的解释）.

26. 图（第 26 题图）中价格 p_0，p_1 和数量 q_1 的经济学意义是什么？p^*，q^* 的经济学意义是什么？

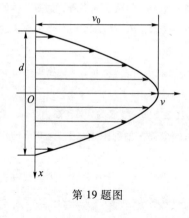

第 19 题图

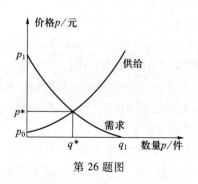

第 26 题图

§5 反 常 积 分

我们知道，定积分 $\int_a^b f(x)\,dx$ 是在下面两个条件下讨论的：(i) 积分区间是有限的；(ii) 被积函数 $f(x)$ 是有界的.

然而，在实际问题中，却往往遇到不满足上述条件的情况，例如，将火箭发射到远离地球的太空中去时，要计算克服地心引力所做的功，这就需要考察积分的积分区间趋于无限的情况. 因此，就有必要将定积分的概念加以推广，引入反常积分.

§5.1 无穷区间上的反常积分

定义 5.4 设函数 $f(x)$ 在区间 $[a, +\infty)$ 上连续，于是对于任意 $t > a$，积分 $\int_a^t f(x)\,dx$ 存在，它是 t 的函数. 称记号

$$\int_a^{+\infty} f(x)\,dx \xlongequal{\text{def}} \lim_{t \to +\infty} \int_a^t f(x)\,dx \tag{5.29}$$

为函数 $f(x)$ 在无穷区间 $[a, +\infty)$ 上的反常积分(或第一类反常积分).

若式(5.29)右端的极限存在，就称反常积分 $\int_a^{+\infty} f(x)\,dx$ 收敛，该极限值称为反常积分的值. 反之，若此极限不存在，则称反常积分 $\int_a^{+\infty} f(x)\,dx$ 发散.

定义 5.5 设 $f(x)$ 在无穷区间 $(-\infty, b]$ 上连续，于是对于任意 $t < b$，积分 $\int_t^b f(x)\,dx$ 存在，它是 t 的函数，称记号

$$\int_{-\infty}^b f(x)\,dx \xlongequal{\text{def}} \lim_{t \to -\infty} \int_t^b f(x)\,dx \tag{5.30}$$

为函数 $f(x)$ 在无穷区间 $(-\infty, b]$ 上的反常积分(或第一类反常积分).

若式(5.30)右端的极限存在,就称反常积分 $\int_{-\infty}^{b} f(x)\,\mathrm{d}x$ 收敛,且该极限值称为反常积分的值. 否则,就称反常积分 $\int_{-\infty}^{b} f(x)\,\mathrm{d}x$ 发散.

定义 5.6 设 $f(x)$ 在 $(-\infty, +\infty)$ 上连续,记号

$$\int_{-\infty}^{+\infty} f(x)\,\mathrm{d}x \xlongequal{\text{def}} \int_{-\infty}^{a} f(x)\,\mathrm{d}x + \int_{a}^{+\infty} f(x)\,\mathrm{d}x \tag{5.31}$$

当且仅当式(5.31)右端两个反常积分都收敛,称反常积分 $\int_{-\infty}^{+\infty} f(x)\,\mathrm{d}x$ 收敛,且右端两个反常积分值之和称为反常积分 $\int_{-\infty}^{+\infty} f(x)\,\mathrm{d}x$ 的值. 否则就称反常积分 $\int_{-\infty}^{+\infty} f(x)\,\mathrm{d}x$ 发散.

可以证明,反常积分 $\int_{-\infty}^{+\infty} f(x)\,\mathrm{d}x$ 收敛与否及收敛时的值与点 a 的选取无关.

例1 讨论 $\int_{a}^{+\infty} \dfrac{\mathrm{d}x}{x^p}(a > 0)$ 的敛散性(第一 p 反常积分).

解 当 $p \neq 1$ 时,有

$$\int_{a}^{+\infty} \frac{\mathrm{d}x}{x^p} = \lim_{t \to +\infty} \int_{a}^{t} \frac{\mathrm{d}x}{x^p} = \lim_{t \to +\infty} \frac{x^{-p+1}}{-p+1} \bigg|_{a}^{t}$$

$$= \lim_{t \to +\infty} \frac{1}{1-p}(t^{-p+1} - a^{-p+1}) = \begin{cases} \dfrac{a^{1-p}}{p-1}, & p > 1, \\ +\infty, & p < 1. \end{cases}$$

当 $p = 1$ 时,有

$$\int_{a}^{+\infty} \frac{\mathrm{d}x}{x} = \lim_{t \to +\infty} \int_{a}^{t} \frac{\mathrm{d}x}{x} = \lim_{t \to +\infty} \ln x \bigg|_{a}^{t} = +\infty.$$

因此,当 $p > 1$ 时,反常积分 $\int_{a}^{+\infty} \dfrac{\mathrm{d}x}{x^p}$ 收敛;而当 $p \leqslant 1$ 时,$\int_{a}^{+\infty} \dfrac{\mathrm{d}x}{x^p}$ 发散. 这是一个非常重要的反常积分,要记住这个结果.

若 $F(x)$ 是 $f(x)$ 在区间 $[a, +\infty)$ 上的原函数,则

$$\int_{a}^{+\infty} f(x)\,\mathrm{d}x = \lim_{t \to +\infty} \int_{a}^{t} f(x)\,\mathrm{d}x = \lim_{t \to +\infty} F(x) \bigg|_{a}^{t} = \lim_{t \to +\infty} [F(t) - F(a)].$$

若记 $F(+\infty) \xlongequal{\text{def}} \lim_{t \to +\infty} F(t)$,则

$$\int_{a}^{+\infty} f(x)\,\mathrm{d}x \xlongequal{\text{def}} F(+\infty) - F(a) = F(x) \bigg|_{a}^{+\infty}.$$

同理,若记 $F(-\infty) \xlongequal{\text{def}} \lim_{t \to -\infty} F(t)$,则

$$\int_{-\infty}^{b} f(x)\,\mathrm{d}x \xlongequal{\text{def}} F(b) - F(-\infty) = F(x) \bigg|_{-\infty}^{b}.$$

从而

$$\int_{-\infty}^{+\infty} f(x)\,dx \xlongequal{\text{def}} F(+\infty) - F(-\infty) = F(x)\Big|_{-\infty}^{+\infty}.$$

例 2 求 $\int_{-\infty}^{+\infty} \dfrac{1}{1+x^2}dx.$

解 $\int_{-\infty}^{+\infty} \dfrac{1}{1+x^2}dx = \arctan x\Big|_{-\infty}^{+\infty} = \dfrac{\pi}{2} - \left(-\dfrac{\pi}{2}\right) = \pi.$

这个结果的几何意义就是曲线 $y = \dfrac{1}{1+x^2}$ 与 Ox 轴所围成的无限区域的面积.

例 3 求物体脱离地球引力范围的最低速度(此速度称为第二宇宙速度).

解 设物体质量为 M. 由物理学知, 它所受的地心引力为 $\dfrac{GMM'}{r^2}$, 其中 M' 为地球质量, G 为万有引力常数, r 为物体至地心的距离. 因为无论物体离地球多远, 引力总存在, 因此从理论上讲, 物体脱离地球引力范围应看作将物体送往无穷远处. 将物体送往无穷远处克服地心引力所需做的功, 在数值上就是物体的初始动能 $\dfrac{1}{2}Mv^2$, 由此即可求出速度 v.

在解本题时, 需要知道 GM', 而地面上(此时 $r = R$, R 为地球半径)的引力为 Mg, 即 $Mg = \dfrac{GMM'}{R^2}$, 故 $GM' = gR^2$.

于是将物体送往无穷远处所需做的功为

$$W = \int_{R}^{+\infty} \dfrac{MgR^2}{r^2}dr = \lim_{t\to+\infty}\left(-\dfrac{MgR^2}{r}\right)\Big|_{R}^{t} = MgR.$$

由 $\dfrac{1}{2}Mv^2 = MgR$, 得 $v = \sqrt{2gR}$. 将 $g = 9.81\ \text{m/s}^2$, $R = 6.371\times10^6$ m 代入, 即得

$$v = \sqrt{2\times9.81\times6.371\times10^6} \approx 11.2\ (\text{km/s}).$$

这就是物体脱离地球引力范围的最低速度.

若 $\int_{a}^{+\infty} f(x)\,dx$, $\int_{a}^{+\infty} g(x)\,dx$ 都收敛, 则根据无穷区间上反常积分的定义, 容易得到下面性质:

(1) $\int_{a}^{+\infty} f(x)\,dx = \int_{a}^{c} f(x)\,dx + \int_{c}^{+\infty} f(x)\,dx$;

(2) $\int_{a}^{+\infty} kf(x)\,dx = k\int_{a}^{+\infty} f(x)\,dx$ (k 是常数);

(3) $\int_{a}^{+\infty} [f(x) \pm g(x)]\,dx = \int_{a}^{+\infty} f(x)\,dx \pm \int_{a}^{+\infty} g(x)\,dx$;

(4) 分部积分公式仍适用于反常积分, 即 $\int_{a}^{+\infty} u\,dv = uv\Big|_{a}^{+\infty} - \int_{a}^{+\infty} v\,du$;

(5) 对于反常积分, 也有换元公式.

以上结论对 $\int_{-\infty}^{b} f(x)\mathrm{d}x$, $\int_{-\infty}^{+\infty} f(x)\mathrm{d}x$ 也适合.

例 4 求 $\int_{3}^{+\infty} \dfrac{\mathrm{d}x}{(x-1)^{4}\sqrt{(x-1)^{2}-1}}$.

解 令 $x-1=\sec\theta$, 有

$$\int_{3}^{+\infty} \frac{\mathrm{d}x}{(x-1)^{4}\sqrt{(x-1)^{2}-1}}$$

$$=\int_{\frac{\pi}{3}}^{\frac{\pi}{2}} \frac{\sec\theta\tan\theta}{\sec^{4}\theta\tan\theta}\mathrm{d}\theta = \int_{\frac{\pi}{3}}^{\frac{\pi}{2}} (1-\sin^{2}\theta)\cos\theta\mathrm{d}\theta$$

$$=\int_{\frac{\pi}{3}}^{\frac{\pi}{2}} (1-\sin^{2}\theta)\mathrm{d}\sin\theta = \left(\sin\theta-\frac{1}{3}\sin^{3}\theta\right)\Bigg|_{\frac{\pi}{3}}^{\frac{\pi}{2}} = \frac{2}{3}-\frac{3\sqrt{3}}{8}.$$

§5.2 无界函数的反常积分

定义5.7 设函数 $f(x)$ 在区间 $(a,b]$ 上连续, $\lim\limits_{x\to a^{+}}f(x)=\infty$(称点 a 为瑕点).
于是, 任给 $\varepsilon>0$ 且 $\varepsilon<b-a$, $\int_{a+\varepsilon}^{b} f(x)\mathrm{d}x$ 均存在, 它是 ε 的函数. 称记号

$$\int_{a}^{b} f(x)\mathrm{d}x \xlongequal{\text{def}} \lim_{\varepsilon\to 0^{+}}\int_{a+\varepsilon}^{b} f(x)\mathrm{d}x \tag{5.32}$$

为无界函数 $f(x)$ 在 $[a,b]$ 上的反常积分(第二类反常积分).

若式(5.32)右端极限存在, 就称反常积分 $\int_{a}^{b} f(x)\mathrm{d}x$ 收敛, 且该极限值是
反常积分的值, 否则称反常积分 $\int_{a}^{b} f(x)\mathrm{d}x$ 发散.

定义 5.8 设函数 $f(x)$ 在 $[a,b)$ 上连续, $\lim\limits_{x\to b^{-}}f(x)=\infty$(称点 b 为瑕点). 任
给 $\varepsilon>0$ 且 $\varepsilon<b-a$, $\int_{a}^{b-\varepsilon} f(x)\mathrm{d}x$ 均存在, 它是 ε 的函数. 称记号

$$\int_{a}^{b} f(x)\mathrm{d}x \xlongequal{\text{def}} \lim_{\varepsilon\to 0^{+}}\int_{a}^{b-\varepsilon} f(x)\mathrm{d}x \tag{5.33}$$

为无界函数 $f(x)$ 在 $[a,b]$ 上的反常积分.

若式(5.33)右端极限存在, 就称反常积分 $\int_{a}^{b} f(x)\mathrm{d}x$ 收敛, 且该极限值是
反常积分的值, 否则称反常积分 $\int_{a}^{b} f(x)\mathrm{d}x$ 发散.

定义 5.9 设 $f(x)$ 在 $[a,c)\cup(c,b]$ 上连续, $\lim\limits_{x\to c}f(x)=\infty$(称点 c 为瑕点).
称记号

$$\int_{a}^{b} f(x)\mathrm{d}x \xlongequal{\text{def}} \int_{a}^{c} f(x)\mathrm{d}x + \int_{c}^{b} f(x)\mathrm{d}x \tag{5.34}$$

为无界函数 $f(x)$ 在 $[a,b]$ 上的反常积分.

当且仅当右端两个反常积分都收敛时，称反常积分 $\int_a^b f(x)\,\mathrm{d}x$ 收敛，此时，右端两个反常积分值的和是反常积分 $\int_a^b f(x)\,\mathrm{d}x$ 的值，否则称反常积分 $\int_a^b f(x)\,\mathrm{d}x$ 发散.

例 5 讨论反常积分 $\int_a^b \dfrac{\mathrm{d}x}{(b-x)^p}(b>a)$ 的敛散性（第二 p 反常积分）.

解 $x=b$ 是瑕点. 当 $p\neq 1$ 时，有

$$\int_a^b \frac{\mathrm{d}x}{(b-x)^p} = \lim_{\varepsilon\to 0^+}\int_a^{b-\varepsilon}\frac{\mathrm{d}x}{(b-x)^p} = \lim_{\varepsilon\to 0^+}\frac{-1}{-p+1}(b-x)^{-p+1}\bigg|_a^{b-\varepsilon}$$

$$= \lim_{\varepsilon\to 0^+}\frac{(b-a)^{1-p}-\varepsilon^{1-p}}{1-p}$$

$$= \begin{cases} \dfrac{(b-a)^{1-p}}{1-p}, & p<1, \\[2mm] +\infty, & p>1. \end{cases}$$

当 $p=1$ 时，有

$$\int_a^b \frac{\mathrm{d}x}{b-x} = \lim_{\varepsilon\to 0^+}\int_a^{b-\varepsilon}\frac{1}{b-x}\mathrm{d}x = -\lim_{\varepsilon\to 0^+}\ln|b-x|\Big|_a^{b-\varepsilon}$$

$$= \lim_{\varepsilon\to 0^+}[\ln(b-a)-\ln\varepsilon] = +\infty.$$

所以反常积分 $\int_a^b \dfrac{\mathrm{d}x}{(b-x)^p}$ ，当 $p<1$ 时收敛，当 $p\geqslant 1$ 时发散.

实际上该积分当 $p\leqslant 0$ 时是正常积分. 从这个例子中可以看出，把正常积分看成反常积分一定是收敛的. 当积分中含有参数时，取参数的某些值是反常积分，取参数的某些值是正常积分，把积分看成反常积分，对于解决问题是有利的.

同理，$\int_a^b \dfrac{\mathrm{d}x}{(x-a)^p}\mathrm{d}x$ 当 $p<1$ 时收敛，当 $p\geqslant 1$ 时发散.

对于反常积分 $\int_a^b f(x)\,\mathrm{d}x$ ，若 $F(x)$ 是 $f(x)$ 在区间 $[a,b)$ 或 $(a,b]$ 上的原函数，则

$$\int_a^b f(x)\,\mathrm{d}x = F(x)\,\bigg|_a^b = F(b)-F(a).$$

注 若 a 是瑕点，$F(a)\overset{\mathrm{def}}{=\!=\!=}\lim_{x\to a^+}F(x)$ ；若 b 是瑕点，$F(b)\overset{\mathrm{def}}{=\!=\!=}\lim_{x\to b^-}F(x)$.

无穷区间上反常积分的线性运算性质，换元法、分部积分法等性质对于无界函数的反常积分同样成立.

例 6 计算积分 $\int_{\frac{1}{2}}^{\frac{3}{2}} \dfrac{\mathrm{d}x}{\sqrt{|x^2-x|}}$.

解 $x=1$ 是瑕点, 有

$$\int_{\frac{1}{2}}^{\frac{3}{2}} \frac{\mathrm{d}x}{\sqrt{|x^2-x|}} = \int_{\frac{1}{2}}^{1} \frac{\mathrm{d}x}{\sqrt{x-x^2}} + \int_{1}^{\frac{3}{2}} \frac{\mathrm{d}x}{\sqrt{x^2-x}},$$

因为

$$\int_{\frac{1}{2}}^{1} \frac{\mathrm{d}x}{\sqrt{x-x^2}} = \int_{\frac{1}{2}}^{1} \frac{\mathrm{d}x}{\sqrt{\left(\frac{1}{2}\right)^2 - \left(x - \frac{1}{2}\right)^2}} = \arcsin(2x-1)\Big|_{\frac{1}{2}}^{1} = \arcsin 1 = \frac{\pi}{2},$$

而

$$\int_{1}^{\frac{3}{2}} \frac{\mathrm{d}x}{\sqrt{x^2-x}} = \int_{1}^{\frac{3}{2}} \frac{\mathrm{d}x}{\sqrt{\left(x-\frac{1}{2}\right)^2 - \left(\frac{1}{2}\right)^2}}$$

$$= \ln\left[\left(x-\frac{1}{2}\right) + \sqrt{\left(x-\frac{1}{2}\right)^2 - \frac{1}{4}}\right]\Big|_{1}^{\frac{3}{2}} = \ln(2+\sqrt{3}),$$

所以

$$\int_{\frac{1}{2}}^{\frac{3}{2}} \frac{\mathrm{d}x}{\sqrt{|x^2-x|}} = \frac{\pi}{2} + \ln(2+\sqrt{3}).$$

例 7 一圆柱体小桶, 内壁高为 h, 内半径为 R, 桶底有一小圆洞半径为 r(图 5-40). 问在盛满水的情况下, 把小洞打开, 直至水流完为止, 需要多少时间?

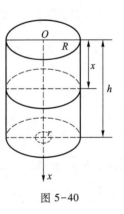

图 5-40

解 从物理学知道, 在不考虑摩擦力的情况下, 当水面下降距离为 x 时, 水在洞口的流速(即在单位时间内经过单位面积之流量)为

$$v = \sqrt{2g(h-x)},$$

其中 g 为重力加速度. 由于单位时间内减少的水量等于流出的水量, 所以有关系式

$$\pi R^2 \mathrm{d}x = v\pi r^2 \mathrm{d}t,$$

于是

$$\frac{\mathrm{d}t}{\mathrm{d}x} = \frac{R^2}{r^2\sqrt{2g(h-x)}}.$$

从而

$$\mathrm{d}t = \frac{R^2}{r^2\sqrt{2g(h-x)}}\mathrm{d}x,$$

$$t = \int_{0}^{h} \frac{R^2}{r^2\sqrt{2g(h-x)}}\mathrm{d}x \ (h\text{ 是瑕点}) = \frac{-R^2}{r^2\sqrt{2g}} \cdot 2\sqrt{h-x}\Big|_{0}^{h} = \sqrt{\frac{2h}{g}}\frac{R^2}{r^2}.$$

§5.3 反常积分敛散性的判别法

判别一个反常积分的敛散性，是一个重要的问题. 当被积函数的原函数求不出来，或者求原函数的计算过于复杂时，利用反常积分的定义来判别它的敛散性就不适用了. 因此，我们需要其他方法来判别反常积分的敛散性.

一、无穷区间上反常积分敛散性的判别法

我们只就积分区间 $[a,+\infty)$ 的情况加以讨论，但所得的结果不难类推到 $(-\infty,b]$ 上的反常积分和区间 $[a,b]$ 上无界函数的反常积分.

设 $f(x)$ 在 $[a,+\infty)$ 上非负、连续，当 $t>a$ 时，$F(t)=\int_a^t f(x)\mathrm{d}x$ 是 t 的函数，由于 $F'(t)=f(t)\geqslant 0$，所以 $F(t)$ 是递增函数. 由函数的单调有界定理知，极限 $\lim\limits_{t\to+\infty}F(t)$ 存在的充要条件是 $F(t)$ 在 $[a,+\infty)$ 上有上界，即存在 $M>0$，对一切 $t\in[a,+\infty)$，有 $F(t)\leqslant M$. 因此有

定理 5.8（比较判别法） 设函数 $f(x)$，$g(x)$ 在区间 $[a,+\infty)$ 上连续，且有 $0\leqslant f(x)\leqslant g(x)$，

（1）若积分 $\int_a^{+\infty}g(x)\mathrm{d}x$ **收敛**，则 $\int_a^{+\infty}f(x)\mathrm{d}x$ **也收敛**；

（2）若积分 $\int_a^{+\infty}f(x)\mathrm{d}x$ **发散**，则 $\int_a^{+\infty}g(x)\mathrm{d}x$ **也发散**.

证 （1）若 $\int_a^{+\infty}g(x)\mathrm{d}x$ 收敛，则存在 $M>0$，对一切 $t\in[a,+\infty)$，有

$$\int_a^t g(x)\mathrm{d}x\leqslant M.$$

于是

$$\int_a^t f(x)\mathrm{d}x\leqslant\int_a^t g(x)\mathrm{d}x\leqslant M,$$

从而积分 $\int_a^{+\infty}f(x)\mathrm{d}x$ 收敛.

（2）用反证法. 假设 $\int_a^{+\infty}g(x)\mathrm{d}x$ 收敛，由（1）知 $\int_a^{+\infty}f(x)\mathrm{d}x$ 收敛，与条件 $\int_a^{+\infty}f(x)\mathrm{d}x$ 发散相矛盾，故假设不成立，因此，$\int_a^{+\infty}g(x)\mathrm{d}x$ 发散. □

由于反常积分 $\int_a^{+\infty}f(x)=\int_a^c f(x)\mathrm{d}x+\int_c^{+\infty}f(x)\mathrm{d}x\ (c>a)$，且 $\int_a^c f(x)\mathrm{d}x$ 是正常积分，所以 $\int_a^{+\infty}f(x)\mathrm{d}x$ 与 $\int_c^{+\infty}f(x)\mathrm{d}x$ 的敛散性相同. 因此定理 5.8 中的条件 $0\leqslant f(x)\leqslant g(x)$，$x\in[a,+\infty)$ 可减弱为存在 $b>a$，当 $x\in[b,+\infty)$ 时，有 $0\leqslant f(x)\leqslant g(x)$，定理的结论仍然成立. 换句话说，$f(x)$ 在 $[a,b]$ 区间上是否非负，是否小于等于 $g(x)$ 不受限制.

在定理 5.8 中，取比较函数 $\dfrac{c}{x^p}$（$c>0$ 为常数），再由第一 p 反常积分可得

推论 1 设 $f(x)$ 在 $[a,+\infty)$ 上连续，若当 x 充分大时，有

$$0\leqslant f(x)\leqslant\frac{c}{x^p}\quad(p>1,\ c>0),$$

则积分 $\int_a^{+\infty} f(x)\,\mathrm{d}x$ 收敛；若当 x 充分大时，有

$$f(x) \geqslant \frac{c}{x^p} \quad (p \leqslant 1,\ c > 0),$$

则积分 $\int_a^{+\infty} f(x)\,\mathrm{d}x$ 发散.

推论 1 也可改写成极限形式，判断更方便.

推论 2 设 $f(x)$ 在 $[a, +\infty)$ ($a > 0$ 为常数) 上连续，且

$$\lim_{x \to +\infty} \frac{f(x)}{\dfrac{1}{x^p}} = \lim_{x \to +\infty} x^p f(x) = A.$$

(i) 若 $0 < A < +\infty$，即 $f(x) \sim \dfrac{A}{x^p}\,(x \to +\infty)$，则反常积分 $\int_a^{+\infty} f(x)\,\mathrm{d}x$ 与 $\int_a^{+\infty} \dfrac{A}{x^p}\,\mathrm{d}x$ 敛散性相同，即当 $p > 1$ 时，$\int_a^{+\infty} f(x)\,\mathrm{d}x$ 收敛；当 $p \leqslant 1$ 时，$\int_a^{+\infty} f(x)\,\mathrm{d}x$ 发散.

(ii) 若 $A = 0$，$f(x) \geqslant 0$，且 $p > 1$，则 $\int_a^{+\infty} f(x)\,\mathrm{d}x$ 收敛.

(iii) 若 $A = +\infty$ 且 $p \leqslant 1$，则 $\int_a^{+\infty} f(x)\,\mathrm{d}x$ 发散.

证 (i) 由于 $\lim\limits_{x \to +\infty} \dfrac{f(x)}{\dfrac{1}{x^p}} = A$，所以对 $\varepsilon = \dfrac{A}{2} > 0$，存在 $b > 0$，当 $x > b$ 时，有

$-\dfrac{A}{2} < \dfrac{f(x)}{\dfrac{1}{x^p}} - A < \dfrac{A}{2}$，或

$$0 < \frac{A}{2}\frac{1}{x^p} < f(x) < \frac{3A}{2}\frac{1}{x^p}.$$

由推论 1 知，当 $p > 1$ 时，$\int_a^{+\infty} f(x)\,\mathrm{d}x$ 收敛；当 $p \leqslant 1$ 时，$\int_a^{+\infty} f(x)\,\mathrm{d}x$ 发散.

(ii) 由于 $\lim\limits_{x \to +\infty} \dfrac{f(x)}{\dfrac{1}{x^p}} = 0$，所以，对 $\varepsilon = 1$，存在 $b > 0$，当 $x > b$ 时，有 $\left| \dfrac{f(x)}{\dfrac{1}{x^p}} \right| < 1$，而 $f(x) \geqslant$

0，有 $\dfrac{f(x)}{\dfrac{1}{x^p}} < 1$，得 $0 < f(x) < \dfrac{1}{x^p}$. 由推论 1 知，若 $p > 1$，则 $\int_a^{+\infty} f(x)\,\mathrm{d}x$ 收敛.

(iii) 由于 $\lim\limits_{x \to +\infty} \dfrac{f(x)}{\dfrac{1}{x^p}} = +\infty$，所以，对 $M = 1$，存在 $b > 0$，当 $x > b$ 时，有 $\dfrac{f(x)}{\dfrac{1}{x^p}} > 1$，或 $f(x) >$

$\dfrac{1}{x^p}$，由推论 1 知，若 $p \leqslant 1$，则 $\int_a^{+\infty} f(x)\,\mathrm{d}x$ 发散. □

在实际应用中，首先看能否找到当 $x \to +\infty$ 时，$f(x)$ 的等价量 $\dfrac{A}{x^p}$，如果找不到，再考虑 (ii) 或 (iii).

例 8 判断反常积分 $\int_1^{+\infty} \dfrac{\mathrm{d}x}{x\sqrt[3]{x^2+1}}$ 的敛散性.

解 由于 $f(x) = \dfrac{1}{x\sqrt[3]{x^2+1}}$ 在 $[1,+\infty)$ 上连续，所以该反常积分为第一类反常积分. 而

$$\frac{1}{x\sqrt[3]{x^2+1}} = \frac{1}{x \cdot x^{\frac{2}{3}}\sqrt[3]{1+\dfrac{1}{x^2}}} \sim \frac{1}{x^{\frac{5}{3}}} \quad (x \to +\infty),$$

且 $A=1$，$p=\dfrac{5}{3}>1$，因此 $\displaystyle\int_1^{+\infty} \dfrac{\mathrm{d}x}{x\sqrt[3]{x^2+1}}$ 收敛.

例 9 判断 $\displaystyle\int_1^{+\infty} \dfrac{\arctan x}{x^2}\mathrm{d}x$ 的敛散性.

解 由于 $f(x) = \dfrac{\arctan x}{x^2}$ 在 $[1,+\infty)$ 上连续，所以该反常积分为第一类反常积分. 而

$$\frac{\arctan x}{x^2} \sim \frac{\dfrac{\pi}{2}}{x^2}(x \to +\infty),$$

且 $A=\dfrac{\pi}{2}$，$p=2>1$，因此 $\displaystyle\int_1^{+\infty} \dfrac{\arctan x}{x^2}\mathrm{d}x$ 收敛.

例 10 判断概率积分 $\displaystyle\int_0^{+\infty} \mathrm{e}^{-x^2}\mathrm{d}x$ 的敛散性.

解 由于 $\displaystyle\lim_{x\to+\infty}\dfrac{x^k}{a^x}=0\,(a>1$ 为常数$)$，而

$$\lim_{x\to+\infty} x^2 \cdot \mathrm{e}^{-x^2} = \lim_{x\to+\infty}\frac{x^2}{\mathrm{e}^{x^2}} \xlongequal{\text{令}\,x^2=t} \lim_{t\to+\infty}\frac{t}{\mathrm{e}^t} = 0,$$

且 $A=0$，$p=2>1$，故 $\displaystyle\int_0^{+\infty} \mathrm{e}^{-x^2}\mathrm{d}x$ 收敛.

上述判定法都是在当 x 充分大时，函数 $f(x) \geqslant 0$ 的条件下才能使用. 对于 $f(x) \leqslant 0$ 的情形，可化为 $-f(x)$ 来讨论. 对于一般的可变号函数 $f(x)$，就不能直接判断了，但可对 $\displaystyle\int_a^{+\infty} |f(x)|\,\mathrm{d}x$ 运用上述的方法来判定，从而确定 $\displaystyle\int_a^{+\infty} f(x)\mathrm{d}x$ 的敛散性. 有

定理 5.9（绝对收敛准则） 设函数 $f(x)$ 在 $[a,+\infty)$ 上连续，若积分 $\displaystyle\int_a^{+\infty} |f(x)|\,\mathrm{d}x$ **收敛**，则 $\displaystyle\int_a^{+\infty} f(x)\mathrm{d}x$ **收敛**.

证 由于 $0 \leqslant f(x)+|f(x)| \leqslant 2|f(x)|$，所以由定理 5.8 知 $\displaystyle\int_a^{+\infty}[f(x)+|f(x)|]\mathrm{d}x$ 收敛，故

$$\int_a^{+\infty} f(x)\mathrm{d}x = \int_a^{+\infty}[f(x)+|f(x)|]\mathrm{d}x - \int_a^{+\infty}|f(x)|\,\mathrm{d}x \text{ 收敛.} \quad \square$$

当 $\displaystyle\int_a^{+\infty} |f(x)|\,\mathrm{d}x$ 收敛时，称 $\displaystyle\int_a^{+\infty} f(x)\mathrm{d}x$ 为 <u>绝对收敛</u>.

当 $\displaystyle\int_a^{+\infty} |f(x)|\,\mathrm{d}x$ 发散，而 $\displaystyle\int_a^{+\infty} f(x)\mathrm{d}x$ 收敛时，称 $\displaystyle\int_a^{+\infty} f(x)\mathrm{d}x$ 为 <u>条件收敛</u>.

例 11 判断 $\displaystyle\int_a^{+\infty} \dfrac{\sin x^3}{x^2}\mathrm{d}x\,(a>0)$ 的敛散性.

解 由于 $\left| \dfrac{\sin x^3}{x^2} \right| \leqslant \dfrac{1}{x^2}$，而 $\displaystyle\int_a^{+\infty} \dfrac{1}{x^2} \mathrm{d}x$ 收敛，故 $\displaystyle\int_a^{+\infty} \left| \dfrac{\sin x^3}{x^2} \right| \mathrm{d}x$ 收敛，从而 $\displaystyle\int_a^{+\infty} \dfrac{\sin x^3}{x^2} \mathrm{d}x$

绝对收敛.

二、无界函数的反常积分收敛性的判别法

类似无穷区间上反常积分的判别法，无界函数的反常积分也有以下的判别法（证明方法类似），对区间 $[a,b)$，b 是瑕点；对区间 $(a,b]$，a 是瑕点.

定理 5.10 设 $f(x)$，$g(x)$ 在 $[a,b)$ 上连续，且 x 充分靠近点 b 时，有
$$0 \leqslant f(x) \leqslant g(x),$$

(i) 若积分 $\displaystyle\int_a^b g(x)\mathrm{d}x$ 收敛，则积分 $\displaystyle\int_a^b f(x)\mathrm{d}x$ 收敛；

(ii) 若积分 $\displaystyle\int_a^b f(x)\mathrm{d}x$ 发散，则积分 $\displaystyle\int_a^b g(x)\mathrm{d}x$ 发散.

在定理 5.10 中取比较函数 $\dfrac{c}{(b-x)^p}$（$c>0$ 为常数），结合第二 p 反常积分，得

推论 1 设 $f(x)$ 在 $[a,b)$ 上连续，当 x 充分靠近点 b 时，有
$$0 \leqslant f(x) \leqslant \frac{c}{(b-x)^p} \quad (c>0,\ p<1),$$

则积分 $\displaystyle\int_a^b f(x)\mathrm{d}x$ 收敛；

若当 x 充分靠近点 b 时，有
$$f(x) \geqslant \frac{c}{(b-x)^p} \quad (c>0,\ p\geqslant 1),$$

则积分 $\displaystyle\int_a^b f(x)\mathrm{d}x$ 发散.

将推论 1 改成极限形式，可得

推论 2 设 $f(x)$ 在区间 $[a,b)$ 上连续，若极限
$$\lim_{x\to b^-} \frac{f(x)}{\dfrac{1}{(b-x)^p}} = \lim_{x\to b^-} (b-x)^p f(x) = A.$$

(i) 当 $0<A<+\infty$ 时，即 $f(x) \sim \dfrac{A}{(b-x)^p}(x\to b^-)$，$\displaystyle\int_a^b f(x)\mathrm{d}x$ 与 $\displaystyle\int_a^b \dfrac{A}{(b-x)^p}\mathrm{d}x$ 敛散性相同，即

当 $p<1$ 时，积分 $\displaystyle\int_a^b f(x)\mathrm{d}x$ 收敛；当 $p\geqslant 1$ 时，积分 $\displaystyle\int_a^b f(x)\mathrm{d}x$ 发散.

(ii) 当 $A=0$，且 x 充分靠近点 b 时，$f(x) \geqslant 0$ 且 $p<1$ 时，积分 $\displaystyle\int_a^b f(x)\mathrm{d}x$ 收敛.

(iii) 当 $A=+\infty$ 且 $p\geqslant 1$ 时，$\displaystyle\int_a^b f(x)\mathrm{d}x$ 发散.

定理 5.11 设函数 $f(x)$ 在区间 $[a,b)$ 上连续，b 是瑕点，如果积分 $\displaystyle\int_a^b |f(x)|\,\mathrm{d}x$ 收敛，

则 $\displaystyle\int_a^b f(x)\mathrm{d}x$ 收敛. 这时，称 $\displaystyle\int_a^b f(x)\mathrm{d}x$ 为<u>绝对收敛</u>.

例 12 判断 $\displaystyle\int_0^1 \dfrac{\ln x}{1-x^2}\mathrm{d}x$ 的敛散性.

解 $x = 0$ 是瑕点,

$$\lim_{x \to 0^+} \sqrt{x}\, \frac{\ln x}{1 - x^2} = \lim_{x \to 0^+} \sqrt{x}\, \ln x = 0,$$

由于 $A = 0$, $p = \dfrac{1}{2} < 1$, 故原反常积分收敛.

注 由于 $\lim\limits_{x \to 1^-} \dfrac{\ln x}{1 - x^2} = -\dfrac{1}{2}$, 所以 $x = 1$ 是可去间断点, 可看成正常点.

例 13 判断 $\displaystyle\int_0^{\frac{\pi}{2}} \frac{1 - \cos x}{x^m}\,\mathrm{d}x$ 的敛散性.

解 由于 $x = 0$ 是 $f(x) = \dfrac{1 - \cos x}{x^m}$ 的瑕点, 且

$$\frac{1 - \cos x}{x^m} = 2 \cdot \frac{\sin^2 \dfrac{x}{2}}{x^m} \sim \frac{1}{2} \frac{x^2}{x^m} = \frac{1}{2} \frac{1}{x^{m-2}} \quad (x \to 0),$$

$A = \dfrac{1}{2}$, 所以当 $m - 2 < 1$, 即 $m < 3$ 时原反常积分收敛; 当 $m - 2 \geqslant 1$, 即 $m \geqslant 3$ 时, 原反常积分发散.

例 14 判断 $\displaystyle\int_0^1 \frac{x^\beta \mathrm{d}x}{\sqrt{1 - x^2}}$ 的敛散性.

解 $\displaystyle\int_0^1 \frac{x^\beta}{\sqrt{1 - x^2}}\mathrm{d}x = \int_0^{\frac{1}{2}} \frac{x^\beta}{\sqrt{1 - x^2}}\mathrm{d}x + \int_{\frac{1}{2}}^1 \frac{x^\beta}{\sqrt{1 - x^2}}\mathrm{d}x = I_1 + I_2.$

对于 I_1, $x = 0$ 是瑕点, 且 $\dfrac{x^\beta}{\sqrt{1-x^2}} \sim \dfrac{1}{x^{-\beta}}(x \to 0^+)$, 由于 $A = 1$, 故当 $-\beta < 1$, 即 $\beta > -1$ 时, I_1 收敛, 否则 I_1 发散. 对于 I_2, $x = 1$ 是瑕点, 且

$$\frac{x^\beta}{\sqrt{1-x^2}} = \frac{1}{(1-x)^{\frac{1}{2}}} \frac{x^\beta}{\sqrt{1+x}} \sim \frac{1}{(1-x)^{\frac{1}{2}}} \quad (x \to 1^-),$$

由于 $A = 1$, $p = \dfrac{1}{2} < 1$, 故 I_2 收敛.

综上知, 当 $\beta > -1$ 时, 原反常积分收敛, 否则发散.

例 15 判断 $\displaystyle\int_0^{+\infty} \frac{\mathrm{d}x}{x^p + x^q}$ 的敛散性.

解 不妨设 $\min\{p, q\} = p$, $\max\{p, q\} = q$,

$$\int_0^{+\infty} \frac{\mathrm{d}x}{x^p + x^q} = \int_0^1 \frac{\mathrm{d}x}{x^p + x^q} + \int_1^{+\infty} \frac{\mathrm{d}x}{x^p + x^q} = I_1 + I_2.$$

对于 I_1, $x = 0$ 是瑕点, 且

$$\frac{1}{x^p + x^q} = \frac{1}{x^p} \frac{1}{1 + x^{q-p}} \sim \begin{cases} \dfrac{1}{2x^p}, & p = q, \\[2mm] \dfrac{1}{x^p}, & p < q \end{cases} \quad (x \to 0^+).$$

由于 $A = \dfrac{1}{2}$ 或 1, 故当 $p < 1$ 时, I_1 收敛.

I_2 是第一类反常积分，且

$$\frac{1}{x^p + x^q} = \frac{1}{x^q}\frac{1}{x^{p-q}+1} \sim \begin{cases} \dfrac{1}{2x^q}, & p = q, \\[3mm] \dfrac{1}{x^q}, & p < q \end{cases} \qquad (x \to +\infty).$$

由于 $A = \dfrac{1}{2}$ 或 1，故当 $q>1$ 时，I_2 收敛.

综上知，当 $p<1$ 且 $q>1$，即 $\min\{p,q\}<1$ 且 $\max\{p,q\}>1$ 时，原反常积分收敛，否则发散.

§5.4 Γ 函数

一、Γ 函数的定义

先讨论反常积分 $\displaystyle\int_0^{+\infty} x^{s-1}\mathrm{e}^{-x}\mathrm{d}x$ 的敛散性.

$$\int_0^{+\infty} x^{s-1}\mathrm{e}^{-x}\mathrm{d}x = \int_0^1 x^{s-1}\mathrm{e}^{-x}\mathrm{d}x + \int_1^{+\infty} x^{s-1}\mathrm{e}^{-x}\mathrm{d}x = I_1 + I_2,$$

I_1 是第二类反常积分，$x=0$ 是瑕点，

$$x^{s-1}\mathrm{e}^{-x} \sim \frac{1}{x^{1-s}} \ (x \to 0^+),$$

且 $A=1$，当 $1-s<1$，即 $s>0$ 时，I_1 收敛.

I_2 是第一类反常积分，由 $\displaystyle\lim_{x\to+\infty}\frac{x^k}{a^x}=0(a>1,\ k$ 为常数$)$，知

$$\lim_{x\to+\infty} x^2 \cdot x^{s-1}\mathrm{e}^{-x} = \lim_{x\to+\infty}\frac{x^{s+1}}{\mathrm{e}^x} = 0,$$

即 x 为任何实数时，I_2 收敛. 由上述讨论可知，当 $s>0$ 时，I 收敛，否则发散.

这是一个很有用的反常积分，当 $s>0$ 时，我们把它记作 $\Gamma(s)$（参数 s 的函数），即

$$\boxed{\Gamma(s) = \int_0^{+\infty} x^{s-1}\mathrm{e}^{-x}\mathrm{d}x \ (s > 0),}$$

叫做 Γ（Gamma）函数. 它是数学、物理学中常用的一种较简单的特殊函数.

二、Γ 函数的性质

性质 $\Gamma(s+1) = s\Gamma(s)$ $(s>0)$.

证 $\displaystyle\Gamma(s + 1) = \int_0^{+\infty} x^{s+1-1}\mathrm{e}^{-x}\mathrm{d}x = \int_0^{+\infty} x^s \mathrm{e}^{-x}\mathrm{d}x$

$$= \int_0^{+\infty} x^s \mathrm{d}(-\mathrm{e}^{-x}) = -x^s \mathrm{e}^{-x}\Big|_0^{+\infty} + \int_0^{+\infty} sx^{s-1}\mathrm{e}^{-x}\mathrm{d}x$$

$$= s\int_0^{+\infty} x^{s-1}\mathrm{e}^{-x}\mathrm{d}x = s\Gamma(s). \quad \square$$

特别地，当 s 是正整数 n 时，有

$$\Gamma(n + 1) = n\Gamma(n) = n(n - 1)\Gamma(n - 1) = \cdots = n! \ \Gamma(1).$$

由于 $\Gamma(1) = \int_0^{+\infty} e^{-x} dx = 1$，故 $\Gamma(n + 1) = n!$.

所以说，Γ 函数是阶乘的自然推广，这是因为它对于正数的自变量都有意义，而阶乘仅对于正整数有意义.

三、Γ 函数定义域的延拓

为了以后应用上的需要，我们从递推公式出发，把 Γ 函数的定义域加以延拓. 由于

$$\Gamma(s + 1) = s\Gamma(s), \quad 即 \quad \Gamma(s) = \frac{\Gamma(s + 1)}{s},$$

当 $-1 < s < 0$ 时，可定义 $\Gamma(s) = \dfrac{\Gamma(s+1)}{s}$，此时，$s+1 > 0$，右端是有意义的. 这样，就把 Γ 函数的定义域延拓为 $s > -1$ ($s = 0$ 除外).

当 $-2 < s < -1$ 时，定义

$$\Gamma(s) = \frac{\Gamma(s+1)}{s} = \frac{\Gamma(s+2)}{s(s+1)},$$

此时，由于 $s+1 > -1$，右端是有意义的. 这样可以把 Γ 函数的定义域延拓为 $s > -2$ ($s = 0$，-1 除外).以此类推，$\Gamma(s)$ 就在除去 0 与负整数以外的全部实数上都有意义.

在第九章中，我们将证明 $\int_0^{+\infty} e^{-x^2} dx = \dfrac{\sqrt{\pi}}{2}$，于是

$$\Gamma\left(\frac{1}{2}\right) = \int_0^{+\infty} x^{\frac{1}{2}-1} e^{-x} dx = \int_0^{+\infty} \frac{e^{-x}}{\sqrt{x}} dx = 2\int_0^{+\infty} e^{-x} d\sqrt{x}$$

$$\xrightarrow{\diamondsuit \sqrt{x} = t} 2\int_0^{+\infty} e^{-t^2} dt = \sqrt{\pi}.$$

$$\Gamma\left(\frac{5}{2}\right) = \frac{3}{2}\Gamma\left(\frac{3}{2}\right) = \frac{3}{2} \cdot \frac{1}{2}\Gamma\left(\frac{1}{2}\right) = \frac{3}{4}\sqrt{\pi}.$$

$$\Gamma\left(-\frac{3}{2}\right) = \frac{\Gamma\left(-\frac{1}{2}\right)}{-\frac{3}{2}} = \frac{\Gamma\left(\frac{1}{2}\right)}{\left(-\frac{3}{2}\right)\left(-\frac{1}{2}\right)} = \frac{4}{3}\Gamma\left(\frac{1}{2}\right) = \frac{4}{3}\sqrt{\pi}.$$

我们还有余元公式 $\Gamma(s)\Gamma(1-s) = \dfrac{\pi}{\sin \pi s}$ ($0 < s < 1$) (证明从略).

习题 5-5

计算下列反常积分：

1. $\displaystyle\int_2^{+\infty} \frac{dx}{x^2 + x - 2}$.

2. $\displaystyle\int_a^{+\infty} \frac{dx}{x^2}$ ($a > 0$).

3. $\displaystyle\int_0^{+\infty} \frac{\arctan x}{(1 + x^2)^{3/2}} dx$.

4. $\displaystyle\int_0^{+\infty} e^{-ax} \cos bx \, dx$ ($a > 0$).

5. $\displaystyle\int_0^{+\infty} \frac{\mathrm{d}x}{x^2 + 4x + 8}$.

6. $\displaystyle\int_1^{+\infty} \frac{\ln x}{x^2}\mathrm{d}x$.

7. $\displaystyle\int_1^{+\infty} \frac{\mathrm{d}x}{x(x^2 + 1)}$.

8. $\displaystyle\int_0^{+\infty} \frac{x}{(1 + x)^3}\mathrm{d}x$.

9. $\displaystyle\int_0^1 \ln x\mathrm{d}x$.

10. $\displaystyle\int_{-1}^1 \frac{\mathrm{d}x}{\sqrt{1 - x^2}}$.

11. $\displaystyle\int_0^1 \frac{\mathrm{d}x}{(2 - x)\sqrt{1 - x}}$.

12. $\displaystyle\int_2^{+\infty} \frac{\mathrm{d}x}{(x + 7)\sqrt{x - 2}}$.

13. $\displaystyle\int_1^{+\infty} \frac{\mathrm{d}x}{x\sqrt{x - 1}}$.

14. $\displaystyle\int_0^1 (\ln x)^n\mathrm{d}x\,(n \in \mathbf{N}_+)$.

判断下列反常积分的敛散性:

15. $\displaystyle\int_0^{+\infty} \frac{x^2}{x^4 - x^2 + 1}\mathrm{d}x$.

16. $\displaystyle\int_1^{+\infty} \frac{\mathrm{d}x}{x\sqrt[3]{x^2 + 1}}$.

17. $\displaystyle\int_1^{+\infty} \frac{\mathrm{d}x}{\sqrt{1 + x^2}\sqrt{1 + x^3}}$.

18. $\displaystyle\int_2^{+\infty} \frac{x^2}{x^3 + x^2 + 1}\mathrm{d}x$.

19. $\displaystyle\int_0^2 \frac{\mathrm{d}x}{\ln x}$.

20. $\displaystyle\int_0^1 \frac{\ln x}{1 - x^2}\mathrm{d}x$.

21. $\displaystyle\int_0^{\frac{\pi}{2}} \frac{\ln(\sin x)}{\sqrt{x}}\mathrm{d}x$.

研究下列反常积分的敛散性:

22. $\displaystyle\int_0^{+\infty} \frac{x^m}{1 + x^n}\mathrm{d}x\,(n \geqslant 0)$.

23. $\displaystyle\int_0^{+\infty} \frac{\arctan ax}{x^n}\mathrm{d}x\,(a \neq 0)$.

24. $\displaystyle\int_0^{+\infty} \frac{x^m \arctan x}{2 + x^n}\,(n \geqslant 0)$.

25. $\displaystyle\int_0^{\frac{\pi}{2}} \frac{\mathrm{d}x}{\sin^p x \cos^q x}$.

26. $\displaystyle\int_0^1 \frac{\sqrt{x}}{\mathrm{e}^{\sin x} - 1}\mathrm{d}x$.

27. $\displaystyle\int_0^2 \frac{\mathrm{d}x}{\mathrm{e}^x - \cos x}$.

利用 Γ 函数表示下列积分:

28. $\displaystyle\int_0^{+\infty} x^m \mathrm{e}^{-x^n}\mathrm{d}x\,(n > 0)$.

29. $\displaystyle\int_0^1 \left(\ln \frac{1}{x}\right)^p \mathrm{d}x$.

30. 设 m 是正整数,利用 Γ 函数求下列积分的值:

(1) $\displaystyle\int_0^{+\infty} x^{2m+1} \mathrm{e}^{-x^2}\mathrm{d}x$;

(2) $\displaystyle\int_0^{+\infty} x^{2m} \mathrm{e}^{-x^2}\mathrm{d}x$;

(3) $\displaystyle\int_0^1 x^n (\ln x)^m \mathrm{d}x\,(n > -1)$.

31. 具有不变的线密度 ρ_0 的无穷直线以怎样的力吸引距此直线距离为 a、质量为 m 的质点?

32. 证明: $\displaystyle\lim_{x \to 0^+} \frac{\displaystyle\int_x^{+\infty} t^{-1}\mathrm{e}^{-t}\mathrm{d}t}{\ln \dfrac{1}{x}} = 1$.

*§6 定积分的近似计算

牛顿-莱布尼茨公式提供了用原函数计算定积分的方法. 但实际上在计算定积分时, 常常会遇到下述几种情况.

(1) 在生产实际或工程技术中, 通常只给出一串由实验或测量得出的被积函数值;

(2) 被积函数的原函数不能表示成初等函数, 例如 $\dfrac{\sin x}{x}$, e^{-x^2}, $\sqrt{1-k^2\sin^2 x}\ (0<k<1)$ 等的原函数都不能表示成初等函数;

(3) 被积函数的原函数虽然是初等函数, 但结构复杂, 不易计算.

在这些情况下, 常采用定积分的近似计算法. 定积分的近似计算在生产实际和工程技术中是比较常见且实用的, 它是一种重要的计算方法. 让我们回忆一下定积分的定义.

若 $f(x)$ 在 $[a,b]$ 上可积, 则

$$\int_a^b f(x)\,\mathrm{d}x = \lim_{\lambda \to 0} \sum_{i=1}^n f(\xi_i)\,\Delta x_i.$$

若把区间 n 等分, 则 $\Delta x_i = \dfrac{b-a}{n}$, 从而

$$\int_a^b f(x)\,\mathrm{d}x = \lim_{\lambda \to 0} \sum_{i=1}^n f(\xi_i)\,\frac{b-a}{n}.$$

§6.1 矩形法

当 ξ_i 取区间 $[x_{i-1},x_i]$ 的左端点时, 设 $y_{i-1}=f(x_{i-1})$, 有

$$\int_a^b f(x)\,\mathrm{d}x \approx \sum_{i=1}^n y_i\,\frac{b-a}{n} = \frac{b-a}{n}(y_0 + y_1 + y_2 + \cdots + y_{n-1}), \tag{5.35}$$

我们称为左矩形公式; 当 ξ_i 取区间 $[x_{i-1},x_i]$ 的右端点时, 设 $y_i=f(x_i)$, 有

$$\int_a^b f(x)\,\mathrm{d}x \approx \sum_{i=1}^n y_i\,\frac{b-a}{n} = \frac{b-a}{n}(y_1 + y_2 + \cdots + y_n), \tag{5.36}$$

我们称为右矩形公式. 式(5.35)和式(5.36)统称为矩形公式.

§6.2 梯形法

把式(5.35)和式(5.36)两边相加, 有

$$2\int_a^b f(x)\,\mathrm{d}x \approx \frac{b-a}{n}\big[y_0 + 2(y_1 + y_2 + \cdots + y_{n-1}) + y_n\big],$$

即

$$\int_a^b f(x)\,\mathrm{d}x \approx \frac{b-a}{n}\left(\frac{y_0 + y_n}{2} + y_1 + y_2 + \cdots + y_{n-1}\right). \tag{5.37}$$

式(5.37)称为梯形公式.

§6.3 抛物线法

矩形公式、梯形公式右端收敛于 $\int_a^b f(x)\mathrm{d}x$ 的速度不是太快. 实际上，矩形法是在小区间上用一个常数 y_i 近似函数 $f(x)$，$x \in [x_{i-1}, x_i]$. 梯形法是用一个一次函数 $y = f(x_{i-1}) + \dfrac{f(x_i) - f(x_{i-1})}{x_i - x_{i-1}}(x - x_{i-1})$ 近似函数 $f(x)$. 如要提高精度，可以用一个二次函数

$$y = \alpha x^2 + \beta x + \gamma$$

去逼近函数 $f(x)$，在几何上相当于用一条对称轴平行于 y 轴的抛物线代替曲线 $y = f(x)$.

这里有三个待定常数 α, β, γ，可由抛物线通过三点来确定，为此将区间 $[a, b]$ 偶数等分，每个等分的长度 $\Delta x = \dfrac{b-a}{n}$，每相邻的两个小曲边梯形面积，可用过曲线 $y = f(x)$ 上相应的三点 $(x_{2(i-1)}, y_{2(i-1)})$，(x_{2i-1}, y_{2i-1})，(x_{2i}, y_{2i}) 所唯一确定的一条抛物线 $y = \alpha x^2 + \beta x + \gamma$ 的积分来确定.

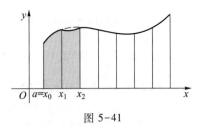

图 5-41

先计算位于区间 $[x_0, x_1]$ 与 $[x_1, x_2]$ 上的第一个抛物线的积分(图 5-41).

$$
\begin{aligned}
\int_{x_0}^{x_2} f(x)\mathrm{d}x &\approx \int_{x_0}^{x_2} (\alpha x^2 + \beta x + \gamma)\mathrm{d}x \\
&= \left(\frac{\alpha}{3}x^3 + \frac{\beta}{2}x^2 + \gamma x \right) \Big|_{x_0}^{x_2} = \frac{\alpha}{3}(x_2^3 - x_0^3) + \frac{\beta}{2}(x_2^2 - x_0^2) + \gamma(x_2 - x_0) \\
&= \frac{x_2 - x_0}{6}\big[(\alpha x_2^2 + \beta x_2 + \gamma) + (\alpha x_0^2 + \beta x_0 + \gamma) + \alpha(x_2 + x_0)^2 + \\
&\quad 2\beta(x_2 + x_0) + 4\gamma \big],
\end{aligned}
$$

因为

$$y_0 = \alpha x_0^2 + \beta x_0 + \gamma, \qquad y_2 = \alpha x_2^2 + \beta x_2 + \gamma,$$

$$\frac{x_2 + x_0}{2} = x_1, \qquad x_2 - x_0 = 2\Delta x = \frac{2(b-a)}{n},$$

所以

$$\int_{x_0}^{x_2} f(x)\mathrm{d}x \approx \frac{b-a}{3n}\big[y_2 + y_0 + 4(\alpha x_1^2 + \beta x_1 + \gamma) \big] = \frac{b-a}{3n}(y_0 + 4y_1 + y_2).$$

同理可得 $\int_{x_2}^{x_4} f(x)\mathrm{d}x$，$\int_{x_4}^{x_6} f(x)\mathrm{d}x$，$\cdots$，$\int_{x_{n-2}}^{x_n} f(x)\mathrm{d}x$ 的近似值，从而

$$
\begin{aligned}
\int_a^b f(x)\mathrm{d}x &= \int_{x_0}^{x_2} f(x)\mathrm{d}x + \int_{x_2}^{x_4} f(x)\mathrm{d}x + \cdots + \int_{x_{n-2}}^{x_n} f(x)\mathrm{d}x \\
&\approx \frac{b-a}{3n}\big[(y_0 + 4y_1 + y_2) + (y_2 + 4y_3 + y_4) + \cdots + (y_{n-2} + 4y_{n-1} + y_n) \big] \\
&= \frac{b-a}{3n}\big[(y_0 + y_n) + 4(y_1 + y_3 + \cdots + y_{n-1}) + 2(y_2 + y_4 + \cdots + y_{n-2}) \big].
\end{aligned}
$$

$$(5.38)$$

注意这里的 n 为偶数.

公式(5.38)称为抛物线公式(或辛普森公式).

可以证明上述定积分的近似计算公式有如下的误差估计:

$$矩形公式: R_n \leqslant \frac{(b-a)^2}{2n}M_1; \quad 梯形公式: R_n \leqslant \frac{(b-a)^2}{12n}M_2;$$

$$抛物线公式: R_n \leqslant \frac{(b-a)^5}{2\,880n^4}M_4,$$

其中 n 为区间的等分数, $M_i = \max\limits_{a \leqslant x \leqslant b} \left| f^{(i)}(x) \right|$ $(i=1,2,4)$. 从这些误差估计式,可以看出

(1) 使用同一个公式,区间 $[a,b]$ 的等分数愈大,误差愈小;

(2) 对于相同的等分数 n,抛物线公式误差最小.

例 用梯形法和抛物线法计算积分 $\int_0^1 \dfrac{\sin x}{x}\mathrm{d}x$ 的近似值.

解 因为 $\lim\limits_{x \to 0} \dfrac{\sin x}{x} = 1$,在 $x=0$ 处定义被积函数值为 1,于是 $\dfrac{\sin x}{x}$ 在 $[0,1]$ 上连续. 原函数存在,但是原函数不能用初等函数表示. 所以不能用牛顿-莱布尼茨公式计算积分值,现在采用近似计算方法,把积分区间 8 等分,各分点的函数值计算如下:

x_i	0	$\dfrac{1}{8}$	$\dfrac{1}{4}$	$\dfrac{3}{8}$	$\dfrac{1}{2}$
y_i	1	0.997 40	0.989 62	0.976 73	0.958 85
x_i	$\dfrac{5}{8}$	$\dfrac{3}{4}$	$\dfrac{7}{8}$	1	
y_i	0.936 16	0.908 85	0.877 19	0.841 47	

用梯形公式

$$\int_0^1 \frac{\sin x}{x}\mathrm{d}x \approx \frac{1}{8}\left(\frac{1 + 0.841\,47}{2} + 0.997\,40 + 0.989\,62 + 0.976\,73 + \right.$$

$$\left. 0.958\,85 + 0.936\,16 + 0.908\,85 + 0.877\,19\right) \approx 0.945\,69.$$

用抛物线公式

$$\int_0^1 \frac{\sin x}{x}\mathrm{d}x \approx \frac{1}{24}\left[(y_0 + y_8) + 4(y_1 + y_3 + y_5 + y_7) + 2(y_2 + y_4 + y_6)\right]$$

$$= \frac{1}{24}\left[1 + 0.841\,47 + 4(0.997\,40 + 0.976\,73 + 0.936\,16 + 0.877\,19) + \right.$$

$$\left. 2(0.989\,62 + 0.958\,85 + 0.908\,85)\right] \approx 0.946\,08.$$

$\int_0^x \dfrac{\sin t}{t}\mathrm{d}t$ 是一个非初等函数,称为正弦积分函数,记作 $\mathrm{Si}(x)$,即 $\mathrm{Si}(x) = \int_0^x \dfrac{\sin t}{t}\mathrm{d}t$.

其函数值有专门的函数表可供查阅. $\mathrm{Si}(1) = \int_0^1 \dfrac{\sin t}{t}\mathrm{d}t$ 的七位准确值为 0.946 083 1,对照上面的计算结果,可见抛物线公式比梯形公式要精确得多.

习题 5-6

1. 利用梯形公式计算下列积分并估计它们的误差:

(1) $\int_0^1 \dfrac{\mathrm{d}x}{1+x}\ (n=8)$;　　　　(2) $\int_0^{\frac{\pi}{2}} \sqrt{1-\dfrac{1}{4}\sin^2 x}\,\mathrm{d}x\ (n=6)$.

2. 利用抛物线公式计算下列积分:

(1) $\int_0^{\pi} \sqrt{3+\cos x}\,\mathrm{d}x\ (n=6)$;　　　　(2) $\int_0^1 \dfrac{x\,\mathrm{d}x}{\ln(1+x)}\ (n=6)$.

3. 利用公式 $\dfrac{\pi}{4}=\int_0^1 \dfrac{\mathrm{d}x}{1+x^2}$ 计算数 π(精确到 10^{-5}).

4. 近似地求出半轴为 $a=10$ 及 $b=6$ 的椭圆周长.

5. 用矩形法求 $\int_1^2 f(x)\,\mathrm{d}x$, 已知函数 $f(x)$ 在 5 个点的函数值如下表

x	1.00	1.25	1.50	1.75	2.00
$f(x)$	2.000	1.024	0.593	0.373	0.250

6. 一河道等截面测得距左岸 x_i m 处的河深为 y_i m, 数据如下

x_i	0	4	8	12	16	20	24	28	32	36	40
y_i	0.3	1.2	1.8	2.1	2.5	2.3	2.0	1.9	1.7	1.0	0.7

试用梯形法计算河道的截面面积的近似值.

第五章综合题

1. 利用定积分求下列和的极限值:

(1) $\lim\limits_{n\to\infty}\left(\dfrac{n}{n^2+1}+\dfrac{n}{n^2+2^2}+\cdots+\dfrac{n}{n^2+n^2}\right)$;　　(2) $\lim\limits_{n\to\infty}\dfrac{\sqrt[n]{n!}}{n}$;

(3) $\lim\limits_{n\to\infty}\sin\dfrac{\pi}{n}\sum\limits_{i=1}^{n}\dfrac{1}{2+\cos\dfrac{i\pi}{n}}$.

2. 利用夹逼定理及定积分求下列和的极限值:

(1) $\lim\limits_{n\to\infty}\left(\dfrac{2^{\frac{1}{n}}}{n+1}+\dfrac{2^{\frac{2}{n}}}{n+\dfrac{1}{2}}+\cdots+\dfrac{2^{\frac{n}{n}}}{n+\dfrac{1}{n}}\right)$;　　(2) $\lim\limits_{n\to\infty}\left(\dfrac{\sin\dfrac{\pi}{n}}{n+1}+\dfrac{\sin\dfrac{2\pi}{n}}{n+\dfrac{1}{2}}+\cdots+\dfrac{\sin\pi}{n+\dfrac{1}{n}}\right)$.

3. 求 $\int_{e^{-2n\pi}}^1 \left|\left[\cos\left(\ln\dfrac{1}{x}\right)\right]'\right|\mathrm{d}x$.

4. 设 $f(x)$ 是连续的偶函数，且 $f(x)>0$，设 $F(x) = \int_{-a}^{a} |x-t| f(t)\mathrm{d}t$，$-a \leqslant x \leqslant a$.

(1) 证明 $F'(x)$ 单调增加；   (2) 当 x 为何值时，$F(x)$ 取最小值.

5. 证明：$\int_{0}^{1} \dfrac{\ln(1+x)}{1+x^2}\mathrm{d}x = \dfrac{\pi}{8}\ln 2$.

6. 证明：$\displaystyle\lim_{n\to\infty} \int_{0}^{\frac{\pi}{2}} \sin^n x\mathrm{d}x = 0$.

7. 确定常数 a，b，c 的值，使 $\displaystyle\lim_{x\to 0} \dfrac{ax-\sin x}{\displaystyle\int_{b}^{x} \dfrac{\ln(1+t^3)}{t}\mathrm{d}t} = c\,(c\neq 0)$.

8. 设 $f(x)$ 在 $(-\infty,+\infty)$ 上有连续导数，且 $m \leqslant f(x) \leqslant M$.

(1) 求 $\displaystyle\lim_{a\to 0} \dfrac{1}{4a^2} \int_{-a}^{a} [f(t+a)-f(t-a)]\mathrm{d}t$；(2) 证明 $\left| \dfrac{1}{2a}\displaystyle\int_{-a}^{a} f(t)\mathrm{d}t - f(x) \right| \leqslant M - m\,(a>0)$.

9. 设函数 $f(x)$ 在区间 $[a,b]$ 上连续，且在 (a,b) 内有 $f'(x)>0$，证明：在 (a,b) 内存在唯一的 ξ，使曲线 $y=f(x)$ 与两直线 $y=f(\xi)$，$x=a$ 所围的平面图形面积 S_1 是曲线 $y=f(x)$ 与两直线 $y=f(\xi)$，$x=b$ 所围平面图形面积 S_2 的 3 倍.

10. 设 $y=f(x)$ 是区间 $[0,1]$ 上的任一非负连续函数.

(1) 试证存在 $x_0 \in (0,1)$，使得在区间 $[0,x_0]$ 上以 $f(x_0)$ 为高的矩形面积，等于区间 $[x_0,1]$ 上以 $y=f(x)$ 为曲边的曲边梯形面积；

(2) 又设 $f(x)$ 在区间 $(0,1)$ 内可导，且 $f'(x)>-\dfrac{2f(x)}{x}$，证明 (1) 中的 x_0 是唯一的.

11. 设 $f(x)$ 在 $[0,1]$ 上连续、递减且 $f(x)\geqslant 0$. 证明：当 $0<\alpha<\beta<1$ 时，有

$$\int_{0}^{\alpha} f(x)\mathrm{d}x \geqslant \dfrac{\alpha}{\beta} \int_{\alpha}^{\beta} f(x)\mathrm{d}x.$$

12. 设 $f(x)$ 在 $(-\infty,+\infty)$ 内连续，且 $F(x) = \int_{0}^{x} (x-2t)f(t)\mathrm{d}t$. 试证：

(1) 若 $f(x)$ 为偶函数，则 $F(x)$ 也是偶函数；

(2) 若 $f(x)$ 单调不增，则 $F(x)$ 单调不减.

13. 设 $f(x)$ 在区间 $[0,1]$ 上有连续导数，且 $0\leqslant f'(x)\leqslant 1$，$f(0)=0$. 试证：

$$\left[\int_{0}^{1} f(x)\mathrm{d}x \right]^2 \geqslant \int_{0}^{1} [f(x)]^3\mathrm{d}x.$$

14. 设 $f(x)$ 在 $[0,1]$ 上取正值且单调递减，则

$$\dfrac{\displaystyle\int_{0}^{1} xf^2(x)\mathrm{d}x}{\displaystyle\int_{0}^{1} xf(x)\mathrm{d}x} \leqslant \dfrac{\displaystyle\int_{0}^{1} f^2(x)\mathrm{d}x}{\displaystyle\int_{0}^{1} f(x)\mathrm{d}x}.$$

15. 求函数 $I(x) = \int_{e}^{x} \dfrac{\ln t}{t^2-2t+1}\mathrm{d}t$ 在 $[e,e^2]$ 上的最大值.

16. 求由曲线 $y=x^2-2x$，$y=0$，$x=1$，$x=3$ 所围成的平面图形的面积 S，并求该平面图形绕 Oy 轴旋转一周所得旋转体的体积.

17. 设有一中心在原点的质地均匀的球，其半径为 R，质量为 M，求此球关于其直径的转动惯量.

18. 用铁锤将铁钉钉入木板，设木板对铁钉的阻力与铁钉进入木板的深度成正比，在铁锤击打第一次时能将铁钉击入木板内 1 cm，如果铁锤每次击打铁钉所做之功相等，问铁锤击打第二次时能将铁钉击入多深？

19. 为清除井底的污泥，用缆绳将抓斗放入井底，抓起污泥后提出井口．已知井深 30 m，抓斗自重 400 N，缆绳每米重 50 N，抓斗抓起污泥 2 000 N，提升速度为 3 m/s，在提升过程中，污泥以 20 N/s 的速率从抓斗缝隙中漏掉，现将抓起污泥的抓斗提升至井口，问克服重力需做多少功？（1 N×1 m＝1 J；m，N，s，J 分别表示：米，牛顿，秒，焦耳；抓斗的高度及位于井口上方的缆绳长度忽略不计．）

20. 计算下列反常积分：

（1）$\int_0^1 \sin(\ln x)\,dx$；　　　　　（2）$\int_0^{\frac{\pi}{2}} \ln(\sin x)\,dx$．

21. 由抛物线 $y=x^2$ 及 $y=4x^2$ 绕 y 轴旋转一周构成一旋转抛物面的容器，高为 H，其中盛水，水高为 $\dfrac{H}{2}$，问要将水全部抽出，需做多少功？（设水的密度为 ρ．）

22. 一容器的密度为 $\dfrac{25}{19}$ g/cm^3，内壁和外壁形状分别为 $y=\dfrac{x^2}{10}+1$ 和 $y=\dfrac{x^2}{10}$ 绕 Oy 轴的旋转面，容器本身高为 10 cm，现把它铅直地浮在水中，再注入密度为 3 g/cm^3 的溶液，问要保持容器不沉没，注入的溶液的最大深度为多少（水的密度为 1 g/cm^3）？

23. 求两根位于同一直线上的质量均匀的细杆间的吸引力（设细杆密度为 μ_0，两杆距离为 a 且杆长都是 τ，万有引力常数为 G）．

第五章习题拓展

第六章 常微分方程

常微分方程理论是微积分的进一步拓展，也是研究自然科学的有力工具。有许多物理问题和工程问题的研究都可转化为微分方程的求解问题。本章我们将先阐述有关微分方程的一些基本概念，然后介绍几种常用的微分方程的求解方法及线性微分方程解的理论。

§1 基本概念

科学技术中研究的许多现象或运动问题，常需要找出所研究的变量之间的函数关系。而在具体问题中，往往这些函数关系是未知的，但有时可根据具体问题的内在规律，列出含有未知函数导数或微分的方程，并反过来求出原来的函数，这种方程就称为**微分方程**。由微分方程求出原来的函数，就是微分方程的求解问题。这时微分方程也称为问题的数学模型。

例 1（冷却问题的数学模型） 设有温度为 100 ℃的物体，将其放置在温度为 20 ℃的空气（设空气为恒温介质）中冷却。由冷却定律：物体温度的变化率与物体和当时空气温度之差成正比，求物体温度随时间 t 的变化规律。

解 在物体的冷却过程中，设物体的温度 T 与时间 t 的函数关系为 $T = T(t)$，由冷却定律，并设比例常数为 $k(k>0)$，则有

$$\frac{\mathrm{d}T}{\mathrm{d}t} = -k(T - 20),\qquad (6.1)$$

由于物体温度 T 随时间 t 的增加而减少，所以有 $\dfrac{\mathrm{d}T}{\mathrm{d}t}<0$，而 $T-20>0$，所以方程右端带有负号，式（6.1）就是物体温度 T（未知函数）所满足的微分方程。这就是**物体冷却的数学模型**。

根据题设，$T = T(t)$ 还需满足条件

$$T\big|_{t=0} = 100.\qquad (6.2)$$

下面由式（6.1）求未知函数 $T = T(t)$，为此，将式（6.1）改写成

$$\frac{\mathrm{d}T}{T-20} = -k\mathrm{d}t,$$

两边积分得

$$\int \frac{1}{T-20}\mathrm{d}T = -\int k\mathrm{d}t.$$

(在本章中，凡用不定积分表示的都是指某一个确定的原函数，因此，这里另加一个任意常数 C_1.)

可得
$$\ln(T-20) = -kt+C_1,$$

从上式可解出

$$T - 20 = \mathrm{e}^{-kt+C_1} = \mathrm{e}^{C_1}\mathrm{e}^{-kt} = C\mathrm{e}^{-kt},$$

其中 $\mathrm{e}^{C_1} = C$，则有 $T = 20 + C\mathrm{e}^{-kt}$（其中 C 为任意常数），再把 $T|_{t=0} = 100$ 代入，得 $C = 100 - 20 = 80$，于是

$$T = 20 + 80\mathrm{e}^{-kt}.$$

这就是上述物体的冷却规律，即温度 T 与时间 t 的函数关系. 它满足微分方程(6.1)及条件(6.2).

若设物体的初始温度为 T_0，空气的温度为 $\tau(\tau < T_0)$，则可得 $T = \tau + (T_0-\tau)\mathrm{e}^{-kt}$，表示初始温度为 T_0 的某一物体的冷却规律，而

$$T = \tau + C\mathrm{e}^{-kt}$$

因含有任意常数 C，因而它含有无穷多个函数，它表示某一物体在各种不同初始温度下开始冷却的共同规律.

例 2（自由落体运动的数学模型） 设一质量为 m 的物体只受重力的作用由静止自由降落，求物体下落的距离与时间的关系.

解 以物体降落的铅垂线作为 x 轴，其正方向朝下，假设开始下落的时间是 $t=0$，并取起点为坐标原点. 设在时刻 t 物体下落的距离为 x，有 $x = x(t)$. 初始速度为 0.

分析物体所受的力：由于物体下落时，只受重力作用，故物体所受的力为 $F = mg$. 由牛顿第二定律 $F = ma$，及物体运动的加速度 $a = \dfrac{\mathrm{d}^2x}{\mathrm{d}t^2}$，得 $m\dfrac{\mathrm{d}^2x}{\mathrm{d}t^2} = mg$，即

$$\frac{\mathrm{d}^2x}{\mathrm{d}t^2} = g. \tag{6.3}$$

这就是**自由落体运动的数学模型**.

下面求解该方程，将方程(6.3)改写为 $\mathrm{d}\left(\dfrac{\mathrm{d}x}{\mathrm{d}t}\right) = g\mathrm{d}t$. 两边积分一次得

$$\frac{\mathrm{d}x}{\mathrm{d}t} = gt + C_1$$

（其中 C_1 为任意常数），两边再积分一次得

$$x = \frac{1}{2}gt^2 + C_1 t + C_2 \tag{6.4}$$

（其中 C_2 为任意常数），上式即为微分方程(6.3)的解. 由于求解过程中作了两次积分，因此式(6.4)中含有两个任意常数，这两个任意常数不能合并为一个. 式(6.4)反映了自由落体的一般规律.

由题设当 $t = 0$ 时，$x = 0$，将其代入式(6.4)，得

$$0 = 0 + 0 + C_2, \quad \text{即} \quad C_2 = 0;$$

再由当 $t = 0$ 时，$v_0 = 0$，即 $\left.\dfrac{\mathrm{d}x}{\mathrm{d}t}\right|_{t=0} = 0$，代入 $\dfrac{\mathrm{d}x}{\mathrm{d}t} = gt + C_1$，得

$$0 = 0 + C_1, \quad \text{即} \quad C_1 = 0.$$

因此，满足本题题设的解为

$$x(t) = \frac{1}{2}gt^2,$$

它反映了初始位置为 0，初始速度为 0 的自由落体的运动规律.

下面我们介绍微分方程的一些基本概念：

1. 微分方程及微分方程的阶.

凡含有未知函数的导数或微分(一定要有)或未知函数及自变量(可有可无)的方程，称为<u>微分方程</u>，有时也简称为<u>方程</u>. 未知函数是一元函数的，叫做<u>常微分方程</u>，本章只讨论常微分方程. 常微分方程的一般形式是：

$$F(x, y, y', y'', \cdots, y^{(n)}) = 0, \tag{6.5}$$

其中 x 是自变量，y 是 x 的未知函数，即 $y = y(x)$，而 $y', \cdots, y^{(n)}$ 依次是函数 $y = y(x)$ 关于 x 的一阶，$\cdots$，n 阶导数，在方程中出现的各阶导数中最高的阶数，称为微分方程的阶.

例如方程 $\dfrac{\mathrm{d}T}{\mathrm{d}t} = -k(T-20)$ 的阶数为一阶，称为一阶微分方程. 又如方程 $\dfrac{\mathrm{d}^2 x}{\mathrm{d}t^2} = g$ 的最高阶数为二阶，称为二阶微分方程，而式(6.5)称为 n 阶微分方程.

2. 微分方程的解及通解.

如果将某一函数 $y = y(x)$ 代入微分方程(6.5)，能使方程成为恒等式，则函数 $y = y(x)$ 称为微分方程(6.5)的解.

如果微分方程的解中所含独立的任意常数的个数与方程的阶数相同，那么这种解称为微分方程的<u>通解</u>. 因此，一阶微分方程 $F(x, y, y') = 0$ 的通解形式是 $y = y(x, C)$，其中 C 为任意常数. 例如，例 1 中的

$$T = 20 + Ce^{-kt}$$

是方程

$$\frac{\mathrm{d}T}{\mathrm{d}t} = -k(T-20)$$

的通解. 二阶微分方程

$$F(x,\ y,\ y',\ y'') = 0$$

的通解形式是

$$y = y(x,\ C_1,\ C_2),$$

其中 C_1, C_2 是两个相互独立的任意常数. 例如, 例 2 中的

$$x = \frac{1}{2}gt^2 + C_1 t + C_2$$

是方程 $\dfrac{\mathrm{d}^2 x}{\mathrm{d}t^2} = g$ 的通解. 易知, n 阶微分方程的通解形式为

$$y = y(x, C_1, C_2, \cdots, C_n),$$

其中 $C_1, C_2, \cdots, C_n$ 是 n 个相互独立的任意常数.

3. 微分方程的特解及初值条件.

如果指定通解中的一组任意常数等于某一组固定的常数, 那么得到的微分

方程的解, 叫做**特解**. 例如, 在微分方程 $\dfrac{\mathrm{d}^2 x}{\mathrm{d}t^2} = g$ 的通解

$$x = \frac{1}{2}gt^2 + C_1 t + C_2$$

中指定 $C_1 = 1$, $C_2 = 2$, 于是得特解

$$x = \frac{1}{2}gt^2 + t + 2.$$

在一阶微分方程 $F(x, y, y') = 0$ 的通解 $y = y(x, C)$ 中, 求满足条件: 当 $x = x_0$ 时 $y = y_0$ (可简记为 $y\big|_{x = x_0} = y_0$) 的特解有特殊意义. 这里 x_0, y_0 是两个已知数, 这个条件叫做微分方程 $F(x, y, y') = 0$ 的初值条件. 显然, 如果通解中的常数 C 满足方程 $y_0 = y(x_0, C)$, 则由此定出的常数 C 代入通解中就得到方程 $F(x, y, y') = 0$ 满足初值条件 $y\big|_{x = x_0} = y_0$ 的特解.

一阶微分方程, 有一个初值条件, 记为 $y\big|_{x = x_0} = y_0$; 二阶微分方程, 有两个初值条件, 记为 $y\big|_{x = x_0} = y_0$, $\dfrac{\mathrm{d}y}{\mathrm{d}x}\bigg|_{x = x_0} = y_0'$, 其中 y_0, y_0' 都是已知常数.

解方程时, 通常先求出它的通解, 再根据初值条件, 确定任意常数, 求出特解. 例如, 方程

$$\frac{\mathrm{d}T}{\mathrm{d}t} = -k(T - 20)$$

满足初值条件 $T\big|_{t = 0} = 100$ 的特解是

$$T = 20 + 80\mathrm{e}^{-kt}.$$

又如, 方程

$$\frac{\mathrm{d}^2 x}{\mathrm{d}t^2} = g$$

满足初值条件 $x\mid_{t=0}=0,\dfrac{\mathrm{d}x}{\mathrm{d}t}\Big|_{t=0}=0$ 的特解是

$$x=\frac{1}{2}gt^2.$$

例 3 验证函数 $y=(x^2+C)\sin x$(C 为任意常数)是方程

$$\frac{\mathrm{d}y}{\mathrm{d}x}-y\cot x-2x\sin x=0$$

的通解,并求满足初值条件 $y\mid_{x=\frac{\pi}{2}}=0$ 的特解.

解 要验证一个函数是否是方程的通解,只要将函数代入方程,验证是否恒等,再看函数式中所含的独立的任意常数的个数是否与方程的阶数相同.

对 $y=(x^2+C)\sin x$ 求一阶导数,得

$$\frac{\mathrm{d}y}{\mathrm{d}x}=2x\sin x+(x^2+C)\cos x,$$

把 y 和 $\dfrac{\mathrm{d}y}{\mathrm{d}x}$ 代入方程左边得

$$\frac{\mathrm{d}y}{\mathrm{d}x}-y\cot x-2x\sin x$$

$$=2x\sin x+(x^2+C)\cos x-(x^2+C)\sin x\cot x-2x\sin x\equiv 0.$$

可见,方程两边恒等,且 y 中含有一个任意常数. 所以 $y=(x^2+C)\sin x$ 是

$$\frac{\mathrm{d}y}{\mathrm{d}x}-y\cot x-2x\sin x=0$$

的通解.

将初值条件 $y\mid_{x=\frac{\pi}{2}}=0$ 代入通解

$$y=(x^2+C)\sin x$$

中,得 $0=\dfrac{\pi^2}{4}+C.$ 因此 $C=-\dfrac{\pi^2}{4}.$ 所求特解为

$$y=\left(x^2-\frac{\pi^2}{4}\right)\sin x,$$

它是满足初值条件 $y\mid_{x=\frac{\pi}{2}}=0$ 的特解.

习题 6-1

1. 验证下列函数是否为指定微分方程的解:

（1）$y''+y=0$,　　$y=3\sin x-4\cos x$;

（2）$y''+\omega^2 y=0$,　　$y=C_1\cos \omega x+C_2\sin \omega x$（$C_1$, C_2, ω 为常数）;

（3）$(x+y)dx+xdy=0$,　　$y=\dfrac{C^2-x^2}{2x}$;

（4）$y''-2y'+y=0$,　　$y=x^2 e^x$.

2. 检验下列函数（其中 C 为任意常数）是否为所给方程的解，是通解还是特解？

（1）$y'-2y=0$,　　$y=\sin 2x$, $y=e^{2x}$, $y=Ce^{2x}$;

（2）$xy'=y\left(1+\ln\dfrac{y}{x}\right)$,　　$y=x$, $y=xe^{Cx}$.

3. 验证函数 $y=Cx^3$（C 为常数）是方程 $3y-xy'=0$ 的解.

4. 验证函数 $y=-6\cos 2x+8\sin 2x$ 是方程

$$y''+y'+\frac{5}{2}y=25\cos 2x$$

的解，且满足初值条件 $y\big|_{x=0}=-6$, $y'\big|_{x=0}=16$.

§2　可分离变量方程

在上节例1、例2中我们已经看到，有些微分方程可以用直接求积分的方法来求解，但是，实际问题中遇到的微分方程是多种多样的，它们的解法也各不相同. 从本节开始我们将根据微分方程的不同类型，给出相应的解法. 下面介绍可分离变量方程及其解法.

§2.1　可分离变量方程

已解出 $\dfrac{dy}{dx}$ 的一阶微分方程的一般形式是

$$\frac{dy}{dx}=F(x, y),$$

若其右端能分解成 $F(x,y)=f(x)g(y)$，即把方程化为

$$\frac{dy}{dx}=f(x)g(y). \tag{6.6}$$

则式（6.6）称为可分离变量的方程，其中 $f(x)$，$g(y)$ 都是连续函数. 这种方程的特点是，右边是一个仅含 x 的函数 $f(x)$ 与一个仅含 y 的函数 $g(y)$ 的乘积. 利用这一特点，可通过积分来求解. 方法如下：设 $g(y)\neq 0$，用 $g(y)$ 除方程的两端，dx 乘方程的两端得

$$\frac{1}{g(y)}dy=f(x)dx.$$

上述方法，是将未知函数与自变量分离置于等号的两边(称为**分离变量法**)，积分后得通解

$$\int \frac{1}{g(y)} \mathrm{d}y = \int f(x)\,\mathrm{d}x + C \ (g(y) \neq 0).$$

若有 $g(y_0) = 0$，则易知 $y = y_0$ 也是式(6.6)的解.

例 1 求微分方程 $\tan x \dfrac{\mathrm{d}y}{\mathrm{d}x} = 1 + y$ 的通解.

解 将原方程改写成

$$\frac{\mathrm{d}y}{\mathrm{d}x} = (1 + y) \cot x,$$

这是一个可分离变量的微分方程，分离变量得

$$\frac{\mathrm{d}y}{1 + y} = \frac{\cos x}{\sin x} \mathrm{d}x,$$

两边积分得

$$\ln|1 + y| = \ln|\sin x| + \ln|C|$$

(这里为运算方便，我们将任意常数 C 写成 $\ln|C|$，且 $C \neq 0$)，由此得

$$y = C\sin x - 1.$$

此外，$y = -1$ 也是方程的解，这个解可以认为包含在上述表达式(当 $C = 0$ 时)中，故得通解

$$y = C\sin x - 1.$$

例 2 求微分方程 $\mathrm{d}x + xy\mathrm{d}y = y^2\mathrm{d}x + y\mathrm{d}y$ 的通解.

解 先将含 $\mathrm{d}x$ 及 $\mathrm{d}y$ 的各项合并，则有

$$y(x - 1)\mathrm{d}y = (y^2 - 1)\mathrm{d}x.$$

设 $y^2 - 1 \neq 0$，$x - 1 \neq 0$，用它们分别除上式两边使变量分离，得

$$\frac{y}{y^2 - 1}\mathrm{d}y = \frac{1}{x - 1}\mathrm{d}x,$$

两边积分得

$$\frac{1}{2}\ln|y^2 - 1| = \ln|x - 1| + \ln|C_1|,$$

于是得到 $y^2 - 1 = \pm C_1^2(x-1)^2$，记 $\pm C_1^2 = C$，则得通解 $y^2 - 1 = C(x-1)^2$.

注 在用分离变量法解可分离变量的微分方程的过程中，我们在假定 $g(y) \neq 0$ 的前提下，用它除方程两边，这样得到的通解，不包含使 $g(y) = 0$ 的特解. 但是，有时如果我们扩大任意常数 C 的取值范围，则其失去的解将仍包含在通解中.

如例 1，为使任意常数 $\ln|C|$ 有意义，应该 $C \neq 0$，但这样方程就失去特解 $y = -1$；而如果允许 $C = 0$，则 $y = -1$ 仍将包含在通解

$$y = C\sin x - 1$$

中. 又如例 2, 在我们得到的通解中, 应该 $C \neq 0$, 但这样方程就将失去特解 $y = \pm 1$; 而如果允许 $C = 0$, 则 $y = \pm 1$; 仍包含在通解

$$y^2 - 1 = C(x - 1)^2$$

中.

例 3 有一房间容积为 100 m^3, 开始时房间空气中含有 0.12% 的 CO_2, 为了改善房间的空气质量, 用一台风量为 $10 \text{ m}^3/\text{min}$ 的排风扇通入含 0.04% 的 CO_2 的新鲜空气, 同时以相同的风量将混合均匀的空气排出, 求排风扇工作 10 min 后, 房间中 CO_2 的含量(单位: $\%$).

解 排风扇开动后, 房间中的 CO_2 的含量是个变量, 设为 $x\%$, 则 x 是时间 t 的函数, 即未知函数 $x = x(t)$.

由于房间中 CO_2 的含量随时在变, 我们考虑在 t 到 $t + \Delta t$ 这一小时间段 Δt 内, 房间中的 CO_2 含量的变化, 设房间在 Δt 时间内 CO_2 含量的改变量为 ΔCO_2, 则有以下关系:

$$\Delta CO_2 = (CO_2 \text{ 的通入量}) - (CO_2 \text{ 的排出量}),$$

而

$$CO_2 \text{ 的通入量} = 10 \cdot \Delta t \cdot 0.04\%,$$
$$CO_2 \text{ 的排出量} = 10 \cdot \Delta t \cdot (CO_2 \text{ 的含量}),$$

由于在 t 到 $t + \Delta t$ 这段时间内房间内 CO_2 的含量是不断变化的, 所以要精确地计算出 CO_2 排出量比较困难. 但是当 Δt 很小时, 可以将 CO_2 的含量近似地看作不变, 而用时刻 t 的含量 $x\%$ 作为 Δt 这段时间内的含量, 于是可得

$$CO_2 \text{ 排出量} \approx 10 \cdot \Delta t \cdot x\%.$$

另一方面, 在 $t + \Delta t$ 时, 房间内 CO_2 的含量为 $100x(t + \Delta t)\%$, 在 t 时, 房间内 CO_2 含量为 $100x(t)\%$, 则

$$\begin{aligned}
\Delta CO_2 &= 100x(t + \Delta t)\% - 100x(t)\% \\
&= 100[x(t + \Delta t) - x(t)]\% \\
&= 100\Delta x\%.
\end{aligned}$$

从而

$$100\Delta x\% \approx 10 \times 0.04\% \Delta t - 10 \, x\% \Delta t,$$

消去百分号, 得

$$\frac{\Delta x}{\Delta t} \approx -\frac{1}{10}(x - 0.04),$$

$|\Delta t|$ 越小, 则上式越精确. 令 $\Delta t \to 0$, 取极限得微分方程

$$\frac{\mathrm{d}x}{\mathrm{d}t} = -\frac{1}{10}(x - 0.04).$$

这是一个可分离变量的微分方程, 初值条件为

$$x \mid_{t=0} = 0.12.$$

用分离变量法解方程

$$\frac{1}{x - 0.04} dx = -\frac{1}{10} dt,$$

积分得

$$\ln |x - 0.04| = -0.1t + C_1,$$

得通解

$$x - 0.04 = C e^{-0.1t}.$$

由 $x \mid_{t=0} = 0.12$ 推知 $C = 0.08$，所以满足初值条件的特解是

$$x = 0.04(1 + 2e^{-0.1t}).$$

当 $t = 10$ min 时，$x = 0.04(1 + 2e^{-1}) \approx 0.07$. 故 10 min 后，房间中的 CO_2 含量降至 0.07%.

从上面的例题中可以看出，运用微分方程解决实际问题时，关键在于列出微分方程（即建立数学模型）和初值条件. 然而如何列出方程，往往是困难的，但对于某些具体问题，我们可运用微积分的基本思想对问题进行具体的分析. 这就是利用"细分"将整体上变化的量转化为局部相对不变的量，再利用微分概念或物理规律列出方程. 在例 3 中是从分析在自变量 t 的一个很小变化 Δt 内，未知函数 x 的微小变化 Δx 入手，列出 Δx 与 Δt 的关系式，再取极限得到微分方程，这种方法称为<u>微小增量分析法</u>，是列微分方程常用的方法.

§2.2　齐次微分方程

如果一阶微分方程 $\dfrac{dy}{dx} = F(x, y)$ 的右端 $F(x, y) \equiv g\left(\dfrac{y}{x}\right)$，即

$$\frac{dy}{dx} = g\left(\frac{y}{x}\right), \tag{6.7}$$

则称式(6.7)为<u>齐次微分方程</u>，简称齐次方程. 例如

$$\frac{dy}{dx} = \frac{xy}{x^2 + y^2}, \qquad \frac{dy}{dx} = \frac{y}{x} + \tan \frac{y}{x}$$

都是齐次方程；而 $\dfrac{dy}{dx} = x + y^2$ 不是齐次方程，因为其右端不能写成 $\dfrac{y}{x}$ 的函数.

求解式(6.7)的方法是，利用变量替换将式(6.7)化为可分离变量的方程. 即作变量替换

$$u = \frac{y}{x}, \tag{6.8}$$

即

$$y = ux, \tag{6.9}$$

于是

$$\frac{dy}{dx} = x\frac{du}{dx} + u. \tag{6.10}$$

将式(6.8)和式(6.10)代入式(6.7)，则原方程变成 $x\dfrac{du}{dx} + u = g(u)$，整理后

得到

$$\frac{du}{dx} = \frac{g(u) - u}{x}. \tag{6.11}$$

这是一个可分离变量方程. 设 $g(u) - u \neq 0$，分离变量，并积分得

$$\int \frac{du}{g(u) - u} = \ln|x| + \ln|C|,$$

其中 C 为任意常数. 再把变量 $u = \dfrac{y}{x}$ 代回，即得方程(6.7)的通解.

若有 u_0，使 $g(u_0) - u_0 = 0$，则显然 $u = u_0$ 也是方程(6.11)的一个解，从而 $y = u_0 x$ 也是方程(6.7)的一个解；若 $g(u) - u \equiv 0$，则方程(6.7)化为 $\dfrac{dy}{dx} = \dfrac{y}{x}$，这是一个可分离变量方程.

作变量替换改变方程的形状再去求解，是解微分方程的一种常用方法，称为变量替换法，今后将多次运用，希望读者细心体会.

例 4 求微分方程 $\dfrac{dy}{dx} = \dfrac{y}{x} + \tan\dfrac{y}{x}$ 满足初值条件 $y\big|_{x=1} = \dfrac{\pi}{6}$ 的特解.

解 所求方程为齐次方程，设 $u = \dfrac{y}{x}$，有

$$\frac{dy}{dx} = x\frac{du}{dx} + u.$$

代入方程得

$$u + x\frac{du}{dx} - u = \tan u,$$

分离变量，得 $\cot u\, du = \dfrac{1}{x}dx$. 两边积分得

$$\ln|\sin u| = \ln|x| + \ln|C|.$$

即

$$\sin u = Cx,$$

将 $u = \dfrac{y}{x}$ 代回，则方程的通解是

$$\sin\frac{y}{x} = Cx.$$

利用初值条件 $y\mid_{x=1} = \frac{\pi}{6}$ 得 $C = \frac{1}{2}$. 因而所求方程的特解是

$$\sin\frac{y}{x} = \frac{1}{2}x.$$

下面说明 $\dfrac{\mathrm{d}y}{\mathrm{d}x} = F(x, y)$ 的右边 $F(x, y)$ 具有什么性质时, 才能把它写成

$g\left(\dfrac{y}{x}\right)$ 的形式? 为此, 我们介绍齐次函数的概念.

定义 6.1 如果存在常数 k, 对于任何实数 t, 均有

$$f(tx, ty) = t^k f(x, y),$$

则称 $f(x,y)$ 是关于 x, y 的 <u>k 次齐次函数</u>. 特别当 $k = 0$ 时, $f(x,y)$ 称为 <u>零次齐次</u> <u>函数</u>, 即对于任何实数 t, 有

$$f(tx, ty) = f(x, y).$$

下面我们证明零次齐次函数 $f(x,y)$ 可以化为 $g\left(\dfrac{y}{x}\right)$. 事实上, 在

$$f(tx,ty) = f(x,y)$$

中令 $t = \dfrac{1}{x}$, 得

$$f(x, y) = f\left(\frac{1}{x}x, \frac{1}{x}y\right) = f\left(1, \frac{y}{x}\right),$$

而 $f\left(1, \dfrac{y}{x}\right)$ 可以看作是以 $\dfrac{y}{x}$ 为变量的新的函数 $g\left(\dfrac{y}{x}\right)$. 由此我们可以断定, 当 $f(x,y)$ 为零次齐次函数时, 方程

$$\frac{\mathrm{d}y}{\mathrm{d}x} = f(x, y)$$

是齐次方程.

例如, 方程 $\dfrac{\mathrm{d}y}{\mathrm{d}x} = \dfrac{xy}{x^2+y^2}$, 其中 $f(x,y) = \dfrac{xy}{x^2+y^2}$, 而

$$f(tx, ty) = \frac{t^2 xy}{t^2 x^2 + t^2 y^2} = \frac{xy}{x^2 + y^2} = f(x, y).$$

所以 $f(x,y)$ 为零次齐次函数, 从而原方程为齐次方程.

习题 6-2

求第 1 题—第 14 题中可分离变量方程(含齐次方程)的解:

1. $x \dfrac{\mathrm{d}y}{\mathrm{d}x} - y = 0.$

2. $\sqrt{1-y^2}\,\mathrm{d}x + y\sqrt{1-x^2}\,\mathrm{d}y = 0.$

3. $\dfrac{\mathrm{d}y}{\mathrm{d}x} = (2y+1)\cot x,\ y\big|_{x=\frac{\pi}{4}} = \dfrac{1}{2}.$

4. $2(x^2-1)y\dfrac{\mathrm{d}y}{\mathrm{d}x} = (2x+3)(1+y^2).$

5. $\dfrac{\mathrm{d}y}{\mathrm{d}x} = (1-y^2)\tan x,\ y\big|_{x=0} = 2.$

6. $x(y^2-1)\mathrm{d}x + y(x^2-1)\mathrm{d}y = 0.$

7. $\sin x\cos y - \cos x\sin y\dfrac{\mathrm{d}y}{\mathrm{d}x} = 0.$

8. $\dfrac{\mathrm{d}y}{\mathrm{d}x} = \dfrac{2xy}{x^2+y^2}.$

9. $\dfrac{\mathrm{d}y}{\mathrm{d}x} = \dfrac{y}{x}(1+\ln y - \ln x).$

10. $y^2 + x^2\dfrac{\mathrm{d}y}{\mathrm{d}x} = xy\dfrac{\mathrm{d}y}{\mathrm{d}x}.$

11. $(y-x)\mathrm{d}x = (y+x)\mathrm{d}y.$

12. $\left(x - y\cos\dfrac{y}{x}\right)\mathrm{d}x + x\cos\dfrac{y}{x}\mathrm{d}y = 0.$

13. $\dfrac{\mathrm{d}y}{\mathrm{d}x} = 2\sqrt{\dfrac{y}{x}} + \dfrac{y}{x},\ y\big|_{x=1} = 4.$

14. $x\dfrac{\mathrm{d}y}{\mathrm{d}x} - y = \sqrt{x^2-y^2},\ y\big|_{x=1} = \dfrac{1}{2}.$

§3 一阶线性微分方程

§3.1 一阶线性微分方程

形如

$$\frac{\mathrm{d}y}{\mathrm{d}x} + p(x)y = q(x) \tag{6.12}$$

的方程称为一阶线性微分方程. 这是因为方程(6.12)关于未知函数及导数是一次(线性)的, 其中 $p(x)$, $q(x)$ 是某一区间 X 的连续函数. $q(x)$ 称为自由项, 特别地, 当 $q(x) \equiv 0$ 时, 方程(6.12)成为

$$\frac{\mathrm{d}y}{\mathrm{d}x} + p(x)y = 0, \tag{6.13}$$

这个方程称为一阶线性齐次方程, 相对应地, 方程(6.12)称为一阶线性非齐次方程.

　　线性齐次方程(6.13)是可分离变量的方程，可写成

$$\frac{\mathrm{d}y}{\mathrm{d}x} = -p(x)y \text{ 或 } \frac{\mathrm{d}y}{y} = -p(x)\mathrm{d}x,$$

两边积分，得

$$\ln|y| = -\int p(x)\mathrm{d}x + \ln|C|,$$

即其通解为 $y = Ce^{-\int p(x)\mathrm{d}x}$，这里任意常数 C 也可以等于零，因为 $y \equiv 0$ 也满足方程.

　　对于非齐次方程(6.12)，其左边与对应的齐次方程(6.13)的左边完全一样，其右边是 $q(x)$ 而不是 0. 齐次方程(6.13)可以看成非齐次方程的特殊情况，故齐次方程的通解也应是非齐次方程通解的特殊情况. 如何求其通解呢？我们先分析一个例题.

　　例 1　求方程 $\dfrac{\mathrm{d}y}{\mathrm{d}x} + \dfrac{1}{x}y = 5$ 的通解.

　　解　这是一阶线性非齐次方程，不能用分离变量法求解，但其对应的齐次方程为

$$\frac{\mathrm{d}y}{\mathrm{d}x} + \frac{1}{x}y = 0,$$

其通解

$$y = Ce^{-\int p(x)\mathrm{d}x} = Ce^{-\int \frac{1}{x}\mathrm{d}x} = \frac{C}{x}.$$

显然它不可能是所求非齐次方程的解，但是由于齐次方程和非齐次方程非常相似，所以我们猜想所求方程的解可以通过把 $y = \dfrac{C}{x}$ 中的任意常数 C 换成某个 x 的函数 $u(x)$ 而得到. 为此我们设 $y = \dfrac{u(x)}{x}$ 是所求非齐次方程的解，其中 $u(x)$ 为待定函数.

　　将 $y = \dfrac{u(x)}{x}$ 求导得

$$\frac{\mathrm{d}y}{\mathrm{d}x} = \frac{xu'(x) - u(x)}{x^2},$$

代入所求方程中，得

$$\frac{xu'(x) - u(x)}{x^2} + \frac{u(x)}{x^2} = 5,$$

化简得 $u'(x) = 5x$，因此求得

$$u(x) = \int 5x\mathrm{d}x = \frac{5}{2}x^2 + C,$$

其中 C 为任意常数. 将

$$u(x) = \frac{5}{2}x^2 + C$$

代入 $y = \dfrac{u(x)}{x}$，便得

$$y = \frac{\dfrac{5}{2}x^2 + C}{x}.$$

可以验证 $y = \dfrac{\dfrac{5}{2}x^2 + C}{x}$ 是所求方程的解. 由于解中含有一个任意常数 C，所以它是所求方程的通解.

上述这种解法对于一般的线性非齐次方程

$$\frac{dy}{dx} + p(x)y = q(x)$$

也是适用的，即先求对应齐次方程 $\dfrac{dy}{dx} + p(x)y = 0$ 的通解

$$\boxed{y = Ce^{-\int p(x)\,dx}},$$

再将上式中的任意常数 C 换为待定函数 $u(x)$，即

$$y = u(x)e^{-\int p(x)\,dx},$$

并对其关于 x 求导数

$$\frac{dy}{dx} = u'(x)e^{-\int p(x)\,dx} + u(x)e^{-\int p(x)\,dx}(-p(x)),$$

将 $\dfrac{dy}{dx}$，y 代入非齐次方程，得

$$u'(x)e^{-\int p(x)\,dx} - p(x)u(x)e^{-\int p(x)\,dx} + p(x)u(x)e^{-\int p(x)\,dx} = q(x),$$

化简后为 $u'(x)e^{-\int p(x)\,dx} = q(x)$，即

$$u'(x) = q(x)e^{\int p(x)\,dx}.$$

积分得 $u(x) = \displaystyle\int q(x)e^{\int p(x)}\,dx + C$，其中 C 为任意常数. 于是得到一阶线性非齐次方程的通解为

$$\boxed{y = e^{-\int p(x)\,dx}\left[\int q(x)e^{\int p(x)\,dx}\,dx + C\right].} \tag{6.14}$$

上述这种将对应的齐次方程通解中的任意常数 C，换成待定函数 $u(x)$，以

求得非齐次方程的通解的方法称为常数变易法.

由公式(6.14)还可以看出，一阶线性非齐次方程的通解可以写成两项 $\tilde{y}$ 与 Y 的和，即 $y = \tilde{y} + Y$，其中

$$\tilde{y} = e^{-\int p(x)\,\mathrm{d}x} \int q(x) e^{\int p(x)\,\mathrm{d}x}\,\mathrm{d}x, \quad Y = C e^{-\int p(x)\,\mathrm{d}x}.$$

前者相当于式(6.14)中 $C = 0$ 的情形，因而它是非齐次方程的一个特解；后者是对应的齐次方程的通解. 于是有以下结论：**一阶线性非齐次方程的通解是其本身的一个特解与对应的齐次方程的通解之和**. 以后还会看到这个结论对高阶线性非齐次方程亦成立.

例 2 求方程 $\dfrac{\mathrm{d}y}{\mathrm{d}x} - \dfrac{1}{x}y = 2x^2$ 的通解.

解法一 该方程是一阶线性非齐次方程，这里

$$p(x) = -\frac{1}{x}, \quad q(x) = 2x^2,$$

由公式(6.14)，得

$$y = e^{\int \frac{1}{x}\mathrm{d}x}\left(\int 2x^2 e^{-\int \frac{1}{x}\mathrm{d}x}\,\mathrm{d}x + C\right) = \begin{cases} x\left(\displaystyle\int 2x\,\mathrm{d}x + C\right) = x^3 + Cx, & x > 0, \\ -x\left(-\displaystyle\int 2x\,\mathrm{d}x + C\right) = x^3 - Cx, & x < 0, \end{cases}$$

由于 C 是任意常数，所以通解为

$$y = x^3 + Cx.$$

由这个例子可以看出，在解微分方程时，当对数出现在 e 的指数当中，可以不必在对数内部取绝对值.

解法二 先求对应的齐次方程 $\dfrac{\mathrm{d}y}{\mathrm{d}x} - \dfrac{1}{x}y = 0$ 的通解，得 $y = Cx$. 用常数变易法.

设 $y = u(x)x$，则

$$\frac{\mathrm{d}y}{\mathrm{d}x} = u(x) + xu'(x),$$

代入原方程，得

$$u(x) + xu'(x) - u(x) = 2x^2,$$

即 $u'(x) = 2x$，得 $u(x) = x^2 + C$，从而求得非齐次方程的通解

$$y = x^3 + Cx.$$

从以上例子我们可以看到，对于求解一阶线性非齐次方程可以直接套用公式，也可以用常数变易法解.

例 3 图 6-1 表示一个由电源 E，电阻 R 和电

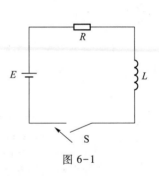

图 6-1

感 L 串联而成的电路，求电路中的电流.

解 当开关 S 闭合时，电路中将有电流通过，用 $I = I(t)$ 表示电流. 由电学知识知道，电阻 R 上的电压为 RI，电感 L 上的电压就降为 $L\dfrac{\mathrm{d}I}{\mathrm{d}t}$. 根据基尔霍夫第二定律，闭合电路中，外加电压（或电势差）等于电路中其余部分的电压之和，于是可得到微分方程

$$L\frac{\mathrm{d}I}{\mathrm{d}t} + RI = E,$$

这是一个一阶线性非齐次方程，其通解为

$$I = \mathrm{e}^{-\frac{R}{L}t}\left(\int \frac{E}{L}\mathrm{e}^{\frac{R}{L}t}\,\mathrm{d}t + C\right).$$

当外加电压 E 是常量时，用 $I_0 = I(0)$ 表示 $t = 0$ 时的初始电流，此时 $C = I_0 - \dfrac{E}{R}$，得到特解

$$I = \frac{E}{R} + \left(I_0 - \frac{E}{R}\right)\mathrm{e}^{-\frac{R}{L}t}.$$

这说明电路中的电流与初始电流 I_0 及 $\dfrac{E}{R}$ 有关，若 $I_0 = \dfrac{E}{R}$，则不出现指数项，且电流是常量 $I = \dfrac{E}{R}$；若 $I_0 > \dfrac{E}{R}$，则指数项的系数是正数，当 $t \to +\infty$ 时，电流减小到极限值 $\dfrac{E}{R}$；若 $I_0 < \dfrac{E}{R}$，则电流增加到极限值 $\dfrac{E}{R}$，常量 $\dfrac{E}{R}$ 称为稳态电流，指数项 $\left(I_0 - \dfrac{E}{R}\right)\mathrm{e}^{-\frac{R}{L}t}$ 称为暂态电流.

特别当 $I_0 = 0$ 时，有

$$I = \frac{E}{R}(1 - \mathrm{e}^{-\frac{R}{L}t}),$$

它表示接通电路时的电流大小；若令 $E = 0$，则得断开电路后电流的消失公式

$$I = I_0\mathrm{e}^{-\frac{R}{L}t}.$$

当外加电压 $E = E_0\sin\omega t$，其中 E_0 和 ω 都是正常数时，则有

$$I = \mathrm{e}^{-\frac{R}{L}t}\left(\int \frac{E_0}{L}\sin\omega t\,\mathrm{e}^{\frac{R}{L}t}\,\mathrm{d}t + C\right).$$

利用分部积分法有

$$\int \mathrm{e}^{\frac{R}{L}t}\sin\omega t\,\mathrm{d}t = \frac{1}{\left(\frac{R}{L}\right)^2 + \omega^2}\left(\frac{R}{L}\sin\omega t - \omega\cos\omega t\right)\mathrm{e}^{\frac{R}{L}t} + C$$

$$= \frac{L}{\sqrt{R^2 + L^2\omega^2}}\left(\frac{R}{\sqrt{R^2 + L^2\omega^2}}\sin\omega t - \frac{L\omega}{\sqrt{R^2 + L^2\omega^2}}\cos\omega t\right)\mathrm{e}^{\frac{R}{L}t} + C$$

$$= \frac{L}{\sqrt{R^2 + L^2 \omega^2}} e^{\frac{R}{L}t} \sin(\omega t - \varphi) + C,$$

其中 $\varphi = \arctan \dfrac{L\omega}{R}$, $\cos\varphi = \dfrac{R}{\sqrt{R^2 + L^2 \omega^2}}$, $\sin\varphi = \dfrac{L\omega}{\sqrt{R^2 + L^2 \omega^2}}$. 从而得通解

$$I = e^{-\frac{R}{L}t} \left[\frac{E_0}{\sqrt{R^2 + L^2 \omega^2}} e^{\frac{R}{L}t} \sin(\omega t - \varphi) + C \right],$$

设 $t = 0$, $I_0 = 0$, 代入得 $C = \dfrac{E_0 \omega L}{R^2 + L^2 \omega^2}$, 则得特解

$$I = \frac{E_0 \omega L}{R^2 + L^2 \omega^2} e^{-\frac{R}{L}t} + \frac{E_0}{\sqrt{R^2 + L^2 \omega^2}} \sin(\omega t - \varphi).$$

当 t 增大时, 第一项迅速衰减而趋于零, 称为电流的暂态分量; 第二项是周期函数, 其周期为 $\dfrac{2\pi}{\omega}$, 它与外加电压的周期是一样的, 这一项称为稳态分量.

§3.2 伯努利方程

方程

$$\frac{\mathrm{d}y}{\mathrm{d}x} + p(x)y = q(x)y^\alpha, \quad \alpha \neq 0, \ 1 \tag{6.15}$$

称为伯努利方程. α 为常数, $\alpha \neq 0$, 1, 是因为当 $\alpha = 0$ 时, 方程 (6.15) 即为方程 (6.12); 当 $\alpha = 1$ 时, 方程 (6.15) 成为

$$\frac{\mathrm{d}y}{\mathrm{d}x} + (p(x) - q(x))y = 0,$$

是一阶线性齐次方程. 伯努利方程可以化为线性方程来求解, 以 y^α 除方程 (6.15) 两边, 得

$$y^{-\alpha} \frac{\mathrm{d}y}{\mathrm{d}x} + p(x)y^{1-\alpha} = q(x),$$

或

$$\frac{1}{1-\alpha}(y^{1-\alpha})' + p(x)y^{1-\alpha} = q(x).$$

令 $z = y^{1-\alpha}$, 就得到关于未知函数 z 的一阶线性方程

$$\frac{\mathrm{d}z}{\mathrm{d}x} + (1-\alpha)p(x)z = (1-\alpha)q(x).$$

利用线性方程的求解法求出解后, 再代回原变量, 便可得伯努利方程 (6.15) 的解.

例 4 解方程$\dfrac{\mathrm{d}y}{\mathrm{d}x}+x(y-x)+x^3(y-x)^2=1$.

解 令 $y-x=u$，则

$$\frac{\mathrm{d}y}{\mathrm{d}x}=\frac{\mathrm{d}u}{\mathrm{d}x}+1,$$

于是得到伯努利方程

$$\frac{\mathrm{d}u}{\mathrm{d}x}+xu=-x^3u^2.$$

令 $z=u^{1-2}=\dfrac{1}{u}$，上式即变为一阶线性方程

$$\frac{\mathrm{d}z}{\mathrm{d}x}-xz=x^3.$$

由式(6.14)得

$$z=\mathrm{e}^{\frac{x^2}{2}}\left(\int x^3\mathrm{e}^{-\frac{x^2}{2}}\mathrm{d}x+C\right)=C\mathrm{e}^{\frac{x^2}{2}}-x^2-2.$$

从而原方程的通解是

$$y=x+\frac{1}{z}=x+\frac{1}{C\mathrm{e}^{\frac{x^2}{2}}-x^2-2}.$$

此外，原方程还有解 $y=x\left(\text{因为 } u=0 \text{ 也是}\dfrac{\mathrm{d}u}{\mathrm{d}x}+xu=-x^3u^2 \text{ 的解}\right)$.

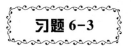
习题 6-3

求第 1 题—第 7 题中一阶线性方程的解：

1. $\dfrac{\mathrm{d}y}{\mathrm{d}x}=x^2-\dfrac{y}{x}$.

2. $x\dfrac{\mathrm{d}y}{\mathrm{d}x}-y=x^3\mathrm{e}^{-x}$.

3. $\dfrac{\mathrm{d}y}{\mathrm{d}x}+2xy+x=\mathrm{e}^{-x^2}$，$y(0)=2$.

4. $x\dfrac{\mathrm{d}y}{\mathrm{d}x}-x\cos x+2\sin x+2y=0$，$y(\pi)=0$.

5. $\dfrac{\mathrm{d}x}{\mathrm{d}t}+3x=\mathrm{e}^{2t}$.

6. $\cos x\dfrac{\mathrm{d}y}{\mathrm{d}x}-y\sin x=\cos^2x$.

7. $\dfrac{\mathrm{d}y}{\mathrm{d}x}+\dfrac{x}{1+x^2}y=\dfrac{1}{x(1+x^2)}$.

8. 一曲线过原点，并且它的每一点处切线斜率等于 $2x+y$，求该曲线方程.

求下列伯努利方程的解：

9. $\dfrac{\mathrm{d}y}{\mathrm{d}x}-\dfrac{x}{2(x^2-1)}y=\dfrac{x}{2y}$，$y(0)=1$.

10. $x\dfrac{\mathrm{d}y}{\mathrm{d}x}-4y=x^2\sqrt{y}$.

11. $\dfrac{\mathrm{d}y}{\mathrm{d}x} = \dfrac{y^2 - x}{2xy}$.

§4 全微分方程

形如

$$M(x, y)\mathrm{d}x + N(x, y)\mathrm{d}y = 0 \tag{6.16}$$

的方程，称为<u>全微分方程</u>①，若其左端恰好是 x, y 的某个二元函数 $u(x, y)$ 的全微分，即

$$M(x, y)\mathrm{d}x + N(x, y)\mathrm{d}y = \mathrm{d}u.$$

在这种情况下，方程(6.16)可写成

$$\mathrm{d}u(x, y) = 0.$$

因而

$$u(x, y) = C$$

就是方程(6.16)的通解，其中 C 为任意常数.

有两个问题要问：第一，如何根据 $M(x, y)$，$N(x, y)$ 的性质去判别方程(6.16)是否为全微分方程？第二，如果是全微分方程，又如何去求上述的 $u(x, y)$？

在下册的曲线积分一章中我们将给出如下定理

定理 6.1 设函数 $M(x, y)$，$N(x, y)$ 在平面单连通区域 G 上连续且有连续的一阶偏导数，则方程(6.16)为全微分方程的充要条件是在 G 内处处成立

$$\frac{\partial M}{\partial y} = \frac{\partial N}{\partial x}.$$

若 M，N 满足定理条件，则方程(6.16)的通解为 $u(x, y) = C$，其中 $u(x, y)$ 可由下述与路径无关的曲线积分

$$u(x, y) = \int_{(x_0, y_0)}^{(x, y)} M(x, y)\mathrm{d}x + N(x, y)\mathrm{d}y$$

求得，其中 (x_0, y_0) 是 G 内任取一点.

例 1 求方程 $(x^3 - y)\mathrm{d}x - (x - y)\mathrm{d}y = 0$ 的通解.

解 $M(x, y) = x^3 - y$，$\dfrac{\partial M(x, y)}{\partial y} = -1$.

$$N(x, y) = -(x - y)，\quad \frac{\partial N(x, y)}{\partial x} = -1.$$

在全平面上处处有

$$\frac{\partial M(x, y)}{\partial y} = \frac{\partial N(x, y)}{\partial x},$$

所以所求方程为全微分方程. 取 $(x_0, y_0) = (0, 0)$，则

$$u(x, y) = \int_{(0, 0)}^{(x, y)} (x^3 - y)\mathrm{d}x - (x - y)\mathrm{d}y$$

---

① 本节内容因涉及下册的知识，读者可跳过本节，也可待学习下册后再学.

$$= \int_0^x x^3 \,\mathrm{d}x - \int_0^y (x-y) \,\mathrm{d}y$$

$$= \frac{1}{4}x^4 - xy + \frac{1}{2}y^2.$$

所以方程的通解是

$$\frac{1}{4}x^4 - xy + \frac{1}{2}y^2 = C.$$

在判定方程是全微分方程后，有时可采用"分项组合"的办法，先把那些本身已构成全微分的项分离出来，再把剩下的项凑成全微分. 这种方法要求熟记一些简单函数的全微分，如

$$x\mathrm{d}y + y\mathrm{d}x = \mathrm{d}(xy), \quad x\mathrm{d}x + y\mathrm{d}y = \frac{1}{2}\mathrm{d}(x^2 + y^2),$$

$$\frac{y\mathrm{d}x - x\mathrm{d}y}{y^2} = \mathrm{d}\left(\frac{x}{y}\right), \quad \frac{x\mathrm{d}y - y\mathrm{d}x}{x^2} = \mathrm{d}\left(\frac{y}{x}\right) \text{ 等.}$$

下面举一个可用这种方法求解的例子.

例2 求方程 $(x^2 + y^2)\mathrm{d}x + (2xy + y)\mathrm{d}y = 0$ 的通解.

解
$$M(x,y) = x^2 + y^2, \quad \frac{\partial M(x,y)}{\partial y} = 2y.$$

$$N(x,y) = 2xy + y, \quad \frac{\partial N(x,y)}{\partial x} = 2y,$$

在全平面上处处有

$$\frac{\partial M(x,\ y)}{\partial y} = \frac{\partial N(x,\ y)}{\partial x},$$

所以所求方程为全微分方程，把方程重新组合
$$x^2\mathrm{d}x + y^2\mathrm{d}x + 2xy\mathrm{d}y + y\mathrm{d}y = 0,$$

即

$$\mathrm{d}\left(\frac{x^3}{3}\right) + \mathrm{d}(xy^2) + \mathrm{d}\left(\frac{1}{2}y^2\right) = 0,$$

有

$$\mathrm{d}\left(\frac{x^3}{3} + xy^2 + \frac{1}{2}y^2\right) = 0,$$

于是通解为

$$\frac{x^3}{3} + xy^2 + \frac{1}{2}y^2 = C.$$

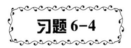

习题 6-4

判定第1题—第4题中的方程是否为全微分方程，并求其通解或特解：

1. $5x^4 y\mathrm{d}x + x^5\mathrm{d}y + x^3\mathrm{d}x = 0.$

2. $2y\mathrm{d}x + 2x\mathrm{d}y + x\mathrm{d}x - 5y\mathrm{d}y = 0, \quad y(0) = 1.$

3. $y\cos x \mathrm{d}x + \sin x \mathrm{d}y + 3x^2 \mathrm{d}x - 4y^3 \mathrm{d}y = 0.$ 4. $2xy\mathrm{d}y - (3x^2 - y^2)\mathrm{d}x = 0.$

§5 可降阶的二阶微分方程

对于一般的二阶微分方程没有普遍的解法, 本节讨论几种特殊形式的二阶微分方程, 它们有的可通过积分求得, 有的可经过适当的变量替换降为一阶微分方程, 然后求解一阶微分方程, 再将变量代回, 从而求得二阶微分方程的解.

§5.1 $\dfrac{\mathrm{d}^2 y}{\mathrm{d}x^2} = f(x)$ 型微分方程

这是一种特殊类型的二阶微分方程, 本章 §1 例 2 就是这种类型, 求解方法也比较容易, 只需二次积分, 就能求得它的解. 积分一次, 得

$$\frac{\mathrm{d}y}{\mathrm{d}x} = \int f(x)\,\mathrm{d}x + C_1,$$

再积分一次, 得

$$y = \int \left[\int f(x)\,\mathrm{d}x + C_1 \right] \mathrm{d}x + C_2.$$

上式含有两个相互独立的任意常数 C_1, C_2, 这就是方程的通解.

例 1   求方程 $\dfrac{\mathrm{d}^2 y}{\mathrm{d}x^2} = -\dfrac{1}{\sin^2 x}$ 满足 $y \Big|_{x=\frac{\pi}{4}} = -\dfrac{\ln 2}{2}$, $\dfrac{\mathrm{d}y}{\mathrm{d}x} \Big|_{x=\frac{\pi}{4}} = 1$ 的特解.

解   积分一次得

$$\frac{\mathrm{d}y}{\mathrm{d}x} = \cot x + C_1,$$

把条件 $\dfrac{\mathrm{d}y}{\mathrm{d}x} \Big|_{x=\frac{\pi}{4}} = 1$ 代入, 得 $C_1 = 0$, 即有

$$\frac{\mathrm{d}y}{\mathrm{d}x} = \cot x,$$

再积分一次得

$$y = \ln|\sin x| + C_2,$$

把条件 $y \Big|_{x=\frac{\pi}{4}} = -\dfrac{\ln 2}{2}$ 代入, 得

$$-\frac{\ln 2}{2} = \ln\frac{\sqrt{2}}{2} + C_2,$$

即 $C_2 = 0$. 于是所求特解是

$$y = \ln|\sin x|.$$

这种类型的方程的解法，可推广到 n 阶微分方程 $\dfrac{d^n y}{dx^n} = f(x)$，只要积分 n 次，就能求得它的通解.

例 2 解微分方程 $\dfrac{d^3 y}{dx^3} = e^{3x} + \sin x$.

解 积分一次得

$$\frac{d^2 y}{dx^2} = \frac{1}{3} e^{3x} - \cos x + C_1,$$

积分两次得

$$\frac{dy}{dx} = \frac{1}{9} e^{3x} - \sin x + C_1 x + C_2,$$

积分三次得

$$y = \frac{1}{27} e^{3x} + \cos x + \frac{C_1}{2} x^2 + C_2 x + C_3.$$

§5.2 $\dfrac{d^2 y}{dx^2} = f\left(x, \dfrac{dy}{dx}\right)$ 型微分方程

这种方程的特点是不明显含有未知函数 y，解决的方法是：把 $\dfrac{dy}{dx}$ 看作未知函数，令 $\dfrac{dy}{dx} = p$，于是有

$$\frac{d^2 y}{dx^2} = \frac{dp}{dx},$$

这样可把原方程降为如下形式的一阶方程：

$$\frac{dp}{dx} = f(x, p),$$

这里 p 作为未知函数，如能求出其通解

$$p = \varphi(x, C_1),$$

然后根据关系式 $\dfrac{dy}{dx} = p$，即可求得原方程的通解

$$y = \int \varphi(x, C_1) dx + C_2.$$

例 3 求微分方程 $(1 + x^2) \dfrac{d^2 y}{dx^2} - 2x \dfrac{dy}{dx} = 0$ 的通解.

解 这是一个不明显含有未知函数 y 的方程.

作变换，令 $\dfrac{dy}{dx} = p$，则 $\dfrac{d^2 y}{dx^2} = \dfrac{dp}{dx}$，于是原方程降阶为

$$(1 + x^2)\frac{\mathrm{d}p}{\mathrm{d}x} - 2px = 0,$$

即 $\frac{\mathrm{d}p}{p} = \frac{2x}{1+x^2}\mathrm{d}x$. 积分得

$$\ln|p| = \ln(1 + x^2) + \ln|C_1|,$$

即 $p = C_1(1+x^2)$，从而

$$\frac{\mathrm{d}y}{\mathrm{d}x} = C_1(1+x^2).$$

再积分一次得原方程的通解为

$$y = C_1\left(x + \frac{x^3}{3}\right) + C_2.$$

例 4 设有一根柔软而无伸缩性的均匀绳索 AB，求其两端固定且仅受自身重量作用时的形状，即求绳索曲线的方程(图 6-2).

解 取过曲线上最低点 N 的铅直线作 Oy 轴，取水平方向的直线为 Ox 轴，ON 的长暂时不定. 取曲线上任一点 M，由于这时绳索处在平衡状态，故可将 $\overset{\frown}{NM}$ 这段绳索看作刚体，这段绳索上受到三个力的作用，在 N 点处切线方向的张力 H，在 M 点处切线方向的张力 T，以及本身重量 $p = s\mu$，其中 s 是 $\overset{\frown}{NM}$ 的长度，μ 是绳索单位长度的质量.

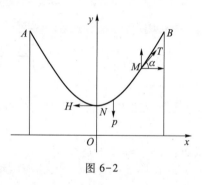

图 6-2

将力 T 分解为水平分力及铅直分力，并应用力的平衡条件，可得如下两个等式：

$$T\sin\alpha = s\mu, \qquad T\cos\alpha = H,$$

两式相除得 $\tan\alpha = \frac{\mu}{H}s$(其中 α 是 M 点处切线的倾角).

若 $y = y(x)$ 是所求曲线的方程，则

$$\frac{\mathrm{d}y}{\mathrm{d}x} = ks,$$

其中 $k = \frac{\mu}{H}$.

为消去变量 s，将上式两边对 x 求导，得

$$\frac{\mathrm{d}^2y}{\mathrm{d}x^2} = k\frac{\mathrm{d}s}{\mathrm{d}x} = k\sqrt{1 + \left(\frac{\mathrm{d}y}{\mathrm{d}x}\right)^2},$$

这就是绳索曲线所满足的微分方程，亦即绳索曲线的数学模型. 此方程不明显

含未知函数 y.

设 $\dfrac{\mathrm{d}y}{\mathrm{d}x} = p$，把 $\dfrac{\mathrm{d}^2 y}{\mathrm{d}x^2} = \dfrac{\mathrm{d}p}{\mathrm{d}x}$ 代入方程，得

$$\frac{\mathrm{d}p}{\mathrm{d}x} = k \sqrt{1 + p^2},$$

即

$$\frac{\mathrm{d}p}{\sqrt{1 + p^2}} = k\mathrm{d}x.$$

两边积分得

$$\ln(p + \sqrt{1 + p^2}) = kx + C_1,$$

由于在点 N 处 $x = 0$（因 N 是曲线最低点），且有 $\dfrac{\mathrm{d}y}{\mathrm{d}x} = p = 0$，代入上式得 $C_1 = 0$，

于是有

$$p + \sqrt{1 + p^2} = \mathrm{e}^{kx}.$$

为求 p，用 $p - \sqrt{1 + p^2}$ 乘上式两边，经整理得

$$p - \sqrt{1 + p^2} = -\mathrm{e}^{-kx},$$

上述两式相加，得

$$p = \frac{1}{2}(\mathrm{e}^{kx} - \mathrm{e}^{-kx}),$$

于是

$$\frac{\mathrm{d}y}{\mathrm{d}x} = \frac{1}{2}(\mathrm{e}^{kx} - \mathrm{e}^{-kx}).$$

对上式积分，得

$$y = \frac{1}{2k}(\mathrm{e}^{kx} + \mathrm{e}^{-kx}) + C_2.$$

现在取 $|ON| = \dfrac{1}{k} = a$，即得 $y\big|_{x=0} = a$，由此得 $C_2 = 0$，则所求曲线方程为

$$y = \frac{a}{2}(\mathrm{e}^{\frac{x}{a}} + \mathrm{e}^{-\frac{x}{a}}).$$

此曲线为悬链线.

§ 5.3　$\dfrac{\mathrm{d}^2 y}{\mathrm{d}x^2} = f\left(y, \dfrac{\mathrm{d}y}{\mathrm{d}x}\right)$ 型微分方程

这种方程的特点是，不明显含自变量 x，解决的方法是，可把 y 暂时看作自变量，作变换，令 $\dfrac{\mathrm{d}y}{\mathrm{d}x} = p$，于是

$$\frac{\mathrm{d}^2 y}{\mathrm{d} x^2} = \frac{\mathrm{d} p}{\mathrm{d} x} = \frac{\mathrm{d} p}{\mathrm{d} y} \frac{\mathrm{d} y}{\mathrm{d} x} = p \frac{\mathrm{d} p}{\mathrm{d} y}.$$

这样可将原方程降一阶, 成为关于 y 的函数 p 的一阶微分方程, 将

$$\frac{\mathrm{d}^2 y}{\mathrm{d} x^2} = p \frac{\mathrm{d} p}{\mathrm{d} y}, \quad \frac{\mathrm{d} y}{\mathrm{d} x} = p$$

代入原方程, 得

$$p \frac{\mathrm{d} p}{\mathrm{d} y} = f(y, p).$$

若其通解为 $p = \varphi(y, C_1)$, 换回原来的变量, 则有

$$\frac{\mathrm{d} y}{\mathrm{d} x} = \varphi(y, C_1),$$

这是可分离变量的一阶微分方程, 对其积分得通解

$$\int \frac{1}{\varphi(y, C_1)} \mathrm{d} y = x + C_2.$$

例 5　解方程 $\left(\dfrac{\mathrm{d} y}{\mathrm{d} x}\right)^2 - y \dfrac{\mathrm{d}^2 y}{\mathrm{d} x^2} = 0$.

解　方程不明显含有 x, 令 $\dfrac{\mathrm{d} y}{\mathrm{d} x} = p$, 于是 $\dfrac{\mathrm{d}^2 y}{\mathrm{d} x^2} = p \dfrac{\mathrm{d} p}{\mathrm{d} y}$, 代入方程得

$$p^2 - yp \frac{\mathrm{d} p}{\mathrm{d} y} = 0,$$

即

$$p\left(p - y \frac{\mathrm{d} p}{\mathrm{d} y}\right) = 0.$$

由此有 $p = 0$ 或 $p - y \dfrac{\mathrm{d} p}{\mathrm{d} y} = 0$, 其中由 $p = 0$ 即 $\dfrac{\mathrm{d} y}{\mathrm{d} x} = 0$, 得 $y =$ 常数; 而 $p - y \dfrac{\mathrm{d} p}{\mathrm{d} y} = 0$, 可

化为 $\dfrac{\mathrm{d} p}{p} = \dfrac{\mathrm{d} y}{y}$, 积分得

$$\ln |p| = \ln |y| + \ln |C_1|,$$

即 $p = C_1 y$, 有 $\dfrac{\mathrm{d} y}{\mathrm{d} x} = C_1 y$, 于是 $\dfrac{1}{y} \mathrm{d} y = C_1 \mathrm{d} x$. 两边积分得

$$\ln |y| = C_1 x + \ln |C_2|,$$

故

$$y = C_2 \mathrm{e}^{C_1 x}.$$

在上式中令 $C_1 = 0$ 得 $y =$ 常数. 因此, 当 $p = 0$ 时的解 ($y =$ 常数) 已包含在 $y = C_2 \mathrm{e}^{C_1 x}$ 中. 所以, $y = C_2 \mathrm{e}^{C_1 x}$ 即为所求方程的通解.

习题 6-5

求下列方程的解:

1. $\dfrac{\mathrm{d}^2 y}{\mathrm{d}x^2} = x + \sin x.$

2. $\dfrac{\mathrm{d}^2 y}{\mathrm{d}x^2} = 4\cos 2x,\ y(0) = 0,\ y'(0) = 0.$

3. $\dfrac{\mathrm{d}^2 y}{\mathrm{d}x^2} = \ln x.$

4. $(1+x)\dfrac{\mathrm{d}^2 y}{\mathrm{d}x^2} + \dfrac{\mathrm{d}y}{\mathrm{d}x} = 0.$

5. $x\dfrac{\mathrm{d}^2 y}{\mathrm{d}x^2} + \dfrac{\mathrm{d}y}{\mathrm{d}x} = 4x.$

6. $\dfrac{\mathrm{d}^2 y}{\mathrm{d}x^2} + 2\dfrac{\mathrm{d}y}{\mathrm{d}x} + 4\left(\dfrac{\mathrm{d}y}{\mathrm{d}x}\right)^3 = 0.$

7. $\dfrac{\mathrm{d}^2 y}{\mathrm{d}x^2}\tan x = \dfrac{\mathrm{d}y}{\mathrm{d}x} + 1.$

8. $x^2\dfrac{\mathrm{d}^2 y}{\mathrm{d}x^2} + x\dfrac{\mathrm{d}y}{\mathrm{d}x} = 1.$

9. $y\dfrac{\mathrm{d}^2 y}{\mathrm{d}x^2} + \left(\dfrac{\mathrm{d}y}{\mathrm{d}x}\right)^2 = \dfrac{\mathrm{d}y}{\mathrm{d}x}.$

10. $\dfrac{\mathrm{d}^2 y}{\mathrm{d}x^2}(1-y) + 2\left(\dfrac{\mathrm{d}y}{\mathrm{d}x}\right)^2 = 0.$

11. $\dfrac{\mathrm{d}^2 y}{\mathrm{d}x^2} + \sqrt{1 + \left(\dfrac{\mathrm{d}y}{\mathrm{d}x}\right)^2} = 0.$

12. $2\left(\dfrac{\mathrm{d}y}{\mathrm{d}x}\right)^2 = \dfrac{\mathrm{d}^2 y}{\mathrm{d}x^2}(y-1),\ y\big|_{x=1} = 2,\ y'\big|_{x=1} = -1.$

§6 二阶线性微分方程解的结构

二阶线性微分方程的一般形式是

$$\frac{\mathrm{d}^2 y}{\mathrm{d}x^2} + p(x)\frac{\mathrm{d}y}{\mathrm{d}x} + q(x)y = f(x), \qquad (6.17)$$

它是关于未知函数 y 及其导数 $\dfrac{\mathrm{d}y}{\mathrm{d}x}$，$\dfrac{\mathrm{d}^2 y}{\mathrm{d}x^2}$ 是一次式的微分方程，其中 $p(x)$，$q(x)$，$f(x)$ 是已知的关于 x 的函数，函数 $f(x)$ 称为方程的自由项. 当 $f(x) \equiv 0$ 时，方程 (6.17) 成为

$$\frac{\mathrm{d}^2 y}{\mathrm{d}x^2} + p(x)\frac{\mathrm{d}y}{\mathrm{d}x} + q(x)y = 0, \qquad (6.18)$$

称为二阶线性齐次方程，相应地，方程 (6.17) 称为二阶线性非齐次方程.

下面我们讨论线性方程解的结构问题，为方便起见我们利用微分算子，将式 (6.17) 的左端记为 $L[y]$，即

$$L[y] \equiv \frac{\mathrm{d}^2 y}{\mathrm{d}x^2} + p(x)\frac{\mathrm{d}y}{\mathrm{d}x} + q(x)y,$$

$L = \dfrac{\mathrm{d}^2}{\mathrm{d}x^2} + p(x)\dfrac{\mathrm{d}}{\mathrm{d}x} + q(x)$ 表示这样一种运算，将其施行于 y，就得

$$\frac{\mathrm{d}^2 y}{\mathrm{d}x^2} + p(x)\frac{\mathrm{d}y}{\mathrm{d}x} + q(x)y,$$

这种运算具有线性变换的两条性质:

(1) 若 y 具有二阶导数, C 为常数, 则有 $L[Cy] = CL[y]$. 事实上,

$$L[Cy] = \frac{\mathrm{d}^2(Cy)}{\mathrm{d}x^2} + p(x)\frac{\mathrm{d}(Cy)}{\mathrm{d}x} + q(x)(Cy)$$

$$= C\left(\frac{\mathrm{d}^2 y}{\mathrm{d}x^2} + p(x)\frac{\mathrm{d}y}{\mathrm{d}x} + q(x)y\right) = CL[y];$$

(2) 对于任意两个具有二阶导数的函数 y_1 和 y_2, 有

$$L[y_1 + y_2] = L[y_1] + L[y_2].$$

事实上,

$$L[y_1 + y_2] = \frac{\mathrm{d}^2(y_1 + y_2)}{\mathrm{d}x^2} + p(x)\frac{\mathrm{d}(y_1 + y_2)}{\mathrm{d}x} + q(x)(y_1 + y_2)$$

$$= \frac{\mathrm{d}^2 y_1}{\mathrm{d}x^2} + p(x)\frac{\mathrm{d}y_1}{\mathrm{d}x} + q(x)y_1 + \frac{\mathrm{d}^2 y_2}{\mathrm{d}x^2} + p(x)\frac{\mathrm{d}y_2}{\mathrm{d}x} + q(x)y_2$$

$$= L[y_1] + L[y_2].$$

这样式(6.17), 式(6.18)可写成如下形式:

$$L[y] = f(x), \tag{6.19}$$

$$L[y] = 0. \tag{6.20}$$

我们可将算子 $L[y]$ 看作映射, 那么求解方程(6.19)和方程(6.20), 就是相应地求 f 和 0 在 $L[y]$ 下的原像. 因此, 在映射的观点下, 不论求代数方程的解还是求微分方程的解, 都是求原像问题, 这样可把不同类别的方程的求解问题在映射概念的基础上统一起来.

对于线性齐次方程的解, 有下述两个定理.

定理 6.2 设 y_1 和 y_2 是方程(6.18)的两个解, 则 $C_1 y_1 + C_2 y_2$ 也是方程(6.18)的解, 这里 C_1 和 C_2 是常数.

证 因为 y_1 和 y_2 是方程(6.18)的解, 所以 $L[y_1] = 0$, $L[y_2] = 0$. 再由 L 的性质, 有

$$L[C_1 y_1 + C_2 y_2] = C_1 L[y_1] + C_2 L[y_2] = 0.$$

从而 $C_1 y_1 + C_2 y_2$ 是方程(6.18)的解. □

为进一步考察 $C_1 y_1 + C_2 y_2$ 是不是方程(6.18)的通解, 我们引入函数线性相关与线性无关的概念.

定义 6.2 对于定义在某区间上的两个函数 $y_1(x)$, $y_2(x)$, 若存在两个不全为零的常数 k_1, k_2, 使得在该区间上有恒等式

$$k_1 y_1(x) + k_2 y_2(x) \equiv 0$$

成立, 则称函数 $y_1(x)$, $y_2(x)$ 在该区间上是线性相关的. 若上式仅当 k_1, k_2 全

为零时才能成立，则称 $y_1(x)$，$y_2(x)$ 在该区间上是**线性无关**的.

由定义可知，若函数 $y_1(x)$，$y_2(x)$ 线性相关，则存在两个不全为零的常数 k_1，k_2，使得

$$k_1 y_1(x) + k_2 y_2(x) \equiv 0.$$

设 $k_2 \neq 0$，有 $\dfrac{y_2(x)}{y_1(x)} = -\dfrac{k_1}{k_2}$（常数）；反之，若它们的比不是常数，则 $y_1(x)$，$y_2(x)$ 必线性无关.

例如，函数 $y_1(x) = \sin 2x$，$y_2(x) = 6\sin x \cos x$ 是两个线性相关的函数，因为

$$\frac{y_2(x)}{y_1(x)} = \frac{6\sin x \cos x}{\sin 2x} = 3.$$

又如，函数 $y_1(x) = \mathrm{e}^{4x}$，$y_2(x) = \mathrm{e}^x$ 是两个线性无关的函数，因为

$$\frac{y_2(x)}{y_1(x)} = \frac{\mathrm{e}^x}{\mathrm{e}^{4x}} = \mathrm{e}^{-3x}.$$

下面给出确定 $C_1 y_1 + C_2 y_2$ 是方程 (6.18) 通解的条件，有下面的定理.

定理 6.3　**若 y_1，y_2 是方程 (6.18) 的两个线性无关的特解，则**

$$y = C_1 y_1 + C_2 y_2$$

是方程 (6.18) 的通解，其中 C_1，C_2 是两个任意常数.

证　由定理 6.2，$y = C_1 y_1 + C_2 y_2$ 是方程 (6.18) 的解，又因为 y_1 与 y_2 线性无关，所以两个任意常数 C_1，C_2 不能合并，即它们相互独立，所以 $y = C_1 y_1 + C_2 y_2$ 是方程 (6.18) 的通解. □

下面讨论非齐次方程的通解的结构，有如下定理.

定理 6.4　**设 $\tilde{y}$ 是方程 (6.17) 的一个特解，而 $Y = C_1 y_1 + C_2 y_2$ 是其对应的齐次方程 (6.18) 的通解，则**

$$y = Y + \tilde{y} = C_1 y_1 + C_2 y_2 + \tilde{y}$$

是方程 (6.17) 的通解，其中 C_1，C_2 是两个任意常数.

证　因为 $\tilde{y}$ 是方程 (6.17) 的一个特解，所以有 $L[\tilde{y}] = f(x)$. 又因为 $Y = C_1 y_1 + C_2 y_2$ 是方程 (6.18) 的通解，所以有 $L[C_1 y_1 + C_2 y_2] = 0$，于是

$$L[C_1 y_1 + C_2 y_2 + \tilde{y}] = 0 + f(x) = f(x),$$

从而 $y = C_1 y_1 + C_2 y_2 + \tilde{y}$ 是方程 (6.17) 的解.

又由于其含有两个相互独立的任意常数 C_1，C_2，所以

$$y = C_1 y_1 + C_2 y_2 + \tilde{y}$$

是方程 (6.17) 的通解. □

定理 6.4 对于一阶线性微分方程的通解也成立. 在 §3 中我们已看到方程

$$\frac{\mathrm{d}y}{\mathrm{d}x} + p(x)y = q(x)$$

的通解是其本身的一个特解

$$\tilde{y} = e^{-\int p(x)\,dx} \int q(x) e^{\int p(x)\,dx} \, dx$$

与对应的齐次方程

$$\frac{dy}{dx} + p(x)y = 0$$

的通解 $Y = Ce^{-\int p(x)\,dx}$ 之和，即 $y = \tilde{y} + Y$ 是方程

$$\frac{dy}{dx} + p(x)y = q(x)$$

的通解.

定理 6.5 设函数 y_1 与 y_2 分别是线性非齐次方程

$$\frac{d^2y}{dx^2} + p(x)\frac{dy}{dx} + q(x)y = f_1(x)$$

和

$$\frac{d^2y}{dx^2} + p(x)\frac{dy}{dx} + q(x)y = f_2(x)$$

的特解，则 $y_1 + y_2$ **是方程**

$$\frac{d^2y}{dx^2} + p(x)\frac{dy}{dx} + q(x)y = f_1(x) + f_2(x)$$

的特解.

证 由假设 $L[y_1] = f_1(x)$，$L[y_2] = f_2(x)$，所以

$$L[y_1 + y_2] = L[y_1] + L[y_2] = f_1(x) + f_2(x),$$

即 $y_1 + y_2$ 是方程

$$\frac{d^2y}{dx^2} + p(x)\frac{dy}{dx} + q(x)y = f_1(x) + f_2(x)$$

的一个特解. □

定理 6.6 设 $y = y_1 + iy_2$ 是方程

$$\frac{d^2y}{dx^2} + p(x)\frac{dy}{dx} + q(x)y = f_1(x) + if_2(x)$$

（其中 $p(x)$，$q(x)$，$f_1(x)$，$f_2(x)$ 是实值函数，$i = \sqrt{-1}$ 是纯虚数单位）的解，则解 y 的实部 y_1 是方程

$$\frac{d^2y}{dx^2} + p(x)\frac{dy}{dx} + q(x)y = f_1(x)$$

的解，虚部系数 y_2 **是方程**

$$\frac{d^2y}{dx^2} + p(x)\frac{dy}{dx} + q(x)y = f_2(x)$$

的解.

证 由假设，有

$$\frac{d^2(y_1+iy_2)}{dx^2}+p(x)\frac{d(y_1+iy_2)}{dx}+q(x)(y_1+iy_2)\equiv f_1(x)+if_2(x),$$

即

$$\left[\frac{d^2y_1}{dx^2}+p(x)\frac{dy_1}{dx}+q(x)y_1\right]+i\left[\frac{d^2y_2}{dx^2}+p(x)\frac{dy_2}{dx}+q(x)y_2\right]\equiv f_1(x)+if_2(x).$$

由于恒等式两边的实部与虚部分别相等，所以

$$\frac{d^2y_1}{dx^2}+p(x)\frac{dy_1}{dx}+q(x)y_1=f_1(x),$$

$$\frac{d^2y_2}{dx^2}+p(x)\frac{dy_2}{dx}+q(x)y_2=f_2(x).\quad\square$$

重难点讲解
二阶线性微分方程
解的结构（一）

重难点讲解
二阶线性微分方程
解的结构（二）

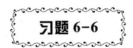

习题 6-6

1. 判定下列函数线性无关还是线性相关：

（1）$e^{\alpha x}$，$3e^{\alpha x}$；　　　　　　　（2）$e^{\alpha_1 x}$，$e^{\alpha_2 x}(\alpha_1\neq\alpha_2)$；

（3）$\sin^2x$，$\cos^2x$；　　　　　　　（4）e^{2x}，xe^{2x}.

2. 验证 $y_1=e^{2x}$，$y_2=e^{3x}$ 是方程 $\dfrac{d^2y}{dx^2}-5\dfrac{dy}{dx}+6y=0$ 的两个特解，并求此方程的通解.

3. 验证 $y_1=e^{3x}$ 和 $y_2=e^{-x}$ 是方程

$$\frac{d^2y}{dx^2}-2\frac{dy}{dx}-3y=0$$

的两个特解，$\tilde{y}=-\dfrac{x}{3}+\dfrac{2}{3}$ 是方程

$$\frac{d^2y}{dx^2}-2\frac{dy}{dx}-3y=x-\frac{4}{3}$$

的一个特解，求方程

$$\frac{d^2y}{dx^2}-2\frac{dy}{dx}-3y=x-\frac{4}{3}$$

的通解.

§7　二阶常系数线性微分方程的解法

在上节我们已经讨论了二阶线性微分方程解的结构. 二阶线性微分方程的

求解问题，关键在于如何求二阶线性齐次方程的通解和二阶线性非齐次方程的一个特解. 本节讨论二阶线性微分方程的一个特殊类型，即**二阶常系数线性微分方程**及其求解方法. 先讨论二阶常系数线性齐次方程的求解方法.

§7.1　二阶常系数线性齐次方程及其解法

设给定一二阶常系数线性齐次方程为

$$\frac{\mathrm{d}^2 y}{\mathrm{d}x^2} + p\frac{\mathrm{d}y}{\mathrm{d}x} + qy = 0, \tag{6.21}$$

其中 p，q 是常数，由上节定理 6.3 知，要求方程(6.21)的通解，只要求出其任意两个线性无关的特解 y_1，y_2 就可以了，下面讨论这两个特解的求法.

我们先分析方程(6.21)可能具有什么形式的特解，从方程的形式上来看，它的特点是 $\frac{\mathrm{d}^2 y}{\mathrm{d}x^2}$，$\frac{\mathrm{d}y}{\mathrm{d}x}$，$y$ 各乘常数因子后相加等于零，如果能找到一个函数 y，使 $\frac{\mathrm{d}^2 y}{\mathrm{d}x^2}$，$\frac{\mathrm{d}y}{\mathrm{d}x}$，$y$ 之间只相差一个常数因子，这样的函数就有可能是方程(6.21)的特解. 在初等函数中，指数函数 e^{rx} 符合上述要求，于是我们令

$$y = \mathrm{e}^{rx}$$

（其中 r 为待定系数）来试解，将

$$y = \mathrm{e}^{rx}, \quad \frac{\mathrm{d}y}{\mathrm{d}x} = r\mathrm{e}^{rx}, \quad \frac{\mathrm{d}^2 y}{\mathrm{d}x^2} = r^2 \mathrm{e}^{rx}$$

代入方程(6.21)，得

$$r^2 \mathrm{e}^{rx} + pr\mathrm{e}^{rx} + q\mathrm{e}^{rx} = 0, \quad \text{或} \quad \mathrm{e}^{rx}(r^2 + pr + q) = 0.$$

因为 $\mathrm{e}^{rx} \neq 0$，故得

$$r^2 + pr + q = 0. \tag{6.22}$$

由此可见，若 r 是二次方程 $r^2 + pr + q = 0$ 的根，则 e^{rx} 就是方程(6.21)的特解，于是方程(6.21)的求解问题，就转化为求代数方程(6.22)根的问题. 称式(6.22)为微分方程(6.21)的<u>特征方程</u>.

特征方程(6.22)是一个以 r 为未知函数的一元二次代数方程. 特征方程的两个根 r_1，r_2 称为**特征根**. 由代数学知识，特征根 r_1，r_2 有三种可能的情况，下面我们分别进行讨论.

（1）**若特征方程(6.22)有两个不相等的实根** r_1，r_2. 此时 $\mathrm{e}^{r_1 x}$，$\mathrm{e}^{r_2 x}$ 是方程(6.21)的两个特解. 因为

$$\frac{\mathrm{e}^{r_1 x}}{\mathrm{e}^{r_2 x}} = \mathrm{e}^{(r_1 - r_2)x} \neq \text{常数}，$$

所以 $\mathrm{e}^{r_1 x}$，$\mathrm{e}^{r_2 x}$ 为线性无关函数，由解的结构定理 6.3 知，方程(6.21)的通解为

$$y = C_1 e^{r_1 x} + C_2 e^{r_2 x}.$$

（2）**若特征方程**（6.22）**有两个相等的实根** $r_1 = r_2$. 此时 $p^2 - 4q = 0$，即有

$$r_1 = r_2 = \frac{-p}{2},$$

这样只能得到方程（6.21）的一个特解 $y_1 = e^{r_1 x}$. 因此，我们还要设法找出另一个

特解 y_2，满足 $\dfrac{y_2}{y_1} \neq$ 常数. $\dfrac{y_2}{y_1}$ 应是 x 的某个函数，设 $\dfrac{y_2}{y_1} = u$，其中 $u = u(x)$ 为待定

函数，即

$$y_2 = u y_1 = u e^{r_1 x}.$$

对 y_2 求一阶、二阶导数得

$$\frac{\mathrm{d} y_2}{\mathrm{d} x} = \frac{\mathrm{d} u}{\mathrm{d} x} e^{r_1 x} + r_1 u e^{r_1 x} = \left(\frac{\mathrm{d} u}{\mathrm{d} x} + r_1 u \right) e^{r_1 x},$$

$$\frac{\mathrm{d}^2 y_2}{\mathrm{d} x^2} = \left(r_1^2 u + 2 r_1 \frac{\mathrm{d} u}{\mathrm{d} x} + \frac{\mathrm{d}^2 u}{\mathrm{d} x^2} \right) e^{r_1 x}.$$

将它们代入方程（6.21），得

$$\left(r_1^2 u + 2 r_1 \frac{\mathrm{d} u}{\mathrm{d} x} + \frac{\mathrm{d}^2 u}{\mathrm{d} x^2} \right) e^{r_1 x} + p \left(\frac{\mathrm{d} u}{\mathrm{d} x} + r_1 u \right) e^{r_1 x} + q u e^{r_1 x} = 0,$$

或

$$\left[\frac{\mathrm{d}^2 u}{\mathrm{d} x^2} + (2 r_1 + p) \frac{\mathrm{d} u}{\mathrm{d} x} + (r_1^2 + p r_1 + q) u \right] e^{r_1 x} = 0.$$

因为 $e^{r_1 x} \neq 0$，且因 r_1 是特征方程的根，故有

$$r_1^2 + p r_1 + q = 0,$$

又因 $r_1 = -\dfrac{p}{2}$，故有

$$2 r_1 + p = 0,$$

于是

$$\frac{\mathrm{d}^2 u}{\mathrm{d} x^2} = 0.$$

显然满足 $\dfrac{\mathrm{d}^2 u}{\mathrm{d} x^2} = 0$ 的函数很多，我们取其中最简单的一个

$$u(x) = x,$$

则 $y_2 = x e^{rx}$ 就是方程（6.21）的另一个特解，且 y_1，y_2 是两个线性无关的函数，所以方程（6.21）的通解是

$$y = C_1 e^{r_1 x} + C_2 x e^{r_1 x} = (C_1 + C_2 x) e^{r_1 x}.$$

（3）**若特征方程**（6.22）**有一对共轭复根** $r_1 = \alpha + \mathrm{i} \beta$，$r_2 = \alpha - \mathrm{i} \beta$. 此时方程

(6.21)有两个特解

$$y_1 = e^{(\alpha+i\beta)x}, \quad y_2 = e^{(\alpha-i\beta)x},$$

则通解为

$$y = C_1 e^{(\alpha+i\beta)x} + C_2 e^{(\alpha-i\beta)x},$$

其中 C_1，C_2 为任意常数. 但是这种复数形式的解，在应用上不方便. 在实际问题中，常常需要实数形式的通解，为此利用欧拉公式①

$$e^{ix} = \cos x + i\sin x, \quad e^{-ix} = \cos x - i\sin x,$$

有

$$\frac{1}{2}(e^{ix} + e^{-ix}) = \cos x, \quad \frac{1}{2i}(e^{ix} - e^{-ix}) = \sin x,$$

$$\frac{1}{2}(y_1 + y_2) = \frac{1}{2}e^{\alpha x}(e^{i\beta x} + e^{-i\beta x}) = e^{\alpha x}\cos\beta x,$$

$$\frac{1}{2i}(y_1 - y_2) = \frac{1}{2i}e^{\alpha x}(e^{i\beta x} - e^{-i\beta x}) = e^{\alpha x}\sin\beta x,$$

由上节定理 6.2 知，$\frac{1}{2}(y_1+y_2)$，$\frac{1}{2i}(y_1-y_2)$ 是方程(6.21)的两个特解，亦即 $e^{\alpha x}\cos\beta x$，$e^{\alpha x}\sin\beta x$ 是方程(6.21)的两个特解，且它们线性无关. 由上节定理 6.3 知，方程(6.21)的通解为

$$\boxed{y = C_1 e^{\alpha x}\cos\beta x + C_2 e^{\alpha x}\sin\beta x, \quad \text{或} \quad y = e^{\alpha x}(C_1\cos\beta x + C_2\sin\beta x),}$$

其中 C_1，C_2 为任意常数. 至此我们已找到了实数形式的通解，其中 α，β 分别是特征方程(6.22)复数根的实部和虚部.

综上所述，求二阶常系数线性齐次方程(6.21)的通解，只需先求出其特征方程(6.22)的根，再根据根的三种情况确定其通解，现列表如下：

特征方程 $r^2+pr+q=0$ 的根	微分方程 $\dfrac{d^2y}{dx^2}+p\dfrac{dy}{dx}+qy=0$ 的通解
有两个不相等的实根 r_1，r_2	$y = C_1 e^{r_1 x} + C_2 e^{r_2 x}$
有二重根 $r_1 = r_2$	$y = (C_1 + C_2 x)e^{r_1 x}$
有一对共轭复根 $\begin{array}{l} r_1 = \alpha + i\beta \\ r_2 = \alpha - i\beta \end{array}$	$y = e^{\alpha x}(C_1\cos\beta x + C_2\sin\beta x)$

例1 求下列二阶常系数线性齐次方程的通解：

(1) $\dfrac{d^2y}{dx^2} + 3\dfrac{dy}{dx} - 10y = 0$；

---

① 欧拉公式将在下册第十一章中导出.

（2）$\dfrac{\mathrm{d}^2 y}{\mathrm{d}x^2} - 4\dfrac{\mathrm{d}y}{\mathrm{d}x} + 4y = 0$;

（3）$\dfrac{\mathrm{d}^2 y}{\mathrm{d}x^2} + 4\dfrac{\mathrm{d}y}{\mathrm{d}x} + 7y = 0.$

解 （1）特征方程 $r^2 + 3r - 10 = 0$ 有两个不相等的实根 $r_1 = -5$，$r_2 = 2$，故所求方程的通解

$$y = C_1 \mathrm{e}^{-5x} + C_2 \mathrm{e}^{2x} ;$$

（2）特征方程 $r^2 - 4r + 4 = 0$ 有二重根 $r_1 = r_2 = 2$，故所求方程的通解

$$y = (C_1 + C_2 x)\mathrm{e}^{2x} ;$$

（3）特征方程 $r^2 + 4r + 7 = 0$ 有一对共轭复根 $r_1 = -2 + \sqrt{3}\,\mathrm{i}$，$r_2 = -2 - \sqrt{3}\,\mathrm{i}$，故所求方程的通解

$$y = \mathrm{e}^{-2x}(C_1 \cos\sqrt{3}\,x + C_2 \sin\sqrt{3}\,x).$$

§7.2　二阶常系数线性非齐次方程的解法

由上节线性微分方程的结构定理 6.4 可知，求二阶常系数线性非齐次方程

$$\frac{\mathrm{d}^2 y}{\mathrm{d}x^2} + p\frac{\mathrm{d}y}{\mathrm{d}x} + qy = f(x) \tag{6.23}$$

的通解，只要先求出其对应的齐次方程的通解，再求出其一个特解，而后相加就得到非齐次方程的通解. 对应的齐次方程的通解的解法，前面已经解决，因此下面要解决的问题是求方程(6.23)的一个特解.

方程(6.23)的特解形式，与方程右边的 $f(x)$ 有关，这里只就 $f(x)$ 的两种常见的形式进行讨论.

一、$f(x) = P_n(x)\mathrm{e}^{\alpha x}$，其中 $P_n(x)$ 是 n 次多项式

下面讨论当 $f(x) = P_n(x)\mathrm{e}^{\alpha x}$ 时，方程

$$\frac{\mathrm{d}^2 y}{\mathrm{d}x^2} + p\frac{\mathrm{d}y}{\mathrm{d}x} + qy = P_n(x)\mathrm{e}^{\alpha x} \tag{6.24}$$

的特解的求法，因为方程(6.24)的解 $\tilde{y}$ 是使方程(6.24)成为恒等式的函数，注意到 $f(x) = P_n(x)\mathrm{e}^{\alpha x}$ 是一个多项式 $P_n(x)$ 与指数函数 $\mathrm{e}^{\alpha x}$ 的乘积，而多项式与指数函数的乘积的导数仍然是同一类型，因此可设特解 $\tilde{y} = u\mathrm{e}^{\alpha x}$，其中 $u = u(x)$ 是一个待定的多项式，对 $\tilde{y} = u\mathrm{e}^{\alpha x}$，求导得

$$\frac{\mathrm{d}\tilde{y}}{\mathrm{d}x} = \mathrm{e}^{\alpha x}\frac{\mathrm{d}u}{\mathrm{d}x} + \alpha u\mathrm{e}^{\alpha x},$$

求二阶导数

$$\frac{\mathrm{d}^2\tilde{y}}{\mathrm{d}x^2} = \mathrm{e}^{\alpha x}\frac{\mathrm{d}^2 u}{\mathrm{d}x^2} + 2\alpha\mathrm{e}^{\alpha x}\frac{\mathrm{d}u}{\mathrm{d}x} + \alpha^2 u\mathrm{e}^{\alpha x}.$$

代入方程(6.24)，得

$$\mathrm{e}^{\alpha x}\left(\frac{\mathrm{d}^2 u}{\mathrm{d}x^2} + 2\alpha\frac{\mathrm{d}u}{\mathrm{d}x} + \alpha^2 u\right) + p\mathrm{e}^{\alpha x}\left(\frac{\mathrm{d}u}{\mathrm{d}x} + \alpha u\right) + qu\mathrm{e}^{\alpha x} = P_n(x)\mathrm{e}^{\alpha x}.$$

消去 $\mathrm{e}^{\alpha x}$，得

$$\frac{\mathrm{d}^2 u}{\mathrm{d}x^2} + (2\alpha + p)\frac{\mathrm{d}u}{\mathrm{d}x} + (\alpha^2 + p\alpha + q)u = P_n(x). \tag{6.25}$$

(1) 如果 $\alpha^2+p\alpha+q\neq 0$，即 α 不是特征方程 $r^2+pr+q=0$ 的根，我们总可以求得一个 n 次多项式满足方程(6.25). 事实上，可设方程(6.25)的特解

$$u = Q_n(x) = a_0 x^n + a_1 x^{n-1} + \cdots + a_n,$$

其中 $a_0, a_1, \cdots, a_n$ 是待定系数，将 u 及其导数代入方程(6.25)，方程左、右两边都是 n 次多项式，比较两边 x 的同次幂项系数，就可确定常数 $a_0, a_1, \cdots, a_n$. 从而可设方程(6.24)的特解为

$$\tilde{y} = Q_n(x)\mathrm{e}^{\alpha x};$$

(2) 如果 $\alpha^2+p\alpha+q=0$，而 $2\alpha+p\neq 0$，即 α 是特征方程 $r^2+pr+q=0$ 的单根，要使方程(6.25)的两端相等，那么 $\frac{\mathrm{d}u}{\mathrm{d}x}$ 必须是 n 次多项式，则可设方程(6.25)的特解 $u=xQ_n(x)$，从而可设方程(6.24)的特解为

$$\tilde{y} = xQ_n(x)\mathrm{e}^{\alpha x};$$

(3) 如果 $\alpha^2+p\alpha+q=0$，且 $2\alpha+p=0$，此时 α 是特征方程 $r^2+pr+q=0$ 的二重根，要使方程(6.25)的两端相等，那么 $\frac{\mathrm{d}^2 u}{\mathrm{d}x^2}$ 必须是 n 次多项式，则可设方程(6.25)的特解 $u=x^2 Q_n(x)$，从而可设方程(6.24)的特解为

$$\tilde{y} = x^2 Q_n(x)\mathrm{e}^{\alpha x}.$$

综上所述，我们有如下结论：

对于方程(6.24)有形如 $\tilde{y}=x^k Q_n(x)\mathrm{e}^{\alpha x}$ 的特解，其中 $Q_n(x)$ 是与 $P_n(x)$ 同次幂的多项式，而 k 按 α 不是特征方程的根、是特征方程的单根或是特征方程的二重根，依次取 0，1 或 2.

例2 下列方程具有什么形式的特解？

(1) $\dfrac{\mathrm{d}^2 y}{\mathrm{d}x^2} + 5\dfrac{\mathrm{d}y}{\mathrm{d}x} + 6y = \mathrm{e}^{3x}$；

(2) $\dfrac{\mathrm{d}^2 y}{\mathrm{d}x^2} + 5\dfrac{\mathrm{d}y}{\mathrm{d}x} + 6y = 3x\mathrm{e}^{-2x}$；

(3) $\dfrac{\mathrm{d}^2 y}{\mathrm{d}x^2} + 2\dfrac{\mathrm{d}y}{\mathrm{d}x} + y = -(3x^2+1)\mathrm{e}^{-x}$.

解 （1）因 $\alpha=3$ 不是特征方程 $r^2+5r+6=0$ 的根，故方程具有形如 $\tilde{y}=a_0\mathrm{e}^{3x}$ 的特解；

（2）因 $\alpha=-2$ 是特征方程 $r^2+5r+6=0$ 的单根，故方程具有形如

$$\tilde{y}=x(a_0x+a_1)\mathrm{e}^{-2x}$$

的特解；

（3）因 $\alpha=-1$ 是特征方程 $r^2+2r+1=0$ 的二重根，故方程具有形如

$$\tilde{y}=x^2(a_0x^2+a_1x+a_2)\mathrm{e}^{-x}$$

的特解.

例 3 求 $\dfrac{\mathrm{d}^2y}{\mathrm{d}x^2}+\dfrac{\mathrm{d}y}{\mathrm{d}x}+2y=x^2-3$ 的一个特解.

解 自由项 $f(x)=x^2-3$，$P_n(x)$ 是一个二次多项式，$\alpha=0$，又

$$\alpha^2+p\alpha+q=2\neq0,$$

则可设方程的特解为

$$\tilde{y}=a_0x^2+a_1x+a_2,$$

求导数

$$\tilde{y}'=2a_0x+a_1,\qquad\tilde{y}''=2a_0,$$

代入方程有 $2a_0x^2+(2a_0+2a_1)x+(2a_0+a_1+2a_2)=x^2-3$，比较同次幂项系数，得

$$\begin{cases}2a_0=1,\\ 2a_0+2a_1=0,\\ 2a_0+a_1+2a_2=-3,\end{cases}$$

解得

$$\begin{cases}a_0=\dfrac{1}{2},\\[1mm] a_1=-\dfrac{1}{2},\\[1mm] a_2=-\dfrac{7}{4}.\end{cases}$$

所以特解 $\tilde{y}=\dfrac{1}{2}x^2-\dfrac{1}{2}x-\dfrac{7}{4}$.

例 4 求方程 $\dfrac{\mathrm{d}^2y}{\mathrm{d}x^2}+y=(x-2)\mathrm{e}^{3x}$ 的通解.

解 特征方程 $r^2+1=0$ 的特征根 $r=\pm\mathrm{i}$，得对应的齐次方程

$$\frac{\mathrm{d}^2y}{\mathrm{d}x^2}+y=0$$

的通解为

$$Y=C_1\cos x+C_2\sin x.$$

由于 $\alpha=3$ 不是特征方程的根，又 $P_n(x)=x-2$ 为一次多项式. 所以，令原方程

的特解为

$$\tilde{y} = (a_0 x + a_1) e^{3x},$$

此时 $u = a_0 x + a_1$，$\alpha = 3$，$p = 0$，$q = 1$，求 u 关于 x 的导数

$$\frac{\mathrm{d}u}{\mathrm{d}x} = a_0, \quad \frac{\mathrm{d}^2 u}{\mathrm{d}x^2} = 0,$$

代入方程(6.25)

$$\frac{\mathrm{d}^2 u}{\mathrm{d}x^2} + (2\alpha + p) \frac{\mathrm{d}u}{\mathrm{d}x} + (\alpha^2 + p\alpha + q) u = P_n(x)$$

得

$$10 a_0 x + 10 a_1 + 6 a_0 = x - 2.$$

比较两边 x 的同次幂项的系数，有

$$\begin{cases} 10 a_0 = 1, \\ 10 a_1 + 6 a_0 = -2. \end{cases}$$

解得

$$\begin{cases} a_0 = \dfrac{1}{10}, \\ a_1 = -\dfrac{13}{50}. \end{cases}$$

于是，得到原方程的一个特解为

$$\tilde{y} = \left(\frac{1}{10} x - \frac{13}{50} \right) e^{3x}.$$

从而原方程的通解是

$$y = Y + \tilde{y} = C_1 \cos x + C_2 \sin x + \left(\frac{1}{10} x - \frac{13}{50} \right) e^{3x}.$$

例 5 求方程 $\dfrac{\mathrm{d}^2 y}{\mathrm{d}x^2} - 2 \dfrac{\mathrm{d}y}{\mathrm{d}x} - 3y = (x^2 + 1) e^{-x}$ 的通解.

解 特征方程 $r^2 - 2r - 3 = 0$ 的特征根 $r_1 = -1$，$r_2 = 3$，所以原方程对应的齐次方程

$$\frac{\mathrm{d}^2 y}{\mathrm{d}x^2} - 2 \frac{\mathrm{d}y}{\mathrm{d}x} - 3y = 0$$

的通解

$$Y = C_1 e^{-x} + C_2 e^{3x}.$$

由于 $\alpha = -1$ 是特征方程的单根，又

$$P_n(x) = x^2 + 1$$

为二次多项式，所以可令原方程的特解

$$\tilde{y} = x (a_0 x^2 + a_1 x + a_2) e^{-x}.$$

此时 $u = a_0 x^3 + a_1 x^2 + a_2 x$，$\alpha = -1$，$p = -2$，$q = -3$. 对 u 关于 x 求导，得

$$\frac{\mathrm{d}u}{\mathrm{d}x} = 3a_0x^2 + 2a_1x + a_2,$$

$$\frac{\mathrm{d}^2u}{\mathrm{d}x^2} = 6a_0x + 2a_1.$$

代入 $\dfrac{\mathrm{d}^2u}{\mathrm{d}x^2}+(2\alpha+p)\dfrac{\mathrm{d}u}{\mathrm{d}x}+(\alpha^2+p\alpha+q)u=x^2+1$，得

$$-12a_0x^2 + (6a_0 - 8a_1)x + 2a_1 - 4a_2 = x^2 + 1.$$

比较 x 的同次幂项的系数，有

$$\begin{cases} -12a_0 = 1, \\ 6a_0 - 8a_1 = 0, \\ 2a_1 - 4a_2 = 1, \end{cases}$$

解得

$$\begin{cases} a_0 = -\dfrac{1}{12}, \\ a_1 = -\dfrac{1}{16}, \\ a_2 = -\dfrac{9}{32}. \end{cases}$$

所求的非齐次方程的一个特解为

$$\tilde{y} = -\frac{x}{4}\left(\frac{x^2}{3} + \frac{x}{4} + \frac{9}{8}\right)\mathrm{e}^{-x}.$$

故原方程的通解为

$$y = Y + \tilde{y} = C_1\mathrm{e}^{-x} + C_2\mathrm{e}^{3x} - \frac{x}{4}\left(\frac{x^2}{3} + \frac{x}{4} + \frac{9}{8}\right)\mathrm{e}^{-x}.$$

二、$f(x) = \left[P_n^1(x)\cos\beta x + P_l^2(x)\sin\beta x\right]\mathrm{e}^{\alpha x}$，即求形如

$$\frac{\mathrm{d}^2y}{\mathrm{d}x^2} + p\frac{\mathrm{d}y}{\mathrm{d}x} + qy = \left[P_n^1(x)\cos\beta x + P_l^2(x)\sin\beta x\right]\mathrm{e}^{\alpha x} \tag{6.26}$$

的方程的特解，其中 $P_n^1(x)$，$P_l^2(x)$ 分别是 n 次多项式和 l 次多项式.

由欧拉公式

$$\cos\beta x = \frac{\mathrm{e}^{\mathrm{i}\beta x}+\mathrm{e}^{-\mathrm{i}\beta x}}{2}, \quad \sin\beta x = \frac{\mathrm{e}^{\mathrm{i}\beta x}-\mathrm{e}^{-\mathrm{i}\beta x}}{2\mathrm{i}}, \quad 有$$

$$\begin{aligned} f(x) &= \left[P_n^1(x)\cos\beta x+P_l^2(x)\sin\beta x\right]\mathrm{e}^{\alpha x} \\ &= \left[P_n^1(x)\frac{\mathrm{e}^{\mathrm{i}\beta x}+\mathrm{e}^{-\mathrm{i}\beta x}}{2}+P_l^2(x)\frac{\mathrm{e}^{\mathrm{i}\beta x}-\mathrm{e}^{-\mathrm{i}\beta x}}{2\mathrm{i}}\right]\mathrm{e}^{\alpha x} \\ &= \left[\frac{P_n^1(x)}{2}+\frac{P_l^2(x)}{2\mathrm{i}}\right]\mathrm{e}^{(\alpha+\mathrm{i}\beta)x}+\left[\frac{P_n^1(x)}{2}-\frac{P_l^2(x)}{2\mathrm{i}}\right]\mathrm{e}^{(\alpha-\mathrm{i}\beta)x} \\ &= \left[\frac{P_n^1(x)}{2}-\frac{P_l^2(x)}{2}\mathrm{i}\right]\mathrm{e}^{(\alpha+\mathrm{i}\beta)x}+\left[\frac{P_n^1(x)}{2}+\frac{P_l^2(x)}{2}\mathrm{i}\right]\mathrm{e}^{(\alpha-\mathrm{i}\beta)x}. \end{aligned}$$

上式中, $\dfrac{P_n^1(x)}{2}-\dfrac{P_l^2(x)}{2}\mathrm{i}$ 与 $\dfrac{P_n^1(x)}{2}+\dfrac{P_l^2(x)}{2}\mathrm{i}$ 是两个互为共轭的 m 次多项式,

其中 $m=\max\{n,l\}$. 设

$$S(x)=\frac{P_n^1(x)}{2}-\frac{P_l^2(x)}{2}\mathrm{i},$$

$$f(x)=S(x)\mathrm{e}^{(\alpha+\mathrm{i}\beta)x}+\bar{S}(x)\mathrm{e}^{(\alpha-\mathrm{i}\beta)x}.$$

对于 $f(x)$ 中的第一项 $S(x)\mathrm{e}^{(\alpha+\mathrm{i}\beta)x}$ 可求出一个 m 次多项式 $Q_m(x)$, 使得

$$\tilde{y}_1=x^k Q_m(x)\mathrm{e}^{(\alpha+\mathrm{i}\beta)x}$$

为方程

$$\frac{\mathrm{d}^2y}{\mathrm{d}x^2}+p\frac{\mathrm{d}y}{\mathrm{d}x}+qy=S(x)\mathrm{e}^{(\alpha+\mathrm{i}\beta)x}$$

的特解, 其中 k 按 $\alpha+\mathrm{i}\beta$ 不是特征方程的根或是特征方程的单根依次取 0 或 1.

对于 $f(x)$ 中的第二项 $\bar{S}(x)\mathrm{e}^{(\alpha-\mathrm{i}\beta)x}$, 对于方程

$$\frac{\mathrm{d}^2y}{\mathrm{d}x^2}+p\frac{\mathrm{d}y}{\mathrm{d}x}+qy=\bar{S}(x)\mathrm{e}^{(\alpha-\mathrm{i}\beta)x},$$

由于 $S(x)\mathrm{e}^{(\alpha+\mathrm{i}\beta)x}$ 与 $\bar{S}(x)\mathrm{e}^{(\alpha-\mathrm{i}\beta)x}$ 共轭, 所以 $\tilde{y}_2=x^k\bar{Q}_m(x)\mathrm{e}^{(\alpha-\mathrm{i}\beta)x}$ 是方程

$$\frac{\mathrm{d}^2y}{\mathrm{d}x^2}+p\frac{\mathrm{d}y}{\mathrm{d}x}+qy=\bar{S}(x)\mathrm{e}^{(\alpha-\mathrm{i}\beta)x}$$

的特解, 其中 $\bar{Q}_m(x)$ 表示与 $Q_m(x)$ 共轭的 m 次多项式.

这样方程

$$\frac{\mathrm{d}^2y}{\mathrm{d}x^2}+p\frac{\mathrm{d}y}{\mathrm{d}x}+qy=\left[P_n^1(x)\cos\beta x+P_l^2(x)\sin\beta x\right]\mathrm{e}^{\alpha x}$$

具有形如

$$\tilde{y}=x^k Q_m(x)\mathrm{e}^{(\alpha+\mathrm{i}\beta)x}+x^k\bar{Q}_m(x)\mathrm{e}^{(\alpha-\mathrm{i}\beta)x}$$

的特解. 而 $\tilde{y}$ 可以写为

$$\begin{aligned}\tilde{y}&=x^k\mathrm{e}^{\alpha x}\left[Q_m(x)\mathrm{e}^{\mathrm{i}\beta x}+\bar{Q}_m(x)\mathrm{e}^{-\mathrm{i}\beta x}\right]\\&=x^k\mathrm{e}^{\alpha x}\left[Q_m(x)(\cos\beta x+\mathrm{i}\sin\beta x)+\bar{Q}_m(x)(\cos\beta x-\mathrm{i}\sin\beta x)\right].\end{aligned}$$

由于方括号内的两项互为共轭, 相加后可消去虚部, 这样, 特解 $\tilde{y}$ 可写成实函数形式

$$\tilde{y}=x^k\mathrm{e}^{\alpha x}\left[R_m^1(x)\cos\beta x+R_m^2(x)\sin\beta x)\right],$$

其中 $R_m^1(x)$, $R_m^2(x)$ 是两个 m 次多项式.

这样我们可得到如下结论:

二阶常系数非齐次方程

$$\frac{\mathrm{d}^2y}{\mathrm{d}x^2}+p\frac{\mathrm{d}y}{\mathrm{d}x}+qy=\left[P_n^1(x)\cos\beta x+P_l^2(x)\sin\beta x\right]\mathrm{e}^{\alpha x}$$

的特解可设为

$$\tilde{y}=x^k\left[R_m^1(x)\cos\beta x+R_m^2(x)\sin\beta x\right]\mathrm{e}^{\alpha x},$$

其中 k 按 $\alpha+\mathrm{i}\beta$(或 $\alpha-\mathrm{i}\beta$) 不是特征方程的根或是特征方程的单根依次取 0 或 1,

$R_m^1(x)$，$R_m^2(x)$是两个 m 次多项式，$m=\max\{n,\ l\}$.

例 6　求方程 $\dfrac{\mathrm{d}^2 y}{\mathrm{d}x^2}-y=\mathrm{e}^x\cos 2x$ 的通解.

解　$f(x)=\mathrm{e}^x\cos 2x$ 属于 $[P_n^1(x)\cos\beta x+P_l^2(x)\sin\beta x]\mathrm{e}^{\alpha x}$ 型，其中 $\alpha=1$，$\beta=2$，$P_n^1(x)=1$，$P_l^2(x)=0$.

特征方程 $r^2-1=0$，特征根 $r_1=1$，$r_2=-1$. 于是原方程对应的齐次方程的通解为

$$Y=C_1\mathrm{e}^x+C_2\mathrm{e}^{-x}.$$

为求原方程的一个特解 $\tilde{y}$，设

$$\tilde{y}=(a\cos 2x+b\sin 2x)\mathrm{e}^x,$$
$$\tilde{y}'=[(a+2b)\cos 2x+(b-2a)\sin 2x]\mathrm{e}^x,$$
$$\tilde{y}''=[(-3a+4b)\cos 2x+(-4a-3b)\sin 2x]\mathrm{e}^x.$$

代入原方程，得

$$\mathrm{e}^x(-4a+4b)\cos 2x+\mathrm{e}^x(-4a-4b)\sin 2x=\mathrm{e}^x\cos 2x.$$

$$\begin{cases}-4a+4b=1,\\-4a-4b=0.\end{cases}$$

解得 $a=-\dfrac{1}{8}$，$b=\dfrac{1}{8}$，得原方程的一个特解

$$\tilde{y}=-\frac{1}{8}\mathrm{e}^x(\cos 2x-\sin 2x).$$

从而原方程的通解为

$$y=Y+\tilde{y}=C_1\mathrm{e}^x+C_2\mathrm{e}^{-x}-\frac{1}{8}\mathrm{e}^x(\cos 2x-\sin 2x).$$

例 7　求方程 $\dfrac{\mathrm{d}^2 y}{\mathrm{d}x^2}+y=(x-2)\mathrm{e}^{3x}+x\sin x$ 的通解.

解　由上节定理 6.4 及定理 6.5 知，求本题的通解只要分别求

$$\frac{\mathrm{d}^2 y}{\mathrm{d}x^2}+y=0$$

的通解 Y，

$$\frac{\mathrm{d}^2 y}{\mathrm{d}x^2}+y=(x-2)\mathrm{e}^{3x}$$

的一个特解 $\tilde{y}_1$，

$$\frac{\mathrm{d}^2 y}{\mathrm{d}x^2}+y=x\sin x$$

的一个特解 $\tilde{y}_2$，然后相加即得原方程的通解. 由本节例 4，有

$$Y=C_1\cos x+C_2\sin x,\qquad \tilde{y}_1=\left(\frac{1}{10}x-\frac{13}{50}\right)\mathrm{e}^{3x}.$$

下面求 $\tilde{y}_2$. 即求方程

$$\frac{\mathrm{d}^2 y}{\mathrm{d}x^2}+y=x\sin x$$

的一个特解，由于 $f(x) = x\sin x$，属于 $[P_n^1(x)\cos\beta x + P_l^2(x)\sin\beta x]e^{\alpha x}$ 型，其中

$$\alpha = 0,\ \beta = 1,\ P_n^1(x) = 0,\ P_l^2(x) = x.$$

而 $\alpha + i\beta = i$ 是特征方程 $r^2 + 1 = 0$ 的单根，所以设

$$\tilde{y}_2 = x\left[(a_1 x + a_0)\cos x + (b_1 x + b_0)\sin x\right]$$

$$= (a_1 x^2 + a_0 x)\cos x + (b_1 x^2 + b_0 x)\sin x,$$

$$\tilde{y}_2' = \left[(b_1 x^2 + (2a_1 + b_0)x + a_0)\right]\cos x + \left[-a_1 x^2 + (2b_1 - a_0)x + b_0\right]\sin x,$$

$$\tilde{y}_2'' = \left[-a_1 x^2 + (4b_1 - a_0)x + 2a_1 + 2b_0\right]\cos x + \left[-b_1 x^2 + (-4a_1 - b_0)x + 2b_1 - 2a_0\right]\sin x,$$

代入方程 $\qquad\qquad\qquad \dfrac{\mathrm{d}^2 y}{\mathrm{d}x^2} + y = x\sin x,$

得 $\qquad (4b_1 x + 2a_1 + 2b_0)\cos x + (-4a_1 x + 2b_1 - 2a_0)\sin x = x\sin x,$

有 $\qquad\begin{cases} 4b_1 = 0, \\ 2a_1 + 2b_0 = 0, \\ -4a_1 = 1, \\ 2b_1 - 2a_0 = 0. \end{cases}$

解得 $\qquad\begin{cases} a_1 = -\dfrac{1}{4}, \\ a_0 = 0, \\ b_1 = 0, \\ b_0 = \dfrac{1}{4}. \end{cases}$

于是得到：

$$\tilde{y}_2 = -\frac{1}{4}x^2\cos x + \frac{1}{4}x\sin x.$$

所以，所求方程的通解

$$y = Y + \tilde{y}_1 + \tilde{y}_2$$

$$= C_1\cos x + C_2\sin x + \left(\frac{1}{10}x - \frac{13}{50}\right)e^{3x} - \frac{1}{4}x^2\cos x + \frac{1}{4}x\sin x.$$

综上所述，对于二阶常系数线性非齐次方程

$$\frac{\mathrm{d}^2 y}{\mathrm{d}x^2} + p\frac{\mathrm{d}y}{\mathrm{d}x} + qy = f(x),$$

当自由项 $f(x)$ 为上述所列两种特殊形式时，其特解 $\tilde{y}$ 可用待定系数法求得，其特解形式列表如下

自由项 $f(x)$ 形式	特 解 形 式
$f(x) = P_n(x)\mathrm{e}^{\alpha x}$	当 α 不是特征方程的根时，$\tilde{y} = Q_n(x)\mathrm{e}^{\alpha x}$； 当 α 是特征方程的单根时，$\tilde{y} = xQ_n(x)\mathrm{e}^{\alpha x}$； 当 α 是特征方程的二重根时，$\tilde{y} = x^2 Q_n(x)\mathrm{e}^{\alpha x}$
$f(x) = [P_n^1(x)\cos\beta x + P_l^2(x)\sin\beta x]\mathrm{e}^{\alpha x}$	当 $\alpha + \mathrm{i}\beta$ 不是特征方程的根时， $\tilde{y} = [R_m^1(x)\cos\beta x + R_m^2(x)\sin\beta x]\mathrm{e}^{\alpha x}$； 当 $\alpha + \mathrm{i}\beta$ 是特征方程的单根时， $\tilde{y} = x[R_m^1(x)\cos\beta x + R_m^2(x)\sin\beta x]\mathrm{e}^{\alpha x}$； $m = \max\{n, l\}$

重难点讲解
二阶线性非齐次
方程的特解（一）

重难点讲解
二阶线性非齐次
方程的特解（二）

以上求二阶常系数线性非齐次方程的特解的方法，可以用于一阶，也可以推广到高阶的情况.

例 8 求 $y''' + 3y'' + 3y' + y = \mathrm{e}^x$ 的通解.

解 对应的齐次方程的特征方程为 $r^3 + 3r^2 + 3r + 1 = 0$，特征根 $r_1 = r_2 = r_3 = -1$. 所求齐次方程的通解

$$Y = (C_1 + C_2 x + C_3 x^2)\mathrm{e}^{-x}.$$

由于 $\alpha = 1$ 不是特征方程的根，因此方程的特解形式为 $\tilde{y} = a_0\mathrm{e}^x$，代入方程可解得 $a_0 = \dfrac{1}{8}$，故所求方程的通解为

$$y = Y + \tilde{y} = (C_1 + C_2 x + C_3 x^2)\mathrm{e}^{-x} + \frac{1}{8}\mathrm{e}^x.$$

§7.3 欧拉方程

n 阶线性微分方程

$$a_0 x^n \frac{\mathrm{d}^n y}{\mathrm{d}x^n} + a_1 x^{n-1} \frac{\mathrm{d}^{n-1} y}{\mathrm{d}x^{n-1}} + \cdots + a_{n-1} x \frac{\mathrm{d}y}{\mathrm{d}x} + a_n y = f(x)$$

称为**欧拉方程**，其中 $a_0, a_1, \cdots, a_n$ 都是常数，$f(x)$ 是已知函数. 欧拉方程可通过变量替换化为常系数线性方程. 下面以二阶为例说明.

对于二阶欧拉方程

$$a_0 x^2 \frac{\mathrm{d}^2 y}{\mathrm{d}x^2} + a_1 x \frac{\mathrm{d}y}{\mathrm{d}x} + a_2 y = f(x), \tag{6.27}$$

作变量替换，令 $x = \mathrm{e}^t$，即 $t = \ln x$（引入新变量 t），有

$$\frac{\mathrm{d}y}{\mathrm{d}x} = \frac{\mathrm{d}y}{\mathrm{d}t}\frac{\mathrm{d}t}{\mathrm{d}x} = \frac{\mathrm{d}y}{\mathrm{d}t}\frac{1}{x} = \frac{1}{x}\frac{\mathrm{d}y}{\mathrm{d}t},$$

$$\frac{d^2y}{dx^2} = \frac{d}{dx}\left(\frac{1}{x}\frac{dy}{dt}\right) = \frac{1}{x}\frac{d}{dx}\left(\frac{dy}{dt}\right) + \frac{dy}{dt}\frac{d}{dx}\left(\frac{1}{x}\right)$$

$$= \frac{1}{x}\frac{d^2y}{dt^2}\frac{dt}{dx} - \frac{1}{x^2}\frac{dy}{dt} = \frac{1}{x^2}\frac{d^2y}{dt^2} - \frac{1}{x^2}\frac{dy}{dt}.$$

代入方程(6.27)，得

$$a_0\left(\frac{d^2y}{dt^2} - \frac{dy}{dt}\right) + a_1\frac{dy}{dt} + a_2 y = f(e^t),$$

即

$$\frac{d^2y}{dt^2} + \frac{a_1 - a_0}{a_0}\frac{dy}{dt} + \frac{a_2}{a_0}y = \frac{1}{a_0}f(e^t).$$

它是 y 关于 t 的常系数线性微分方程.

例 9　求 $x^2\dfrac{d^2y}{dx^2} + x\dfrac{dy}{dx} = 6\ln x - \dfrac{1}{x}$ 的通解.

解　所求方程是二阶欧拉方程. 作变量替换，令 $x = e^t$，有

$$\frac{dy}{dx} = \frac{1}{x}\frac{dy}{dt},$$

$$\frac{d^2y}{dx^2} = \frac{1}{x^2}\frac{d^2y}{dt^2} - \frac{1}{x^2}\frac{dy}{dt}.$$

代入原方程，可得

$$\frac{d^2y}{dt^2} = 6t - e^{-t}.$$

两次积分，可求得其通解为

$$y = C_1 + C_2 t + t^3 - e^{-t}$$

代回原来变量，得原方程的通解

$$y = C_1 + C_2\ln x + (\ln x)^3 - \frac{1}{x}.$$

习题 6-7

1. 求下列线性齐次方程的解：

(1) $\dfrac{d^2y}{dx^2} + 3\dfrac{dy}{dx} - 10y = 0$;　　　(2) $\dfrac{d^2y}{dx^2} - 3\dfrac{dy}{dx} = 0$;

(3) $\dfrac{d^2y}{dx^2} + 4\dfrac{dy}{dx} + 4y = 0$;　　　(4) $\dfrac{d^2y}{dx^2} - 4y = 0$;

(5) $\dfrac{d^2y}{dx^2} - 5\dfrac{dy}{dx} + 4y = 0$, $y\Big|_{x=0} = 5$, $\dfrac{dy}{dx}\Big|_{x=0} = 8$;

(6) $\dfrac{d^2y}{dx^2}+4\dfrac{dy}{dx}+13y=0$; (7) $\dfrac{d^2y}{dx^2}-2\dfrac{dy}{dx}+3y=0$.

2. 下列方程具有何种形式的特解：

(1) $\dfrac{d^2y}{dx^2}+4\dfrac{dy}{dx}-5y=x^2+1$; (2) $\dfrac{d^2y}{dx^2}+4\dfrac{dy}{dx}-5y=x$;

(3) $\dfrac{d^2y}{dx^2}+4\dfrac{dy}{dx}=x^2+1$; (4) $\dfrac{d^2y}{dx^2}+4\dfrac{dy}{dx}=x$.

3. 方程 $\dfrac{d^2y}{dx^2}+y=f(x)$ 具有何种形式的特解：

(1) $f(x)=2e^x$; (2) $f(x)=xe^x$;

(3) $f(x)=x^2e^x$; (4) $f(x)=\sin 2x$;

(5) $f(x)=\sin 2x+\cos 2x$; (6) $f(x)=3\sin x$.

4. 求下列线性非齐次方程的解：

(1) $\dfrac{d^2y}{dx^2}+\dfrac{dy}{dx}-2y=5x$; (2) $\dfrac{d^2y}{dx^2}+6\dfrac{dy}{dx}+5y=e^{2x}$;

(3) $\dfrac{d^2y}{dx^2}+2\dfrac{dy}{dx}=-x+3$; (4) $\dfrac{d^2y}{dx^2}+9y=2\cos 3x$;

(5) $\dfrac{d^2y}{dx^2}+3\dfrac{dy}{dx}=2\sin x+\cos x$; (6) $\dfrac{d^2x}{dt^2}+x=\cos 2t$, $x\Big|_{t=0}=-2$, $\dfrac{dx}{dt}\Big|_{t=0}=-2$;

(7) $2\dfrac{d^2y}{dx^2}+3\dfrac{dy}{dx}+y=4-e^x$; (8) $\dfrac{d^2y}{dx^2}-2\dfrac{dy}{dx}+2y=e^{-x}\cos x$;

(9) $\dfrac{d^2y}{dx^2}+4\dfrac{dy}{dx}+4y=8x^2+8e^{2x}$; (10) $\dfrac{d^2y}{dx^2}+2\dfrac{dy}{dx}=3x$, $y\Big|_{x=0}=1$, $\dfrac{dy}{dx}\Big|_{x=0}=0$.

5. 求下列欧拉方程的解：

(1) $x^2\dfrac{d^2y}{dx^2}+3x\dfrac{dy}{dx}+y=0$; (2) $x^2\dfrac{d^2y}{dx^2}-2x\dfrac{dy}{dx}+2y=x\ln x$;

(3) $x^3\dfrac{d^2y}{dx^2}+x^2\dfrac{dy}{dx}+xy=1$; (4) $\dfrac{d^2u}{dr^2}+\dfrac{2}{r}\dfrac{du}{dr}=0$.

§8 常系数线性微分方程组

前面讨论的微分方程所含的未知函数及方程的个数都只有一个，但在实际问题中常遇到含有一个自变量的两个或多个未知函数的常微分方程组. 本节只讨论常系数线性方程组，并且用代数的方法将其化为常系数线性方程的求解问题. 下面举例说明.

例 1　求方程组

$$\begin{cases} \dfrac{dx}{dt}-3x+2y=0, & (6.28) \\[3mm] \dfrac{dy}{dt}-2x+y=0 & (6.29) \end{cases}$$

的通解.

解 与解二元线性代数方程组中的消元法相类似，我们设法消去一个未知函数. 由式(6.29)得

$$x = \frac{1}{2}\left(\frac{dy}{dt} + y\right),\qquad(6.30)$$

上式两端对 t 求导，有

$$\frac{dx}{dt} = \frac{1}{2}\left(\frac{d^2y}{dt^2} + \frac{dy}{dt}\right).$$

将上述两式代入式(6.28)并化简，得

$$\frac{d^2y}{dt^2} - 2\frac{dy}{dt} + y = 0,$$

这是一个二阶常系数齐次方程，其通解为

$$y = (C_1 + C_2 t)e^t,$$

代入式(6.30)得

$$x = \frac{1}{2}(2C_1 + C_2 + 2C_2 t)e^t.$$

从而所求方程组的通解为

$$\begin{cases} x = \dfrac{1}{2}(2C_1 + C_2 + 2C_2 t)e^t, \\ y = (C_1 + C_2 t)e^t. \end{cases}$$

例 2 求方程组

$$\begin{cases} 2\dfrac{dx}{dt} + \dfrac{dy}{dt} = t - y, & (6.31) \\[2mm] \dfrac{dx}{dt} + \dfrac{dy}{dt} = x + y + 2t & (6.32) \end{cases}$$

的通解.

解 为消去 y，先消去 $\dfrac{dy}{dt}$. 为此将式(6.31)减去式(6.32)，得

$$\frac{dx}{dt} + x + 2y + t = 0,$$

即

$$y = -\frac{1}{2}\left(\frac{dx}{dt} + x + t\right).\qquad(6.33)$$

代入式(6.32)得

$$\frac{dx}{dt} - \frac{1}{2}\frac{d}{dt}\left(\frac{dx}{dt} + x + t\right) - x + \frac{1}{2}\left(\frac{dx}{dt} + x + t\right) - 2t = 0,$$

即

$$\frac{d^2 x}{dt^2} - 2\frac{dx}{dt} + x = -3t - 1.$$

这是一个二阶常系数线性非齐次方程，解得

$$x = C_1 e^t + C_2 t e^t - 3t - 7.$$

代入式 (6.33) 得 $y = -C_1 e^t - C_2\left(\frac{1}{2} + t\right)e^t + t + 5$，所以原方程组的通解为

$$\begin{cases} x = C_1 e^t + C_2 t e^t - 3t - 7, \\ y = -C_1 e^t - C_2\left(\frac{1}{2} + t\right)e^t + t + 5. \end{cases}$$

习题 6-8

求下列方程组的解：

1. $\begin{cases} \dfrac{dx}{dt} + 3x + y = 0, \\ \dfrac{dy}{dt} - x + y = 0, \end{cases}$ $x\big|_{t=0} = 1,\ y\big|_{t=0} = 1.$

2. $\begin{cases} \dfrac{dx}{dt} = 2y - 5x + e^t, \\ \dfrac{dy}{dt} = x - 6y + e^{-2t}. \end{cases}$

3. $\begin{cases} \dfrac{dx}{dt} + \dfrac{dy}{dt} + 2x + y = 0, \\ \dfrac{dy}{dt} + 5x + 3y = 0. \end{cases}$

4. $\begin{cases} \dfrac{dx}{dt} + \dfrac{dy}{dt} = -x + y + 3, \\ \dfrac{dx}{dt} - \dfrac{dy}{dt} = x + y - 3. \end{cases}$

5. $\begin{cases} \dfrac{dx}{dt} + 5x + y = 0, \quad y\big|_{t=0} = 1, \\ \dfrac{dy}{dt} - 2x + 3y = 0, \quad x\big|_{t=0} = 0. \end{cases}$

§9　二阶变系数线性微分方程的一般解法

常系数线性齐次方程和某些特殊自由项的常系数线性非齐次方程的解法已在 §7 中介绍过，而对于变系数线性方程，要求其解一般是很困难的. 本节介绍处理这类方程的两种方法.

§9.1　降阶法

在 §5 中我们利用变量替换法使方程降阶，从而求得方程的解. 这种方法

也可用于二阶变系数线性方程的求解.

考虑二阶线性齐次方程

$$\frac{\mathrm{d}^2 y}{\mathrm{d}x^2} + p(x)\frac{\mathrm{d}y}{\mathrm{d}x} + q(x)y = 0, \tag{6.34}$$

设已知其一个非零特解 y_1, 作变量替换, 令

$$y = uy_1, \tag{6.35}$$

其中 $u = u(x)$ 为未知函数, 求一阶和二阶导数, 有

$$\frac{\mathrm{d}y}{\mathrm{d}x} = y_1\frac{\mathrm{d}u}{\mathrm{d}x} + u\frac{\mathrm{d}y_1}{\mathrm{d}x}, \qquad \frac{\mathrm{d}^2 y}{\mathrm{d}x^2} = y_1\frac{\mathrm{d}^2 u}{\mathrm{d}x^2} + 2\frac{\mathrm{d}u}{\mathrm{d}x}\frac{\mathrm{d}y_1}{\mathrm{d}x} + u\frac{\mathrm{d}^2 y_1}{\mathrm{d}x^2},$$

代入式(6.34)得

$$y_1\frac{\mathrm{d}^2 u}{\mathrm{d}x^2} + \left(2\frac{\mathrm{d}y_1}{\mathrm{d}x} + p(x)y_1\right)\frac{\mathrm{d}u}{\mathrm{d}x} + \left(\frac{\mathrm{d}^2 y_1}{\mathrm{d}x^2} + p(x)\frac{\mathrm{d}y_1}{\mathrm{d}x} + q(x)y_1\right)u = 0.$$

$$\tag{6.36}$$

这是一个关于 u 的二阶线性齐次方程, 各项系数是 x 的已知函数, 因为 y_1 是式 (6.34)的解, 所以, 其中 u 的系数

$$\frac{\mathrm{d}^2 y_1}{\mathrm{d}x^2} + p(x)\frac{\mathrm{d}y_1}{\mathrm{d}x} + q(x)y_1 \equiv 0.$$

故式(6.36)化为

$$y_1\frac{\mathrm{d}^2 u}{\mathrm{d}x^2} + \left(2\frac{\mathrm{d}y_1}{\mathrm{d}x} + p(x)y_1\right)\frac{\mathrm{d}u}{\mathrm{d}x} = 0.$$

再作变量替换, 令 $\dfrac{\mathrm{d}u}{\mathrm{d}x} = z$, 得

$$y_1\frac{\mathrm{d}z}{\mathrm{d}x} + \left(2\frac{\mathrm{d}y_1}{\mathrm{d}x} + p(x)y_1\right)z = 0,$$

分离变量

$$\frac{1}{z}\mathrm{d}z = -\left(\frac{2}{y_1}\frac{\mathrm{d}y_1}{\mathrm{d}x} + p(x)\right)\mathrm{d}x,$$

两边积分, 得其通解

$$z = \frac{C_2}{y_1^2}\mathrm{e}^{-\int p(x)\mathrm{d}x},$$

其中 C_2 为任意常数.

对 $\dfrac{\mathrm{d}u}{\mathrm{d}x} = z$ 积分得 $u = \int z\mathrm{d}x = C_2\int\dfrac{1}{y_1^2}\mathrm{e}^{-\int p(x)\mathrm{d}x}\mathrm{d}x + C_1$. 代回原变量. 得式(6.34) 的通解

$$y = y_1\left(C_1 + C_2 \int \frac{1}{y_1^2}e^{-\int p(x)\,dx}\,dx\right).$$

此式称为二阶线性齐次方程的**刘维尔**(Liouville)**公式**.

综上所述,对于二阶线性齐次方程,若已知其一个非零特解,作二次变换,即作变换 $y = y_1\int z\,dx$,可将其降为一阶线性齐次方程,从而求得通解.

对于二阶线性非齐次方程,若已知其对应的齐次方程的一个特解,作同样的变换(因为这种变换并不影响方程的右端),也能使非齐次方程降低一阶.

例 1 已知 $y_1 = \dfrac{\sin x}{x}$ 是方程 $\dfrac{d^2y}{dx^2} + \dfrac{2}{x}\dfrac{dy}{dx} + y = 0$ 的一个解,试求方程的通解.

解 作变换 $y = y_1\int z\,dx$,则有

$$\frac{dy}{dx} = y_1 z + \frac{dy_1}{dx}\int z\,dx,$$

$$\frac{d^2y}{dx^2} = y_1\frac{dz}{dx} + 2\frac{dy_1}{dx}z + \frac{d^2y_1}{dx^2}\int z\,dx.$$

代入原方程,并注意到 y_1 是原方程的解,有

$$y_1\frac{dz}{dx} + \left(2\frac{dy_1}{dx} + \frac{2y_1}{x}\right)z = 0,$$

即 $\dfrac{dz}{dx} = -2z\cot x$,积分得 $z = \dfrac{C_1}{\sin^2 x}$. 于是

$$y = y_1\int z\,dx = \frac{\sin x}{x}\left(\int \frac{C_1}{\sin^2 x}\,dx + C_2\right).$$

$$= \frac{\sin x}{x}(-C_1\cot x + C_2) = \frac{1}{x}(C_2\sin x - C_1\cos x),$$

这就是原方程的通解.

§9.2 常数变易法

在 §3 求一阶线性非齐次方程的通解时,我们曾对其对应的齐次方程的通解,利用常数变易法求得非齐次方程的通解. 对于二阶线性非齐次方程

$$\frac{d^2y}{dx^2} + p(x)\frac{dy}{dx} + q(x)y = f(x), \tag{6.37}$$

其中 $p(x)$,$q(x)$,$f(x)$ 在某区间上连续,如果其对应的齐次方程

$$\frac{d^2y}{dx^2} + p(x)\frac{dy}{dx} + q(x)y = 0$$

的通解 $y = C_1 y_1 + C_2 y_2$ 已经求得，那么也可通过如下的**常数变易法**求得非齐次方程的通解.

设非齐次方程(6.37)具有形如

$$\tilde{y} = u_1 y_1 + u_2 y_2 \tag{6.38}$$

的特解，其中 $u_1 = u_1(x)$，$u_2 = u_2(x)$ 是两个待定函数，对 $\tilde{y}$ 求导数，得

$$\tilde{y}' = u_1 y_1' + u_2 y_2' + y_1 u_1' + y_2 u_2',$$

把式(6.38)代入式(6.37)中，可得到确定 u_1，u_2 的一个方程. 因为这里有两个未知函数，所以还需添加一个条件，为计算方便，我们补充如下条件：$y_1 u_1' + y_2 u_2' = 0$. 这样，把

$$\tilde{y}' = u_1 y_1' + u_2 y_2',$$

$$\tilde{y}'' = u_1 y_1'' + u_2 y_2'' + u_1' y_1' + u_2' y_2'$$

代入方程(6.37)中，并注意到 y_1，y_2 是齐次方程的解，经整理得

$$u_1' y_1' + u_2' y_2' = f(x).$$

与补充条件联立，得方程组

$$\begin{cases} y_1 u_1' + y_2 u_2' = 0, \\ y_1' u_1' + y_2' u_2' = f(x). \end{cases}$$

因为 y_1，y_2 线性无关，即 $\dfrac{y_2}{y_1} \neq$ 常数，所以

$$\left(\frac{y_2}{y_1} \right)' = \frac{y_1 y_2' - y_2 y_1'}{y_1^2} \neq 0.$$

设 $w(x) = y_1 y_2' - y_2 y_1'$，则有 $w(x) \neq 0$，所以上述方程组有唯一解. 解得

$$\begin{cases} u_1' = \dfrac{-y_2 f(x)}{y_1 y_2' - y_2 y_1'} = \dfrac{-y_2 f(x)}{w(x)}, \\[2mm] u_2' = \dfrac{y_1 f(x)}{y_1 y_2' - y_2 y_1'} = \dfrac{y_1 f(x)}{w(x)}. \end{cases}$$

积分并取其一个原函数，得

$$u_1 = -\int \frac{y_2 f(x)}{w(x)} \mathrm{d}x,$$

$$u_2 = \int \frac{y_1 f(x)}{w(x)} \mathrm{d}x.$$

具体计算时，取上述不定积分的某一原函数即可，则所求特解为

$$\tilde{y} = y_1 \int \frac{-y_2 f(x)}{w(x)} \mathrm{d}x + y_2 \int \frac{y_1 f(x)}{w(x)} \mathrm{d}x.$$

所求方程的通解

$$y = Y + \tilde{y} = C_1 y_1 + C_2 y_2 + y_1 \int \frac{-y_2 f(x)}{w(x)} dx + y_2 \int \frac{y_1 f(x)}{w(x)} dx.$$

例 2 求方程 $\dfrac{d^2 y}{dx^2} - \dfrac{1}{x} \dfrac{dy}{dx} = x$ 的通解.

解 先求对应的齐次方程

$$\frac{d^2 y}{dx^2} - \frac{1}{x} \frac{dy}{dx} = 0$$

的通解. 由于

$$\frac{d^2 y}{dx^2} = \frac{1}{x} \frac{dy}{dx},$$

即

$$\frac{1}{\dfrac{dy}{dx}} \cdot d\left(\frac{dy}{dx}\right) = \frac{1}{x} dx,$$

两边积分，得

$$\ln \left| \frac{dy}{dx} \right| = \ln |x| + \ln |C|.$$

即 $\dfrac{dy}{dx} = Cx$，得通解 $y = C_1 x^2 + C_2$. 所以对应齐次方程的两个线性无关的特解是 x^2 和 1.

为求非齐次方程的一个解 $\tilde{y}$，将 C_1，C_2 换成待定函数 u_1，u_2，且 u_1，u_2 满足下列方程组

$$\begin{cases} x^2 u_1' + 1 \cdot u_2' = 0, \\ 2x u_1' + 0 \cdot u_2' = x. \end{cases}$$

解上述方程组，得 $u_1' = \dfrac{1}{2}$，$u_2' = -\dfrac{1}{2} x^2$. 积分并取其一原函数得 $u_1 = \dfrac{1}{2} x$，$u_2 = -\dfrac{x^3}{6}$.

于是原方程的一个特解为

$$\tilde{y} = u_1 \cdot x^2 + u_2 \cdot 1 = \frac{x^3}{2} - \frac{x^3}{6} = \frac{x^3}{3}.$$

从而原方程的通解为

$$y = C_1 x^2 + C_2 + \frac{x^3}{3}.$$

习题 6-9

用常数变易法求解下列方程：

1. $\dfrac{d^2 y}{dx^2} - 2\dfrac{dy}{dx} + y = \dfrac{e^x}{x}$.

2. $\dfrac{d^2 y}{dx^2} - 3\dfrac{dy}{dx} + 2y = -\dfrac{e^{3x}}{e^x + 1}$.

用常数变易法求下列方程的特解：

3. $\dfrac{d^2 y}{dx^2} - 5\dfrac{dy}{dx} + 6y = 2e^x$.

4. $\dfrac{d^2 y}{dx^2} + 2\dfrac{dy}{dx} + y = 3e^{-x}$.

5. $\dfrac{d^2 y}{dx^2} - 4y = \cos^2 x$.

6. $2\dfrac{d^2 y}{dx^2} + \dfrac{dy}{dx} - y = x^2 e^{2x}$.

7. $\dfrac{d^2 y}{dx^2} + 4\dfrac{dy}{dx} + 4y = \dfrac{e^{-2x}}{x^2}$ $(x > 0)$.

§10 数学建模（二）——微分方程在几何、物理中的应用举例

一、镭的衰变

例 1 镭、铀等放射性物质因不断地放出各种射线而其质量逐渐减少的过程，称为放射性物质的衰变. 由实验得知，衰变速度与现存物质的质量成正比，求放射性物质在时刻 t 的质量.

解 用 x 表示该放射性物质在时刻 t 的质量，则 $\dfrac{dx}{dt}$ 表示 x 在时刻 t 的衰变速度，于是"衰变速度与现存质量成正比"可表示为 $\dfrac{dx}{dt} = -kx$. 这是一个以 x 为未知函数的一阶方程，它就是放射性物质衰变的数学模型，其中 $k > 0$ 是比例常数，称为衰变常数，因元素的不同而异. 方程右端的负号表示当时间 t 增加时，质量 x 减少，即当 $t > 0$ 时有 $\dfrac{dx}{dt} < 0$.

解这个方程得通解

$$x = Ce^{-kt}.$$

若已知当 $t = t_0$ 时，$x = x_0$，即 $x\big|_{t=t_0} = x_0$. 代入方程可得 $C = x_0 e^{kt_0}$，得特解 $x = x_0 e^{-k(t-t_0)}$，它反映了某种放射性物质衰变的规律.

二、正交轨线

已知曲线族方程 $F(x, y, C) = 0$，其中包含了一个参数 C. 当 C 固定时就得

到一条曲线, 当 C 改变时就得到整族曲线, 称为单参数曲线族. 例如 $y = Cx^2$ 为一抛物线族.

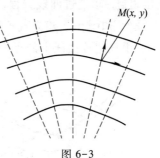

图 6-3

如果存在另一族曲线 $G(x, y, C) = 0$, 其每一条曲线都与曲线族 $F(x, y, C) = 0$ 的每条曲线垂直相交, 即不同族中的曲线在交点处的切线互相垂直. 则称 $G(x, y, C) = 0$ 为 $F(x, y, C) = 0$ 的正交轨线(图 6-3).

将曲线族方程 $F(x, y, C) = 0$ 两边同时对 x 求导, 将它与 $F(x, y, C) = 0$ 联立, 消去常数 C, 得曲线族上任一点的坐标 $M(x, y)$ 和曲线在该点的斜率 y' 所满足的微分方程

$$f(x, y, y') = 0,$$

这就是曲线族 $F(x, y, C) = 0$ 所满足的微分方程.

因为正交轨线过点 $M(x, y)$, 且在该点与曲线族中过该点的曲线垂直, 故正交轨线在点 $M(x, y)$ 处的斜率为

$$k = -\frac{1}{y'},$$

于是可知曲线族 $F(x, y, C) = 0$ 的正交轨线满足方程

$$f\left(x, y, -\frac{1}{y'}\right) = 0.$$

这是正交轨线的数学模型, 其积分曲线族(通解), 就是所要求的正交轨线.

例 2 求抛物线族 $y = Cx^2$ 的正交轨线.

解 对 $y = Cx^2$ 关于 x 求导, 得 $y' = 2Cx$, 与原方程联立

$$\begin{cases} y = Cx^2, \\ y' = 2Cx, \end{cases}$$

消去 C 得微分方程 $y' = \dfrac{2y}{x}$, 将 $-\dfrac{1}{y'}$ 代替 y', 得所求抛物线族的正交轨线微分方程

$$-\frac{1}{y'} = \frac{2y}{x}, \quad 即 \quad y\mathrm{d}y = -\frac{x}{2}\mathrm{d}x,$$

积分得

$$\frac{x^2}{4} + \frac{y^2}{2} = C^2,$$

即抛物线族 $y = Cx^2$ 的正交轨线是一个椭圆族(图 6-4).

三、追迹问题

例 3 开始时, 甲、乙水平距离为 1 个单位, 乙从 A 点沿垂直于 OA 的直线以等速 v_0 向正北行走; 甲从乙的左侧 O 点出发, 始终对准乙以 $nv_0 (n > 1)$ 的

速度追赶. 求追迹曲线方程, 并问乙行多远时, 被甲追到.

解 如图 6-5 建立直角坐标系, 设所求追迹曲线方程为 $y = y(x)$. 经过时刻 t, 甲在追迹曲线上的点为 $P(x, y)$, 乙在点 $B(1, v_0 t)$. 于是有

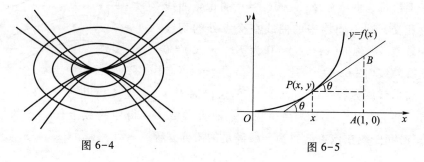

图 6-4   图 6-5

$$\tan \theta = y' = \frac{v_0 t - y}{1 - x}, \tag{6.39}$$

由题设, 曲线的弧长 OP 为

$$\int_0^x \sqrt{1 + y'^2} \, \mathrm{d}x = n v_0 t,$$

解出 $v_0 t$, 代入式 (6.39), 得

$$(1 - x) y' + y = \frac{1}{n} \int_0^x \sqrt{1 + y'^2} \, \mathrm{d}x.$$

两边对 x 求导, 整理得

$$(1 - x) y'' = \frac{1}{n} \sqrt{1 + y'^2}.$$

这就是追迹问题的数学模型.

这是 个不显含 y 的可降阶的方程, 设 $y' - p$, $y'' - p'$, 代入方程得

$$(1 - x) p' = \frac{1}{n} \sqrt{1 + p^2}$$

或

$$\frac{\mathrm{d}p}{\sqrt{1 + p^2}} = \frac{\mathrm{d}x}{n(1 - x)},$$

两边积分, 得 $\ln(p + \sqrt{1 + p^2}) = -\frac{1}{n} \ln |1 - x| + \ln |C_1|$, 即

$$p + \sqrt{1 + p^2} = \frac{C_1}{\sqrt[n]{1 - x}}.$$

将初值条件 $y'|_{x=0} = p|_{x=0} = 0$ 代入上式, 得 $C_1 = 1$. 于是

$$y' + \sqrt{1 + y'^2} = \frac{1}{\sqrt[n]{1 - x}}, \tag{6.40}$$

两边同乘 $y' - \sqrt{1 + y'^2}$, 并化简得

$$y' - \sqrt{1 + y'^2} = -\sqrt[n]{1 - x}, \qquad (6.41)$$

将式(6.40)与式(6.41)相加,得

$$y' = \frac{1}{2}\left(\frac{1}{\sqrt[n]{1 - x}} - \sqrt[n]{1 - x}\right),$$

积分,得

$$y = \frac{1}{2}\left[-\frac{n}{n-1}(1-x)^{\frac{n-1}{n}} + \frac{n}{n+1}(1-x)^{\frac{n+1}{n}}\right] + C_2.$$

代入初值条件 $y\big|_{x=0} = 0$ 得 $C_2 = \dfrac{n}{n^2 - 1}$,故所求追迹曲线方程为

$$y = \frac{n}{2}\left[\frac{(1-x)^{\frac{n+1}{n}}}{n+1} - \frac{(1-x)^{\frac{n-1}{n}}}{n-1}\right] + \frac{n}{n^2 - 1} \quad (n > 1),$$

甲追到乙时,即曲线上点 P 的横坐标 $x = 1$,此时 $y = \dfrac{n}{n^2 - 1}$,即乙行走至距离 A

点 $\dfrac{n}{n^2 - 1}$ 个单位距离时被甲追到.

四、弹簧振动

下面我们讨论机械振动的简单模型——弹簧振动问题. 研究悬挂重物的弹簧的振动,并假定弹簧的质量与重物的质量相比较可以忽略不计.

如图6-6,一弹簧上端固定,下端与一质量为 m 的物体连接. 弹簧对物体的作用力(恢复力)与弹簧的伸长长度成正比(劲度系数为 $k > 0$);物体在运动过程中所受的阻力与速度成正比(比例常数为 $\lambda > 0$). 此外,物体还与一个连杆连接,连杆对物体的作用力(强迫力)为 $F(t)$. 下面建立物体运动方程(数学模型).

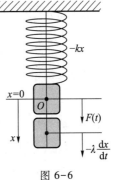

图6-6

如图6-6,取物体的平衡位置为原点,向下方向为 Ox 轴的正向,以 $x = x(t)$ 表示物体在时刻 t 的位置. 因为物体共受到三个力的作用:

(1) 恢复力:$-kx$(负号表示恢复力与位移 x 方向相反);

(2) 阻力:$-\lambda \dfrac{\mathrm{d}x}{\mathrm{d}t}$(负号表示阻力与速度 $\dfrac{\mathrm{d}x}{\mathrm{d}t}$ 的方向相反);

(3) 强迫力:$F(t)$.

由牛顿第二定律 $F = ma$,得

$$m\frac{\mathrm{d}^2 x}{\mathrm{d}t^2} = F(t) - kx - \lambda\frac{\mathrm{d}x}{\mathrm{d}t},$$

或

$$\frac{\mathrm{d}^2 x}{\mathrm{d}t^2} + \frac{\lambda}{m}\frac{\mathrm{d}x}{\mathrm{d}t} + \frac{k}{m}x = \frac{F(t)}{m},$$

这就是物体运动的数学模型——振动方程.

为方便起见，记 $\frac{\lambda}{m} = 2\beta(\beta>0)$，$\frac{k}{m} = \omega^2(\omega>0)$，$\frac{F(t)}{m} = f(t)$，则上述方程可写成

$$\frac{\mathrm{d}^2 x}{\mathrm{d}t^2} + 2\beta\frac{\mathrm{d}x}{\mathrm{d}t} + \omega^2 x = f(t). \tag{6.42}$$

1. 自由振动.

当 $f(t) \equiv 0$ 时称为自由振动. 分两种情况讨论.

（1）当 $\beta = 0$ 时称为无阻尼自由振动，运动方程为

$$\frac{\mathrm{d}^2 x}{\mathrm{d}t^2} + \omega^2 x = 0.$$

其通解

$$x = C_1\cos\omega t + C_2\sin\omega t = A\sin(\omega t + \varphi)$$

$\left(\text{其中 } A = \sqrt{C_1^2 + C_2^2},\ \tan\varphi = \frac{C_1}{C_2}\right)$. 这是简谐振动（图 6-7），这里振幅 A 及初相角 φ 可由物体的初始位置和初始速度决定.

（2）当 $\beta \neq 0$ 时称为有阻尼自由振动，其运动方程为

$$\frac{\mathrm{d}^2 x}{\mathrm{d}t^2} + 2\beta\frac{\mathrm{d}x}{\mathrm{d}t} + \omega^2 x = 0,$$

其特征方程为

$$r^2 + 2\beta r + \omega^2 = 0.$$

下面就其根的三种情形分别讨论：

（i）$\beta > \omega$（大阻尼情形）. 其根为 $r = -\beta \pm \sqrt{\beta^2 - \omega^2}$，特征方程有两个不相等的实根，由于它们都是负数，可令 $r_1 = -\eta_1$，$r_2 = -\eta_2(\eta_1 > 0,\ \eta_2 > 0)$，所以方程的通解为

$$x = C_1\mathrm{e}^{-\eta_1 t} + C_2\mathrm{e}^{-\eta_2 t}.$$

这里的位移 x 不是周期函数，因而物体不作任何振动. 当 $t \to +\infty$ 时 $x \to 0$，即随时间的无限增加物体趋于平衡位置，如图 6-8（当 $C_1 + C_2 > 0$，$\eta_1 C_1 + \eta_2 C_2 < 0$ 时的情形）.

（ii）$\beta = \omega$（临界阻尼情形）. 特征方程有二重根，$r_1 = r_2 = -\beta$，此时通解为

$$x = (C_1 + C_2 t)\mathrm{e}^{-\beta t}.$$

这时位移 x 也不是周期函数，物体不作任何振动. 当 $t \to +\infty$ 时 $x \to 0$，即随时间的无限增加物体趋于平衡位置，如图 6-9（当 $C_1 > 0$，$C_2 - \beta C_1 < 0$ 时的情形）.

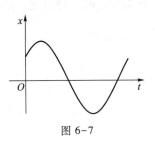

图 6-7

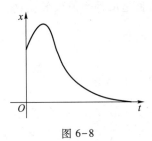

图 6-8

（iii）$0<\beta<\omega$（小阻尼情形）. 特征方程有一对共轭复根 $r=-\beta\pm\mathrm{i}\sqrt{\omega^2-\beta^2}$. 此时通解为

$$x=A\mathrm{e}^{-\beta t}\sin(\sqrt{\omega^2-\beta^2}\,t+\varphi),$$

这里 A，φ 都是任意常数，可由振动的初始条件决定. 由上式看到，振幅 $A\mathrm{e}^{-\beta t}$ 随时间的增加而减少，其减少的快慢程度由系数 $\beta=\dfrac{\lambda}{2m}$ 决定. 当 $t\to+\infty$ 时，振幅 $A\mathrm{e}^{-\beta t}\to0$，于是 $x\to0$，即随时间 t 的无限增加物体趋于平衡位置. 这种情形称为有阻尼的衰减振动（图 6-10）.

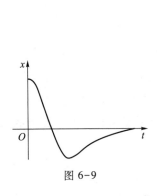

图 6-9

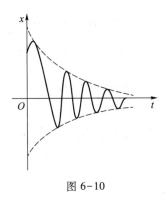

图 6-10

2. 强迫振动

当 $f(t)\neq0$ 时，称为强迫振动. 设外力 $f(t)=a\sin\omega_0 t$，我们只考虑无阻尼的强迫振动. 其振动方程为

$$\frac{\mathrm{d}^2x}{\mathrm{d}t^2}+\omega^2x=a\sin\omega_0 t.$$

它的通解为

$$x=A\sin(\omega t+\varphi)+\frac{a}{\omega^2-\omega_0^2}\sin\omega_0 t\quad（当\ \omega\neq\omega_0\ 时），$$

$$x=A\sin(\omega t+\varphi)-\frac{at}{2\omega}\cos\omega t\quad（当\ \omega=\omega_0\ 时）.$$

由解的形式可以看出，振动由两种运动所合成. 一种是自由振动也称固有

振动；另一种是由外力所致的振动，称为强迫振动. 前一种情况（当 $\omega \neq \omega_0$ 时）强迫振动的振幅为 $\dfrac{a}{\omega^2 - \omega_0^2}$，当 ω 与 ω_0 很接近时，振幅就很大；后一种情况（当 $\omega = \omega_0$ 时）强迫振动的振幅为 $\dfrac{at}{2\omega}$，当 $t \to +\infty$ 时，振幅 $\dfrac{at}{2\omega} \to +\infty$，这就是共振现象. 因此当外力 $a\sin \omega_0 t$ 同系统处于共振状态时，将会引起振幅无限增大的振动，这在机械和建筑中是必须尽量避免的.

五、 *RLC* 电路中的电振荡

如图 6-11 所示的简单串联电路. 在电路中，电阻为 R，电感为 L，电容为 C，电动势为 $E(t)$. 由电学知识，在电阻 R 上的电压为 RI，在电感 L 上的电压为 $L\dfrac{\mathrm{d}I}{\mathrm{d}t}$，在电容 C 上的电压为 $\dfrac{1}{C}\displaystyle\int I\mathrm{d}t$，根据基尔霍夫第二定律，得到

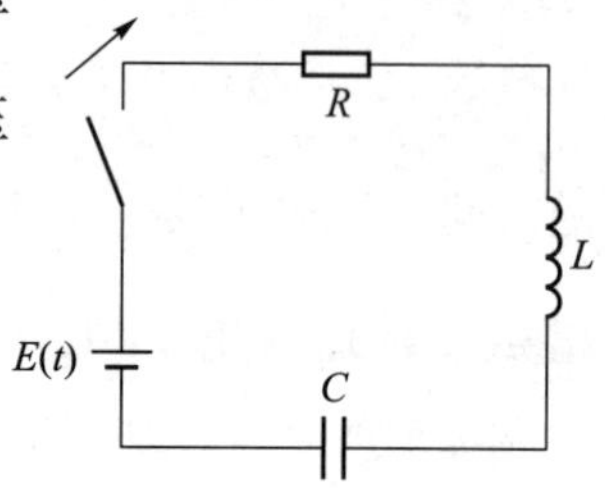

$$L\frac{\mathrm{d}I}{\mathrm{d}t} + RI + \frac{1}{C}\int I\mathrm{d}t = E(t),$$

图 6-11

将方程的两边关于 t 求导数，得

$$L\frac{\mathrm{d}^2 I}{\mathrm{d}t^2} + R\frac{\mathrm{d}I}{\mathrm{d}t} + \frac{1}{C}I = \frac{\mathrm{d}E(t)}{\mathrm{d}t},$$

这就是 ***RLC* 电路中的电振荡方程**，它与前文所描述的弹簧振动的运动方程 (6.42) 在形式上完全一样，类似于弹簧振动的情况，在电路中也会发生共振. 但是与机械系统不同的是，在电路系统中共振现象大有用处，例如收音机中的调谐电路.

*§11　差　分　方　程

§11.1　差分方程的基本概念

一、差分

一般地，在连续变化的时间范围内，变量 y 关于时间 t 的变化率是用 $\dfrac{\mathrm{d}y}{\mathrm{d}t}$ 刻画的；但在有些场合，变量要按一定的离散时间取值，因此常取在规定的时间区间上的差商 $\dfrac{\Delta y}{\Delta t}$ 来刻画变

化率. 如果选择 Δt 为 1, 那么 $\Delta y = y(t+1) - y(t)$ 可以近似代表变量的变化率. 为此我们给出差分的定义.

定义 6.3 设 $y = y(t)$ 为定义在非负整数集 $\{t\}$ 上的函数, 并用 y_t 表示 $y(t)$, 称

$$\Delta y(t) = y(t+1) - y(t) \quad \text{或} \quad \Delta y_t = y_{t+1} - y_t$$

为函数 y_t 的<u>一阶差分</u>, 并称一阶差分的差分为<u>二阶差分</u>, 即有

$$\Delta^2 y_t = \Delta(\Delta y_t) = \Delta(y_{t+1} - y_t) = (y_{t+2} - y_{t+1}) - (y_{t+1} - y_t) = y_{t+2} - 2y_{t+1} + y_t.$$

同样可定义三阶、四阶、…、n 阶差分, 有

$$\Delta^3 y_t = \Delta(\Delta^2 y_t), \quad \Delta^4 y_t = \Delta(\Delta^3 y_t), \quad \cdots, \quad \Delta^n y_t = \Delta(\Delta^{n-1} y_t).$$

例 1 设 $y_t = t^3$, 求 Δy_t, $\Delta^2 y_t$.

解 $\Delta y_t = y_{t+1} - y_t = (t+1)^3 - t^3 = t^3 + 3t^2 + 3t + 1 - t^3 = 3t^2 + 3t + 1$,

$\Delta^2 y_t = y_{t+2} - 2y_{t+1} + y_t = (t+2)^3 - 2(t+1)^3 + t^3$

$\qquad = t^3 + 6t^2 + 12t + 8 - 2t^3 - 6t^2 - 6t - 2 + t^3 = 6t + 6.$

由定义可得差分具有以下性质:

(1) $\Delta(Cy_t) = C\Delta y_t$ (C 为常数).

证 $\Delta(Cy_t) = Cy_{t+1} - Cy_t = C(y_{t+1} - y_t) = C\Delta y_t.$ □

(2) $\Delta(y_t + z_t) = \Delta y_t + \Delta z_t.$

证 $\Delta(y_t + z_t) = y_{t+1} + z_{t+1} - y_t - z_t = y_{t+1} - y_t + z_{t+1} - z_t = \Delta y_t + \Delta z_t.$ □

(3) $\Delta(y_t z_t) = y_{t+1} \Delta z_t + z_t \Delta y_t.$

证 $\Delta(y_t z_t) = y_{t+1} z_{t+1} - y_t z_t = y_{t+1} z_{t+1} - y_{t+1} z_t + y_{t+1} z_t - y_t z_t = y_{t+1} \Delta z_t + z_t \Delta y_t.$ □

(4) $\Delta\left(\dfrac{y_t}{z_t}\right) = \dfrac{z_t \Delta y_t - y_t \Delta z_t}{z_{t+1} z_t}.$

证 $\Delta\left(\dfrac{y_t}{z_t}\right) = \dfrac{y_{t+1}}{z_{t+1}} - \dfrac{y_t}{z_t} = \dfrac{z_t y_{t+1} - z_t y_t + z_t y_t - y_t z_{t+1}}{z_{t+1} z_t} = \dfrac{z_t \Delta y_t - y_t \Delta z_t}{z_{t+1} z_t}.$ □

例 2 设 $t^{(n)} = t(t-1)(t-2)\cdots(t-n+1)$, $t^{(0)} = 1$, 求 $\Delta t^{(n)}$.

解 $\Delta t^{(n)} = (t+1)^{(n)} - t^{(n)}$

$\qquad = (t+1)t(t-1)\cdots(t+1-n+1) - t(t-1)\cdots(t-n+1)$

$\qquad = [(t+1) - (t-n+1)]t(t-1)\cdots(t-n+2)$

$\qquad = nt^{(n-1)}.$

二、 差分方程概念

与常微分方程的定义相类似, 下面给出差分方程的定义.

定义 6.4 含有未知函数 y_t 的差分的方程称为<u>差分方程</u>.

形如 $F(t, y_t, y_{t+1}, \cdots, y_{t+n}) = 0$, 或 $G(t, y_t, y_{t-1}, \cdots, y_{t-n}) = 0$, 或 $H(t, y_t, \Delta y_t, \cdots, \Delta^n y_t) = 0$ 的方程都是差分方程.

方程中含有未知函数差分的最高阶数, 或者方程中未知函数附标的最大值与最小值的差数称为差分方程的阶.

若差分方程中关于未知函数 y_t 及其各阶差分 $\Delta^i y_t$ ($i = 1, 2, \cdots, n$) 均为一次的, 则称其为 n 阶<u>线性差分方程</u>, 其一般形式为

$$a_0(t)y_{t+n} + a_1(t)y_{t+n-1} + \cdots + a_n(t)y_t = f(t), \tag{6.43}$$

其中 $a_0(t), a_1(t), \cdots, a_n(t)$ 和 $f(t)$ 为已知函数.

当 $f(t) \equiv 0$ 时, 上述方程称为齐次线性差分方程, 否则称为非齐次线性差分方程.

当式 (6.43) 中各系数 $a_i(t)$ 均为常数时, 则称为常系数线性差分方程. 本书主要讨论一阶、二阶常系数线性差分方程及其求解. 例如 $y_{t+2} - 2y_{t+1} - y_t = 3^t$ 是一个二阶常系数非齐次线性差分方程.

如果一个函数代入差分方程后, 方程两边恒等, 则称此函数为该差分方程的解.

我们往往要根据系统在初始时刻所处的状态对差分方程附加一定的条件, 这种附加条件称为初值条件, 满足初值条件的解称为特解.

如果差分方程的解中含有相互独立的任意常数的个数恰好等于方程的阶数, 则称该解为差分方程的通解.

和二阶线性微分方程一样, 二阶线性差分方程

$$a_0(t) y_{t+2} + a_1(t) y_{t+1} + a_2(t) y_t = f(t) \tag{6.44}$$

的解也有如下性质.

(1) 方程 (6.44) 所对应的齐次差分方程若有解 $y_1(t)$ 和 $y_2(t)$, 则 $C_1 y_1(t) + C_2 y_2(t)$ 也是方程 (6.44) 所对应的齐次差分方程的解, 这里 C_1, C_2 为任意常数;

(2) 设 $y_1(t)$, $y_2(t)$ 是方程 (6.44) 所对应的齐次差分方程的两个线性无关的特解, 则 $y_t = C_1 y_1(t) + C_2 y_2(t)$ 就是方程 (6.44) 所对应的齐次差分方程的通解, 其中 C_1, C_2 为任意常数;

(3) 设 $y_1(t)$ 是方程 $a_0(t) y_{t+2} + a_1(t) y_{t+1} + a_2(t) y_t = f_1(t)$ 的解, $y_2(t)$ 是方程 $a_0(t) y_{t+2} + a_1(t) y_{t+1} + a_2(t) y_t = f_2(t)$ 的解, 则 $y_1(t) + y_2(t)$ 是方程

$$a_0(t) y_{t+2} + a_1(t) y_{t+1} + a_2(t) y_t = f_1(t) + f_2(t)$$

的解;

(4) 设 $\bar{y}_t$ 是方程 (6.44) 的一个特解, 而 Y_t 是方程 (6.44) 对应的齐次差分方程的通解, 则 $y_t = Y_t + \bar{y}_t$ 是方程 (6.44) 的通解.

在求解非齐次线性差分方程时, 一般先求出其对应的齐次方程的通解, 再求其一个特解, 便可得所求方程的通解.

§11.2 一阶线性差分方程

一、 一阶变系数线性差分方程的迭代解法

我们先介绍一阶变系数线性差分方程的迭代解法, 这种方法是用给出的初值条件直接迭代求解.

设一阶变系数线性差分方程

$$y_{t+1} - a_t y_t = f(t),$$

其中 a_t, $f(t)$ 为已知函数. 已知 y_0, 求 y_t.

由 $y_{t+1} = a_t y_t + f(t)$ 得

$$y_t = a_{t-1} y_{t-1} + f(t-1),$$

$$y_{t-1} = a_{t-2} y_{t-2} + f(t-2),$$

$$\cdots$$

$$y_2 = a_1 y_1 + f(1),$$

$$y_1 = a_0 y_0 + f(0).$$

依次代入，即有

$$
\begin{aligned}
y_t &= a_{t-1} y_{t-1} + f(t-1) \\
&= a_{t-1}(a_{t-2} y_{t-2} + f(t-2)) + f(t-1) \\
&= a_{t-1}(a_{t-2} \cdots (a_1(a_0 y_0 + f(0)) + f(1)) + \cdots + f(t-2)) + f(t-1) \\
&= a_{t-1} a_{t-2} \cdots a_1 a_0 y_0 + a_{t-1} a_{t-2} \cdots a_1 f(0) + a_{t-1} a_{t-2} \cdots a_2 f(1) + \cdots + a_{t-1} a_{t-2} f(t-3) \\
&\quad + a_{t-1} f(t-2) + f(t-1) \\
&= y_0 \prod_{i=0}^{t-1} a_i + \sum_{i=2}^{t} f(t-i) \prod_{j=t-i+1}^{t-1} a_j + f(t-1).
\end{aligned}
$$

当 y_0 给定时，y_t 就可唯一确定. 这种解法称为迭代法.

当 $a_t = a$ 为常数时，则有

$$y_t = a^t y_0 + \sum_{i=1}^{t} a^{i-1} f(t-i). \tag{6.45}$$

二、 一阶常系数线性差分方程的解法

形如

$$y_{t+1} - a y_t = f(t) \tag{6.46}$$

（a 为常数，且 $a \neq 0$）的方程称为一阶常系数线性差分方程，其中 $f(t)$ 为已知函数. 当 $f(t) \equiv 0$ 时，有

$$y_{t+1} - a y_t = 0, \tag{6.47}$$

称为方程 (6.46) 相对应的齐次差分方程.

下面我们通过求方程 (6.47) 的通解和方程 (6.46) 的特解来求得方程 (6.46) 的通解.

对于方程 (6.47)，设 y_0 已知，则由式 (6.45) 可得解 $y_t = a^t y_0$.

下面讨论方程 (6.47) 的通解.

设 $y_t = \lambda^t$ 是方程 (6.47) 的一个特解，代入方程 (6.47) 得 $\lambda^{t+1} - a \lambda^t = 0$，即 $\lambda^t(\lambda - a) = 0$，于是有 $\lambda = 0$，$\lambda = a$. 当 $\lambda = 0$ 时，$y_t = \lambda^t = 0$，此时 $y_t = 0$ 称为方程 (6.47) 的平凡解，我们一般不考虑. 今后我们考虑 $\lambda \neq 0$ 的情形，并称 $\lambda - a = 0$ 为方程 (6.47) 的特征方程，它的根 $\lambda = a$ 称为方程 (6.47) 的特征根. 所以 $y_t = a^t$ 是方程 (6.47) 的一个特解. 容易验证 $y_t = C a^t$（C 为任意常数）也是方程 (6.47) 的解，因而 $y_t = C a^t$ 是方程 (6.47) 的通解.

例 3 求差分方程 $3 y_{t+1} = y_t$，$y_0 = 1$ 的解.

解 特征方程为 $3\lambda - 1 = 0$，特征根 $\lambda = \dfrac{1}{3}$. 于是通解

$$y_t = C \left(\frac{1}{3}\right)^t,$$

代入初值条件 $y_0 = 1$，得 $C = 1$. 因此原方程的解为 $y_t = \left(\dfrac{1}{3}\right)^t$.

下面讨论非齐次线性差分方程 (6.46) 中 $f(t)$ 取某些特殊形式时的特解.

(1) 当 $f(t) = P_m(t)$（$P_m(t)$ 为 t 的 m 次多项式）时，则方程 (6.46) 为

$$y_{t+1} - ay_t = P_m(t). \tag{6.48}$$

设方程(6.48)具有 $\tilde{y}_t = t^k R_m(t)$ 形式的特解，其中 $R_m(t)$ 为 t 的 m 次多项式，其系数待定.

当 $a \neq 1$ 时，取 $k = 0$. 设

$$\tilde{y}_t = R_m(t) = B_0 + B_1 t + \cdots + B_m t^m;$$

当 $a = 1$ 时，取 $k = 1$. 设

$$\tilde{y}_t = t R_m(t) = t(B_0 + B_1 t + \cdots + B_m t^m).$$

分别就 $a \neq 1$，$a = 1$ 的不同情况，将 $\tilde{y}_t$ 代入方程(6.48)，比较方程两端同次幂项的系数，确定 $B_0, B_1, \cdots, B_m$，从而可得方程(6.48)的特解.

例 4 求差分方程 $y_{t+1} - 2y_t = 3t^2$ 的通解.

解 特征方程 $\lambda - 2 = 0$，得特征根 $\lambda = 2$，于是对应齐次差分方程的通解 $Y_t = C2^t$.

因 $f(t) = 3t^2$ 且 $a = 2(a \neq 1)$. 设 $\tilde{y}_t = B_0 + B_1 t + B_2 t^2$，将它代入原方程，得

$$B_0 + B_1(t+1) + B_2(t+1)^2 - 2B_0 - 2B_1 t - 2B_2 t^2 = 3t^2.$$

比较方程两端 t 的同次幂项的系数，得

$$\begin{cases} -B_0 & + B_1 & + B_2 & = 0, \\ & -B_1 & + 2B_2 & = 0, \\ & & -B_2 & = 3, \end{cases}$$

解得

$$\begin{cases} B_0 = -9, \\ B_1 = -6, \\ B_2 = -3. \end{cases}$$

即给定方程的特解为 $\tilde{y}_t = -9 - 6t - 3t^2$.

于是所求方程的通解为 $y_t = C2^t - 9 - 6t - 3t^2$.

(2) 当 $f(t) = P_m(t)b^t$ 时(其中 $P_m(t)$ 的意义同(1)，b 为常数)，则方程(6.46)为

$$y_{t+1} - ay_t = P_m(t)b^t. \tag{6.49}$$

设方程(6.49)具有 $\tilde{y}_t = t^k R_m(t)b^t$ 形式的特解，其中 $R_m(t)$ 的意义同(1).

当 $b \neq a$ 时，取 $k = 0$. 设

$$\tilde{y}_t = (B_0 + B_1 t + \cdots + B_m t)b^t;$$

当 $b = a$ 时，取 $k = 1$. 设

$$\tilde{y}_t = t(B_0 + B_1 t + \cdots + B_m t)b^t.$$

分别就 $a \neq b$，$a = b$ 的不同情况，将 $\tilde{y}_t$ 代入方程(6.49)，比较方程两端 t 的同次幂项的系数，确定 $B_0, B_1, \cdots, B_m$，从而可得方程(6.49)的特解.

例 5 设 α, β 为常数，$\alpha \neq 0$. 试讨论 α 和 β，求差分方程 $y_{t+1} - \alpha y_t = e^{\beta t}$ 的通解.

解 对应的齐次差分方程的特征方程为

$$\lambda - \alpha = 0,$$

特征根 $\lambda = \alpha$，所以齐次差分方程的通解为

$$Y_t = C\alpha^t.$$

当 $e^\beta \neq \alpha$ 时，可设 $\tilde{y}_t = B_0 e^{\beta t}$，代入原方程，得

$$B_0 e^{\beta(t+1)} - \alpha B_0 e^{\beta t} = e^{\beta t},$$

则 $B_0 = \dfrac{1}{\mathrm{e}^\beta - \alpha}$，得通解

$$y_t = Y_t + \tilde{y}_t = C\alpha^t + \frac{1}{\mathrm{e}^\beta - \alpha} \mathrm{e}^{\beta t}.$$

当 $\mathrm{e}^\beta = \alpha$ 时，可设 $\tilde{y}_t = B_0 t \mathrm{e}^{\beta t}$，代入原方程，得

$$B_0(t+1)\mathrm{e}^{\beta(t+1)} - \alpha B_0 t \mathrm{e}^{\beta t} = \mathrm{e}^{\beta t},$$

则 $B_0 = \mathrm{e}^{-\beta}$，故通解为

$$y_t = Y_t + \tilde{y}_t = C\mathrm{e}^{\beta t} + t\mathrm{e}^{\beta(t-1)} = (C + t\mathrm{e}^{-\beta})\mathrm{e}^{\beta t}.$$

例 6 在农业生产中，种植需一个适当的时期先于产出及产品出售，t 时该农产品的价格 P_t 决定着生产者在下一时期愿意提供市场的产量 S_{t+1}，此外 P_t 还决定着本期该农产品的需求量 D_t，因此有 $D_t = a - bP_t$，$S_t = -d + eP_{t-1}$（其中 a，b，d，e 均为正常数），求价格随时间的变化规律.

解 假设在每一个时期价格总是确定在市场售完的水平上，即 $S_t = D_t$. 因此可得

$$-d + eP_{t-1} = a - bP_t,$$

即 $bP_t + eP_{t-1} = a + d$. 于是得

$$P_t + \frac{e}{b}P_{t-1} = \frac{a+d}{b} \quad (a,\ b,\ d,\ e > 0,\ \text{为常数}).$$

这是一个一阶线性差分方程，其对应的齐次差分方程的特征方程为 $\lambda + \dfrac{e}{b} = 0$，得 $\lambda = -\dfrac{e}{b}$. 于是对应齐次差分方程的通解

$$Y_t = C\left(-\frac{e}{b}\right)^t.$$

又因为 $e > 0$，$b > 0$，所以 $\dfrac{e}{b} \neq -1$，设 $\tilde{P}_t = B_0$，代入方程得 $B_0 = \dfrac{a+d}{b+e}$，故问题的通解为

$$P_t = \frac{a+d}{b+e} + C\left(-\frac{e}{b}\right)^t.$$

当 $t = 0$ 时，$P_t = P_0$，代入通解，得 $C = P_0 - \dfrac{a+d}{b+e}$. 即当满足初值条件 $t = 0$ 时，$P_t = P_0$ 的特解为

$$P_t = \frac{a+d}{b+e} + \left(P_0 - \frac{a+d}{b+e}\right)\left(-\frac{e}{b}\right)^t.$$

（3）当 $f(x) = b_1\cos wt + b_2\sin wt$（其中 b_1，b_2，w 为常数，b_1，b_2 不同时为零，且 $w > 0$），则方程（6.46）变为

$$y_{t+1} - ay_t = b_1\cos wt + b_2\sin wt. \tag{6.50}$$

设方程（6.50）具有 $\tilde{y}_t = t^k(B_1\cos wt + B_2\sin wt)$ 形式的特解，其中 B_1，B_2 为待定常数.

当 $a \neq \mathrm{e}^{\mathrm{i}w}$ 即 $\Delta \equiv (\cos w - a)^2 + \sin^2 w \neq 0$ 时，取 $k = 0$，设 $\tilde{y}_t = B_1\cos wt + B_2\sin wt$；当 $a = \mathrm{e}^{\mathrm{i}w}$ 即 $\Delta = 0$ 时，取 $k = 1$，设 $\tilde{y}_t = t(B_1\cos wt + B_2\sin wt)$.

分别就 $a \neq \mathrm{e}^{\mathrm{i}w}$，$a = \mathrm{e}^{\mathrm{i}w}$ 的不同情况，将 $\tilde{y}_t$ 代入方程（6.50），即可确定常数 B_1，B_2，从而可得特解.

例 7 求差分方程 $y_{t+1} - 2y_t = \sin t$ 的通解.

解 对应的齐次差分方程的特征方程为

$$\lambda - 2 = 0,$$

特征根 $\lambda = 2$，齐次差分方程的通解为 $Y_t = C2^t$.

由于 $a = 2$，$w = 1$，$\Delta = (\cos w - 2)^2 + \sin^2 w \neq 0$. 所以可设

$$\bar{y}_t = B_1 \cos t + B_2 \sin t,$$

代入原方程，得

$$B_1 \cos(t+1) + B_2 \sin(t+1) - 2B_1 \cos t - 2B_2 \sin t = \sin t.$$

利用三角公式，比较方程两边 $\cos t$ 和 $\sin t$ 的系数，得

$$\begin{cases} B_1(\cos 1 - 2) + B_2 \sin 1 = 0, \\ -B_1 \sin 1 + B_2(\cos 1 - 2) = 1. \end{cases}$$

解得

$$B_1 = -\frac{\sin 1}{5 - 4\cos 1}, \qquad B_2 = \frac{\cos 1 - 2}{5 - 4\cos 1}.$$

从而，所求通解为

$$y_t = C2^t + \frac{1}{5 - 4\cos 1}[-\sin 1 \cos t + (\cos 1 - 2)\sin t].$$

§11.3 二阶常系数线性差分方程

二阶常系数线性差分方程的一般形式为

$$y_{t+2} + ay_{t+1} + by_t = f(t), \tag{6.51}$$

其中 a，b 为常数且 $b \neq 0$，$f(t)$ 为已知函数. 当 $f(t) \equiv 0$ 时，方程(6.51)对应的齐次线性差分方程为

$$y_{t+2} + ay_{t+1} + by_t = 0. \tag{6.52}$$

先求齐次差分方程(6.52)的通解.

设 $Y_t = \lambda^t (\lambda \neq 0)$ 为方程(6.52)的一个特解，代入方程(6.52)，得 $\lambda^{t+2} + a\lambda^{t+1} + b\lambda^t = 0$，消去 λ^t 后得特征方程

$$\lambda^2 + a\lambda + b = 0.$$

所得特征根可表示为

$$\lambda_{1,2} = \frac{1}{2}(-a \pm \sqrt{a^2 - 4b}).$$

此时有三种可能：

i) 特征方程有相异实根，则方程(6.52)的通解为

$$y_t = C_1 \lambda_1^t + C_2 \lambda_2^t;$$

ii) 特征方程有二重根 $\lambda = -\dfrac{a}{2}$，则方程(6.52)的通解为

$$y_t = (C_1 + C_2 t)\left(-\frac{a}{2}\right)^t;$$

iii) 特征方程有一对共轭复根 $\lambda_{1,2} = \dfrac{1}{2}(-a \pm i\sqrt{4b - a^2}) = \alpha \pm i\beta$，此时方程(6.52)的通

解为

$$y_t = C_1(\alpha + i\beta)^t + C_2(\alpha - i\beta)^t.$$

为了求得实数形式的通解，记

$$\alpha \pm i\beta = re^{\pm i\theta} = r(\cos\theta \pm i\sin\theta),$$

其中

$$r = \sqrt{\alpha^2 + \beta^2} = \sqrt{\left(-\frac{a}{2}\right)^2 + \left(\frac{1}{2}\sqrt{4b - a^2}\right)^2} = \sqrt{\frac{a^2}{4} + b - \frac{a^2}{4}} = \sqrt{b},$$

$$\tan\theta = \frac{\beta}{\alpha} = -\frac{\sqrt{4b - a^2}}{a}.$$

因此

$$\lambda_1 = r(\cos\theta + i\sin\theta), \quad \lambda_2 = r(\cos\theta - i\sin\theta).$$

所以

$$y_t^{(1)} = \lambda_1^t = r^t(\cos\theta t + i\sin\theta t), \quad y_t^{(2)} = \lambda_2^t = r^t(\cos\theta t - i\sin\theta t)$$

都是方程(6.52)的特解，可以证明 $\frac{1}{2}(y_t^{(1)} + y_t^{(2)})$ 及 $\frac{1}{2i}(y_t^{(1)} - y_t^{(2)})$ 也都是方程(6.52)的特解.

故得方程(6.52)的实数形式的通解为

$$y_t = r^t(C_1\cos\theta t + C_2\sin\theta t).$$

例 8　求下列差分方程的通解.

(1) $y_{t+2} - 3y_{t+1} + 2y_t = 0$；　(2) $y_{t+2} + 4y_{t+1} + 4y_t = 0$；　(3) $y_{t+2} - 2y_{t+1} + 2y_t = 0$.

解　(1)方程 $y_{t+2} - 3y_{t+1} + 2y_t = 0$，特征方程为

$$\lambda^2 - 3\lambda + 2 = 0,$$

有两个相异的实根 $\lambda_1 = 1$，$\lambda_2 = 2$. 因此方程的通解为 $y_t = C_1 + C_2 2^t$；

(2) 方程 $y_{t+2} + 4y_{t+1} + 4y_t = 0$，特征方程为

$$\lambda^2 + 4\lambda + 4 = 0,$$

有二重根 $\lambda_1 = \lambda_2 = -2$，因此方程的通解为 $y_t = (C_1 + C_2 t)(-2)^t$；

(3) 方程 $y_{t+2} - 2y_{t+1} + 2y_t = 0$，特征方程为

$$\lambda^2 - 2\lambda + 2 = 0,$$

有两个共轭复根 $\lambda_{1,2} = 1 \pm i$，$r = \sqrt{2}$，$\tan\theta = 1$，$\theta = \frac{\pi}{4}$. 因此方程的通解为

$$y_t = 2^{\frac{t}{2}}\left(C_1\cos\frac{\pi}{4}t + C_2\sin\frac{\pi}{4}t\right).$$

下面给出当方程(6.51)中 $f(t)$ 取某些特殊形式时的特解的解法.

对于二阶常系数线性差分方程(6.51)，可像解二阶线性微分方程那样作类似处理，即先求出其相应的齐次差分方程(6.52)的通解 Y_t，再找出方程(6.51)的特解 $\tilde{y}_t$，然后利用叠加原理，得方程(6.51)的通解 $y_t = Y_t + \tilde{y}_t$.

(1) 当 $f(x) = P_m(t)$ 时(其中 $P_m(t)$ 是 t 的 m 次多项式)，方程(6.51)为

$$y_{t+2} + ay_{t+1} + by_t = P_m(t). \tag{6.53}$$

设方程(6.53)具有 $\tilde{y}_t = t^k R_m(t)$ 形式的特解，其中 $R_m(t)$ 为 t 的 m 次多项式，其系数待定.

当 $1 + a + b \neq 0$ 时，取 $k = 0$. 设

$$\tilde{y}_t = R_m(t) = B_0 + B_1 t + \cdots + B_m t^m;$$

当 $1+a+b=0$，但 $a \neq -2$ 时，取 $k=1$. 设

$$\tilde{y}_t = t(B_0 + B_1 t + \cdots + B_m t^m);$$

当 $1+a+b=0$，且 $a=-2$ 时，取 $k=2$. 设

$$\tilde{y}_t = t^2(B_0 + B_1 t + \cdots + B_m t^m).$$

分别从上面各种情形，把所设特解 $\tilde{y}_t$ 代入方程(6.53)，比较方程两端 t 的同次幂项的系数，确定 $B_0, B_1, \cdots, B_m$，即可得 (6.53) 的特解.

例 9　求差分方程 $y_{t+2} + 3y_{t+1} - 4y_t = t$ 的通解.

解　对应的齐次差分方程的特征方程为

$$\lambda^2 + 3\lambda - 4 = 0,$$

解得 $\lambda_1 = 1$，$\lambda_2 = -4$，则对应的齐次差分方程的通解为

$$Y_t = C_1 + C_2(-4)^t.$$

而 $1+a+b = 1+3-4 = 0$，但 $a = 3 \neq -2$，设 $\tilde{y}_t = t(B_0 + B_1 t)$，代入方程得

$$B_0(t+2) + B_1(t+2)^2 + 3B_0(t+1) + 3B_1(t+1)^2 - 4B_0 t - 4B_1 t^2 = t.$$

比较方程两边 t 的同次幂项的系数，得

$$\begin{cases} 10B_1 = 1, \\ 5B_0 + 7B_1 = 0, \end{cases}$$

解得

$$\begin{cases} B_0 = -\dfrac{7}{50}, \\ B_1 = \dfrac{1}{10}. \end{cases}$$

从而所求方程的通解为 $y_t = t\left(-\dfrac{7}{50} + \dfrac{1}{10}t\right) + C_1 + C_2(-4)^t$.

(2) 当 $f(t) = P_m(t)A^t$ 时(其中 $P_m(t)$ 的意义同(1)，A 为常数)，方程(6.51)为

$$y_{t+2} + ay_{t+1} + by_t = P_m(t)A^t. \tag{6.54}$$

设方程(6.54)具有 $\tilde{y}_t = t^k R_m(t)A^t$ 形式的特解，其中 $R_m(t)$ 的意义同(1).

当 $A^2 + Aa + b \neq 0$ 时，取 $k=0$. 设

$$\tilde{y}_t = R_m(t)A^t = (B_0 + B_1 t + \cdots + B_m t^m)A^t;$$

当 $A^2 + Aa + b = 0$，但 $2A + a \neq 0$ 时，取 $k=1$. 设

$$\tilde{y}_t = tR_m(t)A^t = t(B_0 + B_1 t + \cdots + B_m t^m)A^t;$$

当 $A^2 + Aa + b = 0$，且 $2A + a = 0$ 时，取 $k=2$. 设

$$\tilde{y}_t = t^2 R_m(t)A^t = t^2(B_0 + B_1 t + \cdots + B_m t^m)A^t.$$

分别就上面各种情形，把所设特解 $\tilde{y}_t$ 代入方程(6.54)，比较方程两端 t 的同次幂项的系数，确定 $B_0, B_1, \cdots, B_m$，即可得方程(6.54)的特解.

例 10　求差分方程 $y_{t+2} + 2y_{t+1} + y_t = 3 \cdot 2^t$ 的通解.

解　对应的齐次方程的特征方程为

$$\lambda^2 + 2\lambda + 1 = 0,$$

解得 $\lambda_1 = \lambda_2 = -1$. 则对应的齐次方程的通解为

$$Y_t = (C_1 + C_2 t)(-1)^t.$$

又 $A^2 + Aa + b = 4+4+1 = 9 \neq 0$，设特解 $\tilde{y}_t = B_0 2^t$，代入原方程，得

$$B_0 2^{t+2} + 2B_0 2^{t+1} + B_0 2^t = 3 \cdot 2^t,$$

消去 2^t，得 $4B_0 + 4B_0 + B_0 = 3$，于是 $B_0 = \dfrac{1}{3}$. 得特解 $\bar{y}_t = \dfrac{2^t}{3}$. 故所求方程的通解为

$$y_t = \frac{2^t}{3} + (C_1 + C_2 t)(-1)^t.$$

习题 6-11

1. 求下列函数的一阶差分：

(1) $y_t = C$（C 为常数）；

(2) $y_t = t^2$；

(3) $y_t = a^t$；

(4) $y_t = \log_a t$（$a > 0$ 且 $a \neq 1$）；

(5) $y_t = \sin at$；

(6) $y_t = t^{(4)}$.

2. 确定下列差分方程的阶：

(1) $y_{t+1} + 2y_t = 4$；

(2) $y_{t+2} - 4y_{t+1} + 3y_t = 2$；

(3) $y_{t+3} - 4y_{t+1} + 3y_t = t^2$；

(4) $y_{t+2} - y_{t-2} + y_{t-4} = 0$.

3. 求下列一阶差分方程的通解，或在给定初值条件下的特解：

(1) $y_{t+1} - 5y_t = 3$；

(2) $y_{t+1} + y_t = 2^t$，$y_0 = 2$；

(3) $y_{t+1} + y_t = 2^t t$；

(4) $y_{t+1} - \alpha y_t = e^{\beta t}$（$\alpha, \beta$ 为常数，$\alpha \neq 0$）；

(5) $y_{t+1} - y_t = 2^t \cos \pi t$；

(6) $y_{t+1} + 4y_t = 2t^2 + t - 1$，$y_0 = 1$.

4. 求下列二阶差分方程的通解，或在给定初值条件下的特解：

(1) $y_{t+2} - 4y_{t+1} + 16y_t = 0$；

(2) $y_{t+2} - 2y_{t+1} + 2y_t = 0$，$y_0 = 2$，$y_1 = 2$；

(3) $y_{t+2} + 3y_{t+1} - \dfrac{7}{4} y_t = 9$；

(4) $y_{t+2} - 4y_{t+1} + 4y_t = 5^t t$；

(5) $y_{t+2} - 6y_{t+1} + 8y_t = -9$，$y_0 = 5$，$y_1 = 19$.

5. 设某产品在时期 t 的价格、总供给与总需求分别为 P_t，S_t 与 D_t，并设对于 $t = 0, 1, 2, \cdots$，有 $S_t = 2P_t + 1$，$D_t = -4P_{t-1} + 5$，$S_t = D_t$. 由此可推出差分方程 $P_{t+1} + 2P_t = 2$. 当 P_0 已知时，求上述方程的解.

第六章综合题

1. 将下列方程作适当的变换，化为可分离变量的方程：

(1) $y' = \varphi(x + y + 1)$；

(2) $\varphi(xy) y \, dx + \psi(xy) x \, dy = 0$；

(3) $y' + \dfrac{y}{x} = f(x) \varphi(xy)$；

(4) $x + yy' = f(x) g\left(\sqrt{x^2 + y^2}\right)$.

2. 试用适当的变换，求下列方程的解：

(1) $(y + xy^2) \, dx + (x - x^2 y) \, dy = 0$；

(2) $x + yy' = (\tan x)\left(\sqrt{x^2 + y^2} - 1\right)$.

3. 设 $f(x)$ 是定义在 $(-\infty, +\infty)$ 上的可微函数，已知对所有的实数 x，都有 $f'(x) +$

$xf'(-x) = x$，求 $f(x)$.

4. 设 $y_1(x)$，$y_2(x)$ 是方程 $y' + p(x)y = q(x)$ 的两个不同的解，试证对该方程的任意解 $y(x)$，都有

$$\frac{y(x) - y_1(x)}{y_2(x) - y_1(x)} = 常数.$$

5. 设 $f(x)$ 是可微函数，并且满足 $f(x) + 2\int_0^x f(t)\,\mathrm{d}t = x^2$，求 $f(x)$.

6. 设函数 $f(x)$ 在区间 $[0, +\infty)$ 上具有连续的导数，并且满足关系式

$$f(x) = -1 + x + 2\int_0^x (x - t)f(t)f'(t)\,\mathrm{d}t,$$

求 $f(x)$.

7. 设一曲线过点 $(3,2)$，且其上任一点的切线介于两坐标轴间的部分均为切点所平分，求此曲线方程.

8. 求一曲线族，使其上任一点 P 处的切线在 y 轴上的截距等于原点到 P 点间的距离.

9. 由曲线 $y = y(x)$ 上任一点 M 向 Ox 轴作垂线，垂足为 N，又点 M 的切线与法线分别交 Ox 轴于 Q，H，若 (1) QN 为定长 a；(2) HN 为定长 b，试分别求此曲线的方程.

10. 已知一曲线族为 $y = Ce^{-2x}$，试求其正交轨线方程.

11. 某厂房体积为 V，开始时空气中含有 $m_0 \text{ g } CO_2$，若每分钟通入体积为 Q 的新鲜空气（不含 CO_2），同时排出等体积的混合空气，设室内气体始终保持均匀，求室内 CO_2 的含量 m 与时间 t 的函数关系 $m = m(t)$.

12. 在经济关系中，净利润 p 与广告费 x 之间的关系为：净利润随广告费的增加率正比于常数 a 与净利润 p 之差. 已知当 $x = 0$ 时，$p = p_0$，试求净利润 p 与广告费 x 的函数关系. 并问广告费无限增加时，净利润趋于何值？

13. 设小艇在静水中行驶，它所受介质阻力与其运动速度成正比，小艇在发动机停转时速度为 200 m/min，它经过 $\frac{1}{2}\text{min}$ 后的速度为 100 m/min，求发动机停转 2 min 后小艇的速度.

14. 降落伞及所带物体总质量为 m，降落过程中除受重力外，还受到与速度 v^2 和横截面面积 S 的乘积成正比（比例系数为 k）的阻力，设初速度为 0. 试求：

（1）降落的速度函数 $v = v(t)$；

（2）为了根据质量和可能承受的落地速度来选择降落伞以保证安全降落，试讨论极限速度.

第六章习题拓展

15. 设方程 $y'' + \dfrac{1}{x}y' - q(x)y = 0$ 有两个特解 $y_1(x)$，$y_2(x)$，且 $y_1(x)y_2(x) = 1$. 求 $q(x)$，并求方程的通解.

附录Ⅰ 基本初等函数与极坐标方程的图形

1. 基本初等函数的图形与特性

名称	表达式	定 义 域	图 形	函 数 特 性
幂函数	$y=x^{\mu}$ (μ 是常数)	在 $(0,+\infty)$ 内总有定义. 当 μ 为不同实数时, 定义域可不同. 如 μ 为正整数时定义域为 $(-\infty, +\infty)$; $\mu=1/2$ 时定义域为 $[0,+\infty)$; $\mu=-1/2$ 时定义域为 $(0, +\infty)$ 等		当 $\mu\neq 0$ 时, 均是无界函数; 图形均经过点 $(1,1)$; $|\mu|$ 为偶数时, 函数为偶函数; $|\mu|$ 为奇数时, 函数为奇函数; μ 为负数时, 图形在原点间断, $x=0$ 为铅直渐近线. $y=0$ 为水平渐近线
指数函数	$y=a^{x}$ $a>0$ $a\neq 1$	定义域均为 $(-\infty,+\infty)$		图形均经过点 $(0,1)$; 当 $a>1$ 时, 单调递增; 当 $0<a<1$ 时, 单调递减

续表

名称	表达式	定义域	图形	函数特性
对数函数	$y = \log_a x$ $a > 0$ $a \neq 1$	定义域均为 $(0, +\infty)$		对数函数是指数函数的反函数；图形均在 y 轴右方且经过点 $(1,0)$；当 $a > 1$ 时，单调递增；当 $0 < a < 1$ 时，单调递减
三角函数	$y = \sin x$	定义域为 $(-\infty, +\infty)$		正弦函数是有界函数，图形介于两条平行线 $y = \pm 1$ 之间，是以 2π 为周期的奇函数
	$y = \cos x$	定义域为 $(-\infty, +\infty)$		余弦函数是有界函数，图形介于两条平行线 $y = \pm 1$ 之间，是以 2π 为周期的偶函数
	$y = \tan x$	定义域为 $x \in \mathbf{R}$, $x \neq k\pi + \dfrac{\pi}{2}$ $(k \in \mathbf{Z})$		正切函数是无界函数，是以 π 为周期的奇函数；其图形在 $x = k\pi + \dfrac{\pi}{2}$, $k \in \mathbf{Z}$ 处间断
	$y = \cot x$	定义域为 $x \in \mathbf{R}$, $x \neq k\pi$ $(k \in \mathbf{Z})$		余切函数是无界函数，是以 π 为周期的奇函数；其图形在 $x = k\pi$, $k \in \mathbf{Z}$ 处间断
反三角函数	$y = \arcsin x$	定义域为 $[-1, 1]$		反正弦函数是正弦函数在区间 $\left[-\dfrac{\pi}{2}, \dfrac{\pi}{2}\right]$ 上的反函数，是单调递增的奇函数，值域 $\left[-\dfrac{\pi}{2}, \dfrac{\pi}{2}\right]$

续表

名称	表达式	定　义　域	图　　形	函　数　特　性
反三角函数	$y=\arccos x$	定义域为 $[-1,1]$		反余弦函数是余弦函数在区间 $[0,\pi]$ 上的反函数，它是单调递减的函数，值域是 $[0,\pi]$
	$y=\arctan x$	定义域为 $(-\infty,+\infty)$		反正切函数是正切函数在区间 $\left(-\dfrac{\pi}{2},\dfrac{\pi}{2}\right)$ 上的反函数，它是单调递增的有界奇函数，值域 $\left(-\dfrac{\pi}{2},\dfrac{\pi}{2}\right)$
	$y=\text{arccot } x$	定义域为 $(-\infty,+\infty)$		反余切函数是余切函数在区间 $(0,\pi)$ 上的反函数，它是单调递减的有界函数，值域是 $(0,\pi)$

2. 几种常用曲线的极坐标方程及其图形①

圆 $r=a$　　　　　　　　　圆　　　　　　　　　圆

$r=2a\sin\theta$　　　　　　$r=2a\cos\theta$

$x^2+(y-a)^2=a^2$　　　$(x-a)^2+y^2=a^2$

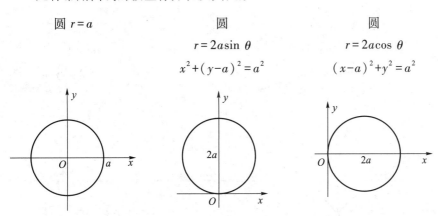

射线 $\theta=\alpha$

心形线

$r=a(1+\sin\theta)$

心形线

$r=a(1+\cos\theta)$

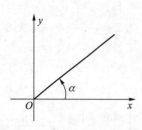

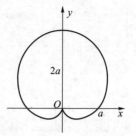

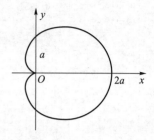

阿基米德螺线

$r=a\theta$

对数螺线(等角螺线)

$r=a\mathrm{e}^{k\theta}$

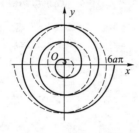

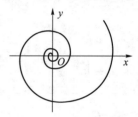

双纽线

$r^2=2a^2\cos 2\theta$

$(x^2+y^2)^2=2a^2(x^2-y^2)$

双纽线

$r^2=a^2\sin 2\theta$

$(x^2+y^2)^2=2a^2xy$

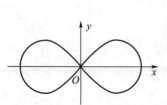

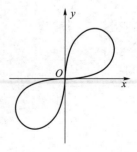

玫瑰线 $r = a\sin 3\theta$

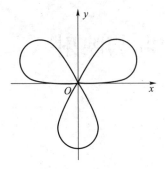

玫瑰线 $r = a\cos 3\theta$

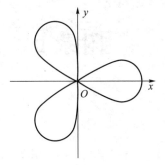

玫瑰线 $r = a\sin 2\theta$

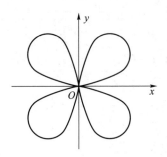

玫瑰线 $r = a\cos 2\theta$

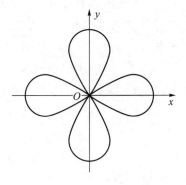

附录 Ⅱ　线性空间与映射

§ Ⅱ.1　笛卡儿乘积集合

设 A, B 是两个非空集合，任给 $x \in A$, $y \in B$，将它们组成一个有序对 (x, y)，把这种有序对作为新的元素，这些元素的全体组成一个新的集合，称为集合 A 与集合 B 的<u>笛卡儿乘积集合</u>，记作 $A \times B$. 即

$$A \times B = \{(x, y) : x \in A, y \in B\}.$$

我们有时也称 $A \times B$ 是 A 与 B 的<u>直积</u>.

当 $A \neq B$ 时，$A \times B \neq B \times A$. 例如，对 $A = \{1, 2\}$，$B = \{0, 1\}$，

$$A \times B = \{(1, 0), (1, 1), (2, 0), (2, 1)\},$$
$$B \times A = \{(0, 1), (0, 2), (1, 1), (1, 2)\},$$

显然，$A \times B \neq B \times A$.

笛卡儿乘积集合 $A \times B$ 中的 A 与 B 可以是两个类型不相同的集合.

设 $\mathbf{R} = (-\infty, +\infty)$ 表示全体实数组成的集合，则 $\mathbf{R} \times \mathbf{R} \stackrel{\text{def}}{=\!=\!=} \{(x, y) : x \in \mathbf{R}, y \in \mathbf{R}\}$ 就是我们所熟悉的平面笛卡儿坐标系. 常记为 $\mathbf{R}^2$，即 $\mathbf{R} \times \mathbf{R} = \mathbf{R}^2$.

$\mathbf{R} \times \mathbf{R} \times \mathbf{R} \stackrel{\text{def}}{=\!=\!=} \mathbf{R}^3 = \{(x, y, z) : x \in \mathbf{R}, y \in \mathbf{R}, z \in \mathbf{R}\}$ 就是我们在下册中要讲到的 3 维空间笛卡儿坐标系. n 维空间笛卡儿坐标系就是

$$\mathbf{R} \times \mathbf{R} \times \cdots \times \mathbf{R} \stackrel{\text{def}}{=\!=\!=} \mathbf{R}^n = \{(x_1, x_2, \cdots, x_n) : x_i \in \mathbf{R}, i = 1, 2, \cdots, n\}.$$

§ Ⅱ.2　线性空间

任给 α, $\beta \in \mathbf{R}$，有 $\alpha + \beta \in \mathbf{R}$；对 $k \in \mathbf{R}$，有 $k\beta \in \mathbf{R}$，我们称 $\mathbf{R}$ 对于加法与乘法是封闭的，且加法和乘法满足交换律和结合律等性质. 我们把这一特性推广到一般的非空集合，有如下的定义.

定义　设 V 是一个非空集合，$\mathbf{R} = (-\infty, +\infty)$，在集合 V 的元素之间定义了一种代数运算，叫做<u>加法</u>. 这就是说，给出了一个法则，对于 V 中任意两个元素 α 与 β，在 V 中都有唯一的一个元素 γ 与它们对应，称为 α 与 β 的和，记为 $\gamma = \alpha + \beta$. 在数域 $\mathbf{R}$ 与集合 V 的元素之间还定义了一种运算，叫做<u>数量乘法</u>.

这就是说，对于数域 $\mathbf{R}$ 中的任一数 k 与 V 中任一元素 α，在 V 中都有唯一的一个元素 δ 与它们对应，称为 k 与 α 的数量乘积，记为 $\delta = k\alpha$. 如果加法与数量乘法满足下述规则，那么 V 就称为数域 $\mathbf{R}$ 上的 <u>(实)线性空间</u>.

加法满足下面四条规则：

1）$\alpha + \beta = \beta + \alpha$（称为交换律）；

2）$(\alpha + \beta) + \gamma = \alpha + (\beta + \gamma)$（称为结合律）；

3）在 V 中有一个元素 0，对于 V 中任一元素 α 都有 $\alpha + 0 = \alpha$（具有这个性质的元素 0 称为 V 的<u>零元素</u>,注意这个 0 不一定是实数中的 0）；

4）对于 V 中每一个元素 α，都有 V 中的元素 β，使得 $\alpha + \beta = 0$（β 称为 α 的<u>负元素</u>）；数量乘法满足下面两条规则：

5）$1\alpha = \alpha$；

6）$k(\tau\alpha) = (k\tau)\alpha$；

数量乘法与加法满足下面两条规则：

7）$(k+\tau)\alpha = k\alpha + \tau\alpha$；

8）$k(\alpha + \beta) = k\alpha + k\beta$，

在以上规则中，k，τ 等表示数域 $\mathbf{R}$ 中的任何数，α，β，γ 等表示集合 V 中的任意元素.

例 1 $\mathbf{R}$ 按自身的加法与乘法，即构成一个线性空间，这里的零元素就是我们通常指的数 0.

例 2 $\mathbf{R}^2 = \{(x,y): x \in \mathbf{R}, y \in \mathbf{R}\}$ 为直角坐标系下坐标平面 Oxy 上全体点的集合，任给 (x_1,y_1)，$(x_2,y_2) \in \mathbf{R}^2$，$\lambda \in \mathbf{R}$.

定义加法：$(x_1,y_1) + (x_2,y_2) = (x_1+x_2, y_1+y_2) \in \mathbf{R}^2$.

定义数量乘法：$\lambda(x_1,y_1) = (\lambda x_1, \lambda y_1) \in \mathbf{R}^2$.

可以验证 $\mathbf{R}^2$ 构成线性空间，这里的零元素为 $(0,0) \in \mathbf{R}^2$.

例 3 $\mathbf{R}^n = \{(x_1,x_2,\cdots,x_n): x_i \in \mathbf{R}, i=1,2,\cdots,n\}$，任给 $(x_1,x_2,\cdots,x_n)$，$(y_1,y_2,\cdots,y_n) \in \mathbf{R}^n$，$\lambda \in \mathbf{R}$.

定义加法：$(x_1,x_2,\cdots,x_n) + (y_1,y_2,\cdots,y_n) = (x_1+y_1,\cdots,x_n+y_n) \in \mathbf{R}^n$.

定义数量乘法：$\lambda(x_1,x_2,\cdots,x_n) = (\lambda x_1, \lambda x_2, \cdots, \lambda x_n) \in \mathbf{R}^n$.

可以验证 $\mathbf{R}^n$ 构成线性空间. 这里的 0 元素为 $(0,0,\cdots,0) \in \mathbf{R}^n$.

例 4 全体实函数的集合记为 $F = \{f: f$ 为实函数$\}$，按函数的加法和数与函数的数量乘法构成一个线性空间，这里的零元素为 $f = 0$.

定义 设 V 是一个线性空间，$W \subset V$，若 W 对于 V 中定义的两种运算也构成线性空间，称 W 是 V 的一个线性子空间.

我们来考察一下，一个非空子集合 W 在满足什么样的条件下才能成为线性子空间. 若 W 构成线性空间，则必须满足线性空间的 8 个条件.

V 是线性空间，而 $W \subset V$，显然 W 满足规则 1），2），5），6），7），8）. 为

了使 W 自身构成一个线性空间，就要求 W 对于 V 中原有的运算满足封闭性以及满足规则 3）与 4）. 当 W 对两种运算满足封闭性时，即当 α，$\beta \in W$ 时，有 $\alpha + \beta \in W$. 当 $k \in \mathbf{R}$，$\alpha \in W$ 时，有 $k\alpha \in W$. 由于 $-1 \in \mathbf{R}$，$\alpha \in W$，知 $-\alpha \in W$. 从而 $\alpha - \alpha = 0 \in W$，所以满足规则 4）. 且对任何 $\alpha \in W$，有 $0 + \alpha \in W$，所以满足规则 3）. 因此有

定理 若线性空间 V 的非空子集 W 对于 V 中定义的两种运算是封闭的，则 W 是一个线性子空间.

例 5 在线性空间中，由单个零向量所组成的子集合是一个线性子空间，它叫做零子空间，而线性空间 V 本身也是 V 的一个子空间.

在线性空间中，零子空间和线性空间本身这两个空间有时叫做平凡子空间，而其他的线性子空间叫做非平凡线性子空间.

例 6 在全体实函数组成的线性空间中，所有的实系数多项式组成一个非平凡线性子空间.

§II.3 映射

在中学数学中已经叙述了映射的概念，它是反映两个非空集合之间的一种对应关系.

定义 设 A，B 是两个非空集合，如果存在一个对应法则 f，使得对于 A 中任何一个元素 x，在 B 中都有唯一确定的元素 y 与之对应，那么称这个法则 f 是从 A 到 B 的映射（或称为算子），记为

$$f: x \mapsto y.$$

元素 y 叫做元素 x（在映射 f 下）的像，记作 $y = f(x)$. 对任何一个固定的 y，称适合关系 $y = f(x)$ 的 x 全体为 y（在映射 f 之下）的原像.

集合 A 称为映射 f 的定义域，记作 $D(f)$. 设 C 是 A 的子集，C 中所有的元素 x 的像 y 的全体记为 $f(C)$，称它为集 C 的像. 称 $f(A)$ 为映射 f 的值域，即

$$f(A) = \{f(x) \mid x \in A\},$$

记作 $R(f)$. 有时为了简洁起见，常把从 A 到 B 的映射写成

$$f: A \to B.$$

定义 设 $f: A \to B$，$f_1: A_1 \to B$，若 $A_1 \subset A$，且任给 $x \in A_1$，有 $f(x) = f_1(x)$，即 f 与 f_1 在 A_1 上一致，则称算子 f 是算子 f_1 在 A 上的延拓，并称 f_1 是 f 在 A_1 上的限制，记作 $f_1 = f|_{A_1}$.

例如，设 $f(x) = \dfrac{\sin x}{x}$，$x \neq 0$，

$$g(x)=\begin{cases}\dfrac{\sin x}{x}, & x\neq 0,\\ 1, & x=0,\end{cases}$$

那么 $g(x)$ 就是 $f(x)$ 在 $(-\infty,+\infty)$ 上的延拓，或 $f=g\big|_{(-\infty,0)\cup(0,+\infty)}$.

设 $f:A\to B$ 是一个映射（算子），当 $B\subset\mathbf{R}$ 时，又称 f 为定义在集合 A 上的 泛函数或简称为泛函.

当 $A\subset\mathbf{R}^n$，$B\subset\mathbf{R}$ 时，又称 f 为定义在集合 A 上的 n 元函数，常记作

$$y=f(x)=f(x_1,x_2,\cdots,x_n),$$

其中 $x=(x_1,x_2,\cdots,x_n)\in A\subset\mathbf{R}^n$，叫做自变量，或者称 $x_1,x_2,\cdots,x_n$ 为 n 个自变量. $f(x_1,x_2,\cdots,x_n)$ 叫做 $x=(x_1,x_2,\cdots,x_n)$ 的实值函数或 n 元函数，y 称为因变量. 当 $n>1$ 时，称 $f(x)$ 为多元函数；当 $n=1$ 时，称 $f(x)$ 为一元函数.

设 V 是线性空间，A 是 V 的一个子空间，B 是一个线性空间. 设 $f:A\to B$ 是一个映射（算子）.

（1）若任给 α，$\beta\in\mathbf{R}$ 及 x，$y\in A$，都有

$$f(\alpha x+\beta y)=\alpha f(x)+\beta f(y),$$

称 f 为 A 上的线性算子.

（2）若 $B\subset\mathbf{R}$，任给 α，$\beta\in\mathbf{R}$ 及 x，$y\in A$，都有

$$f(\alpha x+\beta y)=\alpha f(x)+\beta f(y),$$

称 f 为 A 上的线性泛函.

（3）若 $A\subset\mathbf{R}^n$，$B\subset\mathbf{R}$ 且任给 α，$\beta\in\mathbf{R}$ 及 x，$y\in A$，都有

$$f(\alpha x+\beta y)=\alpha f(x)+\beta f(y),$$

称 f 为 A 上的 n 元线性函数.

§Ⅱ.4　线性算子与线性泛函

微积分就是研究一些具体的线性算子、线性泛函及其应用. 而算子与泛函 在现代数学、现代物理及现代工程技术理论中都有着极其广泛和深刻的应用.

1. 设 $A=\{\{a_n\}:\{a_n\}\text{收敛}\}$，即若 $\{a_n\}$ 收敛，则 $\{a_n\}\in A$，亦即 A 是收敛 数列的集合. 设 $V=\{\{a_n\}:\{a_n\}\text{为一数列}\}$，则容易证明 A 是 V 的线性子空间.

定义　若 $T_1:A\to\mathbf{R}$，$u=T_1(\{a_n\})=\lim\limits_{n\to\infty}a_n$，则 T_1 是泛函.

又任给 $\{a_n\}$，$\{b_n\}\in A$，α，β 为任意实常数，由数列极限的运算法则知

$$T_1(\{\alpha a_n+\beta b_n\})=\lim_{n\to\infty}(\alpha a_n+\beta b_n)=\alpha\lim_{n\to\infty}a_n+\beta\lim_{n\to\infty}b_n=\alpha T_1(\{a_n\})+\beta T_1(\{b_n\}),$$

所以 T_1 是线性泛函. 这里 $T_1=\lim\limits_{n\to\infty}$.

2. 设 $A_{x_0}=\{f(x):\lim\limits_{x\to x_0}f(x)\text{存在}\}$，则 A_{x_0} 是函数空间 F 中的线性子空间.

定义　$T_2:A_{x_0}\to\mathbf{R}$，$u=T_2(f(x))=\lim\limits_{x\to x_0}f(x)$.

容易证明 T_2 是线性泛函. 这里 $T_2 = \lim\limits_{x \to x_0}$.

3. 设 $A_{1x_0} = \{f(x): \lim\limits_{x \to x_0} f(x) = f(x_0)\}$，则 A_{1x_0} 是函数空间 F 的线性子空间.

定义 $T_3: A_{1x_0} \to \mathbf{R}$，$u = T_3(f(x)) = \lim\limits_{x \to x_0} f(x) = f(x_0)$.

可以证明 T_3 是线性泛函. 这里 $T_3 = \lim\limits_{x \to x_0}$.

由于 $A_{1x_0} \subset A_{x_0}$，所以泛函 T_2 是泛函 T_3 在 A_{x_0} 上的延拓，泛函 T_3 是泛函 T_2 在 A_{1x_0} 上的限制.

4. 设 $D_{x_0} = \{f(x): f(x)$ 在点 x_0 可导$\}$，则 D_{x_0} 是函数空间 F 的线性子空间.

定义 $\dfrac{\mathrm{d}}{\mathrm{d}x}\Big|_{x=x_0}: D_{x_0} \to \mathbf{R}$，$f(x) \to \dfrac{\mathrm{d}f(x)}{\mathrm{d}x}\Big|_{x=x_0} = f'(x_0)$.

可以证明 $\dfrac{\mathrm{d}}{\mathrm{d}x}\Big|_{x=x_0}: D_{x_0} \to \mathbf{R}$ 是泛函. 由导数的四则运算知，任给 $f(x)$，$g(x) \in D_{x_0}$，及常数 $\alpha, \beta \in \mathbf{R}$，有

$$\frac{\mathrm{d}}{\mathrm{d}x}(\alpha f(x) + \beta g(x))\Big|_{x=x_0} = \alpha \frac{\mathrm{d}f(x)}{\mathrm{d}x}\Big|_{x=x_0} + \beta \frac{\mathrm{d}g(x)}{\mathrm{d}x}\Big|_{x=x_0},$$

所以 $\dfrac{\mathrm{d}}{\mathrm{d}x}\Big|_{x=x_0}: D_{x_0} \to \mathbf{R}$ 是线性泛函.

5. 设 $D_X = \{f(x): f(x)$ 在区间 X 上可导$\}$，则 D_X 是函数空间 F 的线性子空间.

定义 $\dfrac{\mathrm{d}}{\mathrm{d}x}: D_x \to \mathbf{R}$，$\dfrac{\mathrm{d}}{\mathrm{d}x}f(x) = f'(x)$.

可以证明 $\dfrac{\mathrm{d}}{\mathrm{d}x}: D_X \to \mathbf{R}$ 是算子. 由导数的四则运算知，任给 $f(x)$，$g(x) \in D_X$ 及 $\alpha, \beta \in \mathbf{R}$，有

$$\frac{\mathrm{d}}{\mathrm{d}x}(\alpha f(x) + \beta g(x)) = (\alpha f(x) + \beta g(x))' = \alpha f'(x) + \beta g'(x)$$

$$= \alpha \frac{\mathrm{d}}{\mathrm{d}x}f(x) + \beta \frac{\mathrm{d}}{\mathrm{d}x}g(x).$$

所以 $\dfrac{\mathrm{d}}{\mathrm{d}x}: D_X \to \mathbf{R}$ 是线性算子. 因此，我们也称 $\dfrac{\mathrm{d}}{\mathrm{d}x}$ 为导数算子. 所以无论是求数列极限，求函数极限，求一点的导数，还是求导函数，都是作用在函数上的一种运算. 而前三种作用的结果是一个数，后一种作用的结果是一个函数，这是他们的不同之处.

6. 设 $X[a,b] = \{f(x) \mid f(x)$ 在 $[a,b]$ 上可积$\}$，则 $X[a,b]$ 是函数空间 F 的线性子空间.

定义 $T_4: X[a,b] \to \mathbf{R}$，$u = T_4[f(x)] = \displaystyle\int_a^b f(x)\,\mathrm{d}x$.

任给 $f(x)$，$g(x) \in X[a,b]$，及 $\alpha, \beta \in \mathbf{R}$，由于

$$T_4[\alpha f(x) + \beta g(x)] = \int_a^b [\alpha f(x) + \beta g(x)] \,\mathrm{d}x$$

$$= \alpha \int_a^b f(x) \,\mathrm{d}x + \beta \int_a^b g(x) \,\mathrm{d}x = \alpha T_4[f(x)] + \beta T_4[g(x)],$$

所以 $T_4: X[a,b] \to \mathbf{R}$ 是线性泛函，这里 $T_4 = \int_a^b [\ ] \,\mathrm{d}x$.

附录Ⅲ 可积函数类的证明

我们知道闭区间 $[a,b]$ 上函数可积的必要条件是 $f(x)$ 在 $[a,b]$ 上有界，那么满足什么条件的有界函数在 $[a,b]$ 上可积呢？虽然可以根据定积分的定义，直接考察积分和式是否存在极限，但求这种类型的极限是非常麻烦的，由于积分和式的复杂性，使得求极限变得复杂甚至是不可能．因此，我们必须寻找可积的判断准则，它应该只与被积函数本身有关，而与定积分的值无关．

§Ⅲ.1 大和与小和的性质

设函数 $f(x)$ 在 $[a,b]$ 上有界．由确界原理知，它在 $[a,b]$ 上存在上、下确界，分别记为 $M,\ m$，即

$$M = \sup_{x \in [a,b]} \{f(x)\}, \qquad m = \inf_{x \in [a,b]} \{f(x)\}.$$

在 $[a,b]$ 内插入 $n-1$ 个分点 $a = x_0 < x_1 < x_2 < \cdots < x_{i-1} < x_i < \cdots < x_{n-1} < x_n = b$，我们称为一个分割 T．设 T 为 $[a,b]$ 上任一分割，$[x_{i-1},x_i](x=1,2,\cdots,n) \in [a,b]$ 为 n 个小区间．设

$$M_i = \sup_{x \in [x_{i-1},x_i]} \{f(x)\}, \qquad m_i = \inf_{x \in [x_{i-1},x_i]} \{f(x)\},$$

显然有

$$m \leqslant m_i \leqslant f(\xi_i) \leqslant M_i \leqslant M, \qquad \xi_i \in [x_{i-1},x_i],\ i = 1,2,\cdots,n. \tag{1}$$

而

$$\sum_{i=1}^{n} M_i \Delta x_i, \qquad \sum_{i=1}^{n} m_i \Delta x_i$$

分别称为函数 $f(x)$ 关于分割 T 的<u>大和</u>与<u>小和</u>（或称<u>达布上和</u>与<u>达布下和</u>），并分别记为 $\underset{大}{S(T)}$ 与 $\underset{小}{s(T)}$．当分割 T 确定后，$\underset{大}{S(T)}$ 与 $\underset{小}{s(T)}$ 的值也就被确定下来，大和与小和消除了介点集 $\{\xi_1,\xi_2,\cdots,\xi_n : \xi_i \in [x_{i-1},x_i],i=1,2,\cdots,n\}$ 对积分和式 $\sum_{i=1}^{n} f(\xi_i) \Delta x_i$ 的影响，从而把和式极限与 $\underset{大}{S(T)}$ 与 $\underset{小}{s(T)}$ 的极限联系起来．

首先我们研究大和与小和的有关性质．由可积的必要条件知，$f(x)$ 在闭区间 $[a,b]$ 上有界．

性质1 对同一分割 T，有

$$m(b-a) \leqslant \underset{小}{s(T)} \leqslant \sum_{i=1}^{n} f(\xi_i) \Delta x_i < \underset{大}{S(T)} \leqslant M(b-a), \tag{2}$$

且

$$s_{小}(T) = \inf\left\{\sum_{i=1}^{n} f(\xi_i)\Delta x_i : \xi_i \in [x_{i-1}, x_i], i=1,2,\cdots,n\right\},$$

$$S_{大}(T) = \sup\left\{\sum_{i=1}^{n} f(\xi_i)\Delta x_i : \xi_i \in [x_{i-1}, x_i], i=1,2,\cdots,n\right\}.$$

证 对不等式(1)乘以 $\Delta x_i (\Delta x_i > 0)$，有

$$m\Delta x_i \leqslant m_i \Delta x_i \leqslant f(\xi_i)\Delta x_i \leqslant M_i \Delta x_i \leqslant M\Delta x_i,$$

从而

$$m\sum_{i=1}^{n}\Delta x_i = \sum_{i=1}^{n} m\Delta x_i \leqslant \sum_{i=1}^{n} m_i\Delta x_i \leqslant \sum_{i=1}^{n} f(\xi_i)\Delta x_i$$

$$\leqslant \sum_{i=1}^{n} M_i\Delta x_i \leqslant \sum_{i=1}^{n} M\Delta x_i = M\sum_{i=1}^{n}\Delta x_i,$$

即

$$m(b-a) \leqslant s_{小}(T) \leqslant \sum_{i=1}^{n} f(\xi_i)\Delta x_i \leqslant S_{大}(T) \leqslant M(b-a).$$

下面证明 $S_{大}(T) = \sup\left\{\sum_{i=1}^{n} f(\xi_i)\Delta x_i : \xi_i \in [x_{i-1}, x_i]\right\}$.

记 $\left\{\sum_{i=1}^{n} f(\xi_i)\Delta x_i : \xi_i \in [x_{i-1}, x_i]\right\} \overset{\text{def}}{=\!=\!=} \sum(T)$，$S_{大}(T)$ 是 $\sum(T)$ 的上界，任给 $\varepsilon > 0$，由 $M_i = \sup\limits_{x \in [x_{i-1}, x_i]}\{f(x)\}$ 知，存在 $\xi_i \in [x_{i-1}, x_i]$，使 $f(\xi_i) > M_i - \varepsilon$，于是

$$\sum_{i=1}^{n} f(\xi_i)\Delta x_i > \sum_{i=1}^{n} [M_i - \varepsilon]\Delta x_i = \sum_{i=1}^{n} M_i\Delta x_i - \varepsilon\sum_{i=1}^{n}\Delta x_i = S_{大}(T) - \varepsilon(b-a),$$

由 ε 的任意性知，$S_{大}(T)$ 是 $\sum(T)$ 的上确界. 同理，$s_{小}(T)$ 是 $\sum(T)$ 的下确界. □

性质 2 设 T' 为分割 T 添加 1 个新分点后得到的新分割，则

$$s_{小}(T) \leqslant s_{小}(T') \leqslant s_{小}(T) + \lambda(M-m),$$

$$S_{大}(T) \geqslant S_{大}(T') \geqslant S_{大}(T) - \lambda(M-m),$$

其中 $\lambda = \max\{\Delta x_i : 1 \leqslant i \leqslant n\}$，**即当分点增加后，小和不减，大和不增.**

证 不妨设在区间 $[x_{i-1}, x_i]$ 内增加一个分点 x_i'，得到一个新分割 T'，它把子区间 $[x_{i-1}, x_i]$ 分成两个子区间 $[x_{i-1}, x_i']$，$[x_i', x_i]$，记 $\Delta x_i' = x_i' - x_{i-1}$，$\Delta x_i'' = x_i - x_i'$. 设 $f(x)$ 在这两个子区间上的最大值与最小值分别为 M_i'，M_i'' 与 m_i'，m_i''，显然

$$m_i \leqslant \min\{m_i', m_i''\}, \qquad M_i \geqslant \max\{M_i', M_i''\},$$

于是

$$m_i\Delta x_i = m_i(\Delta x_i' + \Delta x_i'') \leqslant m_i'\Delta x_i' + m_i''\Delta x_i'',$$

$$M_i\Delta x_i = M_i(\Delta x_i' + \Delta x_i'') \geqslant M_i'\Delta x_i' + M_i''\Delta x_i'',$$

从而

$$s_{小}(T) \leqslant s_{小}(T'), \qquad S_{大}(T) \geqslant S_{大}(T'),$$

且

$$0 \leqslant s(T') - s(T) \leqslant (M-m)\Delta x_i' + (M-m)\Delta x_i'' = (M-m)\Delta x_i \leqslant \lambda(M-m),$$

即 $s(T') \leqslant s(T) + \lambda(M-m)$. 同理可证 $S(T') \geqslant S(T) - \lambda(M-m)$. $\square$

若 T' 为分割 T 添加 P 个新分点后得到新的分割，同理可得

$$s(T) \leqslant s(T') \leqslant s(T) + P\lambda(M-m),$$

$$S(T) \geqslant S(T') \geqslant S(T) - P\lambda(M-m).$$

性质 3 对任意两个分割 T, T', 总有

$$s(T) \leqslant S(T').$$

证 设 $T'' = T + T'$ 表示 T 与 T' 所有分点合并组成的分割(重合的分点只取一个)，则 T'' 既可看成 T 添加分点所得到，也可看成 T' 添加分点所得到. 由性质 2 知

$$s(T) \leqslant s(T'') \leqslant S(T'') \leqslant S(T'). \quad \square$$

性质 3 说明：在任意两个分割中，一个分割的小和总不大于另一个分割的大和. 因此对所有分割来说，所有的小和有上界，所有的大和有下界，从而分别有上确界与下确界，设为 s 与 S, 即

$$s = \sup_T \{s(T)\}, \quad S = \inf_T \{S(T)\}.$$

我们称 s 为 $f(x)$ 在 $[a,b]$ 上的下积分，称 S 为 $f(x)$ 在 $[a,b]$ 上的上积分.

性质 4 $m(b-a) \leqslant s \leqslant S \leqslant M(b-a)$.

证 由上述讨论知 $m(b-a) \leqslant s$, 同理有 $S \leqslant M(b-a)$. 设 T', T 是任意分割，由性质 3 知

$$s(T') \leqslant S(T),$$

有 $s(T') \leqslant \inf_T \{S(T)\} = S$, 从而 $s = \sup_{T'} \{s(T')\} \leqslant S$. 即

$$m(b-a) \leqslant s \leqslant S \leqslant M(b-a). \quad \square$$

性质 5（达布定理） $\lim\limits_{\lambda\to 0} S(T) = S$, $\lim\limits_{\lambda\to 0} s(T) = s$. 即上、下积分分别是大、小和当 $\lambda \to 0$ 时的极限.

证 先证第一个极限.

(1) 当 $m \neq M$ 时，任给 $\varepsilon > 0$, 由 S 的定义知，存在某一分割 T', 使得

$$S(T') < S + \frac{\varepsilon}{2}.$$

设 T' 由 P 个分点($P \geqslant 1$)所构成，对于任意分割 T, $T+T'$ 至多比 T 多 P 个分点. 由性质 2、3 知

$$S(T) - P\lambda(M-m) \leqslant S(T+T') \leqslant S(T'),$$

于是

$$S(T) \leqslant S(T') + P\lambda(M-m) < S + \frac{\varepsilon}{2} + P\lambda(M-m).$$

当 $\lambda < \dfrac{\varepsilon}{2P(M-m)}$ 时，有 $\underset{大}{S}(T) \leqslant \underset{大}{S} + \dfrac{\varepsilon}{2} + \dfrac{\varepsilon}{2}$，从而有 $0 \leqslant \underset{大}{S}(T) - \underset{大}{S} < \varepsilon$．即 $\left| \underset{大}{S}(T) - \underset{大}{S} \right| < \varepsilon$．

所以

$$\lim_{\lambda \to 0} \underset{大}{S}(T) = \underset{大}{S}.$$

（2）当 $m=M$ 时，显然有 $\lim\limits_{\lambda \to 0} \underset{大}{S}(T) = \underset{大}{S} = M(b-a)$，故 $\lim\limits_{\lambda \to 0} \underset{大}{S}(T) = \underset{大}{S}$．

同理可证 $\lim\limits_{\lambda \to 0} \underset{小}{s}(T) = \underset{小}{s}$．□

§Ⅲ.2 可积判断准则

准则1（可积的第一充要条件） 设 $f(x)$ 在 $[a,b]$ 上有界，则 $f(x)$ 在 $[a,b]$ 上可积的充分必要条件是 $f(x)$ 在 $[a,b]$ 上的上积分与下积分相等，即 $\underset{大}{S} = \underset{小}{s}$．

证 必要性．$f(x)$ 在 $[a,b]$ 上可积，由积分定义，存在常数 I，任给 $\varepsilon > 0$，存在正数 δ，当 $\lambda < \delta$ 时，有 $\left| \sum\limits_{i=1}^{n} f(\xi_i) \Delta x_i - I \right| < \varepsilon$，由于

$$\underset{小}{s}(T) = \inf_{T} \left\{ \sum_{i=1}^{n} f(\xi_i) \Delta x_i \right\}, \qquad \underset{大}{S}(T) = \sup_{T} \left\{ \sum_{i=1}^{n} f(\xi_i) \Delta x_i \right\},$$

于是

$$\left| \underset{小}{s}(T) - I \right| < \varepsilon, \qquad \left| \underset{大}{S}(T) - I \right| < \varepsilon,$$

从而

$$\underset{小}{s} = \lim_{\lambda \to 0} \underset{小}{s}(T) = I, \qquad \underset{大}{S} = \lim_{\lambda \to 0} \underset{大}{S}(T) = I,$$

即 $\underset{小}{s} = \underset{大}{S}$．

充分性．设 $\underset{小}{s} = \underset{大}{S} = I$，由达布定理知 $\lim\limits_{\lambda \to 0} \underset{大}{S}(T) = \lim\limits_{\lambda \to 0} \underset{小}{s}(T) = I$，再由性质1知

$$\underset{小}{s}(T) \leqslant \sum_{i=1}^{n} f(\xi_i) \Delta x_i \leqslant \underset{大}{S}(T).$$

而 $\lim\limits_{\lambda \to 0} \underset{小}{s}(T) = \lim\limits_{\lambda \to 0} \underset{大}{S}(T) = I$．从而由夹逼定理知 $\lim\limits_{\lambda \to 0} \sum\limits_{i=1}^{n} f(\xi_i) \Delta x_i = I$，即 $f(x)$ 在 $[a,b]$ 上可积．□

我们前面讲到的狄利克雷函数在 $[0,1]$ 上不可积，这是由于它的上积分 $\underset{大}{S} = 1$，下积分 $\underset{小}{s} = 0$，两者不相等．

准则2 设 $f(x)$ 在 $[a,b]$ 上有界，则 $f(x)$ 在 $[a,b]$ 上可积的充分必要条件是任给 $\varepsilon > 0$，总存在一个分割 T，使得

$$\underset{大}{S}(T) - \underset{小}{s}(T) < \varepsilon.$$

证 必要性．由于 $f(x)$ 在 $[a,b]$ 上可积，由准则1知

$$\lim_{\lambda \to 0} \left[\underset{大}{S}(T) - \underset{小}{s}(T) \right] = 0,$$

于是，任给 $\varepsilon > 0$，存在正数 δ，当 $\lambda < \delta$ 时，有

$$S(T) - s(T) < \varepsilon.$$

即存在分割 T，使 $S(T) - s(T) < \varepsilon$.

充分性. 存在分割 T，使

$$S(T) - s(T) < \varepsilon,$$

由于 $s(T) \leqslant s \leqslant S \leqslant S(T)$，所以 $0 \leqslant S - s \leqslant S(T) - s(T) < \varepsilon$，其中 S，s 为常数，由 ε 的任意性知，必有 $S = s$. $\square$

设 $w_i = M_i - m_i$，则

$$S(T) - s(T) = \sum_{i=1}^{n} (M_i - m_i) \Delta x_i = \sum_{i=1}^{n} w_i \Delta x_i,$$

其中 w_i 称为 $f(x)$ 在 $[x_{i-1}, x_i]$ 上的<u>振幅</u>，从而有

准则 3（可积的第二充要条件） 设 $f(x)$ 在 $[a,b]$ 上有界，则 $f(x)$ 在 $[a,b]$ 上可积的充分必要条件是：对任给 $\varepsilon > 0$，总存在一个分割 T，使 $\displaystyle\sum_{i=1}^{n} w_i \Delta x_i < \varepsilon$.

几何意义：$f(x)$ 在 $[a,b]$ 上可积的充要条件是：当分割充分细时，包围曲线的小矩形面积之和可以任意小（图 1）.

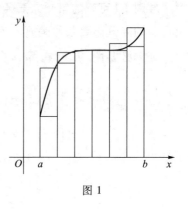

图 1

§Ⅲ.3 可积类函数

定理 1 若 $f(x)$ 在闭区间 $[a,b]$ 上连续，则 $f(x)$ 在 $[a,b]$ 上可积.

证 由于 $f(x)$ 在闭区间 $[a,b]$ 上连续，由康托尔定理知，$f(x)$ 在 $[a,b]$ 上一致连续. 于是，对任给正数 ε，存在正数 δ，对于 $[a,b]$ 上任意两点 x'，x''，当 $|x' - x''| < \delta$ 时，都有 $|f(x') - f(x'')| < \dfrac{\varepsilon}{b-a}$. 当 $\lambda < \delta$ 时，有 $w_i = M_i - m_i \leqslant \dfrac{\varepsilon}{b-a}$，从而

$$\sum_{i=1}^{n} w_i \Delta x_i \leqslant \sum_{i=1}^{n} \frac{\varepsilon}{b-a} \Delta x_i = \frac{\varepsilon}{b-a} \sum_{i=1}^{n} \Delta x_i = \frac{\varepsilon}{b-a} (b-a) = \varepsilon.$$

由准则 3 知，$f(x)$ 在 $[a,b]$ 上可积. $\square$

定理 2 若 $f(x)$ 在闭区间 $[a,b]$ 上，只有有限个间断点且有界，则 $f(x)$ 在 $[a,b]$ 上可积.

证 不妨设 $f(x)$ 在 $[a,b]$ 上有 K 个间断点，$a < x_1 < x_2 < \cdots < x_K < b$. 对任给 $\varepsilon > 0$，令 $0 < \delta' < \dfrac{\varepsilon}{4K(M-m)}$（由于 $f(x)$ 在 $[a,b]$ 上有间断点，所以有 $m \neq M$），并且使

$a \leqslant x_1 - \delta'$，$x_K + \delta' \leqslant b$，设 $\Delta_i' = [x_i - \delta', x_i + \delta']$，$i = 1, 2, \cdots, k$，取 δ' 充分小，使

$$\Delta_i' \cap \Delta_j' = \varnothing, \quad i \neq j.$$

现在 $[a, b]$ 上取分割 T'，使得上述 $\Delta_i'(i = 1, 2, \cdots, K)$ 是它所属的一部分小区间，于是 T' 所属的全部小区间可分成以下两类：一类是含有间断点的 K 个小区间 $\Delta_i'(i = 1, 2, \cdots, K)$，其总长度不超过 $\dfrac{\varepsilon}{4K(M-m)} \cdot 2K = \dfrac{\varepsilon}{2(M-m)}$；另一类是不含间断点的小区间 Δ_i''，$f(x)$ 在这些 Δ_i'' 上连续。由准则 3（必要性）知，对所给 $\varepsilon > 0$，存在关于所有 Δ_i'' 的一个分割 T''，使

$$\sum_{T''} w_i \Delta x_i < \frac{\varepsilon}{2}.$$

设 $T = T' + T''$，它是 $[a, b]$ 上的一个分割。对于 T，有

$$\sum_T w_i \Delta x_i = \sum_{\Delta_i'} w_i \Delta x_i + \sum_{T - \Delta_i'} w_i \Delta x_i \leqslant \sum_{\Delta_i'} w_i \Delta x_i + \sum_{T''} w_i \Delta x_i$$

$$\leqslant (M - m) \sum_{\Delta_i'} \Delta x_i + \frac{\varepsilon}{2} < (M - m) \frac{\varepsilon}{2(M - m)} + \frac{\varepsilon}{2} = \varepsilon,$$

由准则 3 知 $f(x)$ 在 $[a, b]$ 上可积。$\square$

定理 3　若 $f(x)$ 在闭区间 $[a, b]$ 上单调，则 $f(x)$ 在 $[a, b]$ 上可积。

证　不妨设 $f(x)$ 在 $[a, b]$ 上递增，

$$\sum_{i=1}^n w_i \Delta x_i = \sum_{i=1}^n [f(x_i) - f(x_{i-1})] \Delta x_i \leqslant \sum_{i=1}^n [f(x_i) - f(x_{i-1})] \lambda = [f(b) - f(a)] \lambda.$$

（1）当 $f(a) \neq f(b)$ 时，有 $f(a) < f(b)$。于是，对任给 $\varepsilon > 0$，只要 $\lambda < \dfrac{\varepsilon}{f(b) - f(a)}$，就有 $\sum_{i=1}^n w_i \Delta x_i < \varepsilon$。由准则 3 知，$f(x)$ 在 $[a, b]$ 上可积。

（2）当 $f(a) = f(b)$ 时，有 $\sum_{i=1}^n w_i \Delta x_i = 0 < \varepsilon$。由准则 3 知，$f(x)$ 在 $[a, b]$ 上可积。

当 $f(x)$ 递减时，同理可证 $f(x)$ 在 $[a, b]$ 上可积。$\square$

附录Ⅳ 积 分 表

(一) 含有 $ax+b$ 的积分

1. $\displaystyle\int \frac{\mathrm{d}x}{ax+b} = \frac{1}{a}\ln|ax+b| + C$

2. $\displaystyle\int (ax+b)^\mu \mathrm{d}x = \frac{1}{a(\mu+1)}(ax+b)^{\mu+1} + C \quad (\mu \neq -1)$

3. $\displaystyle\int \frac{x}{ax+b}\mathrm{d}x = \frac{1}{a^2}(ax+b-b\ln|ax+b|) + C$

4. $\displaystyle\int \frac{x^2}{ax+b}\mathrm{d}x = \frac{1}{a^3}\left[\frac{1}{2}(ax+b)^2 - 2b(ax+b) + b^2\ln|ax+b|\right] + C$

5. $\displaystyle\int \frac{\mathrm{d}x}{x(ax+b)} = -\frac{1}{b}\ln\left|\frac{ax+b}{x}\right| + C$

6. $\displaystyle\int \frac{\mathrm{d}x}{x^2(ax+b)} = -\frac{1}{bx} + \frac{a}{b^2}\ln\left|\frac{ax+b}{x}\right| + C$

7. $\displaystyle\int \frac{x}{(ax+b)^2}\mathrm{d}x = \frac{1}{a^2}\left(\ln|ax+b| + \frac{b}{ax+b}\right) + C$

8. $\displaystyle\int \frac{x^2}{(ax+b)^2}\mathrm{d}x = \frac{1}{a^3}\left(ax+b-2b\ln|ax+b| - \frac{b^2}{ax+b}\right) + C$

9. $\displaystyle\int \frac{\mathrm{d}x}{x(ax+b)^2} = \frac{1}{b(ax+b)} - \frac{1}{b^2}\ln\left|\frac{ax+b}{x}\right| + C$

(二) 含有 $\sqrt{ax+b}$ 的积分

10. $\displaystyle\int \sqrt{ax+b}\ \mathrm{d}x = \frac{2}{3a}\sqrt{(ax+b)^3} + C$

11. $\displaystyle\int x\sqrt{ax+b}\ \mathrm{d}x = \frac{2}{15a^2}(3ax-2b)\sqrt{(ax+b)^3} + C$

12. $\displaystyle\int x^2\sqrt{ax+b}\ \mathrm{d}x = \frac{2}{105a^3}(15a^2x^2-12abx+8b^2)\sqrt{(ax+b)^3} + C$

13. $\displaystyle\int \frac{x}{\sqrt{ax+b}}\mathrm{d}x = \frac{2}{3a^2}(ax-2b)\sqrt{ax+b} + C$

14. $\int \dfrac{x^2}{\sqrt{ax+b}}dx = \dfrac{2}{15a^3}(3a^2x^2-4abx+8b^2)\sqrt{ax+b}+C$

15. $\int \dfrac{dx}{x\sqrt{ax+b}} = \begin{cases} \dfrac{1}{\sqrt{b}}\ln\left|\dfrac{\sqrt{ax+b}-\sqrt{b}}{\sqrt{ax+b}+\sqrt{b}}\right|+C\,(b>0) \\[4mm] \dfrac{2}{\sqrt{-b}}\arctan\sqrt{\dfrac{ax+b}{-b}}+C\,(b<0) \end{cases}$

16. $\int \dfrac{dx}{x^2\sqrt{ax+b}} = -\dfrac{\sqrt{ax+b}}{bx}-\dfrac{a}{2b}\int \dfrac{dx}{x\sqrt{ax+b}}$

17. $\int \dfrac{\sqrt{ax+b}}{x}dx = 2\sqrt{ax+b}+b\int \dfrac{dx}{x\sqrt{ax+b}}$

18. $\int \dfrac{\sqrt{ax+b}}{x^2}dx = -\dfrac{\sqrt{ax+b}}{x}+\dfrac{a}{2}\int \dfrac{dx}{x\sqrt{ax+b}}$

(三) 含有 $x^2\pm a^2$ 的积分

19. $\int \dfrac{dx}{x^2+a^2} = \dfrac{1}{a}\arctan\dfrac{x}{a}+C$

20. $\int \dfrac{dx}{(x^2+a^2)^n} = \dfrac{x}{2(n-1)a^2(x^2+a^2)^{n-1}}+\dfrac{2n-3}{2(n-1)a^2}\int \dfrac{dx}{(x^2+a^2)^{n-1}}\,(n>1)$

21. $\int \dfrac{dx}{x^2-a^2} = \dfrac{1}{2a}\ln\left|\dfrac{x-a}{x+a}\right|+C$

(四) 含有 $ax^2+b\,(a>0)$ 的积分

22. $\int \dfrac{dx}{ax^2+b} = \begin{cases} \dfrac{1}{\sqrt{ab}}\arctan\sqrt{\dfrac{a}{b}}x+C\,(b>0) \\[4mm] \dfrac{1}{2\sqrt{-ab}}\ln\left|\dfrac{\sqrt{a}\,x-\sqrt{-b}}{\sqrt{a}\,x+\sqrt{-b}}\right|+C\,(b<0) \end{cases}$

23. $\int \dfrac{x}{ax^2+b}dx = \dfrac{1}{2a}\ln|ax^2+b|+C$

24. $\int \dfrac{x^2}{ax^2+b}dx = \dfrac{x}{a}-\dfrac{b}{a}\int \dfrac{dx}{ax^2+b}$

25. $\int \dfrac{dx}{x(ax^2+b)} = \dfrac{1}{2b}\ln\dfrac{x^2}{|ax^2+b|}+C$

26. $\int \dfrac{dx}{x^2(ax^2+b)} = -\dfrac{1}{bx}-\dfrac{a}{b}\int \dfrac{dx}{ax^2+b}$

27. $\int \dfrac{dx}{(ax^2+b)^2} = \dfrac{x}{2b(ax^2+b)}+\dfrac{1}{2b}\int \dfrac{dx}{ax^2+b}$

（五）含有 $ax^2+bx+c(a>0)$ 的积分

28. $\displaystyle\int\frac{\mathrm{d}x}{ax^2+bx+c}=\begin{cases}\dfrac{2}{\sqrt{4ac-b^2}}\arctan\dfrac{2ax+b}{\sqrt{4ac-b^2}}+C\,(b^2<4ac)\\[4mm]\dfrac{1}{\sqrt{b^2-4ac}}\ln\left|\dfrac{2ax+b-\sqrt{b^2-4ac}}{2ax+b+\sqrt{b^2-4ac}}\right|+C\,(b^2>4ac)\end{cases}$

29. $\displaystyle\int\frac{x}{ax^2+bx+c}\mathrm{d}x=\frac{1}{2a}\ln|ax^2+bx+c|-\frac{b}{2a}\int\frac{\mathrm{d}x}{ax^2+bx+c}$

（六）含有 $\sqrt{x^2+a^2}\,(a>0)$ 的积分

30. $\displaystyle\int\frac{\mathrm{d}x}{\sqrt{x^2+a^2}}=\ln(x+\sqrt{x^2+a^2})+C$

31. $\displaystyle\int\frac{\mathrm{d}x}{\sqrt{(x^2+a^2)^3}}=\frac{x}{a^2\sqrt{x^2+a^2}}+C$

32. $\displaystyle\int\frac{x}{\sqrt{x^2+a^2}}\mathrm{d}x=\sqrt{x^2+a^2}+C$

33. $\displaystyle\int\frac{x}{\sqrt{(x^2+a^2)^3}}\mathrm{d}x=-\frac{1}{\sqrt{x^2+a^2}}+C$

34. $\displaystyle\int\frac{x^2}{\sqrt{x^2+a^2}}\mathrm{d}x=\frac{x}{2}\sqrt{x^2+a^2}-\frac{a^2}{2}\ln(x+\sqrt{x^2+a^2})+C$

35. $\displaystyle\int\frac{x^2}{\sqrt{(x^2+a^2)^3}}\mathrm{d}x=-\frac{x}{\sqrt{x^2+a^2}}+\ln(x+\sqrt{x^2+a^2})+C$

36. $\displaystyle\int\frac{\mathrm{d}x}{x\sqrt{x^2+a^2}}=\frac{1}{a}\ln\frac{\sqrt{x^2+a^2}-a}{|x|}+C$

37. $\displaystyle\int\frac{\mathrm{d}x}{x^2\sqrt{x^2+a^2}}=-\frac{\sqrt{x^2+a^2}}{a^2x}+C$

38. $\displaystyle\int\sqrt{x^2+a^2}\,\mathrm{d}x=\frac{x}{2}\sqrt{x^2+a^2}+\frac{a^2}{2}\ln(x+\sqrt{x^2+a^2})+C$

39. $\displaystyle\int\sqrt{(x^2+a^2)^3}\,\mathrm{d}x=\frac{x}{8}(2x^2+5a^2)\sqrt{x^2+a^2}+\frac{3}{8}a^4\ln(x+\sqrt{x^2+a^2})+C$

40. $\displaystyle\int x\sqrt{x^2+a^2}\,\mathrm{d}x=\frac{1}{3}\sqrt{(x^2+a^2)^3}+C$

41. $\displaystyle\int x^2\sqrt{x^2+a^2}\,\mathrm{d}x=\frac{x}{8}(2x^2+a^2)\sqrt{x^2+a^2}-\frac{a^4}{8}\ln(x+\sqrt{x^2+a^2})+C$

42. $\displaystyle\int\frac{\sqrt{x^2+a^2}}{x}\mathrm{d}x=\sqrt{x^2+a^2}+a\ln\frac{\sqrt{x^2+a^2}-a}{|x|}+C$

43. $\int \dfrac{\sqrt{x^2+a^2}}{x^2}\mathrm{d}x = -\dfrac{\sqrt{x^2+a^2}}{x}+\ln\left(x+\sqrt{x^2+a^2}\right)+C$

（七）含有 $\sqrt{x^2-a^2}\ (a>0)$ 的积分

44. $\int \dfrac{\mathrm{d}x}{\sqrt{x^2-a^2}} = \ln\left|\,x+\sqrt{x^2-a^2}\,\right|+C$

45. $\int \dfrac{\mathrm{d}x}{\sqrt{(x^2-a^2)^3}} = -\dfrac{x}{a^2\sqrt{x^2-a^2}}+C$

46. $\int \dfrac{x}{\sqrt{x^2-a^2}}\mathrm{d}x = \sqrt{x^2-a^2}+C$

47. $\int \dfrac{x}{\sqrt{(x^2-a^2)^3}}\mathrm{d}x = -\dfrac{1}{\sqrt{x^2-a^2}}+C$

48. $\int \dfrac{x^2}{\sqrt{x^2-a^2}}\mathrm{d}x = \dfrac{x}{2}\sqrt{x^2-a^2}+\dfrac{a^2}{2}\ln\left|\,x+\sqrt{x^2-a^2}\,\right|+C$

49. $\int \dfrac{x^2}{\sqrt{(x^2-a^2)^3}}\mathrm{d}x = -\dfrac{x}{\sqrt{x^2-a^2}}+\ln\left|\,x+\sqrt{x^2-a^2}\,\right|+C$

50. $\int \dfrac{\mathrm{d}x}{x\sqrt{x^2-a^2}} = \dfrac{1}{a}\arccos\dfrac{a}{|x|}+C$

51. $\int \dfrac{\mathrm{d}x}{x^2\sqrt{x^2-a^2}} = \dfrac{\sqrt{x^2-a^2}}{a^2 x}+C$

52. $\int \sqrt{x^2-a^2}\,\mathrm{d}x = \dfrac{x}{2}\sqrt{x^2-a^2}-\dfrac{a^2}{2}\ln\left|\,x+\sqrt{x^2-a^2}\,\right|+C$

53. $\int \sqrt{(x^2-a^2)^3}\,\mathrm{d}x = \dfrac{x}{8}(2x^2-5a^2)\sqrt{x^2-a^2}+\dfrac{3}{8}a^4\ln\left|\,x+\sqrt{x^2-a^2}\,\right|+C$

54. $\int x\sqrt{x^2-a^2}\,\mathrm{d}x = \dfrac{1}{3}\sqrt{(x^2-a^2)^3}+C$

55. $\int x^2\sqrt{x^2-a^2}\,\mathrm{d}x = \dfrac{x}{8}(2x^2-a^2)\sqrt{x^2-a^2}-\dfrac{a^4}{8}\ln\left|\,x+\sqrt{x^2-a^2}\,\right|+C$

56. $\int \dfrac{\sqrt{x^2-a^2}}{x}\mathrm{d}x = \sqrt{x^2-a^2}-a\arccos\dfrac{a}{|x|}+C$

57. $\int \dfrac{\sqrt{x^2-a^2}}{x^2}\mathrm{d}x = -\dfrac{\sqrt{x^2-a^2}}{x}+\ln\left|\,x+\sqrt{x^2-a^2}\,\right|+C$

（八）含有 $\sqrt{a^2-x^2}\ (a>0)$ 的积分

58. $\int \dfrac{\mathrm{d}x}{\sqrt{a^2-x^2}} = \arcsin\dfrac{x}{a}+C$

59. $\int \dfrac{\mathrm{d}x}{\sqrt{(a^2-x^2)^3}} = \dfrac{x}{a^2\sqrt{a^2-x^2}} + C$

60. $\int \dfrac{x}{\sqrt{a^2-x^2}} \mathrm{d}x = -\sqrt{a^2-x^2} + C$

61. $\int \dfrac{x}{\sqrt{(a^2-x^2)^3}} \mathrm{d}x = \dfrac{1}{\sqrt{a^2-x^2}} + C$

62. $\int \dfrac{x^2}{\sqrt{a^2-x^2}} \mathrm{d}x = -\dfrac{x}{2}\sqrt{a^2-x^2} + \dfrac{a^2}{2}\arcsin\dfrac{x}{a} + C$

63. $\int \dfrac{x^2}{\sqrt{(a^2-x^2)^3}} \mathrm{d}x = \dfrac{x}{\sqrt{a^2-x^2}} - \arcsin\dfrac{x}{a} + C$

64. $\int \dfrac{\mathrm{d}x}{x\sqrt{a^2-x^2}} = \dfrac{1}{a}\ln\dfrac{a-\sqrt{a^2-x^2}}{|x|} + C$

65. $\int \dfrac{\mathrm{d}x}{x^2\sqrt{a^2-x^2}} = -\dfrac{\sqrt{a^2-x^2}}{a^2 x} + C$

66. $\int \sqrt{a^2-x^2}\, \mathrm{d}x = \dfrac{x}{2}\sqrt{a^2-x^2} + \dfrac{a^2}{2}\arcsin\dfrac{x}{a} + C$

67. $\int \sqrt{(a^2-x^2)^3}\, \mathrm{d}x = \dfrac{x}{8}(5a^2-2x^2)\sqrt{a^2-x^2} + \dfrac{3}{8}a^4\arcsin\dfrac{x}{a} + C$

68. $\int x\sqrt{a^2-x^2}\, \mathrm{d}x = -\dfrac{1}{3}\sqrt{(a^2-x^2)^3} + C$

69. $\int x^2\sqrt{a^2-x^2}\, \mathrm{d}x = \dfrac{x}{8}(2x^2-a^2)\sqrt{a^2-x^2} + \dfrac{a^4}{8}\arcsin\dfrac{x}{a} + C$

70. $\int \dfrac{\sqrt{a^2-x^2}}{x} \mathrm{d}x = \sqrt{a^2-x^2} + a\ln\dfrac{a-\sqrt{a^2-x^2}}{|x|} + C$

71. $\int \dfrac{\sqrt{a^2-x^2}}{x^2} \mathrm{d}x = -\dfrac{\sqrt{a^2-x^2}}{x} - \arcsin\dfrac{x}{a} + C$

（九）含有 $\sqrt{\pm ax^2+bx+c}\,(a>0)$ 的积分

72. $\int \dfrac{\mathrm{d}x}{\sqrt{ax^2+bx+c}} = \dfrac{1}{\sqrt{a}}\ln\,|\,2ax+b+2\sqrt{a}\sqrt{ax^2+bx+c}\,| + C$

73. $\int \sqrt{ax^2+bx+c}\, \mathrm{d}x = \dfrac{2ax+b}{4a}\sqrt{ax^2+bx+c} + \dfrac{4ac-b^2}{8\sqrt{a^3}}\ln\,|\,2ax+b+2\sqrt{a}\sqrt{ax^2+bx+c}\,| + C$

74. $\int \dfrac{x}{\sqrt{ax^2+bx+c}} \mathrm{d}x = \dfrac{1}{a}\sqrt{ax^2+bx+c} - \dfrac{b}{2\sqrt{a^3}}\ln\,|\,2ax+b+2\sqrt{a}\sqrt{ax^2+bx+c}\,| + C$

75. $\int \dfrac{\mathrm{d}x}{\sqrt{c+bx-ax^2}} = -\dfrac{1}{\sqrt{a}}\arcsin\dfrac{2ax-b}{\sqrt{b^2+4ac}} + C\,(b^2+4ac>0)$

76. $\int \sqrt{c+bx-ax^2}\,\mathrm{d}x = \dfrac{2ax-b}{4a}\sqrt{c+bx-ax^2}+\dfrac{b^2+4ac}{8\sqrt{a^3}}\arcsin\dfrac{2ax-b}{\sqrt{b^2+4ac}}+C$ ($b^2+4ac>0$)

77. $\int \dfrac{x}{\sqrt{c+bx-ax^2}}\,\mathrm{d}x = -\dfrac{1}{a}\sqrt{c+bx-ax^2}+\dfrac{b}{2\sqrt{a^3}}\arcsin\dfrac{2ax-b}{\sqrt{b^2+4ac}}+C$ ($b^2+4ac>0$)

（十）含有 $\sqrt{\dfrac{a\pm x}{b\pm x}}$ 或 $\sqrt{(x-a)(b-x)}$ 的积分

78. $\int \sqrt{\dfrac{x+a}{x+b}}\,\mathrm{d}x = \sqrt{(x+a)(x+b)}+(a-b)\ln(\sqrt{x+a}+\sqrt{x+b})+C$

79. $\int \sqrt{\dfrac{a-x}{b-x}}\,\mathrm{d}x = -\sqrt{(a-x)(b-x)}+(b-a)\ln(\sqrt{a-x}+\sqrt{b-x})+C$

80. $\int \sqrt{\dfrac{b-x}{x-a}}\,\mathrm{d}x = \sqrt{(x-a)(b-x)}+(b-a)\arcsin\sqrt{\dfrac{x-a}{b-a}}+C$ ($a<b$)

81. $\int \sqrt{\dfrac{x-a}{b-x}}\,\mathrm{d}x = -\sqrt{(x-a)(b-x)}+(b-a)\arcsin\sqrt{\dfrac{x-a}{b-a}}+C$ ($a<b$)

82. $\int \dfrac{\mathrm{d}x}{\sqrt{(x-a)(b-x)}} = 2\arcsin\sqrt{\dfrac{x-a}{b-a}}+C$ ($a<b$)

（十一）含有三角函数的积分

83. $\int \sin x\,\mathrm{d}x = -\cos x+C$

84. $\int \cos x\,\mathrm{d}x = \sin x+C$

85. $\int \tan x\,\mathrm{d}x = -\ln|\cos x|+C$

86. $\int \cot x\,\mathrm{d}x = \ln|\sin x|+C$

87. $\int \sec x\,\mathrm{d}x = \ln\left|\tan\left(\dfrac{\pi}{4}+\dfrac{x}{2}\right)\right|+C = \ln|\sec x+\tan x|+C$

88. $\int \csc x\,\mathrm{d}x = \ln\left|\tan\dfrac{x}{2}\right|+C = \ln|\csc x-\cot x|+C$

89. $\int \sec^2 x\,\mathrm{d}x = \tan x+C$

90. $\int \csc^2 x\,\mathrm{d}x = -\cot x+C$

91. $\int \sec x\tan x\,\mathrm{d}x = \sec x+C$

92. $\int \csc x\cot x\,\mathrm{d}x = -\csc x+C$

93. $\displaystyle\int \sin^2 x \mathrm{d}x = \frac{x}{2} - \frac{1}{4}\sin\ 2x + C$

94. $\displaystyle\int \cos^2 x \mathrm{d}x = \frac{x}{2} + \frac{1}{4}\sin\ 2x + C$

95. $\displaystyle\int \sin^n x \mathrm{d}x = -\frac{1}{n}\sin^{n-1} x \cos\ x + \frac{n-1}{n}\int \sin^{n-2} x \mathrm{d}x$

96. $\displaystyle\int \cos^n x \mathrm{d}x = \frac{1}{n}\cos^{n-1} x \sin\ x + \frac{n-1}{n}\int \cos^{n-2} x \mathrm{d}x$

97. $\displaystyle\int \frac{\mathrm{d}x}{\sin^n x} = -\frac{1}{n-1}\frac{\cos\ x}{\sin^{n-1} x} + \frac{n-2}{n-1}\int \frac{\mathrm{d}x}{\sin^{n-2} x}$

98. $\displaystyle\int \frac{\mathrm{d}x}{\cos^n x} = \frac{1}{n-1}\frac{\sin\ x}{\cos^{n-1} x} + \frac{n-2}{n-1}\int \frac{\mathrm{d}x}{\cos^{n-2} x}$

99. $\displaystyle\int \cos^m x\ \sin^n x \mathrm{d}x = \frac{1}{m+n}\cos^{m-1} x\ \sin^{n+1} x + \frac{m-1}{m+n}\int \cos^{m-2} x\ \sin^n x \mathrm{d}x$

$$= -\frac{1}{m+n}\cos^{m+1} x\ \sin^{n-1} x + \frac{n-1}{m+n}\int \cos^m x\ \sin^{n-2} x \mathrm{d}x$$

100. $\displaystyle\int \sin\ ax\ \cos\ bx \mathrm{d}x = -\frac{1}{2(a+b)}\cos(a+b)x - \frac{1}{2(a-b)}\cos(a-b)x + C\ (a^2 \neq b^2)$

101. $\displaystyle\int \sin\ ax\ \sin\ bx \mathrm{d}x = -\frac{1}{2(a+b)}\sin\ (a+b)x + \frac{1}{2(a-b)}\sin(a-b)x + C\ (a^2 \neq b^2)$

102. $\displaystyle\int \cos\ ax\ \cos\ bx \mathrm{d}x = \frac{1}{2(a+b)}\sin(a+b)x + \frac{1}{2(a-b)}\sin(a-b)x + C\ (a^2 \neq b^2)$

103. $\displaystyle\int \frac{\mathrm{d}x}{a+b\sin\ x} = \frac{2}{\sqrt{a^2-b^2}}\arctan \frac{a\tan\dfrac{x}{2}+b}{\sqrt{a^2-b^2}} + C\ (a^2 > b^2)$

104. $\displaystyle\int \frac{\mathrm{d}x}{a+b\sin\ x} = \frac{1}{\sqrt{b^2-a^2}}\ln \left| \frac{a\tan\dfrac{x}{2}+b-\sqrt{b^2-a^2}}{a\tan\dfrac{x}{2}+b+\sqrt{b^2-a^2}} \right| + C\ (a^2 < b^2)$

105. $\displaystyle\int \frac{\mathrm{d}x}{a+b\cos\ x} = \frac{2}{a+b}\sqrt{\frac{a+b}{a-b}}\arctan\left(\sqrt{\frac{a-b}{a+b}}\tan \frac{x}{2}\right) + C\ (a^2 > b^2)$

106. $\displaystyle\int \frac{\mathrm{d}x}{a+b\cos\ x} = \frac{1}{a+b}\sqrt{\frac{a+b}{b-a}}\ln \left| \frac{\tan\dfrac{x}{2}+\sqrt{\dfrac{a+b}{b-a}}}{\tan\dfrac{x}{2}-\sqrt{\dfrac{a+b}{b-a}}} \right| + C\ (a^2 < b^2)$

107. $\displaystyle\int \frac{\mathrm{d}x}{a^2\cos^2 x + b^2\sin^2 x} = \frac{1}{ab}\arctan\left(\frac{b}{a}\tan\ x\right) + C$

108. $\displaystyle\int \frac{\mathrm{d}x}{a^2\cos^2 x-b^2\sin^2 x}=\frac{1}{2ab}\ln\left|\frac{b\tan x+a}{b\tan x-a}\right|+C$

109. $\displaystyle\int x\sin ax\mathrm{d}x=\frac{1}{a^2}\sin ax-\frac{1}{a}x\cos ax+C$

110. $\displaystyle\int x^2\sin ax\mathrm{d}x=-\frac{1}{a}x^2\cos ax+\frac{2}{a^2}x\sin ax+\frac{2}{a^3}\cos ax+C$

111. $\displaystyle\int x\cos ax\mathrm{d}x=\frac{1}{a^2}\cos ax+\frac{1}{a}x\sin ax+C$

112. $\displaystyle\int x^2\cos ax\mathrm{d}x=\frac{1}{a}x^2\sin ax+\frac{2}{a^2}x\cos ax-\frac{2}{a^3}\sin ax+C$

（十二）含有反三角函数的积分（其中 $a>0$）

113. $\displaystyle\int \arcsin\frac{x}{a}\mathrm{d}x=x\arcsin\frac{x}{a}+\sqrt{a^2-x^2}+C$

114. $\displaystyle\int x\arcsin\frac{x}{a}\mathrm{d}x=\left(\frac{x^2}{2}-\frac{a^2}{4}\right)\arcsin\frac{x}{a}+\frac{x}{4}\sqrt{a^2-x^2}+C$

115. $\displaystyle\int x^2\arcsin\frac{x}{a}\mathrm{d}x=\frac{x^3}{3}\arcsin\frac{x}{a}+\frac{1}{9}\left(x^2+2a^2\right)\sqrt{a^2-x^2}+C$

116. $\displaystyle\int \arccos\frac{x}{a}\mathrm{d}x=x\arccos\frac{x}{a}-\sqrt{a^2-x^2}+C$

117. $\displaystyle\int x\arccos\frac{x}{a}\mathrm{d}x=\left(\frac{x^2}{2}-\frac{a^2}{4}\right)\arccos\frac{x}{a}-\frac{x}{4}\sqrt{a^2-x^2}+C$

118. $\displaystyle\int x^2\arccos\frac{x}{a}\mathrm{d}x=\frac{x^3}{3}\arccos\frac{x}{a}-\frac{1}{9}\left(x^2+2a^2\right)\sqrt{a^2-x^2}+C$

119. $\displaystyle\int \arctan\frac{x}{a}\mathrm{d}x=x\arctan\frac{x}{a}-\frac{a}{2}\ln\left(a^2+x^2\right)+C$

120. $\displaystyle\int x\arctan\frac{x}{a}\mathrm{d}x=\frac{1}{2}\left(a^2+x^2\right)\arctan\frac{x}{a}-\frac{a}{2}x+C$

121. $\displaystyle\int x^2\arctan\frac{x}{a}\mathrm{d}x=\frac{x^3}{3}\arctan\frac{x}{a}-\frac{a}{6}x^2+\frac{a^3}{6}\ln\left(a^2+x^2\right)+C$

（十三）含有指数函数的积分

122. $\displaystyle\int a^x\mathrm{d}x=\frac{1}{\ln a}a^x+C$

123. $\displaystyle\int \mathrm{e}^{ax}\mathrm{d}x=\frac{1}{a}\mathrm{e}^{ax}+C$

124. $\displaystyle\int x\mathrm{e}^{ax}\mathrm{d}x=\frac{1}{a^2}\left(ax-1\right)\mathrm{e}^{ax}+C$

125. $\displaystyle\int x^n \mathrm{e}^{ax}\mathrm{d}x = \frac{1}{a}x^n \mathrm{e}^{ax} - \frac{n}{a}\int x^{n-1}\mathrm{e}^{ax}\mathrm{d}x\,(n>0)$

126. $\displaystyle\int xa^x \mathrm{d}x = \frac{x}{\ln a}a^x - \frac{1}{(\ln a)^2}a^x + C$

127. $\displaystyle\int x^n a^x \mathrm{d}x = \frac{1}{\ln a}x^n a^x - \frac{n}{\ln a}\int x^{n-1}a^x \mathrm{d}x\,(n>0)$

128. $\displaystyle\int \mathrm{e}^{ax}\sin bx\mathrm{d}x = \frac{1}{a^2+b^2}\mathrm{e}^{ax}(a\sin bx - b\cos bx) + C$

129. $\displaystyle\int \mathrm{e}^{ax}\cos bx\mathrm{d}x = \frac{1}{a^2+b^2}\mathrm{e}^{ax}(b\sin bx + a\cos bx) + C$

130. $\displaystyle\int \mathrm{e}^{ax}\sin^n bx\mathrm{d}x = \frac{1}{a^2+b^2 n^2}\mathrm{e}^{ax}\sin^{n-1}bx(a\sin bx - nb\cos bx) +$
$$\frac{n(n-1)b^2}{a^2+b^2 n^2}\int \mathrm{e}^{ax}\sin^{n-2}bx\mathrm{d}x$$

131. $\displaystyle\int \mathrm{e}^{ax}\cos^n bx\mathrm{d}x = \frac{1}{a^2+b^2 n^2}\mathrm{e}^{ax}\cos^{n-1}bx(a\cos bx + nb\sin bx) +$
$$\frac{n(n-1)b^2}{a^2+b^2 n^2}\int \mathrm{e}^{ax}\cos^{n-2}bx\mathrm{d}x$$

（十四） 含有对数函数的积分

132. $\displaystyle\int \ln x\mathrm{d}x = x\ln x - x + C$

133. $\displaystyle\int \frac{\mathrm{d}x}{x\ln x} = \ln|\ln x| + C$

134. $\displaystyle\int x^n \ln x\mathrm{d}x = \frac{1}{n+1}x^{n+1}\left(\ln x - \frac{1}{n+1}\right) + C\,(n\neq -1)$

135. $\displaystyle\int (\ln x)^n \mathrm{d}x = x(\ln x)^n - n\int (\ln x)^{n-1}\mathrm{d}x\,(n\neq -1)$

136. $\displaystyle\int x^m (\ln x)^n \mathrm{d}x = \frac{1}{m+1}x^{m+1}(\ln x)^n - \frac{n}{m+1}\int x^m (\ln x)^{n-1}\mathrm{d}x\,(n\neq -1)$

部分习题参考答案

习题 1-1

1. $f(-2)=-1$, $\quad f(-1)=0$, $\quad f(0)=1$, $\quad f(1)=2$, $\quad f(2)=4$.

2. $f(0)=1$, $\quad f(-x)=\dfrac{1+x}{1-x}$, $\quad f(x+1)=-\dfrac{x}{x+2}$, $\quad f(x)+1=\dfrac{2}{1+x}$, $f\left(\dfrac{1}{x}\right)=\dfrac{x-1}{x+1}$

3. （1）同一函数；（2）不是同一函数；（3）同一函数；（4）不是同一函数.

4. $f(x)=\dfrac{10}{3}x^3-\dfrac{7}{2}x^2-\dfrac{29}{6}x+2$.

5. （1）$-1\leqslant x<1$；　　（2）$|x|\leqslant\sqrt{\dfrac{\pi}{2}}$ 及 $\sqrt{(4k-1)\dfrac{\pi}{2}}\leqslant|x|\leqslant\sqrt{(4k+1)\dfrac{\pi}{2}}$ $(k=1,2,\cdots)$；

　　（3）$x>0$, $x\neq n$ $(n=1,2,\cdots)$；　　（4）$-\dfrac{1}{3}\leqslant x\leqslant 1$；　　（5）$1<x\leqslant 2$.

6. （1）$x\in[-1,2]$, $y\in\left[0,\dfrac{3}{2}\right]$；　　（2）$x\in(-\infty,+\infty)$, $y\in[0,\pi]$；　　（3）$x\in[0,1]$,

　　$y\in\left[0,\dfrac{1}{2}\right]$.

7. $f(x)=x^2-2$, $\quad |x|\geqslant 2$.

8. $f(x)=\dfrac{1+\sqrt{1+x^2}}{x}$, $\quad x>0$.

9. $m(x)=\begin{cases}0, & x\leqslant 0, \\ 2x, & 0<x\leqslant 1, \\ 2, & 1<x\leqslant 2, \\ 3, & 2<x\leqslant 3, \\ 4, & x>3.\end{cases}$

10. $S(x)=\begin{cases}\dfrac{hx^2}{a-b}, & 0\leqslant x\leqslant\dfrac{a-b}{2}, \\[2mm] h\left(x-\dfrac{a-b}{4}\right), & \dfrac{a-b}{2}<x<\dfrac{a+b}{2}, \\[2mm] h\left[\dfrac{a+b}{2}-\dfrac{(a-x)^2}{a-b}\right], & \dfrac{a+b}{2}\leqslant x\leqslant a.\end{cases}$

11. $A=\dfrac{4}{3}(3-x)\sqrt{3x}$, $\quad 0\leqslant x\leqslant 3$.

12. $V=\dfrac{R^3\theta^2}{24\pi^2}\sqrt{4\pi^2-\theta^2}$, $\theta\in[0,2\pi]$ 其中 θ 以弧度为单位.

13. $V=\dfrac{\pi h^3}{3}\left(\tan\dfrac{\pi}{12}\right)^2$.

14. $W=1\,000x+\dfrac{50\sqrt{3}}{3}x^2$, $x\in[0,10]$.

15. $T\approx277$ 年. $\qquad\qquad$ 16. 8.46%.

17. $y=2a\left(x^2+\dfrac{2V}{x}\right)$, $D(f)=(0,+\infty)$, 其中 a 为水池四周单位面积造价.

18. $y=\begin{cases}130x, & 0\leqslant x\leqslant 700,\\ 130\times700+130\times0.9\times(x-700), & 700<x\leqslant 1\,000.\end{cases}$

19. (1) $y=\dfrac{1-x}{1+x}$, $\quad x\neq-1$; $\qquad\qquad$ (2) $y=-\sqrt{1-x^2}$, $\quad 0\leqslant x\leqslant 1$;

(3) $y=\begin{cases}x, & x<1,\\ \sqrt{x}, & 1\leqslant x\leqslant 16,\\ \log_2 x, & x>16;\end{cases}$ $\qquad$ (4) $y=\dfrac{1}{2}(x^3+3x)$.

20. $\varphi(\varphi(x))=\varphi(x)$, $\quad\psi(\psi(x))=0$, $\quad\varphi(\psi(x))=0$, $\quad\psi(\varphi(x))=\psi(x)$.

21. $f(f(x))=1$.

22. $f_n(x)=\dfrac{x}{\sqrt{1+nx^2}}$.

23. (1) 奇函数; $\quad$ (2) 偶函数; $\quad$ (3) 偶函数; $\quad$ (4) 奇函数.

25. (1) $T=\pi$; $\quad$ (2) $T=2\pi$; $\quad$ (3) $T=\pi$; $\quad$ (4) $T=6\pi$; $\quad$ (5) 不是周期函数;

(6) $T=\dfrac{\pi}{2}$.

26. (1) 初等函数; $\quad$ (2) 初等函数; $\quad$ (3) 非初等函数; $\quad$ (4) 非初等函数.

27. (1) 有界函数; $\quad$ (2) 有界函数; $\quad$ (3) 有界函数; $\quad$ (4) 无界函数.

28. (1) (i) $F(x)=\begin{cases}-x^3+x^2, & x<0,\\ x^3+x^2, & x\geqslant 0,\end{cases}$ $\qquad$ (ii) $G(x)=\begin{cases}x^3-x^2, & x<0,\\ x^3+x^2, & x\geqslant 0;\end{cases}$

(2) (i) $F(x)=\begin{cases}\sqrt{-x}, & x<0,\\ \sqrt{x}, & x\geqslant 0,\end{cases}$ $\qquad$ (ii) $G(x)=\begin{cases}-\sqrt{-x}, & x<0,\\ \sqrt{x}, & x\geqslant 0.\end{cases}$

习题 1-2

1. (1) $(-1)^{n+1}\dfrac{2n-1}{2n}$; $\quad$ (2) $[(-1)^n+1]\dfrac{1}{n^2}$; $\quad$ (3) $\dfrac{n}{2^n}$.

6. $\dfrac{1}{2}$. $\qquad$ 7. (1) $\dfrac{1}{3}$; (2) $\dfrac{1}{2}$; (3) $\dfrac{1-b}{1-a}$; (4) $\dfrac{1}{2}$; (5) $\dfrac{1}{3}$; (6) 1.

8. (1) $\dfrac{1}{2}$; (2) $\max\{a,b\}$; (3) 1; (4) 0; (5) 0.

9. (1) 0；(2) $\sqrt[k+1]{a}$；(3) $\dfrac{1+\sqrt{21}}{2}$；(4) 0.

13. (1)收敛；(2)收敛；(3)收敛.

习题 1-3

4. $a=2$.

7. 0.

8. (1) $\dfrac{3}{4}$；(2) 10；(3) $\dfrac{mn(n-m)}{2}$；(4) $\left(\dfrac{3}{2}\right)^{30}$；(5) $n^{\frac{-n(n+1)}{2}}$；(6) $-\dfrac{1}{2}$；(7) $\dfrac{1}{2}$；

　(8) $\dfrac{n(n+1)}{2}$；(9) 1；(10) $\dfrac{4}{3}$；(11) $\dfrac{1}{\sqrt{2a}}$；(12) $\dfrac{1}{n}$；(13) $\dfrac{3}{2}$；

　(14) $\dfrac{1}{2}$；(15) $\dfrac{a+b}{2}$；(16) 0；(17) 1.

9. (1) $(-1)^{m-n}\dfrac{m}{n}$；(2) 2；(3) $\dfrac{2}{\pi}$；(4) $\dfrac{1}{\cos^2 a}\left(a\neq\dfrac{2k+1}{2}\pi,k\text{ 是整数}\right)$；(5) $\sqrt{2}$；

　(6) 0；(7) e^{-2}；(8) e^{2a}；(9) e^{-1}.

10. $a=1$, $b=-1$.

11. (1) $a_1=-1$, $b_1=\dfrac{1}{2}$；(2) $a_2=1$, $b_2=-\dfrac{1}{2}$.

14. $a=-\dfrac{3}{2}$.　　　16. (1) $\dfrac{1}{2}$；(2) n；(3) $\dfrac{\sqrt{2}}{2}$.

17. 6.18%.　　18. 4 927.75 元, 4 878.84 元.　　19. (1) 5 537.3 元；(2) 36 787.3 元.

习题 1-4

1. (1) $\Delta y=2hx_0+h^2$；(2) $\Delta y=-3$.

2. (1) $\dfrac{\Delta y}{\Delta x}=2x+\Delta x$；(2) $\dfrac{\Delta y}{\Delta x}=\dfrac{2\cos\left(x+\dfrac{\Delta x}{2}\right)\sin\dfrac{\Delta x}{2}}{\Delta x}$.

3. (1) $x=2$, 第二类间断点；　　　　　　(2) $x=n\pi+\dfrac{\pi}{2}$, n 是整数, 第二类间断点；

　(3) $x=0$, 第二类间断点；　　　　　　(4) $x=0$, 第二类间断点；

　(5) $x=0$, 第一类间断点；　　　　　　(6) $x=\pm 2$, 第二类间断点；

　(7) $x=0$, 第一类间断点；　　　　　　(8) $x=0$, 第一类间断点；

　(9) 无间断点；

　(10) $f(x)=\begin{cases}0, & 0\leqslant x<1,\\[4pt]\dfrac{1}{2}, & x=1,\quad x=1,\ \text{第一类间断点；}\\[4pt]1, & x>1,\end{cases}$

　(11) $f(x)=\begin{cases}x, & x<0,\\[4pt]\dfrac{1}{2}, & x=0,\quad x=0,\ \text{第一类间断点.}\\[4pt]1, & x>0,\end{cases}$

4. $a = 1$.　　　5. $a = b$.　　　6. $a = -2$.

12.（1）$\alpha a - \beta b$；（2）$\dfrac{\alpha}{\beta} a^{\alpha-\beta}(\beta \neq 0)$；（3）$\sqrt[3]{abc}$；（4）0；（5）$\dfrac{\ln 3}{\ln 2}$；（6）$\dfrac{1}{2}$；（7）$\mathrm{e}^2$；（8）0；

（9）$\mathrm{e}^{\frac{x}{1-x}}$.

第一章综合题

1. $a = \dfrac{1}{5}$，$b = \dfrac{7}{5}$.　　　2. $a = -\dfrac{1\,994}{1\,995}$，$b = \dfrac{1}{1\,995}$.

3.（1）$\dfrac{3}{2}$；（2）$\sqrt[n]{a_1 a_2 \cdots a_n}$；（3）$(a^a b^b c^c)^{\frac{1}{a+b+c}}$；（4）$\dfrac{1}{2}$.

4. $a = 1$，$b = 4$.　　　8.（1）1；（2）e.　　　16. $k = \dfrac{1}{2}$，$c = \dfrac{1}{2}$.

17. $\alpha = 1$，$\beta = \dfrac{1}{2}$.　　　18. $\tau = 2c$，$k = 3$.

第二章

习题 2-1

6.（1）215；　　（2）210.05；　　（3）210.005；　　$v\Big|_{t=20} = 210$.

7.（1）2；　　（2）不存在；　　（3）6；　　（4）0.

8.（1）$\dfrac{1}{2\sqrt{x}}$；　　（2）$\sec^2 x$；　　（3）$\dfrac{1}{\sqrt{1-x^2}}$.　　9. -8, 0, 0.　　10. $1 + \dfrac{\pi}{4}$.

12. $y' = -\dfrac{2}{x^3} + \dfrac{2}{3} x^{-\frac{1}{3}} - \dfrac{1}{3} x^{-\frac{4}{3}}$.

13. $y' = -\dfrac{1}{x^2} + \dfrac{10}{x^3} + \dfrac{3}{x^4}$.

14. $y' = -\dfrac{1}{2}\left(\dfrac{1}{\sqrt{x}} + \dfrac{1}{\sqrt{x^3}} \right)$.

15. $y' = (x^2 + 2x)\cos x + 2(x+1)\sin x$.

16. $y' = x\sin x + x^2 \cos x$.

17. $y' = 2(3x^2 + 7x + 1)$.

18. $y' = \dfrac{1}{2\sqrt{x}(\sqrt{x}+1)^2}$.

19. $y' = \dfrac{-17}{(2+3x)^2}$.

20. $y' = -\dfrac{2x+1}{(x^2+x+1)^2}$.

21. $y' = \dfrac{-(1+x)}{\sqrt{x}(1-x)^2}$.

22. $y' = \dfrac{1 - \cos x - x\sin x}{(1-\cos x)^2}$.

23. $y' = \dfrac{\tan x + 1 - x\sec^2 x}{(\tan x + 1)^2}$.

24. $y' = \dfrac{2}{(\sin x + \cos x)^2}$.

25. $y' = \dfrac{x\cos x - 2\sin x}{x^3}$.

26. $y' = 24x^2(2x^3+5)^3$.

27. $y' = 12\left(x^3 - \dfrac{1}{x^3} + 3 \right)^3 (x^2 + x^{-4})$.

28. $y' = 2\cos(2x+3)$.

29. $y' = -\dfrac{x}{\sqrt{(x^2+1)^3}}$.

30. $y' = -10(3-2\sin x)^4 \cos x.$

31. $y' = \dfrac{1}{2} \sec \dfrac{x+1}{2} \tan \dfrac{x+1}{2}.$

32. $y' = (\sec^2 x)(1-\tan^2 x + \tan^4 x).$

33. $y' = \dfrac{\cos x}{2\sqrt{\sin x}}.$

34. $y' = \dfrac{-\sin\sqrt{x}}{2\sqrt{x}}.$

35. $y' = x\cos x^2.$

36. $y' = 0.$

37. $y' = \dfrac{1}{2}(\sin^3 2x)\cos 2x.$

38. $y' = \sec^2 x.$

39. $y' = 3\left(\tan^5 \dfrac{x}{2}\right)\sec^2 \dfrac{x}{2}.$

40. $y' = \dfrac{-6\sin 8x}{\sqrt{1+3\cos^2 4x}}.$

41. $y' = \dfrac{\tan\sqrt{x}\sec^2\sqrt{x}}{2\sqrt{x}}.$

42. $y' = (1+2x\tan x)\sec^2 x - 2\sec^2 2x.$

43. $y' = \dfrac{d+b+2x}{3\sqrt[3]{(b+x)^2(d+x)^2}}.$

44. $y' = \dfrac{4x-5x^2}{2\sqrt{1-x}}.$

45. $y' = \dfrac{\sin 2x + 2x\cos 2x}{2\sqrt{x\sin 2x}}.$

46. $y' = \dfrac{3\sin x}{\cos^4 x}.$

47. $y' = -\dfrac{e^x}{(e^x+1)^2}.$

48. $y' = 2e^{2x+3}.$

49. $y' = 2^{\sin x}(\cos x)\ln 2.$

50. $y' = x2^{-x}(2-x\ln 2).$

51. $y' = \dfrac{-\sin\sqrt{x}}{2\sqrt{x}} - \dfrac{\sin x}{\sqrt{\cos x}} - \dfrac{\sin\sqrt{x}}{4\sqrt{\cos\sqrt{x}}}\dfrac{1}{\sqrt{x}}.$

52. $y' = \dfrac{1}{2}\sec^2 \dfrac{x}{2} + \dfrac{1}{2}\dfrac{1}{\tan \dfrac{x}{2}}\sec^2 \dfrac{x}{2} + \dfrac{1}{4}\left(\ln\tan\dfrac{x}{2}\right)^{-\frac{1}{2}}\dfrac{1}{\tan \dfrac{x}{2}}\sec^2 \dfrac{x}{2}.$

53. $y' = \dfrac{-2}{1-2x}.$

54. $y' = \sec x.$

55. $y' = 2\tan 2x.$

56. $y' = \dfrac{1}{\sqrt{1+x^2}}.$

57. $y' = \dfrac{\ln x}{x\sqrt{1+(\ln x)^2}}.$

58. $y' = 2^{\frac{x}{\ln x}}\ln 2 \dfrac{\ln x - 1}{(\ln x)^2}.$

59. $y' = \dfrac{1}{2\sqrt{x}\sqrt{1-x}}.$

60. $y' = \dfrac{-1}{|x|\sqrt{x^2-1}}.$

61. $y' = \dfrac{1}{4x\sqrt{x-1}}.$

62. $y' = \arccos \dfrac{x}{2}.$

63. $y' = 2e^x\sqrt{1-e^{2x}}.$

64. $y' = \left(\dfrac{a}{b}\right)^x \ln\dfrac{a}{b} - \left(\dfrac{b}{x}\right)^{b+1} + \left(\dfrac{x}{a}\right)^{a-1}.$

65. $y' = \dfrac{\ln(1+\sqrt{x})}{\sqrt{x}+x}.$

66. $y' = \dfrac{e^{\sqrt{\ln x}}}{2x\sqrt{\ln x}}.$

67. $y' = \dfrac{1}{x} + \dfrac{1}{2x+1} - \dfrac{1}{3x+1}.$

68. $y' = (\ln x)^x\left(\ln\ln x + \dfrac{1}{\ln x}\right).$

69. $y' = x^x(\ln x + 1) + x^{\frac{1}{x}-2}(1 - \ln x)$.　　　70. $y' = \dfrac{2}{x\sqrt{1+x^2}}$.

71. $\dfrac{dy}{dx} = \dfrac{\varphi'(x)\varphi(x) + \psi'(x)\psi(x)}{\sqrt{\varphi^2(x) + \psi^2(x)}}$.　　72. $\dfrac{dy}{dx} = \dfrac{\varphi'(x)\psi(x) - \varphi(x)\psi'(x)}{\varphi^2(x) + \psi^2(x)}$.

73. $\dfrac{dy}{dx} = f'\left[\varphi^2(x) + \psi^2(x)\right]\left[2\varphi'(x)\varphi(x) + 2\psi'(x)\psi(x)\right]$.

74. $\dfrac{dy}{dx} = f'\left[f\left(\sin\dfrac{x}{2}\right)\right]f'\left(\sin\dfrac{x}{2}\right)\dfrac{1}{2}\cos\dfrac{x}{2}$.

75. $\dfrac{dy}{dx} = -\dfrac{2x+y}{x+3y^2}$.　　　76. $\dfrac{dy}{dx} = \dfrac{-1}{1+\cos y}$.

77. $\dfrac{dy}{dx} = \dfrac{e^y}{1-xe^y}$.　　　78. $\dfrac{dy}{dx} = \dfrac{y\cos x + \sin(x-y)}{\sin(x-y) - \sin x}$.

79. $\dfrac{dy}{dx} = \dfrac{e^x\cos y + e^{-y}\sin x}{e^x\sin y - e^{-y}\cos x}$.　　80. $\dfrac{dy}{dx}\bigg|_{x=0} = \dfrac{1}{3}$.

81. （1）切线方程 $y - \dfrac{\sqrt{2}}{2} = \dfrac{\sqrt{2}}{2}\left(x - \dfrac{\pi}{4}\right)$，法线方程 $y - \dfrac{\sqrt{2}}{2} = -\sqrt{2}\left(x - \dfrac{\pi}{4}\right)$；

　　（2）切线方程 $y - 2 = \dfrac{1}{4}(x-4)$，法线方程 $y - 2 = -4(x-4)$；

　　（3）切线方程 $y + 1 = \dfrac{1}{3}x$，法线方程 $y + 1 = -3x$.

82. （1）$f'(x) = \begin{cases} 3x^2, & x > 0, \\ 0, & x = 0, \\ -3x^2, & x < 0; \end{cases}$

　　（2）$f'(x) = \begin{cases} 3x^2 - 2x, & x < 0, \\ 0, & x = 0, \\ 2x - 3x^2, & 0 < x < 1, \\ 不存在, & x = 1, \\ 3x^2 - 2x, & x > 1. \end{cases}$

83. （1）$f'(x) = \begin{cases} 3x^2, & x > 0, \\ 0, & x = 0, \\ 2x, & x < 0; \end{cases}$

　　（2）$f'(x) = \begin{cases} 2x\cos\dfrac{1}{x} + \sin\dfrac{1}{x}, & x \neq 0, \\ 0, & x = 0. \end{cases}$

84. $\dfrac{dy}{dx} = \sqrt{\dfrac{(a+x)(b+x)}{(a-x)(b-x)}}\left(\dfrac{a}{a^2-x^2} + \dfrac{b}{b^2-x^2}\right)$.

85. $\dfrac{dy}{dx} = x^{\sin x}e^x\left(\cos x\ln x + \dfrac{\sin x}{x} + 1\right)$.

86. $\dfrac{dy}{dx} = \left(1 + \dfrac{1}{x}\right)^x\left[\ln\left(1 + \dfrac{1}{x}\right) - \dfrac{1}{1+x}\right]$.　　89. $\theta_1 = \theta_2 = \theta_3 = \theta_4 = \dfrac{\pi}{2}$.

91. $b=-2$, $c=4$.

92. $p=-3$，切点$(1,0)$.

97. $\dfrac{\mathrm{d}^2 y}{\mathrm{d}x^2}=\dfrac{1}{\sqrt{x^2+a^2}}$.

98. $\dfrac{\mathrm{d}^2 y}{\mathrm{d}x^2}=\dfrac{-a^2}{y^3}$.

99. $\dfrac{\mathrm{d}^2 y}{\mathrm{d}x^2}=\dfrac{2(x^2+y^2)}{(x-y)^3}$.

103. $\dfrac{\mathrm{d}y}{\mathrm{d}x}=f+f\,'$，$\dfrac{\mathrm{d}^2 y}{\mathrm{d}x^2}=\dfrac{1}{x}f\,'+\dfrac{1}{x}f\,''$.

104. $a=\dfrac{1}{2}\varphi''(x_0)$，$b=\varphi'(x_0)$，$c=\varphi(x_0)$.

105. （1）$a>3$；（2）$a>4$.

107. $\dfrac{\mathrm{d}^2 y}{\mathrm{d}t^2}-y=0$.

108. $\dfrac{\mathrm{d}^2 y}{\mathrm{d}t^2}+y=0$.

109. $y^{(100)}=\dfrac{197!!\,(399-x)}{2^{100}(1-x)^{100}\sqrt{1-x}}$　$(x<1)$.

110. $y^{(20)}=2^{20}\mathrm{e}^{2x}(x^2+20x+95)$.

112. $y^{(n)}=n!\left[\dfrac{(-1)^n}{x^{n+1}}+\dfrac{1}{(1-x)^{n+1}}\right]$　$(x\neq 0,\ x\neq 1)$.

113. $y^{(n)}=\dfrac{(-1)^{n+1}1\cdot 4\cdot\cdots\cdot(3n-5)(3n+2x)}{3^n(1+x)^{n+\frac{1}{3}}}$.

114. $y^{(n)}=2^{n-1}\cos\left(2x+\dfrac{n}{2}\pi\right)$.

115. $y^{(n)}=\dfrac{1}{2}(a-b)^n\cos\left[(a-b)x+\dfrac{n}{2}\pi\right]-\dfrac{1}{2}(a+b)^n\cos\left[(a+b)x+\dfrac{n}{2}\pi\right]$.

117. $f^{(n)}(0)=n(n-1)a^{n-2}$.

118. $f^{(2k)}(0)=0$，　$f^{(2k+1)}(0)=\left[(2k-1)!!\right]^2$，　$k=0,1,2,\cdots$.

习题 2-2

1. $\mathrm{d}y=\dfrac{1}{(1-x^2)^{\frac{3}{2}}}\mathrm{d}x$（$|x|<1$）.

2. $\mathrm{d}y=\dfrac{1}{x\sqrt{x^2-1}}\mathrm{d}x$　（$|x|>1$）.

3. $\mathrm{d}y=\dfrac{1-\ln x}{x^2}\mathrm{d}x$　$(x>0)$.

4. $\mathrm{d}y=\dfrac{1}{\sqrt{x^2+a^2}}\mathrm{d}x$.

5. $\mathrm{d}y=\dfrac{1}{a^2-x^2}\mathrm{d}x$　$(x\neq\pm a)$.

6. $\mathrm{d}y\Big|_{x=1}=-\mathrm{d}x$.

7. $\mathrm{d}y\Big|_{x=a,\Delta x=1}=\dfrac{1}{2a^2}$.

8. $\mathrm{d}y=2x\sin 2x^2\mathrm{e}^{\sin^2 x^2}\mathrm{d}x$.

9. $\mathrm{d}y=\dfrac{x\left(2+\dfrac{3x}{1+x^3}\right)}{2\sqrt{x^2+\ln(1+x^3)}}\mathrm{d}x$.

10. $\mathrm{d}y=-\sqrt[3]{\dfrac{y}{x}}\mathrm{d}x$.

11. $\mathrm{d}y=\dfrac{f\,'(x+y)}{1-f\,'(x+y)}\mathrm{d}x$.

12. $\mathrm{d}y=vw\mathrm{d}u+uw\mathrm{d}v+uv\mathrm{d}w$.

13. $\mathrm{d}y=\dfrac{v\mathrm{d}u-u\mathrm{d}v}{u^2+v^2}$.

14. $\mathrm{d}y=\dfrac{u\mathrm{d}u+v\mathrm{d}v}{u^2+v^2}$.

15. $\dfrac{\mathrm{d}^2 y}{\mathrm{d}x^2} = \dfrac{\mathrm{e}^{-t}}{\sqrt{2}\cos^3\left(t+\dfrac{\pi}{4}\right)}.$

16. $\dfrac{\mathrm{d}^2 y}{\mathrm{d}x^2} = \dfrac{-2}{\left(1-t^2\right)^{\frac{3}{2}}}.$

17. $\dfrac{\mathrm{d}y}{\mathrm{d}x} = \dfrac{\sin t}{1-\cos t},\qquad \dfrac{\mathrm{d}^2 y}{\mathrm{d}x^2} = \dfrac{-1}{a\left(1-\cos t\right)^2}.$

18. $\dfrac{\mathrm{d}^2 y}{\mathrm{d}x^2} = \dfrac{1}{at}\sec^3 t,$

19. $\dfrac{\mathrm{d}^3 y}{\mathrm{d}x^3} = -\dfrac{3}{8}\mathrm{e}^{-3t}.$

20. $\dfrac{\mathrm{d}^3 y}{\mathrm{d}x^3} = -\dfrac{f'''(t)}{\left[f''(t)\right]^3}.$

21. $0.484\ 9.$

22. $0.810\ 4 \approx 46°24'$

23. $1.043\ 4.$

24. $1.000\ 01.$

25. $(1)\ 2.990\ 7;\quad (2)\ 1.995\ 3.$

26. $\dfrac{1}{\ln 10}\ln(1+\delta) \approx 0.43\delta.$

27. $\delta_V \approx 31(\mathrm{cm}^3),\ \delta_V^* \approx 0.75\%.$

第二章综合题

1. $\dfrac{\mathrm{d}y}{\mathrm{d}x} = \dfrac{2x - y^2 f'(x) - f(y)}{2yf(x) + xf'(y)}.$

4. 因 $f'_+(a) = \varphi(a),\ f'_-(a) = -\varphi(a)$，故当 $\varphi(a) = 0$ 时，$f'(a)$ 存在.

5. $g''(y) = -\dfrac{f''(x)}{\left[f'(x)\right]^3},\ g'''(y) = \dfrac{3\left[f''(x)\right]^2 - f'''(x)f'(x)}{\left[f'(x)\right]^5}.$

6. $25\ \mathrm{m}^2/\mathrm{s},\ 0.4\ \mathrm{m/s}.$ 7. $40\pi\ \mathrm{cm}^2/\mathrm{s}.$ 8. $50\ \mathrm{km/h}.$

9. 运动方程 $y = x\tan\alpha - \dfrac{gx^2}{2v_0^2\cos^2\alpha},\qquad v = \sqrt{v_0^2 + g^2 t^2 - 2v_0 gt\sin\alpha},$

$a = \sqrt{a_x^2 + a_y^2} = \sqrt{\left(\dfrac{\mathrm{d}v_x}{\mathrm{d}t}\right)^2 + \left(\dfrac{\mathrm{d}v_y}{\mathrm{d}t}\right)^2} = g,\qquad H_{\max} = \dfrac{v_0^2\sin^2\alpha}{2g},\qquad 最大射程为 \dfrac{v_0^2\sin 2\alpha}{g}.$

13. $n = 2.$

14. $\alpha = 2, \beta = -1, f'(x) = \begin{cases} 2x, & x \geqslant 1, \\ 2, & x < 1. \end{cases}$

第三章

习题 3-1

1. 成立；$\xi = 2 \pm \dfrac{\sqrt{3}}{3}.$ 2. (1) 不成立，$f(1) \neq f(\mathrm{e})$；(2) 不成立，$f(x)$ 在 $x = 0$ 处不可导.

3. $\theta = \dfrac{1}{\Delta x}\ln\dfrac{\mathrm{e}^{\Delta x}-1}{\Delta x}.$

9. $f(x) = c_0 x^{n-1} + c_1 x^{n-2} + \cdots + c_{n-2}x + c_{n-1},\qquad 其中 c_0, c_1, \cdots, c_{n-1} 为常数.$

11. (1) 最大值：$y\Big|_{x=\frac{\pi}{4}} = \dfrac{\sqrt{2}}{2}\mathrm{e}^{-\frac{\pi}{4}}$，最小值：$y\Big|_{x=\frac{5\pi}{4}} = -\dfrac{\sqrt{2}}{2}\mathrm{e}^{-\frac{5\pi}{4}}$；

(2) 最大值：$y\Big|_{x=0}=3$，最小值：$y\Big|_{x=\pm2}=-13$；

12. (1) $(-\infty,1)$内单调递减，$(1,+\infty)$内单调递增；　　　　(2) $(0,+\infty)$内单调递增；

(3) $(-3,-2)$内单调递减，$(-2,+\infty)$内单调递增；　　　(4) $(-1,0)$内单调递减，$(0,+\infty)$内单调递增.

13. (1) 极大值：$y\Big|_{x=\frac{2}{3}}=\dfrac{32}{27}$，极小值：$y\Big|_{x=2}=0$；　　　　(2) 极小值：$y\Big|_{x=-3}=-\dfrac{27}{4}$，

(3) 极小值：$y\Big|_{x=0}=1$；　　　(4) 极小值：$y\Big|_{x=\sqrt[3]{2}}=\dfrac{3}{2}\sqrt[3]{2}$；

(5) 极大值：$y\Big|_{x=0}=1$；

(6) 极大值：$y\Big|_{x=-\frac{1}{4}}=\dfrac{81}{64}\sqrt[3]{36}$，极小值：$y\Big|_{x=-1}=0$，$y\Big|_{x=2}=0$.

14. 当 n 为偶数时，函数无极值；当 n 为奇数时，有极大值 $y\Big|_{x=0}=1$.

习题 3-2

1. (1) 2；　(2) $-\dfrac{1}{3}$；　(3) $\dfrac{1}{2}$；　(4) $\dfrac{\ln a}{6}$ $(a>0)$；　(5) -2；　(6) $\dfrac{1}{6}$.

2. (1) 0；　(2) 0；　(3) 3；　(4) 0；　(5) 1.

3. (1) $\dfrac{1}{2}$；　(2) 0；　(3) $-\dfrac{1}{2}$；　(4) 0；　(5) 0；　(6) 0；　(7) 0；　(8) $\dfrac{2}{\pi}$.

4. (1) e^{-1}；　(2) e^{-1}；　(3) 1；　(4) $e^{-\frac{2}{\pi}}$；　(5) $e^{-\frac{1}{2}}$.

5. (1) 0；　(2) 1.　6. (1) e^4；　(2) $\dfrac{1}{2}$；　(3) $e^{\frac{n+1}{2}}$；　(4) $\dfrac{a^2}{2}$.

7. $a=1$，$b=-\dfrac{5}{2}$.　　8. $p=3$，$c=-\dfrac{4}{3}$.

习题 3-3

1. $P(x)=5-13(x+1)+11(x+1)^2-2(x+1)^3$.

2. (1) $\arcsin x=x+\dfrac{x^3}{6}+o(x^3)$ $(x\to0)$；

(2) $e^{\sin x}=1+x+\dfrac{x^2}{2}+o(x^3)$ $(x\to0)$；

(3) $\sin x=\displaystyle\sum_{k=0}^{n}\dfrac{(-1)^k}{(2k)!}\left(x-\dfrac{\pi}{2}\right)^{2k}+o\left(\left(x-\dfrac{\pi}{2}\right)^{2n}\right)$ $\left(x\to\dfrac{\pi}{2}\right)$.

3. (1) 当 $|x|\leqslant\dfrac{1}{2}$时，$|R_4(x)|\leqslant\dfrac{1}{5!}\dfrac{1}{2^5}$；　(2) 当 $|x|\leqslant\dfrac{1}{2}$时，$|R_5(x)|\leqslant2\times10^{-6}$.

4. (1) $e^x=e\displaystyle\sum_{k=0}^{n}\dfrac{(x-1)^k}{k!}+o((x-1)^n)$ $(x\to1)$；

(2) $\ln\dfrac{1-x}{1+x}=\displaystyle\sum_{k=1}^{2n}\left[-1-(-1)^{k-1}\right]\dfrac{x^k}{k}+o(x^{2n})=-2\displaystyle\sum_{m=0}^{n-1}\dfrac{x^{2m+1}}{2m+1}+o(x^{2n})$ $(x\to0)$.

5. (1) 3.017 1, $|R_2|<1.6\times10^{-6}$;   (2) 1.648 72, $|R_6|<1.6\times10^{-6}$;

(3) 0.309 017, $|R_7|<6\times10^{-8}$;   (4) 0.182 321, $|R_7|<3.2\times10^{-7}$.

6. 0.017 452 41.   7. (1) $-\dfrac{1}{4}$;   (2) $\dfrac{1}{3}$;   (3) $\dfrac{1}{6}$.

8. $a=\dfrac{4}{3}$, $b=-\dfrac{1}{3}$.

习题 3-4

1. 三角形的两锐角为 30°，60°.

2. $\alpha=\arccos\dfrac{\cos\varphi+\sqrt{\cos^2\varphi+8}}{4}$（其中 2φ 是弓形所对的圆心角，2α 是矩形另一边所在的弓形所对的圆心角）.

3. 矩形的边长分别为 $\sqrt{2}\,a$，$\sqrt{2}\,b$，$S=2ab$.

4. 矩形的底为 $\dfrac{d}{\sqrt{3}}$，高为 $d\sqrt{\dfrac{2}{3}}$.

5. 当底、宽、高分别为 $\dfrac{2R}{\sqrt{3}}$，$\dfrac{2R}{\sqrt{3}}$，$\dfrac{R}{\sqrt{3}}$ 时，有最大体积 $\dfrac{4R^3}{3\sqrt{3}}$.

6. 当圆柱底面半径 $r=\sqrt{\dfrac{2}{3}}\,R$，高 $h=\dfrac{R}{\sqrt{3}}$ 时，有最大体积 $\dfrac{4\pi R^3}{3\sqrt{3}}$.

7. 最大表面积为 $3.24\pi R^2$.   8. 最小体积为 $\dfrac{8}{3}\pi R^3$.

9. 最大体积为 $\dfrac{2\pi}{9\sqrt{3}}r^3$.   10. 最大表面积为 $2\pi R^2$.

11. 最小三角形面积为 ab.

12. 当圆柱的底面半径 $r=\sqrt[3]{\dfrac{3V}{5\pi}}$，圆柱的高 $h=\sqrt[3]{\dfrac{3V}{5\pi}}$ 时，表面积最小.

13. 当 $\arccos\dfrac{q}{p}\geqslant\arctan\dfrac{a}{b}$ 时，$\varphi=\arccos\dfrac{q}{p}$，运费最省；

当 $\arccos\dfrac{q}{p}<\arctan\dfrac{a}{b}$ 时，$\varphi=\arctan\dfrac{a}{b}$，运费最省.

14. $\dfrac{|av\mp bu|\sin\theta}{\sqrt{u^2+v^2-2uv\cos\theta}}$.

习题 3-5

1. (1) 在 $(-\infty,1)$ 内凹，$(1,+\infty)$ 内凸，$(1,2)$ 是拐点；

(2) 在 $\left(-\dfrac{1}{\sqrt{2}},\dfrac{1}{\sqrt{2}}\right)$ 内凸，$\left(-\infty,-\dfrac{1}{\sqrt{2}}\right)$，$\left(\dfrac{1}{\sqrt{2}},+\infty\right)$ 内凹，$\left(-\dfrac{1}{\sqrt{2}},\mathrm{e}^{-\frac{1}{2}}\right)$ 和 $\left(\dfrac{1}{\sqrt{2}},\mathrm{e}^{-\frac{1}{2}}\right)$ 是拐点；

(3) 在 $(-1,1)$ 内凹，$(-\infty,-1)$，$(1,+\infty)$ 内凸，$(-1,\ln 2)$ 和 $(1,\ln 2)$ 是拐点；

(4) 在 $(-\infty,0)$ 内凸，$(0,+\infty)$ 内凹，$(0,0)$ 是拐点.

4. 凸.

习题 3-7

1. $q = \left[\dfrac{Fa}{k(1-a)} \right]^a$.　　4. 当 $q = 650$ 时，有最大利润；当 $q = 0$ 时，有最小利润.

5. （1）$C'(x) = 3 + x$;　（2）$R'(x) = \dfrac{50}{\sqrt{x}}$;　（3）$L'(x) = \dfrac{50}{\sqrt{x}} - 3 - x$;　（4）$\dfrac{dR}{R} \Big/ \dfrac{dp}{p} = -1$.

6. 当 $p = 17.5$ 元时，有最大利润 6 250 元.

7. （1）$R(x) = 10x e^{-\frac{x}{2}}$, $R'(x) = 5(2-x) e^{-\frac{x}{2}}$;

 （2）当 $x = 2$ 时，最大收益为 $R(2) = 20 e^{-1}$, 此时 $p = 10 e^{-1}$.

8. $L(x) = 18x - 3x^2 - 4x^3$, $R'(x) = 26 - 4x - 12x^2$, $C'(x) = 8 + 2x$, 当 $x = 1$ 时，最大利润为 11.

9. （1）当 $0 < p < \sqrt{\dfrac{b}{c}} (\sqrt{a} - \sqrt{bc})$ 时，有 $R' > 0$, 所以随单价 p 的增加，销售额增加；

 （2）当 $p > \sqrt{\dfrac{b}{c}} (\sqrt{a} - \sqrt{bc})$ 时，有 $R' < 0$, 所以随单价 p 的增加，销售额减少.

10. （1）$\dfrac{Ey}{Ex} = 2$;　（2）$\dfrac{Ey}{Ex} = 3x$;　（3）$\dfrac{Ey}{Ex} = \dfrac{ax}{ax+b}$;　（4）$\dfrac{Ey}{Ex} = x \cot x$.

11. （1）当 $q = \dfrac{d-b}{2(e+a)}$ 时，最大利润为 $\dfrac{(d-b)^2}{4(e+a)} - c$;

 （2）$\eta = \dfrac{d - eq}{eq}$;　（3）当 $|\eta| = 1$ 时，$q = \dfrac{d}{2e}$.

12. $\eta = \dfrac{1}{4} p$, $\eta(3) = \dfrac{3}{4}$, $\eta(4) = 1$, $\eta(5) = \dfrac{5}{4}$.

13. $\varepsilon(p) = \dfrac{3p}{2 + 3p}$, $\varepsilon(3) = \dfrac{9}{11}$.

14. （1）$Q'(4) = -8$, $\eta(4) \approx 0.54$;　（2）增加 0.46%;　（3）减少 0.85%;　（4）当 $p = 5$ 时，总收益最大.

习题 3-8

1. （1）$\kappa = 1$;　（2）$\kappa = \dfrac{e^{x_0}}{(1 + e^{2x_0})^{\frac{3}{2}}}$.　　2. $\left(\dfrac{\sqrt{2}}{2}, -\dfrac{1}{2} \ln 2 \right)$.

3. （1）曲率半径：$R = 2\sqrt{2}$,　曲率圆：$(x-4)^2 + (y-2)^2 = 8$;

 （2）曲率半径：$R = \dfrac{(1 + 9x_0^4)^{\frac{3}{2}}}{6 |x_0|}$,

 曲率圆：$\left(x - \dfrac{x_0 - 9x_0^5}{2} \right)^2 + \left(y - \dfrac{1 + 15x_0^4}{6x_0} \right)^2 = \dfrac{(1 + 9x_0^4)^3}{36x_0^2}$.

4. （1）$(a\xi)^{\frac{2}{3}} + (b\eta)^{\frac{2}{3}} = c^{\frac{4}{3}}$, 其中 $c^2 = a^2 - b^2$ $(a > b)$;

 （2）$\begin{cases} \xi = a(t + \sin t), \\ \eta = a(\cos t - 1). \end{cases}$

习题 3-9

1. $x \approx 1.45$.   2. $x \approx -3.13$.

3. (1) $x_1 \approx 0.472$, $x_2 \approx 9.999$;   (2) $x_1 \approx 1.221$, $x_2 \approx 0.724$;   (3) $x \approx -0.567\ 15$.

第三章综合题

1. 有 2 个实根.

2. (1) 当 $k<-5$ 时，在 $(3,+\infty)$ 内有一个实根；当 $-5<k<27$ 时，在 $(-\infty,1)$，$(-1,3)$，$(3,+\infty)$ 内各有一个根；当 $k>27$ 时，在 $(-\infty,-1)$ 内有一个实根.

(2) 当 $k=0$ 时，有一个实根 $x=1$；当 $0<k<\dfrac{1}{e}$ 时，在 $\left(0,\dfrac{1}{k}\right)$，$\left(\dfrac{1}{k},+\infty\right)$ 内各有一个根；

当 $k>\dfrac{1}{e}$ 时，方程无实根；当 $k<0$ 时，在 $(0,1)$ 内有一个实根.

5. $k \leqslant 0$ 或 $k=\dfrac{2}{9}\sqrt{3}$.

第四章

习题 4-1

1. $x-3x^2+\dfrac{11}{3}x^3-\dfrac{3}{2}x^4+C$.   2. $-\dfrac{1}{x}-2\ln|x|+x+C$.   3. $\dfrac{4(x^2+7)}{7\sqrt[4]{x}}+C$.

4. $\ln|x|-\dfrac{1}{4x^4}+C$.   5. $x-\arctan x+C$.   6. $\dfrac{4^x}{\ln 4}+2\dfrac{6^x}{\ln 6}+\dfrac{9^x}{\ln 9}+C$.

7. $-\cot x-x+C$.   8. $s=4t^3+3\cos t+C$.   9. $f(x)=6x-x^2$.

习题 4-2

2. $\dfrac{1}{22}(2x-3)^{11}+C$.

3. $-\dfrac{1}{4}(1-3x)^{\frac{4}{3}}+C$.

4. $-\dfrac{2}{15(5x-2)^{\frac{3}{2}}}+C$

5. $\dfrac{1}{\sqrt{6}}\arctan\left(x\sqrt{\dfrac{3}{2}}\right)+C$.

6. $\dfrac{1}{2\sqrt{6}}\ln\left|\dfrac{\sqrt{2}+x\sqrt{3}}{\sqrt{2}-x\sqrt{3}}\right|+C$.

7. $\dfrac{1}{\sqrt{3}}\arcsin\left(x\sqrt{\dfrac{3}{2}}\right)+C$.

8. $\dfrac{2}{\sqrt{\cos x}}+C$.

9. $-\left(e^{-x}+\dfrac{1}{2}e^{-2x}\right)+C$.

10. $-\cot x+\dfrac{1}{\sin x}+C$.

11. $-\sqrt{1-x^2}+C$.

12. $\dfrac{1}{4}(1+x^3)^{\frac{4}{3}}+C$.

13. $-\dfrac{1}{4}\ln|3-2x^2|+C$.

14. $-\dfrac{1}{2(1+x^2)}+C.$

15. $\dfrac{1}{4}\arctan\dfrac{x^2}{2}+C.$

16. $2\arctan\sqrt{x}+C.$

17. $\cos\dfrac{1}{x}+C.$

18. $\dfrac{1}{8\sqrt{2}}\ln\left|\dfrac{x^4-\sqrt{2}}{x^4+\sqrt{2}}\right|+C.$

19. $-\arcsin\dfrac{1}{|x|}+C.$

20. $\dfrac{1}{2}\ln|1+2\ln x|+C.$

21. $-\dfrac{1}{2}e^{-x^2}+C.$

22. $\arctan e^x+C.$

23. $\ln|\ln(\ln x)|+C.$

24. $\dfrac{1}{3}\ln^3 x+C.$

25. $2\arcsin\sqrt{x}+C.$

26. $\dfrac{1}{2}(\arctan x)^2+C.$

27. $-\dfrac{1}{\arcsin x}+C.$

28. $\dfrac{1}{\sqrt{2}}\arctan\dfrac{x^2-1}{\sqrt{2}x}+C.$

29. $\dfrac{1}{\sqrt{2}}\arcsin\left(\sqrt{\dfrac{2}{3}}\sin x\right)+C.$

30. $2\sqrt{1+\sqrt{1+x^2}}+C.$

31. $\dfrac{1}{2}x^2-x+\ln|1+x|+C.$

32. $\dfrac{1}{3}\ln\left|\dfrac{x-1}{x+2}\right|+C.$

33. $\dfrac{x}{2}+\dfrac{1}{4}\sin 2x+C.$

34. $\dfrac{1}{2}\tan^2 x+\ln|\cos x|+C.$

35. $\tan x+\dfrac{1}{3}\tan^3 x+C.$

36. $x-\ln(1+e^x)+C.$

37. $-\dfrac{3}{140}(9+12x+14x^2)(1-x)^{\frac{4}{3}}+C.$

38. $-\dfrac{1+55x^2}{6\ 600}(1-5x^2)^{11}+C.$

39. $-\dfrac{1}{15}(8+4x^2+3x^4)\sqrt{1-x^2}+C.$

40. $-\dfrac{6+25x^3}{1\ 000}(2-5x^3)^{\frac{5}{3}}+C.$

41. $\arctan\left(\dfrac{x}{\sqrt{1+x^2}}\right)+C.$

42. $\dfrac{2}{3}(\ln x-2)\sqrt{1+\ln x}+C.$

43. $2\arcsin\sqrt{\dfrac{x-a}{b-a}}+C.$

44. $x-2\ln(1+\sqrt{1+e^x})+C.$

45. $2x\sqrt{e^x-1}-4\sqrt{e^x-1}+4\arctan\sqrt{e^x-1}+C.$

46. $-e^{-x}(x+1)+C.$

47. $-\dfrac{1}{x}(\ln^2 x+2\ln x+2)+C.$

48. $\dfrac{2}{3}x^{\frac{3}{2}}\left(\ln^2 x-\dfrac{4}{3}\ln x+\dfrac{8}{9}\right)+C.$

49. $-\dfrac{x^2+1}{2}e^{-x^2}+C.$

50. $-\dfrac{2x^2-1}{4}\cos 2x+\dfrac{1}{2}x\sin 2x+C.$

51. $x\arctan x-\dfrac{1}{2}\ln(1+x^2)+C.$

52. $x\ln(x+\sqrt{1+x^2})-\sqrt{1+x^2}+C.$

53. $(x+1)\arctan\sqrt{x}-\sqrt{x}+C.$

54. $-\cos x\ln\tan x+\ln\left|\tan\dfrac{x}{2}\right|+C.$

55. $\dfrac{1}{4}x^2-\dfrac{x}{4}\sin 2x-\dfrac{1}{8}\cos 2x+C.$

56. $2(6-x)\sqrt{x}\cos\sqrt{x}-6(2-x)\sin\sqrt{x}+C.$

57. $\dfrac{x-1}{2\sqrt{1+x^2}}e^{\arctan x}+C.$

58. $\dfrac{x}{2}\left[\sin(\ln x)-\cos(\ln x)\right]+C.$ 59. $\dfrac{1}{8}e^{2x}(2-\cos 2x-\sin 2x)+C.$

60. $-e^{-x}\arctan e^{x}+x-\dfrac{1}{2}\ln(1+e^{2x})+C.$ 61. $x\tan x+\ln\left|\cos x\right|+C.$ 62. $\dfrac{e^{x}}{1+x}+C.$

习题 4-3

1. $\dfrac{1}{4}\ln\left|\dfrac{x-1}{3x+1}\right|+C.$

2. $-\dfrac{1}{2}\ln\left|x+1\right|+2\ln\left|x+2\right|-\dfrac{3}{2}\ln\left|x+3\right|+C.$

3. $x+\dfrac{1}{3}\arctan x-\dfrac{8}{3}\arctan \dfrac{x}{2}+C.$ 4. $\dfrac{x}{1-x^{2}}+C.$

5. $\dfrac{1}{4}\ln\dfrac{(x+1)^{2}}{x^{2}+1}+\dfrac{1}{2}\arctan x+C.$ 6. $\dfrac{1}{6}\ln\dfrac{(x+1)^{2}}{x^{2}-x+1}+\dfrac{1}{\sqrt{3}}\arctan\dfrac{2x-1}{\sqrt{3}}+C.$

7. $\sin x-\dfrac{2}{3}\sin^{3}x+\dfrac{1}{5}\sin^{5}x+C.$ 8. $\dfrac{x}{16}-\dfrac{1}{64}\sin 4x+\dfrac{1}{48}\sin^{3}2x+C.$

9. $\dfrac{1}{3\cos^{3}x}-\dfrac{1}{\cos x}+C.$ 10. $-\dfrac{\cos x}{2\sin^{2}x}+\dfrac{1}{2}\ln\left|\tan\dfrac{x}{2}\right|+C.$

11. $\dfrac{1}{3\cos^{3}x}+\dfrac{1}{\cos x}+\ln\left|\tan\dfrac{x}{2}\right|+C.$ 12. $\dfrac{1}{4}\tan^{4}x-\dfrac{1}{2}\tan^{2}x-\ln\left|\cos x\right|+C.$

13. $\dfrac{1}{5}\tan^{5}x+C.$ 14. $-\dfrac{1}{8}\cos 4x-\dfrac{1}{12}\cos 6x+C.$

15. $\dfrac{1}{2}\arctan(1+2\tan^{2}x)+C.$ 16. $2\sqrt{x}-2\ln(1+\sqrt{x})+C.$

17. $-\dfrac{6}{7}t^{7}+\dfrac{6}{5}t^{5}+\dfrac{3}{2}t^{4}-2t^{3}-3t^{2}+6t+3\ln(1+t^{2})-6\arctan t+C,$ 其中 $t=\sqrt[6]{x+1}.$

18. $\dfrac{2}{(1+\sqrt[4]{x})^{2}}-\dfrac{4}{1+\sqrt[4]{x}}+C.$

19. $\dfrac{1}{2}x^{2}-\dfrac{1}{2}x\sqrt{x^{2}-1}+\dfrac{1}{2}\ln\left|x+\sqrt{x^{2}-1}\right|+C.$

20. $\dfrac{2-x}{3(1-x)^{2}}\sqrt{1-x^{2}}+C.$

21. $\arcsin\left(\dfrac{2x+1}{\sqrt{5}}\right)+\ln\left|\dfrac{3+x+2\sqrt{1-x-x^{2}}}{1+x}\right|+C.$

第四章综合题

1. $-\dfrac{1}{5x^{5}}+\dfrac{1}{3x^{3}}-\dfrac{1}{x}-\arctan x+C.$

2. $-\ln\dfrac{1+\sqrt{1-x^{2}}}{\left|x\right|}-\dfrac{2\sqrt{1-x^{2}}}{x}+C.$

3. $-\dfrac{2+x^{2}}{x}-\dfrac{2}{x}\sqrt{1-x^{2}}-2\arcsin x+C.$

4. $\dfrac{1}{2}x^2\ln(4+x^4)-x^2+2\arctan\dfrac{x^2}{2}+C.$

5. $(1+\sqrt{1+x^2})\ln(1+\sqrt{1+x^2})-\sqrt{1+x^2}+C.$

6. $-\dfrac{\arctan x}{x}-\dfrac{1}{2}(\arctan x)^2+\dfrac{1}{2}\ln\dfrac{x^2}{1+x^2}+C.$　　　7. $e^{2x}\tan x+C.$

8. $\dfrac{1}{\sqrt{1+\cos x}}-\dfrac{1}{2\sqrt{2}}\ln\dfrac{\sqrt{2}+\sqrt{1+\cos x}}{\sqrt{2}-\sqrt{1-\cos x}}+C.$

9. $\sqrt{1+x^2}\arctan x-\ln(x+\sqrt{1+x^2})+C.$

10. $-\ln(\cos^2 x+\sqrt{1+\cos^4 x})+C.$　　　11. $-\dfrac{\ln x}{2(1+x^2)}+\dfrac{1}{4}\ln\dfrac{x^2}{1+x^2}+C.$

12. $\dfrac{x}{2}\sqrt{1-x^2}\arcsin x-\dfrac{x^2}{4}+\dfrac{1}{4}(\arcsin x)^2+C.$　　　13. $2\ln|x-1|+x+C.$

14. $x-e^{-x}\arcsin e^x-\ln(1+\sqrt{1-e^{2x}})+C.$　　　15. $x^x+C.$

16. $e^x\tan\dfrac{x}{2}+C.$　　　17. $\dfrac{x|x|}{2}+C.$

18. $\dfrac{(1+x)|1+x|}{2}+\dfrac{(1-x)|1-x|}{2}+C.$

19. $\displaystyle\int e^{-|x|}\,dx=\begin{cases}1-e^{-x}+C, & x\geqslant 0,\\ e^x-1+C, & x<0.\end{cases}$

20. $\displaystyle\int f(x)\,dx=\begin{cases}x+C, & x<0,\\[4pt] \dfrac{x^2}{2}+x+C, & 0\leqslant x<1,\\[4pt] x^2+\dfrac{1}{2}+C, & x\geqslant 1.\end{cases}$

21. $2\sqrt{x}+C.$

22. $\displaystyle\int\max\{x^2,x^3\}\,dx=\begin{cases}\dfrac{1}{3}x^3+C, & x\leqslant 1,\\[4pt] \dfrac{1}{4}x^4+\dfrac{1}{12}+C, & x>1.\end{cases}$

23. $\dfrac{1}{2}\left[\dfrac{f(x)}{f'(x)}\right]^2+C.$

24. $2\sqrt{f(\ln x)}+C.$

第五章

习题 5-1

1. （1）$\dfrac{a-1}{\ln a}$;　　　（2）$\dfrac{1}{a}-\dfrac{1}{b}.$

2. (1) $\int_0^1 \dfrac{1}{1+x}\mathrm{d}x$;　　　(2) $\int_0^1 \dfrac{1}{1+x^2}\mathrm{d}x$;　　(3) $\int_0^1 \sqrt{1+x}\,\mathrm{d}x$;　　(4) $\int_0^1 \sin\pi x\mathrm{d}x$.

4. $q=i_0\int_{t_1}^{t_2}\sin\omega t\mathrm{d}t$.

习题 5-2

1. (1) $\int_0^1 x^2\mathrm{d}x>\int_0^1 x^3\mathrm{d}x$;　　(2) $\int_1^2 x^2\mathrm{d}x<\int_1^2 x^3\mathrm{d}x$;　　(3) $\int_1^2\ln x\mathrm{d}x>\int_1^2(\ln x)^2\mathrm{d}x$;

　　(4) $\int_0^1 \mathrm{e}^{-x}\mathrm{d}x<\int_0^1 \mathrm{e}^{-x^2}\mathrm{d}x$.

2. (1) $\int_{\frac{\pi}{4}}^{\frac{\pi}{2}}\dfrac{\sin x}{x}\mathrm{d}x>0$;　　(2) $\int_{\frac{1}{2}}^1 x^2\ln x\mathrm{d}x<0$.

11. (1) $2x\sqrt{1+x^4}$;　　(2) $(\sin x-\cos x)\cos(\pi\sin^2 x)$;　　(3) $2xf(x^4)$;

　　(4) $\int_1^{x^2}f(t)\mathrm{d}t+2x^2f(x^2)$.

12. (1) 1;　　(2) 1;　　(3) $\dfrac{1}{3}$;　　(4) $\dfrac{2}{\pi}$.　　　　13. $f(x)=x-1$.

16. (1) 2;　　(2) $\dfrac{\pi}{3}$;　　(3) π;　　(4) $\dfrac{\pi}{4}-\dfrac{1}{2}\ln 2$;　　(5) $2\left(1-\dfrac{1}{\mathrm{e}}\right)$.

习题 5-3

1. (1) $\dfrac{1}{2}$;　　(2) $\dfrac{1}{2}(\mathrm{e}-1)$;　　(3) $\dfrac{1}{6}$;　　　　(4) $\dfrac{\pi a^2}{16}$;　　(5) $2-\dfrac{\pi}{2}$;

　　(6) $\dfrac{\pi^2}{4}$;　　(7) $315\dfrac{1}{26}$;　　(8) $\dfrac{1}{2}\ln 3-\dfrac{\pi}{2\sqrt{3}}$;　　(9) $\dfrac{5}{27}\mathrm{e}^3-\dfrac{2}{27}$;　　(10) $-66\dfrac{6}{7}$;

　　(11) $-\dfrac{\pi}{3}$;　　(12) $\dfrac{29}{270}$;　　(13) $\dfrac{4\pi}{3}-\sqrt{3}$;　　(14) $\dfrac{\pi^3}{6}-\dfrac{\pi}{4}$;　　(15) $\dfrac{3}{5}(\mathrm{e}^\pi-1)$;

　　(16) $\dfrac{1}{3}\ln 2$;　(17) $4(\sqrt{2}-1)$;　(18) $-\dfrac{\sqrt{3}}{2}+\ln(2+\sqrt{3})$;　(19) 1;　(20) 1;

　　(21) $14-\ln(7!)$;　　(22) $\dfrac{5}{6}$;　　(23) $7+2\ln 2$;　　(24) $\dfrac{\sqrt{3}}{6}$;　　(25) 0;

　　(26) $\begin{cases}0,&\text{当 }m\neq n\text{ 时,}\\\pi,&\text{当 }m=n\text{ 时.}\end{cases}$

2. (1) $\dfrac{\pi}{2}$;　　(2) $\dfrac{\sqrt{2}}{2}$;　　(3) $\dfrac{\pi}{8}$.

3. (1) $\dfrac{5\pi}{32}$;　　(2) $\dfrac{16}{35}$;　　(3) $\dfrac{1}{3}$;　　(4) $\dfrac{3}{4}\pi$;　　(5) $\dfrac{2^n n!}{(2n+1)!!}$.

5. $\dfrac{\pi^2}{4}$.　　8. 2.　　9. $f(0)=2$.　　10. (1) $\dfrac{\pi}{4}$;　　(2) $\dfrac{\pi}{8}\ln 2$.　　12. $\dfrac{A}{2}$.

习题 5-4

1. (1) $\dfrac{4}{3}$;　　(2) $4\dfrac{1}{2}$;　　(3) $4\dfrac{1}{2}$;　　(4) $-8.1+9.9\ln 10$;　　(5) $\dfrac{4}{3}a^3$;　　(6) $\dfrac{\pi}{2}$.

2. $\dfrac{3\pi+2}{9\pi-2}$. 　　3. (1) 6π;　(2) $\dfrac{9}{4}\pi$;　(3) $\dfrac{3\pi a^2}{8}$.　　4. 1.

5. (1) (i) $\dfrac{16\pi}{15}$,　(ii) $\dfrac{8\pi}{3}$;　(2) (i) $\dfrac{\pi^2}{2}$,　(ii) $2\pi^2$;　(3) $2\pi^2 a^2 b$;　(4) (i) $5\pi^2 a^3$,

(ii) $6\pi^3 a^3$,　(iii) $7\pi^2 a^3$.

6. (1) $\dfrac{8}{27}(10\sqrt{10}-1)$;　(2) $\ln|\sec a+\tan a|$;　(3) $6a$;　(4) $2\pi^2 a$;　(5) $8a$.

7. 2π.

8. $\dfrac{\pi}{6}(11\sqrt{5}-1)$.　　9. 75 (kg).　　10. 4.9 (J).　　11. $708\dfrac{1}{3}\times10^3$ (kg)

12. $800\pi g\ln 2$ (N)　13. $2.25\times10^3 g$ (N).　14. $1\,674\dfrac{2}{3}\times10^3 g$ (N).　15. $500\sqrt{2}\,a^3 g$ (N).

16. $105\times10^3 g$ (N).

17. (1) $\dfrac{GmM}{a(\tau+a)}$;　(2) $\dfrac{2GmM}{h\sqrt{4h^2+\tau^2}}$, 其方向垂直向下.

18. 当 $w=1$ 时；$W=\dfrac{4}{3}\times10^3\pi R^4 g$ (J)；当 $w>1$ 时，$W=\dfrac{4}{3}\times10^3\pi R^3\left[(H+R)w-H\right]g$ (J).

19. $\dfrac{\pi}{8}v_0 d^2$.　　21. $\dfrac{48\,400}{R}$.　　22. $\overline{T}=1\,101\dfrac{1}{3}$.

23. 现值为 $5\times10^5(1-e^{-0.9})$，将来值为 $5\times10^5(e^{0.9}-1)$.

24. $2\,000(3-4e^{-0.5})$.

习题 5-5

1. $\dfrac{2}{3}\ln 2$.　2. $\dfrac{1}{a}$.　　3. $\dfrac{\pi}{2}-1$.　4. $\dfrac{b}{a^2+b^2}$.　5. $\dfrac{\pi}{8}$.　6. 1.　7. $\dfrac{1}{2}\ln 2$.

8. $\dfrac{1}{2}$.　　9. -1.　　10. π.　　11. $\dfrac{\pi}{2}$.　　12. $\dfrac{\pi}{3}$.　　13. π.　　14. $(-1)^n n!$.

15. 收敛.　16. 收敛.　17. 收敛.　18. 发散.　19. 发散.　20. 收敛.　21. 收敛.

22. 当 $m>-1$ 且 $n-m>1$ 时收敛.　23. 当 $1<n<2$ 时收敛.

24. 当 $m>-2$ 且 $n-m>1$ 时收敛.　25. 当 $p<1$ 且 $q<1$ 时收敛.　　26. 收敛.

27. 发散.　28. $\dfrac{1}{n}\Gamma\left(\dfrac{m+1}{n}\right)$.　　29. $\Gamma(p+1)$.

30. (1) $\dfrac{m!}{2}$;　(2) $\dfrac{(2m-1)!!}{2^{m+1}}\sqrt{\pi}$;　(3) $(-1)^m\dfrac{m!}{(n+1)^{m+1}}$.　　31. $F_x=0$, $F_y=-\dfrac{2Gm\rho_0}{a}$.

习题 5-6

1. (1) 0.694 12, $|R_8|<2.7\times10^{-3}$; (2) 1.467 5, $|R_6|<3\times10^{-3}$.

2. (1) 5.402 4; (2) 1.229 3. 　3. $\pi\approx3.141\,59$.　4. 51.04.　　5. 0.997 5.

6. 68 m^2.

第五章综合题

1. (1) $\dfrac{\pi}{4}$;　(2) e^{-1};　(3) $\dfrac{\pi}{\sqrt{3}}$.　2. (1) $\dfrac{1}{\ln 2}$;　(2) $\dfrac{2}{\pi}$.　3. $4n$.

4. 当 $x=0$ 时, $F(0)=2\int_0^a tf(t)\mathrm{d}t$ 为最小值.   7. $a=1$, $b=0$, $c=\dfrac{1}{2}$.   8. (1) $f'(0)$.

15. $\ln(1+\mathrm{e})-\dfrac{\mathrm{e}}{1+\mathrm{e}}$.   16. $S=2$, $V_y=9\pi$.   17. $\dfrac{2}{5}MR^2$.   18. $(\sqrt{2}-1)\,\mathrm{cm}$.

19. 91 500 (J).   20. (1) $-\dfrac{1}{2}$;   (2) $-\dfrac{\pi}{2}\ln 2$.   21. $\dfrac{1}{16}\pi\rho H^3$.   22. 5 (cm).

23. $G\mu_0^2\ln\dfrac{(\tau+a)^2}{a(a+2\tau)}$.

第六章

习题 6-1

1. (1) 是;   (2) 是;   (3) 是;   (4) 不是.

2. (1) 特解 $y=\mathrm{e}^{2x}$, 通解 $y=C\mathrm{e}^{2x}$;   (2) 特解 $y=x$, 通解 $y=x\mathrm{e}^{cx}$.

习题 6-2

1. $y=Cx$.

2. $\sqrt{1-y^2}=\arcsin x+C$ 及 $y=\pm 1$.

3. $y=2\sin^2 x-\dfrac{1}{2}$.

4. $y^2=C(x-1)^2\sqrt{\dfrac{x-1}{x+1}}-1$.

5. $y=\dfrac{3+\cos^2 x}{3-\cos^2 x}$.

6. $(y^2-1)(x^2-1)=C$.

7. $\cos y=C\cos x$.

8. $\dfrac{y}{x^2-y^2}=C$.

9. $y=x\mathrm{e}^{Cx}$.

10. $\mathrm{e}^{\frac{y}{x}}=Cy$.

11. $\mathrm{e}^{-\arctan\frac{y}{x}}=C\sqrt{x^2+y^2}$.

12. $\sin\dfrac{y}{x}=\ln\left|\dfrac{C}{x}\right|$.

13. $\sqrt{\dfrac{y}{x}}=2+\ln|x|$.

14. $\arcsin\dfrac{y}{x}=\dfrac{\pi}{6}+\ln|x|$.

习题 6-3

1. $y=\dfrac{x^3}{4}+\dfrac{C}{x}$.

2. $y=x(C-x\mathrm{e}^{-x}-\mathrm{e}^{-x})$.

3. $y=\left(x+\dfrac{5}{2}\right)\mathrm{e}^{-x^2}-\dfrac{1}{2}$.

4. $y=\left(1-\dfrac{4}{x^2}\right)\sin x+\dfrac{4}{x}\cos x+\dfrac{4\pi}{x^2}$.

5. $x=C\mathrm{e}^{-3t}+\dfrac{1}{5}\mathrm{e}^{2t}$.

6. $y=\dfrac{1}{2}\sin x+\dfrac{1}{\cos x}\left(\dfrac{x}{2}+C\right)$.

7. $y=\dfrac{1}{\sqrt{1+x^2}}\left(\ln\dfrac{|x|}{1+\sqrt{1+x^2}}+C\right)$.

8. $y=-2x-2+2\mathrm{e}^x$.

9. $y=\sqrt{(x^2-1)+2\sqrt{1-x^2}}$.

10. $\sqrt{y}=\dfrac{x^2}{2}\ln|x|+Cx^2$.

11. $y^2 = Cx - x\ln|x|$.

习题 6-4

1. $x^5 y + \dfrac{x^4}{4} = C$.

2. $\dfrac{x^2}{2} + 2xy - \dfrac{5}{2}y^2 + \dfrac{5}{2} = 0$.

3. $y\sin x + x^3 - y^4 = C$.

4. $xy^2 - x^3 = C$.

习题 6-5

1. $y = \dfrac{1}{6}x^3 - \sin x + C_1 x + C_2$.

2. $y = 1 - \cos 2x$.

3. $y = \dfrac{x^2}{2}\ln x - \dfrac{3}{4}x^2 + C_1 x + C_2$.

4. $y = C_1 \ln|1+x| + C_2$.

5. $y = x^2 + C_1 \ln|x| + C_2$.

6. $\sin(C_1 - 2\sqrt{2}y) = C_2 e^{-2x}$.

7. $y = C_2 - C_1 \cos x - x$.

8. $y = \dfrac{1}{2}(\ln|x|)^2 + C_1 \ln|x| + C_2$.

9. $y = C_1 \ln|y + C_1| + x + C_2$, $y = C$.

10. $y = 1 - \dfrac{1}{C_1 x + C_2}$.

11. $y = -\dfrac{C_1}{2}e^{-x} - \dfrac{1}{2C_1}e^x + C_2$.

12. $y = 1 + \dfrac{1}{x}$.

习题 6-6

1.（1）线性相关；　（2）线性无关；　（3）线性无关；　（4）线性无关.

2. 通解 $y = C_1 e^{2x} + C_2 e^{3x}$.

3. 通解 $y = C_1 e^{3x} + C_2 e^{-x} - \dfrac{x}{3} + \dfrac{2}{3}$.

习题 6-7

1.（1）$y = C_1 e^{2x} + C_2 e^{-5x}$；（2）$y = C_1 + C_2 e^{3x}$；（3）$y = C_1 e^{-2x} + C_2 x e^{-2x}$；

　（4）$y = C_1 e^{2x} + C_2 e^{-2x}$；（5）$y = 4e^x + e^{4x}$；（6）$y = e^{-2x}(C_1 \cos 3x + C_2 \sin 3x)$；

　（7）$y = e^x(C_1 \cos\sqrt{2}x + C_2 \sin\sqrt{2}x)$.

2.（1）特解形式 $\tilde{y} = a_0 x^2 + a_1 x + a_2$；　（2）特解形式 $\tilde{y} = a_0 x + a_1$；

　（3）特解形式 $\tilde{y} = a_0 x^3 + a_1 x^2 + a_2 x$；　（4）特解形式 $\tilde{y} = a_0 x^2 + a_1 x$.

3.（1）$\tilde{y} = a_0 e^x$；（2）$\tilde{y} = (a_0 x + a_1)e^x$；（3）$\tilde{y} = (a_0 x^2 + a_1 x + a_2)e^x$；

　（4）$\tilde{y} = a_0 \cos 2x + a_1 \sin 2x$；（5）$\tilde{y} = a_0 \cos 2x + a_1 \sin 2x$；（6）$\tilde{y} = x(a_0 \cos x + a_1 \sin x)$.

4.（1）$y = C_1 e^{-2x} + C_2 e^{-x} - \dfrac{5}{2}x - \dfrac{5}{4}$；（2）$y = C_1 e^{-5x} + C_2 e^{-x} + \dfrac{1}{21}e^{2x}$；

　（3）$y = C_1 + C_2 e^{-2x} + \dfrac{7}{4}x - \dfrac{1}{4}x^2$；（4）$y = C_1 \cos 3x + C_2 \sin 3x + \dfrac{1}{3}x\sin 3x$；

　（5）$y = C_1 + C_2 e^{-3x} - \dfrac{7}{10}\cos x + \dfrac{1}{10}\sin x$；（6）$x = -\dfrac{5}{3}\cos t - 2\sin t - \dfrac{1}{3}\cos 2t$；

　（7）$y = C_1 e^{-x} + C_2 e^{\frac{x}{2}} + 4 - \dfrac{1}{6}e^x$；（8）$y = e^x(C_1 \cos x + C_2 \sin x) + \dfrac{1}{8}e^{-x}(\cos x - \sin x)$；

(9) $y=C_1e^{-2x}+C_2xe^{-2x}+2x^2-4x+3+\dfrac{1}{2}e^{2x}$; (10) $y=\dfrac{11}{8}-\dfrac{3}{8}e^{-2x}+\dfrac{3}{4}x^2-\dfrac{3}{4}x$.

5. (1) $y=\dfrac{1}{x}(C_1\ln x+C_2)$; (2) $y=x\left[C_1-\dfrac{1}{2}(\ln x)^2-\ln x\right]+C_2x^2$;

(3) $y=C_1\cos(\ln x)+C_2\sin(\ln x)+\dfrac{1}{2x}$; (4) $u=C_1+C_2\dfrac{1}{r}$.

习题 6-8

1. $\begin{cases} x=(1-2t)e^{-2t}, \\ y=(1+2t)e^{-2t}. \end{cases}$

2. $\begin{cases} x=2C_1e^{-4t}-C_2e^{-7t}+\dfrac{1}{5}e^{-2t}+\dfrac{7}{40}e^t, \\ y=C_1e^{-4t}+C_2e^{-7t}+\dfrac{3}{10}e^{-2t}+\dfrac{1}{40}e^t. \end{cases}$

3. $\begin{cases} x=-\dfrac{C_1+3C_2}{5}\cos t+\dfrac{C_1-3C_2}{5}\sin t, \\ y=C_1\cos t+C_2\sin t. \end{cases}$

4. $\begin{cases} x=C_1\cos t+C_2\sin t+3, \\ y=-C_1\sin t+C_2\cos t. \end{cases}$

5. $\begin{cases} x=-e^{-4t}\sin t, \\ y=(\sin t+\cos t)e^{-4t}. \end{cases}$

习题 6-9

1. $y=(C_1+C_2x)e^x+xe^x(\ln|x|-1)$.

2. $y=C_1e^x+C_2e^{2x}-e^x\ln(e^x+1)+[1-\ln(e^x+1)]e^{2x}$.

3. $y=e^x$. 4. $y=\dfrac{3}{2}x^2e^{-x}$. 5. $y=-\dfrac{1}{8}-\dfrac{1}{16}\cos 2x$. 6. $y=\dfrac{2}{9}e^{2x}\left(x^2-2x+\dfrac{14}{9}\right)$.

7. $y=-e^{-2x}(1+\ln x)$.

习题 6-11

1. (1) $\Delta y_t=0$; (2) $\Delta y_t=2t+1$; (3) $\Delta y_t=(a-1)a^t$;

(4) $\Delta y_t=\log_a\left(1+\dfrac{1}{t}\right)$; (5) $\Delta y_t=2\cos\dfrac{2at+a}{2}\sin\dfrac{1}{2}a$; (6) $\Delta y_t=4t^{(3)}$.

2. (1) 1 阶; (2) 2 阶; (3) 3 阶; (4) 6 阶.

3. (1) $y_t=-\dfrac{3}{4}+C5^t$; (2) $y_t=\dfrac{1}{3}2^t+C(-1)^t$, 特解 $y_t=\dfrac{1}{3}2^t+\dfrac{5}{3}(-1)^t$;

(3) $y_t=2^t\left(\dfrac{1}{3}t-\dfrac{2}{9}\right)+C(-1)^t$;

(4) 当 $\alpha\neq e^\beta$ 时, $y_t=\dfrac{e^{\beta t}}{e^\beta-\alpha}+C\alpha^t$, 当 $\alpha=e^\beta$ 时, $y_t=te^{\beta(t-1)}+C\alpha^t$;

(5) $y_t=C-\dfrac{1}{3}2^t\cos\pi t$;

(6) $y_t=-\dfrac{36}{125}+\dfrac{1}{25}t+\dfrac{2}{5}t^2+C(-4)^t$，特解 $y_t=-\dfrac{36}{125}+\dfrac{1}{25}t+\dfrac{2}{5}t^2+\dfrac{161}{125}(-4)^t$.

4. （1）$y_t=4^t\left(C_1\cos\dfrac{\pi}{3}t+C_2\sin\dfrac{\pi}{3}t\right)$，

（2）$y_t=2^{\frac{t}{2}}\left(C_1\cos\dfrac{\pi}{4}t+C_2\sin\dfrac{\pi}{4}t\right)$，特解 $y_t=2^{\frac{t}{2}+1}\cos\dfrac{\pi}{4}t$；

（3）$y_t=4+C_1\left(\dfrac{1}{2}\right)^t+C_2\left(-\dfrac{7}{2}\right)^t$；

（4）$y_t=\left(\dfrac{1}{9}t-\dfrac{10}{27}\right)5^t+(C_1+C_2t)2^t$；

（5）$y_t=C_1 2^t+C_2 4^t-3$，特解 $y_t=5\cdot2^t+3\cdot4^t-3$.

5. $P_t=\left(P_0-\dfrac{2}{3}\right)(-2)^t+\dfrac{2}{3}$.

第六章综合题

1. 提示：（1）令 $x+y+1=u$；（2）令 $xy=u$；（3）令 $xy=u$；（4）令 $\sqrt{x^2+y^2}=u$.

2. （1）$\dfrac{y}{x}=Ce^{\frac{-1}{xy}}$；（2）$\sqrt{x^2+y^2}+\ln\left|\sqrt{x^2+y^2}-1\right|+\ln|\cos x|=C$.

3. $f(x)=\dfrac{1}{2}\ln(1+x^2)+x-\arctan x+C$.　　5. $f(x)=x-\dfrac{1}{2}+\dfrac{1}{2}e^{-2x}$.

6. $f(x)=-\dfrac{1}{x+1}$.　　7. $y=\dfrac{6}{x}$.　　8. $x^2+2Cy-C^2=0$.

9. （1）$y=Ce^{\pm\frac{x}{a}}$；（2）$y^2=\pm2bx+2C$.

10. $y^2=x+C$.　　11. $m=m_0e^{-\frac{Q}{V}t}$.　　12. （1）$p=a-(a-p_0)e^{-kx}$；（2）a.

13. 12.5（m/min）.　　14. （1）$v=\dfrac{1}{K}\dfrac{e^{2kgt}-1}{e^{-2kgt}+1}$；（2）$\dfrac{1}{K}$.　　15. $q(x)=\dfrac{1}{x^2}$；$y=C_1x+\dfrac{C_2}{x}$.

郑重声明

高等教育出版社依法对本书享有专有出版权。任何未经许可的复制、销售行为均违反《中华人民共和国著作权法》，其行为人将承担相应的民事责任和行政责任；构成犯罪的，将被依法追究刑事责任。为了维护市场秩序，保护读者的合法权益，避免读者误用盗版书造成不良后果，我社将配合行政执法部门和司法机关对违法犯罪的单位和个人进行严厉打击。社会各界人士如发现上述侵权行为，希望及时举报，我社将奖励举报有功人员。

反盗版举报电话　　(010)58581999　58582371
反盗版举报邮箱　　dd@hep.com.cn
通信地址　北京市西城区德外大街4号　高等教育出版社法律事务部
邮政编码　100120

读者意见反馈

为收集对教材的意见建议，进一步完善教材编写并做好服务工作，读者可将对本教材的意见建议通过如下渠道反馈至我社。

咨询电话　400-810-0598
反馈邮箱　hepsci@pub.hep.cn
通信地址　北京市朝阳区惠新东街4号富盛大厦1座
　　　　　高等教育出版社理科事业部
邮政编码　100029

防伪查询说明

用户购书后刮开封底防伪涂层，使用手机微信等软件扫描二维码，会跳转至防伪查询网页，获得所购图书详细信息。

防伪客服电话　　(010)58582300